普通高等院校土木工程专业“十三五”规划教材
国家应用型创新人才培养系列精品教材

钢结构基本原理

主编　姜晨光

中国建材工业出版社

图书在版编目（CIP）数据

钢结构基本原理/姜晨光主编．--北京：中国建材工业出版社，2019.1

普通高等院校土木工程专业“十三五”规划教材　国家应用型创新人才培养系列精品教材

ISBN 978-7-5160-2446-1

Ⅰ.①钢…　Ⅱ.①姜…　Ⅲ.①钢结构—高等学校—教材　Ⅳ.①TU391

中国版本图书馆 CIP 数据核字（2018）第 243770 号

内容简介

本教材内容全面、难易适中、实用性强，强调工程应用，且采用最新标准及规范，语言通俗易懂。本教材主要内容包括：概述，钢结构用钢材，轴心受力构件的设计与计算，受弯构件的设计与计算，压弯构件的设计与计算，连接和节点的设计与计算，高强钢结构设计的特点与基本要求，钢结构住宅设计，预应力钢结构工程，装配式钢结构工程等。

本教材既可作为土建类专业教材，也可作为相关企业培训教材，还可作为相关行业人员的参考用书。

钢结构基本原理

主编　姜晨光

出版发行：中国建材工业出版社

地　　址：北京市海淀区三里河路 1 号

邮　　编：100044

经　　销：全国各地新华书店

印　　刷：北京鑫正大印刷有限公司

开　　本：787mm×1092mm　1/16

印　　张：21

字　　数：500 千字

版　　次：2019 年 1 月第 1 版

印　　次：2019 年 1 月第 1 次

定　　价：59.80 元

本社网址：www.jccbs.com，微信公众号：zgjcgycbs

本书编委会

主　编 姜晨光

副主编（排名不分先后）

方绪华　盖玉龙　郭永民　蒋建彬　王　雷　杨吉民

参　编（排名不分先后）

陈凤军　陈惠荣　陈家冬　承明秋　方绪华　盖玉龙

郭永民　姜晨光　蒋建彬　任忠慧　宋志波　王　雷

王　磊　王凤芹　王进强　吴　亮　许金山　薛志荣

严立明　杨吉民

前　言

钢结构与混凝土结构一起构成了现代土木工程结构的两大体系。钢结构不仅广泛应用于房屋，也大量应用于铁路、公路、港口和水利水电工程，而如何提高钢结构的教学效果和学生的学习兴趣，以及将知识应用于实践的能力是编者常年思考的问题。编者通过不断地摸索和实践，逐渐构建起了一种较为科学的钢结构教学体系。

全书由江南大学姜晨光主笔完成，青岛农业大学陈惠荣、盖玉龙、杨吉民，德州职业技术学院王雷，东营职业学院蒋建彬，烟台城乡建设学校郭永民，福州大学方绪华，无锡市建筑设计研究院有限责任公司承明秋，无锡水文工程地质勘察院薛志荣，江苏地基工程有限公司陈家冬，江苏中设集团股份有限公司陈凤军，无锡市大筑岩土技术有限公司吴亮，无锡太湖国家旅游度假区规划建设局许金山，无锡融创景运置业有限公司王进强，无锡绿城和风置业有限公司王磊，山东盛隆集团有限公司宋志波、任忠慧、严立明，江南大学王凤芹等同志（排名不分先后）参与了相关章节的撰写工作。

初稿完成后，中国工程勘察大师严伯铎老先生不顾耄耋之躯审阅全书并提出了不少改进意见，为本书的最终定稿做出了重大贡献，谨此致谢！

限于编者水平、学识和时间，书中内容欠妥之处敬请读者提出宝贵意见。

姜晨光

2019 年 1 月于江南大学

目　　录

第1章　概述

1.1　钢结构的类型和特点

钢结构与混凝土结构一起构成了现代土木工程结构的两大体系。钢结构不仅广泛应用于房屋，也大量应用于铁路、公路、港口和水利水电工程。

所谓“钢结构”是指以钢板、钢管、热轧型钢或冷加工成型的型钢通过焊接、铆钉或螺栓连接而成的结构，这种结构实际上是一种结构体系，这种结构体系的选择不只是单一的结构受力问题，同时受到经济条件许可度、建筑要求、结构材料和施工条件的制约，是一个综合的技术经济问题，应全面考虑确定。钢结构材料性能的优越性给结构设计提供了更多的自由度，因此，各国都鼓励选用节材的新型结构体系。相对于成熟结构体系而言，新型结构体系由于缺少实践检验，因此必须进行更为深入的分析，必要时还应进行试验研究。

工业和民用建筑工程中的常见钢结构包括单层、多层、高层钢结构及空间钢结构、高耸钢结构、构筑物钢结构、压型金属板等，也包含组合结构和地下结构中的钢结构。高耸钢结构包括广播电视发射塔、通信塔、导航塔、输电高塔、石油化工塔、大气监测塔等；构筑物钢结构包括烟囱、锅炉悬吊构架、贮仓、运输机通廊、管道支架等。

轻型钢结构建筑和普通钢结构建筑没有严格的定义，一般来说，轻型钢结构建筑指采用薄壁构件、轻型屋盖和轻型围护结构的钢结构建筑。薄壁构件包括冷弯薄壁型钢、热轧轻型型钢（工字钢、槽钢、H型钢、L型钢、T型钢等）、焊接和高频焊接轻型型钢、圆管、方管、矩形管、由薄钢板焊成的构件等；轻型屋盖指压型钢板、瓦楞铁等有檩屋盖；轻型围护结构包括彩色镀锌压型钢板、夹芯压型复合板、玻璃纤维增强水泥（GRC）外墙板等。一般，轻型钢结构的截面类别为E级，因此构件延性较差，但由于质量较小的原因，很多结构都能满足大震弹性的要求，所以，人们喜欢把轻型钢结构的归类从普通钢结构中分离，使设计人员概念清晰，既能避免一些不必要的抗震构造，达到节约造价的目的；又能避免一些错误的应用，防止工程事故的发生。除了轻型钢结构以外的钢结构建筑，统称为普通钢结构建筑。混合型式是指排架、框架和门式刚架的组合型式，常见的混合型式如图1-1所示。

1.1.1　单层钢结构

排架和门式刚架是常用的横向抗侧力体系，对应的纵向抗侧力体系一般采用柱间支撑结构，当条件受限时，纵向抗侧力体系也可采用刚架结构。当采用框架作为横向抗侧力体

系时，纵向抗侧力体系通常采用刚架结构（包括有支撑和无支撑情况）。因此为简便起见，将单层钢结构归纳为由横向抗侧力体系和纵向抗侧力体系组成的结构体系。

国际上常见钢结构设计标准一般把屈服强度高于 460MPa 的结构钢材划分为高强度结构钢材，这类钢材建造的钢结构称为高强钢结构，我国的这类钢材主要包括符合现行国家标准《低合金高强度结构钢》（GB/T 1591）的 Q460 以上牌号结构钢材以及符合现行国家标准《建筑结构用钢板》（GB/T 19879）的 Q460GJ 及以上牌号结构钢材。

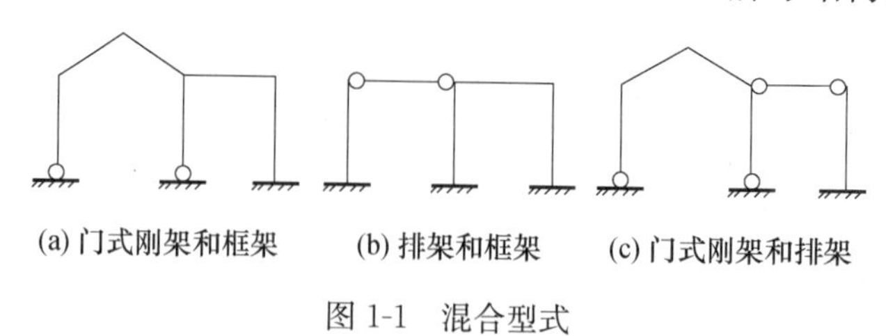

图 1-1　混合型式

人们从大量的地震震害中发现，不等高多跨结构有高振型反应，不等长多跨结构有扭转效应，破坏较重，对抗震不利，故多跨结构宜采用等高和等长。地震震害表明，在地震作用下防震缝处排架柱的侧移量大，当有毗邻建筑时，相互碰撞或变位受约束的情况严重，在地震中有不少倒塌、严重破坏等加重震害的实例，因此，在防震缝附近不宜布置毗邻建筑。不同形式的结构，振动特性不同，侧移刚度不同，在地震作用下往往由于荷载、位移、强度的不均衡，造成结构破坏。为保证屋盖的水平力可靠地传给由框架柱和柱间支撑组成的空间稳定体系，在屋盖设有横向水平支撑的开间应设置上柱柱间支撑。大量的震害统计分析表明，屋盖的震害破坏程度与屋盖承重结构的形式密切相关，根据实际震害经验，不同跨度的屋盖应采用不同的承重结构型式，在高烈度［8 度（0.30g）和 9 度］地区跨度大于 24m 的钢结构建筑不应采用质量大的大型屋面板。

钢结构由于材料强度高，满足承载力要求所需的结构刚度相对较小，从而使结构的振动问题显现出来，这其中主要包括活载引起的楼面局部竖向振动和大悬挑体块的整体竖向振动、风荷载作用下超高层结构的水平向振动，因此，一般都以控制结构的加速度响应为目标。钢结构本身的自重较小，采用轻质隔墙、轻质围护等可以充分发挥其优势，但是，隔墙对刚度的影响也不可忽略。

基于地震作用的不确定性，对于抗震设防结构，结构的规则性和良好的耗能能力显得特别重要，多道抗震防线可以在第一道防线屈服后、结构开始大量耗能时，由第二道防线提供足够的结构刚度；良好的变形能力可以让结构吸收和耗散更多的地震能量；加强可能的薄弱部位，可以避免结构的整体耗能能力由于局部构件的先期过度破坏而得不到充分发挥；采用消能减震手段，可以通过设置（不一定是附加，也可为替换构件）耗能装置，提高结构耗能能力。

结构的刚度是随着结构的建造过程逐渐形成的，荷载也是分步作用在刚度不断变化的结构上，这与将全部荷载一次施加在最终成型结构上进行受力分析的结果有一定的差异，对于超高层钢结构，这一差异会比较显著；对于大跨度和复杂空间钢结构，特别是非线性效应明显的索结构和预应力钢结构，不同的结构安装方式会导致结构刚度形成路径的不同，进而影响结构最终成型时的内力和变形。结构分析中，应充分考虑这些因素，必要时应进行施工模拟分析。

1.1.2 多层、高层钢结构

我国将 10 层以下、总高度小于 24m 的民用建筑和 6 层以下、总高度小于 40m 的工业建筑定义为多层钢结构；超过上述高度的定义为高层钢结构。其中民用建筑层数和高度的界限与我国建筑防火规范相协调，工业建筑一般层高较高，应根据实际工程经验确定。轻型框架和轻型框架-支撑钢结构适用于多层民用建筑和楼面等效活载小于 8kN/m^2 且建筑高度小于 20m 的工业建筑。框-排架结构型式可分为侧向框-排架和竖向框-排架，侧向框-排架由排架和框架侧向相连组成，分为等高和不等高的情况，如图 1-2（a）、（b）所示，竖向框-排架结构上部为排架结构、下部为框架结构如图 1-2（c）所示。

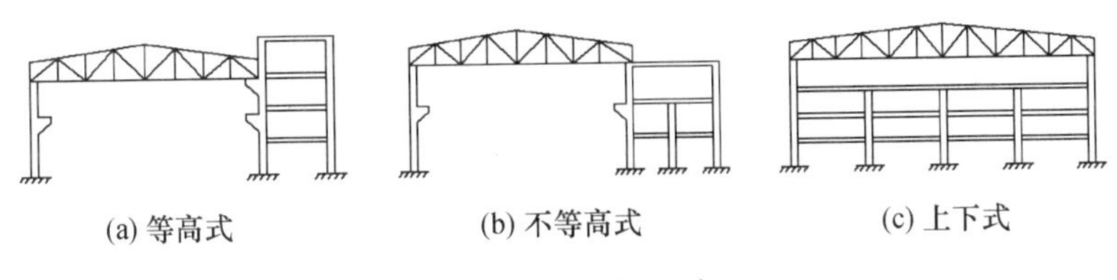

图 1-2 框-排架型式

组成结构体系的单元中，除框架的形式比较明确外，支撑、剪力墙、筒体的型式都比较丰富，其中消能支撑一般用于中心支撑的框架-支撑结构中，也可用于组成筒体结构的普通桁架筒或斜交网格筒中，在偏心支撑的结构中由于与耗能梁端的功能重叠，一般不同时采用；斜交网格筒全部由交叉斜杆编织成，可以提供很大的刚度，在广州电视塔和广州西塔等 400m 以上结构中已有应用；剪力墙板筒国内已有的实例是以钢板填充框架而形成筒体，在 300m 以上的天津津塔中获得应用。

筒体结构的细分以筒体与框架间或筒体间的位置关系为依据：筒与筒间为内外位置关系的为筒中筒；筒与筒间为相邻组合位置关系的为束筒；筒体与框架组合的为框筒，又可进一步分为传统意义上抗侧效率最高的外周为筒体、内部为主要承受竖向荷载的框架的外筒内框结构，与传统钢筋混凝土框筒结构相似的核心为筒体、周边为框架的外框内筒结构，以及多个筒体在框架中自由布置的框架多筒结构。

巨型结构是一个比较宽泛的概念，当竖向荷载或水平荷载在结构中以多个楼层作为其基本尺度而不是传统意义上的一个楼层进行传递时，即可视为巨型结构，比如，将框架或桁架的一部分当作单个组合式构件，以层或跨的尺度作为“截面”高度构成巨型梁或柱，进而形成巨大的框架体系，即为巨型框架结构，巨梁间的次结构的竖向荷载均是通过巨型梁分段传递至巨型柱；在巨型框架的“巨型梁”、“巨型柱”节点间设置支撑巨型支撑，即形成巨型框架-支撑结构；当框架为普通尺度，而支撑的布置以建筑的立面为尺度时，可以称为巨型支撑结构，比如中国香港的中国银行大厦。

不同的结构体系由于受力和变形特点的不同，延性上也有较大差异，具有多道抗侧力防线和以非屈曲方式破坏的结构体系延性更高；同时，结构的延性还取决于节点区是否会发生脆性破坏以及构件塑性区是否有足够的延性。框架-偏心支撑结构、采用消能支撑的框架-中心支撑结构、采用钢板墙的框架-抗震墙结构、不采用斜交网格筒的筒中筒和束筒结构，一般为高延性等级结构类型；全部筒体均采用斜交网格筒的筒体结构一般为低延性等级结构类型。

具有较高延性的结构在塑性阶段可以承受更大的变形而不发生构件屈曲和整体倒塌，因而具有更好的耗能能力，如果以设防烈度下结构应具有等量吸收地震能量的能力作为抗震设计准则，则较高延性的结构应该可以允许比较低延性结构更早进入塑性。屈曲约束支撑可以提高结构的延性，且相比框架-偏心支撑结构，其延性的提高更为可控，故可视其占全部支撑的比例，框架-中心支撑结构适用高度最高可提高 20%。双重抗侧力体系指的是结构体系有两道抗侧力防线，其中第二道防线的水平承载力不低于总水平剪力的 25%。

伸臂桁架和周边桁架都可以提高周边框架的抗侧贡献度，当两者同时设置时，效果更为明显，一般用于框筒结构，也可用于需要提高周边构件抗侧贡献度的各种结构体系中。伸臂桁架的上下弦杆必须在筒体范围内拉通，同时在弦杆间的筒体内设置充分的斜撑或抗剪墙以利于上下弦杆轴力在筒体内的自平衡。设置伸臂桁架的数量和位置既要考虑其总体抗侧效率，同时也要兼顾与其相连的构件及节点的承受能力。

对于超高层钢结构，风荷载经常起控制作用，选择风压小的形状有重要的意义；在一定条件下，涡流脱落引起的结构横风向振动效应非常显著，结构平面、立面的选择及角部处理会对横风向振动产生明显影响，应通过气弹模型风洞试验或数值模拟对风敏感结构的横风向振动效应进行研究。

多层、高层钢结构设置地下室时，房屋一般较高，钢框架柱宜延伸至地下一层。框架-支撑结构中沿竖向连续布置的支撑，为避免在地震反应最大的底层形成刚度突变，对抗震不利，支撑需延伸到地下室。

当采用装配整体式钢筋混凝土楼板时，可在预制混凝土楼板板肋端部设置预埋件，安装后与钢梁焊接牢固，从而保证楼盖的整体性。对于超高层钢结构，如条件许可，楼面混凝土宜优先考虑采用轻骨料混凝土。在保证楼板与梁可靠连接条件下，两端铰接的楼层梁一般可按组合梁进行设计。以上都是抗震性能较好的楼盖形式和做法。

顶点最大加速度的限值是一个综合性指标，我国制定的相关标准文件中有最低限值规定。人体的舒适度是一个比较复杂的问题，个体间存在很大偏差，当业主要求更高的服务标准时，可以对此值提高要求。在必要情况下可采用设置 TMD、AMD 等减振装置的方式提高结构舒适性。

1.1.3 大跨度钢结构

大跨度钢结构的形式和种类繁多，也存在不同的分类方法，可以按照大跨度钢结构的受力特点分类；也可以按照传力途径，将大跨度钢结构分为平面结构和空间结构，平面结构又可细分为桁架、拱及钢索、钢拉杆形成的各种预应力结构，空间结构也可细分为薄壳结构、网架结构、网壳结构及各种预应力结构。也可以采用组成结构的基本构件或基本单元（即板壳单元、梁单元、杆单元、索单元和膜单元）对空间结构进行分类。按照大跨度钢结构的受力特点进行分类，简单、明确，能够体现结构的受力特性，设计人员比较熟悉，因此，我国根据结构受力特点对大跨度钢结构进行分类，可分为刚性空间结构、柔性空间结构、杂交结构体系 3 大类。

设计人员应根据工程的具体情况选择合适的大跨度结构体系。结构的支承形式需和结构的受力特点匹配，支承应对以整体受弯为主的结构提供竖向约束和必要的水平约束，对整体受压为主的结构提供可靠的水平约束，对整体受拉为主的结构提供可靠的锚固，对平面结构设置可靠的平面外支撑体系。

分析网架、双层网壳时可假定节点为铰接，杆件只承受轴向力，采用杆单元模型；分析单层网壳时节点应假定为刚接，杆件除承受轴向力外，还承受弯矩、剪力，采用梁单元模型；分析桁架时，应根据节点的构造形式和杆件的节间长度或杆件长度与截面高度（或直径）的比例，按照《钢管结构技术规程》CECS 280：2010 中的相关规定确定。模型中的钢索和钢拉杆等应模拟为柔性构件时，各种杆件的计算模型应能够反映结构的受力状态。

设计大跨度钢结构时，应考虑下部支承结构的影响，特别是在温度和地震荷载作用下，应考虑下部支承结构刚度的影响。考虑结构影响时，可以采用简化方法模拟下部结构刚度，如必要时需采用上部大跨度钢结构和下部支承结构组成的整体模型进行分析。

在大跨度钢结构分析、设计时应重视 3 方面因素，即当大跨度钢结构的跨度较大或者平面尺寸较大且支座水平约束作用较强时，大跨度钢结构的温度作用不可忽视，对结构构件和支座设计都有较大影响；除考虑正常使用阶段的温度荷载外，建议根据工程的具体情况，必要时考虑施工过程的温度荷载，与相应的荷载进行组合。当大跨度钢结构的屋面恒荷载较小时，风荷载影响较大，可能成为结构的控制荷载，应重视结构抗风分析。应重视支座变形对结构承载力影响的分析，支座沉降会引起受弯为主的大跨度钢结构的附加弯矩、会释放受压为主的大跨度钢结构的水平推力、增大结构应力，支座变形也会使预应力结构、张拉结构的预应力状态和结构形态发生改变。

预应力结构的计算应包括初始预应力状态的确定及荷载状态的计算，初始预应力状态确定和荷载状态分析应考虑几何非线性影响。

单层网壳或者跨度较大的双层网壳、拱桁架的受力特征以受压为主，存在整体失稳的可能性。结构的稳定性甚至有可能成为结构设计的控制因素，因此应该对这类结构进行几何非线性稳定分析，重要的结构还应当考虑几何和材料双非线性对结构进行承载力分析。

大跨度钢结构的地震作用效应和其他荷载效应组合时，应同时计算竖向地震和水平地震作用，应包括竖向地震为主的组合。大跨度钢结构的关键杆件和关键节点的地震组合内力设计值应按照现行国家标准《建筑抗震设计规范》（GB 50011）的规定调整。

大跨度钢结构用于楼盖时，除应满足承载力、刚度和稳定性要求外，还应根据使用功能的不同，满足相应舒适度的要求。可以采用提高结构刚度或采取耗能减振技术满足结构舒适度要求。

结构形态和结构状态随施工过程发生改变，施工过程不同阶段的结构内力同最终状态的数值不同，应通过施工过程分析，对结构的承载力、稳定性进行验算。

1.2　现代钢结构技术的发展

现代钢结构设计和施工必须精心、精细。为此，人们规定了许多专业术语。脆断是指钢结构在拉应力状态下没有出现警示性的塑性变形而突然发生的脆性断裂。一阶弹性分析是指不考虑几何非线性对结构内力和变形产生的影响，根据未变形的结构建立平衡条件，按弹性阶段分析结构内力及位移。二阶弹性分析是指考虑几何非线性对结构内力和变形产

生的影响，根据位移后的结构建立平衡条件，按弹性阶段分析结构内力及位移。屈曲是指杆件或板件在轴心压力、弯矩、剪力单独或共同作用下突然发生与原受力状态不符的较大变形而失去稳定。腹板屈曲后强度是指腹板屈曲后尚能继续保持承受荷载的能力。通用高厚比是一种参数，其值等于钢材受弯、受剪或受压屈服强度除以相应的腹板抗弯、抗剪或局部承压弹性屈曲应力之商的平方根。整体稳定是指在外荷载作用下，对整个结构或构件能否发生屈曲或失稳的评估。有效宽度是指在进行截面强度和稳定性计算时，假定板件有效的那一部分宽度。有效宽度系数是指板件有效宽度与板件实际宽度的比值。计算长度是指构件在其有效约束点间的几何长度乘以考虑杆端变形情况和所受荷载情况的系数而得的等效长度，用以计算构件的长细比。长细比是指构件计算长度与构件截面回转半径的比值。换算长细比是指在轴心受压构件的整体稳定计算中，按临界力相等的原则，将格构式构件换算为实腹构件进行计算时对应的长细比，或将弯扭与扭转失稳换算为弯曲失稳时采用的长细比。支撑力是指为减少受压构件（或构件的受压翼缘）的自由长度所设置的侧向支撑处，在被支撑构件（或构件受压翼缘）的屈曲方向，所需施加于该构件（或构件受压翼缘）截面剪心的侧向力。纯框架是指依靠构件及节点连接的抗弯能力，抵抗侧向荷载的框架。框架支撑结构是指由框架及支撑共同组成的抗侧力体系。蜂窝梁是指将 H 型钢腹板沿设定的齿槽切制，然后错开将腹板凸出部分对齐焊接，形成蜂窝状空格的空腹梁。摇摆柱是指框架内两端为铰接不能抵抗侧向荷载的柱。构件是指直接组成结构的单元。如梁、柱、桁架、板、壳等。杆件是指长度远大于其他两个方向尺寸的变形体。如梁、柱、屋架中的各根杆等。柱腹板节点域是指框架梁柱的刚接节点处，柱腹板在梁高度范围内，上下边设有加劲肋或隔板的区域中。球形钢支座是指使结构在支座处可以沿任意方向转动，以钢球面作为支承面的铰接支座或可移动支座。板式橡胶支座是指满足支座位移要求，以橡胶和薄板等复合材料制成传递支座反力的支座。

钢板剪力墙是指以钢板为材料填充于框架中承受框架中的水平剪力的墙体。主管是指钢管结构构件中，在节点处连续贯通的管件，如桁架中的弦杆。支管是指钢管结构中，在节点处断开并与主管相连的管件，如桁架中与主管相连的腹杆。间隙节点是指两支管的趾部离开一定距离的管节点。搭接节点是指在钢管节点处，两支管相互搭接的节点。平面管节点是指支管与主管在同一平面内相互连接的节点。空间管节点是指在不同平面内的支管与主管相接而形成的管节点。组合构件是指由一块以上的钢板（或型钢）相互连接组成的构件，如工字形截面或箱形截面组合梁或柱。钢与混凝土组合梁是指由混凝土翼板与钢梁通过抗剪连接件组合而成可整体受力的梁。钢管混凝土柱是指钢管内浇注混凝土的柱。消能梁段是指框架支撑结构中，支撑连接位置偏离梁柱节点，每根支撑应至少一端与框架梁相连，并在支撑与梁交点和柱之间或同一跨内另一支撑与梁交点之间形成的一段短梁。中心支撑框架是指不具有消能梁段的框架支撑结构。偏心支撑框架是指具有消能梁段的框架支撑结构。屈曲约束支撑是指由核心钢支撑、外约束单元和两者之间的无粘结构造层组成的支撑体系。抗震构件及节点是指作为结构体系的一部分，用于抵抗地震作用的构件和节点。非抗震构件及节点是指不承担地震作用的构件。钢材名义屈服强度是指钢材屈服强度标准值，工具钢为其上限值，其余钢材均为其下限值。

零件是指组成部件或构件的最小单元，如节点板、翼缘板等。部件是指由若干零件组成的单元，如焊接 H 型钢、牛腿等。构件是指由零件或由零件和部件组成的钢结构基本单元，如梁、柱、支撑、钢板墙、桁架等。后安装构件是指设计文件要求延后安装的构件。管桁架是指由数根管杆件在端部相互连接而成的格子式结构。临时结构是指在施工期间存在的、施工结束后需要拆除的结构。临时措施是指在施工期间为了满足施工需求和保证结构稳定而设置的一些必要的构造或临时零部件、杆件和结构，如吊装孔、连接板、辅助梁柱、承重架等。空间刚度单元是指由构件组成的基本稳定空间体系。焊接球节点是指管直接焊接在球上的节点。螺栓球节点是指管与球采用螺栓相连的节点。铸钢节点是指将钢结构构件、部件或板件连接成整体的铸钢件。高强度螺栓连接副是指高强度螺栓和与之配套的螺母、垫圈的总称。抗滑移系数是指高强度螺栓连接中，使连接件摩擦面产生滑动时的外力与垂直于摩擦面的高强度螺栓预拉力之和的比值。相贯线是指面与面的相交线。设计施工图是指由设计单位编制的作为工程施工依据的技术图纸。施工详图是指依据钢结构设计施工图，绘制的用于直接指导钢结构构件制作和安装的细化技术图纸。设计文件是指由设计单位完成的设计图纸、设计说明和设计变更文件等技术文件的统称。施工阶段结构分析是指在钢结构制作、运输和安装过程中，为满足相关功能要求所进行的结构分析和计算。预变形是指为达到设计位形的控制目标，预先对结构或构件定位进行的初始变形设置。预拼装是指为检验构件是否满足质量要求而预先进行的试拼装。栓钉焊是指将栓钉焊于构件表面的焊接方法。环境温度是指制作或安装钢结构时现场的温度。

国外发达国家的钢结构技术已发展到智能建造阶段，钢结构可以像制造机器一样进行智能制造，实现了钢结构设计、制作、安装的智能化、自动化、集成化和一体化，其重要的依托技术是 BIM 技术，典型的 BIM 软件是宾利结构、Tekla 结构、AutodeskRevit®结构。采用 BIM 技术时，钢结构的整体结构可分为不同的部分，可以在结构工程师定义的必要负载约束条件下使用最少的材料数量和劳动力轻松制造构件并运输到现场、竖立和连接。简单地用 3D 来模拟结构的所有细节是不够的，比如螺母、螺栓、焊缝、板等。钢结构详细设计软件的特点体现在 3 个方面，即自动和可定制的钢连接细节，此功能必须包含定义规则集的能力，这些规则集管理连接类型的选择方式和参数调整方式以适应结构中的特定情况；内置结构分析功能，通常包括有限元分析、能够导出结构模型，还包括以外部结构分析软件包可读的格式定义的载荷，在这种情况下其也应该能够将负载导回到 3D 模型中；直接向计算机数控（CNC）机械输出切割、焊接和钻孔指令，可用软件为 Tekla Structures、SDS/2 设计数据、StruCAD、3d 等。

习　　题

1. 何谓钢结构？
2. 钢结构的主要类型有哪些？
3. 简述单层钢结构的特点。
4. 简述多层、高层钢结构的特点。
5. 简述大跨度钢结构的特点。
6. 介绍几个钢结构的专业术语及含义。
7. 谈谈你对钢结构未来发展的认识。

第 2 章　钢结构用钢材

2.1　钢结构用钢材的种类和性质

对钢结构用钢材的基本要求主要体现在 5 个方面，即较高的强度（主要是抗拉强度 f_u和屈服点 f_y比较高）；足够的变形能力（主要指塑性和韧性较好）；良好的加工性能（主要指适合冷、热加工的能力和良好的可焊性）；适应低温、有害介质侵蚀（包括大气锈蚀）以及重复荷载作用等的性能；容易生产、价格便宜。普通碳素结构钢 Q235 钢和低合金高强度结构钢 Q345、Q390 及 Q420 是符合上述要求的。采用其他钢材时，需有可靠依据，以确保钢结构的质量。

2.1.1　钢结构用钢材的主要性能

钢结构用钢材的主要性能涉及 4 个方面，即拉伸、冷弯、冲击韧性、可焊性。应根据现行国家标准《钢结构工程施工质量验收规范》（GB 50205）的规定，对进入钢结构工程实施现场的主要材料需进行进场验收，即检查钢材的质量合格证明文件、中文标识及检验报告，确认钢材的品种、规格、性能是否符合现行国家标准和设计要求。

（1）拉伸性能。单向拉伸时的工作性能，主要考虑的条件是常温、静载条件下一次拉伸，如图 2-1 所示。

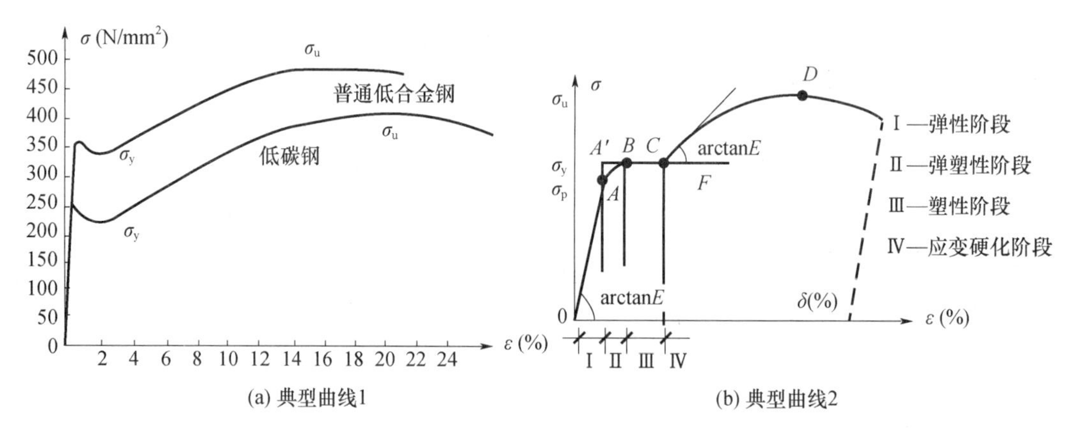

图 2-1　钢材的一次拉伸应力-应变曲线

比例极限 σ_P是应力-应变图中直线段的最大应力值，严格地说，比 σ_P略高处还有弹性极限，但弹性极限与 σ_P极其接近，所以通常略去弹性极限的点，把 σ_P看作弹性极限。屈

服点 σ_y 是另一个重要参数，应变 ε 在 σ_P 之后不再与应力成正比，而是渐渐加大，应力-应变间成曲线关系，一直到屈服点。抗拉强度 σ_u 是第三个重要参数，屈服平台之后，应变增长时又需有应力的增长，但相对地说，应变增加得快，呈现曲线关系直到最高点。伸长率 δ 是第四个重要参数，包括 δ_5 和 δ_{10} 两个指标，伸长率是断裂前试件的永久变形与原标定长度的百分比，取圆形试件直径 δ 的 5 倍或 10 倍为标定长度，其相应的伸长率用 δ_5 和 δ_{10} 表示，伸长率代表材料断裂前具有的塑性变形的能力，结构制造时的这种能力可使材料经受剪切、冲压、弯曲及锤击所产生的局部屈服而无明显损坏。人们习惯认为屈服点、抗拉强度和伸长率是钢材的三个重要力学性能指标，钢结构中所采用的钢材都应满足钢结构设计规范对这三项力学性能指标的要求。

屈服点是建筑钢材的一个重要力学特性，其意义体现在两个方面，即作为结构计算中材料强度标准或材料抗力标准，应力达到 σ_y 时的应变与 σ_P 时的应变较接近，可以认为应力达到 σ_y 时为弹性变形的终点，同时，达到 σ_y 后在一个较大的应变范围内应力不会继续增加，表示结构一时丧失继续承担更大荷载的能力，因此以 σ_y 作为弹性计算时强度的标准。形成理想弹塑性体的模型，为发展钢结构计算理论提供基础，σ_y 之前钢材近于理想弹性体，σ_y 之后塑性应变范围很大而应力保持不增长，所以接近理想塑性体，因此，可以用两根直线的图形作为理想弹塑性体的应力-应变模型，钢结构设计规范对塑性设计的规定就是以材料是理想弹塑性体的假设为依据的，忽略了应变硬化的有利作用。

（2）冷弯性能。如图 2-2 所示，根据试样厚度，按规定的弯心直径将试样弯曲 180°，其表面及侧面无裂纹或分层则为“冷弯试验合格”。“冷弯试验合格”一方面同伸长率符合规定一样，表示材料塑性变形能力符合要求，另一方面表示钢材的冶金质量（颗粒结晶及非金属夹杂分布，甚至在一定程度上包括可焊性）符合要求，因此，冷弯性能是判别钢材塑性变形能力及冶金质量的综合指标。重要结构中需要有良好的冷热加工的工艺性能时，应有冷弯试验合格保证。

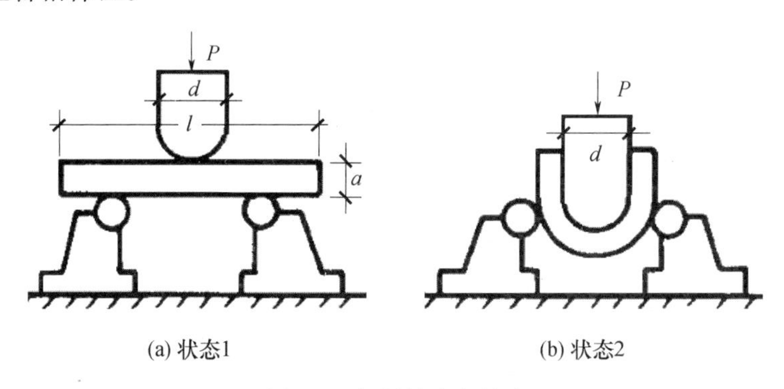

图 2-2　钢材的冷弯试验

（3）冲击韧性。如图 2-3 所示，与抵抗冲击作用有关的钢材的性能是韧性。韧性是钢材断裂时吸收机械能能力的量度。吸收较多能量才断裂的钢材，是韧性好的钢材。钢材在一次拉伸静载作用下断裂时所吸收的能量，用单位体积吸收的能量来表示，其值等于应力-应变曲线下的面积。塑性好的钢材，其应力-应变曲线下的面积大，所以韧性值大。然而，实际工作中，不用上述方法来衡量钢材的韧性，而用冲击韧性衡量钢材抗脆断的性能，因为实际结构中脆性断裂并不发生在单向受拉的地方，而总是发生在有缺口高峰应力

的地方，在缺口高峰应力的地方常呈三向受拉的应力状态。

缺口韧性值受温度影响，温度低于某值时将急剧降低。设计处于不同环境温度的重要结构，尤其是受动载作用的结构时，要根据相应的环境温度对应提出冲击韧性的保证要求。

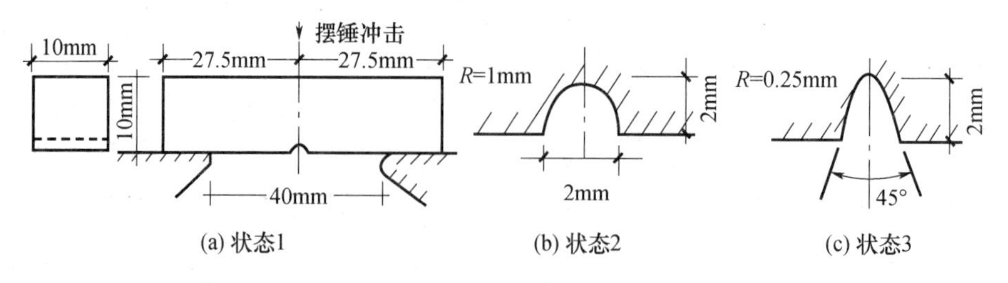

图 2-3　钢材的冲击试验

(4) 可焊性。可焊性是指采用一般焊接工艺就可完成合格的（无裂纹的）焊缝的性能。钢材的可焊性受碳含量和合金元素含量的影响。碳含量在 0.12%～0.20%范围内的碳素钢，可焊性最好。碳含量更高可使焊缝和热影响区变脆。

2.1.2　影响钢材性能的因素

1. 化学成分的影响

钢是含碳量小于 2%的铁碳合金，含碳量大于 2%时则为铸铁。制造钢结构所用的材料有碳素结构钢中的低碳钢及低合金结构钢。碳素结构钢由钝铁、碳及杂质元素组成，其中纯铁约占 99%，碳及杂质元素约占 1%。低合金结构钢中，除上述元素外还加入合金元素，后者总量通常不超过 3%。碳及其他元素虽然所占比重不大，但对钢材性能却有重要影响。

(1) 碳（C）。碳是碳素结构钢中仅次于铁的主要元素，是影响钢材强度的主要因素，随着含碳量的增加，钢材强度提高，而塑性和韧性，尤其是低温冲击韧性下降，同时可焊性、抗腐蚀性、冷弯性能明显降低。因此结构用钢的含碳量一般不应超过 0.22%，对焊接结构应低于 0.2%。

(2) 锰（Mn）。锰是一种弱脱氧剂，适量的锰含量可以有效地提高钢材的强度，又能消除硫、氧对钢材的热脆影响，而不显著降低钢材的塑性和韧性。锰在碳素结构钢中的含量为 0.3%～0.8%，在低合金钢中一般为 1.0%～1.7%。

(3) 硅（Si）。硅是一种强脱氧剂，适量的硅可提高钢材的强度，而对塑性、韧性、冷弯性能和可焊性无明显不良影响，但硅含量过大时，会降低钢材的塑性、韧性、抗锈蚀性和可焊性。

(4) 钒（V）、铌（Nb）、钛（Ti）。钒、铌、钛都能使钢材晶粒细化。我国的低合金钢都含有这三种元素，它们作为锰以外的合金元素，既可提高钢材强度，又保持钢材良好的塑性、韧性。

(5) 铝（Al）、铬（Cr）、镍（Ni）。铝是强脱氧剂，用铝进行补充脱氧，不仅进一步减少钢中的有害氧化物，而且能细化晶粒。铬和镍是提高钢材强度的合金元素，用于 Q390 钢和 Q420 钢。

(6) 硫（S）。硫是一种有害元素，可以降低钢材的塑性、韧性、可焊性、抗锈蚀性等，在高温时使钢材变脆，即热脆。因此，钢材中硫的含量不得超过 0.05%，在焊接结构中不超过0.045%。

（7）磷（P）。磷既是有害元素也是能利用的合金元素。磷是碳素钢中的杂质，它在低温下使钢变脆，这种现象称为冷脆。在高温时磷也能使钢减少塑性，但磷能提高钢的强度和抗锈蚀能力。

（8）氧（O）、氮（N）。氧和氮也是有害杂质，在金属熔化的状态下可以从空气中进入。氧能使钢热脆，其作用比硫剧烈，氮能使钢冷脆，与磷相似。

2. 成材过程的影响

（1）冶炼。钢材的冶炼方法主要有平炉炼钢、氧气顶吹转炉炼钢、碱性侧吹转炉炼钢及电炉炼钢。在建筑钢结构中，主要使用氧气顶吹转炉生产的钢材。目前氧气顶吹转炉钢的质量，由于生产技术的提高，已不低于平炉钢的质量。冶炼这一冶金过程形成钢的化学成分与含量、钢的金相组织结构，不可避免地存在冶金缺陷，从而决定不同的钢种、钢号及其相应的力学性能。

（2）浇铸。把熔炼好的钢水浇铸成钢锭或钢坯有两种方法，一种是浇入铸模做成钢锭，另一种是浇入连续浇铸机做成钢坯。铸锭过程中因脱氧程度不同，最终成为镇静钢、半镇静钢与沸腾钢。钢在冶炼及浇铸过程中会不可避免地产生冶金缺陷，常见的冶金缺陷有偏析、非金属夹杂、气孔及裂纹等。这些缺陷都将影响钢的力学性能。

（3）轧制。钢材的轧制能使金属的晶粒变细，也能使气泡、裂纹等焊合，因而改善了钢材的力学性能。薄板因辊轧次数多，其强度比厚板略高；浇铸时的非金属夹杂物在轧制后能造成钢材的分层，所以分层是钢材（尤其是厚板）的一种缺陷。设计时应尽量避免拉力垂直于板面的情况，以防止层间撕裂。

（4）热处理。热处理的目的在于使钢材取得高强度的同时能够保持良好的塑性和韧性。正火属于最简单的热处理，把钢材加热至850～900℃并保持一段时间后在空气中自然冷却，即为正火。如果钢材在终止轧制时温度正好控制在上述温度范围，可得到正火的效果，称为控轧。回火是将钢材重新加热至650℃并保温一段时间，然后在空气中自然冷却。淬火加回火也称调质处理，淬火是把钢材加热至900℃以上，保温一段时间，然后放入水或油中快速冷却。强度很高的钢材，包括高强度螺栓的材料都要经过调质处理。

3. 影响钢材性能的其他因素

（1）冷加工硬化（应变硬化）。如图2-4所示，将在常温下进行的加工称为冷加工。冷拉、冷弯、冲孔、机械剪切等加工使钢材产生很大塑性变形，由于减小了塑性和韧性性能，普通钢结构中不利用硬化现象所提高的强度。重要结构还把钢板因剪切而硬化的边缘部分刨去。用作冷弯薄壁型钢结构的冷弯型钢，是由钢板或钢带经冷轧成型的，也有的是经压力机模压成型或在弯板机上弯曲成型的。由于这个原因，薄壁型钢结构设计中允许利用因局部冷加工而提高的强度。此外，还有性质类似的时效硬化与应变时效。时效硬化指钢材仅随时间的增长而转脆，应变时效指应变硬化加时效硬化。由于这些是使钢材转脆的性质，所以有些重要结构要求对钢材进行人工时效，然后测定其冲击韧性，以保证结构具有长期的抗脆性破坏能力。

（2）温度的影响。如图2-5所示，钢材对温度相当敏感，温度升高与降低都使钢材性能发生变化。相比之下，低温性能更重要。正温范围总的趋势是随着温度的升高，钢材强度降低，变形增大。约在200℃以内钢材性能没有很大变化，430～540℃之间则强度（f_y

与 f_u）急剧下降；到 600℃时强度很低不能承担荷载。此外，250℃附近有蓝脆现象，在 260～320℃时有徐变现象。蓝脆现象指温度在 250℃左右的区间内，f_u有局部性提高，f_y也有回升现象，同时塑性有所降低，材料有转脆倾向。在蓝脆区进行热加工，可能引起裂纹。徐变现象指在应力持续不变的情况下，钢材以很缓慢的速度继续变形的现象。设计时规定以 150℃为适宜温度，超过此温度之后结构表面需加设隔热保护层。

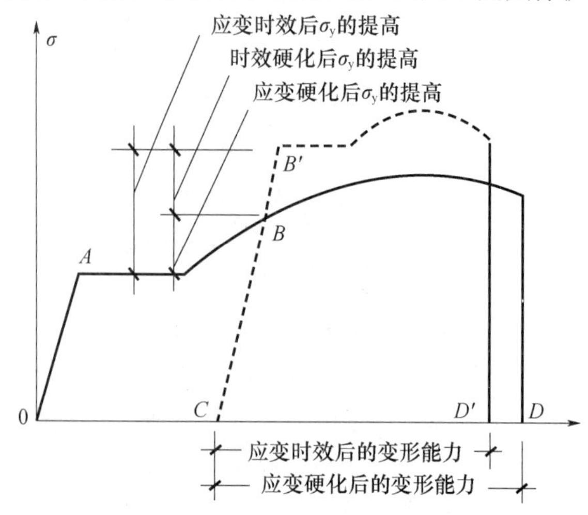

图 2-4　钢材的硬化

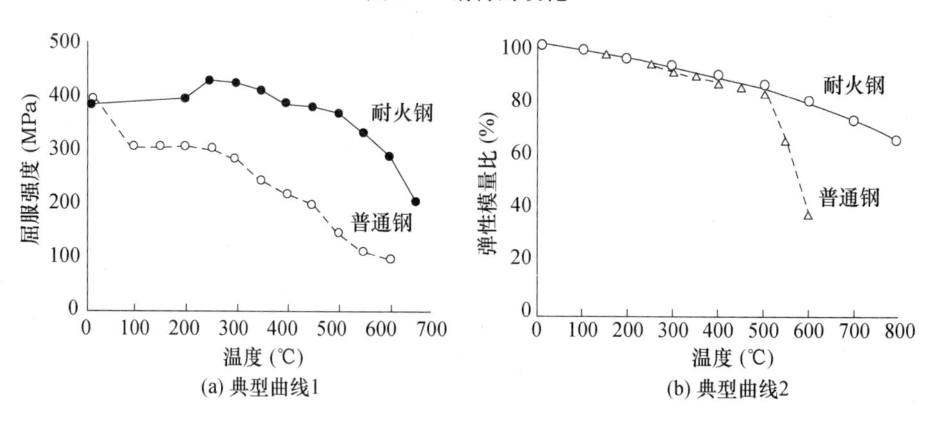

图 2-5　高温对钢材性能的影响

负温范围内，f_y与 f_u都增高，但塑性变形能力减小，因而材料转脆，对冲击韧性的影响十分突出（图 2-6）。材料由韧性破坏转到脆性破坏的温度点称为该种钢材的脆性转变温度，在结构设计中要求避免完全脆性破坏，所以结构所处温度应大于脆性转变温度。

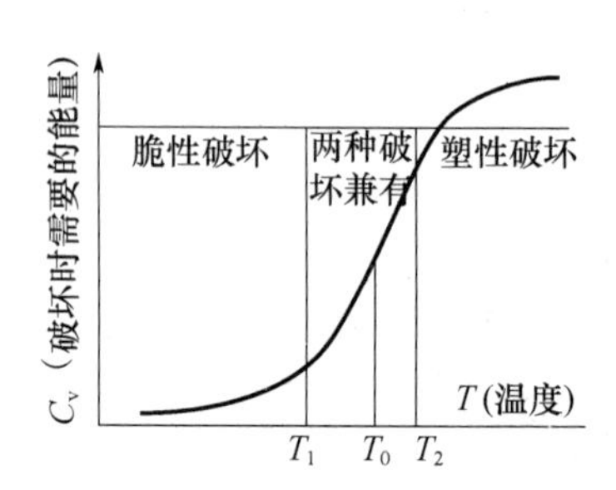

图 2-6　C_v 值随温度 T 的变化

（3）应力集中。如图 2-7 所示，当截面完整性遭到破坏，如有裂纹（内部的或表面的）、孔洞、刻槽、凹角时以及截面的厚度或宽度突然改变时，构件中的应力分布将变得很不均匀。在缺陷或截面变化处附近，应力线曲折、密集、出现高峰应力的现象称为应力集中。孔边应力高峰处将产生双向或三向的应力。这是因为材料的某一点在 x 方向伸长的同时，在 y 方向（横向）将要收缩，当板厚较大时还将引起 z 方向收缩。由力学知识可知，三向同号应力且各应力数值接近时，材料不易屈服。当为数值相等三向拉应力时，直到材料断裂也不屈服。没有塑性变形的断裂是脆性断裂。所以，三向应力的应力状态，使材料沿力作用方向塑性变形的发展受到很大约束，材料容易发生脆性破坏。因此，对于厚钢材应该要求更高的韧性。

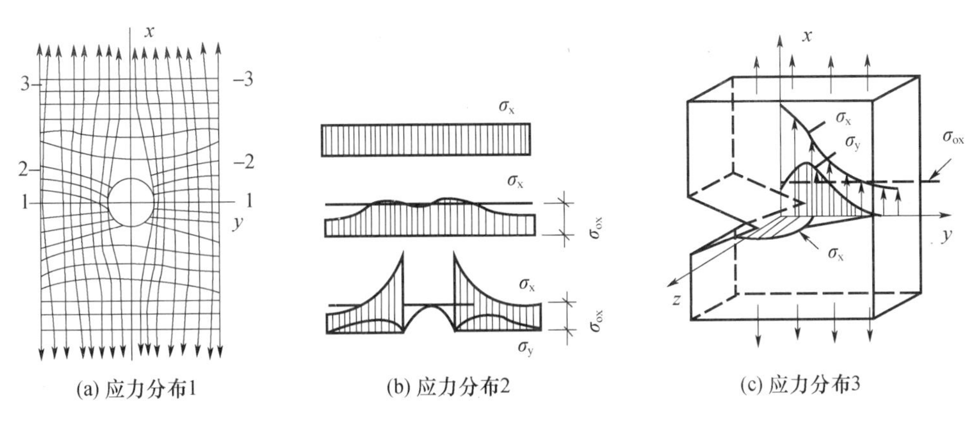

图 2-7　孔洞、缺口处的应力集中

2.1.3　钢材的延性破坏和非延性破坏

有屈服现象的钢材或者虽然没有明显屈服现象而能发生较大塑性变形的钢材，一般属于塑性材料。没有屈服现象或塑性变形能力很小的钢材，则属于脆性材料。塑性材料是指由于材料原始性能以及在常温、静载并一次加荷的工作条件之下能在破坏前发生较大塑性变形的材料。然而一种钢材具有塑性变形能力的大小，不仅取决于钢材原始的化学成分，熔炼与轧制条件，也取决于后来所处的工作条件。即使原来塑性表现极好的钢材，改变了工作条件，如在很低的温度之下受冲击作用，也完全可能呈现脆性破坏。所以，严格地说，不宜把钢材划分为塑性材料和脆性材料，而应区分材料可能发生的塑性破坏与脆性破坏。

2.1.4　循环加荷效应和快速加荷效应

1. 循环加荷效应

（1）疲劳断裂。疲劳断裂是微观裂缝在连续重复荷载作用下不断扩展直至断裂的脆性破坏。断口可能贯穿于母材，可能贯穿于连接焊缝，也可能贯穿于母材及焊缝。出现疲劳断裂时，截面上的应力低于材料的抗拉强度，甚至低于屈服强度。同时，疲劳破坏属于脆性破坏，塑性变形极小，因此是一种没有明显变形的突然破坏，危险性较大。疲劳破坏的构件断口上面一部分呈现半椭圆形光滑区，其余部分则为粗糙区（图 2-8）。如图 2-9 所示，应力循环特性常用应力比值来表示，以拉应力为正值。连续重复荷载之下应力往复变化一周称为一个循环，$\rho=\sigma_{min}/\sigma_{max}$，$\Delta\sigma=\sigma_{max}-\sigma_{min}$ 为应力幅，$\Delta\sigma$ 表示应力变化的幅度，其总为正值。

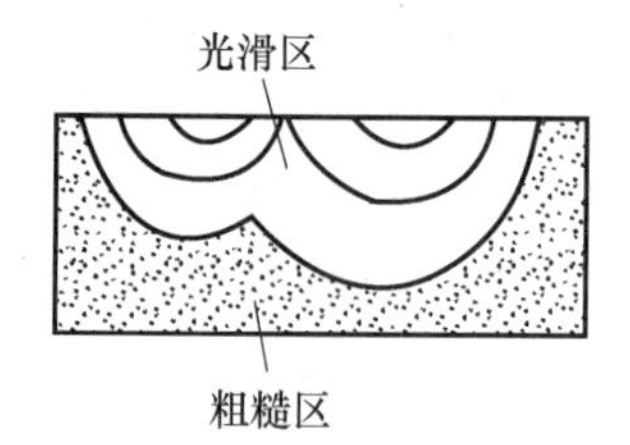

图 2-8 断口示意

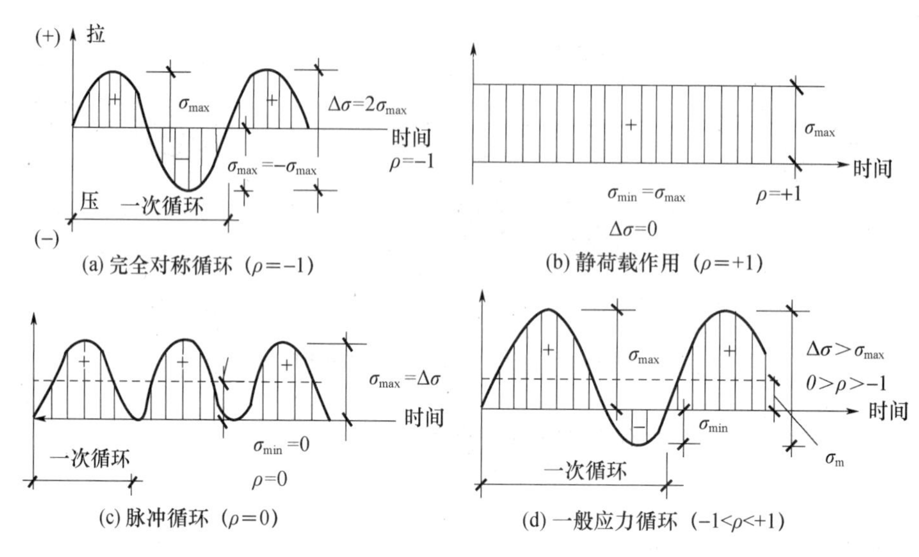

图 2-9 应力循环

（2）$\Delta\sigma$-n 曲线。根据试验数据可以画出构件或连接的应力幅 $\Delta\sigma$，与相应的致损循环次数 n 的关系曲线［图 2-10（a）］，这种曲线是疲劳验算的基础，致损循环次数也称为疲劳寿命。目前国内外都常用双对数坐标轴的方法使曲线改为直线以便于分析［图 2-10（b）］。在双对数坐标图中，疲劳方程就是直线式（图中实直线）。

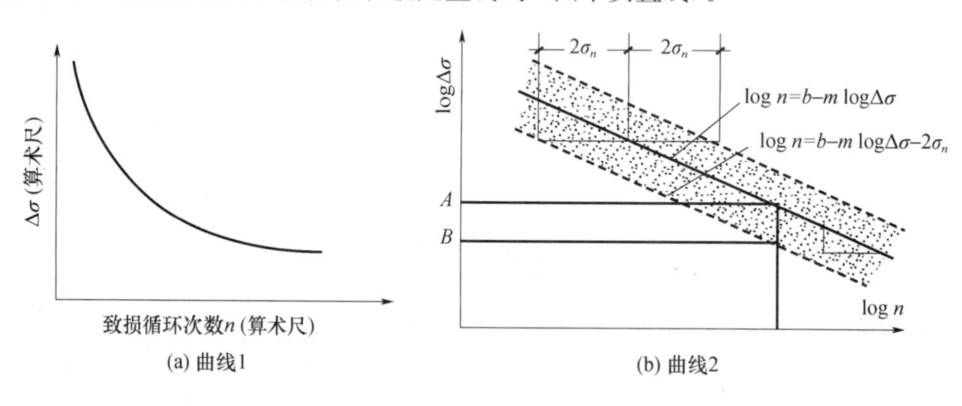

图 2-10 $\Delta\sigma$-n 曲线

（3）疲劳验算及容许应力幅。直接受到重复荷载作用的构件，如吊车梁、桥梁、输送栈桥和某些工作平台梁等以及它们的连接，当应力循环次数 $n>10^5$ 时应进行疲劳验算。永久荷载所产生的应力为不变值，没有应力幅。应力幅只由重复作用的可变荷载产生，所以疲劳验算按可变荷载标准值进行。荷载计算中不乘以吊车动力系数，常幅疲劳按式 $\Delta\sigma\leqslant[\Delta\sigma]$ 进行验算，其中，$\Delta\sigma$ 为对焊接结构的应力幅，$\Delta\sigma=\sigma_{max}-\sigma_{min}$；对非焊接部位的计算应力幅 $\Delta\sigma=\sigma_{max}-\sigma_{min}$，应力以拉为正，压为负；$[\Delta\sigma]$ 为常幅疲劳的容许应力幅。另外，$\Delta\sigma=(C/n)^{1/\beta}$，其中，$C$，$\beta$ 为系数，焊接结构中根据各种不同的构造细部使疲劳强度不同程度地降低。

2. 快速加荷效应

快速加荷使钢材的屈服点和抗拉强度提高，而钢厂在做钢材拉伸试验时往往加荷比较快，致使所得 f_y、f_u 偏高。快速加荷的不利效应在于影响能量吸收的能力，图 2-11 给出三条不同加荷速率下的断裂能量-温度关系曲线。从图可以看出，随着加荷速率的减小，曲线向温度较低的方向移动。有些结构的钢材在工作温度下冲击韧性值很低，但仍然保持完好，就可以由加荷速率很慢来说明。对于同一冲击韧性的材料，当设计承受动力荷载时，允许最低的使用温度要比承受静力荷载高得多。加荷速度对断裂韧性的影响如图 2-12 所示。

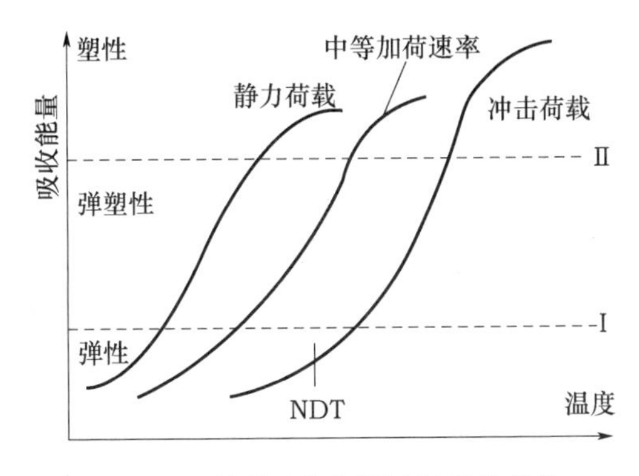

图 2-11　断裂吸收能量随温度的变化

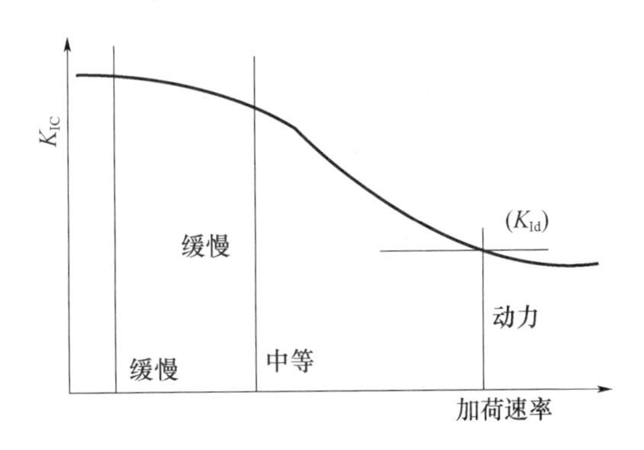

图 2-12　加荷速度对断裂韧性的影响

2.1.5　常见建筑钢材的类别及选择

1. 建筑钢材的类别

(1) 碳素结构钢。碳素结构钢的牌号（简称钢号）有 Q195、Q235A、Q235B、Q235C 及 Q235Δ，Q275。其中的 Q 是屈服强度中屈字汉语拼音的字首，后接的阿拉伯字表示以 N/mm^2 为单位屈服强度的大小，A、B、C 或 Δ 等表示按质量划分的级别。最后还有一个表示脱氧方法的符号如 F、Z 或 b。从 Q195 到 Q275，是按强度由低到高排列的；钢材强度主要由其中碳元素含量的多少来决定，但与其他一些元素的含量也有关系。所以，钢号由低到高在较大程度上代表了含碳量的由低到高。

(2) 低合金高强度结构钢。低合金高强度结构钢是在钢的冶炼过程中添加少量几种合金元素使钢的强度明显提高，故称低合金高强度结构钢。Q345、Q390 和 Q420 是钢结构设计规范规定采用的钢种。其符号的含义和碳素结构钢牌号的含义相同。这三种钢都包括 A、B、C、D、E 五种质量等级，和碳素结构钢一样，不同质量等级是按对冲击韧性（夏比 V 形缺口试验）的要求区分的。A 级无冲击功要求；B 级要求提供 20℃ 冲击功 $A_{Kv}\geqslant$ 34J（纵向）；C 级要求提供 0℃ 冲击功 $A_{K_v}\geqslant$34J（纵向）；D 级要求提供－20℃ 冲击功

A_{Kv}≥34J（纵向）；E 级要求提供－40℃冲击功 A_{Kv}≥27J（纵向）。不同质量等级对碳、硫、磷、铝等含量的要求也有区别。低合金高强度结构钢的 A、B 级属于镇静钢，C、D、E 级属于特殊镇静钢。

（3）高强钢丝和钢索材料。悬索结构和斜张拉结构的钢索、桅杆结构的钢丝绳等通常都采用由高强钢丝组成的平行钢丝束、钢绞线和钢丝绳。高强钢丝是由优质碳素钢经过多次冷拔而成，分为光面钢丝和镀锌钢丝两种类型。钢丝强度的主要指标是抗拉强度，其值在 1570～1700N/mm^2 范围内，而屈服强度通常不作要求。高强钢丝的伸长率较小，最低为 4%，但高强钢丝（和钢索）有一个不同于一般结构钢材的特点——松弛，即在保持长度不变的情况下所承拉力随时间延长而略有降低。平行钢丝束由 7 根、19 根、37 根或 61 根钢丝组成，其截面如图 2-13 所示。钢丝束内各钢丝受力均匀，弹性模量接近一般受力钢材。用来组成钢丝束的钢丝除圆形截面外，还有梯形和异形截面的钢丝。钢绞线也称单股钢丝绳，由多根钢丝捻成。钢丝绳多由 7 股钢绞线捻成，以一股钢绞线为核心，外层的 6 股钢绞线沿同一方向缠绕。平行钢丝束的截面如图 2-13 所示，钢丝绳的捻法及截面如图 2-14 所示。

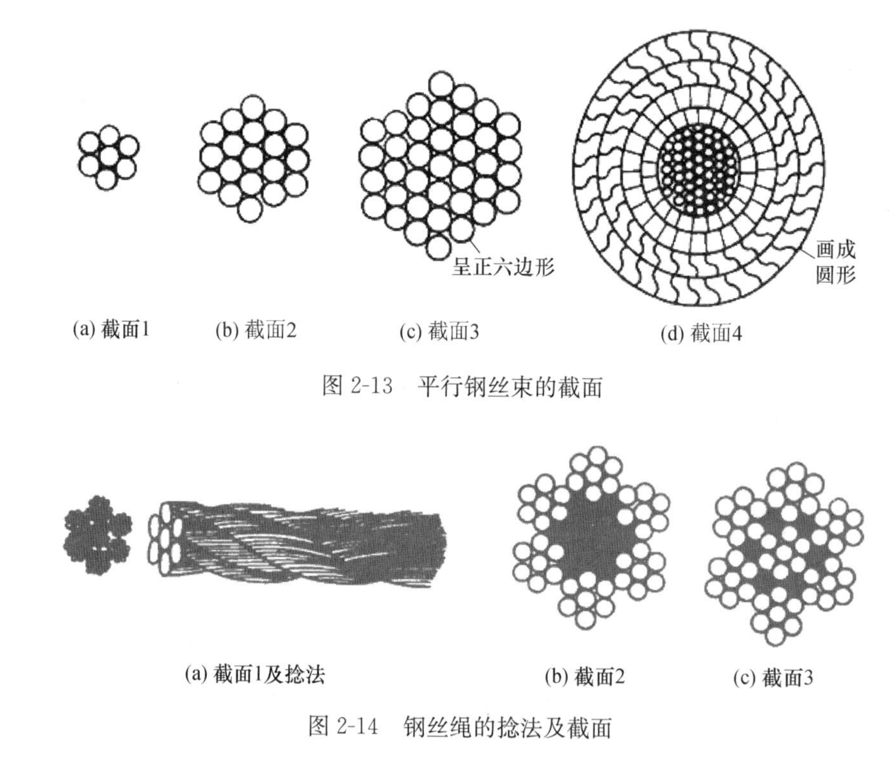

图 2-13　平行钢丝束的截面

图 2-14　钢丝绳的捻法及截面

2. 钢材选择原则

选择钢材的目的是要做到结构安全可靠，同时用材经济合理。为此，在选择钢材时应考虑四方面因素，即结构或构件的重要性；荷载性质（静载或动载）；连接方法（焊接、铆接或螺栓连接）；工作条件（温度及腐蚀介质）。对于重要结构、直接承受动载的结构、处于低温条件下的结构及焊接结构，应选用质量较高的钢材。Q235A 钢的保证项目中，碳含量、冷弯试验合格和冲击韧性值并未作为必要的保证条件，所以只宜用于不直接承受动力作用的结构中；当用于焊接结构时，其质量证明书中应注明碳含量不超过 0.2%。当选用 Q235A、Q235B 级钢时，还需要选定钢材的脱氧方法。连接所用钢材，如焊条、自动或半自动焊的焊丝及螺栓的钢材应与主体金属的强度相适应。

3. 型钢的规格

钢结构构件一般宜直接选用型钢，这样可减少制造工作量，降低造价。型钢尺寸不合适或构件很大时则用钢板制作。型钢有热轧及冷成型两种。

（1）热轧钢板。热轧钢板分厚板及薄板两种，厚板的厚度为 4.5～60mm（广泛用来组成焊接构件和连接钢板），薄板厚度为 0.35～4mm（冷弯薄壁型钢的原料）。在图纸中钢板用“一厚×宽×长（单位为 mm）”前面附加钢板横断面的方法表示，如：－12×800×2100 等。

（2）热轧型钢。如图 2-15 所示，常见的热轧型钢主要有角钢、槽钢、工字钢、H 型钢和剖分 T 型钢。角钢有等边和不等边两种。等边角钢，以边宽和厚度表示，如 L100×10 为肢宽 100mm、厚 10mm 的等边角钢。不等边角钢，则以两边宽度和厚度表示，如 L100×80×10 等。我国槽钢主要有两种尺寸系列，即热轧普通槽钢与热轧轻型槽钢；前者的表示法如［30a，指槽钢外廓高度为 30cm 且腹板厚度为最薄的一种；后者的表示法例如［25Q，表示外廓高度为 25cm，Q 是汉语拼音“轻”的拼音字首；同样号数时，轻型者由于腹板薄及翼缘宽而薄，因而截面积小但回转半径大，能节约钢材减少自重，不过轻型系列的实际产品较少。工字钢与槽钢相同，也分成上述的两个尺寸系列，即普通型和轻型；与槽钢一样，工字钢外轮廓高度的厘米数即为型号，普通型钢当型号较大时腹板厚度分 a、b 及 c 三种；轻型钢由于壁厚已薄故不再按厚度划分；两种工字钢表示法如 I32c、I32Q 等。热轧 H 型钢分为三类，即宽翼缘 H 型钢（HW）、中翼缘 H 型钢（HM）和窄翼缘 H 型钢（HN）；H 型钢型号的表示方法是先用符号 HW、HM 和 HN 表示 H 型钢的类别，后面加“高度（毫米）×宽度（毫米）”；例如 HW300×300，即为截面高度为 300mm，翼缘宽度为 300mm 的宽翼缘 H 型钢。剖分 T 型钢也分为三类，即宽翼缘剖分 T 型钢（TW）、中翼缘剖分 T 型钢（TM）和窄翼缘剖分 T 型钢（TN）；剖分 T 型钢系由对应的 H 型钢沿腹板中部对等剖分而成，其表示方法与 H 型钢类同。

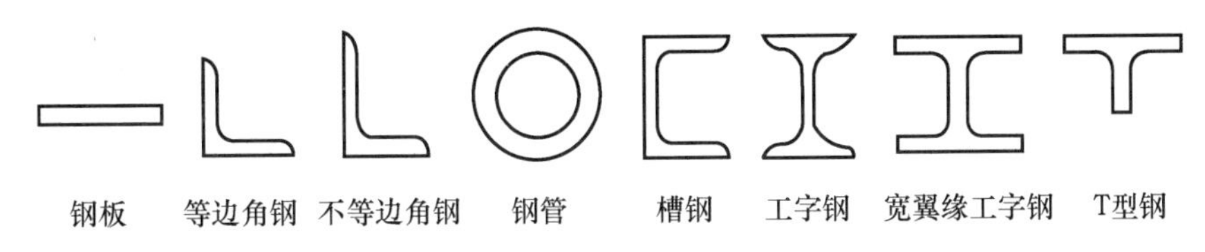

图 2-15　热轧型钢的截面

（3）冷弯薄壁型钢。是用 2～6mm 厚的薄钢板经冷弯或模压而成型的（图 2-16）。压型钢板是近年来开始使用的薄壁型材，所用钢板厚度为 0.4～2mm，用作轻型屋面等构件。

图 2-16　冷弯型钢的截面形式

热轧型钢的型号及截面几何特性见本书后续内容。薄壁型钢的常用型号及截面几何特性见我国现行国家标准《冷弯薄壁型钢结构技术规范》(GB50018)，限于篇幅不再赘述。

2.2 钢结构用钢需考虑的因素

钢结构用钢需考虑的第一类因素是荷载和作用，其中单层房屋和露天结构的温度区段长度（伸缩缝的间距）不超过表 2-1 的数值时一般可不考虑温度应力和温度变形的影响。

表 2-1 温度区段长度值（m）

结构情况	纵向温度区段（垂直屋架或构架跨度方向）	横向温度区段（沿屋架或构架跨度方向）	
		柱顶为刚接	柱顶为铰接
采暖房屋和非采暖地区的房屋	220	120	150
热车间和采暖地区的非采暖房屋	180	100	125
露天结构	120	—	—
门式刚架轻型房屋	300	150	—

钢结构用钢需考虑的第二类因素是结构或构件变形的基本要求，我国将构件设计截面分 A、B、C、D、E 共 5 级（表 2-2）。

表 2-2 截面类别表

构件	截面设计等级		A 级	B 级	C 级	D 级	E 级
柱、压弯构件	H 形及 T 形截面	翼缘 b/t	9ε	11ε	13ε	15ε	20ε
		T 形截面腹板	$18\ [t/(2t_w)]^{1/2}$	$20\ [t/(2t_w)]^{1/2}$	$22\ [t/(2t_w)]^{1/2}$	$25\ [t/(2t_w)]^{1/2}$	$30\ [t/(2t_w)]^{1/2}$
		H 形截面腹板 h_w/t_w	44ε	50ε	$42+18\alpha_0^{1.51}$	$45+25\beta^{1.66}$	250
	箱形截面	壁板、腹板间翼缘 b/t	25ε	32ε	42ε	45ε	—
		腹板 h_w/t_w	44ε	48ε	按规范规定取值		—
	圆钢管截面	外径径厚比 D/t	$50\varepsilon^2$	$70\varepsilon^2$	$90\varepsilon^2$	$100\varepsilon^2$	—
	圆钢管混凝土柱	外径径厚比 D/t	$70\varepsilon^2$	$85\varepsilon^2$	$90\varepsilon^2$	$100\varepsilon^2$	—
	矩形钢管混凝土截面	壁板间翼缘 b/t	40ε	50ε	55ε	60ε	—
梁、受弯构件	工字形截面	翼缘 b/t	9ε	11ε	13ε	15ε	15ε

续表

构件	截面设计等级		A级	B级	C级	D级	E级
梁、受弯构件	工字形截面	腹板 h_w/t_w	65ε	72ε	93ε	93ε	250
	箱形截面	壁板、腹板间翼缘 b/t	25ε	32ε	37ε	42ε	—
		腹板 h_w/t_w	65ε	72ε	80ε	93ε	—
	工字梁两翼缘之间填混凝土的翼缘和腹板且混凝土能够防止腹板屈曲	翼缘 b/t	10ε	14ε	18ε	20ε	—
		腹板 h_w/t_w	85ε	85ε	85ε	93ε	—
支撑构件	H形截面	翼缘 b/t	8ε	9ε	10ε	按规范规定取值	按规范规定取值
		腹板 h_w/t_w	20ε	25ε	30ε		
	箱形截面	壁板间翼缘 b/t	20ε	25ε	30ε		
	角钢	角钢肢宽厚比	8ε	9ε	10ε		
	圆钢管截面	外径径厚比 D/t	$50\varepsilon^2$	$70\varepsilon^2$	$90\varepsilon^2$	$100\varepsilon^2$	—

钢结构用钢需考虑的第三类因素是抗震设计的基本要求。钢结构抗震构件及节点进行强度和稳定验算时，其地震作用标准值的效应应乘以地震作用调整系数 Ω，$\Omega=\beta_{E1}\beta_{E2}$。$\beta_{E1}$为结构延性调整系数，承受水平地震作用时，按表 2-3 的规定取值；承受竖向地震作用时，钢结构抗震构件及节点的结构延性调整系数 β_{E1}取 1，γ_{RE}采用 1；同时承受水平及竖向地震作用时，钢结构抗震构件和节点，水平地震作用结构延性调整系数 β_{E1}采用表 2-3 规定的数值，竖向地震作用结构延性调整系数 β_{E1}取 2，此时，计算强度时 γ_{RE}采用 0.75，计算稳定时 γ_{RE}采用 0.8。β_{E2}为构件地震作用调整系数，对于抗震关键构件和节点，其值可按相关规定取值，其余构件和节点可取 1。

表 2-3　结构延性调整系数 β_{E1}

延性类别	Ⅰ类	Ⅱ类	Ⅲ类	Ⅳ类	Ⅴ类
β_{E1}	0.7	0.85	1.0	1.3	2

钢结构用钢需考虑的第四类因素是钢结构的结构体系问题。单层钢结构主要由横向抗侧力体系和纵向抗侧力体系组成，其中横向抗侧力体系可按表 2-4 进行分类；纵向抗侧力

体系宜采用中心支撑体系，也可采用刚架结构。框架包括无支撑纯框架和有支撑框架；排架包括等截面柱、单阶柱和双阶柱排架；门式刚架包括单层柱和多层柱门式刚架。横向抗侧力体系还可采用以上结构型式的混合型式。按抗侧力结构的特点，多层、高层钢结构的结构体系可按表 2-5 进行分类。高层钢结构的舒适度按十年重现期风荷载下的顺风向和横风向建筑物顶点的最大加速度计算，其限值为公寓 0.20m/s^2、旅馆或办公楼 0.28m/s^2。大跨度钢结构体系可按表 2-6 进行分类。

表 2-4　单层钢结构体系分类

结构体系		具体型式
排架	普通	单跨、双跨、多跨排架，高低跨排架等
框架	普通	单跨、双跨、多跨框架、高低跨框架等
	轻型	
门式刚架	普通	单跨、双跨、多跨刚架；带挑檐、带毗屋、带夹层刚架；单坡刚架等
	轻型	

表 2-5　多层、高层钢结构体系分类

结构体系		支撑、墙体和筒形式	抗侧力体系类别
框架、轻型框架	—	—	单重
框-排架	—	纵向柱间支撑	单重
支撑结构	中心支撑	普通钢支撑，消能支撑（防屈曲支撑等）	单重
	偏心支撑	普通钢支撑	单重
框架-支撑、轻型框架-支撑	中心支撑	普通钢支撑，消能支撑（防屈曲支撑等）	单重或双重
	偏心支撑	普通钢支撑	单重或双重
框架-剪力墙板	—	钢板墙，延性墙板	单重或双重
筒体结构	筒体	普通桁架筒 密柱深梁筒 斜交网格筒 剪力墙板筒	单重
	框架-筒体		单重或双重
	筒中筒		双重
	束筒		双重
巨型结构	巨型框架	—	单重
	巨型框架-支撑		单重或双重
	巨型支撑		单重或双重

表 2-6　大跨度钢结构体系分类

体系分类	常见形式
以整体受弯为主的结构	平面桁架、立体桁架、空腹桁架、网架、组合网架以及与钢索组合形成的各种预应力钢结构
以整体受压为主的结构	实腹钢拱、平面或立体桁架形式的拱形结构、网壳、组合网壳以及与钢索组合形成的各种预应力钢结构
以整体受拉为主的结构	悬索结构、索桁架结构、索穹顶等

2.3 钢结构材料的选用

2.3.1 主材的选用

钢结构用钢材应为按国家现行标准所规定的性能、技术与质量要求生产的钢材。承重结构的钢材宜采用 Q235 钢、Q345 钢、Q390 钢、Q420 钢、Q460 钢，其质量应分别符合我国现行国家标准《碳素结构钢》(GB/T 700)、《低合金高强度结构钢》(GB/T 1591) 和《建筑结构用钢板》(GB/T 19879) 的规定。结构用钢板的厚度和外形尺寸应符合我国现行国家标准《热轧钢板和钢带的尺寸、外形、重量及允许偏差》(GB/T 709) 的规定。热轧工字钢、槽钢、角钢、H 型钢和钢管等型材产品的规格、外形、重量和允许偏差应符合我国现行的相关规定。当焊接承重结构为防止钢材的层状撕裂而采用 Z 向钢时，其材质应符合我国现行国家标准《厚度方向性能钢板》(GB/T 5313) 的规定。对处于外露环境，且对耐腐蚀有特殊要求或在腐蚀性气体和固态介质作用下的承重结构，宜采用 Q235NH、Q355NH 和 Q415NH 牌号的耐候结构钢，其性能和技术条件应符合我国现行国家标准《耐候结构钢》(GB/T 4171) 的规定。非焊接结构用铸钢件的材质与性能应符合我国现行国家标准《一般工程用铸造碳钢件》(GB/T 11352) 的规定；焊接结构用铸钢件的材质与性能应符合我国现行国家标准《焊接结构用碳素钢铸件》(GB/T 7659) 的规定。

当采用前述列出的其他牌号钢材或国外钢材时，除应符合相关标准和设计文件的规定外，生产厂应进行生产过程质量控制认证，提交质量证明文件，并进行专门的验证试验和统计分析，确定设计强度及其质量等级。

2.3.2 连接材料的选用

钢结构用焊接材料应符合相关规范规定。手工焊接采用的焊条应符合我国现行国家标准《碳钢焊条》(GB/T 5117) 或《低合金钢焊条》(GB/T 5118) 的规定，选择的焊条型号应与主体金属力学性能相适应。焊丝应符合我国现行国家标准《熔化焊用钢丝》(GB/T 14957)、《气体保护电弧焊用碳钢焊丝》(GB/T 8110) 及《碳钢药芯焊丝》(GB/T 10045)、《低合金钢药芯焊丝》(GB/T 17493) 的规定。埋弧焊用焊丝和焊剂应符合我国现行国家标准《埋弧焊用碳素钢焊丝和焊剂》(GB/T 5293)、《埋弧焊用低合金钢焊丝和焊剂》(GB/T 12470) 的规定。气体保护焊使用的氩气应符合我国现行国家标准《氩》(GB/T 4842) 的规定，其纯度不应低于 99.95%。气体保护焊使用的二氧化碳应符合我国现行国家标准《焊接用二氧化碳》(HG/T 2537) 的规定。

钢结构用紧固件材料应符合相关规范规定。钢结构连接用 4.6 级及 4.8 级普通螺栓为 C 级螺栓，5.6 级及 8.8 级普通螺栓为 A 级或 B 级螺栓，其性能和质量应符合我国现行国家标准《紧固件机械性能螺栓、螺钉和螺柱》(GB/T 3098.1) 的规定。C 级螺栓与 A 级、B 级螺栓的规格及尺寸应分别符合我国现行国家标准《六角头螺栓 C 级》(GB/T 5780) 与《六角头螺栓》(GB/T 5782) 的规定。圆柱头焊（栓）钉应以 ML15 钢或 ML15AL 钢制作，焊（栓）钉的屈服强度不小于 360N/mm^2，抗拉强度不小于 400N/mm^2。焊（栓）

钉连接件的材料及焊接用瓷环应符合我国现行国家标准《电弧螺柱焊用圆柱头焊钉》(GB/T 10433)的规定。锚栓应采用Q235、Q345、Q390钢，其质量和性能要求应符合我国现行国家标准《碳素结构钢》(GB/T 700)、《低合金高强度结构钢》(GB/T 1591)及《紧固件机械性能螺栓、螺钉和螺柱》(GB/T 3098.1)的规定。钢结构用大六角高强度螺栓应符合我国现行国家标准《钢结构用高强度大六角头螺栓》(GB/T 1228)、《钢结构用高强度大六角螺母》(GB/T 1229)、《钢结构用高强度垫圈》(GB/T 1230)、《钢结构用高强度大六角头螺栓、大六角螺母、垫圈技术条件》(GB/T 1231)的规定。钢结构用扭剪型高强度螺栓应符合我国现行国家标准《钢结构用扭剪型高强度螺栓连接副》(GB/T 3632)、《钢结构用扭剪型高强度螺栓连接副》(GB/T 3632)的规定。螺栓球网架用高强度螺栓应符合我国现行国家标准《钢网架螺栓球节点用高强度螺栓》(GB/T 16939)的规定。

2.3.3 其他材料的选用

钢结构选材应遵循技术可靠、经济合理的原则，综合考虑结构的重要性、荷载特征、结构形式、应力状态、连接方法、钢材厚度、价格和工作环境等因素，选用合适的钢材牌号和材性。

承重结构采用的钢材应具有屈服强度、伸长率、抗拉强度、冲击韧性和硫、磷含量的合格保证，对焊接结构还应具有碳含量(或碳当量)的合格保证。焊接承重结构以及重要的非焊接承重结构采用的钢材还应具有冷弯试验的合格保证。当选用Q235钢时，其脱氧方法应选用镇静钢。

钢材的质量等级应符合规范规定。不需要验算疲劳的焊接结构不应采用Q235A(镇静钢)；当结构工作温度大于20℃时可采用Q235B、Q345A、Q390A、Q420A、Q460钢；当结构工作温度不高于20℃但高于0℃时应采用B级钢；当结构工作温度不高于0℃但高于－20℃时应采用C级钢；当结构工作温度不高于－20℃时应采用D级钢。不需要验算疲劳的非焊接结构应遵守规范规定，即当结构工作温度高于20℃时可采用A级钢；当结构工作温度不高于20℃但高于0℃时宜采用B级钢；当结构工作温度不高于0℃但高于－20℃时应采用C级钢；当结构工作温度不高于－20℃时，对Q235钢和Q345钢应采用C级钢，对Q390钢、Q420钢和Q460钢应采用D级钢。对需要验算疲劳的非焊接结构钢材至少应采用B级钢，当结构工作温度不高于0℃但高于－20℃时应采用C级钢；当结构工作温度不高于－20℃时，对Q235钢和Q345钢应采用C级钢；对Q390钢、Q420钢和Q460钢应采用D级钢。对需要验算疲劳的焊接结构其钢材至少应采用B级钢，当结构工作温度不高于0℃但高于－20℃时，Q235钢和Q345钢应采用C级钢，对Q390钢、Q420钢和Q460钢应采用D级钢；当结构工作温度不高于－20℃时，Q235钢和Q345钢应采用D级钢，Q390钢、Q420钢和Q460钢应采用E级钢。

承重结构在低于－30℃环境下工作时其选材还应遵守三条规定，即不宜采用过厚的钢板；严格控制钢材的硫、磷、氮含量；重要承重结构的受拉板件，当板厚大于等于40mm时宜选用细化晶粒的高级钢板。

焊接材料的选用匹配应遵守表2-7的规定。焊接材料熔敷金属的力学性能应不低于相应母材标准的下限值或满足设计要求，当设计或被焊母材有冲击韧性要求规定时熔敷金属

的冲击韧性应不低于设计规定或对母材的要求。对直接承受动力荷载或振动荷载且需要验算疲劳的结构，或低温环境下工作的厚板结构，宜采用低氢型焊条或低氢焊接方法。

对T形、十字形、角接接头，当其翼缘板厚度等于大于40mm且连接焊缝熔透高度等于大于25mm或连接角焊缝高度大于35mm时，设计宜采用对厚度方向性能有要求的抗层状撕裂钢板，其Z向性能等级不应低于Z15（或限制钢板的含硫量不大于0.01%）；当其翼缘板厚度等于大于40mm且连接焊缝熔透高度等于大于40mm或连接角焊缝高度大于60mm时，Z向性能等级宜为Z25（或限制钢板的含硫量不大于0.007%）。钢板厚度方向性能等级或含硫量限制应根据节点形式、板厚、熔深或焊高、焊接时节点拘束度，以及预热后热情况综合确定。

结构按调幅设计时钢材性能应符合规范规定。有抗震设防要求的钢结构，可能发生塑性变形的构件或部位所采用的钢材应符合规范规定。其他抗震构件的钢材性能应符合两条要求，即钢材应有明显的屈服台阶且伸长率不应小于20%；钢材应有良好的焊接性和合格的冲击韧性。按节点进行设计的钢管结构其钢材的选用应符合规范要求。

冷成型管材（如方矩管、圆管）和型材，及经冷加工成型的构件，除所用原料板材的性能与技术条件应符合相应材料标准规定外，其最终成型后构件的材料性能和技术条件还应符合相关设计规范或设计图纸的要求（如延伸率、冲击功、材料质量等级、取样及试验方法）。冷成型圆管的外径与壁厚之比不宜小于20；冷成型方矩管不宜选用由圆变方工艺生产的钢管。

表2-7 焊接材料选用匹配表

母材				焊接材料			
GB/T 700和GB/T 1591标准钢材	GB/T 19879标准钢材	GB/T 4171和GB/T 4172标准钢材	GB/T 7659标准钢材	焊条电弧焊SMAW	实心焊丝气体保护焊GMAW	药芯焊丝气体保护焊FCAW	埋弧焊SAW
Q235	Q235GJ	Q235NH Q295NH Q295GNH	ZG275H ～ZG485H	GB/T 5117： E43XX E50XX GB/T5118： E50XX-X	GB/T 8110： ER49-X ER50-X	GB/T 17493： E43XTX-X E50XTX-X	GB/T 5293： F4XX-H08A GB/T 12470： F48XX-H08MnA
Q345 Q390	Q345GJ Q390GJ	Q355NH Q345GNH Q345GNHL Q390GNH	—	GB/T 5117： E5015 E5016 GB/T 5118： E5015 E5016-X E5515 E5516-X	GB/T 8110： ER50-X ER55-X	GB/T 17493： E50XTX-X	GB/T 12470： F48XX-H08MnA F48XX-H10Mn2 F48XX-H10Mn2A

续表

母材				焊接材料			
Q420	Q420GJ	—	—	GB/T 5118: E5515 E5516-X E6015 E6016-X	GB/T 8110: ER55-X ER62-X	GB/T 17493: E55XTX-X	GB/T 12470: F55XX-H10Mn2A F55XX-H08MnMoA
Q460	Q460GJ	Q460NH	—	GB/T 5118: E5515 E5516-X E6015 E6016-X	GB/T 8110: ER55-X	GB/T 17493: E55XTX-X E60XTX-X	GB/T 12470: F55XX-H08MnMoA F55XX-H08Mn2 MoVA

2.3.4 常见钢材的设计指标和设计参数

钢材的强度设计指标应根据钢材牌号、厚度或直径按表 2-8 采用。焊缝的强度设计值按表 2-9 采用。非焊接用铸钢件和焊接结构用铸钢件的强度设计值应按表 2-10 采用。螺栓连接的强度设计值按表 2-11 采用。结构用无缝钢管的强度设计值应按表 2-12 采用。钢材的物理性能指标应按表 2-13 采用。

表 2-8　钢材的强度设计值（N/mm^2）

牌号	厚度或直径（mm）	抗拉、抗压、和抗弯强度 f	抗剪强度 f_v	端面承压（刨平顶紧）f_{ce}	钢材名义屈服强度 f_y	极限抗拉强度最小值 f_u
Q235	≤16	215	125	325	235	370
	>16～40	205	120		225	370
	>40～60	200	115		215	370
	>60～100	200	115		205	370
Q345	≤16	300	175	400	345	470
	>16～40	295	170		335	470
	>40～63	290	165		325	470
	>63～80	280	160		315	470
	>80～100	270	155		305	470
Q390	≤16	345	200	415	390	490
	>16～40	330	190		370	490
	>40～63	310	180		350	490
	>63～80	295	170		330	490
	>80～100	295	170		330	490
Q420	≤16	375	215	440	420	520
	>16～40	355	205		400	520
	>40～63	320	185		380	520
	>63～80	305	175		360	520
	>80～100	305	175		360	520

续表

牌号	厚度或直径（mm）	抗拉、抗压、和抗弯强度 f	抗剪强度 f_v	端面承压（刨平顶紧）f_{ce}	钢材名义屈服强度 f_y	极限抗拉强度最小值 f_u
Q460	≤16	410	235	470	460	550
	>16～40	390	225		440	550
	>40～63	355	205		420	550
	>63～80	340	195		400	550
	>80～100	340	195		400	550
Q345GJ	>16～35	310	180	415	345	490
	>35～50	290	170		335	490
	>50～100	285	165		325	490

表 2-9　焊缝的强度设计值（N/mm²）

焊接方法和焊条型号	钢材牌号规格和标准号		对接焊缝				角焊缝
	牌号	厚度或直径（mm）	抗压强度 f_c^w	焊缝质量为下列等级时，抗拉强度 f_t^w		抗剪强度 f_v^w	抗拉、抗压和抗剪强度 f_f^w
				一级、二级	三级		
自动焊、半自动焊和E43型焊条手工焊	Q235钢	≤16	215	215	185	125	160
		>16～40	205	205	175	120	
		>40～60	200	200	170	115	
		>60～100	200	200	170	115	
自动焊、半自动焊和E50、E55型焊条手工焊	Q345钢	≤16	305	305	260	175	200
		>16～40	295	295	250	170	
		>40～63	290	290	245	165	
		>63～80	280	280	240	160	
		>80～100	270	270	230	155	
自动焊、半自动焊和E50、E55型焊条手工焊	Q390钢	≤16	345	345	295	200	200（E50） 220（E55）
		>16～40	330	330	280	190	
		>40～63	310	310	265	180	
		>63～80	295	295	250	170	
		>80～100	295	295	250	170	
自动焊、半自动焊和E55、E60型焊条手工焊	Q420钢	≤16	375	375	320	215	220（E55） 240（E60）
		>16～40	355	355	300	205	
		>40～63	320	320	270	185	
		>63～80	305	305	260	175	
		>80～100	305	305	260	175	

续表

焊接方法和焊条型号	钢材牌号规格和标准号		对接焊缝				角焊缝
	牌号	厚度或直径（mm）	抗压强度 f_c^w	焊缝质量为下列等级时，抗拉强度 f_t^w		抗剪强度 f_v^w	抗拉、抗压和抗剪强度 f_f^w
				一级、二级	三级		
自动焊、半自动焊和E55、E60型焊条手工焊	Q460钢	≤16	410	410	350	235	220（E55） 240（E60）
		>16～40	390	390	330	225	
		>40～63	355	355	300	205	
		>63～80	340	340	290	195	
		>80～100	340	340	290	195	
自动焊、半自动焊和E50、E55型焊条手工焊	Q345GJ钢	>16～35	310	310	265	180	200
		>35～50	290	290	245	170	
		>50～100	285	285	240	165	

表 2-10　铸钢件的强度设计值（N/mm²）

类别	钢号	铸件厚度（mm）	抗拉、抗压和抗弯强度 f	抗剪强度 f_v^w	端面承压强度（刨平顶紧）f_{ce}
非焊接用铸钢件	ZG200-400	≤100	155	90	260
	ZG230-450		180	105	290
	ZG270-500		210	120	325
	ZG310-570		240	140	370
可焊铸钢件	ZG230-450H	≤100	180	105	290
	ZG275-485H		215	125	315
	G17Mn5QT	≤50	185	105	290
	G20Mn5N	≤30	235	135	310
	G20Mn5QT	≤100	235	135	325

表 2-11　螺栓连接的强度设计值（N/mm²）

螺栓的性能等级、锚栓和构件钢材的牌号		普通螺栓						锚栓	承压型或网架用高强度螺栓		
		C级螺栓			A级、B级螺栓						
		抗拉强度 f_t^b	抗剪强度 f_v^b	承压强度 f_c^b	抗拉强度 f_t^b	抗剪强度 f_v^b	承压强度 f_c^b	抗拉强度 f_t^b	抗拉强度 f_t^b	抗剪强度 f_v^b	承压强度 f_c^b
普通螺栓	4.6级、4.8级	170	140	—	—	—	—	—	—	—	—
	5.6级	—	—	—	210	190	—	—	—	—	—
	8.8级	—	—	—	400	320	—	—	—	—	—
锚栓	Q235钢	—	—	—	—	—	—	140	—	—	—
	Q345钢	—	—	—	—	—	—	180	—	—	—
	Q390钢	—	—	—	—	—	—	185	—	—	—

续表

螺栓的性能等级、锚栓和构件钢材的牌号		普通螺栓						锚栓	承压型或网架用高强度螺栓		
		C级螺栓			A级、B级螺栓						
		抗拉强度 f_t^b	抗剪强度 f_v^b	承压强度 f_c^b	抗拉强度 f_t^b	抗剪强度 f_v^b	承压强度 f_c^b	抗拉强度 f_t^b	抗拉强度 f_t^b	抗剪强度 f_v^b	承压强度 f_c^b
承压型连接高强度螺栓	8.8级	—	—	—	—	—	—	—	400	250	—
	10.9级	—	—	—	—	—	—	—	500	310	—
螺栓球网架用高强度螺栓	9.8级	—	—	—	—	—	—	—	385	—	—
	10.9级	—	—	—	—	—	—	—	430	—	—
构件	Q235钢	—	—	305	—	—	405	—	—	—	470
	Q345钢	—	—	385	—	—	510	—	—	—	590
	Q390钢	—	—	400	—	—	530	—	—	—	615
	Q420钢	—	—	425	—	—	560	—	—	—	655
	Q460钢	—	—	450	—	—	595	—	—	—	695
	Q345GJ钢	—	—	400	—	—	530	—	—	—	615

表 2-12 结构用无缝钢管的强度设计值（N/mm^2）

钢材牌号	壁厚	抗拉、抗压强度和抗弯强度 f	抗剪强度 f_v	端面承压强度（刨平顶紧）f_{ce}	钢材名义屈服强度 f_y	极限抗拉强度最小值 f_u
Q235	≤16	215	125	320	235	375
	>16～30	205	120		225	375
	>30	195	115		215	375
Q345	≤16	305	175	400	345	470
	>16～30	290	170		325	470
	>30	260	150		295	470
Q390	≤16	345	200	415	390	490
	>16～30	330	190		370	490
	>30	310	180		350	490
Q420	≤16	375	220	445	420	520
	>16～30	355	205		400	520
	>30	340	195		380	520
Q460	≤16	410	240	470	460	550
	>16～30	390	225		440	550
	>30	360	210		420	550

表 2-13 钢材的物理性能指标

钢材种类	弹性模量 E （N/mm^2）	剪切模量 G （N/mm^2）	线膨胀系数 α （1/℃）	质量密度 ρ （kg/m^3）
钢材和铸钢	2.06×10^5	0.79×10^5	1.20×10^{-5}	7.85×10^3

2.4 钢结构防护的基本要求

钢结构设计应考虑环境作用，应根据设计使用年限和预定使用功能进行防护体系设计。

2.4.1 钢结构抗火

建筑钢构件的设计耐火极限应不低于《建筑设计防火规范》(GB 50016）中的有关规定。建筑钢结构应按照我国现行《建筑钢结构防火技术规范》的规定进行抗火性能验算。当钢构件的耐火时间不能达到规定的设计耐火极限要求时应进行防火保护设计，采取防火保护措施。钢结构防火保护措施及其构造应根据工程实际，考虑结构类型、耐火极限要求、工作环境等，按照安全可靠、经济合理的原则确定，建筑钢结构应符合我国现行《建筑钢结构防火技术规范》的规定。在钢结构设计文件中，应注明结构的设计耐火等级、构件的设计耐火极限、所需要的防火保护措施及其防火保护材料的性能要求。

2.4.2 钢结构防腐蚀

钢结构防腐蚀设计应根据环境腐蚀条件、防腐蚀设计年限、施工和维修条件等要求合理确定。防腐蚀设计应考虑环保节能的要求。钢结构除必须采取防腐蚀措施外，还应在构造上尽量避免加速腐蚀的不良设计。除有特殊要求外，设计中一般不应因考虑锈蚀而再加大钢材截面的厚度。防腐蚀设计中应考虑钢结构全寿命期内的检查、维护和大修。钢结构防腐蚀设计应遵循安全可靠、经济合理的原则，综合考虑环境中介质的腐蚀性、环境条件、施工和维修条件等因素，因地制宜，从以下方案中综合选择防腐蚀方案或其组合方案，即防腐蚀涂料；各种工艺形成的锌、铝等金属保护层；阴极保护措施；使用耐候钢。对危及人身安全和维修困难的部位，以及重要的承重结构和构件应加强防护。当某些次要构件的设计使用年限不能与主体结构的设计使用年限相同时，应设计成便于更换的构件。环境中介质对钢结构长期作用下的腐蚀性等级可划分为很低（C1)、低（C2)、中等(C3)、高（C4)、很高（C5）5个等级。钢结构防腐蚀设计寿命划分为2～5年、5～10年、10～15年和大于15年四种情况。

结构设计对防腐蚀的考虑应科学合理。当采用型钢组合的杆件时，型钢间的空隙宽度宜满足防护层施工、检查和维修的要求。不同金属材料接触的部位，应采用隔离措施。焊条、螺栓、垫圈、节点板等连接构件的耐腐蚀性能，不应低于主材材料。螺栓直径不应小于12mm。垫圈不应采用弹簧垫圈。螺栓、螺母和垫圈应采用镀锌等方法防护，安装后再采用与主体结构相同的防腐蚀方案。当腐蚀性等级为高及很高时，不易维修的重要构件宜选用耐候钢制作。设计使用年限大于或等于25年的建筑物，对不易维修的结构应加强防护。避免出现难以检查、清理和涂漆之处，以及能积留湿气和大量灰尘的死角或凹槽。闭口截面构件应沿全长和端部焊接封闭。柱脚在地面以下的部分应采用强度等级较低的混凝土包裹（保护层厚度不应小于50mm)，并宜使包裹的混凝土高出地面不小于150mm。当柱脚底面在地面以上时，柱脚底面宜高出地面不小于100mm。钢材表面原始锈蚀等级和钢材除锈等级标准应符合《涂装前钢材表面锈蚀等级和除锈等级》(GB/T 8923）的规定。

表面原始锈蚀等级为D级的钢材不宜用作结构钢。表面处理的清洁度要求不宜低于《涂装前钢材表面锈蚀等级和除锈等级》（GB/T 8923）规定的Sa2.5级，表面粗糙度要求应符合防腐蚀方案的特性。局部难以喷砂处理的部位可采用手工或动力工具，达到《涂装前钢材表面锈蚀等级和除锈等级》（GB/T 8923）规定的St3级，并应具有合适的表面粗糙度，选用合适的防腐蚀产品。喷砂或抛丸用的磨料等表面处理材料也应符合防腐蚀产品对表面清洁度和粗糙度的要求，并符合环保要求。钢结构防腐蚀涂料的配套方案，可根据环境腐蚀条件、防腐蚀设计年限、施工和维修条件等要求设计。修补和焊缝部位的底漆应能适应表面处理的条件。在钢结构设计文件中应注明使用单位在使用过程中对钢结构防腐蚀进行定期检查和维修的要求，建议制定防腐蚀维护计划。

2.4.3　钢结构隔热

处于高温工作环境中的钢结构，应考虑高温作用对结构的影响。高温工作环境的设计状况为持久状况，高温作用为可变荷载，设计时应按承载力极限状态和正常使用极限状态设计。钢结构的温度超过100 ℃时，进行钢结构的承载力和变形验算时应该考虑长期高温作用对钢材和钢结构连接性能的影响。

高温环境下的钢结构温度超过100 ℃时应根据不同情况采取防护措施。当高温环境下钢结构的承载力不满足要求时应采取增大构件截面、采用耐火钢和采取有效的隔热降温措施（如加隔热层、热辐射屏蔽或水套等）；当钢结构短时间内可能受到火焰直接作用时应采用有效的隔热降温措施（如加隔热层、热辐射屏蔽或水套等）；当钢结构可能受到炽热熔化金属的侵害时应采用砌块或耐热固体材料做成的隔热层加以保护。

钢结构的隔热保护措施在相应的工作环境下应具有耐久性，并与钢结构的防腐、防火保护措施相容。

习　　题

1. 钢结构用钢材的主要性能有哪些？影响钢材性能的因素有哪些？
2. 什么是钢材的延性破坏和非延性破坏？
3. 简述钢材的循环加荷和快速加荷效应。
4. 常见建筑钢材有哪些类别？
5. 钢结构用钢需考虑哪些因素？
6. 简述钢结构主材和连接材料的选用要求。
7. 简述钢结构其他用材的选用要求。
8. 常见钢材的设计指标和设计参数有哪些？
9. 简述钢结构的抗火要求。
10. 简述钢结构的防腐蚀要求。
11. 简述钢结构的隔热要求。

第3章　轴心受力构件的设计与计算

3.1　轴心受力构件的强度计算

计算轴心受拉构件时，当端部连接（及中部拼接）处组成截面的各板件都有连接件直接传力时，除采用高强度螺栓摩擦型连接者外，其截面强度计算应满足相关规范规定，即毛截面屈服强度满足 $\alpha=N/A\leqslant f$ 的要求，净截面断裂强度满足 $\alpha=N/A_n\leqslant 0.7f_u$ 的要求。其中，N 为所计算截面的拉力设计值；f 为钢材抗拉强度设计值；A 为构件的毛截面面积；A_n 为构件的净截面面积，当构件多个截面有孔时取最不利的截面；f_u 为钢材抗拉强度最小值。

用高强螺栓摩擦型连接的构件其截面强度计算应满足两条要求：即当构件为沿全长都有排列较密螺栓的组合构件时其截面强度应满足 $\alpha=N/A_n\leqslant f$ 的要求；其他情形的毛截面强度计算应满足 $\alpha=N/A\leqslant f$ 的要求，净截面强度应满足 $[\alpha=1-0.5n_1/n\ (N/A_n)]\leqslant 0.7f_u$ 的要求。其中，n 为在节点或拼接处构件一端连接的高强度螺栓数目；n_1 为所计算截面（最外列螺栓处）上高强度螺栓数目。

桁架（或塔架）的单角钢腹杆，当以一个肢连接于节点板时，可以按轴心受力构件计算受拉构件的截面强度，即 $\alpha=N/A\leqslant f$ 和 $\alpha=N/A_n\leqslant 0.7f_u$ 计算，但计算时对拉力乘以放大系数 1.15。弦杆亦为单角钢并位于节点板同侧者除外。需要强调的是，以上强度计算针对构件中部截面，和前面规定的构件端部截面面积折减并无联系。

计算轴心受压构件时，当端部连接（及中部拼接）处组成截面的各板件都有连接件直接传力时，截面强度应按 $\alpha=N/A\leqslant f$ 计算。但含有虚孔的构件还需对孔心所在截面按 $\alpha=N/A_n\leqslant 0.7f_u$ 计算。

轴心受拉和轴心受压构件的组成板件在节点或拼接处并非全部直接传力时，应对危险截面的面积乘以有效截面系数 η，不同构件截面形式和连接方式的 η 值应符合表 3-1 的规定。

表 3-1　轴心受力构件节点或拼接处危险截面的有效截面系数

构件截面形式	连接形式	η	图例
角钢	单边连接	0.85	

续表

构件截面形式	连接形式	η	图例
工字形、H形	翼缘连接	0.90	
	腹板连接	0.70	

3.2　轴心受压构件的稳定性计算

轴心受压构件的稳定性应满足式（3-1）的要求。

$$N/(\varphi A f)\leqslant 1.0 \tag{3-1}$$

式（3-1）中，φ 为轴心受压构件的稳定系数（取截面两主轴稳定系数中的较小者），根据构件的长细比（或换算长细比）、钢材屈服强度和表 3-8、表 3-9 的截面分类，按表 3-10～表 3-14 取值。需要强调的是，对板件宽厚比超过前述规定的实腹式构件应按式 $N/(\varphi A_e f)\leqslant 1.0$ 计算。

轴心受压构件应按式（3-2）计算剪力设计值并认为沿构件全长不变。

$$V=Af/85 \tag{3-2}$$

对格构式轴心受压构件，剪力 V 应由承受该剪力的缀材面（包括用整体板连接的面）分担。

3.3　实腹式轴心受压构件的局部稳定性和屈曲后强度

实腹式轴心受压构件要求不出现局部失稳时，其板件宽厚比应符合相关规范规定。

1. H 形截面腹板

当 $\lambda\leqslant 50\varepsilon_k$ 时 $h_0/t_w\leqslant 42\varepsilon_k$。当 $\lambda>50\varepsilon_k$ 时，对 Q460 和 Q460GJ 钢材有 $h_0/t_w\leqslant(21\varepsilon_k+0.42\lambda)$，对 Q500 及以上等级的钢材有 $h_0/t_w\leqslant(10\varepsilon_k+0.64\lambda)$。其中，$\lambda$ 为构件绕截面两个主轴的较大长细比，大于 120 时取 120；ε_k 为钢号修正系数，其值为 235 与钢材牌号比值的平方根；h_0 为腹板的计算高度，对焊接 H 形截面为腹板净高，对轧制 H 形截面不应包括翼缘腹板过渡处圆弧段；t_w 为腹板的厚度。

2. H 形截面翼缘

当 $\lambda\leqslant 70\varepsilon_k$ 时，$b/t_f\leqslant 14\varepsilon_k$。当 $\lambda>70\varepsilon_k$ 时，对 Q460 和 Q460GJ 钢材有 $b/t_f\leqslant(7\varepsilon_k+0.1\lambda)$，对 Q500 及以上等级的钢材有 $b/t_f\leqslant(3.5\varepsilon_k+0.15\lambda)$。其中，$\lambda$ 为构件绕截面两个主轴的较大长细比，大于 120 时取 120；b、t_f 分别为翼缘板自由外伸宽度和翼缘厚度。

3. 箱形截面壁板

当 $\lambda\leqslant 52\varepsilon_k$ 时 $b/t\leqslant 42\varepsilon_k$。当 $\lambda>52\varepsilon_k$ 时，对 Q460 和 Q460GJ 钢材有 $b_0/t\leqslant(29\varepsilon_k+0.25\lambda)$，对 Q500 及以上等级的钢材有 $b_0/t\leqslant(23.8\varepsilon_k+0.35\lambda)$。其中，$\lambda$ 为构件绕截面两

个主轴的较大长细比，大于 120 时取 120；b_0、t 分别为壁板间的距离和壁板厚度。

4. 等边角钢肢件

当 $\lambda \leqslant 80\varepsilon_k$ 时 $w/t \leqslant 15\varepsilon_k$。当 $\lambda > 80\varepsilon_k$ 时，$w/t \leqslant (5\varepsilon_k + 0.13\lambda)$。其中，$\lambda$ 为按角钢绕非对称主轴回转半径计算的长细比，大于 120 时取 120；w、t 分别为角钢的平板宽度和厚度，w 可取为 $w=(b-2t)$，b 为角钢宽度。

5. 圆管压杆

圆管压杆的外径与壁厚之比不应超过 $100\varepsilon_k^2$。

当轴心受压构件的轴心压力设计值 N 小于其稳定承载力 φfA 时可将其板件宽厚比限值由前边的计算结果乘以放大系数 $\alpha = (\varphi fA/N)^{1/2}$。板件宽厚比超过以上规定的限值时，其轴心受压构件的稳定性应按式（3-3）和式（3-4）计算。

$$N/(\varphi f A_e) \leqslant 1.0 \tag{3-3}$$

$$A_e = \rho A \tag{3-4}$$

式（3-3）和式（3-4）中，A_e 为构件的有效截面面积；A 为构件的毛截面面积；φ 为稳定系数，λ/ε_k 由表 3-10～表 3-13 得到；ρ 为有效截面系数，应根据截面形式按以下 4 种情况确定：

（1）H 形截面腹板。对 Q460 和 Q460GJ 钢材 $\rho=(1/\lambda_{pw}^{re})(1-0.19/\lambda_{pw}^{re})$。对 Q500 及以上等级的钢材，当 $\lambda_{pw}^{re} \leqslant 0.531$ 时 $\rho=1$；当 $0.531 < \lambda_{pw}^{re} \leqslant 0.753$ 时 $\rho=-0.1/(\lambda_{pw}^{re})^2 + 0.7/\lambda_{pw}^{re} + 0.05(\lambda_{pw}^{re})^{1/2}$；当 $\lambda_{pw}^{re} > 0.753$ 时 $\rho = 1-0.27\lambda_{pw}^{re}$。对 Q460 和 Q460GJ 钢材 $\lambda_{pw}^{re} = (h_0/t_w)/(56.2\varepsilon_k)$。对 Q500 及以上等级的钢材 $\lambda_{pw}^{re} = (h_0/t_w)/[28.4\varepsilon_k(4^{1/2})] + (2-1/\varepsilon_k^2)/20$。其中，$h_0$、$t_w$ 对焊接 H 形钢截面分别为腹板净高和厚度，对轧制 H 形钢截面不应包括翼缘腹板过渡处圆弧段。需要特别强调的是，对 Q460、Q460GJ 钢材，当 $\lambda > 52\varepsilon_k$ 时，ρ 值应不小于 $(29\varepsilon_k + 0.25\lambda)(t_w/h_0)$。

（2）H 形截面翼缘。当 $\lambda_{pf}^{re} \leqslant 0.531$ 时 $\rho=1.0$；当 $0.531 < \lambda_{pf}^{re} \leqslant 0.950$ 时 $\rho=-0.1/(\lambda_{pf}^{re})^2 + 0.7/\lambda_{pf}^{re} + 0.05(\lambda_{pf}^{re})^{1/2}$；当 $\lambda_{pf}^{re} > 0.950$ 时 $\rho = 0.76 - 0.09\lambda_{pf}^{re}$。$\lambda_{pf}^{re} = (b/t_f)/[28.4\varepsilon_k(0.425^{1/2})] + (2-1/\varepsilon_k^2)/20$。其中，$b$、$t_f$ 分别为翼缘板自由外伸宽度和厚度。

（3）箱形截面壁板。对 Q460 和 Q460GJ 钢材 $\rho=(1/\lambda_p^{re})(1-0.19/\lambda_p^{re})$。对 Q500 及以上等级的钢材，当 $\lambda_{pw}^{re} \leqslant 0.531$ 时 $\rho=1.0$；当 $\lambda_{pw}^{re} > 0.531$ 时 $\rho=-0.1/(\lambda_p^{re})^2 + 0.7/\lambda_p^{re} + 0.05(\lambda_p^{re})^{1/2}$。对 Q460 和 Q460GJ 钢材 $\lambda_p^{re} = (b/t)/56.2\varepsilon_k$。对 Q500 及以上等级的钢材 $\lambda_p^{re} = (b/t)/[28.4\varepsilon_k(4^{1/2})] + (2-1/\varepsilon_k^2)/20$。其中，$b$、$t$ 分别为壁板的净宽度和厚度。需要强调的是，对 Q460、Q460GJ 钢材，当 $\lambda > 52\varepsilon_k$ 时 ρ 值应不小于 $(29\varepsilon_k + 0.25\lambda)(t/b)$。

（4）单角钢。$\rho=(1/\lambda_p^{re})(1-0.1/\lambda_p^{re})$，$\lambda_p^{re} = (w/t)/16.8\varepsilon_k$。其中，$w$、$t$ 分别为角钢的平板宽度和厚度，w 可取为 $w=(b-2t)$，b 为角钢宽度。需要强调的是，当 $\lambda > 80\varepsilon_k$ 时 ρ 值应不小于 $(5\varepsilon_k + 0.13\lambda)(t/w)$。

3.4 典型算例

1. 算例 1

验算由 2∠63×5 组成的水平放置的轴心拉杆的强度和长细比。轴心拉力的设计值为

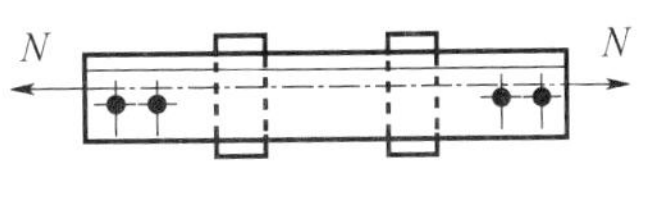

图 3-1　算例 1 附图

270kN，只承受静力作用，计算长度为 3m，杆端有一排直径为 20mm 的孔眼（图 3-1），钢材为 Q235 钢。如截面尺寸不够，应改用什么角钢？（计算时忽略连接偏心和杆件自重的影响）。

解算过程如下：

查规范中的型钢表可知 $i_x=19.4\text{mm}$（单角钢）、$i_y=28.2\text{mm}$（$a=6\text{mm}$ 的双角钢）。

杆件的净截面面积 $A_n=2$（614×2－20）×5＝102.8mm^{2}或 $A_n=$（614－20×5）×2＝102.8mm^2。

强度校核，$\tau=N/A_n=270\times10^3\text{N}/102.8\text{mm}^2=262.6\text{MPa}>$（$f=215\text{MPa}$），因此，强度不满足要求。

刚度校核，$\lambda_x=l_{0x}/i_x=3000/19.4=154.6<$｛［$\lambda$］＝350｝，$\lambda_y=l_{0y}/i_y=3000/28.2=106.4<$｛［$\lambda$］＝350｝，因此，刚度满足要求。

改变材料厚度，即选用 2∠63×8。则 $A_n=$（951－20×5）×2＝170.2mm^2，$\tau=N/A_n=270\times10^3\text{N}/170.2\text{mm}^2=158.6\text{MPa}<$（$f=215\text{MPa}$），所以，强度满足要求。于是，$\lambda_x=l_{0x}/i_x=3000/19.0=157.8<$｛［$\lambda$］＝350｝，$\lambda_y=l_{0y}/i_y=3000/28.7=104.5<$｛［$\lambda$］＝350｝，因此，刚度满足要求。

综上所述，将原角钢变厚则满足强度要求，同时，也满足刚度要求。

2. 算例 2

一块－400×20 的钢板用两块拼接板－400×12 进行拼接。螺栓孔径为 22mm，排列如图 3-2 所示。钢板轴心受拉，$N=1350\text{kN}$（设计值），要求解答以下 3 个问题。

（1）钢板 1-1 截面的强度是否够。

（2）是否还需要验算 2-2 截面的强度。假定 N 力在 13 个螺栓中平均分配，2－2 截面应如何验算。

（3）拼接板的强度是否够。

解算过程如下：

板 1-1 截面的截面积 $A_{n1}=$（400－22×3）×20＝6680mm^2。

板 1-1 截面处的强度校核，$\tau=N/A_{n1}=1350\times10^3\text{N}/6680\text{mm}^2=202.1\text{MPa}<$（$f=215\text{MPa}$），因此，该处强度能够满足要求。

需要验算板 2-2 截面处的强度，$A_{n2}=$（400－22×5）×20＝5800mm^2，$\tau=N/A_{n2}=1350\times10^3\text{N}/5800\text{mm}^2=232.8\text{MPa}>$（$f=215\text{MPa}$），因此，该处强度不满足要求。

N 在螺栓中平均分配，强度验算同前。

校核拼接板的强度，$A'_{n2}=$（400－22×5）×12＝3480mm^2，$\tau=(N/2)/A'_{n2}=$［（1350×10^3）/2］/3480＝194.0MPa＜（$f=215\text{MPa}$），因此，拼接板的强度满足要求。

3. 算例 3

验算图 3-3 所示用摩擦型高强度螺栓连接的钢板的净截面强度。螺栓直径 20mm、孔径 22mm，钢材为 Q235AF，承受轴心拉力 $N=600\text{kN}$（设计值）。

解算过程如下：

最外侧列螺栓处有效拉力 $N'=N(1-0.5n_1/n)=600(1-0.5\times3/9)=500\text{kN}$。

最外侧列螺栓处的净截面面积 $A_n=$（240－22×3）×14＝2436mm^2。

最外侧列螺栓处的强度校核，$\tau=N'/A_n=500\times10^3\text{N}/2436\text{mm}^2=205.31\text{MPa}<(f=215\text{MPa})$，因此，该处强度能够满足要求。

毛截面强度校核，$\tau=N/A=600\times10^3/(240\times14)=178.6\text{MPa}<(f=215\text{MPa})$，因此，该处毛截面强度能够满足要求。

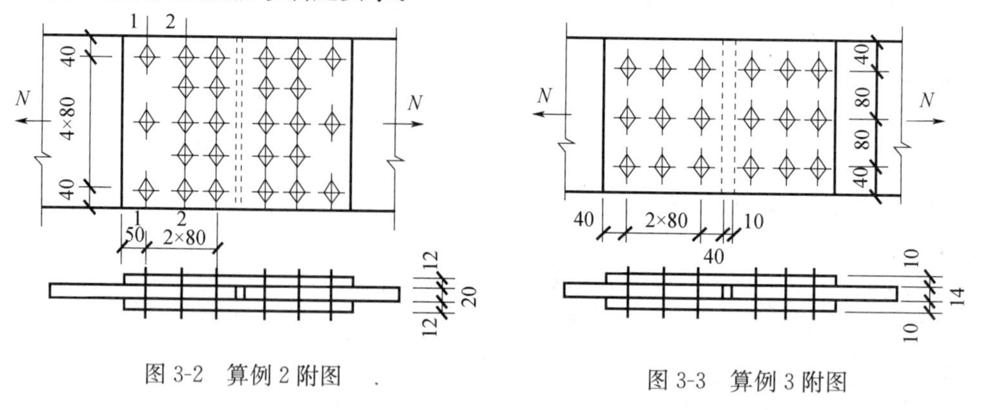

图 3-2　算例 2 附图

图 3-3　算例 3 附图

4. 算例 4

一水平放置两端铰接的 Q345 钢做成的轴心受拉杆件，长 9m、截面为由 2∠90×8 组成的肢尖向下的 T 形截面，问能否承受设计值为 870kN 的轴心力。

解算过程如下：

查规范中的型钢表可知 $i_x=27.6\text{mm}$（单角钢），$i_y=39.5\text{mm}$（$a=6\text{mm}$ 的双角钢），$A=1394\text{mm}^2$。

强度校核，$\tau=N/(2A)=870\times10^3/(2\times1394)=312.1\text{MPa}>(f=310\text{MPa})$，因此，强度不满足要求。

刚度校核，$\lambda_x=l_{0x}/i_x=9000/27.6=326<\{[\lambda]=350\}$，$\lambda_y=l_{0y}/i_y=9000/39.5=227.8<\{[\lambda]=350\}$，因此，刚度满足要求。

5. 算例 5

某车间工作平台柱高 2.6m，按两端铰接的轴心受压柱考虑。如果柱子采用 I 16（16 号热轧工字钢），要求通过计算解决以下 3 个问题：

（1）钢材采用 Q235 钢时，设计承载力是多大。

（2）改用 Q345 钢材时，设计承载力是否会显著提高。

（3）如果轴心压力为 330kN（设计值），I 16 能否满足要求。若不能满足。应从构造上采取什么措施满足要求。

解算过程如下：

查规范中的型钢表可知，I16 的几何特征为 $A=2610\text{mm}^2$、$i_x=65.7\text{mm}$、$i_y=18.9\text{mm}$。

计算 x、y 向的长细比并判断其刚度，$\lambda_x=l_{0x}/i_x=2600/65.7=39.6<\{[\lambda]=150\}$、$\lambda_y=l_{0y}/i_y=2600/18.9=137.6<\{[\lambda]=150\}$。

查表求解 x、y 向的稳定系数 φ_x、φ_y。I 16 其 $h=160$、$b=88$，所以，$b/h=0.55<0.8$。对于 x 轴属于 a 类截面，对于 y 轴属于 b 类截面。由稳定系数表可得 $\varphi_x=0.942$、$\varphi_y=0.355$。

由整体稳定计算承载力设计值。由于热轧型钢的宽厚比较小，可不验算局部稳定性。根据 $N\leqslant\varphi Af$，可得 $N_x=\varphi_x Af=0.942\times2610\times215=528603.3\text{N}$、$N_y=\varphi_y Af=0.355\times$

2610×215=199208.3N。所以，设计承载力为199208.3N，即199.2kN。

改用Q345计算其承载力：$\lambda_x'=\lambda_x\ (f_y/235)^{1/2}=39.6\ (345/235)^{1/2}=48.0$，$\lambda_y'=\lambda_y\ (f_y/235)^{1/2}=137.6\ (345/235)^{1/2}=166.7$。查稳定系数表可得 $\varphi_x'=0.921$、$\varphi_y'=0.257$。$N_y=\varphi_y'Af=0.257\times2610\times310=207938.7N\approx207.9kN$。所以，设计承载力提高不显著。

若N=330kN，对其承载力进行校核。采用Q235钢时 $\tau=N/\ (\varphi_yA)\ =230\times10^3/\ (0.355\times2610)\ =356.2MPa>\ (f=215MPa)$，因此，强度不满足要求。采用Q345钢时 $\tau=N/\ (\varphi_y'A)\ =330\times10^3/\ (0.257\times2610)\ =492.0MPa>\ (f=310MPa)$，因此，强度也不满足要求。

鉴于上述情况，应增加侧向支撑，减少弱轴方向的计算长度，从而增加长细比数值，即增大稳定系数。

6. 算例6

设某工业平台柱承受轴心压力5000kN（设计值），柱高8m、两端铰接。要求设计一个H型钢或焊接工字形截面柱及其柱脚（钢材为Q235）。基础混凝土的强度等级为C15（$f_c=7.2N/mm^2$）。

解算过程如下：

（1）选热轧H型钢

试选截面。假设 $\lambda=60$，且对 x 轴、y 轴均为b类截面。由稳定系数表可得 $\varphi_x=\varphi_y=0.807$。因此，所需的截面几何量为 $A=N/\ (\varphi f)\ =5000\times10^3/\ (0.807\times215)\ =28817.6mm^2$，$i_x=l_{0x}/\lambda_x=8000/60=133.3mm$，$i_y=l_{0y}/\lambda_y=8000/60=133.3mm$。查型钢表，初选HW414×405×18×28的规格。于是，$A=29539.0mm^2$、$i_x=177.9mm$、$i_y=102.5mm$。

截面验算。$\lambda_x=l_{0x}/i_x=8000/177.9=45.0<\{[\lambda]=150\}$、$\lambda_y=l_{0y}/i_y=8000/102.5=78.0<\{[\lambda]=150\}$。$x$、$y$ 轴均属b类截面，由长细比的较大值 $\lambda_y=78.0$ 查稳定系数表可得 $\varphi_y=0.701$。于是，$N/\ (\varphi_yA)\ =5000\times10^3/\ (0.701\times29539)\ =241.5MPa>\ (f=215MPa)$。所以，不满足要求，应该重新选截面。选HW428×407×20×35的规格，于是，$A=360.65cm^2$、$i_y=10.45cm$；$\lambda_y=l_{0y}/i_y=8000/104.5=76.6$，查稳定系数表可得 $\varphi_y=0.71$；于是，$N/\ (\varphi_yA)\ =5000\times10^3/\ (0.71\times36065)\ =195.3MPa<\ (f=215MPa)$，所以，满足要求。

（2）柱脚设计

计算底板尺寸。$A_n=N/f_c=5000\times10^3/7.2=694444mm^2$。选宽600mm、长1200mm的底板，毛面积为 $600\times1200=720000mm^2$。毛面积减去锚栓孔面积（约 $4000mm^2$）大于所需的净面积。底板布置如图3-4所示。$p_1=N/A_n=5000\times10^3/\ (720000-4000)\ =6.98MPa<\ (f_c=7.2MPa)$。

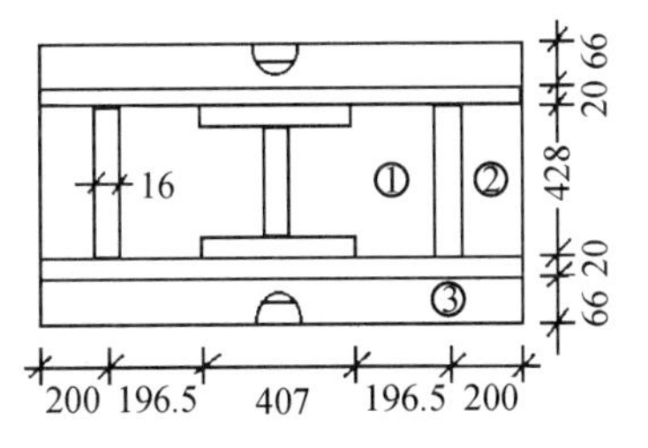

图3-4　底板布置

计算底板单位宽度的弯矩。区格①为四边支承板，b/a＝428/（203.5＋196.5）＝1.07，查α表可得α＝0.052，$M_1=\alpha pa^2$＝0.052×6.98×400^2＝58073.6Nmm。区格②为三边支承板，b_1/a_1＝200/428＝0.47，查β表可得β＝0.05，$M_2=\beta p{a_1}^2$＝0.05×6.98×428^2＝63931.2Nmm。区格③为悬臂部分，M_3＝0.5pc^2＝0.5×6.98×72^2＝18092.2Nmm。区格弯矩值相当，尺寸确定基本合理，所以，M_{max}＝63931.2Nmm。

计算底板厚度t，$t\geqslant(6M_{max}/f)^{1/2}$＝（6×63931.2/205）$^{1/2}$＝43.3mm，取$t$＝44mm。

隔板计算，将隔板视为两端支于靴梁的简支梁，其线荷载σ_1为σ_1＝（200＋196.5）×6.98＝2767.6（N/mm）。隔板与底板的连接（按双侧焊）为正面角焊缝，β_f＝1.22，取h_f＝12mm，焊缝强度σ_f为σ_f＝2767.6/（2×1.22×0.7×12）＝135MPa＜（f_f^w＝160MPa）。隔板与靴梁的连接（双侧）为侧面角焊缝，所受隔板的支座反力R为R＝（1/2）×2767.6×428＝592266.4N。设h_f＝12计算焊缝长度l_w，$l_w=R$/（2×0.7$h_f f_f^w$）＝592266.4/（2×0.7×12×160）＝220.3mm。取l_w＝250mm，即隔板高为250mm。设隔板厚度t＝12＞［（b/50）＝428/50＝8.56］。验算隔板抗剪强度和抗弯强度，$V_{max}=R$＝592266.4N，τ＝1.5V_{max}/（ht）＝1.5×592266.4/（250×12）＝296.1MPa＞（f_V＝125MPa），因此，抗剪强度不满足要求。令隔板高度为400mm，则τ＝1.5V_{max}/（ht）＝1.5×592266.4/（400×12）＝185MPa＞（f_V＝125MPa）。再令t＝16mm、高度为500mm，则τ＝1.5V_{max}/（ht）＝1.5×592266.4/（500×16）＝111.0MPa＜（f_V＝125MPa）、M_{max}＝（1/8）×2767.6×428^2＝63372504.8Nmm、$\sigma=M_{max}/w_x$＝63372504.8/［（1/6）×14×500^2］＝108.6MPa＜（f＝215MPa），因此，隔板自身强度满足要求。

靴梁计算，靴梁与柱身的连接（4条焊缝）按承受柱的压力N＝5000kN计算，令此焊缝高度h_f＝16mm，则其长度l_w为$l_w=N$/（4×0.7$h_f f_f^w$）＝5000×10^3/（4×0.7×16×160）＝697.5mm。考虑到起灭弧的影响，取l_w＝750mm。令靴梁的厚度为20mm，验算其抗剪强度和抗弯强度，V_{max}＝592266.4＋86×6.98×396.5＝830277N、τ＝1.5V_{max}/（ht）＝1.5×830277/（750×20）＝83MPa＜（f_V＝125MPa）、M_{max}＝592266.4×196.5＋（1/2）×86×6.98×396.5^2＝163566032.3Nmm、$\sigma=M_{max}/w_x$＝163566032.3/［（1/6）×20×750^2］＝87.2MPa＜（f＝215MPa），靴梁与底板的连接焊缝和隔板与底板的连接焊缝传递柱的全部压力，设焊缝的焊脚尺寸均为h_f＝12mm，则所需焊缝总计算长度$\sum l_w$应为$\sum l_w=N$/（1.22×0.7$h_f f_f^w$）＝5000×10^3/（1.22×0.7×12×160）＝3049.4mm。实际焊缝长度为1200×2＋428×2＝3256mm。因此，满足要求。

7. 算例7

图3-5所示两种截面（焰切边缘）的截面积相等，钢材均为Q235钢。当用作长度为10m的两端铰接轴心受压柱时，其是否能够安全承受设计荷载3200kN。

解算过程如下：

分析各图的几何特征。

图3-5截面1的几何特性。A＝20×500×2＋500×8＝24000mm^2，I_x＝（1/12）×20×500^3×2＋（1/12）×500×8^3＝416688000mm^4，I_y＝（1/12）×8×500^3＋［（1/12）×500×20^3＋20×500×260^2］×2＝1436000000mm^4，i_x^a＝（I_x/A）$^{1/2}$＝（416688000/24000）$^{1/2}$＝131.8mm，i_y^a＝（I_y/A）$^{1/2}$＝（1436000000/24000）$^{1/2}$＝244.6mm。

图 3-5 截面 2 的几何特性。$A=20\times500\times2+500\times8=24000\text{mm}^2$，$I_x=(1/12)\times25\times400^3\times2+(1/12)\times400\times10^3=266700000\text{mm}^4$，$I_y=(1/12)\times10\times400^3+[(1/12)\times400\times25^3+25\times400\times212.5^2]\times2=957500000\text{mm}^4$，$i_x^b=(I_x/A)^{1/2}=(266700000/24000)^{1/2}=105.4\text{mm}$，$i_y^b=(I_y/A)^{1/2}=(957500000/24000)^{1/2}=199.7\text{mm}$。

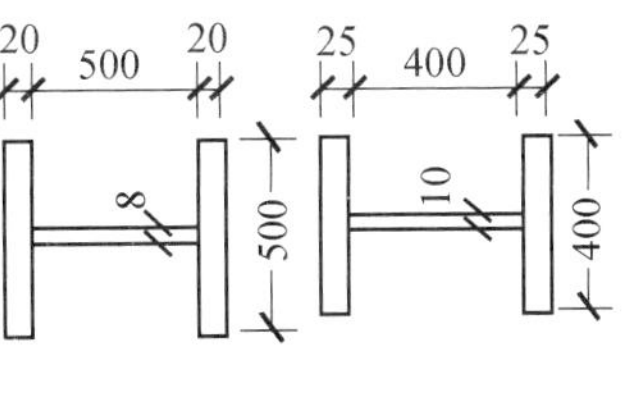

图 3-5 算例 7 附图

计算长细比及对应的稳定系数、承载力。$\lambda_x^a=l_{0x}/i_x^a=10000/131.8=75.9$，对 x 轴属 b 类截面查稳定系数表可得 $\varphi_x^a=0.715$；$\lambda_y^a=l_{0y}/i_y^a=10000/244.6=40.9$，对 y 轴（强轴）属 a 类截面查稳定系数表可得 $\varphi_y^a=0.939$；$N^a\geqslant[\varphi_{\min}^a Af=0.715\times24000\times215=3689400\text{N}=3689.4\text{kN}]>3200\text{kN}$，所以，能够承受该设计荷载。$\lambda_x^b=l_{0x}/i_x^b=10000/105.4=94.9$，对 x 轴（弱轴）属 b 类截面查稳定系数表可得 $\varphi_x^b=0.589$；$\lambda_y^b=l_{0y}/i_y^b=10000/199.7=50.1$，对 y 轴（强轴）属 a 类截面查稳定系数表可得 $\varphi_y^b=0.916$；$N^b\geqslant[\varphi_{\min}^b Af=0.589\times24000\times215=3039240\text{N}=3039.24\text{kN}]<3200\text{kN}$，所以，不能承受该设计荷载。

8. 算例 8

要求设计由两槽钢组成的缀板柱，柱高 7.5m，两端铰接，设计轴心压力 1500kN，钢材为 Q235B，截面无削弱。

解算过程如下：

初选截面面积。按实轴的整体稳定性选择柱的截面。令 $\lambda_y=80$、属于 b 类，查稳定系数表可得 $\varphi_y=0.688$。$A=N/(\varphi_y f)=1500\times10^3/(0.688\times215)=10140.6\text{mm}^2$。选 2［326，$A=10980\text{mm}^2$，$i_y=121.1\text{mm}$。验算整体稳定性，$\lambda_y=l_{0y}/i_y=7500/121.1=61.9<\{[\lambda]=150\}$，查稳定系数表可得 $\varphi_y=0.797$，$N/(\varphi_y A)=1500\times10^3/(0.797\times10140.6)=185.6\text{MPa}<(f=215\text{MPa})$。

确定柱子宽 b。假定 $\lambda_1=30$ 可得 $\lambda_x=(\lambda_y^2-\lambda_1^2)^{1/2}=(61.9^2-30^2)^{1/2}=54.1$，$i_x=l_{0x}/\lambda_x=7500/54.1=138.6\text{mm}$。选取的截面形式如图 3-6 所示，查型钢表可得 $b\approx i_x/0.44=136.6/0.44=315\text{mm}$，取 $b=320\text{mm}$。

计算两槽钢对 x 轴的截面性质及整体稳定性。$I_x=2[335.6+54.9(32.0/2-2.16)^2]=21702.9\text{cm}^4$，$A=54.9\times2=109.8\text{cm}^2$，$i_x=(I_x/A)^{1/2}=(21702.9/109.8)^{1/2}=14.06\text{cm}$，$\lambda_x=l_{0x}/i_x=750/14.06=53.3$，$\lambda_{0x}=(\lambda_x^2+\lambda_1^2)^{1/2}=(53.3^2+30^2)^{1/2}=61.2<\{[\lambda]=150\}$。查稳定系数表可得 $\varphi_x=0.801$，$N/(\varphi_x A)=1500\times10^3/(0.801\times109.8\times10^2)=170.6\text{MPa}<(f=215\text{MPa})$。

缀板设计。$l_{01}=\lambda_1 i_1=30\times2.47=74.1\text{cm}$。选用$-200\times10$、$l_1=20+74.1=94.1\text{cm}$，取 $l_1=94\text{cm}$。分肢线刚度 k_1 为 $k_1=I_1/l_1=335.6/94.0=3.57\text{cm}^3$。两侧缀板线刚度之和 k_b 为 $k_b=\sum I_b/a=[2(1/12)\times1\times20^3]/(32.0-2.16\times2)=48.2>(6k_1=21.42)$。横向剪力 $V=(Af/85)(f_y/235)^{1/2}=(109.8\times10^2\times215)/85=27773\text{N}$、$V_1=V/2=13886.5\text{N}$。缀板与分肢连接处的内力 $T=V_1 l_1/a=(13886.5\times94)/(32-2.16\times2)=47157.8\text{N}$、$M=Ta/2=47157.8\times27.68/2=652664.1\text{Ncm}=6526641\text{Nmm}$。取 $h_f=8$，不考虑绕角部分长度，取 $l_w=200\text{mm}$，剪力 T 产生的剪应力 τ_f 为 $\tau_f=T/(0.7h_f l_w)=47157.8/(0.7\times8\times200)=42.1\text{MPa}$，弯矩 M 产生的应力 σ_f 为 $\sigma_f=M/w_x=(6526641\times$

6）/（0.7×8×200²）=174.8MPa，联合应力为 $[(\sigma_f/\beta_f)^2+\tau_f{}^2]^{1/2}=[(174.8/1.22)^2+42.1^2]^{1/2}=149.4\text{MPa}<(f_f{}^w=160\text{N/mm}^2)$。

横隔计算。采用钢板，间距应小于 9 倍柱宽（9×32=288cm），取间距为 250cm、共 4 处。

9. 算例 9

要求根据算例 8 的设计数据和设计结果设计柱的柱脚，假定基础混凝土的强度等级为 C20、$f_c=9.6\text{N/mm}^2$。

解算过程如下：

计算底板尺寸。$A_n=N/f_c=1500\times10^3/9.6=156250\text{mm}^2$。选宽 440mm、长 480mm 的底板，毛面积为 211200mm² 减去锚栓孔面积（约为 4000mm²）大于所需的净面积，底板的布置如图 3-7 所示，$p_1=N/A_n=1500\times10^3/207200=7.24\text{MPa}<(f_c=9.6\text{MPa})$。

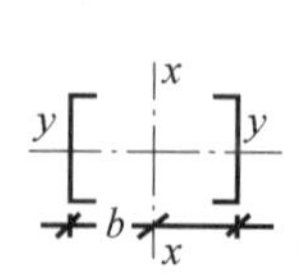

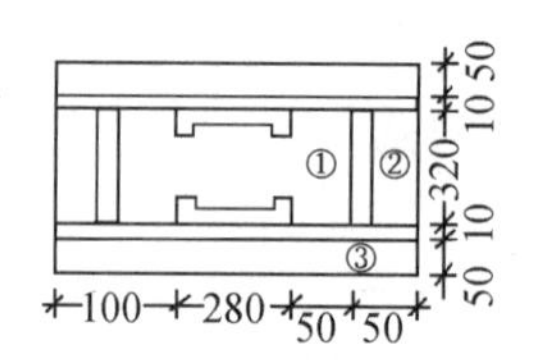

图 3-6 选取的截面形式　　图 3-7 底板的布置

计算底板单位宽度的弯矩。区格①为四边支承板，$b/a=320/50=6.4$，查表得 $\alpha=0.125$，$M_1=\alpha pa^2=0.125\times7.24\times50^2=2262.5\text{Nmm}$；区格②为三边支承板，$b_1/a_1=50/320=0.16<0.3$，所以应按悬臂板计算，$M=(1/2)qb_1{}^2=(1/2)\times7.24\times50^2=9050\text{Nmm}$；区格③为悬臂板，$M=(1/2)qc^2=(1/2)\times7.24\times50^2=9050\text{Nmm}$；所以，$M_{max}=9050\text{Nmm}$。

计算底板厚度 t。$t\geqslant(6M_{max}/f)^{1/2}=(6\times9050/205)^{1/2}=16.3\text{mm}$，取 $t=18\text{mm}$。

进行隔板计算。其线荷载 $\sigma=100\times7.24=724\text{N/mm}$。隔板与底板的连接（按外侧一条焊缝）为正面角焊缝，$\beta_f=1.22$，取 $h_f=8$。$\sigma_f=724/(1.22\times0.7\times8)=106.0\text{MPa}<(f_f{}^w=160\text{MPa})$。隔板与靴梁的连接（外侧一条焊缝）为侧面角焊缝，所受隔板的支座反力 R 为 $R=(1/2)\times724\times320=115840\text{N}$。设 $h_f=8\text{mm}$，求焊缝长度（即隔板高度）l_w，$l_w=R/(0.7h_f f_f{}^w)=115840/(0.7\times8\times160)=129.3\text{mm}$；取 $l_w=150\text{mm}$、取隔板厚 t 为 $t=10\text{mm}>(320/50=6.4\text{mm})$；验算隔板抗剪强度和抗弯强度，$V_{max}=R=115840\text{N}$，$\tau=1.5V_{max}/(ht)=1.5\times115840/(150\times10)=115.84\text{MPa}<(f_V=125\text{MPa})$，$M_{max}=(1/8)qb^2=(1/8)\times724\times320^2=9267200\text{Nmm}$，$\sigma=M_{max}/w_x=9267200/[(1/6)\times10\times150^2]=247.1\text{MPa}>(f=215\text{MPa})$。因此，取 $h=180\text{mm}$、$t=10\text{mm}$，$\sigma=M_{max}/w_x=9267200/[(1/6)\times10\times180^2]=171.6\text{MPa}<(f=215\text{MPa})$。

进行靴梁计算。靴梁与柱身的连接（4 条焊缝）按承受柱的压力 $N=1500\text{kN}$ 计，取侧面角焊缝高 $h_f=8\text{mm}$，$l_w=N/(4\times0.7h_f f_f{}^w)=1500\times10^3/(4\times0.7\times8\times160)=418\text{mm}$，取靴梁高 $h=450\text{mm}$。靴梁作为支承于柱边的悬臂梁，设厚 $t=10\text{mm}$，验算抗弯强度和抗剪强度，$V_{max}=115840+50\times7.24\times100=152040\text{N}$、$\tau=1.5V_{max}/(ht)=1.5\times152040/(10\times450)=50.7\text{MPa}<(f_V=125\text{MPa})$、$M_{max}=115840\times50+(1/2)\times50$

$\times 7.24\times 100^2=7602000$Nmm、$\sigma=M_{max}/w_x=7602000/[(1/6)\times 10\times 450^2]=22.5$MPa $<(f=215$MPa)。靴梁与底板的连接焊缝和隔板与底板的连接焊缝传递全部压力，取 $h_f=8$mm，$\sum l_w=N/(1.22\times 0.7\times h_f f_f^w)=1500\times 10^3/(1.22\times 0.7\times 8\times 160)=1372$mm，实际的$\sum l_w=480\times 2+320\times 2=1600$mm，因此，能够满足要求。

3.5 钢结构设计相关设计数据表

钢结构设计相关设计数据见表 3-2～表 3-70。

表 3-2　H 型钢或等截面工字形简支梁不需计算整体稳定性的最大（l_1/b_1）值

钢号	跨中无侧向支承点的梁		跨中受压翼缘有侧向支承点的梁，不论荷载用于何处
	荷载作用在上翼缘	荷载作用在下翼缘	
Q235	13.0	20.0	16.0
Q345	10.5	16.5	13.0
Q390	10.0	15.5	12.5
Q420	9.5	15.0	12.0

表 3-3　指数 n 和初始长细比 λ_{b0}

材料或工艺	n	λ_{b0}	λ_{b0}
		简支梁	承受线性变化弯矩
热轧	$2.5(b_1/h)^{1/3}$	0.4	$0.65-0.25M_2/M_1$
焊接	$1.8(b_1/h)^{1/3}$	0.3	$0.55-0.25M_2/M_1$
轧制槽钢	1.5	0.3	—

表 3-4　截面性质

截面	自由扭转常数	翘曲惯性矩
T 形截面	$J=(bt^3+ht_w^3)/3$	$I_\omega=h_w^3t_w^3/36+b^3t^3/144$
热轧普通工字钢	$J_{Ip}=ht_w^3/3+2bt^3[1+b^2/(576t^2)]/3$	$I_\omega=I_yh^2/5$
热轧轻型工字钢	$J_{Iq}=ht_w^3/3+2bt^3[1+b^2/(2304t^2)]/3$	$I_\omega=I_yh^2/5$
热轧槽钢	$J_{cg}=ht_w^3/3+2bt^3[1+b^2/(2000t^2)]/3$	$I_\omega=2[h^3e^2t_w/6+bh^2t(e^2-be+b^2/3)]/5$、$e=b^2h^2t/(4I_x)$

表 3-5　不同荷载类型的 C_1、C_2、C_3

状态	荷载类型	C_1	C_2	C_3
跨中无侧向支撑点	跨中集中荷载	1.35	0.55	0.40
	满跨均布荷载	1.13	0.47	0.53
	纯弯曲	1.00	0	1.00
跨中有 1 个侧向支撑点	跨中集中荷载	1.75	0	1.00
	满跨均布荷载	1.39	0.14	0.86

续表

状态	荷载类型	C_1	C_2	C_3
跨中有 2 个侧向支撑点	跨中集中荷载	1.84	0.89	0.08
	满跨均布荷载	1.45	0.07	0.93
跨中有 3 个侧向支撑点	跨中集中荷载	1.90	0	1.00
	满跨均布荷载	1.47	0.93	0.07
侧向支撑点间弯矩线性变化	不考虑段与段之间相互约束	$1.75-1.05M_2/M_1+0.3(M_2/M_1)^2\leqslant 2.3$	0	1.0

表 3-6　挠度增大系数 η

梁的高跨比（h_1/l）	1/40	1/32	1/27	1/23	1/20	1/18
η	1.1	1.15	1.2	1.25	1.35	1.4

表 3-7　轴心受力构件强度折减系数

构件截面形式	连接形式	η	图例
角钢	单边连接	0.85	
工字形、H 形	翼缘连接	0.90	
	腹板连接	0.70	
平板	搭接	[$l\geqslant 2w$] →1.0 [$2w>l\geqslant 1.5w$] →0.82 [$1.5w>l\geqslant w$] →0.75	w l

表 3-8　轴心受压构件的截面分类（板厚 $t<40$mm）

截面形式		对 x 轴	对 y 轴
轧制（圆管，x—x，y—y）		a 类	b 类
轧制（工字形，b，h，x—x，y—y）	$(b/h)\leqslant 0.8$	a 类	b 类
	$(b/h)>0.8$	a* 类	b* 类
轧制等边角钢（x—x，y—y）		a* 类	a* 类

续表

截面形式		对 x 轴	对 y 轴
焊接、翼缘为焰切边 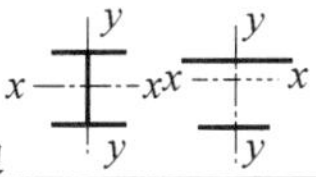	焊接 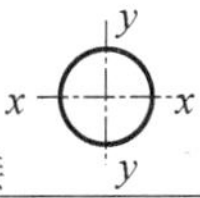	b类	b类
轧制 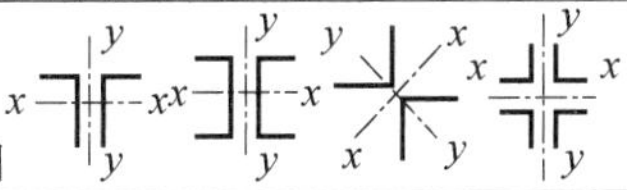			
轧制、焊接（板件宽厚比大于20） 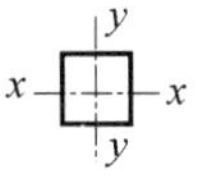	轧制或焊接 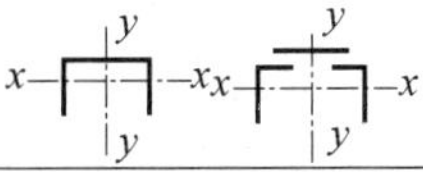		
焊接 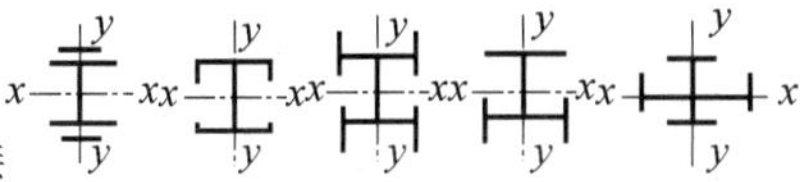	轧制截面和翼缘为焰切边的焊接截面 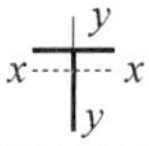		
格构式 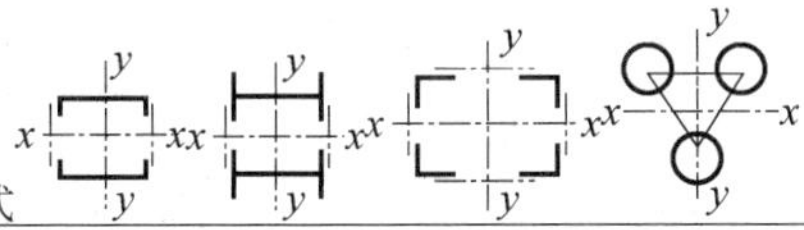	焊接、板件边缘焰切 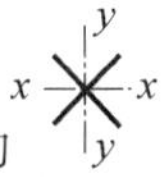		
焊接、翼缘为轧制或剪切边 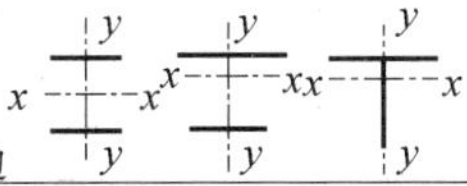		b类	c类
焊接、板件边缘轧制或剪切 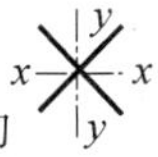	焊接、板件宽厚比不超过20 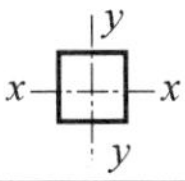	c类	c类

注：a* 类含义为Q235钢取b类，Q345钢、Q390钢、Q420钢和Q460钢取a类；b* 类含义为Q235钢取c类，Q345钢、Q390钢、Q420钢和Q460钢取b类。

表3-9　轴心受压构件的截面分类（板厚 $t \geqslant 40$mm）

截面形式		对 x 轴	对 y 轴
轧制工字形或H形截面 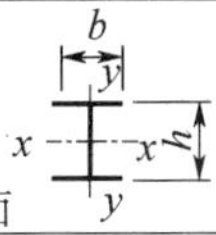	$t < 80$mm	b类	c类
	$t \geqslant 80$mm	c类	d类
焊接工字形截面 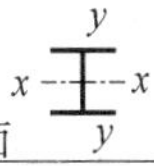	翼缘为焰切边	b类	b类
	翼缘为轧制或剪切边	c类	d类
焊接箱形截面 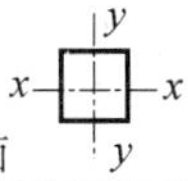	板件宽厚比>20	b类	b类
	板件宽厚比≤20	c类	c类

表3-10　a类截面轴心受压构件的稳定系数 φ

λ/ε_k	0	1	2	3	4	5	6	7	8	9
0	1.000	1.000	1.000	1.000	0.999	0.999	0.998	0.998	0.997	0.996
10	0.995	0.994	0.993	0.992	0.991	0.989	0.988	0.986	0.985	0.983
20	0.981	0.979	0.977	0.976	0.974	0.972	0.970	0.968	0.966	0.964

续表

λ/εk	0	1	2	3	4	5	6	7	8	9
30	0.963	0.961	0.959	0.957	0.954	0.952	0.950	0.948	0.946	0.944
40	0.941	0.939	0.937	0.934	0.932	0.929	0.927	0.924	0.921	0.918
50	0.916	0.913	0.910	0.907	0.903	0.900	0.897	0.893	0.890	0.886
60	0.883	0.879	0.875	0.871	0.867	0.862	0.858	0.854	0.849	0.844
70	0.839	0.834	0.829	0.824	0.818	0.813	0.807	0.801	0.795	0.789
80	0.783	0.776	0.770	0.763	0.756	0.749	0.742	0.735	0.728	0.721
90	0.713	0.706	0.698	0.691	0.683	0.676	0.668	0.660	0.653	0.645
100	0.637	0.630	0.622	0.614	0.607	0.599	0.592	0.584	0.577	0.569
110	0.562	0.555	0.548	0.541	0.534	0.527	0.520	0.513	0.507	0.500
120	0.494	0.487	0.481	0.475	0.469	0.463	0.457	0.451	0.445	0.439
130	0.434	0.428	0.423	0.417	0.412	0.407	0.402	0.397	0.392	0.387
140	0.382	0.378	0.373	0.368	0.364	0.360	0.355	0.351	0.347	0.343
150	0.339	0.335	0.331	0.327	0.323	0.319	0.316	0.312	0.308	0.305
160	0.302	0.298	0.295	0.292	0.288	0.285	0.282	0.279	0.276	0.273
170	0.270	0.267	0.264	0.261	0.259	0.256	0.253	0.250	0.248	0.245
180	0.243	0.240	0.238	0.235	0.233	0.231	0.228	0.226	0.224	0.222
190	0.219	0.217	0.215	0.213	0.211	0.209	0.207	0.205	0.203	0.201
200	0.199	0.197	0.196	0.194	0.192	0.190	0.188	0.187	0.185	0.183
210	0.182	0.180	0.178	0.177	0.175	0.174	0.172	0.171	0.169	0.168
220	0.166	0.165	0.163	0.162	0.161	0.159	0.158	0.157	0.155	0.154
230	0.153	0.151	0.150	0.149	0.148	0.147	0.145	0.144	0.143	0.142
240	0.141	0.140	0.139	0.137	0.136	0.135	0.134	0.133	0.132	0.131
250	0.130	—	—	—	—	—	—	—	—	—

注：同表 3-13。

表 3-11　b 类截面轴心受压构件的稳定系数 φ

λ/εk	0	1	2	3	4	5	6	7	8	9
0	1.000	1.000	1.000	0.999	0.999	0.998	0.997	0.996	0.995	0.994
10	0.992	0.991	0.989	0.987	0.985	0.983	0.981	0.978	0.976	0.973
20	0.970	0.967	0.963	0.960	0.957	0.953	0.950	0.946	0.943	0.939
30	0.936	0.932	0.929	0.925	0.921	0.918	0.914	0.910	0.906	0.903
40	0.899	0.895	0.891	0.886	0.882	0.878	0.874	0.870	0.865	0.861
50	0.856	0.852	0.847	0.842	0.837	0.833	0.828	0.823	0.818	0.812
60	0.807	0.802	0.796	0.791	0.785	0.780	0.774	0.768	0.762	0.757
70	0.751	0.745	0.738	0.732	0.726	0.720	0.713	0.707	0.701	0.694
80	0.687	0.681	0.674	0.668	0.661	0.654	0.648	0.641	0.634	0.628
90	0.621	0.614	0.607	0.601	0.594	0.587	0.581	0.574	0.568	0.561

续表

λ/εk	0	1	2	3	4	5	6	7	8	9
100	0.555	0.548	0.542	0.535	0.529	0.523	0.517	0.511	0.504	0.498
110	0.492	0.487	0.481	0.475	0.469	0.464	0.458	0.453	0.447	0.442
120	0.436	0.431	0.426	0.421	0.416	0.411	0.406	0.401	0.396	0.392
130	0.387	0.383	0.378	0.374	0.369	0.365	0.361	0.357	0.352	0.348
140	0.344	0.340	0.337	0.333	0.329	0.325	0.322	0.318	0.314	0.311
150	0.308	0.304	0.301	0.297	0.294	0.291	0.288	0.285	0.282	0.279
160	0.276	0.273	0.270	0.267	0.264	0.262	0.259	0.256	0.253	0.251
170	0.248	0.246	0.243	0.241	0.238	0.236	0.234	0.231	0.229	0.227
180	0.225	0.222	0.220	0.218	0.216	0.214	0.212	0.210	0.208	0.206
190	0.204	0.202	0.200	0.198	0.196	0.195	0.193	0.191	0.189	0.188
200	0.186	0.184	0.183	0.181	0.179	0.178	0.176	0.175	0.173	0.172
210	0.170	0.169	0.167	0.166	0.164	0.163	0.162	0.160	0.159	0.158
220	0.156	0.155	0.154	0.152	0.151	0.150	0.149	0.147	0.146	0.145
230	0.144	0.143	0.142	0.141	0.139	0.138	0.137	0.136	0.135	0.134
240	0.133	0.132	0.131	0.130	0.129	0.128	0.127	0.126	0.125	0.124
250	0.123	—	—	—	—	—	—	—	—	—

注：同表3-13。

表3-12　c类截面轴心受压构件的稳定系数 φ

λ/εk	0	1	2	3	4	5	6	7	8	9
0	1.000	1.000	1.000	0.999	0.999	0.998	0.997	0.996	0.995	0.993
10	0.992	0.990	0.988	0.986	0.983	0.981	0.978	0.976	0.973	0.970
20	0.966	0.959	0.953	0.947	0.940	0.934	0.928	0.921	0.915	0.909
30	0.902	0.896	0.890	0.883	0.877	0.871	0.865	0.858	0.852	0.845
40	0.839	0.833	0.826	0.820	0.813	0.807	0.800	0.794	0.787	0.781
50	0.774	0.768	0.761	0.755	0.748	0.742	0.735	0.728	0.722	0.715
60	0.709	0.702	0.695	0.689	0.682	0.675	0.669	0.662	0.656	0.649
70	0.642	0.636	0.629	0.623	0.616	0.610	0.603	0.597	0.591	0.584
80	0.578	0.572	0.565	0.559	0.553	0.547	0.541	0.535	0.529	0.523
90	0.517	0.511	0.505	0.499	0.494	0.488	0.483	0.477	0.471	0.467
100	0.462	0.458	0.453	0.449	0.445	0.440	0.436	0.432	0.427	0.423
110	0.419	0.415	0.411	0.407	0.402	0.398	0.394	0.390	0.386	0.383
120	0.379	0.375	0.371	0.367	0.363	0.360	0.356	0.352	0.349	0.345
130	0.342	0.338	0.335	0.332	0.328	0.325	0.322	0.318	0.315	0.312
140	0.309	0.306	0.303	0.300	0.297	0.294	0.291	0.288	0.285	0.282
150	0.279	0.277	0.274	0.271	0.269	0.266	0.263	0.261	0.258	0.256
160	0.253	0.251	0.248	0.246	0.244	0.241	0.239	0.237	0.235	0.232

续表

λ/ε_k	0	1	2	3	4	5	6	7	8	9
170	0.230	0.228	0.226	0.224	0.222	0.220	0.218	0.216	0.214	0.212
180	0.210	0.208	0.206	0.204	0.203	0.201	0.199	0.197	0.195	0.194
190	0.192	0.190	0.189	0.187	0.185	0.184	0.182	0.181	0.179	0.178
200	0.176	0.175	0.173	0.172	0.170	0.169	0.167	0.166	0.165	0.163
210	0.162	0.161	0.159	0.158	0.157	0.155	0.154	0.153	0.152	0.151
220	0.149	0.148	0.147	0.146	0.145	0.144	0.142	0.141	0.140	0.139
230	0.138	0.137	0.136	0.135	0.134	0.133	0.132	0.131	0.130	0.129
240	0.128	0.127	0.126	0.125	0.124	0.123	0.123	0.122	0.121	0.120
250	0.119	—	—	—	—	—	—	—	—	—

注：同表 3-13。

表 3-13 d 类截面轴心受压构件的稳定系数 φ

λ/ε_k	0	1	2	3	4	5	6	7	8	9
0	1.000	1.000	0.999	0.999	0.998	0.996	0.994	0.992	0.990	0.987
10	0.984	0.981	0.978	0.974	0.969	0.965	0.960	0.955	0.949	0.944
20	0.937	0.927	0.918	0.909	0.900	0.891	0.883	0.874	0.865	0.857
30	0.848	0.840	0.831	0.823	0.815	0.807	0.798	0.790	0.782	0.774
40	0.766	0.758	0.751	0.743	0.735	0.727	0.720	0.712	0.705	0.697
50	0.690	0.682	0.675	0.668	0.660	0.653	0.646	0.639	0.632	0.625
60	0.618	0.611	0.605	0.598	0.591	0.585	0.578	0.571	0.565	0.559
70	0.552	0.546	0.540	0.534	0.528	0.521	0.516	0.510	0.504	0.498
80	0.492	0.487	0.481	0.476	0.470	0.465	0.459	0.454	0.449	0.444
90	0.439	0.434	0.429	0.424	0.419	0.414	0.409	0.405	0.401	0.397
100	0.393	0.390	0.386	0.383	0.380	0.376	0.373	0.369	0.366	0.363
110	0.359	0.356	0.353	0.350	0.346	0.343	0.340	0.337	0.334	0.331
120	0.328	0.325	0.322	0.319	0.316	0.313	0.310	0.307	0.304	0.301
130	0.298	0.296	0.293	0.290	0.288	0.285	0.282	0.280	0.277	0.275
140	0.272	0.270	0.267	0.265	0.262	0.260	0.257	0.255	0.253	0.250
150	0.248	0.246	0.244	0.242	0.239	0.237	0.235	0.233	0.231	0.229
160	0.227	0.225	0.223	0.221	0.219	0.217	0.215	0.213	0.211	0.210
170	0.208	0.206	0.204	0.202	0.201	0.199	0.197	0.196	0.194	0.192
180	0.191	0.189	0.187	0.186	0.184	0.183	0.181	0.180	0.178	0.177
190	0.175	0.174	0.173	0.171	0.170	0.168	0.167	0.166	0.164	0.163
200	0.162	—	—	—	—	—	—	—	—	—

注 1：表 3-10 至表 3-13 中的 φ 值区别不同情况按相关公式计算，即当 $\lambda_n \leqslant 0.215$ 时，$\varphi = 1 - \alpha_1 \lambda_n^2$；当 $\lambda_n > 0.215$ 时，$\varphi = [1/(2\lambda_n^2)]\{(\alpha_2 + \alpha_3\lambda_n + \lambda_n^2) - [(\alpha_2 + \alpha_3\lambda_n + \lambda_n^2)^2 - 4\lambda_n^2]^{1/2}\}$。

注 2：当构件的 λ/ε_k 值超出表 3-10 至表 3-13 的范围时，则 φ 值按注 1 所列的公式计算。

表 3-14 系数 α_1、α_2、α_3

截面类别		α_1	α_2	α_3
a 类		0.41	0.986	0.152
b 类		0.65	0.965	0.3
c 类	$\lambda_n \leqslant 1.05$	0.73	0.906	0.595
	$\lambda_n > 1.05$		1.216	0.302
d 类	$\lambda_n \leqslant 1.05$	1.35	0.868	0.915
	$\lambda_n > 1.05$		1.375	0.432

表 3-15 桁架弦杆和单系腹杆的计算长度 l_0

弯曲方向	弦杆	腹杆	
		支座斜杆和支座竖杆	其他腹杆
桁架平面内	l	l	$0.8l$
桁架平面外	l_1	l	l
斜平面	—	l	$0.9l$

注：l 为构件的几何长度（节点中心间距离）；l_1 为桁架弦杆侧向支承点之间的距离。斜平面是指与桁架平面斜交的平面，适用于构件截面两主轴均不在桁架平面内的单角钢腹杆和双角钢十字形截面腹杆。无节点板的腹杆计算长度在任意平面内均取其等于几何长度（钢管结构除外）。

表 3-16 钢管桁架构件计算长度系数

桁架类别	弯曲方向	弦杆	腹杆	
			支座斜杆和支座竖杆	其他腹杆
平面桁架	平面内	$0.9l$	l	$0.8l$
	平面外	l_1	l	l
立体桁架		$0.9l$	l	$0.8l$

注：l_1 为平面外无支撑长度；l 是杆件的节间长度。对端部缩头或压扁的圆管腹杆，其计算长度取 $1.0l$。

表 3-17 受压构件的容许长细比

构件名称	容许长细比
轴压柱、桁架和天窗架中的压杆	150
柱的缀条、吊车梁或吊车桁架以下的柱间支撑	150
支撑（吊车梁或吊车桁架以下的柱间支撑除外）	200
用以减小受压构件计算长度的杆件	200

注：桁架（包括空间桁架）的受压腹杆，当其内力等于或小于承载能力的 50%时，容许长细比值可取 200。计算单角钢受压构件的长细比时，应采用单角钢的最小回转半径，但计算在交叉点相互连接的交叉杆件平面外的长细比时，可采用与单角钢肢边平行轴的回转半径。

表 3-18 受拉构件的容许长细比

构件名称	承受静力荷载或间接动力荷载的结构			直接承受动力荷载的结构
	一般建筑结构	对腹杆提供面外支点的弦杆	有重级工作制起重机的厂房	
桁架构件	350	250	250	250

续表

构件名称	承受静力荷载或间接动力荷载的结构			直接承受动力荷载的结构
	一般建筑结构	对腹杆提供面外支点的弦杆	有重级工作制起重机的厂房	
吊车梁或吊车桁架以下柱间支撑	300	200	200	—
其他拉杆、支撑、系杆等（张紧的圆钢除外）	400	—	350	—

注：除对腹杆提供面外支点的弦杆外，承受静力荷载的结构受拉构件，可仅计算竖向平面内的长细比。在直接或间接承受动力荷载的结构中，单角钢受拉构件长细比的计算方法与表 3-17 相同。中级、重级工作制吊车桁架下弦杆的长细比不宜超过 200。在设有夹钳或刚性料耙等硬钩的起重机的厂房中，支撑的长细比不宜超过 300。受拉构件在永久荷载与风荷载组合作用下受压时，其长细比不宜超过 250。跨度等于或大于 60m 的桁架，其受拉弦杆和腹杆的长细比不宜超过 300（承受静力荷载或间接承受动力荷载）或 250（直接承受动力荷载）。吊车梁及吊车桁架下的支撑按拉杆设计时，柱子的轴力应按无支撑时考虑。

表 3-19　系数 α 和 β

杆件截面形式	α	β
H 形截面，腹板位于桁架平面内	0.85	1.15
H 形截面，腹板垂直于桁架平面	0.60	1.08
正方箱形截面	0.80	1.13

表 3-20　截面塑性发展系数 γ_x、γ_y

序号	截面形式	γ_x	γ_y
1	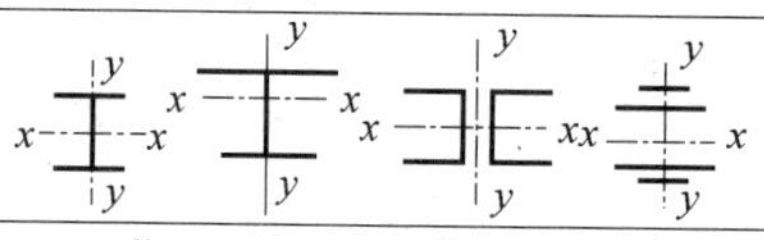	1.05	1.2
2	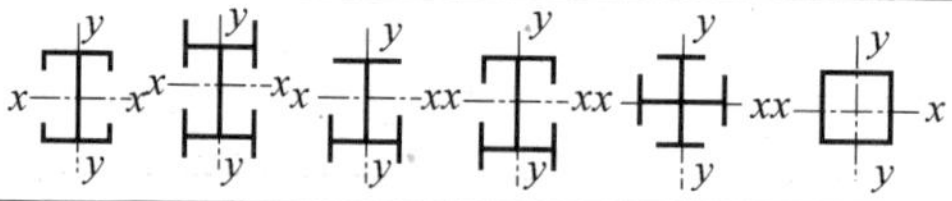	1.05	1.05
3	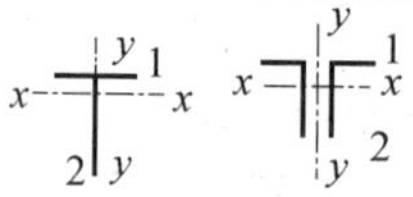	$\gamma_{x1}=1.05$、$\gamma_{x2}=1.2$	1.2
4	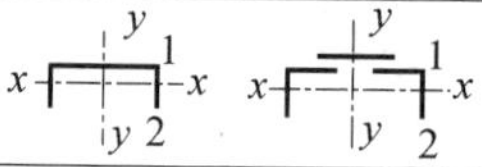	$\gamma_{x1}=1.05$、$\gamma_{x2}=1.2$	1.05
5	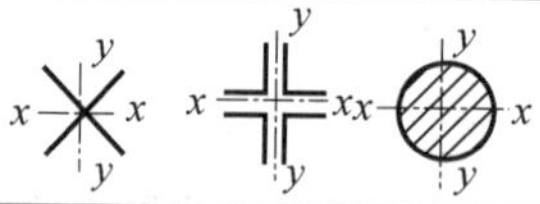	1.2	1.2
6	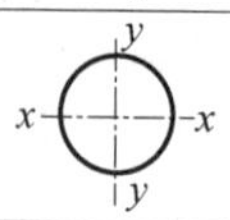	1.15	1.15
7	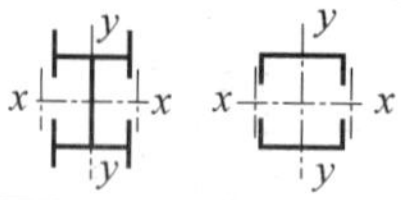	1.0	1.05
8	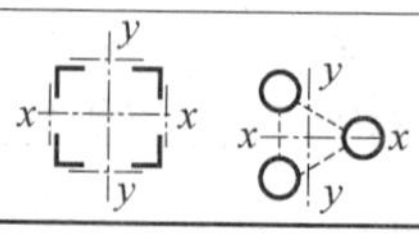	1.0	1.0

表 3-21　风荷载作用下柱顶水平位移容许值

结构体系	吊车情况		柱顶水平位移
排架、框架	无桥式吊车		$H/150$
	有桥式吊车		$H/400$
门式刚架	无吊车	当采用轻型钢墙板时	$H/60$
		当采用砌体墙时	$H/100$
	有桥式吊车	当吊车有驾驶室时	$H/400$
		当吊车由地面操作时	$H/180$

注：H 为柱高度。轻型框架结构的柱顶水平位移可适当放宽。

表 3-22　吊车水平荷载作用下柱顶水平位移（计算值）容许值

项次	位移的种类	按平面结构图形计算	按空间结构图形计算
1	厂房柱的横向位移	$H_c/1000$	$H_c/2000$
2	露天栈桥柱的横向位移	$H_c/2500$	—
3	厂房和露天栈桥柱的纵向位移	$H_c/4000$	—

注：H_c为基础顶面至吊车梁或吊车桁架的顶面的高度。计算厂房或露天栈桥柱的纵向位移时可假定吊车的纵向水平制动力分配在温度区段内所有的柱间支撑或纵向框架上。在设有 A8 级吊车的厂房中，厂房柱的水平位移（计算值）容许值宜减小 10%。在设有 A6 级吊车的厂房柱的纵向位移宜符合表中的要求。

表 3-23　层间位移角容许值

结构体系			层间位移角
框架、框架-支撑			1/250
框-排架	侧向框-排架		1/250
	竖向框-排架	排架	1/150
		框架	1/250

注：有桥式吊车时，层间位移角不宜超过 1/400。对室内装修要求较高的建筑，层间位移角宜适当减小；无墙壁的建筑，层间位移角可适当放宽。轻型钢结构的层间位移角可适当放宽。

表 3-24　层间位移角容许值

结构体系			弹性层间位移角	弹塑性层间位移角
框架			1/250	1/50
框架-支撑				1/70
框-排架	侧向框-排架			1/50
	竖向框-排架	排架		1/30
		框架		1/50

注：框架-墙板体系、框架-剪力墙体系、框架-核心筒体系可参照框架-支撑限值要求。

表 3-25　层间位移角容许值

结构体系	风和多遇地震下弹性层间位移角			罕遇地震弹塑性层间位移角
	脆性非结构构件与主体结构刚性连接时	延性非结构构件与主体结构刚性连接时	当延性非结构构件与主体结构柔性连接时	
框架	1/300	1/250	1/200	1/50
其他				1/70

表 3-26　非抗震组合时大跨度钢结构容许挠度值

结构类型		跨中区域	悬挑结构
受弯为主的结构	桁架、网架、斜拉结构、张弦结构等	$L/250$（屋盖） $L/300$（楼盖）	$L/125$（屋盖） $L/150$（楼盖）
受压为主的结构	双层网壳	$L/250$	$L/125$
	拱架、单层网壳	$L/400$	—
受拉为主的结构	单层单索屋盖	$L/200$	—
	单层索网、双层索系以及横向加劲索系的屋盖、索穹顶屋盖	$L/250$	—

注：表中 L 为短向跨度或者悬挑跨度。网架与桁架可预先起拱，起拱值可取不大于短向跨度的 1/300；当仅为改善外观条件时，结构挠度可取永久荷载与可变荷载标准值作用下的挠度计算值减去起拱值，但结构在可变荷载下的挠度不宜大于结构跨度的 1/400。对于设有悬挂起重设备的屋盖结构，其最大挠度值不宜大于结构跨度的 1/400，在可变荷载下的挠度不宜大于结构跨度的 1/500。在现行规范中，设有悬挂起重设备的常规屋盖结构挠度控制值同此，对大跨度屋盖结构，其最大挠度值不宜大于结构跨度的 1/500，在可变荷载下的挠度不宜大于结构跨度的 1/600。索网结构的挠度为预应力之后的挠度。

表 3-27　地震作用组合时大跨度钢结构容许挠度值

结构类型		跨中区域	悬挑结构
受弯为主的结构	桁架、网架、斜拉结构、张弦结构等	$L/250$（屋盖） $L/300$（楼盖）	$L/125$（屋盖） $L/150$（楼盖）
受压为主的结构	双层网壳、弦支穹顶	$L/300$	$L/150$
	拱架、单层网壳	$L/400$	—

注：表中 L 为短向跨度或者悬挑跨度。

表 3-28　单层厂房阶形柱计算长度的折减系数

厂房类型				折减系数
单跨或多跨	纵向温度区段内一个柱列的柱子数	屋面情况	厂房两侧是否有通长的屋盖纵向水平支撑	
单跨	等于或少于 6 个	—	—	0.9
	多于 6 个	非大型混凝土屋面板的屋面	无纵向水平支撑	
			有纵向水平支撑	0.8
		大型混凝土屋面板的屋面	—	
多跨	—	非大型混凝土屋面板的屋面	无纵向水平支撑	
			有纵向水平支撑	0.7
		大型混凝土屋面板的屋面	—	

表 3-29　无侧移框架柱的计算长度系数 μ

系数	0	0.05	0.1	0.2	0.3	0.4	0.5	1	2	3	4	5	≥10
0.000	1.000	0.990	0.981	0.964	0.949	0.936	0.924	0.880	0.830	0.803	0.785	0.773	0.745
0.050	0.990	0.980	0.971	0.955	0.940	0.927	0.915	0.871	0.822	0.795	0.778	0.766	0.737
0.100	0.981	0.971	0.962	0.946	0.931	0.918	0.907	0.863	0.814	0.787	0.770	0.759	0.730

续表

系数	0	0.05	0.1	0.2	0.3	0.4	0.5	1	2	3	4	5	≥10
0.200	0.964	0.955	0.946	0.930	0.915	0.903	0.891	0.849	0.801	0.774	0.757	0.746	0.718
0.300	0.949	0.940	0.931	0.915	0.901	0.889	0.878	0.836	0.788	0.762	0.746	0.734	0.707
0.400	0.936	0.927	0.918	0.903	0.889	0.877	0.865	0.824	0.777	0.752	0.735	0.724	0.697
0.500	0.924	0.915	0.907	0.891	0.878	0.865	0.855	0.814	0.768	0.742	0.726	0.715	0.688
1.000	0.880	0.871	0.863	0.849	0.836	0.824	0.814	0.775	0.731	0.707	0.691	0.681	0.655
2.000	0.830	0.822	0.814	0.801	0.788	0.777	0.768	0.731	0.689	0.667	0.652	0.642	0.618
3.000	0.803	0.795	0.787	0.774	0.762	0.752	0.742	0.707	0.667	0.645	0.631	0.621	0.598
4.000	0.785	0.778	0.770	0.757	0.746	0.735	0.726	0.691	0.652	0.631	0.617	0.607	0.585
5.000	0.773	0.766	0.759	0.746	0.734	0.724	0.715	0.681	0.642	0.621	0.607	0.598	0.576
≥10	0.745	0.737	0.730	0.718	0.707	0.697	0.688	0.655	0.618	0.598	0.585	0.576	0.554

表 3-30　有侧移框架柱的计算长度系数 μ

系数	0	0.05	0.1	0.2	0.3	0.4	0.5	1	2	3	4	5	≥10
0.000	∞	5.87	4.38	3.41	3.01	2.79	2.65	2.35	2.18	2.12	2.09	2.08	2.04
0.050	5.86	4.04	3.39	2.83	2.56	2.41	2.30	2.07	1.93	1.89	1.86	1.85	1.82
0.100	4.38	3.39	2.95	2.53	2.31	2.19	2.10	1.90	1.78	1.74	1.72	1.70	1.68
0.200	3.41	2.83	2.53	2.21	2.04	1.94	1.87	1.70	1.60	1.56	1.54	1.53	1.51
0.300	3.01	2.56	2.31	2.04	1.90	1.81	1.74	1.59	1.50	1.46	1.44	1.43	1.41
0.400	2.79	2.41	2.19	1.94	1.81	1.72	1.66	1.52	1.43	1.40	1.38	1.37	1.35
0.500	2.65	2.30	2.10	1.87	1.74	1.66	1.60	1.47	1.38	1.35	1.33	1.32	1.30
1.000	2.35	2.07	1.90	1.70	1.59	1.52	1.47	1.34	1.26	1.23	1.21	1.20	1.18
2.000	2.18	1.93	1.78	1.60	1.50	1.43	1.38	1.26	1.18	1.15	1.14	1.13	1.11
3.000	2.12	1.89	1.74	1.56	1.46	1.40	1.35	1.23	1.15	1.13	1.11	1.10	1.08
4.000	2.09	1.86	1.72	1.54	1.44	1.38	1.33	1.21	1.14	1.11	1.10	1.09	1.07
5.000	2.08	1.85	1.70	1.53	1.43	1.37	1.32	1.20	1.13	1.10	1.09	1.08	1.06

表 3-31　钢梁调幅幅度、截面类别和侧移验算

调幅幅度	截面类别	跨中截面类别	挠度增大系数	1～5 层框架侧移增大系数	支撑-框架结构时侧移限值增大系数
10	C 级	C 级	1	不变	不变
15	B 级	C 级	1	不变	不变
20	A 级	C 级	1	1.05	1.05
25	A 级	C 级	1.05	1.1	1.1
30	A 级	C 级	1.1	1.15	1.15

表 3-32　钢-混凝土组合梁调幅幅度、截面类别和侧移验算

梁分析模型	调幅幅度	负弯矩截面类别	跨中截面类别	挠度增大系数	侧移增大系数
变截面模型	5	A 级	B 级	1	1
	10	A 级	B 级	1.05	1.05
	15	A 级	B 级	1.1	1.1
等截面模型	15	B 级	C 级	1	1
	20	A 级	C 级	1	1.05
	25	A 级	B 级	1.05	1.1
	30	A 级	B 级	1.1	1.15

表 3-33　钢板含硫量及厚度方向性能

低硫钢板		厚度方向性能钢板（GB/T 5313）		
级别	含硫量≤（%）	级别	Z 向断面收缩率≥（%）	含硫量≤（%）
S1	0.01	Z15	15	0.01
S2	0.007	Z25	25	0.007
S3	0.005	Z35	35	0.005

表 3-34　最低预热温度和层间温度（℃）

钢材牌号	接头最厚部件厚度 t（mm）				
	$t<20$	$20\leqslant t\leqslant 40$	$40<t\leqslant 60$	$60<t\leqslant 80$	$t>80$
Q235	—	—	40	50	80
Q345	—	40	60	80	100
Q390，Q420	20	60	80	100	120
Q460	20	80	100	120	150

表 3-35　高强度螺栓连接的孔型尺寸匹配（mm）

	螺栓公称直径		M12	M16	M20	M22	M24	M27	M30
孔型	标准孔	直径	13.5	17.5	22	24	26	30	33
	大圆孔	直径	16	20	24	28	30	35	38
	槽孔	短向	13.5	17.5	22	24	26	30	33
		长向	22	30	37	40	45	50	55

表 3-36　螺栓或铆钉的孔距和边距值

名称	位置和方向			最大允许距离（取两者的较小值）	最小允许距离
中心间距	外排（垂直内力方向或顺内力方向）			$8d_0$或$12t$	$3d_0$
	中间排	垂直内力方向		$16d_0$或$24t$	
		顺内力方向	构件受压力	$12d_0$或$18t$	
			构件受拉力	$16d_0$或$24t$	
	沿对角线方向			—	

续表

名称	位置和方向			最大允许距离（取两者的较小值）	最小允许距离
中心至构件边缘距离	顺内力方向			$4d_0$或$8t$	$2d_0$
	垂直内力方向	剪切边或手工切割边			$1.5d_0$
		轧制边、自动气割或锯割边	高强度螺栓		$1.5d_0$
			其他螺栓或铆钉		$1.2d_0$

注：d_0为螺栓或铆钉的孔距，对槽孔为短向尺寸，t为外层较薄板件的厚度。钢板边缘与刚性构件（如角钢、槽钢等）相连的高强度螺栓的最大间距，可按中间排的数值采用，计算螺栓孔引起的截面削弱时取d+4mm和d_0的较大者。

表 3-37　钢材摩擦面的抗滑移系数 μ

连接处构件接触面的处理方法		构件的钢号				
		Q235 钢	Q345 钢	Q390 钢	Q420 钢	Q460 钢
普通钢结构	喷硬质石英砂或铸钢棱角砂	0.45	0.45		0.45	
	抛丸（喷砂）	0.35	0.40		0.40	
	抛丸（喷砂）后生赤锈	0.45	0.45		0.45	
	钢丝刷清除浮锈或未经处理的干净轧制面	0.30	0.35		0.40	
冷弯薄壁型钢结构	抛丸（喷砂）	0.35	0.40	—	—	
	热轧钢材轧制面清除浮锈	0.30	0.35	—	—	
	冷轧钢材轧制面清除浮锈	0.25	—	—	—	

注：钢丝刷除锈方向应与受力方向垂直。当连接构件采用不同钢号时，μ按相应较低的取值。采用其他方法处理时，其处理工艺及抗滑移系数值均需要试验确定。

表 3-38　涂层连接面的抗滑移系数 μ

表面处理要求	涂装方法及涂层厚度	涂层类别	抗滑系数 μ
抛丸除锈，达到 Sa2.5 级	喷涂或手工涂刷，50～75μm	醇酸铁红	0.15
		聚氨酯富锌	
		环氧富锌	
	喷涂或手工涂刷，50～75μm	无机富锌	0.35
		水性无机富锌	
	喷涂，30～60μm	锌加（Z1NA）	0.45
	喷涂，80～120μm	防滑防锈硅酸锌漆（HES-2）	

注：当设计要求使用其他涂层（热喷铝、镀锌等）时，其钢材表面处理要求、涂层厚度及抗滑移系数均需由试验确定。

表 3-39　一个高强度螺栓的预拉力设计值 P（kN）

螺栓的性能等级	螺栓公称直径（mm）					
	M16	M20	M22	M24	M27	M30
8.8 级	80	125	150	175	230	280
10.9 级	100	155	190	225	290	355

表 3-40　梁柱节点的综合分类

强度		铰接连接	欠强连接	等强连接	超强连接
刚度	铰接	铰接	铰接	—	—
	半刚性	铰接	半刚性	半刚性	—
	刚性	—	满足弹性承载力设计要求时刚接，否则半刚性	刚接	刚接
	转动能力	有足够转动能力	有足够转动能力	有足够转动能力	不检查转动能力

表 3-41　节点类型分类

节点类型	判别条件
铰接节点	$R_{ki}\leqslant 0.5\sum EI_b/l_b$
刚接节点	$R_{ki}\geqslant k_b\sum EI_b/l_b$
半刚性节点	$0.5\sum EI_b/l_b<R_{ki}<k_b\sum EI_b/l_b$

注：表中 l_b为梁的跨度，I_b为梁的惯性矩。当结构为无侧移框架结构时 $k_b=8$，有侧移框架结构时 $k_b=25$。

表 3-42　主管为矩形管、支管为矩形管或圆管的节点几何参数适用范围

<table>
<tr><td colspan="2" rowspan="3">节点形式</td><td colspan="6">节点几何参数，$i=1$ 或 2，表示支管；j 表示被搭接支管</td></tr>
<tr><td rowspan="2">b_i/b、h_i/b 或 d_i/b</td><td colspan="2">b_i/t_i、h_i/t_i或 d_i/t_i</td><td rowspan="2">h_i/b_i</td><td rowspan="2">b/t、h/t</td><td rowspan="2">a 或 O_vb_i/b_j、t_i/t_j</td></tr>
<tr><td>受压</td><td>受拉</td></tr>
<tr><td rowspan="3">支管为矩形管</td><td>T、Y与 X</td><td>$\geqslant 0.25$</td><td rowspan="2">$\leqslant 35$（Q235）
$\leqslant 30$（Q345）</td><td rowspan="3">$\leqslant 35$</td><td rowspan="3">$0.5\leqslant(h_i/b_i)\leqslant 2$</td><td rowspan="2">$\leqslant 35$</td><td>—</td></tr>
<tr><td>K 与 N 间隙节点</td><td>$\geqslant 0.1+0.01b/t$
$\beta\geqslant 0.35$</td><td>$0.5(1-\beta)\leqslant a/b\leqslant 1.5(1-\beta)$
$a\geqslant t_1+t_2$</td></tr>
<tr><td>K 与 N 搭接节点</td><td>$\geqslant 0.25$</td><td>$\leqslant 33(235/f_{yt})^{1/2}$</td><td>$\leqslant 40$</td><td>$25\%\leqslant O_v\leqslant 100\%$
$t_i/t_j\leqslant 1.0$
$0.75\leqslant b_i/b_j\leqslant 1.0$</td></tr>
<tr><td colspan="2">支管为圆管</td><td>$0.4\leqslant d_i/b\leqslant 0.8$</td><td>$\leqslant 44(235/f_{yi})^{1/2}$</td><td>$\leqslant 50$</td><td colspan="3">取 $b_i=d_i$仍能满足上述相应条件</td></tr>
</table>

注：$a/b>1.5(1-\beta)$ 则按 T 形或 Y 形节点计算。b_i、h_i、t_i分别为第 i 个矩形支管的截面宽度、高度和壁厚；d_i、t_i分别为第 i 个圆支管的外径和壁厚；b、h、t 为矩形主管的截面宽度、高度和壁厚；a 为支管间的间隙；O_v为搭接率，$O_v=q/p$ 且满足 $25\%\leqslant O_v\leqslant 100\%$；$f_{yi}$为第 i 个支管钢材的屈服强度；β 为参数，对 T、Y、X 形节点 $\beta=b_1/b$ 或 d_1/b，对 K、N 形节点 $\beta=(b_1+b_2+h_1+h_2)/(4b)$ 或 $\beta=(d_1+d_2)/(2b)$。

表 3-43　钢管混凝土组合抗剪强度 f_{sv}（N/mm^2）

钢材	含钢率（%）								
	0.04	0.06	0.08	0.1	0.12	0.14	0.16	0.18	0.2
Q235	11.4	16.8	21.9	26.9	31.7	36.4	40.8	45.2	49.4
Q345	16.7	24.6	32.2	39.5	46.6	53.4	60.0	66.3	72.5
Q390	18.9	27.8	36.4	44.7	52.7	60.3	67.8	75.0	81.9

续表

钢材	含钢率（%）								
	0.04	0.06	0.08	0.1	0.12	0.14	0.16	0.18	0.2
Q420	20.4	30.0	39.2	48.1	56.7	65.0	73.0	80.7	88.2

注：圆钢管混凝土构件的组合抗剪强度设计值按式 $f_{sv}=1.26f_{yk}\alpha/(1+\alpha)$ 计算。α 为钢管混凝土构件的含钢率，等于钢管面积 A_a 和管内混凝土面积 A_c 之比，即 $\alpha=A_a/A_c$。

表 3-44　轴压构件稳定系数

$\lambda(0.001f_{yk}+0.781)$	0	10	20	30	40	50	60	70	80
φ	1.000	0.975	0.951	0.924	0.896	0.863	0.824	0.779	0.728
$\lambda(0.001f_{yk}+0.781)$	90	100	110	120	130	140	150	160	170
φ	0.670	0.610	0.549	0.492	0.440	0.394	0.353	0.318	0.287
$\lambda(0.001f_{yk}+0.781)$	180	190	200	210	220	230	240	250	—
φ	0.260	0.236	0.216	0.198	0.181	0.167	0.155	0.143	—

表 3-45　非焊接的构件和连接分类

项次	构造细节	说明	类别
1		无连接处的母材。轧制型钢	Z1
2		无连接处的母材。钢板。两边为轧制边或刨边（Z1 类）。两侧为自动、半自动切割边。切割质量标准应符合我国现行国家标准《钢结构工程施工质量验收规范》（GB 50205）要求（Z2 类）	Z1 Z2
3		连系螺栓和虚孔处的母材。应力以净截面面积计算	Z4
4		螺栓连接处的母材。高强度螺栓摩擦型连接应力以毛截面面积计算（Z2 类）；其他螺栓连接应力以净截面面积计算（Z3 类）。铆钉连接处的母材，连接应力以净截面面积计算（Z4 类）	Z2 Z4
5	d　d	受拉螺栓的螺纹处母材。连接板件应有足够的刚度，否则，受拉正应力应适当考虑撬力及其他因素引起的附加应力。对于直径大于 30mm 螺栓，需要考虑尺寸效应对容许应力幅进行修正，修正系数为 γ_t。$\gamma_t=(30/d)^{0.25}$。d 为螺栓直径，单位为 mm	Z11

注：箭头表示计算应力幅的位置和方向。

表 3-46　纵向传力焊缝的构件和连接分类

项次	构造细节	说明	类别
1	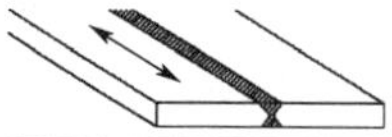	无垫板的纵向对接焊缝附近的母材。焊缝符合二级焊缝标准	Z2
2	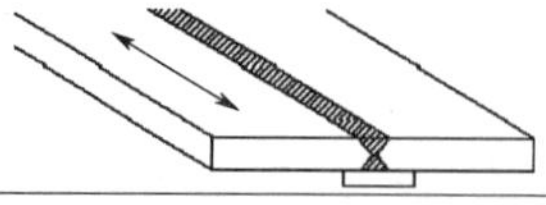	有连续垫板的纵向自动对接焊缝附近的母材。无起弧、灭弧（Z4 类）。有起弧、灭弧（Z5 类）	Z4 Z5
3	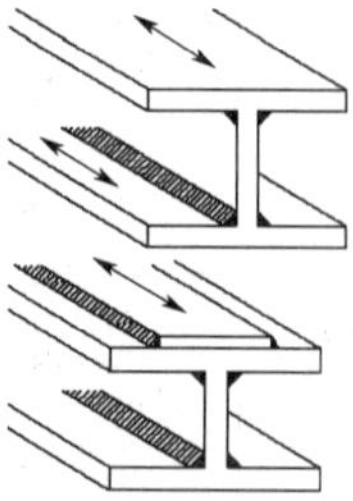	翼缘连接焊缝附近的母材。翼缘板与腹板的连接焊缝：自动焊，二级 T 形对接与角接组合焊缝（Z2 类）；自动焊，角焊缝，外观质量标准符合二级（Z4 类）；手工焊，角焊缝，外观质量标准符合二级（Z5 类）； 双层翼缘板之间的连接焊缝：自动焊，角焊缝，外观质量标准符合二级（Z4 类）；手工焊，角焊缝，外观质量标准符合二级（Z5 类）	Z2 Z4 Z5
4	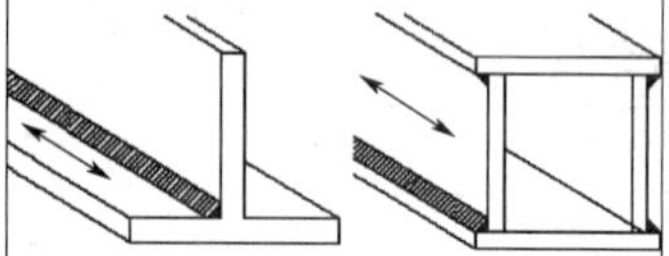	仅单侧施焊的手工或自动对接焊缝附近的母材，焊缝符合二级焊缝标准，翼缘与腹板很好贴合	Z5
5	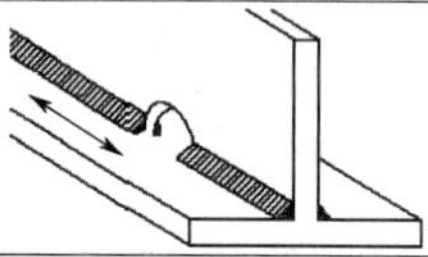	开工艺孔处对接焊缝、角焊缝、间断焊缝等附近的母材，焊缝符合二级焊缝标准	Z8
6	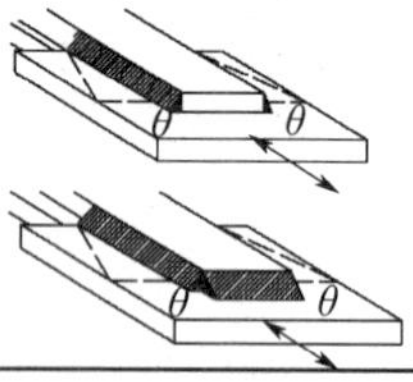 θ　θ θ　θ	节点板搭接的两侧面角焊缝端部的母材（Z10 类）。节点板搭接的三面围焊时两侧角焊缝端部的母材（Z8 类）。三面围焊或两侧面角焊缝的节点板母材（节点板计算宽度按应力扩散角 θ 等于 30°考虑）（Z8 类）	Z10 Z8

注：箭头表示计算应力幅的位置和方向。

表 3-47　横向传力焊缝的构件和连接分类

项次	构造细节	说明	类别
1	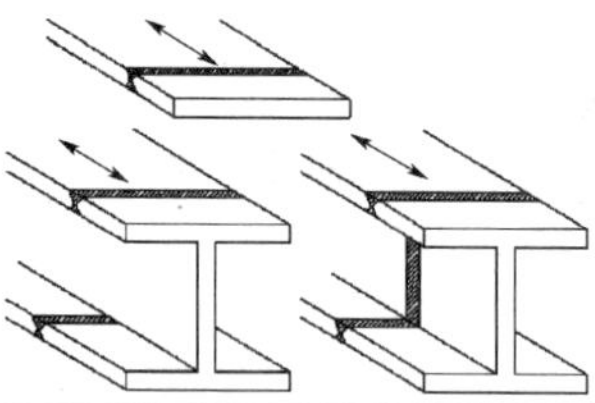	横向对接焊缝附近的母材，轧制梁对接焊缝附近的母材。符合我国现行《钢结构工程施工质量验收规范》（GB 50205）的一级焊缝，且经加工、磨平（Z2 类）。符合我国现行《钢结构工程施工质量验收规范》（GB 50205）的一级焊缝（Z4 类）	Z2 Z4
2	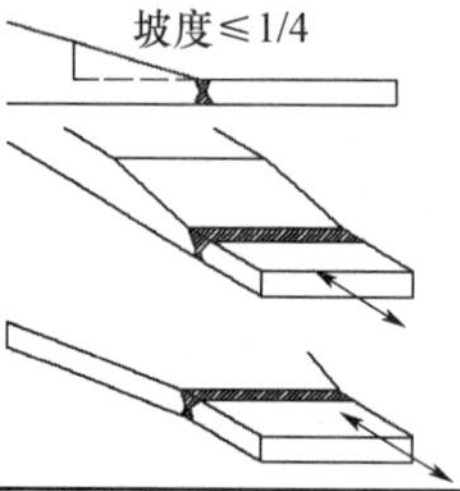 坡度≤1/4	不同厚度（或宽度）横向对接焊缝附近的母材。符合我国现行《钢结构工程施工质量验收规范》（GB 50205）的一级焊缝，且经加工、磨平（Z2 类）。符合我国现行《钢结构工程施工质量验收规范》（GB 50205）的一级焊缝（Z4 类）	Z2 Z4

续表

项次	构造细节	说明	类别
3	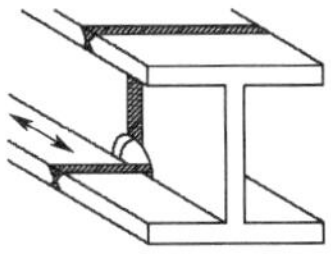	有工艺孔的轧制梁对接焊缝附近的母材，焊缝加工成平滑过渡并符合一级焊缝标准（Z6 类）	Z6
4	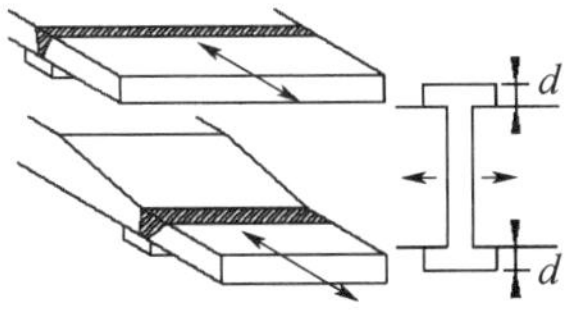 d d	带垫板的横向对接焊缝附近的母材。垫板端部超出母板距离 d，$d \geqslant 10$mm（Z8 类）；$d < 10$mm（Z11 类）	Z8 Z11
5	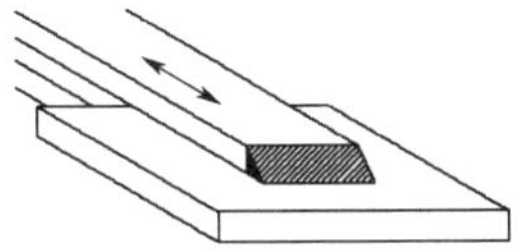	节点板搭接的端面角焊缝的母材（Z7 类）	Z7
6	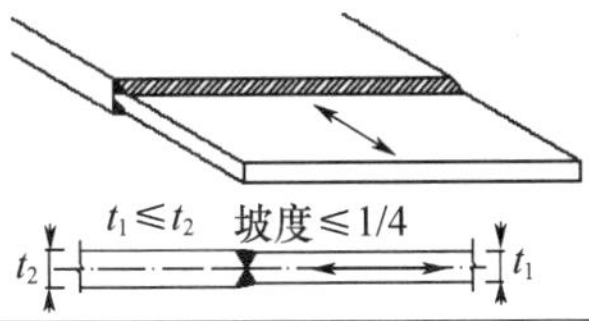 $t_1 \leqslant t_2$　坡度≤1/4 t_2 t_1	不同厚度直接横向对接焊缝附近的母材，焊缝等级为一级，无偏心（Z8 类）	Z8
7	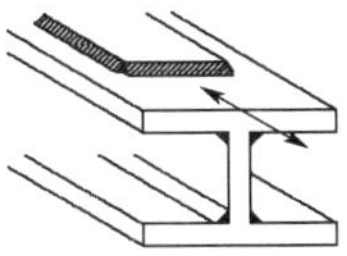	翼缘盖板中断处的母材（板端有横向端焊缝）（Z8 类）	Z8
8	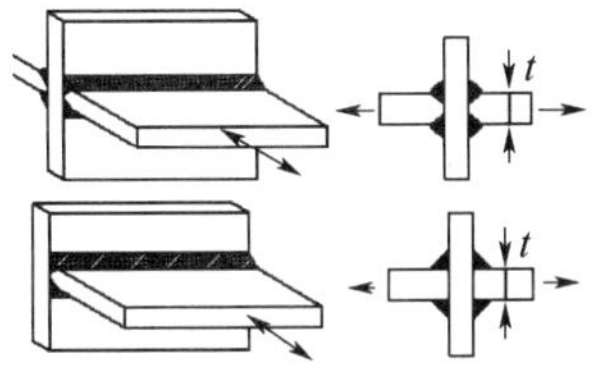 t t	十字形连接、T 形连接。K 形坡口、T 形对接与角接组合焊缝处的母材，十字形连接两侧轴线偏离距离小于 $0.15t$，焊缝为二级，焊趾角 $\alpha \leqslant 45°$（Z6 类）。角焊缝处的母材，十字形连接两侧轴线偏离距离小于 $0.15t$（Z8 类）	Z6 Z8
9	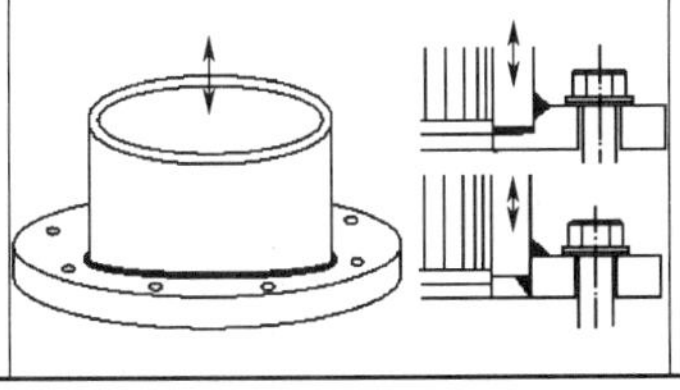	法兰焊缝连接附近的母材。采用对接焊缝，焊缝为一级（Z8 类）。采用角焊缝（Z13 类）	Z8 Z13

注：箭头表示计算应力幅的位置和方向。

表 3-48　非传力焊缝的构件和连接分类

项次	构造细节	说明	类别
1	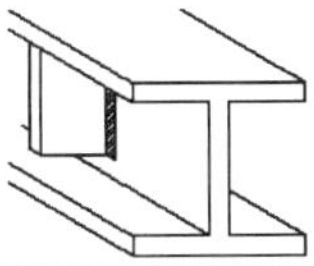	横向加劲肋端部附近的母材。肋端焊缝不断弧（采用回焊）（Z5 类）。肋端焊缝断弧（Z6 类）	Z5 Z6

续表

项次	构造细节	说明	类别
2		横向焊接附件附近的母材。$t \leq 50$mm（Z7 类）。50mm$< t \leq 80$mm（Z8 类）。t 为焊接附件的板厚	Z7 Z8
3		矩形节点板焊接于构件翼缘或腹板处的母材（节点板焊缝方向的长度 $L > 150$mm）（Z8 类）	Z8
4		带圆弧的梯形节点板用对接焊缝焊于梁翼缘、腹板以及桁架构件处的母材，圆弧过渡处在焊后铲平、磨光、圆滑过渡，不得有焊接起弧、灭弧缺陷（Z6 类）	Z6
5		焊接剪力栓钉附近的钢板母材（Z7 类）	Z7

注：箭头表示计算应力幅的位置和方向。

表 3-49　钢管截面的构件和连接分类

项次	构造细节	说明	类别
1		钢管纵向自动焊缝的母材。无焊接起弧、灭弧点（Z3 类）。有焊接起弧、灭弧点（Z6 类）	Z3 Z6
2		圆管端部对接焊缝附近的母材，焊缝平滑过渡并符合我国现行《钢结构工程施工质量验收规范》（GB 50205）的一级焊缝标准，余高不大于焊缝宽度的 10%。圆管壁厚 8mm$< t \leq 12.5$mm（Z6 类）。圆管壁厚 $t \leq 8$mm（Z8 类）	Z6 Z8
3		矩形管端部对接焊缝附近的母材，焊缝平滑过渡并符合一级焊缝标准，余高不大于焊缝宽度的 10%。方管壁厚 8mm$< t \leq 12.5$mm（Z8 类）。方管壁厚 $t \leq$ 8mm（Z10 类）	Z8 Z10

续表

项次	构造细节	说明	类别
4	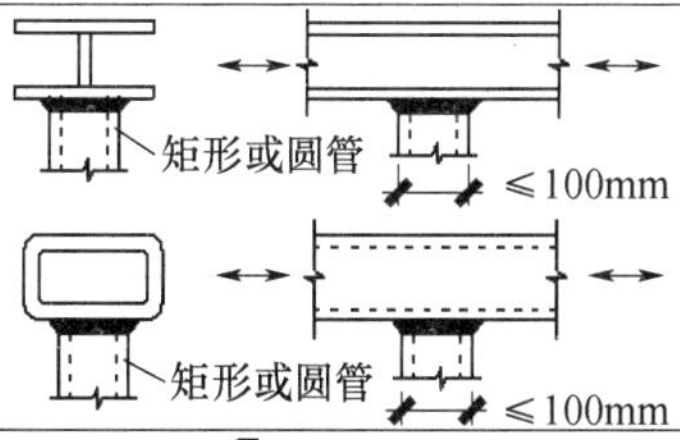 矩形或圆管 ≤100mm 矩形或圆管 ≤100mm	焊有其他构件的矩形管或圆管的角焊缝附近的母材，非承载焊缝的外观质量标准符合二级，矩形管宽度或圆管直径不大于100mm（Z8类）	Z8
5	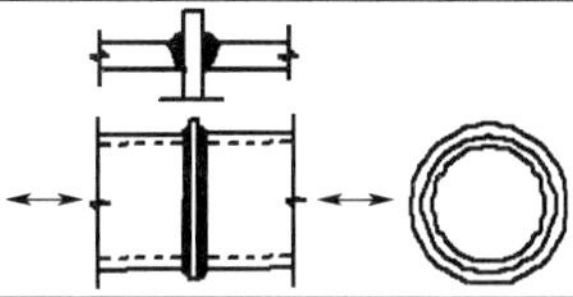	通过端板采用对接焊缝拼接的圆管母材，焊缝符合一级质量标准。圆管壁厚 $8mm < t \leqslant 12.5mm$（Z10类）。圆管壁厚 $t \leqslant 8mm$（Z11类）	Z10 Z11
6	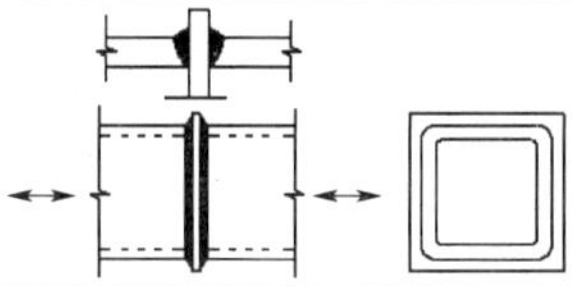	通过端板采用对接焊缝拼接的矩形管母材，焊缝符合一级质量标准。方管壁厚 $8mm < t \leqslant 12.5mm$（Z11类）。方管壁厚 $t \leqslant 8mm$（Z12类）	Z11 Z12
7	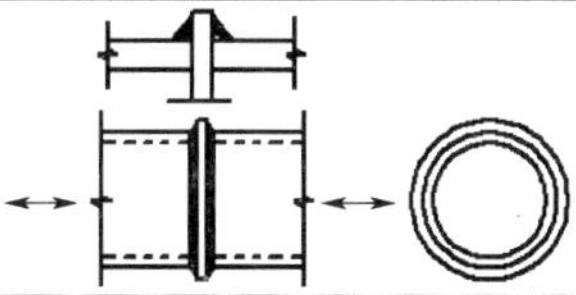	通过端板采用角焊缝拼接的圆管母材，焊缝外观质量标准符合二级，管壁厚度 $t \leqslant 8mm$（Z13类）	Z13
8	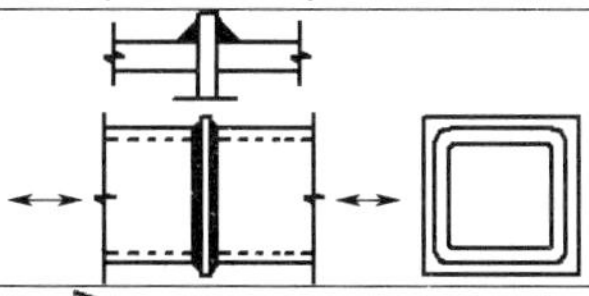	通过端板采用角焊缝拼接的矩形管母材，焊缝外观质量标准符合二级，管壁厚度 $t \leqslant 8mm$（Z14类）	Z14
9	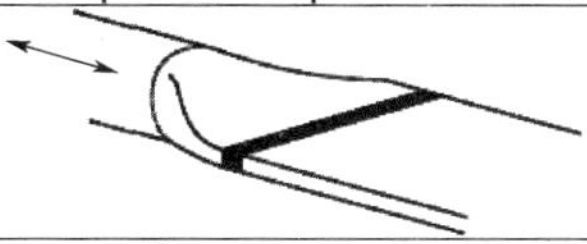	钢管端部压偏与钢板对接焊缝连接（仅适用于直径小于200mm的钢管），计算时采用钢管的应力幅（Z8类）	Z8
10	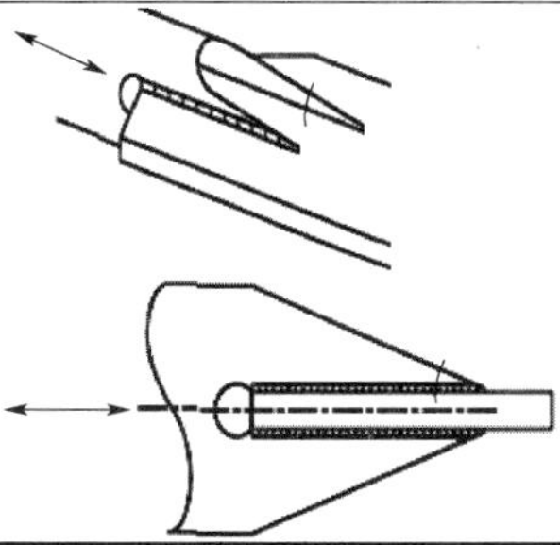	钢管端部开设槽口与钢板角焊缝连接，槽口端部为圆弧，计算时采用钢管的应力幅。倾斜角 $\alpha \leqslant 45°$（Z8类）。倾斜角 $\alpha > 45°$（Z9类）	Z8 Z9

注：箭头表示计算应力幅的位置和方向。

表3-50 剪应力作用下的构件和连接分类

项次	构造细节	说明	类别
1	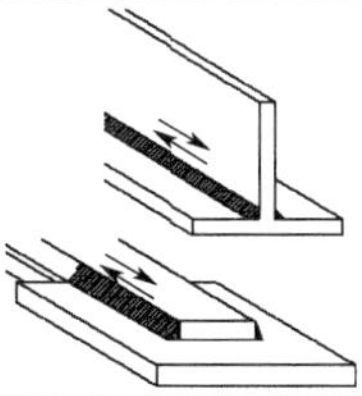	各类受剪角焊缝。剪应力按有效截面计算（J1类）	J1

续表

项次	构造细节	说明	类别
2		受剪力的普通螺栓。采用螺杆截面的剪应力（J2类）	J2
3		焊接剪力栓钉。采用栓钉名义截面的剪应力（J3类）	J3

注：箭头表示计算应力幅的位置和方向。

表 3-51　正应力幅的疲劳强度数据 C_z、β、$\Delta\sigma_c$、$\Delta\sigma_v$、$\Delta\sigma$（2×10^6）

类别	参数 C_z	参数 β	常幅疲劳极限 $\Delta\sigma_c$（$n=5\times10^6$）（N/mm²）	变幅疲劳极限 $\Delta\sigma_v$（$n=1\times10^8$）（N/mm²）	疲劳强度 $\Delta\sigma$（2×10^6）（$n=2\times10^6$）（N/mm²）
Z1	1920×10^{12}	4	140	85	176
Z2	861×10^{12}	4	115	70	144
Z3	3.91×10^{12}	3	92	51	125
Z4	2.81×10^{12}	3	83	46	112
Z5	2.00×10^{12}	3	74	41	100
Z6	1.46×10^{12}	3	66	36	90
Z7	1.02×10^{12}	3	59	32	80
Z8	0.72×10^{12}	3	52	29	71
Z9	0.50×10^{12}	3	46	25	63
Z10	0.35×10^{12}	3	41	23	56
Z11	0.25×10^{12}	3	37	20	50
Z12	0.18×10^{12}	3	33	18	45
Z13	0.13×10^{12}	3	29	16	40
Z14	0.09×10^{12}	3	26	14	36

表 3-52　剪应力幅的疲劳强度数据 C_J、β、$\Delta\tau_c$、$\Delta\tau_v$、$\Delta\tau$（2×10^6）

类别	参数 C_J	参数 β	常幅疲劳极限 $\Delta\tau_c$（$n=5\times10^6$）（N/mm²）	变幅疲劳极限 $\Delta\tau_v$（$n=1\times10^8$）（N/mm²）	疲劳强度 $\Delta\tau$（2×10^6）（$n=5\times10^6$）（N/mm²）
J1	4.10×10^{11}	3	43	16	59
J2	2.00×10^{16}	5	83	46	100
J3	8.61×10^{21}	8	80	55	90

表 3-53　吊车梁和吊车桁架欠载效应的等效系数 α_f

吊车类别	α_f
A6、A7工作级别（重级）的硬钩吊车（如均热炉车间夹钳吊车）	1.0
A6、A7工作级别（重级）的软钩吊车	0.8
A4、A5工作级别（中级）的吊车	0.5

表 3-54　C_y取值

梁		Q235	Q345、Q390、Q420、Q460	Q345GJ
柱	Q235	1.1	1.2	1.3
	Q345	1	1.1	1.2
	Q345GJ	0.9	1	1.1

表 3-55　工字形和箱形截面柱的节点域通用长细比 λ_s限值

β_{E1}	$\beta_{E1} \leqslant 0.7$	$0.7 > \beta_{E1} \geqslant 1$	$\beta_{E1} > 1$
λ_s	0.4	0.6	0.80

注：用于腹板受剪计算时的通用高厚比 λ_s。按我国现行《钢结构设计规范》（GB 50017）中的防脆断设计规则。

表 3-56　受弯构件的挠度容许值

项次	构件类别	挠度容许值	
		$[v_T]$	$[v_Q]$
1	吊车梁和吊车桁架（按自重和起重量最大的一台吊车计算挠度） 手动吊车和单梁吊车（含悬挂吊车） 轻级工作制桥式吊车 中级工作制桥式吊车 重级工作制桥式吊车	$l/500$ $l/800$ $l/1000$ $l/1200$	—
2	手动或电动葫芦的的轨道梁	$l/400$	—
3	有重轨（质量等于或大于 38kg/m）轨道的工作平台梁 有轻轨（质量等于或小于 24kg/m）轨道的工作平台梁	$l/600$ $l/400$	—
4	楼（屋）盖梁或桁架、工作平台梁（第 3 项除外）和平台板 主梁或桁架（包括设有悬挂起重设备的梁和桁架） 仅支承压型金属板屋面和冷弯型钢檩条 除支承压型金属板屋面和冷弯型钢檩条外，尚有吊顶 抹灰顶棚的次梁 除（1）、（2）款外的其他梁（包括楼梯梁） 屋盖檩条 支承压型金属板、无积灰的瓦楞铁和石棉瓦屋面者 支承有积灰的瓦楞铁和石棉瓦等屋面者 支承其他屋面材料者 有吊顶 平台板	$l/400$ $l/180$ $l/240$ $l/250$ $l/250$ $l/150$ $l/200$ $l/200$ $l/240$ $l/150$	$l/500$ — — $l/350$ $l/300$ — — — — —
5	墙架构件（风荷载不考虑阵风系数） 支柱 抗风桁架（作为连续支柱的支承时） 砌体墙的横梁（水平方向） 支承压型金属板的横梁（水平方向） 支承瓦楞铁和石棉瓦墙面的横梁（水平方向） 带有玻璃窗的横梁（竖直和水平方向）	— — — — — $l/200$	$l/400$ $l/1000$ $l/300$ $l/100$ $l/200$ $l/200$

注：l 为受弯构件的跨度（对悬臂梁和伸臂梁为悬臂长度的 2 倍）。$[v_T]$ 为永久和可变荷载标准值产生的挠度（如有起拱应减去拱度）的容许值；$[v_Q]$ 为可变荷载标准值产生的挠度的容许值。

表 3-57　结构延性类别

<table>
<tr><th>抗侧力体系</th><th>结构体系</th><th>框架分类</th><th>抗侧力支承分类</th><th>延性类别</th><th colspan="2">备注</th></tr>
<tr><td rowspan="10">单重抗侧力体系</td><td rowspan="5">框架结构</td><td>F-1</td><td>—</td><td>Ⅰ类</td><td colspan="2">不满足强柱弱梁要求的柱子
截面类别应符合压弯构件 A 级截面要求</td></tr>
<tr><td>F-2</td><td>—</td><td>Ⅱ类</td><td colspan="2" rowspan="3">不满足强柱弱梁要求的柱子
截面类别应符合压弯构件 B 级截面要求</td></tr>
<tr><td>F-3</td><td>—</td><td>Ⅲ类</td></tr>
<tr><td>F-4</td><td>—</td><td>Ⅳ类</td></tr>
<tr><td>F-5</td><td>—</td><td>Ⅴ类</td><td colspan="2">—</td></tr>
<tr><td>排架结构</td><td>—</td><td>—</td><td>Ⅴ类</td><td colspan="2">—</td></tr>
<tr><td rowspan="3">中心支撑结构</td><td>—</td><td>1 级</td><td>Ⅱ类</td><td colspan="2">—</td></tr>
<tr><td>—</td><td>2 级</td><td>Ⅲ类</td><td colspan="2">—</td></tr>
<tr><td>—</td><td>3 级</td><td>Ⅳ类</td><td colspan="2">—</td></tr>
<tr><td>偏心支撑结构</td><td>—</td><td>—</td><td>Ⅱ类</td><td colspan="2">塑性耗能区截面类别应符合压弯构件 A 级截面要求</td></tr>
<tr><td rowspan="7">双重抗侧力体系</td><td rowspan="3">框架-中心支撑结构</td><td>F-1</td><td>1 级</td><td>Ⅰ类</td><td>框架承担总水平力 50%以上</td><td>不满足强柱弱梁要求的柱子截面类别应符合压弯构件 A 级截面要求</td></tr>
<tr><td>F-2</td><td>2 级</td><td>Ⅱ类</td><td colspan="2" rowspan="2">不满足强柱弱梁要求的柱子
截面类别应符合压弯构件 B 级截面要求</td></tr>
<tr><td>F-3</td><td>3 级</td><td>Ⅲ类</td></tr>
<tr><td>框架-偏心支撑结构</td><td>—</td><td>—</td><td>Ⅰ类</td><td colspan="2">塑性耗能区截面类别应符合压弯构件 A 级截面要求</td></tr>
<tr><td rowspan="3">框架-钢板剪力墙</td><td>F-1</td><td>1 级</td><td>Ⅰ类</td><td colspan="2">不满足强柱弱梁要求的柱子
截面类别应符合压弯构件 A 级截面要求</td></tr>
<tr><td>F-2</td><td>2 级</td><td>Ⅱ类</td><td colspan="2" rowspan="2">不满足强柱弱梁要求的柱子
截面类别应符合压弯构件 B 级截面要求</td></tr>
<tr><td>F-3</td><td>3 级</td><td>Ⅲ类</td></tr>
</table>

注：本表适用于延性类别为Ⅰ、Ⅱ、Ⅲ、Ⅳ类的规则结构和延性类别为Ⅴ类的其他结构。框架分类应遵守相关规范的规定。抗侧力支承分类应遵守相关规范规定。在双重抗侧力结构中，框架分担的水平力达到 75%时，按框架结构要求。在双重抗侧力结构中，中心支撑分担的水平力达到 75%时，按单一的中心支撑结构要求。强柱弱梁判定应遵守相关规范规定。框架应根据塑性铰区受弯构件的截面类别及框架梁的类别按表 3-58 分类。

表 3-58　框架分类

<table>
<tr><th rowspan="2">框架梁</th><th colspan="5">截面分类</th></tr>
<tr><th>A 级</th><th>B 级</th><th>C 级</th><th>D 级</th><th>E 级</th></tr>
<tr><td>B-1</td><td>F-1</td><td>F-2</td><td>F-3</td><td>F-4</td><td>F-5</td></tr>
<tr><td>B-2</td><td>F-3</td><td>F-3</td><td>F-3</td><td>F-4</td><td>F-5</td></tr>
<tr><td>B-3</td><td>F-4</td><td>F-4</td><td>F-4</td><td>F-4</td><td>F-5</td></tr>
<tr><td>B-4</td><td>F-5</td><td>F-5</td><td>F-5</td><td>F-5</td><td>F-5</td></tr>
</table>

注：框架梁应根据其通用长细比按表 3-59 分类。

表 3-59 框架梁的分类

梁上翼缘的支撑情况	分类			
	B-1	B-2	B-3	B-4
工字梁上翼缘有楼板	$\lambda_d \leqslant 0.25$	$0.25 < \lambda_d \leqslant 0.4$	$0.4 < \lambda_d \leqslant 0.55$	$\lambda_d > 0.55$
梁上翼缘无楼板	$\lambda_d \leqslant 0.5$	$0.5 < \lambda_d \leqslant 0.75$	$0.75 < \lambda_d \leqslant 1.2$	$\lambda_d > 1.2$

注：当工字梁上翼缘有楼板时，通用长细比 λ_d 的计算参考。本书按我国现行《钢结构设计规范》(GB 50017) 中的受弯构件的整体稳定计算规则确定。当工字梁上翼缘无楼板时，通用长细比 $\lambda_d = (M_{cr}/M)^{1/2}$，当截面类别为 A、B 级时，$M$ 为全截面的塑性弯矩，当截面类别为 C 级时，M 为全截面的弹性弯矩乘截面塑性发展系数 γ_x，γ_x 取值见本书表 3-20，当截面类别为 D 级时，M 为全截面的弹性弯矩；M_{cr} 为梁弹性失稳的临界弯距，按我国现行《钢结构设计规范》(GB 50017) 中的受弯构件的整体稳定计算规则确定。当形成塑性铰的框架横梁根据我国现行《钢结构设计规范》(GB 50017) 中的容许长细比和构造要求采取了确保负弯矩区不产生畸变屈曲的构造措施时梁的分类均为 B-1。抗侧力支承结构应根据其延性按表 3-60 分类。

表 3-60 抗侧力支承结构分类

抗侧力构件	1 级	2 级	3 级
交叉中心支撑或对称设置的单斜杆支撑	支撑长细比 $\lambda \leqslant 33\varepsilon$，截面类别为轴压构件 A 级	符合下列条件之一： (1) 支撑长细比 $33\varepsilon < \lambda \leqslant 65\varepsilon$，截面等级 B 级； (2) 支撑长细比，$130 < \lambda \leqslant 180$，截面等级 B 级	支撑长细比 $65\varepsilon < \lambda \leqslant 130\varepsilon$，截面类别为轴压构件 C 级
人字形或 V 形中心支撑	符合下列条件之一： (1) 支撑长细比 $\lambda \leqslant 33\varepsilon$，截面类别为轴压构件 A 级；与支撑相连的梁截面类别为压弯构件 A 级； (2) 防屈曲支撑	符合下列条件之一： (1) 支撑长细比 $33\varepsilon < \lambda \leqslant 65\varepsilon$，截面类别为轴压构件 B 级；与支撑相连的梁截面类别为压弯构件 B 级； (2) 支撑长细比，$130 < \lambda \leqslant 180$，截面类别为轴压构件 B 级；与支撑相连的梁截面类别为压弯构件 A 级；框架承担总水平力的 50% 以上	支撑长细比 $65\varepsilon < \lambda \leqslant 130\varepsilon$，截面类别为轴压构件 C 级；与支撑相连的梁截面类别为压弯构件 C 级
钢板剪力墙	$\lambda_s \leqslant 0.5$	$0.5 < \lambda_s \leqslant 1.2$	$1.2 < \lambda_s \leqslant 2.5$

注：λ 为支撑构件的长细比。用于腹板受剪计算时的通用长细比 λ_s 按现行相关规范的要求计算。$\varepsilon = (235/f_{yk})^{1/2}$。

表 3-61 型钢表（普通工字钢）

符号：h—高度；
b—翼缘宽度；
t_w—腹板厚；
t—翼缘平均厚；
I—惯性矩；
W—截面模量；
R—圆角半径；

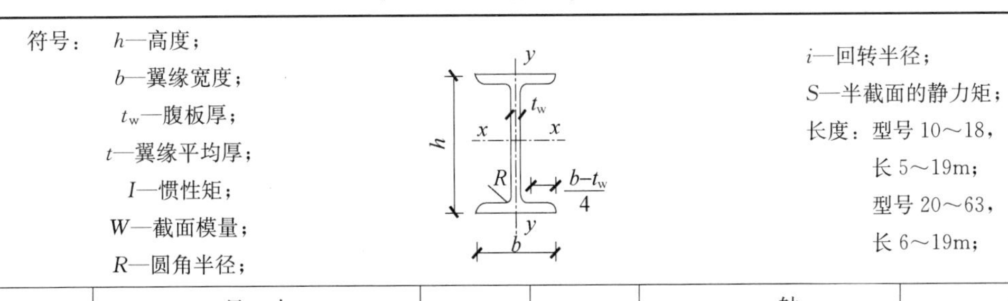

i—回转半径；
S—半截面的静力矩；
长度：型号 10～18，
长 5～19m；
型号 20～63，
长 6～19m；

型号	尺寸					截面积	每米质量	x-x 轴				y-y 轴		
	h	b	t_w	t	R	(cm^2)	(kg/m)	I_x	W_x	i_x	I_x/S_x	I_y	W_y	i_y
	mm							cm^4	cm^3	cm		cm^4	cm^3	cm
10	100	68	4.5	7.6	6.5	14.3	11.2	245	49	4.14	8.69	33	9.6	1.51
12.6	126	74	5.0	8.4	7.0	18.1	14.2	488	77	5.19	11.0	47	12.7	1.61

续表

型号	尺寸					截面积	每米质量	x-x 轴				y-y 轴		
	h	b	t_w	t	R	(cm²)	(kg/m)	I_x	W_x	i_x	I_x/S_x	I_y	W_y	i_y
	mm							cm⁴	cm³	cm		cm⁴	cm³	cm
14	140	80	5.5	9.1	7.5	21.5	16.9	712	102	5.75	12.2	64	16.1	1.73
16	160	88	6.0	9.9	8.0	26.1	20.5	1127	141	6.57	13.9	93	21.1	1.89
18	180	94	6.5	10.7	8.5	30.7	24.1	1609	185	7.87	15.4	123	26.2	2.00
20 a	200	100	7.0	11.4	9.0	35.5	27.9	2369	237	8.16	17.4	158	31.6	2.11
b		102	9.0			39.5	31.1	2502	250	7.95	17.1	159	33.1	2.07
22 a	220	110	7.5	12.3	9.5	42.1	33.0	3406	310	8.99	19.2	226	41.1	2.32
b		112	9.5			46.5	36.5	3583	325	8.78	18.9	240	42.9	2.27
25 a	250	116	3.0	13.0	10.0	48.5	58.1	5017	401	10.2	21.7	280	48.4	2.40
b		118	10.0			53.5	42.0	5278	422	9.93	21.4	297	30.4	2.36
28 a	280	122	8.5	13.7	10.5	55.4	43.5	7115	508	11.3	24.3	344	56.4	2.49
b		124	10.5			61.0	47.9	7481	534	11.1	24.0	354	58.7	2.44
a		130	9.5			67.1	52.7	11080	692	12.8	27.7	459	70.5	2.62
32b	320	132	11.5	15.0	11.5	73.5	57.7	11626	757	12.6	27.3	484	73.3	2.57
c		134	13.5			79.9	62.7	12173	761	12.3	26.9	510	76.1	2.53
a		136	10.0			76.4	60.0	15796	878	14.4	31.0	555	81.5	2.69
36b	360	138	12.0	15.8	12.0	83.6	65.6	16574	921	14.1	30.6	584	84.5	2.64
c		140	14.0			90.8	71.3	17351	964	13.8	30.2	614	87.7	2.60
a		142	10.5			86.1	57.6	21714	1086	15.9	34.4	650	92.9	2.77
40b	400	144	12.5	16.5	12.5	94.1	73.8	22781	1139	15.6	33.9	693	96.2	2.71
c		146	14.5			102	80.1	23847	1192	15.3	33.5	727	99.7	2.67
a		150	11.5			102	80.4	32241	1433	17.7	38.5	855	114	2.80
45b	450	152	13.5	18.0	13.5	111	87.4	33759	1500	17.4	38.1	895	118	2.84
c		154	15.5			120	94.5	35278	1568	17.1	37.6	938	122	2.79
a		158	12.0			119	93.6	46472	1859	19.7	42.9	1122	142	3.07
50b	500	160	14.0	20	14	129	101	48556	1942	19.4	42.3	1171	146	3.01
c		162	16.0			139	109	50639	2026	19.1	41.9	1224	151	2.96
a		166	12.5			135	106	65576	2342	22.0	47.9	1366	165	3.18
56b	560	168	14.5	23	14.5	147	115	68503	2447	21.6	47.3	1424	170	3.12
c		170	16.5			158	124	71430	2551	21.3	45.8	1485	175	3.07
a		176	13.0			155	122	94004	2984	24.7	53.8	1702	194	3.32
53b	630	178	15.0	22	15	167	131	98171	3117	24.2	53.2	1771	199	3.25
c		180	17.0			180	141	102239	3249	23.9	52.6	1842	205	3.20

表 3-62　型钢表（热轧 H 型钢）

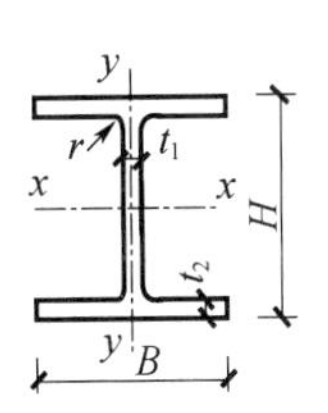

符号：H—截面高度；B—翼缘宽度；t_1—腹板厚度；

t_2—翼缘厚度；r—圆角半径；

HW—宽翼缘 H 型钢；

HM—中翼缘 H 型钢；

HN—窄翼缘 H 型钢；

HT—薄壁 H 型钢

类别	型号（高度×宽度）（mm×mm）	截面尺寸（mm）					截面面积（cm²）	理论质量（kg/m）	惯性矩（cm⁴）		惯性半径（cm）		截面模量（cm³）	
		H	B	t_1	t_2	r			I_x	I_y	i_x	i_y	W_x	W_y
HW	100×100	100	100	6	8	8	21.59	16.9	986	134	4.83	2.49	77.1	26.7
	125×125	125	125	6.5	9	8	30.00	23.6	843	293	5.30	3.13	135	46.9
	150×150	150	150	7	10	8	39.65	31.1	1620	563	6.39	3.77	216	75.1
	175×175	175	175	7.5	11	13	51.43	40.4	2918	983	7.58	4.37	334	112
	200×200	200	200	8	12	13	63.53	49.9	4717	1601	8.62	5.02	472	160
		200	204	12	12	13	71.53	56.2	4984	1701	8.35	4.88	498	167
	250×250	244	252	11	11	13	81.31	63.8	8573	2937	10.27	6.01	703	233
		250	255	9	14	13	91.43	71.8	10689	3648	10.81	6.32	855	292
		250	255	14	14	13	103.93	81.6	11340	3875	10.45	6.11	907	304
	300×300	294	302	12	12	13	106.33	83.5	16384	5513	12.41	7.20	1115	365
		300	300	10	15	13	118.45	93.0	20010	6753	13.00	7.55	1334	450
		300	305	15	15	13	133.45	104.8	21135	7102	12.58	7.29	1409	466
	350×350	338	351	13	13	13	133.27	104.6	27352	9376	14.33	8.39	1618	534
		344	348	10	16	13	144.01	113.0	32545	11242	15.03	8.84	1892	646
		344	354	16	16	13	164.65	129.3	34581	11841	14.49	8.48	2011	669
		350	350	12	19	13	171.89	134.9	39637	13582	15.19	8.89	2265	776
		350	357	19	19	13	196.39	154.2	42138	14427	14.65	8.57	2408	808
	400×400	388	402	15	15	22	178.45	140.1	48040	16255	16.41	9.54	2476	809
		394	398	11	18	22	186.81	146.6	55597	18920	17.25	10.06	2822	951
		394	405	18	18	22	214.39	168.3	59165	19951	16.61	9.65	3003	985
		400	400	13	21	22	218.69	171.7	66455	22410	17.43	10.12	3323	1120
		400	408	21	21	22	250.59	195.8	70722	23804	16.80	9.74	3536	1167
		414	405	18	28	22	295.39	231.9	93518	31022	17.79	10.25	4158	1532
		428	407	20	35	22	360.65	283.1	120892	39357	18.31	10.45	5649	1934
		458	417	30	50	22	528.55	414.9	190939	50516	19.01	10.70	8338	2902
		* 498	432	45	70	22	770.05	604.5	304730	94346	19.89	11.07	12238	4368
	* 500×500	492	455	15	20	22	257.95	202.5	115559	33531	21.17	11.40	4698	1442
		502	465	15	25	22	304.45	239.0	142012	41910	21.82	11.73	5777	1803
		502	470	20	25	22	329.55	258.7	150283	43295	21.35	11.46	5987	1842

续表

类别	型号（高度×宽度）（mm×mm）	截面尺寸（mm）					截面面积（cm^2）	理论质量（kg/m）	惯性矩（cm^4）		惯性半径（cm）		截面模量（cm^3）	
		H	B	t_1	t_2	r			I_x	I_y	i_x	i_y	W_x	W_y
HM	150×100	148	100	6	9	8	26.35	20.7	995.3	150.3	6.15	2.39	134.5	30.1
	200×150	194	150	6	9	8	38.11	29.9	2586	506.6	8.24	3.65	266.6	67.6
	250×175	244	175	7	11	13	55.49	43.6	5908	983.5	10.32	4. .1	484.3	112.4
	300×200	294	200	8	12	13	71.05	55.8	10858	1602	12.36	4.75	738.6	160.2
	350×250	340	250	9	14	13	99.53	78.1	20867	3648	14.48	6.05	1227	291.9
	400×300	390	300	10	16	13	133.25	104.6	97363	7203	16.75	7.35	1916	480.2
	450×300	440	300	11	18	13	153.89	120.8	54067	8105	18.74	7.26	2458	540.3
	500×300	482	300	11	15	13	141.17	110.8	57212	6756	20.13	6.92	2374	450.4
		488	300	11	18	13	159.17	124.9	67916	8106	20.66	7.14	2783	540.4
	550×300	544	300	11	15	13	147.99	116.2	74874	6755	22.49	6.75	2753	450.4
		550	300	11	18	13	165.99	130.3	88470	8106	23.09	6.99	3217	540.4
	600×300	582	300	12	17	13	169.21	132.8	97287	7659	23.98	6.73	3343	510.6
		588	300	12	20	13	187.21	147.0	112827	9009	24.55	6.94	3838	600.6
		594	302	14	23	13	217.09	170.4	132179	10672	24.68	6.98	4450	700.1
HN	100×50	100	50	5	7	8	11.85	9.3	191.0	14.7	4.02	1.11	38.2	5.9
	125×60	125	60	6	8	8	16.69	13.1	407.7	29.1	4.94	1.32	65.2	9.7
	150×75	150	75	5	7	8	17.85	14.0	645.7	49.4	6.01	1.66	86.1	13.2
	175×90	175	90	5	8	8	22.90	18.0	1174	97.4	7.16	2.06	134.2	21.6
	200×100	198	99	4.5	7	8	22.69	17.8	1484	113.4	8.09	2.24	149.9	22.9
		200	100	5.5	8	8	26.67	20.9	1753	133.7	8.11	3.24	175.3	26.7
	250×125	248	124	5	8	8	31.99	25.1	3346	254.5	10.23	2.82	269.8	41.1
		250	125	6	9	8	36.97	29.0	3868	293.5	10.23	2.82	309.4	47.0
	300×150	298	149	5.5	8	13	40.80	32.0	5911	411.7	12.04	3.29	396.7	59.3
		300	150	6.5	9	13	46.78	36.7	6829	507.2	12.08	3.29	455.3	67.6
	350×175	346	174	6	9	13	52.45	41.2	10456	791.1	14.12	3.88	604.4	90.9
		350	175	7	11	13	62.91	49.4	12980	983.8	14.36	3.95	741.7	118.4
	400×150	400	150	8	13	13	70.37	55.2	17906	733.2	15.95	3.23	896.3	97.8
	400×200	396	199	7	11	13	71.41	56.1	19023	1446	16.32	4.50	960.8	145.3
		400	200	8	13	13	83.37	65.4	22775	1735	16.53	4.56	1139	173.5
	500×200	446	199	8	12	13	82.97	65.1	27146	1578	18.09	4.36	1217	158.8
		450	200	9	14	13	95.43	74.9	31973	1870	18.30	4.43	1421	187.0
	450×200	496	199	9	14	13	99.29	77.9	39628	1842	19.98	4.31	1598	185.1
		500	200	10	16	13	112.25	88.1	45585	2138	20.17	4.36	1827	213.8
		506	201	11	19	13	129.31	101.5	54478	2577	20.53	4.46	2153	256.4

续表

类别	型号（高度×宽度）（mm×mm）	截面尺寸（mm）					截面面积（cm²）	理论质量（kg/m）	惯性矩（cm⁴）		惯性半径（cm）		截面模量（cm³）	
		H	B	t_1	t_2	r			I_x	I_y	i_x	i_y	W_x	W_y
HN	550×200	546	199	9	14	13	103.79	81.5	49245	1842	21.78	4.21	1804	185.2
		550	200	10	16	13	117.25	92.0	56695	2138	21.99	4.27	2062	213.8
	600×200	596	199	10	15	13	117.75	92.4	64739	1975	23.45	4.10	2172	198.5
		600	200	11	17	13	131.71	103.4	73749	2273	23.66	4.15	2458	227.3
		606	201	12	20	13	149.77	117.6	86656	2716	24.05	4.26	2860	270.2
	650×300	646	299	10	15	13	152.75	119.9	107794	6688	26.56	6.62	3337	447.4
		650	300	11	17	13	171.21	134.4	122739	7657	26.77	6.69	3777	510.5
		656	301	12	20	13	195.77	153.7	144433	9100	27.16	6.82	4403	604.6
	700×300	692	300	13	20	18	207.54	162.9	164101	9014	28.12	6.59	4743	500.9
		700	300	13	24	18	231.54	181.8	193622	10814	28.92	6.83	5532	720.9
	750×300	734	299	12	16	18	182.70	143.4	155539	7140	29.18	6.25	4238	477.6
		742	300	13	20	18	214.04	168.0	191989	9015	29.95	6.49	5175	601.0
		750	300	13	24	18	238.04	186.9	225863	10815	30.80	6.74	6023	721.0
		758	303	16	28	18	284.78	223.6	271350	13008	30.87	6.76	7160	858.6
	800×300	792	300	14	22	18	239.50	188.0	242399	9919	31.81	6.44	5121	661.3
		800	300	14	26	18	263.50	206.8	280925	11719	32.65	6.67	7023	781.3
	850×300	834	298	14	19	18	227.46	178.6	243858	8400	32.74	6.08	5848	563.8
		842	298	15	23	18	259.72	203.9	291216	10271	33.49	6.29	6917	687.0
		850	300	16	27	18	292.14	229.3	339670	12179	34.10	6.46	7992	812.0
		858	301	17	31	18	324.72	254.9	389234	14125	34.62	6.60	9073	938.5
	900×300	890	299	15	23	18	266.92	209.5	330588	10273	35.19	6.20	7429	687.1
		900	300	16	28	18	305.82	240.1	397241	12631	36.04	6.43	8828	842.1
		912	302	18	31	18	360.06	282.6	484615	15652	36.69	6.59	10628	1037
	1000×300	970	297	16	21	18	276.00	216.7	382977	9203	37.25	5.77	7896	619.7
		980	298	17	26	18	315.50	247.7	462157	11508	38.27	6.04	9432	772.3
		990	298	17	31	18	345.30	271.1	535201	13713	39.37	6.30	10812	920.3
		1000	300	19	36	18	395.10	310.2	626396	16256	39.82	6.41	12528	1084
		1008	302	21	40	18	489.26	344.8	704572	18437	40.05	6.48	13980	1221
HT	100×50	95	48	3.2	4.5	8	7.62	6.0	109.7	8.4	3.79	1.05	23.1	3.5
		97	49	4	5.5	8	9.38	7.4	141.8	10.9	3.89	1.08	29.2	4.4
	100×100	96	99	4.5	6	8	16.21	12.7	272.7	97.1	4.10	2.45	56.8	19.6
	125×60	118	58	3.2	4.5	8	9.26	7.3	202.4	14.7	4.68	1.26	34.3	5.1
		120	59	4	5.5	8	11.40	8.9	259.7	18.9	4.77	1.29	43.3	6.4
	125×125	119	123	4.5	6	8	20.12	15.8	523.6	186.2	5.10	3.04	88.0	30.3

续表

类别	型号（高度×宽度）（mm×mm）	截面尺寸（mm）					截面面积（cm^2）	理论质量（kg/m）	惯性矩（cm^4）		惯性半径（cm）		截面模量（cm^3）	
		H	B	t_1	t_2	r			I_x	I_y	i_x	i_y	W_x	W_y
HT	150×75	145	73	3.2	4.5	8	11.47	9.0	383.2	29.3	5.78	1.60	52.9	8.0
		147	74	4	5.5	8	14.13	11.1	488.0	37.3	5.88	1.62	66.4	10.1
	150×100	139	97	3.2	4.5	8	13.44	10.5	447.3	68.5	5.77	2.26	64.4	14.1
		142	99	4.5	6	8	18.28	14.3	632.7	97.8	5.88	2.31	89.1	19.6
	150×150	144	148	5	7	8	27.77	21.8	1070	378.4	6.21	3.69	148.6	51.1
		147	149	6	8.5	8	33.68	26.4	1338	468.0	6.30	3.73	182.1	62.9
	175×90	168	88	3.2	4.5	8	13.56	10.6	619.6	51.2	6.76	1.94	73.8	11.6
		171	89	4	6	8	17.59	13.8	852.1	70.6	6.96	2.00	99.7	15.9
	175×175	167	173	5	7	13	33.32	26.2	1731	604.5	7.21	4.26	207.2	69.9
		172	175	6.5	9.5	12	44.65	35.0	2466	849.2	7.43	4.96	286.8	97.1
	200×100	193	98	3.2	4.5	8	15.25	12.0	921.0	70.7	7.77	2.15	95.4	14.4
		196	99	4	6	8	19.79	15.5	1260	97.2	7.98	2.22	128.6	19.6
	200×150	188	149	4.5	6	8	26.35	20.7	1669	331.0	7.96	3.54	177.6	44.4
	200×200	192	198	6	8	13	43.69	34.3	2984	1036	8.26	4.87	310.8	104.6
	250×125	244	124	4.5	6	8	25.87	20.3	2529	190.9	9.89	2.72	207.3	30.8
	250×175	238	178	4.5	8	13	39.12	30.7	4045	690.8	10.17	4.20	339.9	79.9
	300×150	294	148	4.5	6	13	31.90	25.0	4342	324.6	11.67	3.19	295.4	43.9
	300×200	286	198	6	8	13	49.33	35.7	7000	1036	11.91	4.58	489.5	104.5
	350×175	340	173	4.5	6	13	36.97	29.0	6823	518.3	13.58	3.74	401.3	59.9
	400×150	390	148	6	8	13	47.57	37.3	10900	433.2	15.14	3.02	559.0	58.5
	400×200	390	198	6	8	13	55.57	43.6	13819	1036	15.77	4.32	708.7	104.6

注：1. 同一型号的产品，其内侧尺寸高度一致。

2. 截面面积计算公式：$t_1(H-2t_2)+2Bt_2+0.858r^2$。

3. “*”所示规格表示国内暂不能生产。

表 3-63 型钢表（剖分 T 型钢）

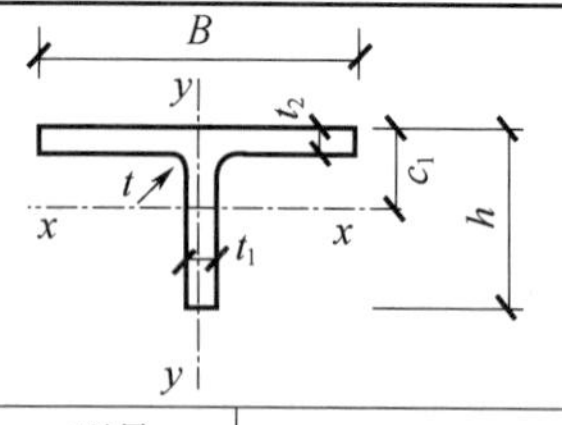

符号：h—截面高度；B—翼缘宽度；t_1—腹板厚度；t_2—翼缘厚度；r—圆角半径；C_x—重心；

TW—宽翼缘部分 T 型钢；

TM—中翼缘部分 T 型钢；

TN—窄翼缘部分 T 型钢

类别	型号（高度×宽度）（mm×mm）	截面尺寸（mm）					截面面积（cm^2）	每米质量（kg/m）	惯性矩（cm^4）		惯性半径（cm）		截面模量（cm^3）		重心 C_x（cm）	对应 H 型钢系列型号
		h	B	t_1	t_2	r			I_x	I_y	i_x	i_y	W_x	W_y		
TW	50×100	50	100	6	8	8	10.79	8.47	16.7	67.7	1.23	2.49	4.2	13.5	1.00	100×100
	62.5×125	62.5	125	6.5	9	8	15.00	11.8	35.2	147.1	1.53	3.13	6.9	23.5	1.19	125×125

续表

类别	型号(高度×宽度)(mm×mm)	截面尺寸(mm)					截面面积(cm^2)	每米质量(kg/m)	惯性矩(cm^4)		惯性半径(cm)		截面模量(cm^3)		重心 C_x(cm)	对应H型钢系列型号
		h	B	t_1	t_2	r			I_x	I_y	i_x	i_y	W_x	W_y		
TW	75×150	75	150	7	10	8	19.82	15.6	66.6	281.9	1.83	3.77	10.9	37.6	1.37	150×150
	87.5×175	87.5	175	7.5	11	13	25.71	20.2	115.8	494.4	2.12	4.38	16.1	56.5	1.55	175×175
	100×200	100	200	8	12	13	31.77	24.9	185.6	303.3	2.42	5.03	22.4	80.3	1.73	200×200
		100	204	12	12	13	35.77	28.1	256.3	853.6	2.68	4.89	32.4	83.7	2.09	
	125×250	125	250	9	14	13	45.72	35.9	413.0	1827	3.01	6.32	39.6	146.1	2.08	250×250
		125	255	14	14	13	51.97	40.8	589.3	1941	3.37	6.11	59.4	152.2	2.58	
	150×300	147	302	12	12	13	53.17	41.7	855.8	2760	4.01	7.20	72.2	182.8	2.85	300×300
		150	300	10	15	13	59.23	46.5	789.7	3379	3.67	7.55	63.8	225.3	2.47	
		150	305	15	15	13	66.73	52.4	1107	3554	4.07	7.30	92.6	233.1	3.04	
	175×350	172	348	10	16	13	72.01	56.5	1231	5624	4.13	8.84	84.7	323.2	2.67	350×350
		175	350	12	19	13	85.95	87.5	1520	6794	4.27	8.89	103.9	388.2	2.87	
	200×400	194	402	15	15	22	89.23	70.0	2479	8150	5.27	9.56	157.9	405.5	3.70	400×400
		197	398	11	18	22	93.41	73.3	2052	9481	4.69	10.07	122.9	476.4	3.01	
		200	400	13	21	22	109.35	85.8	2483	11227	4.77	10.13	147.9	561.3	3.21	
		200	408	21	21	22	125.35	93.4	3654	11928	5.40	9.75	229.4	584.7	4.07	
		207	405	18	28	22	147.70	115.9	9634	15535	4.96	10.26	213.6	767.2	3.68	
		214	407	20	35	22	180.33	141.6	4393	19704	4.94	10.45	251.0	968.2	3.90	
TM	75×100	74	100	6	9	8	13.17	10.3	51.7	75.6	1.98	2.39	8.9	15.1	1.58	150×100
	100×150	97	150	6	9	8	19.05	15.0	124.4	253.7	2.56	3.56	15.8	33.8	1.80	200×150
	125×175	122	175	7	11	13	27.75	21.8	288.3	494.4	3.22	4.22	29.1	56.5	2.28	250×175
	150×200	147	200	8	12	13	35.53	27.9	570.0	803.5	4.01	4.76	48.1	80.3	2.85	300×200
	175×250	170	250	9	14	13	49.77	39.1	1016	1827	4.52	6.06	73.1	146.1	3.11	350×250
	200×300	195	300	10	16	13	66.63	52.3	1730	3605	5.10	7.36	107.7	240.3	3.43	400×300
	225×300	220	300	11	18	13	76.95	60.4	2880	4056	5.90	7.26	149.6	270.4	4.09	450×300
	250×300	241	300	11	15	13	70.59	55.4	3399	3381	6.94	6.92	178.0	225.4	5.00	500×300
		244	300	11	18	13	79.59	62.5	3615	4056	6.74	7.14	183.7	270.4	4.72	
	275×300	272	300	11	15	13	74.00	58.1	4789	3381	8.04	6.76	225.4	225.4	5.96	550×300
		275	300	11	18	13	83.00	65.2	5093	4056	7.83	6.99	232.5	270.4	5.59	
	275×300	291	300	12	17	13	84.61	66.4	6324	3832	8.65	6.73	280.0	255.5	6.51	600×300
		294	300	12	20	13	93.61	73.5	6691	4507	8.45	6.94	288.1	300.5	6.17	
		297	302	14	23	13	108.55	85.2	7917	5289	8.54	6.98	339.9	350.3	6.41	
TN	50×50	50	50	5	7	8	5.92	4.7	11.9	7.8	1.42	1.14	3.2	3.1	1.28	100×50
	62.5×60	62.5	60	6	8	8	8.34	6.6	27.5	14.9	1.81	1.34	6.0	5.0	1.64	125×60
	75×75	75	75	5	7	8	8.92	7.0	42.4	25.1	2.18	1.68	7.4	6.7	1.79	150×75

续表

类别	型号（高度×宽度）(mm×mm)	截面尺寸（mm）					截面面积 (cm^2)	每米质量 (kg/m)	惯性矩 (cm^4)		惯性半径 (cm)		截面模量 (cm^3)		重心 C_x (cm)	对应H型钢系列型号
		h	B	t_1	t_2	r			I_x	I_y	i_x	i_y	W_x	W_y		
TN	87.5×90	87.5	90	5	8	8	11.45	9.0	70.5	49.1	2.48	2.07	10.3	10.8	1.93	175×90
	100×100	99	99	4.5	7	8	11.34	8.9	93.1	57.1	2.87	3.24	12.0	11.5	2.17	200×100
		100	100	5.5	8	8	13.33	10.5	113.9	67.2	2.92	2.25	14.8	13.4	2.31	
	125×125	124	124	5	8	8	15.99	12.6	206.7	127.6	3.59	2.82	21.2	20.6	2.66	250×125
		125	125	6	9	8	18.48	14.5	247.5	147.1	3.66	2.82	25.5	23.5	2.81	
	150×150	149	149	5.5	8	13	20.40	16.0	390.4	223.3	4.37	3.31	33.5	30.0	3.26	300×150
		150	150	6.5	9	13	23.39	18.4	460.4	256.1	4.44	3.31	39.7	34.2	3.41	
	175×175	173	174	6	9	13	26.23	20.6	674.7	398.0	5.07	3.90	49.7	45.8	3.72	350×175
		175	175	7	11	13	31.46	24.7	311.1	494.5	5.08	3.96	59.0	56.5	3.76	
	200×200	198	199	7	11	13	35.71	28.0	1188	725.7	5.77	4.51	76.2	72.9	4.20	400×200
		200	200	8	13	13	41.69	32.7	1392	870.3	5.78	4.57	88.4	87.0	4.26	
	225×200	223	199	8	12	13	41.49	32.6	1853	791.8	6.70	4.37	108.7	79.6	5.15	450×200
		225	200	9	14	13	47.72	37.5	2148	937.6	6.71	4.43	124.1	93.8	5.19	
	250×200	248	199	9	14	13	49.65	39.0	2820	923.8	7.54	4.31	149.8	92.8	5.97	500×200
		250	200	10	16	13	56.13	44.1	3201	1072	7.55	4.37	168.7	107.2	6.03	
		253	201	11	19	13	64.66	50.8	3666	1292	7.53	4.47	189.9	128.5	6.00	
	275×200	273	199	9	14	13	51.90	40.7	3689	924.0	8.43	4.22	180.3	92.9	6.85	550×200
		275	200	10	16	13	58.63	46.0	4182	1072	8.45	4.28	202.9	107.2	6.89	
	300×200	298	199	10	15	13	58.88	46.2	5148	990.6	9.35	4.10	235.3	99.6	7.92	600×200
		300	200	11	17	13	65.86	51.7	5779	1140	9.37	4.16	262.1	114.0	7.95	
		303	201	12	20	13	74.89	58.8	6554	1361	9.36	4.26	292.4	135.4	7.88	
	325×300	323	299	10	15	12	76.27	59.9	7230	3346	9.74	6.62	289.0	223.8	7.28	650×300
		325	300	11	17	13	85.61	67.2	8095	3832	9.72	6.69	321.1	355.4	7.29	
		328	301	12	20	13	97.89	76.5	9139	4553	9.66	6.82	357.0	302.5	7.20	
	350×300	346	300	13	20	13	103.11	80.9	11263	4510	10.45	6.61	425.3	300.6	8.12	700×300
		350	300	13	24	13	115.11	90.4	12018	5410	10.22	6.86	439.5	360.6	7.65	
	400×300	396	300	14	22	18	119.75	94.0	17660	4970	12.14	6.44	592.1	331.3	9.77	800×300
		400	300	14	26	18	131.75	103.4	18771	5870	11.94	6.67	610.8	391.3	9.27	
	450×300	445	299	15	23	18	133.48	104.8	25897	5147	13.93	6.21	790.0	344.3	11.72	900×300
		450	300	16	28	18	152.91	120.0	29223	6327	13.82	6.43	358.5	421.8	11.35	
		456	302	18	31	18	180.03	141.3	34345	7838	13.81	6.60	1002	519.0	11.34	

表 3-64　型钢表（普通槽钢）

符号：同普通工字型钢，
但 W_y 为对应于翼缘肢尖的截面模量

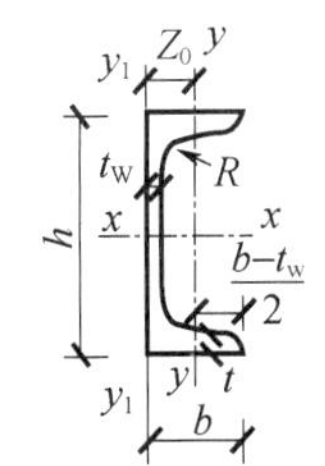

长度：型号 5～8，长 5～12m；
型号 10～18，长 5～19m；
型号 20～40，长 6～19m

型号	尺寸					截面积 (cm²)	每米质量 (kg/m)	x-x 轴			y-y 轴			y_1-y_1 轴	Z_0
	h	b	t_w	t	R			I_x	W_x	i_x	I_y	W_y	i_y	I_{y1}	
	mm							cm⁴	cm³	cm	cm⁴	cm³	cm	cm⁴	cm
5	50	37	4.5	7.0	7.0	6.92	5.44	26	10.4	1.94	8.3	3.5	1.10	20.9	1.35
6.3	63	40	4.8	7.5	7.5	8.45	6.63	51	16.3	2.46	11.9	4.6	1.19	28.3	1.39
8	80	43	5.0	8.0	8.0	10.24	8.04	101	25.3	3.14	16.6	5.8	1.27	37.4	1.42
10	100	48	5.3	8.5	8.5	12.74	10.00	198	39.7	3.94	25.6	7.8	1.42	54.9	1.52
12.6	126	53	5.5	9.0	9.0	15.69	12.31	389	61.7	4.98	38.0	10.3	1.56	77.8	1.59
14 a	140	58	6.0	9.5	9.5	18.51	14.53	564	80.5	5.52	53.2	13.0	1.70	107.2	1.71
14 b		60	8.0	9.5	9.5	21.31	16.73	609	87.1	5.35	61.2	14.1	1.69	120.6	1.67
16 a	160	63	6.5	10.0	10.0	21.95	17.23	866	108.3	6.28	73.4	16.3	1.83	144.1	1.79
16 b		65	8.5	10.0	10.0	25.15	19.75	935	116.8	6.10	83.4	17.6	1.82	169.8	1.75
18 a	180	68	7.0	10.5	10.5	25.69	20.17	1273	141.4	7.04	98.6	20.0	1.96	189.7	1.88
18 b		70	9.0	10.5	10.5	29.29	22.99	1370	152.2	6.84	111.0	21.5	1.95	210.1	1.84
20 a	200	73	7.0	11.0	11.0	28.83	22.63	1780	178.0	7.86	128.0	24.2	2.11	244.0	2.01
20 b		75	9.0	11.0	11.0	32.83	25.77	1914	191.4	7.64	143.6	25.9	2.09	268.4	1.95
22 a	220	77	7.0	11.5	11.5	31.84	24.99	2394	217.6	8.67	157.8	28.2	2.23	298.2	2.10
22 b		79	9.0	11.5	11.5	36.24	28.45	2571	233.8	8.42	176.5	30.1	2.21	326.3	2.03
25 a	250	78	7.0	12.0	12.0	34.91	27.40	3359	268.7	9.81	175.9	30.7	2.24	324.8	2.07
25b		80	9.0	12.0	12.0	39.91	31.33	3619	289.6	9.52	196.4	32.7	2.22	355.1	1.99
25 c		82	11.0	12.0	12.0	44.91	35.25	3880	310.4	9.30	215.9	34.6	2.19	388.6	1.96
28 a	280	82	7.5	12.5	12.5	40.02	31.42	4753	339.5	10.90	217.9	35.7	2.33	393.3	2.09
28b		84	9.5	12.5	12.5	45.62	35.81	5118	356.6	10.59	241.5	37.9	2.30	428.5	2.02
28 c		86	11.5	12.5	12.5	51.22	40.21	5484	391.7	10.35	264.1	40.0	2.27	467.3	1.99
32 a	320	88	8.0	14.0	14.0	48.50	38.07	7511	459.4	12.44	304.7	46.4	2.51	547.5	2.24
32b		90	10.0	14.0	14.0	54.90	43.10	8057	503.5	12.11	335.6	49.1	2.47	592.9	2.16
32 c		92	12.0	14.0	14.0	61.30	48.12	8603	537.7	11.85	365.0	51.6	2.44	642.7	2.13
36 a	360	96	9.0	16.0	16.0	60.89	47.80	11874	659.7	13.96	455.0	63.6	2.73	818.5	2.44
36b		98	11.0	16.0	16.0	68.09	53.45	12652	702.9	13.63	496.7	66.9	2.70	880.5	2.37
36 c		100	13.0	16.0	16.0	75.29	59.10	13429	746.1	13.36	536.6	70.0	2.67	948.0	2.34
40 a	400	100	10.5	18.0	18.0	75.04	58.91	17578	878.9	15.30	592.0	78.8	2.81	1057.0	2.49
40b		102	12.5	18.0	18.0	83.04	65.19	18644	932.2	14.98	640.6	82.6	2.78	1135.8	2.44
40 c		104	14.5	18.0	18.0	91.04	71.47	19711	985.6	14.71	687.8	86.2	2.75	1220.3	2.42

表 3-65　型钢表（等边角钢）

角钢型号	单角钢										双角钢				
	圆角	重心矩	截面积	每米质量	惯性矩	截面模量		回转半径			l_y，当 a 为下列数值				
	R	Z_0	A	质量	I_x	W_x^{max}	W_x^{min}	i_x	i_{x0}	i_{y0}	6mm	8mm	10mm	12mm	14mm
	mm	mm	cm^2	kg/m	cm^4	cm^3	cm^3	cm	cm	cm	cm	cm	cm	cm	cm
∟20×3	3.5	6.0	1.13	0.89	0.40	0.66	0.29	0.59	0.75	0.39	1.08	1.17	1.25	1.34	1.43
∟20×4		6.4	1.46	1.15	0.50	0.78	0.36	0.58	0.73	0.38	1.11	1.19	1.28	1.37	1.46
∟25×3	3.5	7.3	1.43	1.12	0.82	1.12	0.46	0.76	0.95	0.49	1.27	1.36	1.44	1.53	1.61
∟25×4		7.6	1.86	1.46	1.03	1.34	0.59	0.74	0.93	0.48	1.30	1.38	1.47	1.55	1.64
∟30×3	4.5	8.5	1.75	1.37	1.46	1.72	0.68	0.91	1.15	0.59	1.47	1.55	1.63	1.71	1.80
∟30×4		8.9	2.28	1.79	1.84	2.08	0.87	0.90	1.13	0.58	1.49	1.57	1.65	1.74	1.82
∟36×3	4.5	10.0	2.11	1.66	2.58	2.59	0.99	1.11	1.39	0.71	1.70	1.78	1.86	1.94	2.03
∟36×4		10.4	2.76	2.16	3.29	3.18	1.28	1.09	1.38	0.70	1.73	1.80	1.89	1.97	2.05
∟36×5		10.7	3.38	2.65	3.95	3.68	1.56	1.08	1.36	0.70	1.75	1.83	1.91	1.99	2.08
∟40×3	5	10.9	2.36	1.35	3.59	3.28	1.23	1.23	1.55	0.79	1.86	1.94	2.01	2.09	2.18
∟40×4		11.3	3.09	2.42	4.60	4.05	1.60	1.22	1.54	0.79	1.88	1.96	2.04	2.12	2.20
∟40×5		11.7	3.79	2.98	5.53	4.72	1.96	1.21	1.52	0.78	1.90	1.98	2.06	2.14	2.23
∟45×3	5	12.2	2.66	2.09	5.17	4.25	1.58	1.39	1.76	0.90	2.06	2.14	2.21	2.29	2.37
∟45×4		12.6	3.49	2.74	6.65	5.29	2.05	4.39	1.74	0.80	2.08	2.16	2.24	2.32	2.40
∟45×5		13.0	4.29	3.37	8.04	6.20	2.51	1.37	1.72	0.88	2.10	2.18	2.26	2.34	2.42
∟45×6		13.3	5.08	3.99	9.33	6.99	2.95	1.71	1.71	0.89	2.12	2.20	2.28	2.36	2.44
∟50×3	5.5	13.4	2.97	2.33	7.18	5.36	1.96	1.55	1.96	1.00	2.26	2.33	2.41	2.48	2.56
∟50×4		13.8	3.90	3.06	9.26	6.70	2.56	1.54	1.94	0.99	2.28	2.36	2.43	2.51	2.59
∟50×5		14.2	4.80	3.77	11.21	7.90	3.13	1.53	1.92	0.98	2.30	2.38	2.45	2.53	2.61
∟50×6		14.6	5.69	4.46	13.05	8.95	3.68	1.51	1.91	0.98	2.32	2.40	2.48	2.56	2.64
∟56×3	6	14.8	3.34	2.62	10.19	6.86	2.48	1.75	2.20	1.13	2.50	2.57	2.64	2.72	2.80
∟56×4		15.3	4.39	3.45	13.18	8.63	3.24	1.73	2.18	1.11	2.52	2.59	2.67	2.74	2.82
∟56×5		15.7	5.42	4.25	16.02	10.22	3.97	1.72	2.17	1.10	2.54	2.61	2.69	2.77	2.85
∟56×8		16.8	8.37	6.57	23.63	14.06	6.03	1.68	2.11	1.09	2.60	2.67	2.75	2.83	2.91
∟63×4	7	17.0	4.98	3.91	19.03	11.22	4.13	1.96	2.46	1.26	2.79	2.87	2.94	3.02	3.00
∟63×5		17.4	6.14	4.82	23.17	13.33	5.08	1.94	2.45	1.25	2.82	2.89	2.96	3.04	3.12
∟63×6		17.8	7.29	5.72	27.12	15.26	6.00	1.93	2.43	1.24	2.83	2.91	2.98	3.06	3.14
∟63×8		18.5	9.51	7.47	34.45	18.59	7.75	1.90	2.39	1.23	2.87	2.95	3.03	3.10	3.18
∟63×10		19.3	11.66	9.15	41.09	21.34	9.39	1.88	2.36	1.22	2.91	2.99	3.07	3.15	3.22
∟70×4	8	18.6	5.57	4.37	26.39	14.16	5.14	2.18	2.74	1.40	3.07	3.14	3.21	3.29	3.36
∟70×5		19.1	6.88	5.40	32.21	16.89	6.32	2.16	2.73	1.39	3.09	3.16	3.24	3.31	3.39
∟70×6		19.5	8.16	6.51	37.77	19.39	7.48	2.15	2.71	1.38	3.11	3.18	3.26	3.33	3.41
∟70×7		19.9	9.42	7.40	43.09	21.68	8.59	2.14	2.59	1.38	3.13	3.20	3.28	3.36	3.43
∟70×8		20.3	10.67	8.37	48.17	23.79	9.68	2.13	2.68	1.37	3.16	3.22	3.30	3.38	3.46

续表

角钢型号	单角钢										双角钢				
	圆角	重心矩	截面积	每米	惯性矩	截面模量		回转半径			i_y，当 a 为下列数值				
	R	Z_0	A	质量	I_x	W_x^{max}	W_x^{min}	i_x	i_{x0}	i_{y0}	6mm	8mm	10mm	12mm	14mm
	mm		cm^2	kg/m	cm^4	cm^3		cm			cm				
5		20.3	7.41	5.82	39.96	19.73	7.30	2.32	2.92	1.50	3.29	3.35	3.43	3.50	3.58
6		20.7	8.80	6.91	46.91	22.69	8.63	2.31	2.91	1.49	3.31	3.38	3.45	3.53	3.60
∟75×7	9	21.1	10.16	7.89	53.57	25.42	9.93	2.30	2.89	1.48	3.33	3.40	3.47	3.55	3.63
8		21.5	11.50	9.03	59.96	27.93	11.20	2.28	2.97	1.47	3.35	3.42	3.50	3.57	3.65
10		22.2	14.13	11.09	71.98	32.40	13.64	2.26	2.84	1.46	3.38	3.46	3.54	3.61	3.69
5		21.5	7.91	6.21	48.79	22.70	8.34	2.48	3.13	1.60	3.49	3.56	3.63	3.71	3.78
6		21.9	9.40	7.38	57.35	26.16	9.87	2.47	3.11	1.59	3.51	3.58	3.65	3.73	3.80
∟80×7	9	22.3	10.86	8.53	65.58	29.38	11.37	2.46	3.10	1.58	3.53	3.60	3.67	3.75	3.83
8		22.7	12.30	9.66	73.50	32.36	12.83	2.44	3.08	1.57	3.55	3.62	3.70	3.77	3.85
10		23.5	15.13	11.87	88.43	37.68	15.64	2.42	3.04	1.56	3.58	3.66	3.74	3.81	3.89
6		24.4	10.64	8.35	82.77	33.99	12.61	2.79	3.51	1.80	3.91	3.98	4.05	4.12	4.20
7		24.8	12.30	9.66	94.83	38.28	14.54	2.78	3.50	1.78	3.93	4.00	4.07	4.14	4.22
∟90×8	10	25.2	13.94	10.95	106.5	42.30	16.42	2.76	3.48	1.78	3.95	4.02	4.09	4.17	4.24
10		25.9	17.17	13.48	128.6	49.57	20.07	2.74	3.45	1.76	3.98	4.06	4.13	4.21	4.28
12		26.7	20.31	15.94	149.2	55.93	23.57	2.71	3.41	1.75	4.02	4.09	4.17	4.25	4.32
6		26.7	11.93	9.37	115.0	43.04	15.68	3.10	3.91	2.00	4.20	4.37	4.44	4.51	4.58
7		27.1	13.80	10.83	131.9	48.57	18.10	3.89	3.89	1.99	4.32	4.39	4.46	4.53	4.61
8		27.6	15.64	12.28	148.2	53.78	20.47	3.88	3.88	1.98	4.34	4.41	4.48	4.55	4.63
∟100×10	12	28.4	19.26	15.12	179.5	63.20	25.06	3.84	3.84	1.96	4.38	4.45	4.52	4.60	4.67
12		29.1	22.80	17.90	208.9	71.72	29.47	3.81	3.81	1.95	4.41	4.49	4.56	4.64	4.71
14		29.9	26.26	20.61	230.5	79.19	33.73	3.77	3.77	1.94	4.45	4.53	4.60	4.68	4.75
16		30.6	29.63	23.26	262.5	85.81	37.82	3.74	3.74	1.93	4.49	4.56	4.64	4.72	4.80
7		29.6	15.20	11.93	177.2	59.78	22.05	3.41	4.30	2.20	4.72	4.79	4.86	4.94	5.01
8		30.1	17.24	13.53	199.5	66.36	24.95	3.40	4.28	2.19	4.74	4.81	4.88	4.96	5.03
∟110×10	12	30.9	21.26	16.69	242.2	78.48	30.60	3.38	4.25	2.17	4.78	4.85	4.92	5.00	5.07
12		31.6	25.20	19.78	282.6	89.34	35.05	3.35	4.22	2.15	4.92	4.89	4.96	5.04	5.11
14		32.4	29.06	22.81	320.7	99.07	41.31	3.32	4.18	2.14	4.85	4.93	5.00	5.08	5.15
8		33.7	19.75	15.50	297.0	88.20	32.52	3.88	4.88	2.50	5.34	5.41	5.48	5.55	5.52
∟110×10		34.5	24.37	19.13	261.7	104.8	39.97	3.85	4.85	2.48	5.38	5.45	5.52	5.59	5.56
12	14	35.3	28.91	22.70	423.2	119.9	47.17	3.83	4.82	2.46	5.41	5.48	5.56	5.63	5.70
14		36.1	33.37	26.19	481.7	133.6	54.16	3.80	4.78	2.45	5.45	5.52	5.59	5.67	5.74
10		38.2	27.37	21.49	514.7	134.6	50.58	4.34	5.46	2.78	5.98	6.05	6.12	6.20	6.27
∟140×12	14	39.0	32.51	25.52	603.7	154.6	59.80	4.31	5.43	2.77	6.02	6.09	6.16	6.23	6.31
14		39.8	37.57	29.49	688.8	173.0	68.75	4.28	5.40	2.75	6.06	6.13	6.20	6.27	6.34
16		40.6	42.54	33.39	770.2	189.9	77.46	4.26	5.36	2.74	6.09	6.16	6.23	6.31	6.38

续表

角钢型号	单角钢										双角钢				
	圆角	重心矩	截面积	每米	惯性矩	截面模量		回转半径			l_y，当 a 为下列数值				
	R	Z_0	A	质量	I_x	W_x^{max}	W_x^{min}	i_x	i_{x0}	i_{y0}	6mm	8mm	10mm	12mm	14mm
	mm		cm²	kg/m	cm⁴	cm³		cm			cm				
∟160×10	16	43.1	31.50	24.73	779.5	180.8	66.70	4.97	6.27	3.20	6.78	6.85	6.92	6.99	7.06
12		43.9	37.44	29.39	916.6	208.6	78.98	4.95	6.24	3.18	6.82	6.89	6.96	7.03	7.10
14		44.7	43.30	33.99	1048	234.4	90.95	4.92	6.20	3.16	6.85	6.93	7.00	7.07	7.14
16		45.5	49.07	38.52	1175	258.3	102.6	4.89	6.17	3.14	6.80	6.96	7.03	7.10	7.18
∟180×12	16	49.9	42.24	33.16	1321	270.0	100.8	5.59	7.05	3.58	7.63	7.70	7.77	7.84	7.91
14		49.7	48.90	38.38	1614	304.6	116.3	5.57	7.02	3.57	7.67	7.74	7.81	7.88	7.95
16		50.5	55.47	43.54	1701	336.9	131.4	5.54	6.89	3.55	7.70	7.77	7.84	7.91	7.98
18		51.3	61.95	48.63	1881	367.1	146.1	5.51	6.94	3.53	7.73	7.80	7.87	7.95	8.02
∟200×14	18	54.6	54.64	42.89	2104	385.1	144.7	6.20	7.82	3.98	8.47	8.54	8.61	8.67	8.75
16		55.4	62.01	48.68	2366	427.0	163.7	6.18	7.79	3.96	8.50	8.57	8.54	8.71	8.78
18		56.2	69.30	54.40	2621	466.5	182.2	6.15	7.75	3.94	8.53	8.60	8.57	8.75	8.82
20		56.9	76.50	60.06	2867	503.6	200.4	6.12	7.72	3.93	8.57	8.64	8.71	8.78	8.85
24		58.4	90.66	71.17	3328	571.5	235.8	6.07	7.64	3.90	8.63	8.71	8.78	8.85	8.92

表 3-66　型钢表（不等边角钢）

角钢型号	单角钢								双角钢							
	圆角	重心矩		截面积	每米	回转半径			i_{y1}，当 a 为下列数				i_{y2}，当 a 为下列数			
	R	Z_x	Z_y	A	质量	i_x	i_y	i_{y0}	6mm	8mm	10mm	12mm	6mm	8mm	10mm	12mm
	mm			cm²	kg/m	cm			cm				cm			
∟25×16×3	3.5	4.2	8.6	1.16	0.91	0.44	0.78	0.34	0.84	0.93	1.02	1.11	1.40	1.48	1.57	1.66
4		4.6	9.0	1.50	1.18	0.43	0.77	0.34	0.87	0.96	1.05	1.14	1.42	1.51	1.60	1.68
∟32×20×3		4.9	10.8	1.49	1.17	0.55	1.01	0.43	0.97	1.05	1.14	1.23	1.71	1.79	1.89	1.96
4		5.3	11.2	1.94	1.52	0.54	1.00	0.43	0.99	1.08	1.16	1.25	1.74	1.82	1.90	1.99
∟40×25×3	4	5.9	13.2	1.89	1.48	0.70	1.28	0.54	1.13	1.21	1.30	1.38	2.07	2.14	2.23	2.31
4		6.3	13.7	2.47	1.94	0.69	1.26	0.54	1.16	1.24	1.32	1.41	2.09	2.17	2.25	2.34
∟45×28×3	5	6.4	14.7	2.15	1.69	0.79	1.44	0.61	1.23	1.31	1.39	1.47	2.28	2.36	2.44	2.52
4		6.8	15.1	2.81	2.20	0.78	1.43	0.60	1.25	1.23	1.41	1.50	2.31	2.39	2.47	2.55
∟50×32×3	5.5	7.3	16.0	2.42	1.91	0.91	1.60	0.70	1.38	1.45	1.53	1.61	2.49	2.56	2.64	2.72
4		7.7	16.5	3.18	2.49	0.90	1.59	0.69	1.40	1.47	1.55	1.64	2.51	2.59	2.67	2.75

续表

角钢型号	单角钢								双角钢							
	圆角	重心矩		截面积	每米质量	回转半径			i_{y1}，当 a 为下列数				i_{y2}，当 a 为下列数			
	R	Z_x	Z_y	A	质量	i_x	i_y	i_{y0}	6mm	8mm	10mm	12mm	6mm	8mm	10mm	12mm
	mm			cm^2	kg/m	cm			cm				cm			
∟56×36×3	6	8.0	17.8	2.74	2.15	1.03	1.30	0.79	1.51	1.59	1.66	1.74	2.75	2.82	2.90	2.98
∟56×36×4		8.5	18.2	3.59	2.82	1.02	1.79	0.78	1.53	1.61	1.69	1.77	2.77	2.85	2.93	3.01
∟56×36×5		8.8	18.7	4.42	3.47	1.01	1.77	0.78	1.56	1.63	1.71	1.79	2.80	2.88	2.96	3.04
∟63×40×4	7	9.2	20.4	4.06	3.19	1.14	2.02	0.88	1.66	1.74	1.81	1.89	3.09	3.16	3.24	3.32
∟63×40×5		9.5	20.8	4.99	3.92	1.12	2.00	0.87	1.63	1.75	1.84	1.92	3.11	3.19	3.27	3.35
∟63×40×6		9.9	21.2	5.91	4.64	1.11	1.99	0.86	1.71	1.78	1.86	1.94	3.13	3.21	3.29	3.37
∟63×40×7		10.3	21.5	6.80	5.34	1.10	1.97	0.86	1.73	1.81	1.89	1.97	3.16	3.24	3.32	3.40
∟70×45×4	7.5	10.2	22.3	4.55	3.57	1.29	2.25	0.99	1.84	1.91	1.99	2.07	3.39	3.46	3.54	3.62
∟70×45×5		10.6	22.8	5.61	4.40	1.28	2.23	0.98	1.86	1.94	2.01	2.09	3.41	3.49	3.57	3.64
∟70×45×6		11.0	23.2	6.64	5.22	1.26	2.22	0.97	1.89	1.96	2.04	2.11	3.44	3.51	3.59	3.67
∟70×45×7		11.3	23.6	7.56	6.01	1.25	2.20	0.97	1.90	1.98	2.06	2.14	3.46	3.54	3.61	3.69
∟75×50×5	8	11.7	24.0	6.13	4.81	1.43	2.39	1.09	2.06	2.13	2.20	2.28	3.00	3.68	3.76	3.83
∟75×50×6		12.1	24.4	7.26	5.70	1.42	2.38	1.09	2.08	2.15	2.23	2.30	3.63	3.70	3.78	3.86
∟75×50×8		12.9	25.2	9.47	7.43	1.40	2.35	1.07	2.12	2.19	2.27	2.35	3.67	3.75	3.83	3.91
∟75×50×10		13.6	26.0	11.6	9.10	1.38	2.33	1.06	2.16	2.24	2.31	2.40	3.71	3.79	3.87	3.95
∟80×50×5	8	11.4	26.0	6.38	5.00	1.42	2.57	1.10	2.02	2.09	2.17	2.24	3.89	3.95	4.03	4.10
∟80×50×6		11.8	26.5	7.56	5.93	1.41	2.55	1.09	2.04	2.11	2.19	2.27	3.90	3.98	4.05	4.13
∟80×50×7		12.1	26.9	8.72	6.85	1.39	2.54	1.08	2.06	2.13	2.21	2.29	3.92	4.00	4.08	4.16
∟80×50×8		12.5	27.3	9.87	7.75	1.38	2.52	1.07	2.08	2.15	2.23	2.31	3.94	4.02	4.10	4.18
∟90×56×5	9	12.5	29.1	7.21	5.66	1.59	2.90	1.23	2.22	2.29	2.36	2.44	4.32	4.39	4.47	4.55
∟90×56×6		12.9	29.5	8.56	6.72	1.58	2.88	1.22	2.24	2.31	2.39	2.46	4.34	4.42	4.50	4.57
∟90×56×7		13.3	30.0	9.88	7.76	1.57	2.87	1.22	2.26	2.33	2.41	2.49	4.37	4.44	4.52	4.60
∟90×56×8		13.6	30.4	11.2	8.78	1.56	2.85	1.21	2.28	2.35	2.43	2.51	4.39	4.47	4.54	4.62
∟100×63×6	10	14.3	32.4	9.62	7.55	1.79	3.21	1.38	2.49	2.56	2.63	2.71	4.77	4.85	4.92	5.00
∟100×63×7		14.7	32.8	11.1	8.72	1.78	3.20	1.37	2.51	2.58	2.65	2.73	4.80	4.87	4.95	5.03
∟100×63×8		15.0	33.2	12.6	9.88	1.77	3.18	1.37	2.53	2.60	2.67	2.75	4.82	4.90	4.97	5.05
∟100×63×10		15.8	34.0	15.5	12.1	1.75	3.15	1.35	2.57	2.64	2.72	2.79	4.86	4.94	5.02	5.10

续表

角钢型号	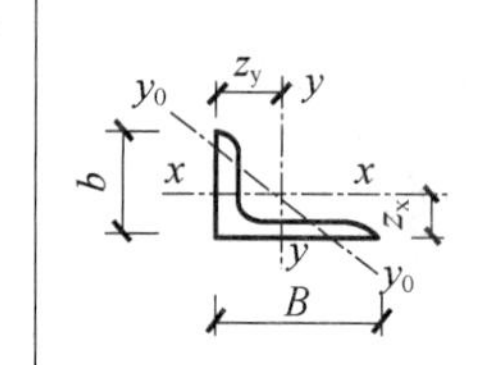 单角钢								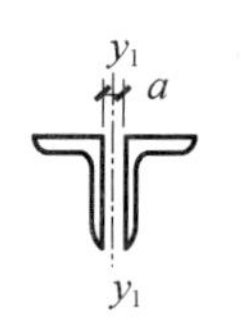 双角钢 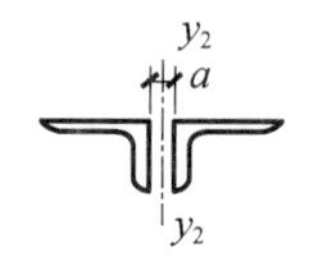							
	圆角	重心矩		截面积	每米	回转半径			i_{y1}，当 a 为下列数				i_{y2}，当 a 为下列数			
	R	Z_x	Z_y	A	质量	i_x	i_y	i_{y0}	6mm	8mm	10mm	12mm	6mm	8mm	10mm	12mm
	mm			cm²	kg/m	cm			cm				cm			
∟100×80×6	10	19.7	29.5	10.6	8.35	2.40	3.17	1.73	3.31	3.38	3.45	3.52	4.54	4.62	4.69	4.76
7		20.1	30.0	12.3	9.66	2.39	3.16	1.71	3.32	3.39	3.47	3.54	4.57	4.64	4.71	4.79
8		20.5	30.4	13.9	10.9	2.37	3.15	1.71	3.34	3.41	3.49	3.56	4.59	4.65	4.73	4.81
10		21.3	31.2	17.2	13.5	2.35	3.12	1.69	3.38	3.45	3.53	3.60	4.63	4.70	7.79	4.85
∟110×70×6		15.7	35.3	10.6	8.35	2.01	3.54	1.54	2.74	2.81	2.88	2.96	5.21	5.29	5.36	5.44
7		16.1	35.7	12.3	9.66	2.00	3.53	1.53	2.75	2.83	2.90	2.98	5.24	5.31	5.39	5.46
8		16.5	36.2	13.9	10.9	1.98	3.81	1.53	2.78	2.85	2.92	3.00	5.26	5.34	5.41	5.49
10		17.2	37.0	17.2	13.5	1.96	3.48	1.51	2.82	2.89	2.96	3.04	5.30	5.38	5.45	5.53
∟125×80×7	11	18.0	40.1	14.1	11.1	2.30	4.02	1.76	3.13	3.18	3.25	3.33	5.90	5.97	6.04	6.12
8		18.4	40.6	16.0	12.6	2.29	4.01	1.78	3.13	3.20	3.27	3.35	5.92	5.99	6.07	6.14
10		19.2	41.4	19.7	15.5	2.26	3.98	1.74	3.17	3.24	3.31	3.39	5.96	6.04	6.11	6.19
12		20.0	42.2	23.4	18.3	2.21	3.95	1.72	3.20	3.26	3.35	3.43	6.00	6.08	6.16	6.23
∟140×90×8	12	20.4	45.0	18.0	14.2	2.59	4.50	1.98	3.49	3.56	3.53	3.70	6.58	6.65	6.73	6.80
10		21.2	45.3	22.3	17.5	2.56	4.47	1.95	3.52	3.59	3.66	3.73	6.62	6.70	6.77	6.85
12		21.9	46.6	26.4	20.7	2.54	4.44	1.95	3.56	3.63	3.70	3.77	6.66	6.74	6.81	6.89
14		22.7	47.4	30.5	23.9	2.51	4.42	1.94	3.59	3.66	3.74	3.81	6.70	6.78	6.86	6.93
∟160×100×10	13	22.8	52.4	25.2	19.9	2.85	5.14	2.19	3.84	3.91	3.98	4.05	7.55	7.63	7.70	7.78
12		23.6	53.2	30.1	23.6	2.82	5.11	2.18	3.87	3.94	4.01	4.09	7.60	7.67	7.75	7.82
14		24.3	54.0	34.7	27.2	2.80	5.08	2.16	3.91	3.98	4.05	4.12	7.64	7.71	7.79	7.86
16		25.1	54.8	39.3	20.8	2.77	5.05	2.15	3.94	4.02	4.09	4.16	7.68	7.75	7.83	7.90
∟180×110×10	14	24.4	58.9	28.4	22.3	3.13	5.81	2.42	4.16	4.23	4.30	4.36	8.49	8.56	8.63	8.71
12		25.2	59.8	33.7	26.5	3.10	5.78	2.40	4.19	4.26	4.33	4.40	8.53	8.60	8.68	8.75
14		25.9	60.6	39.0	30.6	3.08	5.75	2.39	4.23	4.30	4.37	4.44	8.57	8.64	8.72	8.79
16		26.7	61.4	44.1	34.6	3.05	5.72	2.37	4.26	4.33	4.40	4.47	8.61	8.68	8.76	8.84
∟200×125×12		28.3	65.4	37.9	29.8	3.57	6.44	2.75	4.75	4.82	4.85	4.95	9.39	9.47	9.54	9.62
14		29.1	66.2	43.9	34.4	3.54	6.41	2.73	4.78	4.85	4.92	4.99	9.43	9.51	9.58	9.66
16		29.9	67.0	49.7	39.0	3.52	6.38	2.71	4.81	4.88	4.95	5.02	9.47	9.55	9.62	9.70
18		30.6	67.8	55.5	43.6	3.49	6.35	2.70	4.85	4.92	4.99	5.06	9.51	9.59	9.66	9.74

注：一个角钢的惯性矩 $I_x=Ai_x^2$，$I_y=Ai_y^2$，一个角钢的截面模量 $W_x^{max}=I_x/Z_x$，$W_x^{min}=I_x/(b-Z_x)$；$W_y^{min}=I_y/Z_y$，$W_y^{min}=I_y(B-Z_y)$

表 3-67　型钢表（热轧无缝钢管）

l—截面惯性矩；
W—截面模量；
i—截面回转半径

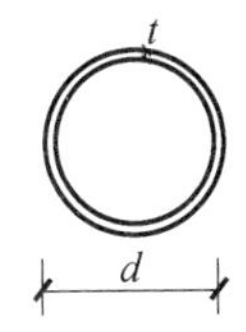

尺寸（mm）		截面面积 A	每米质量	截面特性		
d	t			I	W	i
		cm²	kg/m	cm⁴	cm³	cm
32	2.5	2.22	1.82	2.54	1.59	1.05
	3.0	2.73	2.15	2.90	1.82	1.03
	3.5	3.13	2.46	3.23	2.02	1.02
	4.0	3.52	2.76	3.52	2.20	1.00
38	2.5	2.79	2.19	4.41	2.32	1.26
	3.0	3.30	2.59	5.09	2.68	1.24
	3.5	3.79	2.98	5.70	3.00	1.23
	4.0	4.27	3.56	6.26	3.29	1.21
42	2.5	3.10	2.44	6.07	2.80	1.40
	3.0	3.68	2.89	7.03	3.35	1.38
	3.5	4.23	3.32	7.91	3.77	1.37
	4.0	4.78	3.75	8.71	4.16	1.35
45	2.5	3.34	2.62	7.55	3.36	1.51
	3.0	3.96	3.11	8.77	3.90	1.49
	3.5	4.56	3.59	9.89	4.40	1.47
	4.0	5.15	4.04	10.93	4.86	1.46
50	2.5	3.73	2.93	10.55	4.22	1.68
	3.0	4.43	3.48	12.29	4.91	1.67
	3.5	5.11	4.01	13.90	5.56	1.65
	4.0	5.78	4.54	15.41	6.16	1.63
	4.5	6.43	5.05	16.81	6.72	1.62
	5.0	7.07	5.55	18.11	7.25	1.60
54	3.0	4.81	3.77	15.68	5.81	1.81
	3.5	5.55	4.36	17.79	6.59	1.79
	4.0	6.28	4.93	19.76	7.32	1.77
	4.5	7.00	5.49	21.61	8.00	1.76
	5.0	7.70	6.04	23.34	8.64	1.74
	5.5	8.38	6.58	24.96	9.24	1.72
	6.0	9.05	7.10	26.46	9.80	1.71
57	3.0	5.09	4.00	18.61	6.53	1.91
	3.5	5.88	4.62	21.14	7.42	1.90
	4.0	6.66	5.23	23.52	8.25	1.88
	4.5	7.42	5.83	25.76	9.04	1.86
	5.0	8.17	6.41	27.86	9.78	1.85
	5.5	8.90	6.99	29.84	10.47	1.83
	6.0	9.61	7.55	31.69	11.12	1.82
60	3.0	5.37	4.22	21.88	7.29	2.02
	3.5	6.21	4.88	24.88	8.29	2.00
	4.0	7.04	5.52	27.73	9.24	1.98
	4.5	7.85	6.16	30.41	10.14	1.97
	5.0	8.64	6.78	32.94	10.98	1.95
	5.5	9.42	7.39	35.32	11.77	1.94
	6.0	10.18	7.99	37.56	12.52	1.92
63.5	3.0	5.70	4.48	26.15	8.24	2.14
	3.5	6.60	5.18	29.79	9.38	2.12
	4.0	7.48	5.87	33.24	10.47	2.11
	4.5	8.34	6.55	36.50	11.50	2.09
	5.0	9.19	7.21	39.60	12.47	2.08
	5.5	10.02	7.87	42.52	13.39	2.06
	6.0	10.84	8.51	45.28	14.26	2.04
68	3.0	6.13	4.81	32.42	9.54	2.30
	3.5	7.09	5.57	36.99	10.88	2.28
	4.0	8.04	6.31	41.34	12.16	2.27
	4.5	8.98	7.05	45.47	13.37	2.25
	5.0	9.90	7.77	49.41	14.53	2.23
	5.5	10.80	8.48	53.14	15.63	2.22
	6.0	11.69	9.17	56.58	16.67	2.20
70	3.0	6.31	4.96	35.50	10.14	2.37
	3.5	7.31	5.74	40.53	11.58	2.35
	4.0	8.29	6.51	45.33	12.95	2.34
	4.5	9.26	7.27	49.89	14.26	2.32
	5.0	10.21	8.01	54.24	15.50	2.30
	5.5	11.14	8.75	58.38	16.68	2.29
	6.0	12.06	9.47	62.31	17.80	2.27

续表

尺寸（mm）		截面面积 A	每米质量	截面特性		
d	t			I	W	i
		cm^2	kg/m	cm^4	cm^3	cm
73	3.0	6.60	5.18	40.48	11.09	2.48
	3.5	7.64	6.00	46.26	12.67	2.46
	4.0	8.67	6.81	51.78	14.10	2.44
	4.5	9.68	7.60	57.04	15.63	2.42
	5.0	10.58	8.38	62.07	17.01	2.41
	5.5	11.66	9.16	66.87	18.32	2.39
	6.0	12.63	9.91	71.43	19.57	2.36
76	3.0	6.89	5.40	45.91	12.08	2.58
	3.5	7.97	6.26	52.50	13.82	2.57
	4.0	9.05	7.10	58.81	15.48	2.55
	4.5	10.11	7.93	64.85	17.07	2.53
	5.0	11.15	8.75	70.62	18.59	2.52
	5.5	12.18	9.56	76.14	20.04	2.50
	6.0	13.19	10.36	81.41	21.42	2.48
83	3.5	8.74	6.86	69.19	16.67	2.81
	4.0	9.93	7.79	77.64	18.71	2.80
	4.5	11.10	8.71	85.76	20.67	2.78
	5.0	12.25	9.62	93.56	22.54	2.76
	5.5	13.39	10.51	101.04	24.35	2.75
	6.0	14.51	11.39	108.22	26.08	2.73
	6.5	15.62	12.26	115.10	27.74	2.71
	7.0	16.71	13.12	121.59	29.32	2.70
89	3.5	9.40	7.38	86.05	19.34	3.03
	4.0	10.68	8.38	96.68	21.73	3.01
	4.5	11.95	9.38	106.92	24.03	2.99
	5.0	13.19	10.36	116.79	26.24	2.98
	5.5	14.43	11.33	126.29	28.38	2.96
	6.0	15.65	12.28	135.43	30.43	2.94
	6.5	16.85	13.22	144.22	32.41	2.93
	7.0	18.03	14.16	152.67	34.31	2.91
95	3.5	10.06	7.90	105.45	22.20	3.24
	4.0	11.44	8.98	118.60	24.97	3.22
	4.5	12.79	10.04	131.31	27.64	3.20
	5.0	14.14	11.10	143.58	30.23	3.19
	5.5	15.46	12.14	155.43	32.72	3.17
	6.0	16.78	13.17	166.86	35.13	3.15
95	6.5	18.07	14.19	177.89	37.45	3.14
	7.0	19.35	15.19	188.51	39.69	3.12
102	3.5	10.33	8.50	131.52	25.79	3.48
	4.0	12.32	9.67	148.09	29.04	3.47
	4.5	13.78	10.82	164.14	32.18	3.45
	5.0	15.24	11.96	179.68	35.23	3.43
	5.5	16.67	13.09	194.72	38.18	3.42
	6.0	18.10	14.21	209.28	41.03	3.40
	6.5	19.50	15.31	223.35	43.79	3.38
	7.0	20.89	16.40	236.96	46.46	3.37
114	4.0	13.82	10.85	209.38	36.73	3.89
	4.5	15.48	12.15	232.41	40.77	3.87
	5.0	17.12	13.44	254.81	44.70	3.86
	5.5	18.75	14.72	275.58	48.52	3.84
	6.0	20.36	15.98	297.73	52.23	3.82
	6.5	21.95	17.23	318.26	55.84	3.81
	7.0	22.53	18.47	338.19	59.33	3.79
	7.5	26.29	19.70	357.58	62.73	3.77
	8.0	26.64	20.91	376.30	66.02	3.76
121	4.0	14.70	11.54	251.87	41.63	4.14
	4.5	15.47	12.93	279.83	46.25	4.12
	5.0	18.22	14.30	307.05	50.75	4.11
	5.5	19.96	15.67	333.54	55.13	4.09
	6.0	21.68	17.02	359.32	59.39	4.07
	6.5	23.38	18.35	384.40	63.54	4.05
	7.0	25.07	19.68	408.80	67.57	4.04
	7.5	26.74	20.99	432.51	71.49	4.02
	8.0	28.40	22.29	455.57	75.30	4.01
127	4.0	15.46	12.13	292.61	46.08	4.35
	4.5	17.32	13.59	225.29	51.23	4.33
	5.0	19.16	15.04	357.14	56.24	4.32
	5.5	20.99	16.48	388.19	61.13	4.30
	6.0	22.81	17.90	418.44	65.90	4.28
	6.5	24.61	19.32	447.92	70.54	4.27
	7.0	25.39	20.72	476.53	75.06	4.25
	7.5	28.16	22.10	504.58	79.46	4.23
	8.0	29.91	23.48	531.80	83.75	4.22

续表

尺寸（mm）		截面面积A	每米质量	截面特性		
d	t			I	W	i
		cm^2	kg/m	cm^4	cm^3	cm
133	4.0	16.21	12.73	337.53	50.76	4.56
	4.5	18.17	14.26	375.42	56.45	4.55
	5.0	20.11	15.78	412.4.	62.02	4.53
	5.5	22.03	17.29	448.50	67.44	4.51
	6.0	23.94	18.79	483.72	72.74	4.50
	6.5	25.83	20.28	518.07	77.91	4.48
	7.0	27.71	21.75	551.58	82.94	4.46
	7.5	29.57	23.21	584.25	87.86	4.45
	8.0	31.42	24.66	616.11	92.65	4.43
140	4.5	19.16	15.04	440.12	62.87	4.79
	5.0	21.21	16.55	483.76	69.11	4.78
	5.5	23.24	18.24	526.40	75.20	4.76
	6.0	25.26	19.83	568.06	81.15	4.74
	6.5	27.26	21.40	608.76	36.97	4.73
	7.0	29.25	22.96	648.51	92.64	4.71
	7.5	31.22	24.51	687.32	98.19	4.69
	8.0	33.18	26.04	725.21	103.60	4.68
	9.0	37.04	29.03	798.29	114.04	4.64
	10	40.84	32.05	857.86	123.98	4.61
146	4.5	20.00	15.70	501.16	68.55	5.01
	5.0	22.15	17.39	551.10	75.49	4.99
	5.5	24.28	19.00	599.95	82.19	4.97
	6.0	26.39	20.72	647.73	88.73	4.95
	6.5	28.49	22.36	694.44	95.13	4.94
	7.0	30.57	24.00	740.12	101.39	4.92
	7.5	32.63	25.62	784.77	107.50	4.90
	8.0	34.68	27.23	828.41	113.48	4.89
	9.0	38.74	30.41	912.71	125.03	4.85
	10	42.73	33.54	993.10	136.05	4.82
152	4.5	20.85	16.37	567.61	74.69	5.22
	5.0	23.09	18.13	624.43	82.16	5.20
	5.5	25.31	19.87	680.06	89.49	5.18
	6.0	27.52	21.60	734.52	96.65	5.17
	6.5	29.71	23.32	787.82	103.66	5.16
	7.0	31.89	25.03	839.99	110.52	5.15
	7.5	34.05	26.73	891.03	117.24	5.12
	8.0	36.19	28.41	940.97	123.81	5.10
	9.0	40.43	31.74	1037.59	136.53	5.07
	10	44.61	35.02	1129.99	148.68	5.03

尺寸（mm）		截面面积A	每米质量	截面特性		
d	t			I	W	i
		cm^2	kg/m	cm^4	cm^3	cm
159	4.5	21.84	17.16	652.29	82.05	5.46
	5.0	24.19	18.99	717.88	90.30	5.45
	5.5	26.52	20.82	782.18	98.39	5.43
	6.0	28.84	22.64	845.19	106.31	5.41
	6.5	31.14	24.45	906.92	114.08	5.40
	7.0	33.43	26.24	967.41	121.69	5.38
	7.5	35.70	28.02	1026.65	129.14	5.36
	8.0	37.95	29.79	1084.67	136.44	5.35
	9.0	42.41	33.29	1197.12	150.58	5.31
	10	45.81	36.75	1304.88	164.14	5.28
168	4.5	23.11	18.14	772.98	92.02	5.78
	5.0	25.60	20.10	851.14	101.33	5.77
	5.5	28.08	22.04	927.85	110.46	5.75
	6.0	30.54	23.97	1003.12	119.42	5.73
	6.5	32.98	25.89	1075.05	128.21	5.71
	7.0	35.41	27.79	1149.36	136.83	5.70
	7.5	37.82	29.69	1220.38	145.28	5.68
	8.0	40.21	31.57	1290.01	153.57	5.66
	9.0	44.96	35.29	1425.22	169.67	5.63
	10	49.64	38.97	1555.13	185.13	5.60
180	5.0	27.49	21.58	1053.17	117.02	6.19
	5.5	30.15	23.57	1148.79	127.64	6.17
	6.0	32.80	25.76	1242.72	138.08	6.16
	6.5	35.43	27.81	1335.00	148.33	6.14
	7.0	38.04	29.87	1425.63	158.40	6.12
	7.5	40.64	31.91	1514.64	168.29	6.10
	8.0	43.23	33.93	1602.04	178.00	6.09
	9.0	48.35	37.95	1772.12	196.90	6.05
	10	53.41	41.92	1936.01	215.11	6.02
	12	63.33	49.72	2245.84	249.54	5.95
194	5.0	29.69	23.31	1226.54	136.76	6.68
	5.5	32.57	25.57	1447.86	149.26	6.67
	6.0	35.44	27.82	1567.21	161.57	6.65
	6.5	38.29	30.06	1684.61	173.67	6.63
	7.0	41.12	32.28	1800.08	185.57	6.62
	7.5	43.94	34.50	1913.04	197.28	6.60
	8.0	46.75	36.70	2025.31	208.79	6.58
	9.0	52.31	41.06	2243.08	231.25	6.55
	10	57.81	45.38	2453.55	252.94	6.51
	12	68.61	53.86	2853.25	294.15	6.45

续表

尺寸（mm）		截面面积 A	每米质量	截面特性		
d	t			I	W	i
		cm^2	kg/m	cm^4	cm^3	cm
203	6.0	37.13	29.15	1803.07	177.64	6.97
	6.5	40.13	31.50	1938.81	191.02	6.95
	7.0	43.10	33.84	2072.48	204.18	6.93
	7.5	46.06	36.16	2203.94	217.14	6.92
	8.0	49.01	38.47	2333.37	229.89	6.90
	9.0	54.85	43.06	2585.08	264.79	6.87
	10	60.63	47.60	2830.72	278.89	6.83
	12	72.01	56.52	3296.49	324.78	6.77
	14	83.13	65.25	3732.07	367.69	6.70
	16	94.00	73.79	4138.78	407.76	6.64
219	6.0	40.15	31.52	2278.74	208.10	7.53
	6.5	43.39	34.05	2451.64	223.89	7.52
	7.0	46.62	36.60	2622.04	239.46	7.50
	7.5	49.83	39.12	2789.96	254.79	7.48
	8.0	53.03	41.63	2955.43	269.90	7.47
	9.0	59.38	46.61	3279.12	299.46	7.43
	10	65.66	51.54	3593.29	328.15	7.40
	12	78.04	61.26	4193.81	383.00	7.33
	14	90.16	70.78	4758.50	434.57	7.26
	16	102.04	80.10	5288.81	483.00	7.20
245	6.5	48.70	36.23	3465.46	282.89	8.44
	7.0	52.34	41.08	3709.06	302.78	8.42
	7.5	55.96	43.93	3949.52	322.41	8.40
	8.0	59.56	46.76	4156.87	341.79	8.38
	9.0	66.73	52.38	4652.32	379.78	8.35
	10	73.83	57.95	5105.63	416.79	8.32
	12	87.84	68.95	5976.67	487.86	8.25
	14	101.60	79.76	6801.68	555.24	8.18
	16	115.11	90.36	7582.30	618.96	8.12

尺寸（mm）		截面面积 A	每米质量	截面特性		
d	t			I	W	i
		cm^2	kg/m	cm^4	cm^3	cm
273	6.5	54.42	42.72	4834.18	354.15	9.42
	7.0	58.50	45.92	5177.30	379.29	9.41
	7.5	62.56	49.11	5516.47	404.14	9.39
	8.0	66.60	52.28	5851.71	428.70	9.37
	9.0	74.64	58.60	6510.56	476.96	9.34
	10	82.62	54.86	7154.09	524.11	9.31
	12	98.39	77.24	8396.14	615.10	9.24
	14	113.91	89.42	9679.75	701.81	9.17
	16	129.18	101.41	10706.79	784.38	9.10
299	7.5	68.65	53.92	7300.02	488.30	10.31
	8.0	73.14	57.41	7747.42	518.22	10.29
	9.0	82.00	64.37	8628.09	577.13	10.26
	10	90.79	71.27	9490.15	634.79	10.22
	12	108.20	84.93	11159.52	746.46	10.16
	14	125.35	98.40	12757.61	853.35	10.09
	16	142.25	111.67	14286.48	955.62	10.02
325	7.5	74.81	58.73	9421.80	580.42	11.23
	8.0	79.67	62.54	10013.92	616.24	11.21
	9.0	89.35	70.14	11101.33	686.85	11.18
	10	98.96	77.68	12286.52	755.09	11.14
	12	115.00	92.63	14471.45	800.55	11.07
	14	135.78	107.38	16570.98	1019.75	11.01
	16	155.32	121.93	18587.38	1143.84	10.94
351	8.0	86.21	67.67	12684.36	722.76	12.13
	9.0	96.70	75.91	14147.55	806.13	12.10
	10	107.13	84.10	15584.62	888.01	12.06
	12	127.80	100.32	18381.63	1047.39	11.99
	14	148.22	116.35	21077.86	1201.02	11.98
	16	168.39	132.19	23675.75	1349.05	11.86

表 3-68　型钢表（电焊钢管）

I—截面惯性矩；

W—截面模量；

i—截面回转半径

尺寸（mm）		截面面积 A (cm^2)	每米质量 (kg/m)	截面特性		
d	t			I	W	i
				cm^4	cm^3	cm
32	2.0	1.88	1.48	2.13	1.33	1.06
	2.5	2.32	1.82	2.54	1.59	1.05

尺寸（mm）		截面面积 A (cm^2)	每米质量 (kg/m)	截面特性		
d	t			I	W	i
				cm^4	cm^3	cm
38	2.0	2.25	1.78	3.68	1.93	1.27
	2.5	2.79	2.19	4.41	2.32	1.26

续表

尺寸（mm）		截面面积 A	每米质量	截面特性		
d	t	（cm^2）	（kg/m）	I	W	i
				cm^4	cm^3	cm
40	2.0	2.39	1.87	4.32	2.15	1.35
	2.5	2.95	2.31	5.20	2.60	1.33
42	2.0	2.51	1.97	5.04	2.49	1.42
	2.5	3.10	2.44	6.07	2.89	1.40
45	2.0	2.70	2.12	6.26	2.78	1.52
	2.5	3.34	2.62	7.56	3.36	1.51
	3.0	3.95	3.11	8.77	3.90	1.49
51	2.0	3.08	2.42	9.26	3.63	1.73
	2.5	3.81	2.99	11.23	4.40	1.72
	3.0	4.52	3.55	13.08	5.13	1.70
	3.5	5.22	4.10	14.81	5.81	1.68
53	2.0	3.20	2.52	10.43	3.94	1.80
	2.5	3.97	3.11	12.67	4.78	1.79
	3.0	4.71	3.70	14.78	5.58	1.77
	3.5	5.44	4.27	16.75	6.32	1.75
57	2.0	3.46	2.71	13.08	4.59	1.95
	2.5	4.28	3.36	15.93	5.59	1.93
	3.0	5.09	4.00	18.61	6.53	1.91
	3.5	6.88	4.62	21.14	7.42	1.90
60	2.0	3.64	2.86	15.34	5.11	2.05
	2.5	4.52	3.55	18.70	5.23	2.03
	3.0	5.37	4.22	21.88	7.29	2.02
	3.5	6.21	4.58	24.88	8.29	2.00
63.5	2.0	3.86	2.03	18.29	5.76	2.18
	2.5	4.79	3.75	22.32	7.03	2.16
	3.0	5.70	4.49	26.15	8.24	2.14
	3.5	6.60	5.18	29.79	9.38	2.12
70	2.0	4.27	3.35	24.72	7.06	2.41
	2.5	5.30	4.16	30.23	8.64	2.39
	3.0	6.31	4.96	35.50	10.14	2.37
	3.5	7.31	5.74	40.53	11.58	2.35
	4.5	9.26	7.27	49.89	14.26	2.32
76	2.0	4.65	3.65	31.85	8.38	2.62
	2.5	5.77	4.53	39.03	10.27	2.60
	3.0	6.88	5.40	45.91	12.08	2.58
	3.5	7.97	6.26	52.50	13.82	2.57
	4.0	9.05	7.10	58.81	15.48	2.55
	4.5	10.11	7.93	64.85	17.07	2.53

尺寸（mm）		截面面积 A	每米质量	截面特性		
d	t	（cm^2）	（kg/m）	I	W	i
				cm^4	cm^3	cm
83	2.0	5.09	4.00	41.76	10.06	2.86
	2.5	6.32	4.96	51.26	12.35	2.85
	3.0	7.54	5.92	60.40	14.56	2.83
	3.5	8.74	6.86	69.19	16.57	2.81
	4.0	9.93	7.79	77.64	18.71	2.80
	4.5	11.10	8.71	85.76	20.67	2.78
89	2.0	5.47	4.29	51.75	11.63	3.08
	2.5	5.79	5.33	63.59	14.29	3.06
	3.0	9.11	6.36	75.02	16.86	3.04
	3.5	9.40	7.38	86.05	19.34	3.03
	4.0	10.68	8.38	96.68	21.73	3.01
	4.5	11.95	9.38	106.92	24.03	2.99
95	2.0	6.84	4.59	63.20	13.31	3.29
	2.5	7.26	5.70	77.76	16.37	3.27
	3.0	8.67	6.81	91.83	19.33	3.25
	3.5	10.06	7.90	105.45	22.20	3.24
102	2.0	6.28	4.93	78.57	15.41	3.54
	2.5	7.81	6.13	96.77	18.97	3.52
	3.0	9.33	7.32	114.42	22.43	3.50
	3.5	10.83	8.50	131.52	25.79	3.48
	4.0	12.32	9.67	148.09	29.04	3.47
	4.5	13.78	10.82	164.14	32.18	3.45
	5.0	15.24	11.96	179.68	35.23	3.43
108	3.0	9.90	7.77	136.49	25.28	3.71
	3.5	11.49	9.02	157.02	29.08	3.70
	4.0	13.07	10.26	176.95	32.77	3.68
114	3.0	10.46	8.21	161.24	28.29	3.93
	3.5	12.15	9.54	185.63	32.57	3.91
	4.0	13.82	10.85	209.35	36.73	3.80
	4.5	16.48	12.15	232.41	40.77	3.87
	5.0	17.12	13.44	254.81	44.70	3.86
121	3.0	11.12	8.73	193.69	32.01	4.17
	3.5	12.92	10.14	223.17	36.89	4.16
	4.0	14.70	11.54	251.87	41.63	4.14
127	3.0	11.69	9.17	224.75	35.39	4.39
	3.5	13.58	10.66	259.11	40.80	4.37
	4.0	15.46	12.13	292.61	46.08	4.35
	4.5	17.32	13.59	325.29	51.23	4.33
	5.0	19.16	15.01	357.14	56.24	4.32

续表

尺寸(mm) d	尺寸(mm) t	截面面积 A (cm^2)	每米质量 (kg/m)	截面特性 I cm^4	截面特性 W cm^3	截面特性 i cm
133	3.5	14.24	11.18	298.71	44.92	4.58
	4.0	15.21	12.73	337.53	50.76	4.56
	4.5	18.17	14.26	375.42	56.45	4.55
	5.0	20.11	15.78	412.40	62.02	4.53
140	3.5	15.01	11.78	349.79	49.97	4.83
	4.0	17.09	13.42	395.47	56.50	4.81
	4.5	19.16	15.04	440.12	62.87	4.79
140	5.0	21.21	16.65	483.76	69.11	4.78
	5.5	23.24	18.24	525.40	75.20	4.76
152	3.5	16.33	12.82	450.35	59.26	5.25
	4.0	18.60	14.60	509.59	67.05	5.23
	4.5	20.85	16.37	567.61	74.69	5.22
	5.0	23.09	18.13	624.48	82.16	5.20
	5.5	25.31	19.87	680.06	89.48	5.18

表 3-69　螺栓螺纹处的有效截面积

公称直径	12	14	16	18	20	22	24	27	30
螺栓有效截面积 A_c (cm^2)	0.84	1.15	1.57	1.92	2.45	3.03	3.53	4.59	5.61
公称直径	33	36	39	42	45	48	52	56	60
螺栓有效截面积 A_c (cm^2)	6.94	8.17	9.76	11.2	13.1	14.7	17.6	20.3	23.6
公称直径	64	68	72	76	80	85	90	95	100
螺栓有效截面积 A_c (cm^2)	26.8	30.6	34.6	38.9	43.4	49.5	55.9	62.7	70.0

表 3-70　螺栓规格

	Ⅰ				Ⅱ			Ⅲ			
型　式	1.5d, H, 25d, 4d				1.5d, H, 25d, 16~20, 3d, 3d			1.5d, H, 15d, 20~40, c, c			
锚栓直径 d (mm)	20	24	30	36	42	48	56	64	72	80	90
锚栓有效截面积 (cm^2)	2.45	3.53	5.61	8.17	11.2	14.7	20.3	26.8	34.6	43.4	55.9
锚栓设计拉力 (kN)(Q235 钢)	34.3	49.4	78.5	114.1	156.9	206.2	284.2	375.2	484.4	608.2	782.7
Ⅲ型锚栓 锚板宽度 c (mm)	—	—	—	—	140	200	200	240	280	350	400
Ⅲ型锚栓 锚板厚度 t (mm)	—	—	—	—	20	20	20	25	30	40	40

习　　题

1. 一个轴心受压柱，柱高 6m、两端铰接，承受轴心压力 1000kN（设计值），钢材为 Q235 钢，截面无孔眼削弱，试分别设计一个缀条柱和一个缀板柱。

2. 图 3-8 所示为一个管道支架，其支柱的设计压力为 N=1600kN（设计值），柱两端铰接，钢材为 Q235 钢，截面无孔眼削弱。试设计此支柱的以下 3 个截面，即采用普通轧制工字钢；采用热轧 H 型钢；用焊接工字形截面、翼缘板为焰切边。

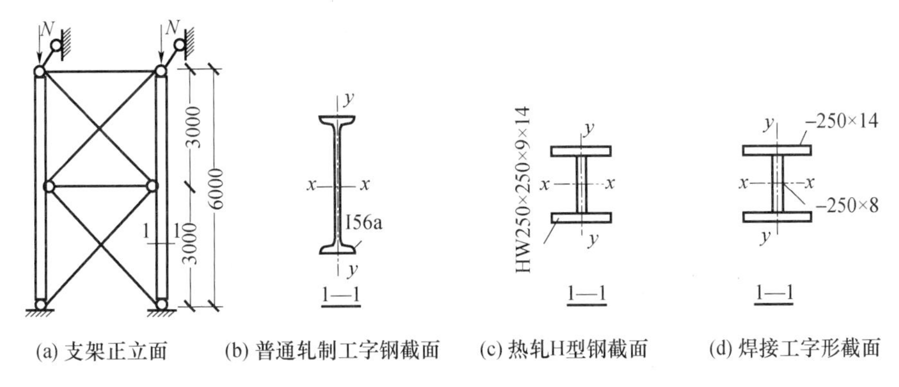

图 3-8　管道支架

3. 图 3-9 所示一个有中级工作制吊车的厂房屋架的双角钢拉杆，截面为 2∠100×10，角钢上有交错排列的普通螺栓孔，孔径 d=20mm。试计算此拉杆所能承受的最大拉力及容许达到的最大计算长度。钢材为 Q235 钢。

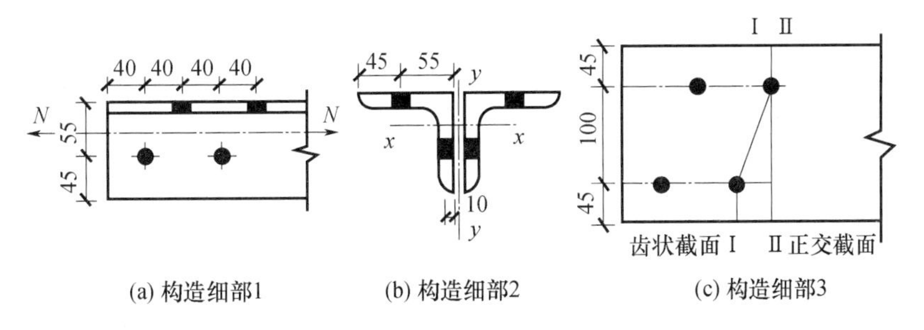

图 3-9　一个有中级工作制吊车的厂房屋架的双角钢拉杆

4. 简述轴心受力构件的强度计算要求。

5. 简述轴心受压构件稳定性的计算要求。

6. 简述实腹式轴心受压构件的局部稳定性和屈曲后强度验算要求。

第 4 章　受弯构件的设计与计算

4.1　受弯构件的强度计算

在主平面内受弯的实腹构件，其受弯强度应满足式（4-1）的要求。

$$M_x/(\gamma_x W_{nx})+M_y/(\gamma_y W_{ny})\leqslant f \tag{4-1}$$

式（4-1）中，M_x、M_y分别为同一截面处绕 x 轴和 y 轴的弯矩设计值；W_{nx}、W_{ny}分别为对 x 轴和 y 轴的净截面模量，当截面板件宽厚比等级达到受弯构件 S4 级要求时取全截面模量，当截面板件宽厚比等级为受弯构件 S5 级时取有效截面模量，截面分类和有效截面计算应按我国现行国家标准《钢结构设计规范》（GB 50017）的规定取值；γ_x、γ_y 分别为截面塑性发展系数，Q460 和 Q460GJ 钢材按我国现行国家标准《钢结构设计规范》（GB 50017）的规定取值，其他牌号高强度结构钢材均取 1.0；f 为钢材的抗弯强度设计值。

在主平面内受弯的实腹构件，其受剪强度 τ 应满足式（4-2）的要求。

$$\tau=VS/(It_w)]\leqslant f_v \tag{4-2}$$

式（4-2）中，V 为计算截面沿腹板平面作用的剪应力设计值；S 为计算剪应力处以上（或以下）毛截面对中和轴的面积矩；I 为构件的毛截面惯性矩；t_w 为构件的腹板厚度；f_v为钢材的抗剪强度设计值。

4.2　受弯构件的整体稳定性计算

在最大刚度主平面内受弯的构件，当梁腹板满足稳定性要求时，其整体稳定性应满足式（4-3）的要求。

$$M_x/(\varphi_b\gamma_x W_x f)\leqslant 1.0 \tag{4-3}$$

式（4-3）中，M_x为绕强轴作用的最大弯矩设计值；W_x为按受压最大纤维确定的梁毛截面模量；φ_b为梁的整体稳定性系数，φ_b应按式（4-4）和式（4-5）计算；γ_x、f 的含义同前。

$$\varphi_b=[1+(\lambda_{b0}^{re})^{2n}+(\lambda_b^{re})^{2n}]^{-1/n}\leqslant 1.0 \tag{4-4}$$

$$\lambda_b^{re}=(\gamma_x W_x f_y/M_{cr})^{1/2} \tag{4-5}$$

式（4-4）和式（4-5）中，M_{cr}为简支梁、悬臂梁或连续梁的弹性屈曲临界弯矩，按我国现行 国家标准《钢结构设计规范》（GB 50017）的规定取值；λ_{b0}^{re}为梁腹板受弯计算时起始正则化长细比，按表 4-1 取值；λ_b^{re}为梁腹板受弯计算时的正则化长细比；n 为指数，按表 4-1 取值。

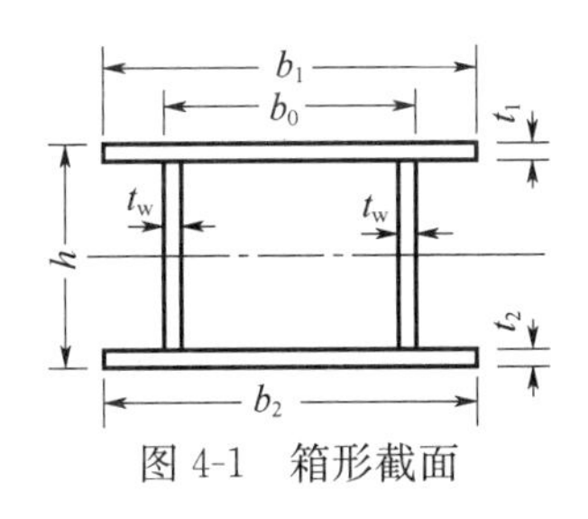

图 4-1　箱形截面

表 4-1　指数 n 和起始正则化长细比 λ_{b0}^{re}

截面类型	n	λ_{b0}^{re}	
		简支梁	承受线性变化弯矩的悬臂梁和连续梁
焊接截面	$n=2\left[(6-5\varepsilon_k')(b_1/h_m)+1.5(1-\varepsilon_k')\right]^{1/3}$	0.3	$0.55-0.25M_2/M_1$

注：表中 b_1 为工字形截面受压翼缘的宽度；h_m 为上下翼缘中面的距离；M_1、M_2 为区段的端弯矩，使构件产生同向曲率（无反弯点）时取同号，使构件产生反向曲率（有反弯点）时取异号，且 $|M_1|\geqslant|M_2|$；ε_k' 为 460 与钢材牌号中屈服点数值的比值的平方根。

当箱形截面简支梁截面尺寸（图 4-1）满足 $(h/b_0)\leqslant 6$ 和 $(l_1/b_0)\leqslant(95\varepsilon_k')$ 时，可不计算整体稳定性。

4.3　受弯构件的局部稳定性计算

受弯构件翼缘宽厚比应符合相关规范规定，即工字形截面应满足 $b/t_f\leqslant 15\varepsilon_k$ 的要求；箱形截面应满足 $b_0/t\leqslant 46\varepsilon_k$ 的要求。其中，b 为工字形截面的翼缘外伸宽度；b_0 为箱形截面壁板间的距离；t_f 为工字形截面的翼缘厚度；t 为箱形截面的壁板厚度。

当梁受弯强度计算取 $\gamma_x=1.05$ 时，工字形截面 b/t_f 宜减小至 $13\varepsilon_k$，箱形截面 b_0/t 宜减小至 $42\varepsilon_k$。

采用高强度结构钢材的板件不考虑其屈曲后强度。承受静力荷载和间接承受动力荷载的焊接截面梁，当 $h_0/t_w>80\varepsilon_k$ 时，焊接截面梁应按我国现行国家标准《钢结构设计规范》(GB 50017) 的规定计算腹板的稳定性。轻、中级工作制吊车梁计算腹板的稳定性时，吊车轮压设计值可乘以折减系数 0.9。

对于焊接截面梁，应按以下规定配置加劲肋，即当 $h_0/t_w\leqslant 80\varepsilon_k$ 时，对有局部压应力的梁应按构造配置横向加劲肋，当局部压应力较小时可不配置加劲肋；当 $h_0/t_w>80\varepsilon_k$ 时应配置横向加劲肋，其中，当 $h_0/t_w>170\varepsilon_k$（受压翼缘扭转受到约束，比如连有刚性铺板、制动板或焊有钢轨时）或 $h_0/t_w>150\varepsilon_k$（受压翼缘扭转未受到约束时）或按计算需要时，应在弯曲应力较大区格的受压区增加配置纵向加劲肋。局部压应力很大的梁，必要时还宜在受压区配置短加劲肋。

4.4　典型算例

1. 算例 1

一平台的梁格布置如图 4-2 所示，铺板为预制钢筋混凝土板，焊于次梁上。设平台恒荷载的标准值（不包括梁自重）为 2.0kN/m^2、活荷载标准值为 20kN/m^2。要求选择次梁截面，钢材为 Q345 钢。

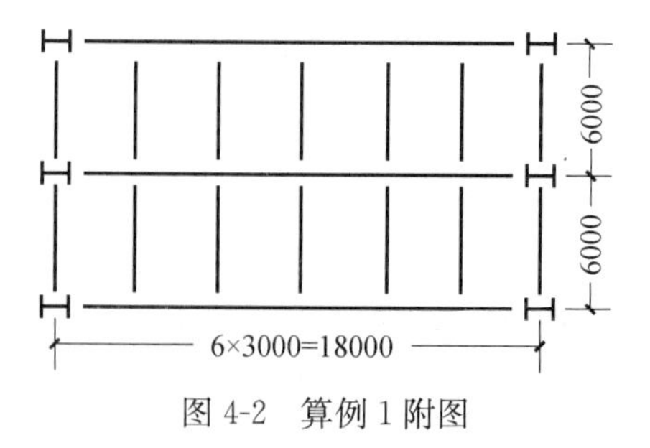

图 4-2　算例 1 附图

解算过程如下：

次梁荷载统计。令次梁自重为 2kN/m，则 $q=(2\times3+2)\times1.2+20\times3\times1.4=93.6$（kN/m）。

次梁截面选择。次梁上有刚性铺板密铺在梁的受压翼缘上并与其连接牢固，能阻止梁受压翼缘的侧向位移，因此，梁的整体稳定可以得到保证，故不必进行计算。$w_x=M/(\gamma_x f)=(1/8)\times93.6\times10^3\times6000^2/(1.05\times210)=1910204082(\text{mm}^4)$，选热轧 H 型钢 HN700×300，其截面惯性矩 $I_x=1936220000\text{mm}^4$，自重为 1.8kN/m。

强度校核，$\sigma=M_x/(\gamma_x w_x)=(1/8)\times93.6\times10^3\times6000^2/(1.05\times193622\times10^4)=207(\text{MPa})<f(210\text{MPa})$，所以，强度满足要求。剪应力校核，$S=13\times326\times163+300\times24\times338=3124394(\text{mm}^3)$，$\tau_{max}=VS/(It_w)=93.6\times10^3\times(6/2)\times3124394/(1936220000\times13)=34.9(\text{MPa})<f_v(125\text{MPa})$，所以，抗剪强度满足要求。

刚度校核。$v/L=M_kL/(10EI_x)=(1/8)(2\times3+2+20\times3)\times6^2\times6\times1000^3/(10\times206000\times1936220000)=(1/2172)<\{[v]/L=1/400\}$，所以，刚度满足要求。

由于 v/L 已远小于 1/500，故不必验算仅有可变荷载作用下的挠度。

2. 算例 2

选择一个悬挂电动葫芦的简支轨道梁的截面，其跨度为 6m。电动葫芦自重为 6kN、起重能力为 30kN（均为标准值）。钢材用 Q235B 钢。计算时，悬吊重和葫芦自重可作为集中荷载考虑，另外，考虑葫芦轮子对轨道梁下翼缘的磨损，梁截面模量和惯性矩应乘以折减系数 0.9。

解算过程如下：

最大弯矩工况如图 4-3 所示。最大剪力工况如图 4-4 所示。

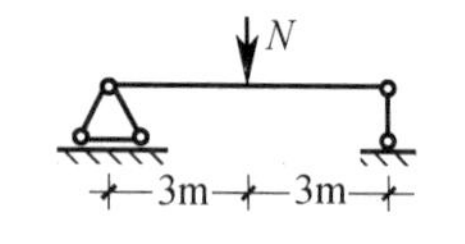

图 4-3　最大弯矩工况

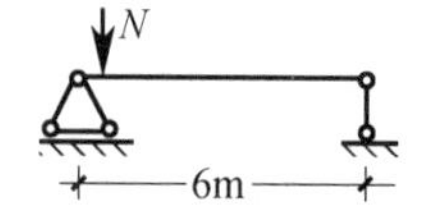

图 4-4　最大剪力工况

最大弯矩设计值［（1.2×6+1.4×30）/2］×3=73.8（kN·m）。

最大弯矩标准值［（6+30）/2］×3=54.0（kN·m）。

最大剪力设计值 1.2×6+1.4×30=49.2（kN）。

简支梁截面选择。选普通工字钢 40a，$w_x=1086cm^3$、$I_x=21714cm^4$、$S_x=631.2cm^3$。

强度校核。正应力校核，$\sigma=M_x/(0.9w_x)=73.8\times10^6/(0.9\times1086\times10^3)=75.5$ (MPa)$<f$ (210MPa)，所以，正应力强度满足要求。剪应力校核，$\tau=VS/(It_w)=49.2\times10^3\times631.2\times10^3/(21714\times10^4\times10.5)=13.6$ (MPa) $<f_v$ (125MPa)，所以，剪应力强度满足要求。

刚度校核。$v/L=M_kL/(10EI_x)=54.0\times10^6\times6000/(10\times206\times10^3\times0.9\times21714\times10^4)=(1/1242.5)<(1/400)$，所以，刚度满足要求。

上述强度、刚度未能得到充分发挥，为了经济，可再进一步选择截面。选普通工字钢 32a，自重 0.6kN/m，$I_x=11080cm^4$，$w_x=692cm^3$，$S_x=400cm^3$。最大弯矩设计值 $M=73.8+(1/8)\times0.6\times6^2\times1.2=77.04$ (kN·m)。最大弯矩标准值 $M_k=54+2.7=56.7$ (kN·m)。最大剪力设计值 $v=49.2+0.6\times6/2=51$ (kN)。

强度校核。正应力校核，$\sigma=M_x/(0.9w_x)=77.04\times10^6/(0.9\times692\times10^3)=123.7$ (MPa) $<f$ (210MPa)，所以，正应力强度满足要求。$\tau=vS_x/(I_xt_w)=51\times10^3\times400\times10^3/(11080\times10^4\times9.5)=19.4$ (MPa) $<f_v$ (125MPa)，所以，剪应力强度满足要求。

刚度校核。$v/L=M_kL/(10EI_x)=56.7\times10^6\times6000/(10\times206\times10^3\times11080\times10^4)=(1/670.9)<\{[v]/L=1/400\}$，所以，刚度满足要求。

为了进一步提高经济性，可进一步优化截面。选普通工字钢 28a，$I_x=7115cm^4$，$w_x=508cm^3$，$S_x=292.8cm^3$。

强度校核。正应力校核，$\sigma=M_x/(0.9w_x)=77.04\times10^6/(0.9\times508\times10^3)=168.5$ (MPa) $<f$ (210MPa)，所以，正应力强度满足要求。剪应力校核，$\tau=vS_x/(I_xt_w)=51\times10^3\times292.8\times10^3/(7115\times10^4\times8.5)=24.7$ (MPa) $<f_v$ (125MPa)，所以，剪应力强度满足要求。

刚度校核。$v/L=M_kL/(10EI_x)=56.7\times10^6\times6000/(10\times206\times10^3\times7115\times10^4)=(1/430.8)<\{[v]/L=1/400\}$，所以，刚度满足要求。

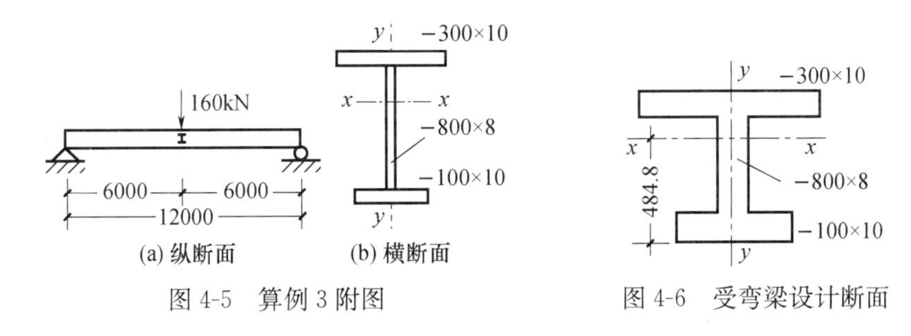

图 4-5　算例 3 附图　　图 4-6　受弯梁设计断面

3. 算例 3

图 4-5 (a) 所示的简支梁，其截面为不对称工字形 [图 4-5 (b)]，材料为 Q235B 钢，梁的中点和两端均有侧向支承，在集中荷载（未包括梁自重）$F=160$kN（设计值）的作用下，梁能否保证其整体稳定性。

解算过程如下：

计算受弯梁的近似整体稳定系数 φ_b，$\varphi_b=1.07-\{w_x/[(2\alpha_b+0.1)Ah]\}(\lambda_y^2/14000)(f_y/235)$，如图 4-6 所示，受压翼缘对 x 轴的惯性矩 I_1 为 $I_1=(1/12)\times10\times300^3=(1/12)\times270000000$，受压翼缘对 y 轴的惯性矩 I_2 为 $I_2=(1/12)\times10\times100^3=(1/12)\times10000000$，因此，$\alpha b=I_1/(I_1+I_2)=(1/12)\times27\times10^7/[(1/12)\times1\times10^7+(1/12)\times27\times10^7]=27/28=0.964$，$A=400\times10+800\times8=10400(mm^2)$，$h=820mm$，$I_y=I_1+I_2+(1/12)\times800\times8^3=(1/12)(28\times10^7+800\times8^3)=23367466.7$，$i_y=(I_y/A)^{1/2}=47.4(mm)$，$l_1=6000$，$\lambda_y=l_1/i_y=6000/47.4=126.6$，$x_A=(100\times10\times5+800\times8\times405+300\times10\times815)/A=484.8$，$I_x=(1/12)\times8\times800^3+800\times8\times(484.8-10-400)^2+(1/12)\times300\times10^3+300\times10\times(820-484.8)^2+(1/12)\times100\times10^3+100\times10\times(484.8-5)^2=944460082.7(mm^4)$，$w_x=I_x/484.8=1948143.7(mm^3)$。于是可得，$\varphi_b=1.07-\{1948143.7/[(2\times0.964+0.1)\times10400\times820]\}(126.6^2/14000)\times1=0.94$。

梁的整体稳定性验算。$\sigma=M_x/(\varphi_b w_x)=(1/4)FL/(\varphi_b w_x)=(1/4)\times160\times10^3\times12\times10^3/(0.94\times1948143.7)=262.1MPa>f(210MPa)$，所以，不能保证其整体稳定。

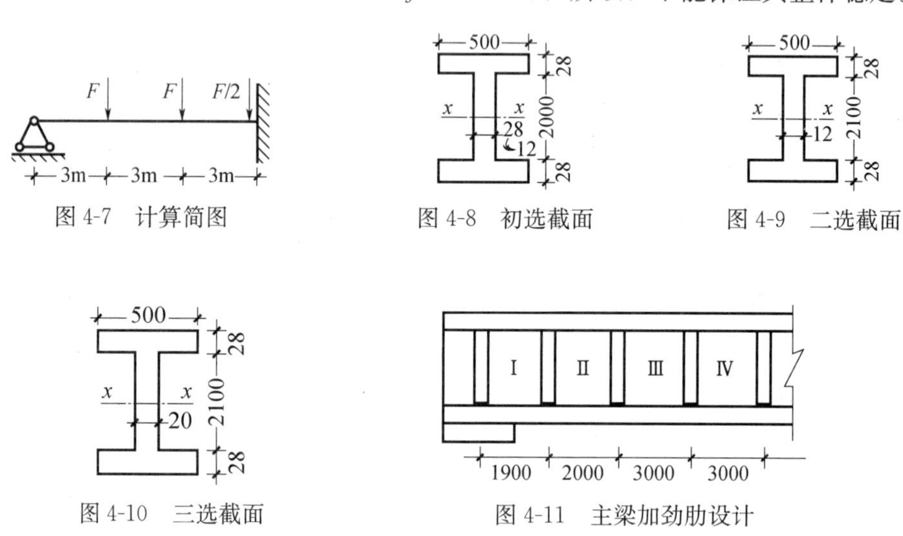

图 4-7　计算简图　　图 4-8　初选截面　　图 4-9　二选截面

图 4-10　三选截面　　图 4-11　主梁加劲肋设计

4. 算例 4

要求设计算例 1 的中间主梁（焊接组合梁），包括选择截面、计算翼缘焊缝、确定腹板加劲肋的间距。钢材为 Q345 钢、E50 型焊条（手工焊）。

解算过程如下：

计算简图如图 4-7 所示，$F=561.6kN$。

计算内力。假定此主梁自重标准值为 3kN/m，则支座处最大剪力 v 为 $v=2.5\times561.6+(1/2)\times3\times1.2\times18=1420.2$（kN），跨中最大弯矩 $M=1420.2\times9-561.6\times6-561.6\times3-(1/2)\times3.6\times9^2=7581.6$（kN·m）。采用焊接组合梁，估计翼缘板厚度 $t_f\geqslant16mm$，故抗弯强度设计值 $f=205MPa$，需要的截面模量 w_x 为 $w_x\geqslant[M_x/(\alpha f)=7581.6\times10^6/(1.05\times205)=35222300(mm^3)$。

初选截面。查规范可知 $[v_T]=L/400$。按刚度条件确定梁的最小高度 h_{min}，$h_{min}/L=[f/(1.34\times10^6)]\{L/[v_T]\}=[205/(1.34\times10^6)]\times400$，所以，$h_{min}=[205/(1.34\times$

10^6)]×400×1800=1101.5mm。确定梁的经济高度 $h_s=2w_x^{0.4}=2\times35222300^{0.4}=2088$ (mm)，取梁的腹板高度 $h_w=h_0=2000$mm。按抗剪强度要求确定腹板厚度 $t_w\geqslant[1.2V_{max}/(h_wf_v)=1.2\times1420.2\times10^3/(2000\times12.5)=6.8$mm]。按经验公式 $t_w=h_w^{1/2}/3.5=2000^{1/2}/3.5=12.8$ (mm)。考虑腹板屈曲后强度，取腹板厚度 $t_w=12$mm。每个翼缘所需截面积 A_f 为 $A_f=w_x/h_w-t_wh_w/6=35222300/2000-12\times2000/6=13611.0$ (mm^2)；翼缘宽度 $b_f=h/5\sim h/3=2000/5\sim2000/3=$ (400～667) (mm)，取 $b_f=500$mm；翼缘厚度 $t_f=A_f/b_f=13611/500=27.2$ (mm)，取 $t_f=28$mm；翼缘板外伸宽度 $b=b_f/2-t_f/2=500/2-28/2=236$ (mm)；翼缘板外伸宽度与厚度之比为 $236/28=1.4<[13(235/f_y)^{1/2}=10.7]$。因此，满足局部稳定要求，此梁横截面沿长度不改变。

强度验算。如图 4-8 所示，截面几何特性，$I=(1/12)\times500\times2056^3-2\times(1/12)\times236\times2000^3=36791317100(mm^4)$，$w_x=2I_x/h=2\times36791317100/2056=35789219.2(mm^3)$、$A=500\times28\times2+12\times2000=52000(mm^2)$，梁自重 $q=7850\times9.8\times0.052=4000.36(N/m)=4.0(kN/m)$。内力计算，$v=2.5\times561.6+(1/2)\times4.0\times1.2\times18=1447.2(kN)$；跨中最大弯矩 $M=1447.2\times9-561.6\times(6+3)-(1/2)\times4\times1.2\times9^2=7776.0(kN\cdot m)$。验算抗弯强度 $\sigma=M/(\gamma_xw_x)=7776.0\times10^6/(1.05\times35789219.2)=206.9MPa>f(205MPa)$。所以，抗弯强度不满足要求。

重新设定截面面积，如图 4-9 所示，截面几何特性为 $I=(1/12)\times500\times2156^3-2\times(1/12)\times236\times2100^3=40961517100(mm^4)$，$w_x=2I_x/h=37797696.97(mm^3)$、$\sigma=M/(\gamma_xw_x)=7776.0\times10^6/(1.05\times37997696.97)=194.9(MPa)<f(205MPa)$，所以，抗弯强度满足要求。$S=12\times1050\times525+500\times28\times1064=21511000(mm^3)$，$\tau=VS/(I_xt_w)=1447.2\times10^3\times21511000/(40961517100\times12)=633(MPa)>f_v(125MPa)$，所以，抗剪强度不满足要求。

再次重新设定截面面积，如图 4-10 所示，$I_x=(1/12)\times500\times2156^3-2\times(1/12)\times240\times2100^3=47135517100(mm^4)$、$w_x=2I_x/h=43724969.7mm^3$。$S=20\times1050\times525+500\times28\times1064=259210.0(mm^3)$，$\tau=VS/(I_xt_w)=1447.2\times10^3\times259210.0/(47135517100\times20)=39.8MPa>f_v(125MPa)$，所以，抗剪强度满足要求。

梁的整体稳定性验算。受压翼缘自由长度与宽度之比 $l_1/b_1=3000/500=6<[16(235/f_y)^{1/2}=13.2]$，所以，不需要验算整体稳定性。

刚度验算。$F=(2\times3+2+20\times3)\times6=408(kN)$，$R_k=2.5\times408+(1/2)\times3\times18=1047(kN)$，$M_k=1047\times9-408\times(6+3)-(1/2)\times3\times9^2=5629.5(kN\cdot m)$，$v/L=M_kL/(10EI_x)=5629.5\times10^6\times18000/(10\times206\times10^3\times47135517100)=(1/958.2)<[v]/L\{1/400\}$，因 v/L 已小于 1/500，故不必再验算仅有可变荷载作用下的挠度。

翼缘和腹板的连接焊缝计算。采用角焊缝连接，$h_f\geqslant VS_1/(1.4I_xf_f^w)=1447.2\times10^3\times500\times28\times1064/(1.4\times47135517100\times70)=1.9(mm)$，$1.5t_{max}^{1/2}=1.5\times28^{1/2}=7.9mm$，$h_{fmax}<1.2t_{min}=1.2\times20=24(mm)$，所以，取 $h_f=10$mm。

主梁加劲肋设计，如图 4-11 所示。各板段的强度验算，此种梁腹板宜考虑屈曲后强度，应在支座处和每个次梁处设置支承加劲肋，另外，端部板段采用图 4-11 所示的构造并另加横向加劲肋，使 $a_1=1900$mm，因 $a_1/h_0=1900/2100=0.9<1$，$\lambda_s=(h_0/t_w)/\{41[4+5.34\times(h_0/a_1)^2]^{1/2}\}=0.8$，故 $\tau_{cr}=f_v$，使板段 I 范围内不会屈曲，支座加劲肋就不会

受到水平力 H_t 的作用。

对于板段Ⅱ，左侧截面剪力 $v_1=1447.2-1.2\times1.9=1438.1$（kN），相应截面处的弯矩 $M_1=1447.2\times1.9-(1/2)\times4\times1.2\times1.9^2=2741.0(\mathrm{kN\cdot m})$，$M_f=500\times28\times2128\times205=6107360000(\mathrm{N\cdot mm})=6107.36(\mathrm{kN\cdot m})>M_1(2741.0\mathrm{kN\cdot m})$，故，应用 $V\leqslant V_w$ 来验算，$a/h_0=200/2100<1.0$，$\lambda_s=(h_0/t_w)/\{41[4+5.34(h_0/a)^2]^{1/2}\}=0.105<0.8$，所以，$V_w=h_w t_w f_v=2100\times20\times125=5250000(\mathrm{N})=5250(\mathrm{kN})>V_1(1438.1\mathrm{kN})$，所以，该区段屈曲后强度满足要求。

对于板段Ⅲ，验算右侧截面，$a/h_0=3000/2100>1.0$，所以，$\lambda_s=(h_0/t_w)/\{41[5.34+4(2100/3000)^2]^{1/2}\}=0.95$，$0.8<(\lambda_s=0.95)<1.2$，所以，$V_w=h_w t_w f_v[1-0.5(\lambda_s-0.8)]=2100\times20\times125[1-0.5(0.95-0.8)]=4856250(\mathrm{N})=4856.25(\mathrm{kN})$，$V_3=1447.2-561.6\times2-4\times1.2\times9=280.8(\mathrm{kN})<0.5V_w(2428.1\mathrm{kN})$，故，用 $M_4=M_{max}\leqslant M_{ew}$，$\lambda_b=[(h_0/t_w)/153](f_y/235)^{1/2}=[(2100/20)/153](345/235)^{1/2}=0.83<0.85$，所以，$\rho=1.0$。

$\alpha_e=1-(1-e)h_c^3 t_w/(2I_x)=1.0$，$M_{ew}=\gamma_x\alpha_e w_x f=1.05\times1.0\times43724969.7\times205=941179928(\mathrm{N\cdot mm})=9411.8(\mathrm{kN\cdot m})>M_4(7776.0\mathrm{kN\cdot m})$，所以，第Ⅳ区段屈曲后强度满足要求。

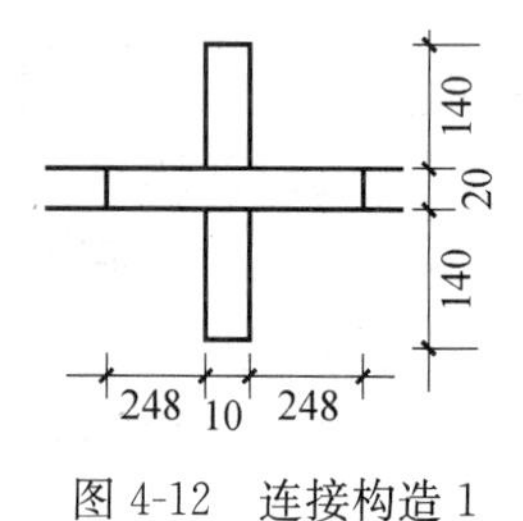

图 4-12　连接构造 1

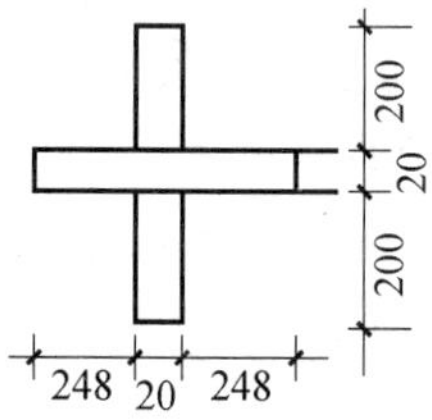

图 4-13　连接构造 2

5. 算例 5

要求根据算例 1 和算例 4 所给定的条件和所选定的主、次梁截面，设计次梁与主梁连接（采用登高的平接），并按 1∶10 的比例尺绘制出连接构造图。

解算过程如下：

加劲肋计算。横向加劲肋的截面，宽度 $b_s\geqslant h_0/30+40=2100/30+40=110$（mm），取 $b_s=140$（mm）；厚度 $t_s\geqslant b_s/15=140/15=9.3$，取 $t_s=10$。

中部承受次梁支座反力的支承加劲肋的截面验算，如图 4-12 所示。由上可知，$\lambda_s=0.95$、$\tau_{cr}=[1-0.59(\lambda_s-0.8)]f_v=[1-0.59(0.95-0.8)]\times125=113.9$（MPa），故，该加劲肋所承受的轴心力 $N_s=V_w-\tau_{cr}h_w/t_w+F=4856.25-113.9\times2100\times20/100+561.6=634.1(\mathrm{kN})$，$15t_w(235/f_y)^{1/2}=15\times20\times(235/345)^{1/2}=248(\mathrm{mm})$。截面面积 $A_s=140\times2\times10+(248\times2+10)\times20=12920(\mathrm{mm}^2)$，$I_z=(1/12)\times10\times300^3+(1/12)\times506\times20^3=22837333(\mathrm{mm}^4)$，$i_z=(I_z/A)^{1/2}=42.0(\mathrm{mm})$，$\lambda_z=l_z/i_z=2100/42.0=50$，可见，属于 b 类截面，查规范表格可知 $\varphi_z=0.802$。验算在腹板平面外的稳定，$N_s/(\varphi_z A_s)=634.1\times10^3/(0.802\times12920)=61.2$（MPa）$<f$（210MPa），所以，稳定性满足要求。

支座处加劲肋验算，如图 4-13 所示。支座处支反力为 1447.2kN，另外，还应加上边部次梁直接传给主梁的支座反力 $561.6/2=280.8$（kN）。选 2－200×20 的钢材。截面面

积 $A=516\times20+420\times20=18720(\text{mm}^2)$，$I_z=(1/12)\times20\times420^3+(1/12)\times516\times20^3=123824000(\text{mm}^4)$，$i_z=(I_z/A)^{1/2}=81.3(\text{mm})$，$\lambda_z=l_z/i_z=2100/81.3=25.8$，可见，属于 b 类截面，查规范表格可知 $\varphi_z=0.931$。验算在腹板平面外的稳定，$\sigma=N/(\varphi_z A)=(1447.2+280.8)\times10^3/(0.931\times18720)=99.1(\text{MPa})<f(210\text{MPa})$，所以，稳定性满足要求。

验算端部承压，$\sigma_{ce}=(1447.2+280.8)\times10^3/[2\times(200-40)\times20]=270(\text{MPa})<f_{ce}(400\text{MPa})$，所以，满足要求。

肢板与加劲肋焊缝计算方法同前，限于篇幅略。

习　　题

1. 图 4-14 所示平台梁格，荷载标准值中的恒荷载（不包括梁自重）1.5kN/m²、活荷载 9kN/m²。试按以下两种情况分别选择次梁的截面，次梁跨度为 5m、间距为 2.5m、钢材为 Q235 钢。第一种情况是平台铺板与次梁连接牢固，第二种情况是平台铺板不与次梁连接牢固。

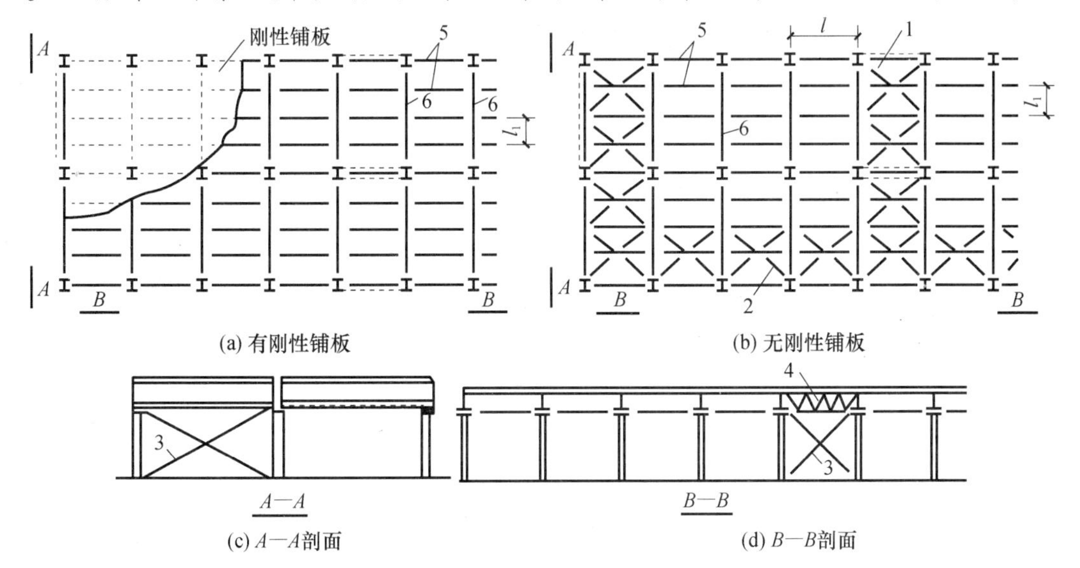

图 4-14　工作平台梁格

1—横向平面支撑；2—纵向平面支撑；3—柱间垂直支撑；4—主梁间垂直支撑；5—次梁；6—主梁

2. 一根钢梁端部支承加劲肋设计采用凸缘加劲板，尺寸如图 4-15 所示，支座反力 $F=682.5\text{kN}$，钢材采用 Q235B 钢，试验算该加劲肋。

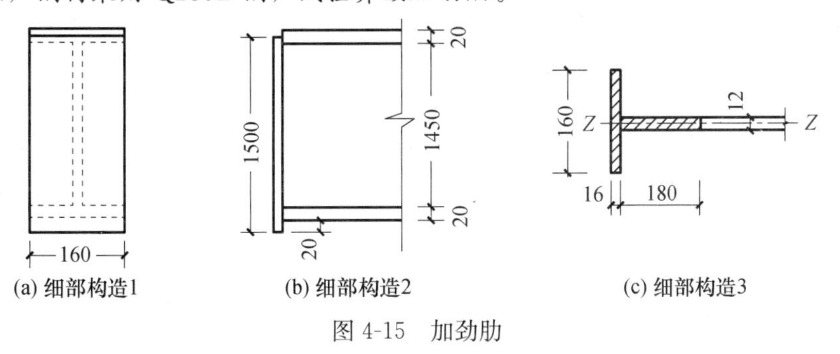

图 4-15　加劲肋

3. 设计一个支承型钢板屋面的檩条，屋面坡度为 1/10，雪荷载为 0.25kN/m^2，无积灰荷载。檩条跨度 12m，水平间距为 5m（坡向间距 5.025m）。采用 H 型钢（图 4-16），材料为 Q235B 钢。

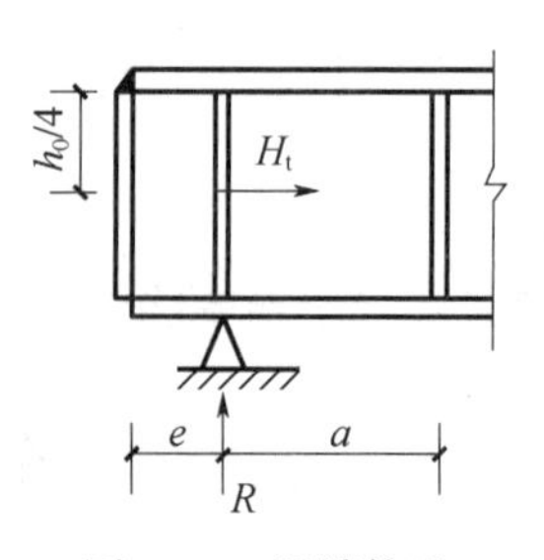

图 4-16　梁端构造

4. 简述受弯构件的强度计算的基本要求。

5. 简述受弯构件的整体稳定性计算的基本要求。

6. 简述受弯构件的局部稳定性计算的基本要求。

第5章　压弯构件的设计与计算

5.1　压弯构件的强度计算

弯矩作用在两个主平面内的拉弯构件和压弯构件（圆管截面除外），其截面强度应满足式（5-1）的要求。

$$N/A_n \pm M_x/(\gamma_x W_{nx}) \pm M_y/(\gamma_y W_{ny}) \leqslant f \tag{5-1}$$

弯矩作用在两个主平面内的圆形截面压弯构件，其截面强度应满足式（5-2）的要求。

$$N/A_n + (M_x^2 + M_y^2)^{1/2}/(\gamma_m W_n) \leqslant f \tag{5-2}$$

式（5-1）和式（5-2）中，γ_x、γ_y 为与截面模量相应的截面塑性发展系数，Q460、Q460GJ 钢材参照我国现行国家标准《钢结构设计规范》（GB 50017），其他牌号高强度结构钢材均取1.0；γ_m 为圆形构件的截面塑性发展系数，Q460、Q460GJ 钢材参照我国现行国家标准《钢结构设计规范》（GB 50017），其他牌号高强度结构钢材均取1.0；A_n 为构件的净截面面积；W_n 为构件的净截面模量，按前述相关规定取值。

5.2　压弯构件的稳定性计算

弯矩作用在对称轴平面内（绕 x 轴）的实腹式压弯构件，其稳定性应按相关规范规定计算。

压弯构件弯矩作用平面内稳定性应满足式（5-3）和式（5-4）的要求。

$$N/(\varphi_x A f) + \psi\beta_{mx} M_x/[\gamma_x W_{1x} f(1-0.8N/N'_{Ex})] \leqslant 1.0 \tag{5-3}$$

$$N'_{Ex} = \pi^2 EA/(1.1\lambda_x^2) \tag{5-4}$$

式（5-3）和式（5-4）中，N 为所计算构件范围内轴心压力设计值；N'_{Ex}为计算参数；φ_x 为弯矩作用平面内轴心受压构件稳定系数；M_x 为所计算构件段范围内的最大弯矩设计值；ψ 为修正系数，当 $N/(\varphi_x A f) \geqslant 0.2$ 时取 $\psi=0.9$，$N/(\varphi_x A f) < 0.2$ 时 $\psi = 1-0.5N/(\varphi_x A f)$；$W_{1x}$为在弯矩作用平面内对受压最大纤维的毛截面模量；$\beta_{mx}$为等效弯矩系数，应按我国现行国家标准《钢结构设计规范》（GB 50017）的规定取值。

对于单轴对称压弯构件，当弯矩作用在对称平面内且使翼缘受压时，除应按式（5-3）和式（5-4）计算外，还应满足式（5-5）的要求。

$$|N/(Af) - \beta_{mx} M_x/[\gamma_x W_{2x} f(1-1.25N/N'_{Ex})]| \leqslant 1.0 \tag{5-5}$$

式（5-5）中，W_{2x}为无翼缘端的毛截面模量。

弯矩作用平面外稳定性应满足式（5-6）的要求。

$$N/(\varphi_y Af)+\eta M_x/(\varphi_b \gamma_x W_{1x} f)\leqslant 1.0 \tag{5-6}$$

式（5-6）中，φ_y为弯矩作用平面外轴心受压构件稳定系数；φ_b为梁的整体稳定性系数，按本书前述规定确定；M_x为所计算构件段范围内的最大弯矩设计值；η为截面影响系数，闭口截面$\eta=0.7$，其他截面$\eta=1.0$。

弯矩绕虚轴（x轴）作用的格构式压弯构件，其弯矩作用平面内的整体稳定性应按我国现行国家标准《钢结构设计规范》（GB 50017）的规定计算。

弯矩绕实轴作用的格构式压弯构件，其弯矩作用平面内和平面外的稳定性计算均与实腹式构件相同，但在计算弯矩作用平面外的整体稳定性时，长细比应取换算长细比，φ_b应取1.0。

当柱段中没有很大横向力或集中弯矩时，双向压弯圆管的整体稳定应按我国现行国家标准《钢结构设计规范》（GB 50017）的规定计算。

弯矩作用在两个主平面内的双轴对称实腹式工字形（含H形）和箱形（闭口）截面的压弯构件，其稳定性应满足式（5-7）和式（5-8）的要求。

$$N/(\varphi_x Af)+\psi\beta_{mx}M_x/[\gamma_x W_x f(1-0.8N/N'_{Ex})]+\eta M_y/(\varphi_{by}\gamma_y W_y f)\leqslant 1.0 \tag{5-7}$$

$$N/(\varphi_y Af)+\psi\beta_{my}M_y/[\gamma_y W_y f(1-0.8N/N'_{Ey})]+\eta M_x/(\varphi_{bx}\gamma_x W_x f)\leqslant 1.0 \tag{5-8}$$

式（5-7）和式（5-8）中，φ_x、φ_y分别为对强轴x-x和弱轴y-y的轴心受压构件整体稳定系数；φ_{bx}、φ_{by}分别为考虑弯矩变化和荷载位置影响的受弯构件整体稳定系数，对闭合截面取$\varphi_{bx}=\varphi_{by}=1.0$；$M_x$、$M_y$分别为所计算构件段范围内对强轴和弱轴的最大弯矩设计值；W_x、W_y分别为对强轴和弱轴的毛截面模量；β_{mx}、β_{my}分别为等效弯矩系数，应按本书前述弯矩作用平面内稳定计算的有关规定确定。

弯矩作用在两个主平面内的双肢格构式压弯构件，其稳定性应按我国现行国家标准《钢结构设计规范》（GB 50017）的规定计算。

计算格构式缀件时，应取构件的实际剪力和我国现行国家标准《钢结构设计规范》（GB 50017）计算的剪力两者中的较大值进行计算。

用作减小压弯构件弯矩作用平面外计算长度的支撑，应将压弯构件的受压翼缘（对实腹式构件）或受压分肢（对格构式构件）视为轴心受压构件按本书3.2节的规定计算各自的支撑力。

5.3 压弯构件的局部稳定性计算

压弯构件的腹板、翼缘宽厚比应符合相关规范规定。即H形截面腹板应满足$h_0/t_w\leqslant(45+25\alpha_0^{1.66})\varepsilon_k$的要求；H形截面翼缘应满足$h/t_f\leqslant 15\varepsilon_k$的要求；箱形截面应满足$b_0/t\leqslant 45\varepsilon_k$的要求；T形截面腹板应满足$h_0/t_w\leqslant 25\varepsilon_k(0.5t/t_w)^{1/2}$的要求；圆管应满足$D/t\leqslant 100\varepsilon_k^2$的要求。其中，$b$为H形截面的翼缘外伸宽度；$b_0$为箱形截面壁板间的距离；$h_0$为H形或T形截面的腹板计算高度，对焊接H形或T形截面为腹板净高，对轧制H形或T形截面不应包括翼缘腹板过渡处圆弧段；t_f为H形截面的翼缘厚度；t_w为H形或T形截面的腹板厚度；t为箱形或圆管截面壁板的厚度，T形截面的翼缘厚度；D为圆管截面的外径；α_0为截面应力分布系数，按我国现行国家标准《钢结构设计规范》（GB 50017）的规定计算。

H形和箱形截面压弯构件的腹板高厚比超过我国现行国家标准《钢结构设计规范》（GB 50017）规定的S4级截面要求时，其构件设计应遵守以下几方面规定，即应以有效截面代替实际截面计算杆件的承载力；腹板受压区的有效宽度应取 $h_e=\rho h_c$；当 $\lambda_p^{re}\leqslant 0.75$ 时 $\rho=1.0$，当 $\lambda_p^{re}>0.75$ 时 $\rho=(1/\lambda_p^{re})(1-0.19/\lambda_p^{re})$。$\lambda_p^{re}=(h_w/t_w)/(28.1k_\sigma^{1/2}\varepsilon_k)$；$k_\sigma=16/\{2-\alpha_0+[(2-\alpha_0)^2+0.112\alpha_0^2]^{1/2}\}$。其中，$h_c$、$h_e$ 分别为腹板受压区宽度和有效宽度，当腹板全部受压时 $h_c=h_w$；ρ 为有效宽度系数。

腹板有效宽度 h_e 应按不同情况计算。当截面全部受压［图5-1（a）］，即 $\alpha_0\leqslant 1$ 时 $h_{e1}=2h_e(4+\alpha_0)$，$h_{e2}=h_e-h_{e1}$；当截面部分受拉［图5-1（b）］，即 $\alpha_0>1$ 时 $h_{e1}=0.4h_e$，$h_{e2}=0.6h_e$。

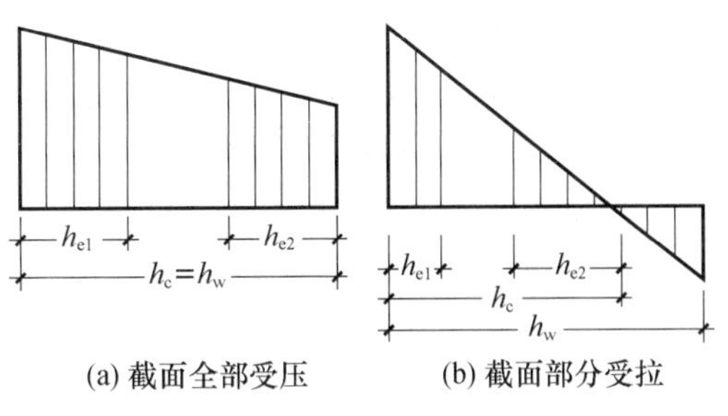

图5-1 有效宽度的分布

箱形截面压弯构件翼缘宽厚比超限时也应按前述方法计算其有效宽度，计算时取 $k_\sigma=4.0$。有效宽度分布在两侧均等。应按相关规定计算其承载力，即强度应满足式 $N/A_{ne}\pm(M_x+Ne)/(\gamma_x W_{nex})\leqslant f$ 的要求；平面内稳定应满足式 $N/(\varphi_x A_e f)+(\psi\beta_{mx}M_x+Ne)/\gamma_x W_{e1x}f(1-0.8N/N'_{Ex})\leqslant 1.0$ 的要求；平面外稳定应满足 $N/(\varphi_y A_e f)+\eta(M_x+Ne)/(\varphi_b\gamma_x W_{e1x}f)\leqslant 1.0$ 的要求。其中，A_{ne}、A_e 分别为有效净截面面积和有效毛截面面积；W_{nex} 为有效截面的净截面模量；W_{e1x} 为有效截面对较大受压纤维的毛截面模量；e 为有效截面形心至原截面形心的距离。

压弯构件的板件当用纵向加劲肋加强以满足宽厚比限值时，加劲肋宜在板件两侧成对配置，其一侧外伸宽度不应小于板件厚度 t 的10倍，厚度不宜小于 $0.75t$。

5.4 典型算例

1. 算例1

有一个两端铰接长度为4m的偏心受压柱，用Q235钢的HN400×200×8×13做成，压力的设计值为490kN，两端偏心距相同、皆为20cm。要求验算其承载力。

解算过程如下：

$N=490$kN（压力），Q235钢，$l_{0x}=l_{0y}=4$m，$M=490\times0.2=98$kN·m。HN400×200×8×13的截面几何特性如下：$A=8337\text{mm}^2$，$i_x=165.3$mm，$i_y=45.6$mm，$w_x=1139000\text{mm}^3$，$w_y=173500\text{mm}^3$。

验算强度。$N/A_n+M_x/(\gamma_x w_{nx})=490\times10^3/8337+98\times10^6/(1.05\times1139000)=140.7$(MPa)

$<f$(215MPa)，所以，强度满足要求。

验算弯矩作用平面内的稳定。$\lambda_x = l_{0x}/i_x = 4000/165.3 = 24.2 < \{[\lambda] = 150\}$。焊接H型钢属于b类截面，查规范表格可知 $\varphi_x = 0.956$，$\lambda_x = l_{0x}/i_x = 4000/165.3 = 24.2$，$N'_{Ex} = \pi^2 EA/(1.1\lambda_x^2) = 3.14^2 \times 206000 \times 8337/(1.1 \times 24.2^2) = 26285298\text{N}$，$\beta_{mx} = 0.65 + 0.35M_2/M_1 = 0.65 + 0.35 = 1.0$，$N/(\varphi_x A) + \beta_{mx}M_x/[\gamma_x w_{1k}(1-0.8N/N'_{Ex})] = 490 \times 10^3/(0.956 \times 8337) + 1.0 \times 98 \times 10^6/[1.05 \times 1139000(1-0.8 \times 490/262.85)] = 61.5 + 83.2 = 144.7(MPa)<f$(215MPa)。

验算弯矩作用平面外的稳定。$\lambda_y = l_{0y}/i_y = 4000/45.6 = 87.7 < \{[\lambda] = 150\}$。焊接H型钢属于b类截面，查规范表格可知 $\varphi_y = 0.639$。$\varphi_b = 1.07 - (\lambda_y^2/44000)(f_y/235) = 1.07 - (87.7^2/44000) \times 1 = 0.895 < 1.0$。$\beta_{ex} = \beta_{mx} = 1.0$，非箱形截面 $\eta = 1.0$，则 $N/(\varphi_y A) + \eta\beta_{ex}M_x/(\varphi_b w_{1x}) = 490 \times 10^3/(0.639 \times 8337) + 98 \times 10^6/(0.895 \times 1139000) = 92.0 + 96.1 = 188.1(MPa)<f$(215MPa)，所以，压弯构件在弯矩作用平面外是稳定的。

局部稳定验算。$\sigma_{max} = N/A + M_x/w_x = 490 \times 10^3/8337 + 98 \times 10^6/1139000 = 58.8 + 86.0 = 144.8$(MPa)；$\sigma_{min} = N/A - M_x/w_x = 490 \times 10^3/8337 - 98 \times 10^6/1139000 = 58.8 - 86.0 = -27.2$(MPa)；$\alpha_0 = (\sigma_{max} - \sigma_{min})/\sigma_{max} = [144.8 - (-27.2)]/144.8 = 1.19 < 1.6$。$h_0/t_w = 374/8 = 46.75 < [(16\alpha_0 + 0.5\lambda_x + 25)(235/f_y)^{1/2} = (16 \times 1.19 + 0.5 \times 24.2 + 25) \times 1 = 56.14]$。$b/t = 96/13 = 7.38 < [13(235/f_y)^{1/2} = 13]$。因此，腹板和翼缘的局部稳定均满足要求。综上所述，该构件的承载能力满足要求。

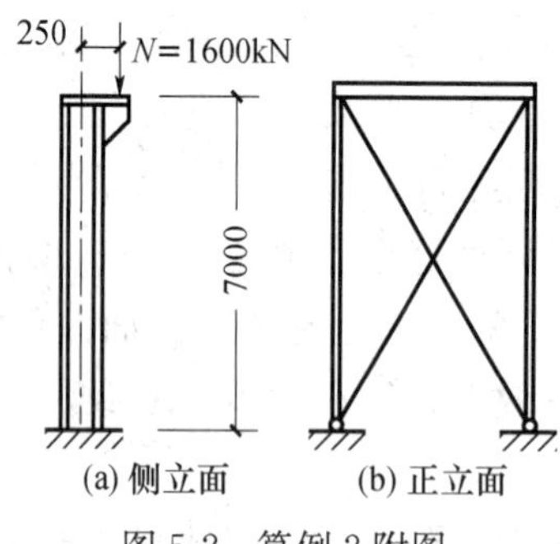

图 5-2 算例 2 附图

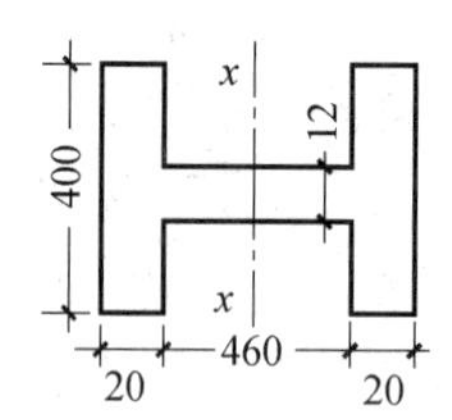

图 5-3 选定的截面

2. 算例 2

图 5-2 所示悬臂柱，承受偏心距为 25cm 的设计压力 1600kN。在弯矩作用平面外有支撑体系对柱上端形成支点［图 5-2（b）］，要求选定热轧 H 型钢或焊接工字形截面，材料为 Q235 钢。计算时，当选用焊接工字形截面时，可试用翼缘 2－400×20，焰切边，腹板－460×12。

解算过程如下：

如图 5-3 所示，截面几何特性如下：$A = 20 \times 400 \times 2 + 460 \times 12 = 21520(\text{mm}^2)$，$I_x = (1/12) \times 400 \times 500^3 - (1/12) \times 388 \times 460^3 = 1019469333(\text{mm}^4)$，$w_x = 2I_x/h = 1019469333/250 = 4077877(\text{mm}^3)$，$I_y = 2(1/12) \times 20 \times 400^3 = 213333333(\text{mm}^4)$，$w_y = 2I_y/h = 213333333/200 = 1066667(\text{mm}^3)$，$i_x = (I_x/A)^{1/2} = (1019469333/21520)^{1/2} = 217.7(\text{mm})$，$i_y = (I_y/A)^{1/2} = (213333333/21520)^{1/2} = 99.6(\text{mm})$。

强度验算。$N/A_n+M_x/(\gamma_x w_x)=1600\times10^3/21520+1600\times10^3\times250/4077877=74.3+98.1=172.4(MPa)<f$(210MPa)，所以，强度满足要求。

验算弯矩作用平面内的稳定。$\lambda_x=l_{0x}/i_x=7000/217.7=32.2<\{[\lambda]=150\}$。焊接工字形截面属于b类截面，查规范可知 $\varphi_x=0.928$。$N_{Ex}'=\pi^2EA/(1.1\lambda_x^2)=3.14^2\times206\times10^3\times21520/(1.1\times32.2^2)=38432344(N)=38432$(kN)。$\beta_{mx}=0.65+0.35M_2/M_1=1.0$。$N/(\varphi_x A)+\beta_{mx}M_x/[\gamma_x w_{1x}(1-0.8N/N_{Ex}')]=1600\times10^3/(0.928\times21520)+1600\times0.25\times10^6/[1.05\times4077877(1-0.8\times1600/38432)]=80.1+96.6=176.7(MPa)<f$(210MPa)。所以，弯矩作用平面内稳定性满足要求。

验算弯矩作用平面外的稳定。$\lambda_y=l_{0y}/i_y=7000/99.6=70.3<\{[\lambda]=150\}$。查规范表格可知 $\varphi_y=0.749$。$\varphi_b=1.07-(\lambda_y^2/44000)(f_y/235)=1.07-(70.3^2/44000)\times1=0.96<1.0$。$\beta_{tx}=\beta_{mx}=1.0$，非箱形截面 $\eta=1.0$，则 $N/(\varphi_y A)+\eta\beta_{tx}M_x/(\varphi_b w_{1x})=1600\times10^3/(0.749\times21520)+1600\times0.25\times10^6/(0.96\times4077877)=99.3+102.2=201.5(MPa)<f$(210MPa)，所以，压弯构件在弯矩作用平面外是稳定的。

局部稳定验算。$\sigma_{max}=N/A+M_x/w_x=1600\times10^3/21520+1600\times0.25\times10^6/4077877=74.3+98.1=172.4$(MPa)；$\sigma_{min}=N/A-M_x/w_x=1600\times10^3/21520-1600\times0.25\times10^6/4077877=74.3-98.1=-23.8$(MPa)；$\alpha_0=(\sigma_{max}-\sigma_{min})/\sigma_{max}=[172.4-(-23.8)]/172.4=1.14<1.6$。$h_0/t_w=460/12=38.3<[(16\alpha_0+0.5\lambda_x+25)(f_y/235)^{1/2}=59.34]$。$b/t=194/20=9.7<[13(f_y/235)^{1/2}=13]$。因此，腹板和翼缘的局部稳定均满足要求。综上所述，所选截面是合适的。

3. 算例3

已知某厂房柱的下柱截面和缀条布置如图5-4所示，柱的计算长度 $l_{0x}=29.3$m、$l_{0y}=18.2$m，钢材为Q235钢，最大设计内力为 $N=2800$kN、$M_n=\pm2300$kN·m。要求验算此柱是否安全。

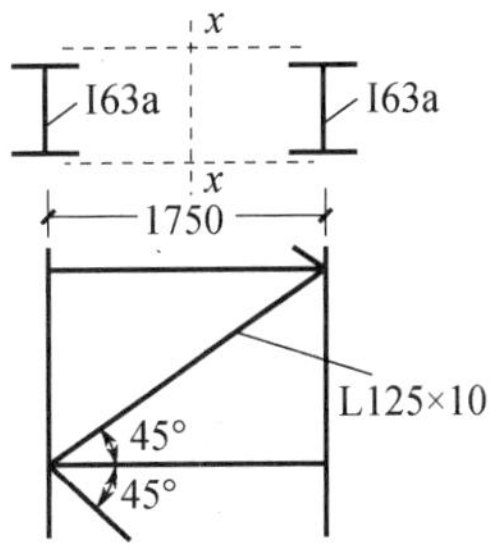

图5-4　算例3附图

解算过程如下：

截面几何特性。Ⅰ63a的截面几何特性如下：$A_1=15500$（mm²），$I_{x1}=940040000$（mm⁴），$w_x=2984000$（mm³），$I_{y1}=17020000$（mm⁴），$w_y=194000$（mm³），$i_{x1}=247$（mm），i_{y1} 33.2（mm）。全截面几何特性如下：$A=15500\times2=31000$（mm²），$I_x=2(I_{y1}+A_1\times875^2)=2(17020000+15500\times875^2)=23768415000$（mm⁴），$I_y=2I_{x1}=940040000\times2=1880080000$（mm⁴），$i_x=(I_x/A)^{1/2}=(23768415000/31000)^{1/2}=875.6$（mm）。

斜缀条稳定性验算。沿柱长度方向最大剪力设计值为 $v=(Af/85)(f_y/235)^{1/2}=(31000\times215/85)\times1=78412$（N）$=78.412$（kN）。缀条的长度 $l_2=2^{1/2}a=2^{1/2}\times1750=2475$（mm）。缀条所受内力 $N_c=2^{1/2}v=2^{1/2}\times78.412=110.891$（kN）。角钢∠125×10的几何特性（截面）为 $A'=2437$（mm²）、$i_x=38.5$（mm）、$\lambda=0.9L_z/i_x=0.9\times2475/38.5=57.9<\{[\lambda]=150\}$。角钢属于b类截面，查规范可得 $\varphi=0.818$。单角钢单面连接的设计强度折减系数 η 为 $\eta=0.6+0.0015\lambda=0.6+0.0015\times57.9=0.687$。验算缀条的稳定，$N_a/(\varphi A)=110.891\times10^3/(0.818\times2\times2437)=27.8$（MPa）$<\eta f$ $[\eta f=0.687\times215=147.7\text{MPa}]$。

验算弯矩作用平面内的整体稳定。$\lambda_x = L_x/i_x = 29300/75.6 = 33.5$。换算长细比 $\lambda_{0x} = (\lambda_x^2 + 27A/A_1)^{1/2} = [33.5 + 27 \times 31000/(2 \times 2437)]^{1/2} = 35.9 < \{[\lambda] = 150\}$。工字钢对弱轴属于 b 类截面，查规范可得 $\varphi_x = 0.914$。$N'_{Ex} = \pi^2 EA/(1.1\lambda_{0x}^2) = 3.14^2 \times 206 \times 10^3 \times 31000/(1.1 \times 35.9^2) = 44320674(\mathrm{N}) = 44320.7(\mathrm{kN})$。对有侧移框架 $\beta_{mx} = 1.0$。$w_{1x} = I_x/(a/2) = 2376841.5 \times 10^4/875 = 2716.4 \times 10^4(\mathrm{mm}^3)$。$N/(\varphi_x A) + \beta_{mx} M_x/[w_{1x}(1 - \varphi_x N/N'_{Ex})] = 2800 \times 10^3/(0.914 \times 31000) + 2300 \times 10^6/[2716.4 \times 10^4(1 - 0.914 \times 2800/44320.7)] = 98.8 + 89.9 = 188.7\mathrm{MPa} < f(205\mathrm{MPa})$。

验算分肢的稳定。以分肢 1 为例。最大应力 $N_1 = Ny_2/a + M/a = 2800 \times (1/2) + 2300/1.75 = 2714.3(\mathrm{kN})$。$\lambda_{max} = L_1/i_{y1} = 1750/33.2 = 52.7 < \{[\lambda] = 150\}$。查规范可知 $\varphi_{min} = 0.843$，$N_1/(\varphi_{min} A_1) = 2714.3 \times 10^3/(0.843 \times 15500) = 207.7\mathrm{MPa} > f(205\mathrm{MPa})$，所以，分肢不稳定。

分肢局部稳定验算。以分肢 1 为例。翼缘，$b/t = 176/22 = 8.0 < \{[(10 + 0.1\lambda_{max})(235/f_y)^{1/2}] = (10 + 0.1 \times 52.7) \times 1 = 15.3\}$。腹板，$h_w/t_w = 586/13 = 45.0 < \{[(25 + 0.5\lambda_{max})(235/f_y)^{1/2}] = (25 + 26.4) \times 1 = 51.4\}$。所以，分肢局部稳定满足要求。

综上所述，此柱不能满足安全要求。

4. 算例 4

用轧制工字钢 I 36a（材料为 Q235 钢）做成的 10m 长两端铰接柱，轴心压力的设计值为 650kN，在腹板平面承受均布荷载设计值为 6.24kN/m。要求验算此压弯柱在弯矩作用平面内的稳定有无保证。为保证弯矩作用平面外的稳定需设置几个侧向中间支承点。

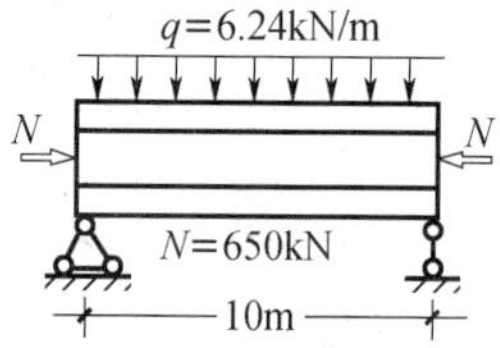

解算过程如下：

$q=6.24\mathrm{kN/m}$　N　N　$N=650\mathrm{kN}$　10m

图 5-5　计算简图

受力简图如图 5-5 所示。$M_{max} = (1/8)ql^2 = (1/8) \times 6.24 \times 100 = 78(\mathrm{kN \cdot m})$。I36a 的截面几何特性如下：$A = 7640(\mathrm{mm}^2)$、$i_x = 144(\mathrm{mm})$、$i_y = 26.9(\mathrm{mm})$、$w_x = 878000(\mathrm{mm}^3)$、$w_y = 81600(\mathrm{mm}^3)$。

验算强度。$N/A_n + M_x/(\gamma_x w_{nx}) = 650 \times 10^3/7640 + 78 \times 10^6/(1.05 \times 878000) = 85.0 + 84.6 = 169.6\mathrm{MPa} < f(215\mathrm{MPa})$，所以，强度满足要求。

验算弯矩作用平面内的稳定。$\lambda_x = l_{0x}/i_x = 10000/144 = 69.4 < \{[\lambda] = 150\}$。轧制工字钢对强轴（$b/h \leqslant 0.8$）属于 a 类截面，查规范表格可知 $\varphi_x = 0.841$，$N'_{Ex} = \pi^2 EA/(1.1\lambda_x^2) = 3.14^2 \times 206000 \times 7640/(1.1 \times 69.4^2) = 2925177(\mathrm{N}) = 2925.1(\mathrm{kN})$，$\beta_{mx} = 1.0$（有横向荷载、无端弯矩），$N/(\varphi_x A) + \beta_{mx} M_x/[\gamma_x w_{1x}(1 - 0.8N/N'_{Ex})] = 650 \times 10^3/(0.841 \times 7640) + 78 \times 10^6/[1.05 \times 878000(1 - 0.8 \times 650/2925.1)] = 101.2 + 102.9 = 204.1(\mathrm{MPa}) < f(215\mathrm{MPa})$。所以，弯矩作用平面内稳定性满足要求。

验算弯矩作用平面外的稳定（分 5 段侧支）。$\lambda_y = l_{0y}/i_y = 10000/(5 \times 26.9) = 74.3 < \{[\lambda] = 150\}$。查规范表格可知 $\varphi_y = 0.724$。$\varphi_b = 1.07 - (\lambda_y^2/44000)(f_y/235) = 1.07 - (74.3^2/44000) \times 1 = 0.944 < 1.0$。$\beta_{tx} = \beta_{mx} = 1.0$，非箱形截面 $\eta = 1.0$，则 $N/(\varphi_y A) + \eta\beta_{tx} M_x/(\varphi_b w_{1x}) = 650 \times 10^3/(0.724 \times 7640) + 78 \times 10^6/(0.944 \times 878000) = 117.5 + 94.1 = 211.6(\mathrm{MPa}) < f(215\mathrm{MPa})$，所以，满足稳定性要求。

局部稳定验算，方法同前，限于篇幅略。

习　　题

1. 图 5-6 所示的拉弯构件，间接承受动力荷载，轴向拉力设计值为 800kN，横向均布荷载设计值为 7kN/m。试选择其截面。设截面无削弱，材料为 Q345 钢。

2. 图 5-7 为一个有侧移的双层框架，图中圆圈内数字为横梁或柱子的线刚度。试求出各柱在框架平面内的计算长度系数 μ 值。

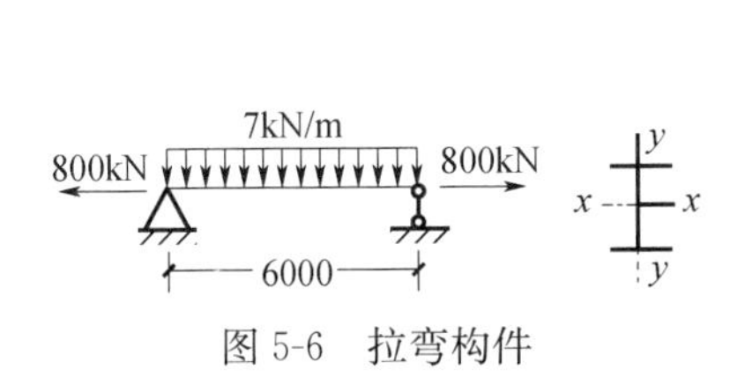

图 5-6　拉弯构件

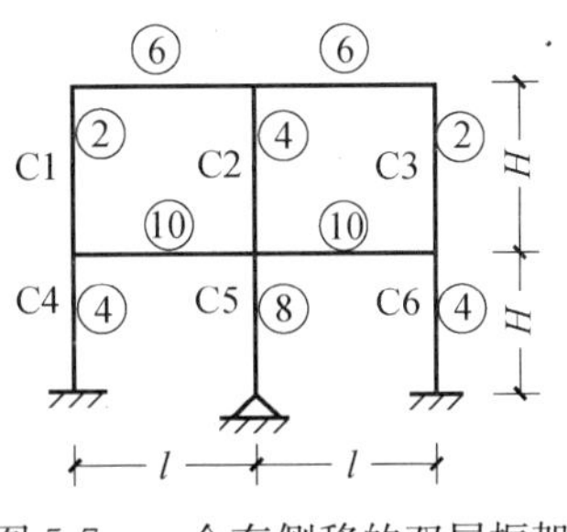

图 5-7　一个有侧移的双层框架

3. 简述压弯构件的强度计算的基本要求。

4. 简述压弯构件的稳定性计算的基本要求。

5. 简述压弯构件的局部稳定性计算的基本要求。

第6章　连接和节点的设计与计算

6.1　设计的总体要求

高强钢结构可采用焊缝连接和螺栓连接，连接和节点设计以及构造要求除符合本章规定外，还应符合我国现行国家标准《钢结构设计规范》（GB 50017）连接和节点的设计要求。高强钢结构当采用螺栓连接时应采用高强度螺栓摩擦型连接或承压型连接。高强钢结构不应采用螺栓和焊缝并用连接。连接设计和构造应与计算假设一致，应能传递所承受的作用效应，适应作用产生的变形。

6.2　焊缝连接的设计与计算

高强钢结构采用焊缝连接时，焊缝的坡口形式和焊缝连接的构造要求应符合我国现行国家标准《钢结构设计规范》（GB 50017）和《钢结构焊接规范》（GB 50661）的规定。焊缝连接宜采用等强匹配焊接材料，不同牌号的结构钢材连接时可按屈服强度低的钢材匹配焊接材料。焊接材料和焊缝设计强度指标应按表6-1确定。

表6-1　焊缝设计强度指标（N/mm^2）

焊接方法和焊条型号	构件钢材		一级、二级对接焊缝强度设计值			角焊缝强度设计值	角焊缝抗拉、抗压和抗剪强度 f_u^f
	牌号	厚度或直径（mm）	抗压 f_c^w	抗拉 f_t^w	抗剪 f_v^w	抗拉、抗压和抗剪 f_f^w	
自动焊、半自动焊和E55、E62型	Q460	≤16	410	410	235	220（E55） 255（E62）	340（E55） 360（E62）
		>16，≤40	390	390	225		
		>40，≤63	355	355	205		
		>63，≤100	340	340	195		
	Q460GJ	≤16	410	410	235	220（E55） 255（E62）	340（E55） 360（E62）
		>16，≤35	390	390	225		
		>35，≤50	380	380	220		
		>50，≤100	370	370	215		

续表

焊接方法和焊条型号	构件钢材		一级、二级对接焊缝强度设计值			角焊缝强度设计值	角焊缝抗拉、抗压和抗剪强度 f_u^f
	牌号	厚度或直径（mm）	抗压 f_c^w	抗拉 f_t^w	抗剪 f_v^w	抗拉、抗压和抗剪 f_f^w	
自动焊、半自动焊和E62、E69型焊条手工焊	Q500	≤16	435	435	250	255（E62） 285（E69）	360（E62） 400（E69）
		>16，≤40	420	420	240		
		>40，≤63	410	410	235		
		>63，≤80	390	390	225		
		>80，≤100	385	385	220		
	Q550	≤16	500	500	290	255（E62） 285（E69）	360（E62） 400（E69）
		>16，≤40	480	480	275		
		>40，≤63	470	470	270		
		>63，≤80	450	450	260		
		>80，≤100	440	440	255		
自动焊、半自动焊和E69、E76型焊条手工焊	Q620	≤16	540	540	310	285（E69） 310（E76）	400（E69） 440（E76）
		>16，≤40	520	520	300		
		>40，≤63	510	510	295		
		>63，≤80	495	495	285		
	Q690	≤16	600	600	345	285（E69） 310（E76）	400（E69） 440（E76）
		>16，≤40	580	580	335		
		>40，≤63	570	570	330		
		>63，≤80	555	555	320		

注：焊缝质量等级应符合我国现行国家标准《钢结构焊接规范》（GB 50661 ）的规定，其检验方法应符合我国现行国家标准《钢结构工程施工质量验收规范》（GB 50205）的规定，其中厚度小于6mm钢材的对接焊缝，不应采用超声波探伤确定焊缝质量等级。对接焊缝在受压区的抗弯强度设计值取 f_c^w，在受拉区的抗弯强度设计值取 f_t^w。表中厚度系指计算点的钢材厚度，对轴心受拉和轴心受压构件系指截面中较厚板件的厚度。计算以下两种情况的连接时表中规定的强度设计值应乘以相应的折减系数，几种情况同时存在时其折减系数应连乘，即施工条件较差的高空安装焊缝乘以系数0.9；进行无垫板的单面施焊对接焊缝的连接计算应乘折减系数0.85。

焊缝计算应符合以下几方面要求，即熔透对接焊缝、对接与角接组合焊缝强度按我国现行国家标准《钢结构设计规范》（GB 50017）的规定进行计算；角焊缝强度计算应按我国现行国家标准《钢结构设计规范》（GB 50017）的规定进行计算。采用角焊缝的搭接焊接接头中，当焊缝计算长度 l_w 超过 $60h_f$ 时，焊缝的抗剪承载力设计值应乘以折减系数 α_f，α_f 取 $\alpha_f=[1.2-l_w/(300h_f)](460/f_y)$ 和 $\alpha_f=0.7(460/f_y)$ 计算结果的大值。焊缝计算长度 l_w 不宜超过 $150h_f$。

6.3　高强度螺栓连接的设计与计算

高强度螺栓连接可按摩擦型连接或承压型连接设计，螺栓预拉力设计值应符合表6-2的规定。

表 6-2　单个高强度螺栓的预拉力设计值（kN）

螺栓的性能等级	螺栓规格					
	M16	M20	M22	M24	M27	M30
8.8 级	80	125	150	175	230	280
10.9 级	100	155	190	225	290	355
12.9 级	115	180	225	260	340	415

高强度螺栓连接的构造要求应符合我国现行国家标准《钢结构设计规范》(GB 50017)的规定，并符合两方面要求，即高强度螺栓摩擦型连接在非抗震设计时可采用标准孔、标准大圆孔或槽孔，抗震设计时应采用标准孔或开孔方向与受力方向垂直的槽孔，高强度螺栓承压型连接应采用标准孔，螺栓排布和构造要求应符合我国现行国家标准《钢结构设计规范》（GB 50017）的规定；不同厚度钢板和构件拼接时宜采用单层填板调整。

高强度螺栓连接计算应符合以下要求，即高强度螺栓摩擦型连接板件接触面的处理方法应在施工图中说明，抗滑移系数应按表 6-3 取值；高强度螺栓摩擦型连接抗剪承载力计算应符合我国现行国家标准《钢结构设计规范》（GB 50017）的规定，大圆孔孔型系数取 0.8，内力与槽孔长向垂直时取 0.65，内力与槽孔长向平行时取 0.6；高强度螺栓承压型连接计算应符合我国现行国家标准《钢结构设计规范》（GB 50017）的规定，连接承压强度设计值应按表 6-4 确定。

表 6-3　高强度结构钢材摩擦面抗滑移系数

连接处构件接触面的处理方法	抗滑移系数	
	Q460、Q460GJ	Q500、Q550、Q620、Q690
钢丝刷清除浮锈或未经处理的干净轧制面	0.40	—
抛丸（喷砂）	0.40	0.40
喷硬质石英砂或铸钢棱角砂	0.45	0.45
热喷涂锌、铝及其合金	0.50	0.50
喷砂除锈后电弧喷铝	0.70	0.70

注：Q500、Q550、Q620、Q690 除锈级别应达到我国现行国家标准《涂覆涂料前钢材表面处理表面清洁度的目视评定第 1 部分：未涂覆过的钢材表面和全面清除原有涂层后的钢材表面的锈蚀等级和处理等级》（GB/T 8923.1）规定的 Sa3 级别。采用其他类型的接触面处理工艺，应当有可靠试验结果确定抗滑移系数。

表 6-4　高强度螺栓承压型连接的强度设计指标（N/mm^2）

螺栓的性能等级和构件钢材的牌号		抗拉 f_t^b	抗剪 f_v^b	承压 f_c^b	高强度螺栓的抗拉强度最小值 f_u^b
高强度螺栓连接副	8.8 级	400	250	—	830
	10.9 级	500	310	—	1040
	12.9 级	585	365	—	1220
连接处构件钢材牌号	Q460	—	—	695	—
	Q460GJ	—	—	695	—
	Q500	—	—	770	—
	Q550	—	—	845	—

续表

螺栓的性能等级和构件钢材的牌号		抗拉 f_t^b	抗剪 f_v^b	承压 f_c^b	高强度螺栓的抗拉强度最小值 f_u^b
连接处构件钢材牌号	Q620	—	—	895	—
	Q690	—	—	970	—

在构件接头的一端，当螺栓沿轴向受力方向的连接长度 l_1（图 6-1）大于 $15d_0$ 时（d_0 为孔径），应将螺栓的承载力设计值乘以折减系数 α_f，$\alpha_f=[1.1-l_1/(150d_0)](460/f_y)$，当大于 $60d_0$ 时，折减系数取为定值 $\alpha_f=0.7(460/f_y)$。

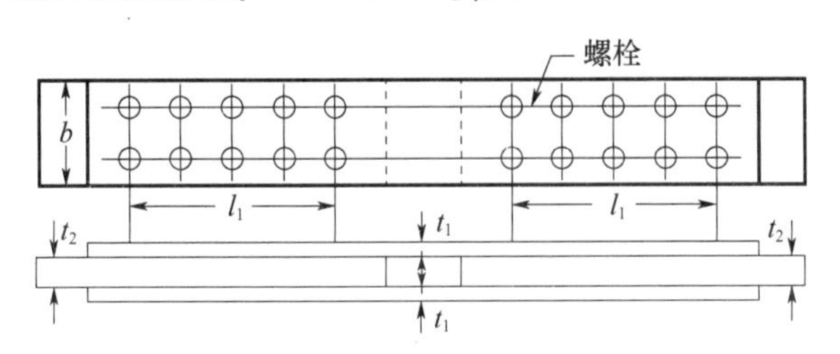

图 6-1　螺栓长接头

6.4　销轴连接的设计与计算

耳板宜采用 Q460 及以上强度等级的结构钢材，销轴表面与耳板孔周表面宜进行机加工。

销轴连接的构造应符合以下要求，即销轴孔中心应位于耳板的中心线上，其孔径与销轴直径相差应不大于 1mm；耳板两侧宽厚比不宜大于 4；销轴长度与直径之比不宜大于 3。

连接耳板应按我国现行国家标准《钢结构设计规范》（GB 50017）的规定进行抗拉、抗剪强度计算。销轴连接应按我国现行国家标准《钢结构设计规范》（GB 50017）的规定进行抗剪、承压以及同时受弯受剪组合受力计算，并按式（6-1）计算销轴的抗弯强度：

$$\sigma_b=M/(15\pi d^3/32)\leqslant f^b \tag{6-1}$$

式中，d 为销轴直径；f^b 为销轴的抗弯强度设计值。

6.5　框架连接节点设计

高强钢结构宜考虑节点刚度的影响。

梁柱节点区柱腹板加劲肋或隔板应满足两方面要求，即柱腹板加劲肋或隔板的截面尺寸应经计算确定，其厚度不宜小于梁翼缘厚度；其宽度应符合传力、构造和板件宽厚比限值的要求，加劲肋的材料强度等级宜与梁翼缘相匹配。柱腹板加劲肋或隔板应以焊透对接焊缝与柱翼缘连接；当梁与 H 形截面柱弱轴方向刚接时，横向加劲肋与柱腹板的连接宜采用焊透对接焊缝，焊接材料宜与加劲肋或隔板相匹配。

框架节点的最低承载力应满足三方面要求，即抗弯连接应能承受被连接构件抗弯承载

力设计值的50%；抗剪连接应能承受被连接构件抗剪承载力设计值的20%；抗拉（压）连接应能承受被连接构件抗拉（压）承载力设计值的30%。

习　　题

1. 简述连接和节点设计的总体要求。
2. 简述焊缝连接设计与计算的基本要求。
3. 简述高强度螺栓连接设计与计算的基本要求。
4. 简述销轴连接设计与计算的基本要求。
5. 简述框架连接节点设计的基本要求。

第7章　高强钢结构设计的特点与基本要求

7.1　高强钢结构设计的宏观要求

高强钢结构设计应贯彻执行国家的技术经济政策，做到安全适用、技术先进、经济合理、确保质量，应采用钢材牌号不低于Q460、Q460GJ的结构钢材，应符合我国现行国家标准《工程结构可靠性设计统一标准》(GB 50153)、《建筑结构设计术语和符号标准》(GB/T 50083)、《钢结构设计规范》(GB 50017)、《钢结构工程施工质量验收规范》(GB 50205)，以及其他现行国家和行业有关标准的规定。

所谓"高强度结构钢材"是指钢材牌号不低于Q460、Q460GJ的结构钢材。高强钢构件是指钢材牌号不低于Q460、Q460GJ的结构钢材加工制作的结构构件。高强钢结构是指采用高强钢构件的钢结构。高强钢结构抗震性能化设计是指基于高强钢结构"高承载力、低延性"的特点选定合理性能指标的抗震设计方法。塑性耗能区是指在强烈地震作用下，结构构件首先进入塑性变形并消耗能量的区域。螺栓和焊缝并用连接是指螺栓和焊缝共同承受同一内力分量的接头。螺栓和焊缝混用连接是指螺栓和焊缝分别连接不同部件并承受不同内力分量的接头。

高强钢结构设计应采用以概率理论为基础的极限状态设计方法，以可靠指标度量结构构件的可靠度，采用分项系数的设计表达式进行计算。极限状态包括承载能力极限状态和正常使用极限状态。结构上的直接作用（荷载）应根据我国现行国家标准《建筑结构荷载规范》(GB 50009)及相关标准确定，地震作用应根据我国现行国家标准《建筑抗震设计规范》(GB 50011)确定。间接作用和偶然作用应根据有关的标准或具体情况确定。高强钢结构的安全等级和设计使用年限应符合我国现行国家标准《工程结构可靠性设计统一标准》(GB 50153)的规定。

高强钢结构中各类结构构件的安全等级，宜与整个结构的安全等级相同。对其中部分高强钢构件的安全等级，可根据其重要程度适当调整。对于结构中的重要构件和关键传力部位，宜适当提高其安全等级。

高强度结构钢材主要适用于4类构件，即主要由强度控制截面的构件；大跨度屋盖结构、大跨度桥梁中的承重构件；安全性要求高的建筑结构中的主要承重构件；要求自重轻、强度高的结构构件。

非抗震设计时，结构或构件变形（挠度或侧移）、构件的长细比应符合我国现行国家标准《钢结构设计规范》(GB 50017)的有关规定。

抗震设计的高强钢结构，应按我国现行国家标准《建筑抗震设计规范》(GB 50011)的规定进行抗震验算，并应符合相应的抗震措施。对高强钢构件，尚应符合该规程有关抗震构造措施的规定。

按有地震作用组合内力设计的高强钢构件，其承载力抗震调整系数 γ_{RE}；当计算结构构件和连接强度时取 0.80；柱和支撑稳定计算时取 0.85；当仅计算竖向地震作用时，取 1.0。

高强钢结构抗震设计时，构件的抗震等级、框架柱的长细比和截面板件宽厚比应按我国现行国家标准《建筑抗震设计规范》(GB 50011）的有关规定确定。采用抗震性能化设计时，高强钢结构设计应按相关规范规定执行。

采用抗震性能化设计时，高强度结构钢材不宜用于塑性耗能区，宜用于下列三类构件，即延性等级为Ⅴ级的结构构件；框架结构中符合强柱弱梁要求的框架柱；中心支撑结构中符合强框架弱支撑要求的柱或梁。结构构件的长细比和截面板件宽厚比应符合我国现行国家标准《钢结构设计规范》(GB 50017）的规定。采用高强度结构钢材的结构构件符合前述规定时其钢材还应符合两条要求，即钢材的屈服强度实测值与抗拉强度实测值的比值不应大于 0.9；钢材的断后伸长率不应小于 16%。

7.2　高强钢结构对材料的基本要求

承重高强钢结构宜采用 Q460 钢、Q500 钢、Q550 钢、Q620 钢、Q690 钢和 Q460GJ 钢，其质量应分别符合我国现行国家标准《低合金高强度结构钢》(GB/T 1591）和《建筑结构用钢板》(GB/T 19879）的规定。结构用钢板、热轧工字钢、槽钢、角钢、H 型钢和钢管等型材产品的规格、外形、重量及允许偏差应符合国家现行相关标准的规定。焊接承重高强钢结构为防止钢材的层状撕裂而采用 Z 向钢时，其质量应符合我国现行国家标准《厚度方向性能钢板》(GB/T 5313）的规定。处于外露环境，且对耐腐蚀有特殊要求或处于侵蚀性介质环境中的承重高强钢结构，宜采用耐候高强度结构钢材，其质量应符合我国现行国家标准《耐候结构钢》(GB/T 4171）的规定。当采用上面未列出的其他牌号高强度结构钢材时，应有充分可靠的依据。

高强钢结构用焊接材料应符合三方面要求，即手工焊接所用的焊条，应符合我国现行国家标准《热强钢焊条》(GB/T 5118）的规定，所选用的焊条型号应与主体金属力学性能相适应。自动焊或半自动焊用焊丝应符合我国现行国家标准《熔化焊用钢丝》(GB/T 14957)、《气体保护电弧焊用碳钢、低合金钢焊丝》(GB/T 8110）及《低合金钢药芯焊丝》(GB/T 17493）的规定。埋弧焊用焊丝和焊剂应符合我国现行国家标准《埋弧焊用低合金钢焊丝和焊剂》(GB/T 12470）的规定。

高强钢结构用紧固件材料应符合 2 方面要求，即主要承重结构宜采用钢结构用大六角高强度螺栓或扭剪型高强度螺栓。钢结构用大六角高强度螺栓的质量应符合我国现行国家标准《钢结构用高强度大六角头螺栓》(GB/T 1228)、《钢结构用高强度大六角螺母》(GB/T 1229)、《钢结构用高强度垫圈》(GB/T 1230)、《钢结构用高强度大六角头螺栓、大六角螺母、垫圈技术条件》(GB/T 1231）的规定。扭剪型高强度螺栓的质量应符合我国现行国家标准《钢结构用扭剪型高强度螺栓连接副》(GB/T 3632）的规定。

材料选用应合理。设计选用高强度结构钢材时，应综合考虑结构的重要性、荷载特征、应力状态、板件厚度和工作环境、加工条件以及钢材性价比等要素，合理地选用钢材牌号、质量等级、性能指标和技术要求，并明确交货状态。承重结构所用的高强度结构钢材应具有屈服强度、断后伸长率、抗拉强度和硫、磷含量的合格保证，对焊接结构尚应具有碳当量的合格保证。焊接承重结构以及重要的非焊接承重结构采用的高强度结构钢材应具有冷弯试验的合格保证；对直接承受动力荷载或需验算疲劳的构件所用高强度结构钢材尚应具有冲击韧性的合格保证。

焊缝连接材料的选用应符合两方面要求，即焊条或焊丝的型号和性能应与相应母材的性能相适应，其熔敷金属的力学性能应符合设计规定，且不应低于相应母材标准的下限值；对直接承受动力荷载或需要验算疲劳的结构，以及低温环境下工作的厚板结构，宜采用低氢型焊条。

7.3　高强钢结构的设计指标要求

高强度结构钢材的设计用强度指标应根据钢材牌号、厚度或直径按表 7-1 确定。

表 7-1　高强度结构钢材的设计用强度指标（N/mm^2）

钢材牌号	钢材厚度或直径（mm）	强度设计值			钢材强度	
		抗拉、抗压、抗弯 f	抗剪 f_v	端面承压（刨平顶紧）f_{ce}	屈服强度 f_y	抗拉强度最小值 f_u
Q460	≤16	410	235	470	460	550
	>16，≤40	390	225		440	
	>40，≤63	355	205		420	
	>63，≤100	340	195		400	
Q460GJ	≤16	410	235	470	460	550
	>16，≤35	390	225		460	
	>35，≤50	380	220		450	
	>50，≤100	370	215		440	
Q500	≤16	435	250	520	500	610
	>16，≤40	420	240		480	
	>40，≤63	410	235	510	470	600
	>63，≤80	390	225	500	450	590
	>80，≤100	385	220	460	440	540
Q550	≤16	500	290	570	550	670
	>16，≤40	480	275		530	
	>40，≤63	470	270	530	520	620
	>63，≤80	450	260	510	500	600
	>80，≤100	440	255	500	490	590

续表

钢材牌号	钢材厚度或直径（mm）	强度设计值			钢材强度	
		抗拉、抗压、抗弯 f	抗剪 f_v	端面承压（刨平顶紧）f_{ce}	屈服强度 f_y	抗拉强度最小值 f_u
Q620	≤16	540	310	605	620	710
	>16，≤40	520	300		600	
	>40，≤63	510	295	585	590	690
	>63，≤80	495	285		570	670
Q690	≤16	600	345	[illegible]	690	770
	>16，≤40	580	335		670	
	>40，≤63	570	330	640	660	750
	>63，≤80	555	320	620	640	730

注：表中直径指实心棒材，厚度指计算点的钢材或钢管壁厚度，对轴心受拉和轴心受压构件系指截面中较厚板件的厚度。冷弯型材和冷弯钢管，其强度设计值应按我国现行国家标准《冷弯型钢结构技术规范》（GB 50018）的规定采用。

焊缝的强度设计指标应按表 6-1 确定。高强度螺栓承压型连接的强度设计指标应按表 6-4 确定，高强度螺栓摩擦型连接的高强度结构钢材摩擦面抗滑移系数应按表 6-3 确定，单个高强度螺栓的预拉力设计取值应按表 6-2 确定。

习　　题

1. 简述高强钢结构设计的宏观要求。
2. 简述高强钢结构对材料的基本要求。
3. 简述高强钢结构的设计指标要求。

第8章 钢结构住宅设计

8.1 设计的总体要求

钢结构住宅设计应贯彻执行国家建筑产业现代化和生产建造方式转型发展的技术政策，满足全寿命期的建筑设计、部品部件生产、施工安装、质量验收、使用和维护与管理的要求，应按照适用、经济、安全、绿色、美观的要求，做到技术先进、质量优良、节能环保，应全面提高钢结构住宅的环境效益、社会效益和经济效益。本章的要求仅适用于抗震设防烈度为6度到9度、房屋高度不超过100m、住宅主体结构采用钢结构或钢筋-混凝土混合结构的住宅建筑设计、生产、施工安装、质量验收、使用和维护与管理。钢结构住宅的建筑设计、生产、施工安装、质量验收、使用和维护与管理应符合国家现行有关标准的规定。

所谓“钢结构住宅”是指以钢结构系统作为主要受力结构体系、相配套的外围护系统、设备管线系统和内装系统的主要部分采用部品部（构）件集成设计建造的住宅建筑。建筑系统集成是指以装配化建造方式为基础，统筹策划、设计、生产和施工等，实现住宅建筑的结构系统、外围护系统、设备与管线系统、内装系统一体化的生产建造过程。集成设计是指钢结构住宅建筑的结构系统、外围护系统、设备与管线系统、内装系统一体化设计方法和过程。协同设计是指钢结构住宅建筑设计中通过建筑、结构、设备、装修等专业相互配合，运用信息化技术手段满足建筑设计、生产运输、施工安装等要求的一体化设计方法和过程。结构系统是指由结构构件通过可靠的连接方式装配而成，用以承受或传递荷载作用的部（构）件的整体。外围护系统是指由建筑外墙、屋面、外门窗及其他部品部件等组合而成，用于分隔住宅建筑室内外环境的部品的整体。设备与管线系统是指由给排水、供暖通风空调、电气和智能化、燃气等设备与管线组合而成，满足住宅建筑使用功能的部品的整体。内装系统是指由楼地面、墙面、轻质隔墙、顶棚、内门窗、厨房和卫生间等组合而成，满足住宅建筑空间使用要求的内装部品的整体。部（构）件是指在工厂或现场预先生产制作完成，构成建筑结构系统的结构构件及其他构件的统称。部品是指由工厂生产，构成外围护系统、设备与管线系统、内装系统的建筑单一产品或复合产品组装而成的功能单元的统称。全装修是指所有功能空间的固定面装修和设备设施全部安装完成，达到建筑使用功能和建筑性能的状态。装配式内装是指采用干式工法，将工厂生产的内装部品在现场进行组合安装的装修方式。集成式厨房是指由工厂生产的楼地面、顶棚、墙面、橱柜和厨房设备及管线等集成并主要采用干式工法装配而成的厨房。集成式卫浴是指由工

厂生产的楼地面、墙面（板）、顶棚和洁具设备及管线等集成并主要采用干式工法装配而成的卫生间。整体厨房是指由工厂生产、现场装配的满足炊事活动功能要求的基本单元模块化部品，配置整体橱柜、灶具、排油烟机等设备及管线。整体卫浴是指由工厂生产、现场装配的满足洗浴、盥洗等功能要求的基本单元模块化部品，配置卫生洁具、设备及管线，以及墙板、防水底盘、顶板等。整体收纳是指由工厂生产、现场装配的满足不同套内功能空间分类储藏要求的基本单元模块化部品，配置门扇、五金件和隔板等。装配式隔墙、顶棚和楼地面是指由工厂生产的具有隔声、防火或防潮等性能，且满足空间和功能要求的隔墙、顶棚和楼地面等集成化部品。管线分离是指将设备及管线与建筑结构体相分离，不在建筑结构体中预埋设备及管线。内装系统设计是指钢结构住宅建筑室内全装修的设备与管线部品及材料、内装部品及材料等一体化集成设计和协同设计的方法和过程。

钢结构住宅应满足安全、适用、耐久、经济且与环境协调等住宅综合性能要求。钢结构住宅应采用将结构系统、外围护系统、设备与管线系统、内装系统集成的方法进行设计、施工与装修一体化综合设计。钢结构住宅应采用钢结构或钢-混凝土混合结构的结构体系，并应按照国家现行有关标准进行设计计算。钢结构住宅的围护系统，应根据当地气候条件选用质量可靠、技术成熟、经济适用的材料与部品以及系统构造和施工工法。钢结构住宅的设计建造，应按建筑工业化方式要求，采用标准化设计、工厂化生产、装配化施工、信息化管理和智能化应用，并应实现全装修。住宅应综合协调建筑、结构、建筑设备和内装等专业，户型平面布置应与结构系统相协调，并应有防止声桥和热桥的措施。预制墙板应满足结构安全和耐久性要求。外墙体抗裂性应有多道防护措施。钢结构住宅设计、建造与使用宜采用建筑信息化建模（BIM）技术，宜实现全专业、全过程的信息化管理。钢结构住宅设计宜遵循建筑全寿命期中使用维护便利性原则，内装系统和设备管线系统等宜布置在非结构层内，更换管线或装修时不应影响墙体的结构性能。钢结构住宅的设计建造应符合通用化、模数化、标准化的规定，且应以少规格、多组合的原则实现建筑部品部件的系列化和多样化。应采用绿色建材和性能优良的部品部件，部品部件的工厂化生产应建立完善的生产质量管理体系，且宜设置产品标识。钢结构住宅设计应进行技术策划，应对技术选型、技术经济可行性和可操作性进行评估，并应科学合理地确定建造目标与技术实施方案。新型结构体系应经相关程序审查批准，试点与技术成熟后可逐步推广。

8.2　建筑集成设计的基本要求

（1）基本规则

钢结构住宅设计应符合我国现行国家标准《住宅建筑规范》（GB 50368）和《住宅设计规范》（GB 50096）有关规定，并应满足两方面要求，即应满足住宅的基本功能和性能要求；应符合无障碍设计要求。

钢结构住宅应发挥钢结构体系的特点且应满足两条要求，即：住宅建筑全寿命期空间适应性要求；非承重部件部品应符合通用性、可更换性要求。

钢结构住宅设计应满足 6 条要求，即：钢结构部（构）件及其连接应采取有效的防火措施，耐火等级应符合我国现行国家标准《建筑设计防火规范》（GB 50016）和现行行业标准《高层民用建筑钢结构技术规程》（JGJ 99）有关规定；钢结构部（构）件及其连接

应采取有效的防腐措施，钢部（构）件应根据环境条件、使用部位等进行防腐蚀设计，设计应符合我国现行行业标准《建筑钢结构防腐蚀技术规程》（JGJ/T 251）的规定；应根据功能部位、使用要求等进行隔声设计，隔声性能应符合我国现行国家标准《民用建筑隔声设计规范》（GB 50118）中的规定；热工性能应符合我国现行国家标准《民用建筑热工设计规范》（GB 50176）以及建筑所属气候地区的居住建筑节能设计标准中的有关规定；结构的舒适度应符合我国现行行业标准《高层民用建筑钢结构技术规程》（JGJ 99）中的有关规定；外围护系统应与主体结构可靠连接或锚固，并应满足安全性和适用性要求。

钢结构住宅室内设计应实施全装修设计，并应满足两条要求，即：室内装修应符合标准化设计、部品部件工厂化生产和现场装配化施工的要求；设备管线宜与结构主体分离设置。

（2）模数协调规定

钢结构住宅设计中的模数协调应符合我国现行国家标准《建筑模数协调标准》（GB/T 50002）和《住宅建筑模数协调标准》（GB/T 50100）的规定。钢结构住宅的卫生间、厨房设计应符合我国现行行业标准《住宅卫生间模数协调标准》（JGJ/T 263）和《住宅厨房模数协调标准》（JGJ 262）中的有关规定。钢结构住宅建筑设计应采用基本模数或扩大模数数列并应符合 4 条规定，即：开间与柱距、进深与跨度、门窗洞口宽度等水平方向宜采用水平扩大模数数列 $2n$M、$3n$M（n 为自然数）；层高和门窗洞口高度等垂直方向宜采用竖向扩大模数数列 nM；梁、柱等部件的截面尺寸宜采用竖向扩大模数数列 nM；构造节点和部品部件的接口尺寸等宜采用分模数数列 nM/2、nM/5、nM/10。

（3）平面与空间设计要求

钢结构住宅套型设计应根据两个条件进行套型设计，即：应与结构体系相适应，并宜采用大空间结构布置方式；空间布局应考虑结构抗侧力体系的位置。钢结构住宅模块化设计应符合两条要求，即：应采用模块化设计方法；基本模块应标准化、模数化、通用化。建筑平面设计应遵守 5 条规定，即：应根据结构布置特点，并应满足内部空间可变性要求；宜规则平整，应避免不必要的装饰构件；住宅楼电梯核心筒及竖井等区域宜独立集中设置；宜采用集成式或整体厨房、集成式或整体卫浴等基本模块进行组合设计；住宅空间分隔应与结构梁柱布置相协调。层高应满足居住空间净高要求，并应统筹结构系统、设备系统和内装系统及其技术方案。

（4）立面设计要求

立面设计应采取标准化与多样性相结合的方法，并应根据外围护系统特点进行立面深化设计。外墙面应采用耐久性好、易维护的材料，且应满足设计使用年限要求。外墙、阳台板、空调板、外窗、遮阳设施及装饰等部品部件应进行标准化设计。

（5）协同设计要求

钢结构住宅设计应符合建筑、结构、设备、室内装修集成设计原则，各专业之间应进行协同设计。钢结构住宅应满足建筑设计、部品部件生产运输、装配施工、运营维护等各阶段协同的要求。钢结构住宅建筑设计宜采用建筑信息模型技术，并应将设计信息与部件部品的生产运输、装配施工和运营维护等环节相衔接。建筑设计应有技术深化设计阶段，其深化设计应符合 3 条要求，即深化图纸应满足施工安装的要求；外围护系统部品的选材、排板及预留预埋应进行深化设计；内装系统及部品应进行深化设计。

8.3 结构系统设计

钢结构住宅的结构设计应符合我国现行国家标准《工程结构可靠性设计统一标准》(GB 50153)、《建筑抗震设计规范》(GB 50011)和《钢结构设计规范》(GB 50017)中的有关规定，结构设计正常使用年限不应少于 50 年，其安全等级不应低于二级。结构设计的荷载、作用及其组合应符合我国现行国家标准《建筑结构荷载规范》(GB 50009)和《建筑抗震设计规范》(GB 50011)中的有关规定。钢结构住宅墙体结构的寿命应与主体结构相同，更新墙面装饰装修不应影响墙体结构性能。外挂墙板的结构安全性和墙体裂缝防治措施应有试验或经验验证其可靠性，并应满足结构在小震变形时墙体不裂，大震变形时墙体不脱落的要求。钢结构住宅结构设计应符合工厂生产、现场装配的工业化生产要求，部（构）件及节点设计宜标准化、通用化和系列化。结构钢材的性能应符合我国现行国家标准《钢结构设计规范》(GB 50017)和《建筑抗震设计规范》(GB 50011)中的有关规定，可优先选用高性能钢材。

(1) 结构体系与结构布置

钢结构住宅的结构体系可选用钢框架结构、钢框架支撑（墙板）结构、钢框架-钢混组合结构或框筒结构等体系。钢框架-支撑结构可采用中心支撑或偏心支撑，支撑构件可选用常规的钢杆件或预制剪力墙板支撑构件。对 9 度抗震区的高层建筑或重要性建筑可根据需要采用减震、隔震技术。钢框架-墙板结构的墙板宜优先选用延性墙板或带有屈曲约束的墙板，也可采用预制的钢筋混凝土墙板。框筒结构的筒体可采用钢筋混凝土筒体，也可采用密柱深梁的钢框架筒体。

钢结构住宅结构体系的选择宜符合两条要求，即：对多层或小高层建筑，宜优先选用钢框架结构，当地震作用较大钢框架结构难以满足设计要求时，也可采用钢框架-支撑中心结构；高层建筑宜优先选用钢框架-支撑结构体系或框筒结构体系，当高烈度区的地震作用较大，难以满足设计要求时，也可选用钢框架-屈曲约束支撑结构或钢框架-延性墙板结构体系。

钢结构住宅不同结构体系的最大适用高度及最大高宽比应符合我国现行行业标准《高层民用建筑钢结构技术规程》(JGJ 99)的规定。楼盖结构可采用预制装配式楼板或现浇式楼板（包括叠合板）。当结构高度不超过 60m、抗震设防烈度不超过 7 度时，或者当抗震设防烈度为 8 度，高度不超过 40m，可采用无现浇层的预制装配式楼板并应符合 4 条要求，即：板端搁置梁上的长度不宜小于 500mm；板端宜留胡子筋，板端搁置的梁上应设栓钉；预制圆孔板的板端孔洞应封堵；预制装配式楼板拼缝不宜小于 40mm。

钢结构住宅结构布置应与建筑套型以及建筑平面和立面相协调，不宜采用特别不规则结构体系，不应采用严重不规则结构体系。钢结构部（构）件布置和节点的构造不应影响住宅的使用功能。柱脚可采用外包式或埋入式。当不少于两层地下室且嵌固端在地下室顶板时，延伸到基础底板上的钢柱脚可做成外露铰接式。地下室外围护墙体宜设置在柱外侧。

(2) 结构计算基本要求

楼（屋）面活荷载、恒荷载、风荷载、地震作用等应符合我国现行国家标准《建筑结构荷载规范》（GB 50009）和《建筑抗震设计规范》（GB 50011）中的有关规定。钢结构住宅在风荷载和多遇地震作用下，结构的层间位移应符合现行国家相关标准规范有关要求。钢结构住宅对不规则或特别不规则的高层建筑结构体系、新结构体系，应按照《建筑抗震设计规范》（GB 50011）的有关规定进行罕遇地震作用下的弹塑性变形计算分析，并应对重要节点连接进行静力往复破坏性试验，其抗震构造措施应提高一级。钢结构住宅结构高度大于 80m 的建筑宜进行风荷载舒适度验算。采用钢异型柱或格构柱等新型构件时，应有经相关程序评审的设计计算方法，并应有抗震构造措施。外挂墙板等非结构部件，其自身及其与结构主体的连接应进行抗震设计，并应由专业人员负责。

（3）部（构）件与节点要求

钢结构系统应优先采用热轧型钢构件，包括热轧 H 型钢、热处理方（矩）形管。高层建筑可采用钢管混凝土柱，其截面积不宜小于 300mm，混凝土浇筑应有密实措施。不宜采用现场手工作业的型钢混凝土部（构）件。钢框架梁柱节点连接形式可采用焊混合式连接，也可采用全螺栓连接或全焊接。高强度螺栓宜采用扭剪型。钢结构系统主要承载部（构）件的板件宽厚比或高宽比应满足我国现行国家标准《建筑抗震设计规范》(GB 50011）中的有关规定。钢结构系统采用外伸端板式全螺栓连接的节点不仅应计入端板的撬力，还应给出半刚度性系数；高层建筑不宜采用梁柱端板式连接或套筒式节点。钢结构住宅的梁柱节点不宜采用外凸式节点。钢结构住宅设置杆件支撑应考虑墙体安装方便，并不得影响墙体功能。钢结构住宅墙板与主体结构连接节点不宜采用在主体钢结构上焊接的做法，应开发标准化的装配式节点。

（4）结构防护要求

钢结构住宅建筑的防火等级应按我国现行国家标准《建筑设计防火规范》(GB 50016）确定，承重的钢结构耐火时限应满足有关要求。装配式钢结构的防火材料宜优先选用防火板，板厚应根据耐火时限和防火板产品标准确定。当采用砌块或钢丝网抹 M5 水泥砂浆等隔热材料作为防火保护层时，应按我国现行国家标准《建筑设计防火规范》(GB 50016）中的有关规定执行。钢结构连接节点处的防火保护层厚度不应小于被连接构件防火保护层厚度的较大值，对连接表面不规则的节点尚应局部加厚。钢管混凝土柱的耐火时限可计入混凝土的有利因素，宜按我国现行国家标准《钢管混凝土结构技术规范》(GB 50936）的规定计算，并应在每个楼层的柱设置直径为 20mm 的排气孔，其位置宜位于柱与楼板相交位置上方及下方 100mm 处，并沿柱身反对称设置（图 8-1）。

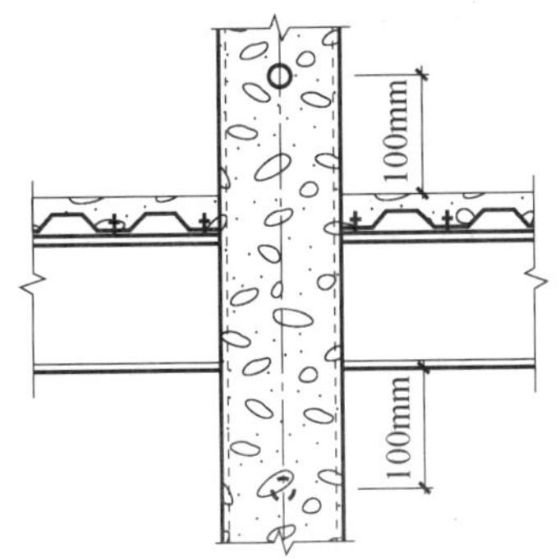

图 8-1　钢管混凝土柱排气孔示意图

钢材表面初始锈蚀等级、除锈方法与除锈质量等级，应满足我国现行国家标准《涂装前钢材表面锈蚀等级与除锈等级》（GB/T 8923）中的有关要求，应采用喷砂或抛丸除锈方法，除锈等级不应低于 $Sa2^{1/2}$，应根据住宅室内环境合理确定涂料品种和涂层方案，并应优先选用无机富锌类防锈漆。

8.4 外围护系统设计要求

外围护系统的性能应满足 3 方面要求，即：抗风性能、抗震性能、耐撞击性能、防火性能等安全性能的要求；水密性能、气密性能、隔声性能、热工性能等功能性能的要求；耐久性的要求。外围护系统设计文件应包括系统材料性能参数、系统构造、计算分析、生产及安装要求、质量控制及施工验收要求。

外墙围护系统应选用合理的构成及安装方式，可选用 4 类外墙围护系统，即：装配式轻型条板外墙围护系统；装配式骨架复合板外墙围护系统；装配式预制大板外墙围护系统；干法砌筑的块体外墙围护系统。采用墙板类构造时，外墙板可采用内嵌式、外挂式、嵌挂结合式等与主体结构连接类型，并宜分层悬挂或承托。

外墙围护系统的保温构造形式可采用外墙外保温系统构造，外墙夹芯保温系统构造、外墙内保温系统构造和外墙单一材料自保温系统构造。

外围护系统的设计使用年限应与主体结构设计使用年限相适应，其设计文件应根据确定的外围护系统设计使用年限注明其防水材料、保温材料、装饰材料的设计使用年限及使用维护、检查及更新要求。连接件的耐久性不应低于外围护系统的设计使用年限。

（1）材料与部品要求

外墙围护系统墙板宜选用蒸压加气混凝土墙板、GRC 墙板、轻骨料混凝土墙板、泡沫混凝土墙板、挤出成型水泥墙板和预制钢筋混凝土墙板等工厂生产的墙板。外围护系统的材料与部品的放射性核素限量应符合我国现行国家标准《建筑材料放射性核素限量》（GB 6566）的规定；室内侧材料与部品的性能应符合我国现行国家标准《民用建筑工程室内环境污染控制规范》（GB 50325）中的有关规定。外墙围护系统的材料性能应符合我国现行国家标准《墙体材料应用统一技术规范》（GB 50574）中的有关规定。外围护钢骨架及钢制组件、连接件应采用热浸镀锌或采用其他有效防腐处理措施。外门窗玻璃组件的性能应符合我国现行行业标准《建筑玻璃应用技术规程》（JGJ 113）中的有关规定；当采用安全玻璃时应采用钢化玻璃、夹层玻璃及由钢化玻璃或夹层玻璃组合的安全玻璃。

外门窗部品的性能分级指标应符合我国现行国家标准《建筑外门窗气密、水密、抗风压性能分级及检测方法》（GB/T 7106）中的有关规定；设计文件应注明外门窗抗风压、气密性、水密性、保温、抗结露因子、隔声等性能的要求，且应注明所采用的门窗材料、颜色、玻璃品种及开启方式等要求。

外围护系统的防水材料、涂装材料、防裂材料等应符合 4 条要求，即：外墙围护系统的材料性能应符合我国现行行业标准《建筑外墙防水工程技术规程》（JGJ/T 235）中的有关要求，并应注明防水透气、耐老化、防开裂等技术参数要求；屋面围护系统的材料应根据建筑物重要程度、屋面防水等级选用，防水材料性能应符合我国现行国家标准《屋面工程技术规范》（GB 50345）中的有关规定；坡屋面材料性能应符合我国现行国家标准

《坡屋面工程技术规范》（GB 50693）中的有关规定；种植屋面材料性能应符合我国现行国家标准《种植屋面工程技术规程》（JGJ 155）中的有关规定。

建筑密封胶应根据基材界面材料和使用要求选用，硅酮密封胶性能应符合我国现行国家标准《建筑用硅酮结构密封胶》（GB 16776）中的有关规定，接缝硅酮密封胶性能应符合我国现行国家标准《建筑密封胶分级和要求》（GB/T 22083）中的有关规定；建筑密封胶应与相接触的材料相容。

保温材料、防火隔离带材料、防火封堵材料性能应符合我国现行国家标准《建筑设计防火规范》（GB 50016）中的有关规定，梁柱等结构热桥部位宜选用无机保温材料。保温材料及其厚度、传热系数和热惰性指标应满足所在地区节能标准的要求；当不能满足时应根据相关的建筑节能设计标准进行外围护系统热工性能权衡判断。

（2）外墙围护系统要求

钢结构住宅外墙宜采用适应工厂化生产、装配化施工的外墙围护系统部品，并应按建筑结构非承重墙体部品进行设计。外墙立面设计应与部品构成相协调、减少非功能性外墙装饰部品，并应便于制作安装及维护。外墙外保温宜选用保温装饰一体化板材，其材料及系统性能应满足我国现行行业标准《外墙外保温工程技术规程》（JGJ 144）中的有关规定。外墙部（构）件的耐火极限应根据钢结构住宅的耐火等级确定，应符合我国现行国家标准《建筑设计防火规范》（GB 50016）的规定。外墙围护系统热桥部位的内表面温度不应低于室内空气露点温度，当不满足时应采取保温断桥构造措施。住宅的窗墙面积比、外门窗设计应符合国家或地方的建筑节能设计标准的规定，外门窗传热系数、遮阳系数、可见光透射比、可开启面积和气密性条件等应满足建筑所在地节能有关规定。外门窗应与墙体可靠连接，门窗洞口与外门窗框接缝处的气密性能、水密性能和保温性能不应低于外门窗的相关性能要求。

钢结构住宅外围护系统应根据当地气候条件合理选用构造防水、材料防水相结合的防排水措施，防水措施宜不少于两道，同时应满足防水透气、防潮、隔气、防开裂等构造要求。钢结构住宅外围护的隔声减噪设计标准等级应按使用要求确定，其外墙门窗及外墙的计权隔声量与交通噪声频谱修正量之和应满足我国现行国家标准《民用建筑隔声设计规范》（GB 50118）的相关规定。外围护系统结构分析的计算模型应与实际构造相符合。结构分析所采用的基本假定和简化计算，应有理论或试验依据。外墙围护系统应与主体结构可靠连接，外墙装饰件、门窗等部品应与围护结构可靠连接，连接承载力极限状态验算时，连接件承载力设计的安全等级应提高，其结构重要性系数应取 1.1。

墙板与主体结构的连接应符合 3 条要求，即：连接及分缝应能满足正常使用状态下的结构变形要求；墙体部（构）件及其连接应具有足够的承载力与变形适应能力，应能承受多遇地震作用时，外墙板不因主体结构的弹性层间位移而发生塑性变形、板面开裂、零件脱落等损坏；当主体结构达到罕遇地震作用的层间位移角时，外墙板不应脱落。

当外墙采用砌体构造时，外墙围护系统与主体结构的连接应符合我国现行国家标准《建筑抗震设计规范》（GB 50011）中的有关规定，并应设置混凝土配筋带、圈梁、构造柱，同时应满足抗风、防水、防裂的计算及构造要求。外墙围护系统设计文件应注明检验与测试要求，现场设置的锚固件与主体结构或围护结构的连接承载力设计值应通过现场抽

样测试进行验证。外墙围护系统设置在外墙上的户内管线，宜利用墙体空腔布置或结合户内装修装饰层设置，应便于检修和更换；开槽埋设管线应不影响外围护构件的结构性能及建筑功能。

外墙围护系统设置于外墙上的附属部（构）件应进行构造设计与计算分析；建筑遮阳挡雨构件、雨水管、空调构件、装饰件、栏杆等应与主体结构或围护结构可靠连接，并应按有关要求加强连接部位的保温防水构造。外墙围护系统穿越外墙上的管线、洞口，应采取防水构造措施，穿越外墙上的管线、洞口及有可能产生声桥和振动的部位应采取隔声降噪构造措施。

(3) 屋面围护系统要求

屋面围护系统的防水等级应根据建筑物的建筑造型、重要程度、使用功能、所处环境条件确定。屋面围护系统设计应包含材料部品的选用要求、构造设计、排水设计、防雷设计等内容。屋面围护系统热工设计应符合我国现行国家标准《民用建筑热工设计规范》(GB 50176) 的规定，屋面围护系统平均传热系数和热惰性指标应满足所在气候分区居住建筑节能指标要求。当屋盖结构板采用钢筋混凝土板时，其屋面保护层（或架空隔热层）、保温层、防水层、找平层、找坡层、设计构造等要求应符合我国现行国家标准《屋面工程技术规范》(GB 50345) 中的有关规定，其屋面宜设置两道防水层。采用轻型屋面、金属板屋面时，屋面应具有相应的承载力、刚度、稳定性和变形能力，其材料选用、系统构造应满足我国现行国家标准《屋面工程技术规范》(GB 50345) 和《坡屋面工程技术规范》(GB 50693) 中的有关规定；轻型屋面围护系统设计宜设置两道防水层。

8.5 内装系统设计要求

钢结构住宅的内装系统设计以及部品与材料选型应符合国家现行有关抗震、防火、防水、防潮和隔声等标准的规定，并应满足生产、运输和安装等要求。钢结构住宅的内装系统设计应遵循模数协调的原则，应与结构系统、外围护系统、设备与管线系统进行一体化集成设计。钢结构住宅的内装系统设计应满足内装部品的连接、检修更换和设备管线使用年限的要求。钢结构住宅宜采用工业化生产的集成化或模块化部品进行装配式内装设计。住宅内装系统设计应进行环境空气质量预评价，室内空气物的活度和浓度应符合我国现行国家标准《住宅设计规范》(GB 50096) 中的有关要求。钢结构住宅的内装系统设计应符合我国现行国家标准《建筑内部装修设计防火规范》(GB 50222)、《民用建筑工程室内环境污染控制规范》(GB 50325)、《民用建筑隔声设计规范》(GB 50118) 和现行行业标准《住宅室内装饰装修设计规程》(JGJ 367) 中的有关规定。内装系统设计应对可能引起传声的钢构件、设备管道等采取有效的减振和隔声措施，对钢构件应进行隔声包覆并采取有效的系统性隔声措施。

(1) 内装部品要求

钢结构住宅应在建筑设计阶段对轻质隔墙、顶棚、楼地面、墙面、集成式或整体厨房、集成式或整体卫浴、整体收纳等部品进行设计选型。内装部品应与套内管线与设备进行集成设计，并宜满足干式工法的要求。内装部品应具有标准化和互换性，其内装部品与管线之间、部品之间的连接接口应具有通用性。

（2）隔墙、顶棚和楼地面要求

钢结构住宅设计的可选用3类隔墙系统类型，即装配式轻型条板隔墙系统；装配式骨架复合板隔墙系统；块体材料隔墙系统。

隔墙设计应遵守8条规定，即隔墙应满足轻质、高强、防火、隔声等要求，卫生间和厨房的隔墙应满足防潮要求；分户墙的空气声隔声性能应符合我国现行国家标准《住宅设计规范》（GB 50096）中的有关要求；隔墙材料的有害物质限量应符合我国现行国家标准《室内装饰装修材料内墙涂料中有害物质限量》（GB 18582）的有关规定；隔墙采用预制装配式墙体材料时应经过模数协调确定隔墙板中基本板、洞口板、转角板和调整板等类型板的规格、尺寸和公差；隔墙与室内管线的构造设计应避免管线安装和维修更换对墙体造成破坏；墙板与不同材质墙体的板缝应采取弹性密封措施，门框、窗框与墙体连接应满足可靠、牢固、安装方便的要求；卫生间、厨房与相邻房间隔墙应采取有效的防水措施；7度以上抗震设防地区的镶嵌式内墙应在钢梁、钢柱间设置变形空间，分户墙的变形空间应采用轻质防火材料填充。

顶棚设计应符合两条规定，即：顶棚应满足室内净高的需求；顶棚内设备管线集中的部位应设置检修口。

楼地面设计应遵守以下规定，即：住宅分户层间楼板及分隔住宅和非居住用途空间楼板的空气声隔声性能应符合现行国家标准《住宅设计规范》（GB 50096）中的有关要求；外墙与楼板端面间的缝隙应采用防火隔声材料填塞；钢部（构）件在套间内或户内空间中时易形成声桥，应采用隔声材料或混凝土材料填充或包覆措施；楼地面材料宜采用可敷设管线的架空地板系统的集成化部品，地板采暖时宜采用干式低温地板辐射的集成化部品；架空地板系统宜设置减振构造；架空层架空高度应根据管径尺寸、敷设路径、设置坡度等确定，并应设置检修口。

（3）厨房、卫浴和收纳要求

钢结构住宅的集成式或整体厨房部品应符合4条规定，即：洗涤池、灶具、操作台、排油烟机等设施应合理设置，并应预留厨房电器设施设备的位置和接口；应预留燃气热水器及排烟管道的安装及留孔条件；给水排水、燃气管线等应集中设置、合理定位，并应设置检修口；优先选用模数化、标准化、系列化的厨房部品。

钢结构住宅的集成式或整体卫浴部品应符合6条规定，即：便器、洗浴器、洗面器等三件卫生设施的位置应合理设置；优先选用设计模数化、标准化、系列化的卫浴，宜采用干湿分离的布置方式；洗衣机、排气扇（管）、暖风机等应综合考虑设置；卫浴的给水排水、通风和电气等管道管线应在其预留空间内安装完成，在与给水排水、电气等系统预留的接口连接处应设置检修口；应进行等电位联结设计；符合干法施工和同层排水的要求，优先采用内拼式部品安装。

收纳空间设计应符合系列化与标准化原则，宜优先选用标准化系列化的整体收纳部品。

8.6 设备与管线系统设计要求

钢结构住宅设备与管线设计应符合我国现行国家标准《住宅建筑规范》（GB 50368）、《住宅设计规范》（GB 50096）中的有关规定。设备与管线宜与主体结构相分离、方便维

修更换，且不应影响主体结构安全。钢结构住宅设备与管线应综合设计、合理选型、准确定位。设备与管线设计宜采用集成化技术或部品，并应进行管线综合布线设计。公共管线、阀门、检修配件、计量仪表、电表箱、配电箱、智能化配线箱等应设置在公共区域。设备与管线不得与钢结构本体直接接触，当达不到此要求时，应有防护措施。设备与管线穿外墙、楼板、屋面、分户墙时应采取防水、防火、隔声、隔热措施。钢结构住宅设备与管线安装不应在预制构件安装后开槽、钻孔、打洞，在具有防火保护层的钢结构上安装管道或设备支吊架时，应不影响钢结构的防火及防腐性能。设备与管线的抗震设计应符合我国现行国家标准《建筑机电工程抗震设计规范》（GB 50981）中的有关规定。

（1）给水排水要求

钢结构住宅平均日用水量应满足我国现行国家标准《民用建筑节水设计标准》（GB 50555）中的节水用水定额的有关要求。钢结构住宅冲厕水源的水质应符合我国现行国家标准《城市污水再生利用城市杂用水水质》（GB/T 18920）中的有关规定，并应有防止误饮误用的安全措施。钢结构住宅卫生间应采用同层排水方式，其排水管道敷设的架空层应考虑检修措施。集成式或整体厨房、整体卫浴应预留相应的给水、热水、排水管道接口，给水系统配水管道接口的型式和位置应便于检修。钢结构住宅设置太阳能热水系统时，集热器、储水罐等应与主体结构、外围护系统、内装系统一体化设计。钢结构住宅应选用耐腐蚀、寿命长、降噪好、便于安装及更换、连接可靠、密封性能好的管材、管件以及阀门设备。

（2）供暖、通风、空调及燃气要求

供暖通风、空调方式及冷热源的选择，应根据当地能源、气候及技术经济等综合因素确定。钢结构住宅的新风量应能满足室内卫生要求，并应充分利用自然通风。

钢结构住宅室内设置供暖系统时应遵守两条规定，即：优先选用干式低温热水地板辐射供暖系统；当室内采用散热器供暖时，供回水管宜优先选用干法施工，安装散热器的墙板构件应采取加强措施。

同层排水架空地板的卫生间部分不宜采用低温热水地板辐射供暖系统。无外窗的卫生间应设置防止倒流的机械排风系统，且应留有所需的进风面积，其房间的全面通风换气次数不宜小于 3 次/小时。供暖、通风及空调系统冷热输送管道应符合相关规范要求采取防结露和绝热措施，冷热水管道固定于梁柱等钢构件上时，应采用绝热支架。空调及通风系统的设备及管道宜结合建筑方案进行整体设计，并应预留接口位置。设备基础和构件应与主体结构牢固连接，按设备技术要求预留孔洞，并应采取减震措施。供暖及通风管道应采用牢固的支架、吊架并应有防颤措施。燃气系统设计应符合我国现行国家标准《城镇燃气设计规范》（GB 50028）中的有关规定。厨房、卫浴设置水平排气系统时，其室外排气口应采取避风、防雨、防止污染墙面等措施。

（3）电气和智能化要求

电气和智能化系统设计应符合我国现行国家标准《住宅设计规范》（GB 50096）、《住宅建筑规范》（GB 50638）、《住宅区和住宅建筑内光纤到户通信设施工程设计规范》（GB 50846）、《住宅区和住宅建筑内通信设施工程设计规范》（GB/T 50605）、行业标准《住宅建筑电气设计规范》（JGJ 242）中的有关规定。

电气和智能化系统设计应满足 7 条要求，即：电气和智能化的设备与管线宜与主体结

构分离；电气和智能化系统的主干线应在公共区域设置；每套住宅应设置户配电箱和智能化家居配线箱；楼梯间、走廊等公共区域应设置人工照明，并应采用高效节能的照明装置和节能控制措施；每套住宅应设置电能表，共用设施宜设置分项独立计量装置；电气和智能化设备应采用模数化设计，并应在预制墙板、楼板中预制金属穿线管及接线盒，且应满足准确定位要求；隔墙两侧的电气和智能化设备不应直接连通设置，管线连接处宜采用可弯曲电气导管。

防雷及接地设计应满足以下要求，即：住宅建筑物的防雷分类应按我国现行国家标准《建筑物防雷设计规范》（GB 50057）中的有关规定并应按防雷分类设置防雷设施，电子信息系统应符合我国现行国家标准《建筑物电子信息系统防雷技术规范》（GB 50343）中的有关规定；防雷引下线和共用接地装置应利用建筑及钢结构自身作为防雷接地装置，构件连接部位应有永久性明显标记且其预留防雷装置的端头应可靠连接；外围护系统的金属围护构件、金属遮阳构件、金属门窗等应按要求采取防雷措施；配电间、弱电间、监控室、各设备机房、竖井和设有洗浴设施的卫生间等应设等电位联结，接地端子应与建筑物本身的钢结构金属物联结。

8.7 建筑部品部（构）件生产和施工安装与质量验收

部品部（构）件的生产应具有相关国家现行产品技术标准或企业标准以及生产工艺设施；生产和安装企业应具备相应的安全、质量和环境管理体系。部品部（构）件应在工厂生产制作；部品部（构）构件生产和安装前，应编制生产制作和安装工艺方案，并应在生产和安装过程中严格执行；钢结构和墙板的安装应编制施工组织设计和施工专项方案。部品部（构）件生产和施工安装前，应根据施工图的内容进行施工详图设计。部品部（构）件生产、安装、验收使用的量具应经过统一计量标准标定，并应具有统一精度等级。施工人员应接受相关专业培训，特殊工种人员应持特殊工种操作证上岗。

（1）部品部（构）件生产

部品部（构）件制作用材料应具有合格证和产品质量证明文件，其品种、规格、性能指标应满足部品部（构）件产品标准或专项技术条件要求；其涉及安全、功能、节能、环保的原材料应按相关施工验收规范进行抽样复验。钢支撑制孔应在节点板和斜杆制作完成后采用配模套钻工艺制作，并应进行首件工厂实体拼装，拼装后尺寸允许偏差应符合表8-1的规定，其质量稳定后可采用实体预拼装或数字化虚拟预拼装的方法。

表 8-1 钢支撑单元工厂预拼装尺寸允许偏差

项次	允许偏差（mm）
同一根梁两端标高差	≤2.0
上下层梁轴线错位	≤3.0
柱、支撑杆件接口对边错位	≤2.0

柱-梁焊接连接节点的过焊孔宜采用机械切削加工和锁口机加工，梁下翼缘的焊接衬板宜割除且反面清根。外墙板制作前应进行排板布置设计，布板板型中的前三类规格的数量应超过同类板型50%以上；当采用外挂大墙板时，板单元应以单门或单窗为中心，以

其开间为宽度，以建筑层高为高度。每个部品部（构）件加工制作完成后，应在部品部（构）件近端部一处表面打印标识；大型部品部（构）件应在多处易观察位置打印相同标识；标识内容应包括工程名称、部品部（构）件规格与编号、部品部（构）件长度与重量、日期、质检员工号及合格标识、制造厂名称。按照产品标准或产品技术条件生产的部品部（构）件出厂，应提供型式检验报告、合格证及产品质量保证文件。墙板出厂验收的几何偏差应不超过表 8-2 的规定，并不得有损伤、裂缝和缺陷。

表 8-2　墙板最大允许偏差

项目		几何偏差（mm）
覆面板表面平整度		1.0
预制墙板表面	平直度	≤L/1000
	厚度	±2.0
	长度	−5.0
	宽度	−2.0

注：表中 L 为板的长度，单位 mm。

（2）部品部（构）件施工安装要求

部品部（构）件安装现场应设置专门的部品部（构）件堆场，应有防止部品部（构）件表面污染、损伤及安全保护的措施，并不得曝晒和淋雨。原材料或部品部（构）件进场后应按相关施工验收规范要求进行检查和验收。部品部（构）件安装施工除应满足本书 8.7 小节的规定外，还应进行施工阶段结构分析与验算以及部品部（构）件吊装验算；施工用临时支撑的拆除须在结构稳定后方可进行。

当在混凝土中安装预埋件和预埋螺栓时，宜采用定位支架将其与混凝土结构中的主钢筋连接，并在混凝土初凝前进行再次测量复校。钢结构安装应按钢结构工程施工组织设计的要求与顺序进行施工，并宜进行施工过程监测。预制楼板安装应在专业人员指导下按照产品说明书进行施工。内隔墙安装应根据排板图、施工作业指导书或安装指导说明书的要求进行施工。当采用集成式或整体厨卫时，其安装应按照厨卫设备供应商提供的安装指导说明书的要求进行施工。

（3）质量验收要求

钢结构住宅质量验收应符合我国现行国家标准《建筑工程施工质量验收统一标准》（GB 50300）中及其相关专业工程质量验收规范的有关规定。钢结构住宅工程质量验收的分部工程应按表 8-3 划分，相应的分项工程和检验批应按表 8-3 所列的工程验收标准确定；对我国现行规范中没有规定的验收项目，应由建设单位组织设计、施工、监理等相关单位共同制定验收要求。

表 8-3　钢结构住宅分部工程划分及验收标准

序号	分部工程	执行的主要质量验收标准
1	地基与基础	《建筑地基基础工程施工质量验收规范》（GB 50202）
2	主体结构	《钢结构工程施工质量验收规范》（GB 50205）、《钢管混凝土工程施工质量验收规范》（GB 50628）、《混凝土结构工程施工质量验收规范》（GB 50204）

续表

序号	分部工程	执行的主要质量验收标准
3	建筑装饰装修	《建筑装饰装修工程质量验收规范》(GB 50210)、《住宅室内装饰装修工程质量验收规范》(JGJ/T 304)
4	屋面及围护系统	《屋面工程质量验收规范》(GB 50207)、《墙体材料应用统一技术规范》(GB 50574)、经评审备案的企业产品及其技术标准
5	建筑给排水及采暖	《建筑给水排水及采暖工程施工质量验收规范》(GB 50242)、《通风与空调工程施工质量验收规范》(GB 50243)
6	通风与空调	《通风与空调工程施工质量验收规范》(GB 50243)
7	建筑电气	《建筑电气工程施工质量验收规范》(GB 50303)
8	智能建筑	《智能建筑工程质量验收规范》(GB 50339)
9	建筑节能	《建筑节能工程施工质量验收规范》(GB 50411)
10	电梯	《电梯工程施工质量验收规范》(GB 50310)

部品部（构）件质量应符合国家现行有关标准的规定，并应具有产品标准、出厂检验合格证、质量保证书和使用说明文件书；同一厂家生产的同批材料、部品，用于同期施工且属于同一工程项目的多个单位工程，可合并进行进场验收。

表 8-4　钢结构住宅主体结构分部子分部、分项工程划分

分部工程	子分部工程	分项工程
主体结构	楼板结构	压型金属板、钢筋桁架板、预制混凝土叠合楼板、木模板、钢筋、混凝土、抗剪栓钉
	钢管混凝土结构	钢管焊接，螺栓连接，钢筋，钢管制作、安装，混凝土
	钢结构	钢结构焊接，紧固件连接，钢零部件加工，单层、多层及高层钢结构安装，钢结构涂装，钢构件组装，钢构件预拼装

钢结构住宅主体结构分部验收应符合以下规定，即：主体结构分部应按表 8-4 进行子分部、分项工程验收；检验批可根据钢结构住宅建筑装配式施工特征、后续施工安排和相关专业验收需要，按楼层、施工段、变形缝等进行划分；分项工程可由一个或若干个检验批组成，且宜分层或分段进行验收；子分部工程验收分段可按施工段划分，并应在主体结构工程验收前按实体和检验批进行验收，且应分别按主控项目和一般项目验收；检验批、分项工程、子分部的验收程序应符合我国现行国家标准《建筑工程施工质量验收统一标准》(GB 50300) 的规定；分段验收段内全部子分部工程验收合格且结构实体检验合格，可认定该段主体分部工程验收合格。

主体结构安装质量检验应符合以下要求，即：建筑物定位轴线、基础上柱的定位轴线和标高、地脚螺栓（锚栓）位移应符合设计要求，当设计无要求时最大偏差应符合表 8-5 要求；柱子安装的最大允许偏差应符合表 8-6 要求；建筑物主体结构的整体垂直度和整体平面弯曲的最大允许偏差应符合表 8-7 的规定。

表 8-5　建筑物定位轴线、基础上柱的定位轴线和标高、地脚螺栓（锚栓）的允许偏差

项目		允许偏差（mm）
建筑物定位轴线		L/20000，且不应大于 3.0
基础上柱的定位轴线		1.0
支承面	标高	±3.0
	水平度	L/1000
基础上柱底标高		±2.0
地脚螺栓（锚栓）位移		5.0
预留孔中心偏移		10.0

注：L 为轴线间距。

表 8-6　柱子安装的最大允许偏差

项目			允许偏差（mm）
底层柱柱底轴线对定位轴线偏移			3.0
柱子定位轴线			1.0
上下柱连接处的错口			3.0
同一层柱的各柱顶高度差			5.0
单节柱的垂直度	单层柱	$H \leqslant 10$m	H/1000
		$H > 10$m	H/1000，且不应大于 10.0
	多节柱	单节柱	h/1000，且不应大于 10.0
		柱全高	15.0

注：H 为单层柱高度；h 为多节柱中单节柱的高度。

表 8-7　建筑主体结构整体垂直度和整体平面弯曲的最大允许偏差

项目	允许偏差（mm）	图例
主体结构的整体垂直度	H/2500+10.0，且不应大于 15mm	Δ　H
主体结构的整体平面弯曲	L/1500，且不应大于 7.0mm	Δ　L

注：H 为建筑高度，L 为建筑宽度。

外围护系统的施工质量应按一个分部工程进行质量验收，该分部工程应包含外墙、内墙、屋面和门窗等若干个分项工程。

外围护墙体质量检验应符合以下规定，即：外围护墙体部品部（构）件出厂应有原材料质保书、原材料复验报告和出厂合格证，其性能应满足设计要求；外挂大墙板安装尺寸允许偏差及检验方法应符合表 8-8 的规定；内隔墙安装尺寸最大允许偏差及检验方法，应符合表 8-9 的规定。

表 8-8　外挂大墙板安装尺寸允许偏差及检验方法

<table>
<tr><th colspan="3">项目</th><th>允许偏差（mm）</th><th>检验方法</th></tr>
<tr><td colspan="3">中心线对轴线位置</td><td>3.0</td><td>尺量检查</td></tr>
<tr><td colspan="3">标高</td><td>±3.0</td><td>水准仪或尺量检查</td></tr>
<tr><td rowspan="4">垂直度</td><td rowspan="2">每层</td><td>≤3m</td><td>3.0</td><td rowspan="4">全站仪检查</td></tr>
<tr><td>>3m</td><td>5.0</td></tr>
<tr><td rowspan="2">全高</td><td>≤10m</td><td>5.0</td></tr>
<tr><td>>10m</td><td>10.0</td></tr>
<tr><td colspan="3">相邻单元板平整度</td><td>2.0</td><td>钢尺、塞尺检查</td></tr>
<tr><td rowspan="2">板接缝</td><td colspan="2">宽度</td><td rowspan="2">±1.0</td><td rowspan="2">尺量检查</td></tr>
<tr><td colspan="2">中心线位置</td></tr>
<tr><td colspan="3">门窗洞口尺寸</td><td>±5.0</td><td>尺量检查</td></tr>
<tr><td colspan="3">上下层门窗洞口偏移</td><td>±3.0</td><td>垂线和尺量检查</td></tr>
</table>

表 8-9　内隔墙安装尺寸最大允许偏差及检验方法

项次	项目名称	允许误差（mm）	检验方法
1	墙面轴线位置	3.0	经纬仪、拉线、尺量
2	层间墙面垂直度	3.0	2m 托线板，吊垂线
3	板缝垂直度	3.0	2m 托线板，吊垂线
4	板缝水平度	3.0	拉线、尺量
5	表面平整度	3.0	2m 靠尺、塞尺
6	拼缝误差	1.0	尺量
7	洞口位移	±3.0	尺量

墙体、楼板和门窗安装质量检验应符合以下规定，即：应实测墙体、楼板的隔声参数数值以及楼板的自振频率；应实测外墙及门窗的传热系数；上述实测数值应符合设计规定。

各分项工程质量标准应符合 3 条要求，即：各检验批应质量验收合格且质量验收文件齐全；观感质量验收应合格；结构材料进场检验资料应齐全，并应符合设计要求。

钢结构住宅单位工程质量验收符合以下 5 条规定则可评定为合格（否则评定为不合格）：所含分部（子分部）工程的质量均验收合格；质量控制资料完整；所含分部工程中有关安全、节能、环境保护和主要使用功能的检验资料完整；主要使用功能的抽查结果符合相关专业验收规范的规定；观感质量符合要求。

8.8　建筑使用和维护与管理要求

钢结构住宅设计文件应注明其设计条件、使用性质及使用环境。建设单位向用户交付销售物业时，应按国家有关规定的要求提供《住宅质量保证书》和《住宅使用说明书》。

《住宅使用说明书》除应符合现行相关规定外还应包含 3 方面内容：主体结构、外围

护、内装修、设备管线等的系统、做法以及使用、检查和维护要求；装修、装饰注意事项应包含允许业主或使用者自行变更的部分与相关禁止行为；钢结构住宅部品部（构）件生产厂、供应商提供的产品使用维护说明书，主要部品部（构）件宜注明检查与使用维护年限。

（1）使用和维护要求

钢结构住宅的业主或使用者不应改变原设计文件中规定的使用条件、使用性质及使用环境。室内装饰装修和使用过程中，严禁损伤主体结构和外围护结构系统。装修和使用中发生下述3种行为之一者，应当经原设计单位或者具有相应资质的设计单位提出技术方案并按设计规定的技术要求进行施工及验收：超过设计文件规定楼面装修荷载或使用荷载；改变或损坏钢结构防火、防腐蚀的相关保护及构造措施；改变或损坏建筑节能保温、外墙及屋面防水相关构造措施。

（2）物业服务要求

物业服务企业宜完成以下服务工作：按法律法规要求向建设单位移交相关资料；与业主共同制定物业《检查与维护更新计划》；建立对主体结构、外围护、内装修、设备管线系统的检查与维护制度；明确检查时间与部位，遵照执行，并形成检查与维护记录。

物业服务企业应将钢结构住宅装饰装修和使用中的禁止行为和注意事项告知业主或使用者，并在室内装饰装修过程中进行检查督促。物业服务宜采用信息化手段，建立建筑、设备与管线等的管理档案。

习　　题

1. 简述钢结构住宅的特点及设计总体要求。
2. 钢结构住宅建筑集成设计的基本要求有哪些？
3. 钢结构住宅结构系统设计的基本要求有哪些？
4. 简述钢结构住宅外围护系统设计的基本要求。
5. 简述钢结构住宅内装系统设计的基本要求。
6. 简述钢结构住宅设备与管线系统的设计要求。
7. 如何做好钢结构住宅的质量验收工作？
8. 简述对钢结构住宅建筑使用、维护与管理的基本要求。

第9章　预应力钢结构工程

9.1　预应力钢结构工程设计施工的宏观要求

预应力钢结构的设计和施工应做到技术先进、经济合理、安全适用、确保质量，应发挥预应力钢结构承载力高、稳定性好、刚度大、用材省的优势，使其更加符合节能、减排、低碳、环保要求。限于篇幅，本章仅介绍工业与民用建筑和构筑物中平面和空间预应力钢结构等承重体系的设计、施工及维护，预应力玻璃幕墙和索膜结构以及其他预应力钢结构（桥梁结构、塔桅结构、冷弯薄壁型钢结构等）除应遵守本章规定外，还应符合国家现行有关标准的规定。

预应力钢结构设计应根据建筑功能、材料供应及制造、施工条件等确定先进合理的预应力钢结构体系和施工方案，满足施工和使用过程中各种工况下结构的强度、刚度和稳定性要求，并符合防火和防腐的有关规定，施工前应编制施工组织设计，并应由资质合格的专业队伍进行施工，严格进行质量检查及验收标准。

预应力钢结构设计文件中应注明结构使用年限、钢材、索杆和锚具材料的牌号和等级、连接材料的型号和材料性能、化学成分、附加保证项目，还应注明预应力施工的总体要求。预应力钢结构的施工制作单位应根据已批准的技术设计文件绘制施工详图。如需修改设计，应经原设计单位同意并签署文件后方能实施。在预应力钢结构工程服役期间，未经原设计单位审核批准，不得擅自更改预应力钢结构工程的使用功能、服役环境及荷载条件。

预应力钢结构是指在设计、制造、施工和使用过程中采用人为的方法引入预应力以提高结构强度、刚度、稳定性的各类钢结构。单次预应力是指对结构只进行一次性施加预应力的卸载方法。多次预应力是指在制造、施工过程中对结构两阶次以上施加预应力的卸载方法。先张法是指在单次预应力施工中，首先对结构张拉的卸载方法。中张法是指在单次预应力施工中，对结构部分加载后再张拉的卸载方法。多张法是指在多次预应力施工中，数次张拉与加载相间进行的卸载方法。拉索法是指用张拉钢索在结构中产生卸载效应的方法。位移法是指强迫支座或其他部位的移位在结构中产生卸载效应的方法。变形法是指将不同弹性变形的肢件组拼成构件整体，利用各肢件的不同恢复力提高构件承载力的制造方法。布索方案是指使预应力拉索在结构体系中有效卸载的布置方案。廓外布索是指在结构轮廓线外布置索系以取得较大卸载效应的方法。廓内布索是指在结构轮廓线内（或紧贴轮廓线）布置索系以节省建筑空间的方法。预应力（张拉）阶次是指对结构进行多次张拉的

阶次 n，一般 $2\leqslant n\leqslant 4$。卸载杆是指在结构中产生与荷载应力符号相反的预应力的杆件。增载杆是指在结构中产生与荷载应力符号相同的预应力的杆件。中性杆是指预应力不产生荷载效应的结构杆件。设计杆是指设计时具有最大内力值控制截面选择的一组杆件。内力峰值是指荷载作用下，构件截面内产生的最大内力值。先张肢是指由数肢组成的张拉构件或数根施加预应力的拉索中排序在前列进行张拉者。后张肢是指由数肢组成的张拉构件或数根施加预应力的拉索中排序在后列进行张拉者。应力松弛（损失）是指在预应力张拉过程中后张肢导致先张肢的内应力下降，或因锚固构造的压缩变形等而导致的应力损失。锚固节点是指拉索或张拉杆件锚固于结构上的着力节点。转折节点是指在拉索转变走向的折点处与结构相连接的节点。张拉节点是指用设备、器具等对拉索进行张拉以施加预应力的着力节点。

预应力钢结构中的张弦结构是指通过张拉钢索或拉杆对梁、桁架、网架、网壳等结构施加预应力形成的结构体系。张弦梁是指上弦为实腹钢梁，下弦为张力索或拉杆，或中间连以撑杆的结构体系。张弦桁架是指上弦为钢桁架，下弦为张力索或拉杆，或中间连以撑杆的结构体系。张弦网架是指通过钢索（或拉杆）对网架结构施加预应力而形成的结构。张弦穹顶是指通过钢索（或拉杆）对网壳结构施加预应力而形成的结构。吊挂结构是指以吊索悬挂横向构件或结构体系。索膜结构是指以立柱、压杆、预应力拉索为主要承重构件，上边覆以绷紧膜面的结构体系。索-玻璃幕墙结构是指由双层或交叉的预应力索与压杆组成的点支玻璃幕墙承重结构。张拉系数是指考虑预应力效应对结构的影响和力度的准确性而对张拉力进行调整的系数。索穹顶是指由中心节点、外环、上下两层预应力拉索和两层索之间撑杆而成的一种空间张力结构体系。多高层预应力钢结构是指通过钢索或拉杆对多高层钢结构构件或体系施加预应力，或者在施工安装过程中引入预应力形成的多高层结构体系。预应力工艺是指在钢结构的制造、装配和施工各工序中，向结构体系中引入预应力的技术措施，其基本方法有拉索法、位移法和变形法等，可单次施加预应力和多次施加预应力。施工仿真是指对预应力钢结构工程的各个环节按照施工过程建立分析模型，运用计算机进行模拟计算，模拟现场真实施工的全过程，可实现对施工方案的分析决策、得到施工控制的关键数据。承载能力极屈比是指结构体系极限承载力系数与屈服承载力系数之比。抗变形能力极屈比是指结构体系极限变形与屈服变形之比。结构屈服后极限抗变形能力是指预应力钢结构结构屈服后极限抗变形能力是从屈服状态开始到极限破坏状态，或到达极限破坏状态以后，承载力还没有明显下降期间的变形能力。

9.2 结构设计方法与相关要求

9.2.1 设计的基本原则

对结构体系施加预应力的技术方案及选择预应力的力度和阶次应遵循结构卸载效益大于结构增载消耗，并保证结构整体效益增长的原则。预应力钢结构设计应包括以下 8 方面内容：结构方案设计（包括结构选型、构件布置及传力路径等）；作用及作用效应计算；预应力设计；结构极限状态设计；结构体系、构件、节点设计；预应力张拉施工与承载全过程仿真分析与设计；防腐、防火等耐久性设计；其他专项设计。预应力钢结构采用以概率理论为基础的极限状态设计方法，以可靠指标度量结构的可靠度，采用分项系数的设计表达式进行设计。

预应力钢结构设计时的作用及作用组合应符合以下要求：结构上的直接作用（荷载）应根据我国现行国家标准《建筑结构荷载规范》（GB 50009）及相关标准确定，地震作用应根据我国现行国家标准《建筑抗震设计规范》（GB 50011）确定，间接作用和偶然作用应根据有关的标准或具体情况确定。预应力预制构件制作、运输及安装时应考虑相应的动力系数，应考虑施工阶段的作用，进行施工验算。对于简单形体预应力钢结构的风载体型系数，可按我国现行国家标准《建筑结构荷载规范》（GB 50009）取值，对于跨度大于60m的复杂形体的预应力钢结构和新型预应力钢结构，宜通过风洞试验或专门研究确定风荷载体型系数，对于基本自振周期大于0.25s的预应力钢结构宜进行风振计算。对结构构件及连接节点的强度、稳定性以及疲劳强度的计算，应采用作用效应的基本组合值，结构体系或构件正常使用要求的变形、结构变形能力、结构体系稳定承载力的计算，应采用作用效应的标准组合值。严寒地区暴露在室外的预应力拉索应考虑裹冰荷载的作用，还应做外保护层防止腐蚀。对非抗震设计，作用及作用组合的效应应按我国现行国家标准《工程结构可靠性设计统一标准》（GB 50153）、《建筑结构荷载规范》（GB 50009）进行计算；对抗震设计，地震组合的效应尚应按我国现行国家标准《建筑抗震设计规范》（GB 50011）进行计算，结构计算中的各项系数（重要性系数、分项系数、组合系数、动力系数等）应按国家现行有关标准的规定采用。

结构安全等级及设计使用年限、设计用途应符合以下要求：预应力钢结构的安全等级和设计使用年限应符合我国现行国家标准《工程结构可靠性设计统一标准》（GB 50153）的规定；预应力钢结构中各类结构构件和节点的安全等级宜与整个结构的安全等级相同，对其中部分结构构件和节点的安全等级可根据其重要程度适当调整，对于结构中重要构件和节点，宜适当提高其安全等级；设计应明确结构的用途，在设计使用年限内未经技术鉴定或技术许可，不得改变结构的用途和使用环境。

承载能力极限状态应符合以下基本要求：承载能力极限状态为结构或构件达到最大承载能力，或达到不适于继续承载变形的状态；屈服状态为结构某构件全截面屈服或结构体系荷载位移跟踪曲线的平滑段起点，二者取外荷载最小的状态；屈服状态对应的荷载为屈服荷载（F_y），极限状态对应的荷载为极限荷载（F_u），屈服荷载（F_y）与设计荷载标准组合值（F）的比值为结构屈服承载力系数（K_y）；极限荷载（F_u）与设计荷载标准组合值（F）的比值为结构极限承载力系数（K_u）；极限荷载（F_u）与屈服荷载（F_y）比值为结构体系承载力极屈比（K_F）。

承载能力极限状态设计内容宜包括以下部分：结构体系稳定承载力；结构构件或连接节点因超过材料强度而破坏或因过度变形而不适于继续承载，即结构构件或连接节点的强度；结构构件丧失稳定或连接节点局部丧失稳定，即结构构件或连接节点的稳定性；结构构件或连接节点的疲劳破坏；结构转变为机动体系或结构因局部破坏而发生连续倒塌；结构倾覆即整个结构或结构的一部分作为刚体失去平衡。

结构抗变形能力极限状态应符合以下基本要求：屈服状态对应的变形为屈服变形（D_y），极限状态对应的变形为极限变形（D_u），设计荷载标准值下的变形值为（D），极限变形与屈服变形比值为结构抗变形能力极屈比（K_D）。结构抗变形能力设计内容应包括结构体系整体破坏极限状态的弹塑性变形与抗变形极屈比；结构构件或节点局部破坏极限状态的弹塑性变形与抗变形极屈比；

正常使用极限状态应解决以下问题：影响正常使用的振动；影响正常使用或防火防腐等耐久性能的局部损坏；影响正常使用功能或外观的结构体系或构件的变形；影响正常使用的其他特定状态。

施工与使用阶段力学仿真分析应符合以下基本要求：预应力张拉施工过程对结构成形态的力学性能产生影响，应进行预应力张拉施工、承载过程和使用阶段各种工况的力学仿真分析与设计，必要时还需要考虑使用阶段换索的工况。

9.2.2 结构选型

预应力钢结构选型应结合建筑造型、建筑功能、结构跨度、支承条件、制作安装、预应力张拉工艺、荷载等级、结构承载能力及变形能力等要求综合确定。结构体系宜采用超静定体系，优先选用空间结构体系，保证结构体系安全性有多道防线。当选用平面结构体系时，可采用设置上弦平面外约束等措施，保证结构体系平面外稳定性能。结构传力途径应简捷、明确，重要构件和节点应加强构造措施。平面结构体系中的预应力张拉杆件（拉索）应布置在承重结构的主平面或与之平行的对称平面内。空间结构体系中的预应力张拉杆件应布置在预应力效应较高的三维空间内。

9.2.3 设计方程

预应力钢结构按承载能力极限状态进行基本组合计算时，当荷载与荷载效应为线性关系的情况应采用式（9-1）所示的设计表达式。

$$\gamma_{\mathrm{o}}(\gamma_{\mathrm{G}}S_{\mathrm{GSk}}+\sum_{i=1}^{m}\gamma_{\mathrm{p}i}\gamma_{\mathrm{T}}S_{\mathrm{p}i}+\gamma_{\mathrm{Q1}}S_{\mathrm{Q1k}}+\sum_{i=2}^{n}\gamma_{\mathrm{Q}i}\psi_{\mathrm{C}i}S_{\mathrm{Q}i\mathrm{k}})\leqslant R(\gamma_{\mathrm{R}},f_{\mathrm{K}},a_{\mathrm{K}}\cdots) \tag{9-1}$$

式（9-1）中，$\gamma_{\mathrm{p}i}$ 为第 i 个预拉力分项系数，预应力效应属永久荷载效应，预应力分项系数，对结构有利时取 $\gamma_{\mathrm{p}i}=1.0$，不利时取 $\gamma_{\mathrm{p}i}=1.3$；γ_{T} 为张拉系数；$S_{\mathrm{p}i}$ 为第 i 个预拉力标准值的效应；其余符号含义与我国现行国家标准《建筑结构荷载规范》（GB 50009）相同。

当荷载与荷载效应为非线性关系时，应先进行荷载组合再按照式（9-2）进行结构非线性计算。

$$\gamma_{\mathrm{O}}S(\gamma_{\mathrm{G}}G_{\mathrm{k}}+\sum_{i=1}^{m}\gamma_{\mathrm{p}i}\gamma_{\mathrm{T}}P_{\mathrm{k}i}+\gamma_{\mathrm{Q1}}Q_{\mathrm{1k}}+\sum_{i=2}^{n}\gamma_{\mathrm{Q}i}\psi_{\mathrm{Cf}}Q_{i\mathrm{k}})\leqslant R(\gamma_{\mathrm{R}},f_{\mathrm{k}},a_{\mathrm{k}}\cdots) \tag{9-2}$$

式（9-2）中，G_{k} 为永久荷载标准值；$P_{\mathrm{k}i}$ 为第 i 个预应力标准值；Q_{1k} 为第 1 个可变荷载标准值；$Q_{i\mathrm{k}}$ 为第 i 个可变荷载标准值；其余符号含义与我国现行国家标准《建筑结构荷载规范》（GB 50009）相同。

预应力荷载对结构构件的张拉系数 γ_{T} 应区别不同情况取值，即杆件荷载应力与预应力符号相同或符号相反但杆件预应力值大于荷载应力值时应采用 $\gamma_{\mathrm{T}}=1.1$。杆件荷载应力值大于预应力值且符号相反时应采用 $\gamma_{\mathrm{T}}=0.9$。以有效手段（如采用测力计或其他仪表）直接监测预应力张力值时，对所有杆件均可采用 $\gamma_{\mathrm{T}}=1.0$。在多次预应力结构中，当杆件的预应力效应随阶次而变号时也应按上述规定分别取值。

玻璃幕墙和采光顶支撑结构的正常使用极限状态验算应包括结构变形不超过规定值和卸载索预应力不退零两种情况。玻璃幕墙和采光顶支撑结构中索的预拉力应按最低预应力度原则确定，其最低预应力度应能保证索结构在正常使用的不利荷载工况作用下其卸载索不致松弛而退出工作，即满足式（9-3）的要求。

$$S_{Gk}+S_{Pk}+S_{Wk}+0.5S_{Ek}\geqslant 0 \tag{9-3}$$

式（9-3）中，S_{Gk}、S_{Pk}、S_{Wk}、S_{Ek}分别为恒荷载、预应力、风荷载、水平地震作用标准值作用下的内力值，其中0.5为玻璃幕墙工程技术规范规定的组合系数。

9.2.4　结构分析方法

结构分析的计算模型应符合以下要求，即结构分析采用的计算简图、几何尺寸、计算参数、边界约束条件、构件单元材料本构关系以及构造措施等应符合结构的实际状况。结构上的作用及其组合、初始预应力或强制预变形等，应符合结构的实际状况。结构分析中所采用的各种假定和简化，应有理论分析、试验依据或经工程实践验证，计算结果的精度应符合工程设计要求。预应力网架结构和预应力双层网壳结构分析，可假定杆件两端节点为铰接；预应力单层网壳结构分析，应假定节点为刚接；预应力钢管桁架及预应力拱架分析，弦杆两端一般可假定为刚接，腹杆两端一般可假定为刚接，但当杆件的节间长度与截面高度（或直径）之比不小于12（主管）和24（支管）时，也可假定腹杆两端节点为铰接。预应力结构单元（拉杆或索）计算分析时应设为只拉不压杆，拉杆或索在承载全过程应处于弹性受拉状态，不应退出结构承载工作。预应力钢结构分析时，应根据支座节点的位置、数量和构造情况以及主体支承结构的刚度，合理确定支座节点的边界约束条件；对于预应力网架、预应力双层网壳和预应力立体桁架，应按实际构造采用两向或一向可侧移、无侧移的铰接支座或弹性支座；对于预应力单层网壳可采用不动铰支座，也可采用刚接支座或弹性支座。预应力钢结构分析时，应考虑上部预应力钢结构与下部主体结构共同工作对各自受力的相互影响；体型规则的预应力钢结构共同工作分析时，可把下部支承结构简化处理作为上部预应力钢结构分析时的条件；体型复杂或新型预应力钢结构应建立上、下部结构整体模型进行计算分析。预应力钢结构的外荷载可按静力等效原则将节点所辖区域内的荷载集中作用在该节点上，当杆件上作用有局部荷载时，应另行考虑局部弯曲内力的影响。索膜结构、索网结构、索穹顶等预应力整体张拉结构以及几何非线性明显的大跨度张弦梁、弦支穹顶等预应力钢结构设计时应明确区分结构在预应力施加前后的状态，其中的“零状态（放样态）”是指结构无自重、无预应力的状态，用于构件的放样或下料；其中的“预应力态（初始形态）”是指结构在自重和预应力作用下的自平衡状态，可用于确定结构完成后的形状和坐标；其中的“荷载态（工作态）”是指在预应力态的基础上承受外荷载作用的状态；杆件、拉索长度应根据零状态确定，结构完成后的几何尺寸、标高应按预应力态确定。

结构分析方法主要有线性分析、非线性分析及试验分析，结构分析应根据结构类型、材料性能、力学特性等因素选择合理的分析方法。线性分析方法可应用于预应力钢结构体系静力弹性承载能力分析、正常使用状态下弹性变形分析、多遇地震反应谱分析及结构构件和连接节点的强度、刚度、稳定、疲劳的弹性设计；当跨度较大或结构几何非线性作用效应显著增大时，应考虑结构几何非线性的影响或进行几何非线性分析。非线性分析方法应用于预应力钢结构体系及连接节点的弹塑性设计、几何非线性分析、结构体系稳定承载力设计，非线性分析应遵循以下原则：材料的非线性本构关系性能指标可取材料通用值，其值可取双折线模型或多折线模型，重大工程宜根据实际材料通过材性试验确定本构关系取平均值；应考虑结构几何非线性的不利影响；宜考虑结构初始缺陷的不利影响；宜同时考虑结构几何非线性和材料非线性的不利影响。试验分析方法应用于新型结构体系、新型预应力构件、新型材料、重要或受力复杂的预应力结构体系及节点的设计；采用试验分析进行辅助设计的结构，应达到相关设计的可靠度水平，符合《工程结构可靠度设计统一标准》（GB 50153）相关要求，试验分析辅助设计应遵循以下规定：在试验进行前应制定试验方案，试验方案应包括试验目的、试件的选取和制作以及试验实施和评估等所有必要的说明；为制定试验方案应预先进行分析，确定所考虑结构或结构构件性能的可能临界区域和相应的极限状态设计标志；试件应采用与实际构件相同的加工工艺；按试验结果确定设计值时应考虑试验数量的影响；应适当考虑试验条件和结构实际条件差异的影响，包括尺寸效应、时间效应、试件的边界条件、加载制度、环境条件和工艺条件等的影响。

预应力施工与承载全过程仿真分析应符合以下要求：①预应力钢结构设计在方案选型及施工图设计时，应考虑预应力施工工艺的可实施性，进行结构施工与承载全过程仿真分析。②预应力钢结构施工应根据结构安全、施工序次建立包括主体结构和施工临时支撑结构的整体力学模型，进行施工全过程仿真分析及施工过程安全设计；预应力钢结构施工安装阶段与使用阶段支承情况不一致时，应根据不同支承条件，分析计算施工安装阶段和使用阶段在相应荷载作用下的结构位移和内力。③施工单位应将预应力施工全过程仿真分析及施工过程安全设计，提交给设计单位进行审查；设计单位依据工程实际施工方案进行主体结构安全验算；以上审查及验算均合格后，方可进行预应力钢结构加工制作与施工。④对于重大工程及新型预应力钢结构体系宜进行模型试验分析，对预应力施工方案的可行性及结构使用安全性进行验证。

对于预应力钢结构设计宜按本书 9.2.5 小节和 9.2.6 小节进行预应力钢结构性能化设计。

9.2.5 承载能力极限状态验算

结构构件的承载能力极限状态验算应符合以下要求，即预应力钢结构构件应按我国现行国家标准《钢结构设计规范》(GB 50017) 和《冷弯薄壁型钢结构技术规范》(GB 50018) 进行强度和稳定性验算，构件可采用普通型钢或冷弯薄壁型钢，管材宜采用高频焊管或无缝钢管，构件采用的钢材牌号和质量等级应符合国家现行相关规范、标准规定。预应力钢索在各种荷载设计组合工况下的应力应大于零且应小于其材料极限抗拉强度的 40%～55%，重要索取低值，次要索取高值，钢拉杆抗拉强度取值见表 9-1。预应力钢拉杆及钢索在体系弹塑性静力稳定承载力极限状态及罕遇地震作用下，应力应小于其材料极限抗拉强度的 75%。

表 9-1　钢拉杆的抗拉强度

强度等级标准值（MPa）	GLG345	GLG460	GLG550	GLG650
抗拉强度设计值（MPa）	300	390	480	545

结构体系的承载能力极限状态验算应符合以下要求，即预应力钢结构体系应进行基于几何非线性及材料非线性的荷载-位移全过程分析，得到结构体系屈服承载能力系数（K_y）、极限承载能力系数（K_u）、结构体系承载能力极屈比（K_F）等关键性能参数。取K_y、K_u/K_F、$L/40$～$L/50$变形值对应的承载力系数K_L三者中的最小值作为结构体系弹塑性稳定承载力系数（K）。结构体系稳定承载力系数K，当考虑初始几何缺陷采用几何非线性（不考虑材料非线性）荷载位移全过程跟踪分析时应大于4.2，考虑初始缺陷采用几何非线性和材料非线性荷载位移全过程跟踪分析时应大于2.4。结构体系承载能力极屈比K_F应大于1.2或1.4，对于预应力空间钢结构体系取低值、预应力平面钢结构体系取高值。初始几何缺陷可采用特征值屈曲模态法施加，其缺陷最大值取结构跨度的1/300，结构第一阶特征值模态不一定为最不利缺陷，宜考虑多阶特征值屈曲模态；初始几何缺陷可以采用基于随机缺陷理论方法施加，可假定初始几何缺陷正态分布，均方差为1.645倍的施工偏差验收标准。

9.2.6 抗变形能力极限状态验算

预应力的结构体系和构件应进行考虑几何非线性的静力弹性分析，结构体系及构件最大弹性变形可按我国现行国家标准《钢结构设计规范》（GB 50017）进行验算。预应力索及拉杆应进行几何非线性和材料非线性分析，弹塑性稳定极限承载力下、罕遇地震下的延伸率应低于其延伸率允许值，并应符合本章的要求。对于重要预应力结构构件、预应力平面钢结构体系、新型预应力钢结构体系，以及跨度大于60m预应力空间钢结构体系，应考虑几何和材料非线性的静力弹塑性荷载位移全过程分析，得到结构体系及重要构件的屈服变形值、破坏变形值、结构抗变形能力极屈比等关键性能参数；结构体系及重要构件在弹塑性稳定承载力对应的荷载作用下，弹塑性变形值应小于结构跨度的1/50～1/40；极限变形与屈服变形比值（即结构抗变形能力极屈比K_D）应大于1.2或1.4，刚度偏大时取1.2，刚度偏小时取1.4。

9.2.7 舒适度验算

对预应力钢楼盖结构应根据使用功能要求进行竖向自振频率验算：住宅和公寓不宜低于5Hz，办公楼和旅馆不宜低于4Hz，大跨度公共建筑不宜低于3Hz。对预应力钢楼盖结构考虑人员舒适度，住宅、公寓、办公等建筑竖向振动加速度峰值不高于$0.05m/s^2$，商场及连廊等建筑竖向振动加速度峰值不高于$0.1m/s^2$。

9.2.8 预应力设计方法

预应力索单元刚度应符合两条要求，即钢索在其自重作用下的竖向变形引起索单元的非线性性质，即索的等效弹性模量E_{eq}随着其应力变化而呈现非线性变化的性质，即满足式（9-4）的要求。预应力钢结构计算分析时，对跨度不大的结构，索单元非线性影响较小可忽略不计；对跨度大、刚度小的结构，应考虑索单元非线性性质，进行索单元应力刚化迭代计算；E_{eq}的计算是一个逐次迭代过程，经若干次迭代运算直至所要求的收敛值为止。

$$E_{eq}=E_s/[1+(A\gamma L)^2EA/(12T^3)]=E_s/[1+(\gamma L)^2E/(12\sigma^3)] \tag{9-4}$$

式（9-4）中，E_s 为索单元的弹性模量（满应力状态下）；A 为索截面面积；L 为索跨度；γ 为索的比重（应考虑防腐护层及裹冰）；T 为索的拉力；σ 为索拉应力。

预应力钢结构体系的预应力值与荷载工况一一对应，钢结构体系的预应力可通过 3 种方法实现，即预应力可采用定长索方法实现设计预应力值，根据结构计算分析中索的预应力值确定索的下料制作长度，索的下料制作长度（索体、索具总长）为设计预应力值作用下索的长度（考虑索自重作用）减去设计预应力值作用下索的伸长量，必要时应进行温度校正。对于索网结构，需要进行多步骤非线性迭代找形，索的设计计算预应力值不易确定，可采用张拉找形完成后某一特定状态下各索的拉力值对应的几何长度（考虑索自重作用）减去该拉力作用下索的伸长量作为索的下料制作长度，必要时应进行温度校正。预应力可通过结构体系在某荷载组合工况下，对比索内力实际测量值与施工仿真分析所得索的计算值吻合度，来判定预应力设计值是否有效实现。

9.2.9 预应力损失

在拉索张拉过程中因压实锚具而产生的锚固损失宜按式（9-5）计算，如图 9-1 所示。

$$x_m = \Delta_a A_{ca} E_{ca} / l \tag{9-5}$$

式（9-5）中，A_{ca} 为拉索截面面积；E_{ca} 为拉索材料的弹性模量；l 为拉索长度；Δ_a 为锚具压实总量，采用精制螺母锚具或塞环式锚头时取 $\Delta_a = 1$mm，采用夹片锚具时取 $\Delta_a = 2$mm。

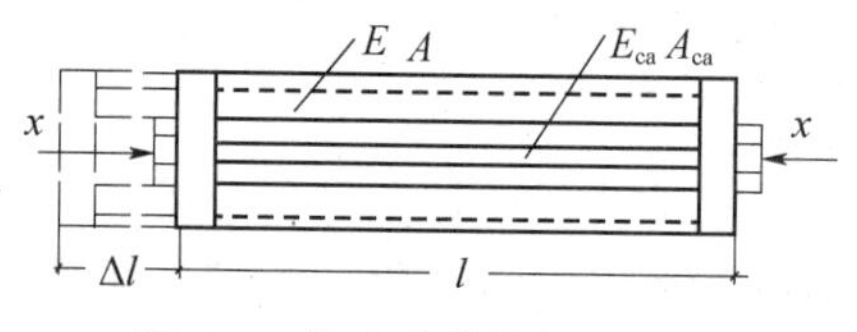

图 9-1　拉索张拉构件的变形

在索张拉锚固后，因索长继续增加而导致的松弛损失为 x_s 宜按以下几条规定计算：对预应力钢丝（束）、钢绞线而言，普通松弛级 $x_s = 0.4\psi\,(x/f_{ptk} - 0.5)\,x$，其中，$\psi$ 为系数（一次张拉时 $\psi = 1.0$，超张拉时 $\psi = 0.9$），x 为预应力拉索的张拉控制力，f_{ptk} 为拉索材料的抗拉强度标准值；低松弛级，当 $x \leqslant 0.7f_{ptk}$ 时 $x_s = 0.125\,(x/f_{ptk} - 0.5)\,x$，当 $0.7f_{ptk} < x \leqslant 0.8f_{ptk}$ 时 $x_s = 0.20\,(x/f_{ptk} - 0.575)\,x$。对高强度钢筋，一次张拉 $x_s = 0.05x$，超张拉 $x_s = 0.035x$。

在多束索排序张拉时，后序索张拉对前序索已有内力产生的序次损失，应采取加大前序索张拉力的方法予以补偿。当相同长度、相等截面的多束索顺序张拉时，应对各序次的索采用下列不同的张拉力 x_i：当拉索位于预应力杆件截面重心（图 9-2）时，$x_1 = x_2\,[1 + 1/(1+\beta)]$、…$x_i = x_{i+1}\,[1 + 1/(i+\beta)]$、…、$x_n = x/n$，其中，$\beta = EA/(E_{ca}A_{ca})$；当直线拉索群不位于预应力杆件截面重心（图 9-3）时 $x_1 = x_2\,(\alpha_2 + 1)$、…、$x_i = x_{i+1}\,(\alpha_{i+1} + 1)$、…、$x_n = x/n$，其中，$\alpha_i = 1/\{i - 1 + \beta n/[(c/i_x)^2 + 1]\}$，$A$ 为预应力杆件截面面积；E 为预应力杆件的弹性模量；A_{ca} 为单束拉索截面面积；E_{ca} 为单束拉索的弹性模量；c 为梁截面重心至拉索中心的间距；i_x 为梁截面回转半径。

在折线或曲线形拉索的端点、折点等处，于张拉时因接触面摩阻力而产生的摩擦损失，可参照我国现行《建筑工程预应力施工规程》（CECS180）进行计算。拉索预应力的锚固损失、松弛损失、序次损失和摩擦损失应在张拉过程中予以补偿。直接采用索力测定仪测定索力的预应力拉索，除松弛损失外，其他项损失可不进行计算，由仪表进行控制。

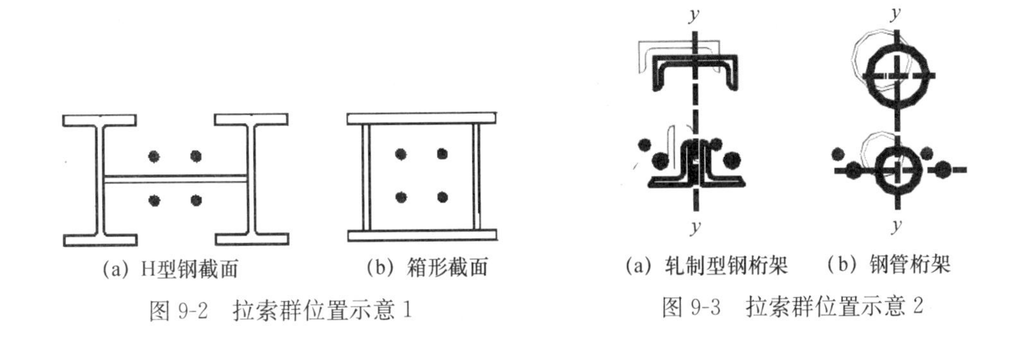

(a) H型钢截面　(b) 箱形截面

图 9-2　拉索群位置示意 1

(a) 轧制型钢桁架　(b) 钢管桁架

图 9-3　拉索群位置示意 2

9.3　索杆材料

预应力钢结构工程应按匹配性能、协调强度、造价合理、便于施工等要求合理选材。各类材料的材质、性能应符我国现行标准的规定。预应力索杆分为拉索和拉杆。拉索由索体与锚具组成，索体可分为钢丝绳索体、钢绞线索体和钢丝束索体；拉杆由杆体和锚具组成。索杆材料应参照本书 9.3.5 小节选用，并应符合本章的其他相关规定。索杆两端的锚具形式主要根据钢结构形式与连接构造、索体类型、施工安装方式、索力及换索等多种因素确定。

9.3.1　索体和杆体材料

钢丝绳索体可分为多股钢丝绳和单捻钢丝绳。预应力钢结构工程中以单捻钢丝绳为主。单捻钢丝绳分为单股钢丝绳和密封钢丝绳，其截面形式如图 9-4 所示。单股钢丝绳，其质量、性能指标应符合我国现行国家标准《一般用途钢丝绳》（GB/T 20118）的规定；密封钢丝绳，其质量、性能指标应符合我国现行行业标准《密封钢丝绳》（YB/T 5295）的规定。国内标准未包括的单捻钢丝绳技术指标可参照欧盟标准《钢丝绳—安全　第十部分：一般结构用途用单捻钢丝绳》（EN 12385—10）的规定。钢丝绳的表面镀层可采用镀锌或镀锌-5%铝-混合稀土合金。索体材料的抗拉强度可分为 1570MPa、1670MPa、1770MPa 等级别，宜选用 1670MPa 的等级。

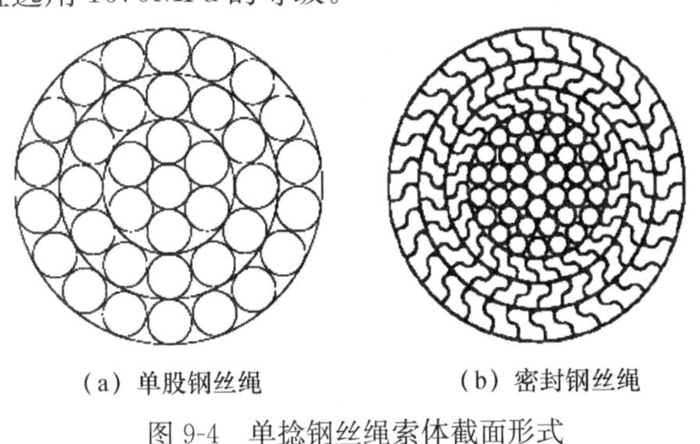

(a) 单股钢丝绳　(b) 密封钢丝绳

图 9-4　单捻钢丝绳索体截面形式

钢绞线索体材料宜采用镀锌钢绞线、不锈钢绞线和预应力混凝土用钢绞线，其质量及性能应符合以下 3 条要求：高强度低松弛预应力热镀锌钢绞线应符合我国现行行业标准《高强度低松弛预应力热镀锌钢绞线》（YB/T 152）的规定；不锈钢绞线应符合我国现行行业标准《建筑用不锈钢绞线》（JG/T 200）的规定；预应力混凝土用钢绞线应符合我国现行国家标准《预应力混凝土用钢绞线》（GB/T 5224）的规定。

钢丝束索体一般选用半平行钢丝束，其断面呈正六边形或缺角六边形，钢丝经左旋轻度扭绞而成，外层缠绕包带，然后热挤单层或双层聚乙烯护套，性能应符合我国现行国家标准《斜拉桥热挤聚乙烯高强钢丝拉索技术条件》（GB/T 18365）的要求，其断面形式如图 9-5 所示。索体选用 Φ5mm 或 Φ7mm 高强度钢丝，抗拉强度为 1670MPa、1770MPa、1860MPa，宜选用 1670MPa，钢丝的尺寸和力学性能应符合我国现行国家标准《桥梁缆索用热镀锌钢丝》（GB/T 17101）的规定。聚乙烯护套的规格及性能应符合我国现行行业标准《桥梁缆索用高密度聚乙烯护套料》（CJ/T 297）的规定。

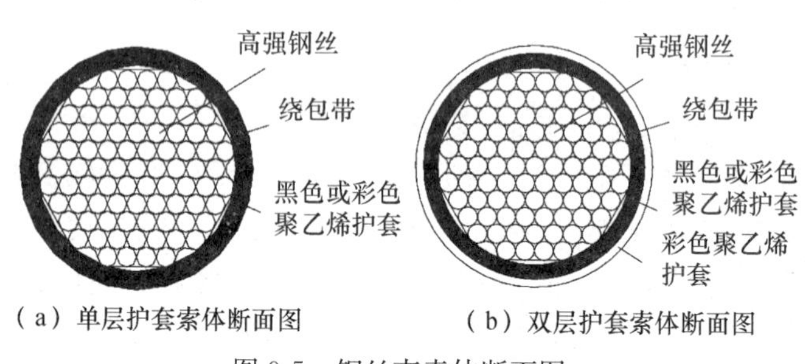

图 9-5　钢丝束索体断面图

杆体材料分为合金钢和不锈钢，其材料的选用应符合以下两条要求：合金钢杆体材料的选用应符合我国现行国家标准《钢拉杆》（GB/T 20934）的规定，其强度级别（屈服强度）可采用 345MPa、460MPa、550MPa、650MPa；不锈钢杆体应符合我国现行国家标准《不锈钢冷加工钢棒》（GB/T 4226）及《不锈钢棒》（GB/T 1220）的有关规定。

9.3.2 锚具

锚具分类及形式主要有单捻钢丝绳和钢绞线拉索锚具、钢丝束拉索锚具、拉杆锚具，其形式、质量、性能应符合以下要求，即单捻钢丝绳和钢绞线拉索锚具分为压接锚和热铸锚两种，其结构形式如图 9-6 所示，分为压接锚-叉耳式，压接锚-单耳式，压接锚-叉耳、单耳式，热铸锚-叉耳式，热铸锚-单耳式，热铸锚-叉耳、单耳式。钢丝束拉索锚具分为热铸锚和冷铸锚两种，具体结构形式如图 9-7 所示，分为热铸锚-叉耳单螺杆式，热铸锚-叉耳套筒式，热铸锚-叉耳双向螺杆式，热铸锚-单耳套筒式，热铸锚-双螺杆式，冷铸锚。拉杆锚具结构形式如图 9-8 所示，分为单耳环式（OO 型）、双耳环式（UU 型）、不对称式（OU 型）。

锚具承载性能设计时采用等强设计并应符合以下要求：当热铸锚拉索的最小破断载荷达到索体公称破断载荷的 95％时，其锚具无明显变形、裂纹等现象，索体未从锚具中抽脱；当压接锚拉索的最小破断载荷达到索体公称破断载荷的 90％时，其锚具无明显变形、裂纹等现象；当拉杆的最小破断载荷达到杆体的破断载荷时，其锚具无明显变形、裂纹等现象。

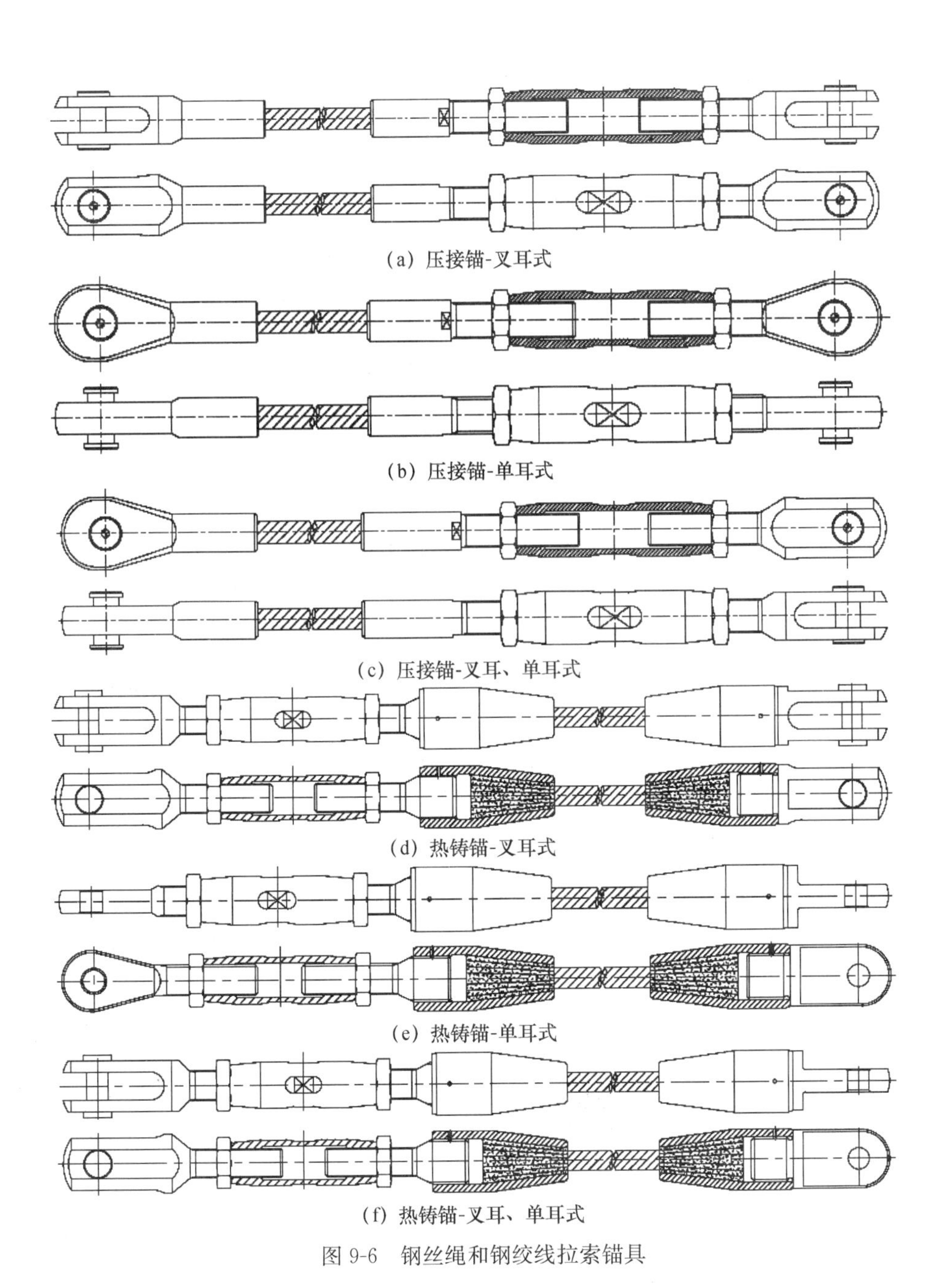

(a) 压接锚-叉耳式

(b) 压接锚-单耳式

(c) 压接锚-叉耳、单耳式

(d) 热铸锚-叉耳式

(e) 热铸锚-单耳式

(f) 热铸锚-叉耳、单耳式

图 9-6 钢丝绳和钢绞线拉索锚具

(a) 热铸锚-叉耳单螺杆式

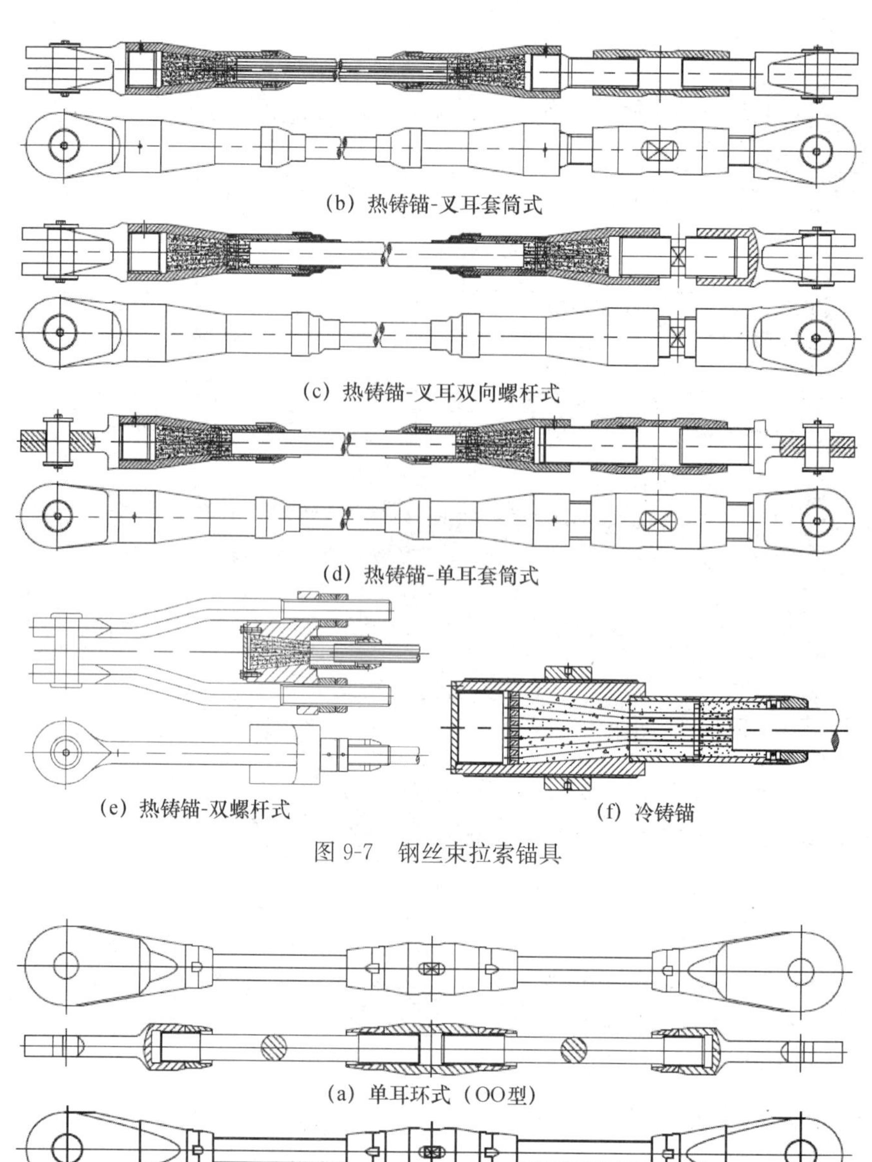

(b) 热铸锚-叉耳套筒式

(c) 热铸锚-叉耳双向螺杆式

(d) 热铸锚-单耳套筒式

(e) 热铸锚-双螺杆式　　(f) 冷铸锚

图 9-7　钢丝束拉索锚具

(a) 单耳环式 (OO型)

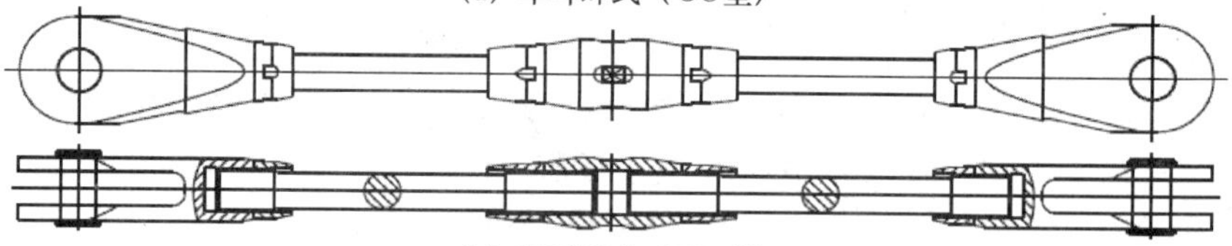

(b) 双耳环式 (UU型)

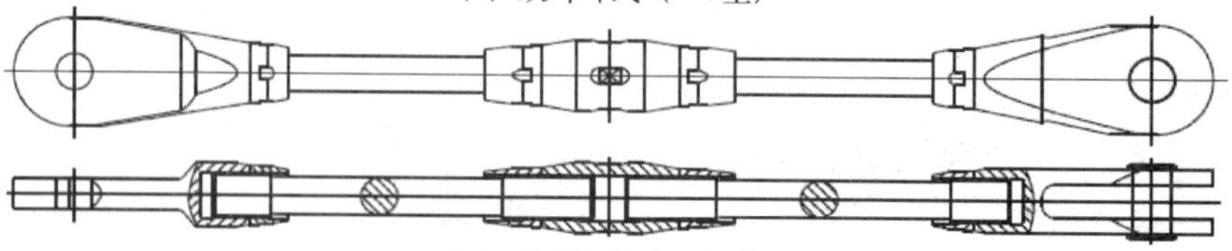

(c) 不对称式 (OU 型)

图 9-8　拉杆锚具

锚具材料应符合两条要求，即锚具材料应选用优质碳素结构钢、低合金高强度结构钢、合金结构钢、铸钢和不锈钢等材料，其化学成分和力学性能应分别符合我国现行国家标准《优质碳素结构钢》（GB/T 699）、《低合金高强度结构钢》（GB/T 1591）、《合金结构钢》（GB/T 3077）、《不锈钢棒》（GB/T 1220）、行业标准《重型机械通用技术条件　第六部分：铸钢件》（JB/T 5000.6）的规定。热铸锚及拉杆的耳式接头可采用焊接件、锻钢件及铸钢件，热铸锚用销轴、浇铸接头、螺纹杆、套筒宜采用锻钢件，冷铸锚的锚杯、螺母的毛坯件宜采用锻钢件，其技术条件应分别符合我国现行行业标准《重型机械通用技术条件　第三部分：焊接件》（JB/T 5000.3）、《冶金设备制造通用技术条件锻件》（YB/T 036.7）及《重型机械通用技术条件　第六部分：铸钢件》（JB/T 5000.6）的规定。

锚具制作应符合以下4条要求：锚具的整个制作过程均需有操作记录，以保证可追溯性；主要的受力构件需经热处理或调质处理，以提高其力学性能；锚具的主要受力构件在制作过程中，均需进行超声波探伤及磁粉探伤检测，并符合相应的国家标准；锚具加工完毕后，需根据设计的要求进行表面处理，并保证耐久性。

9.3.3　设计指标

钢拉杆强度等级的标准值和设计值应符合表9-1的规定。在设计阶段，索体材料施加预应力后的弹性模量可参考表9-2的规定，设计完成后应对选定的索体材料进行试验确定弹性模量并对设计进行校核。索体材料的线膨胀系数宜由试验方法确定。在不进行试验的情况下，索体材料的线膨胀系数可参照表9-3取值。

表9-2　索体材料的弹性模量

索材种类	单股钢丝绳	密封钢丝绳	钢绞线	钢丝束	钢拉杆
弹性模量（N/mm^2）	1.50×10^5	1.60×10^5	1.95×10^5	1.95×10^5	2.06×10^5

表9-3　索体材料的线膨胀系数

索体种类	钢丝束索	钢绞线索	钢丝绳索	钢拉杆
线膨胀系数（以每℃计）	1.87×10^{-5}	1.38×10^{-5}	1.92×10^{-5}	1.20×10^{-5}

9.3.4　拉索性能和试验要求

索杆锚具选用型号应与索体、杆体的型号相匹配。规格相同的锚具部件，具有互换性。索杆制作完成后应进行超张拉力检测；拉索的张拉力值为拉索公称破断载荷的40%～55%，检测比例为100%；拉杆的张拉力值为杆体屈服载荷的0.85倍，检测比例为2套/批。索体长度误差不应大于表9-4中的允许值。

表9-4　索体长度误差允许值

索材种类	索杆长度 L（m）	长度偏差 ΔL（mm）
单股钢丝绳、密封钢丝绳、钢绞线、钢丝束	≤100	±20
	>100	$\pm L/5000$
钢拉杆	≤5	±5
	$10>L>5$	±10
	>10	±15

压接锚拉索最小破断载荷应不小于索体公称破断载荷的90%；浇铸锚拉索最小破断载荷应不小于索体公称破断载荷的95%；拉杆最小破断载荷应不小于杆体公称破断载荷；检测比例由供需双方协商。拉索在上限应力0.45σ_b，应力幅200MPa条件下，经200万次脉冲循环加载后，钢丝断丝率应不大于5%，索体表面无明显损伤，锚具螺纹旋合正常，检测比例由供需双方协商。拉杆由设计方根据项目要求进行疲劳试验，检测比例由供需双方协商。拉索应能自由盘绕，最小盘绕直径不小于20D（D为拉索外径），盘绕后索体不应有鼓丝、散丝及明显变形，盘绕后应能满足交通运输的要求。

9.3.5 索杆材料的选用方法

索杆材料的选用可参考表9-5和表9-6。

表9-5 索体和杆体材料选用表

名称	类别	材料标准	说明
钢丝绳索体	单股钢丝绳	《一般用途钢丝绳》(GB/T 20118)、《钢丝绳—安全 第十部分：一般结构用途用单捻钢丝绳》(EN 12385—10)	抗拉强度可分为1570MPa、1670MPa、1770MPa等级别，推荐选用1670MPa等级的材料
	密封钢丝绳	《密封钢丝绳》(YB/T 5259)、《钢丝绳—安全 第十部分：一般结构用途用单捻钢丝绳》(EN 12385—10)	
钢绞线索体	高强度低松弛预应力热镀锌钢绞线	《高强度低松弛预应力热镀锌钢绞线》(YB/T 152)	强度等级分为1770MPa、1860MPa
	不锈钢钢绞线	《建筑用不锈钢绞线》(JG/T 200)	
钢丝束索体	半平行钢丝束	《斜拉桥热挤聚乙烯高强钢丝拉索技术条件》(GB 18365)	抗拉强度分为1670MPa、1770MPa、1860Mpa。推荐选用1670MPa等级的材料
钢拉杆	—	《钢拉杆》(GB/T 20934)	强度等级有650MPa、550MPa、460MPa、345MPa

表9-6 锚具材料选用表

锚具类别	组件名称	材料	材料标准
热铸锚	叉耳接头	焊接件：低合金高强度结构钢和合金结构钢锻件；合金结构钢铸件；合金铸钢	《低合金高强度结构钢》(GB/T 1591)、《合金结构钢》(GB/T 3077)、《重型机械通用技术条件 第六部分：铸钢件》(JB/T 5000.6)的规定
	其他受力构件	合金结构钢	《合金结构钢》(GB/T 3077)
冷铸锚	锚杯、螺母	合金结构钢	《合金结构钢》(GB/T 3077)

续表

锚具类别	组件名称	材料	材料标准
压接锚	各种锚具组件	合金结构钢	《合金结构钢》(GB/T 3077)
钢拉杆锚	各种锚具组件	焊接件：低合金高强度结构钢和合金结构钢锻件；合金结构钢铸件；合金铸钢	《低合金高强度结构钢》(GB/T 1591)、《合金结构钢》(GB/T 3077)、《重型机械通用技术条件　第六部分：铸钢件》(JB/T 5000.6) 的规定

9.4　结构体系及分析

9.4.1　结构体系及其计算规则

结构体系中施加预应力应能改善受力状态、提高承载力、增大刚度、减小自重和降低成本。预应力钢结构分为预应力基本构件、预应力平面结构和预应力空间结构。预应力基本构件包括预应力拉杆、预应力压杆。预应力平面结构包括预应力梁、预应力平面桁架、预应力拱架、预应力平面框架和预应力平面吊挂结构。预应力空间结构包括预应力空间桁架、预应力网架、预应力网壳、预应力玻璃幕墙钢结构、索穹顶和预应力索膜结构。预应力平面结构中的预应力构件（拉索）应布置在承重结构的主平面或与之平行的对称平面内。预应力空间结构中的预应力张拉杆件应布置在预应力效应较高的三维空间内，应能使结构产生有利的卸载作用，增大结构的承载力和刚度。预应力钢结构中拉索的布置可采用廓内布索和廓外布索两种方式，或者分为体（管）内布索和体（管）外布索。预应力基本构件和预应力平面结构应在二维平面内进行受力分析，预应力空间结构应在三维空间内进行受力分析。预应力钢结构中的张拉构件在计算时应假定是理想柔性体，应始终处于线弹性阶段受力；拉杆和索系在整个工作阶段应处于受拉状态。索在结构上的锚固节点可按铰接节点计算分析；对单折索和多折索，在转折点处节点采用滑轮节点时也应考虑摩擦力损失，索的应力松弛和内力损失应按相关规定予以考虑。预应力钢结构的设计时应考虑结构在制造、安装、施加预应力、承受各类荷载时可能发生的各种不利的单独工况和组合工况的强度、刚度和稳定性要求；必要时还应考虑断索、支座沉陷以及维修状态下的特殊工况。

9.4.2　预应力拉杆

预应力拉杆主要由刚性主杆和张拉杆两部分组成（图 9-9）。应设置连接刚性杆与张拉杆间的隔板以增大张拉力值，提高预应力钢拉杆的整体承载力，整体承载力的设计应以两杆材料同时达到各自强度设计值为原则。预应力钢拉杆的强度应按实际情况合理计算，采用先张法时对刚性杆 $\sigma_1 = FE_1/(E_1A_1 + E_2A_2) - \sigma_{01}\gamma_{T2} \leqslant f_1$，对张拉杆 $\sigma_1 = FE_2/(E_1A_1 + E_2A_2) - \sigma_{02}\gamma_{T1} \leqslant f_2$；采用中张法时，首批荷载作用下的刚性杆 $\sigma_1 = F_1/A_1 \leqslant f_1$，施加预应力阶段的张拉杆 $\sigma_{02} = (F_1 + \sigma_{01}A)/A_2 \leqslant f$，第二批荷载作用下的刚性杆 $\sigma_1 = F_2E_1/(E_1A_1 + E_2A_2) - \sigma_{01}\gamma_{T2} \leqslant f_1$、张拉杆 $\sigma_1 = F_2E_2/(E_1A_1 + E_2A_2) - \sigma_{02}\gamma_{T1} \leqslant f_2$。

其中，σ_1、σ_2 分别为刚性杆和张拉杆中的应力；σ_{01}、σ_{02} 分别为刚性杆和张拉杆中的预应力；F 为全部荷载；F_1、F_2 分别为第一批及第二批设计荷载；A_1、A_2 分别为刚性杆和张拉杆的截面面积；E_1、E_2 分别为刚性杆和张拉杆的材料弹性模量。

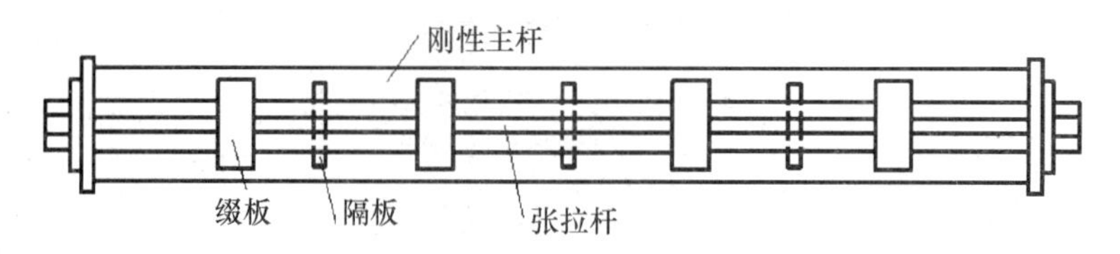

图 9-9　预应力拉杆示意

9.4.3　预应力压杆

预应力压杆常采用撑杆式压杆的各种形式（图 9-10），可由中心杆、拉索系和连接二者的撑杆组成。

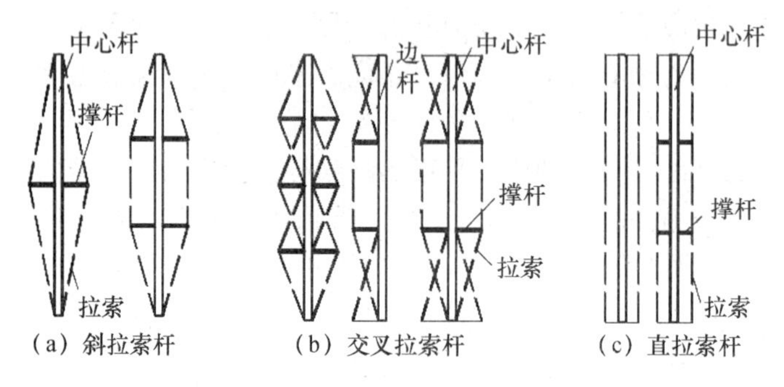

图 9-10　撑杆式压杆示意

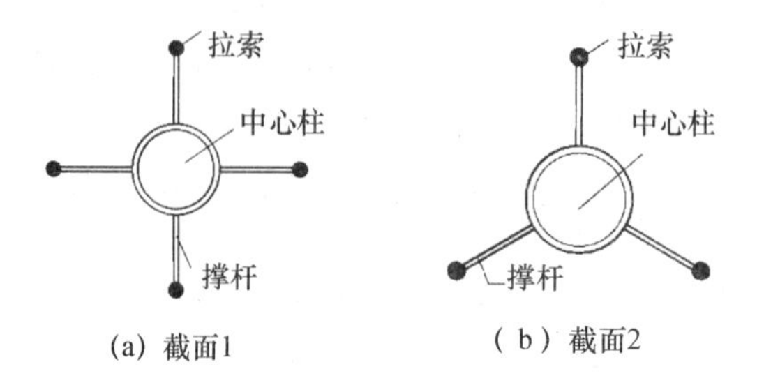

图 9-11　撑杆式压杆的截面

压杆的预应力拉索设置应能够提高杆件整体稳定性，拉索应能够为中心杆件提供弹性支承，改善其边界条件；拉索体系可沿杆身全长或局部在杆件廓外或廓内布置。撑杆可沿中心杆周围分布，宜均匀布置为四边或三边；与索系相应（图 9-11），并与中心柱和索系相连。撑杆式压杆的节间数宜采用 2～4。预应力力度应保证索在受力的各阶段始终承受拉力，但力度不应过大以免削弱杆件的承载能力。

9.4.4　预应力实腹梁

预应力实腹梁按工艺可分为三类，即拉索预应力梁、支座位移梁和弹性变形梁，前者

又可分力度张拉及电热张拉两种。拉索预应力实腹梁的布索方案可分为廓内［图 9-12（a)、图 9-12（c)、图 9-12（f)］与廓外（即张弦梁）两类［图 9-12（g)、图 9-12（h)］两种。廓内布索又分为断续［图 9-12（d)、图 9-12（e)］与连续［图 9-12（a)、图 9-12（c)、图 9-12（f)］两种方案；拉索可布置成直线、曲线和折线形；断续索（局部式）和连续索（整体式）均应布置在弯矩峰值处以调整应力；也可只在弯矩峰值处局部布索［图 9-12（b)、图 9-12（e)］。当建筑净空允许时可采用廓外布索以增大卸载效应［图 9-12（g）～图 9-12（j)］；预应力索布置在受拉翼缘外侧并以撑杆相连（又称下撑式梁）；索至梁截面重心的距离视卸载力度而定。预应力梁的高跨比应小于同等荷载和支承条件下非预应力梁的高跨比。对拉索锚头和转折节点必须考虑拉力的均匀传递。拉索内力必须计入构造和材料的应力损耗。

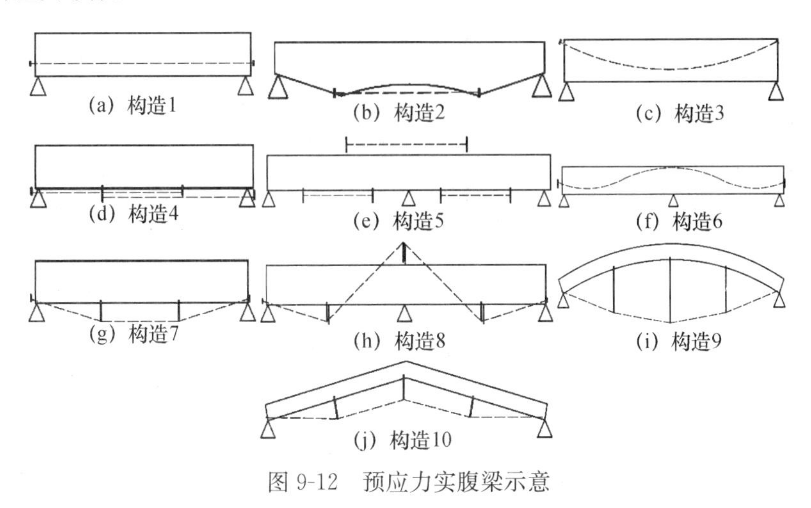

图 9-12　预应力实腹梁示意

支座位移法只适用在超静定的连续梁结构，可利用支座的强迫升降位移调整梁中的正负弯矩峰值；此类结构的支座设计标高位置应予充分保证，以实现卸载力度。电热法预应力梁适用于在空中安装作业的简支梁；预应力拉条宜采用高强钢筋或钢棒，在施工操作过程中应保证电路的良好绝缘。受到外力或电火花损伤而带有疤痕的拉条，不应继续采用。

9.4.5　预应力桁架

拉索预应力桁架可分局部布索与整体布索两类。前者直线布索于内力较大的拉杆杆身［图 9-13（a)、图 9-13（c)、图 9-13（d)、图 9-13（j)］以提高杆件强度承载力，后者以折线或曲线形式连续布索于较大内力杆群处［图 9-13（b)、图 9-13（l)、图 9-13（m)］，使弦杆、腹杆同时引入预应力；整体布索合理性的判断依据应是卸载杆的经济效益应大于增载杆的附加消耗；拉索不仅可布置于桁架廓内［图 9-13（b)、图 9-13（i)、图 9-13（l)］，也可布索于廓外（即张弦桁架）［图 9-13（e)、图 9-13（f)、图 9-13（g)］，后者卸载效果更好；廓外布索时可采用撑杆使桁架与拉索相连［图 9-13（f)、图 9-13（g)、图 9-13（n)、图 9-13（p)］以改善受力条件并减小变形；对大跨重载桁架可采用双重布索方案［图 9-13（o)］，以加大卸载力度。

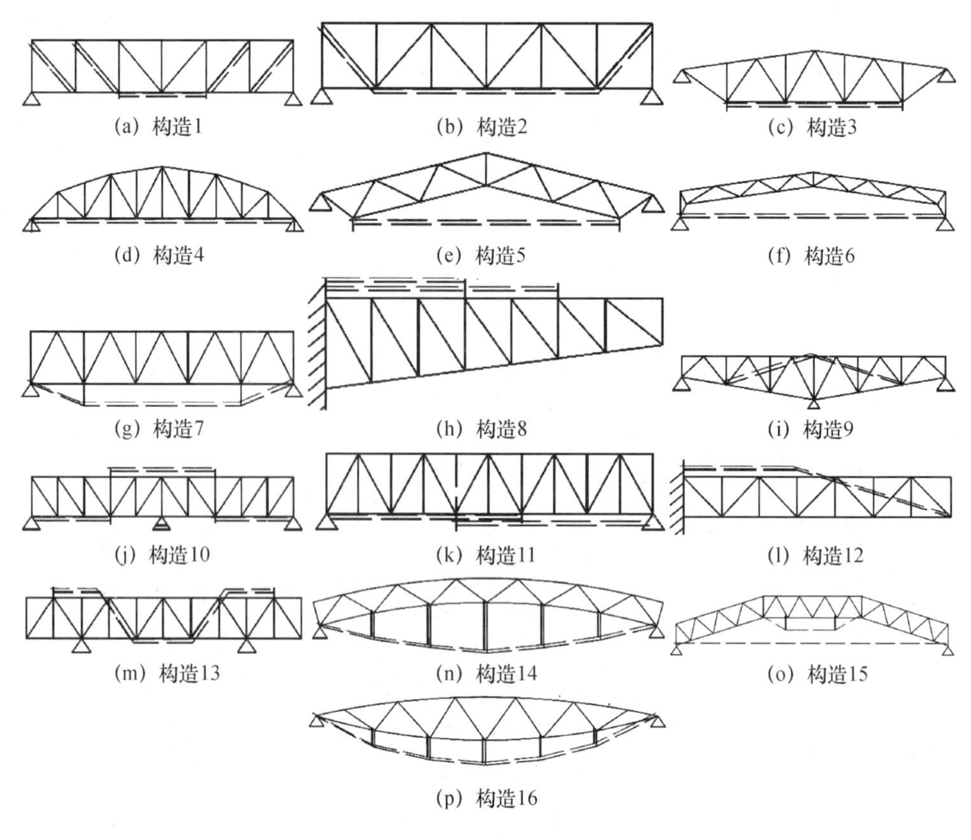

图 9-13 预应力钢桁架结构的形式

对桁架单独杆件施加预应力时，拉索应位于杆件截面-主惯性轴平面内并对称于截面重心（图 9-14）。对桁架整体施加预应力时，拉索应位于桁架垂直平面内［图 9-15（a）、图 9-15（b）］，或对称位于垂直平面的两侧［图 9-15（c）］。在弦杆内力较大区段可增加局部布索［图 9-13（h）］或重叠布索［图 9-13（k）］，以节约索材。

为了保证施加预应力时杆件的稳定性，拉索应以隔板或管段与杆身相连并保证在索板间纵向自由移动，连接点间距可按计算确定。拉索的锚固点和转折点应位于支座节点或中间节点处，并通过加劲肋板将拉索张力传至节点中心。单次预应力桁架的高跨比应不大于非预应力桁架的高跨比。多次预应力桁架的高跨比更应明显小于非预应力桁架的高跨比，以减轻自重、提高预应力效应。当廓外布索或索与桁架不可能中间相连时，可将桁架组对成空间块体或设计成三边立体桁架来保证预应力施工阶段桁架的整体稳定性。

拉索预应力桁架计算时应根据不同布索情况和不同张拉工艺进行分析。对单独杆件局部布索的计算如同预应力拉杆，其预应力效应不影响桁架的其他杆件。对整体布索的预应力桁架，在外载作用下的受力如同超静定结构体系。整体布索桁架所受的索系影响分为两类，一是对桁架杆件的卸载；二是参与桁架共同承担外载。对桁架杆件产生卸载影响的范围和力度，视布索方案及张拉工艺而定；先张索仅对桁架杆件产生预应力，后张索不仅对先张索参与的新结构体系产生预应力，而且对先张索的力度产生影响，必须计入内力分析。

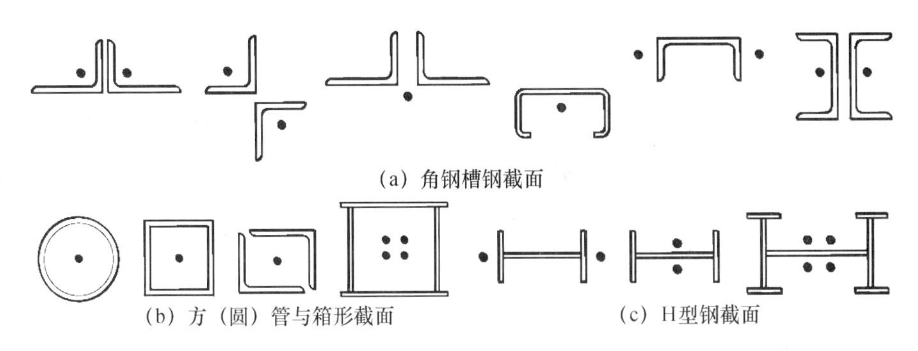

图 9-14　杆件截面型式

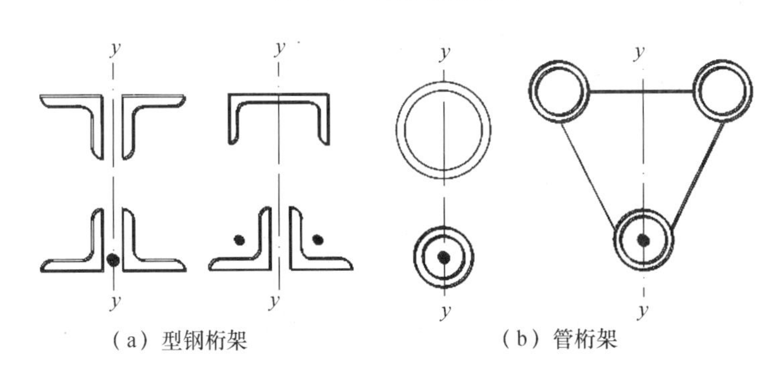

图 9-15　桁架截面布索位置示意

整体布索索系先后张拉完毕并形成新的预应力桁架结构后，索与桁架共同承担荷载，其内力分析可按不同情况进行。当 k 次超静定桁架布置 n 根拉索时，结构可视为（$k+n$）次超静定体系，桁架中可取索中拉力 x 及冗杆内力 z 为未知力，列出（$k+n$）个方程式组求解 $x_1\cdots x_n$ 和 $z_1\cdots z_k$。在静定桁架中布置 n 根拉索时，结构可视为 n 次超静定体系，并取索内力 x 为未知力，列出 n 个方程式求解出 $x_1\cdots x_n$。静定桁架中只布一根拉索时，可按一次超静定结构求解索力 x_1。在外载作用下，计入拉索的变形，x_1 可用力法按式（9-6）求出。沿静定桁架下弦长向布置等截面拉索时，荷载作用下的索力可按式（9-7）求出。结构体系、布索方案、张拉工艺较复杂时，可采用预应力拉索张拉全过程分析法，对索系和结构内力进行计算。

$$x_1=\sum\left[N_{oi}N_il_i/(E_iA_i)\right]/\left\{\sum\left[N_{oi}^2l_i/(E_iA_i)\right]+l_{ca}/(E_{ca}A_{ca})\right\} \tag{9-6}$$

$$x_1=\sum(N_il_i)/\left\{l_a\left[1+E_iA_i/(E_{ca}A_{ca})\right]\right\} \tag{9-7}$$

式（9-6）和式（9-7）中，N_{oi}、N_i 分别为拉索单位力、单位荷载作用下桁架 i 杆中的内力；E_i、A_i 分别为桁架 i 杆的弹性模量、截面积；l_i、l_{ca} 分别为桁架 i 杆、拉索长度；E_{ca}、A_{ca} 分别为拉索的弹性模量、截面积。

对预应力桁架杆件承载力的验算应选取最不利工况，按实际情况合理计算。对在荷载作用下及拉索张拉时具有不同符号内力的桁架杆件，若荷载作用下的受压杆件其荷载内力大于预应力时 $[N_{pi}-(\gamma_2x+x_1)N_{1i}]\leqslant(\varphi_ifA_i)$；荷载作用下的受压杆件其荷载内力小于预应力时 $[N_{pi}-(\gamma_1x+x_1)N_{1i}]\leqslant(fA_{ni})$；荷载作用下的受拉杆件其荷载内力大于预应力时 $[N_{pi}-(\gamma_2x+x_1)N_{1i}]\leqslant(fA_{ni})$；荷载作用下的受拉杆件其荷载内力小于预应力时 $[N_{pi}-(\gamma_1x+x_1)N_{1i}]\leqslant(\varphi_ifA_i)$。对荷载内力与预应力符号相同的

桁架杆件，荷载作用下的受压杆件 $[N_{pi}+(\gamma_1 x+x_1)N_{1i}]\leqslant(\varphi_i f A_i)$；荷载作用下的受拉杆件 $[N_{pi}+(\gamma_1 x+x_1)N_{1i}]\leqslant(f A_{ni})$。拉索强度 $(\gamma_1 x+x_1)\leqslant(f_{ca}A_{ca})$。其中，$N_{pi}$ 为全部荷载作用下 i 杆中内力；N_{1i} 为单位拉索张力在 i 杆中产生的内力；γ_1 为第一张拉系数，采用 $\gamma_1=1.1$；γ_2 为第二张拉系数，采用 $\gamma_2=0.9$；φ_i 为受压 i 杆的稳定系数；A_i、A_{ni} 分别为 i 杆的毛截面面积、净截面面积；A_{ca}、f_{ca} 分别为拉索截面面积、强度设计值。

9.4.6 预应力拱架

预应力拱架结构可分为拉索式与位移式两类，可采用两者混合式。拉索式预应力拱架的布索方案可有多种（图 9-16），其经济效益与拱的几何轴线、荷载特性、索系类型力度、拱体截面形式和构造等因素有关。拉索的功能是承担拱架的侧推力，调整拱架截面应力峰值。

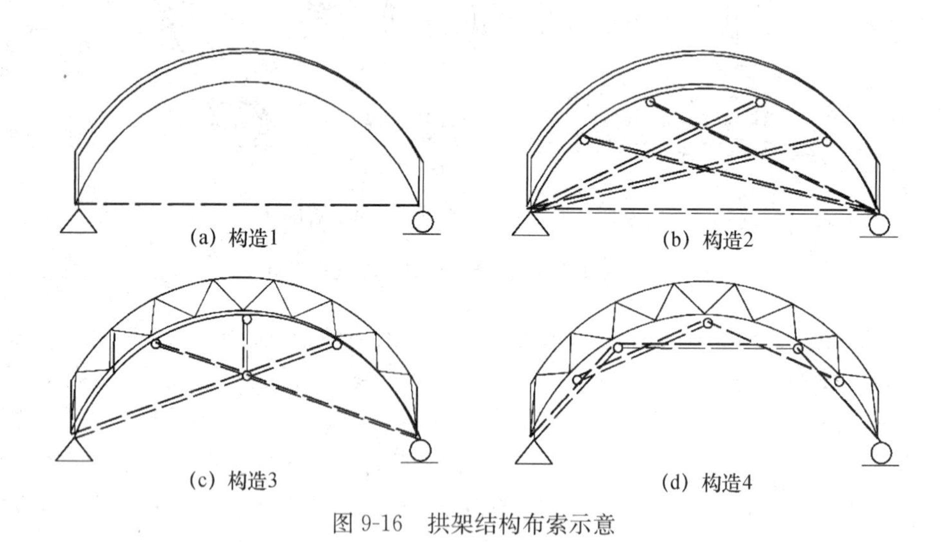

(a) 构造1　(b) 构造2　(c) 构造3　(d) 构造4

图 9-16　拱架结构布索示意

位移式预应力拱架可不设拉索，借助支座铰点的水平位移，调整拱截面内的荷载应力，虽工艺简单但应对场地地质条件提出较高要求，以保证支座的设计位置。

9.4.7 预应力内式钢框架

拉索预应力框架结构的布索方案有横向布索、竖向布索、连续布索三种。横向布索的拉索可水平布置于两柱脚间［图 9-17（a）］或两柱头间［图 9-17（b）］；为了提高卸载效应也可在拉索与横梁间设置二次张拉的撑杆［图 9-17（d）］，借助增长撑杆的支顶作用再次调节内力，改善刚度；梁柱铰接的框架也可只对横梁单独布索［图 9-17（c）］。竖向布索时可自柱头竖向布索，索端可锚固于独立基础［图 9-17（e）］，也可锚固于柱基础上［图 9-17（f）］。连续布索时可沿梁柱长度在荷载正弯矩一侧连续布索［图 9-17（g）、图 9-17（h）］；拉索的锚固和张拉均可在地面操作，但索长度过大。

支座位移法适用于超静定框架体系，可利用部分支座节点的水平或垂直位移调整横梁和柱中的弯矩峰值（图 9-18），由于位移量设计值的大小直接影响预应力力度，因此应保证支座的设计标高及位置。

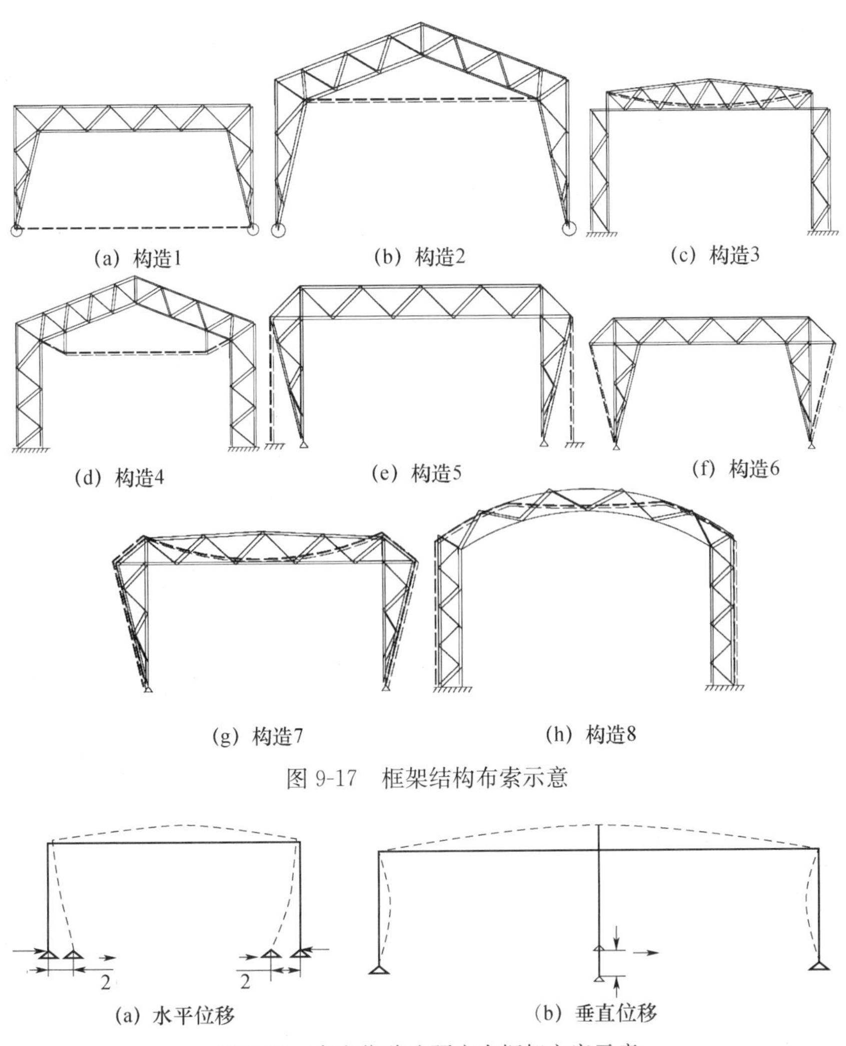

(a) 构造1　(b) 构造2　(c) 构造3

(d) 构造4　(e) 构造5　(f) 构造6

(g) 构造7　(h) 构造8

图 9-17　框架结构布索示意

(a) 水平位移　(b) 垂直位移

图 9-18　支座位移法预应力框架方案示意

9.4.8　预应力吊挂结构

预应力吊挂结构的结构体系可分为平面吊挂结构和空间吊挂结构两类；按吊索的几何形状可分为斜向吊挂结构［图 9-19（a）］和竖向吊挂结构［图 9-19（b）］两种，前者又称斜拉结构，应用广泛。

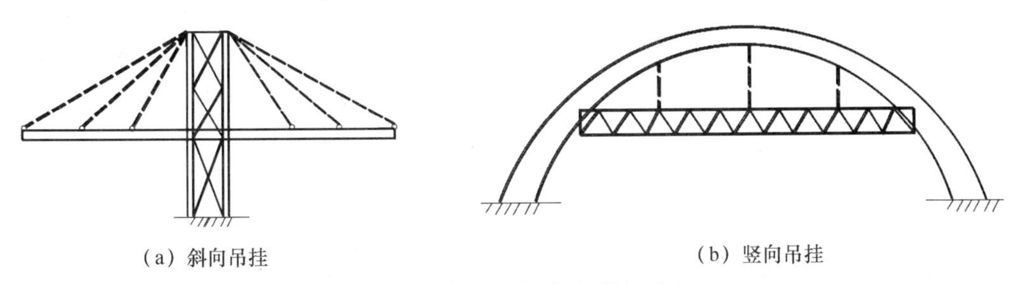

(a) 斜向吊挂　(b) 竖向吊挂

图 9-19　预应力平面吊挂结构示意

吊挂结构可由支承结构、屋盖结构和吊索三部分组成；暴露于室外的支承结构主要型式有立柱、刚架、拱架和悬索等；屋盖结构宜采用经济合理的轻型跨度结构；布索方案应遵循对称、均衡原则，形成均匀的屋盖吊点，降低内力峰值，增大结构刚度；吊索与屋盖平面的夹角可在30°～90°之间。

吊索的形式可分为放射式［图9-20（a)］，竖琴式［图9-20（b)］，扇式［图9-20（c)］和星式［图9-20（d)］数种；吊索与屋面的夹角不宜小于25°；被吊挂的横向结构可采用实腹梁、蜂窝梁、桁架、立体桁架和拱等几种类型。空间吊挂结构宜采用整体式，也可由单元式组拼成结构整体；吊挂的空间结构可采用网架、网壳、空间桁架等形式。必须保证平面吊挂结构间和空间单元结构间的体系纵向刚度；或采用交错布索方案，也可采用相邻平面（单元）立柱间设置拉索支撑的方案以加强结构的整体刚度。相邻空间结构单元交界处应进行竖向连接，以增强屋盖结构的整体性，但其构造应保证吊挂单元的横向自由胀缩。吊索穿越屋面的密封构造和防漏措施应可靠有效，并允许索孔间有相对位移；当屋面可能出现吸力作用效应时，还应增设抗风索系。

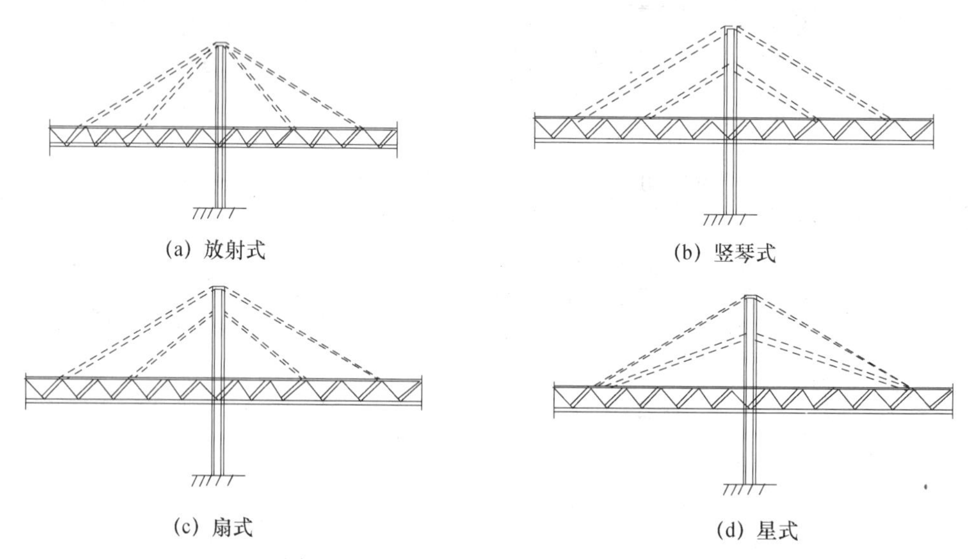

图9-20 预应力斜拉结构的布索方案示意

9.4.9 预应力立体桁架

根据桁架横截面形式，预应力立体桁架可分为三角形和四边形两种（图9-21)，其中三角形又可分为倒三角形和正三角形；拉索一般布于弦杆体外，也可布于弦杆体内。

预应力立体桁架应进行两大类计算。单独杆件局部施加预应力的桁架，其计算与普通钢桁架计算相同；其中预应力杆件按单独预应力拉杆设计。整体张拉预应力的加载方案可分为先张法、中张法和多张法，前者简捷后者经济，中者兼有另两者优点。中张法预应力桁架的计算可采用以下4个步骤进行：计算结构在自重和部分永久荷载作用下产生的前期荷载内力（拉索暂不参与受力)；计算张拉钢索使结构产生的预应力并对前期荷载内力峰值进行卸载；计算其余永久荷载和各种可变荷载作用下，结构承受的荷载内力（拉索参与共同受力)；验算在前期荷载，预应力荷载，其余永久荷载和全部可变荷载作用下结构的内力，并应满足强度、刚度及稳定性要求。

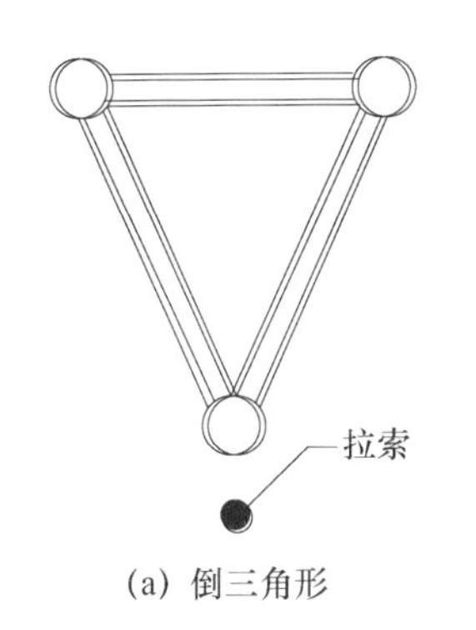

(a) 倒三角形

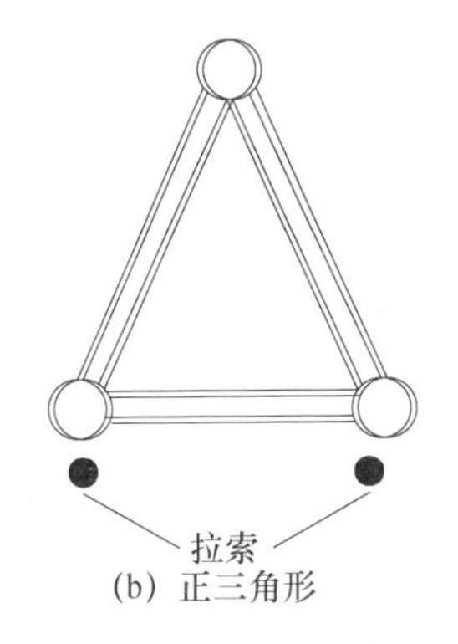

(b) 正三角形

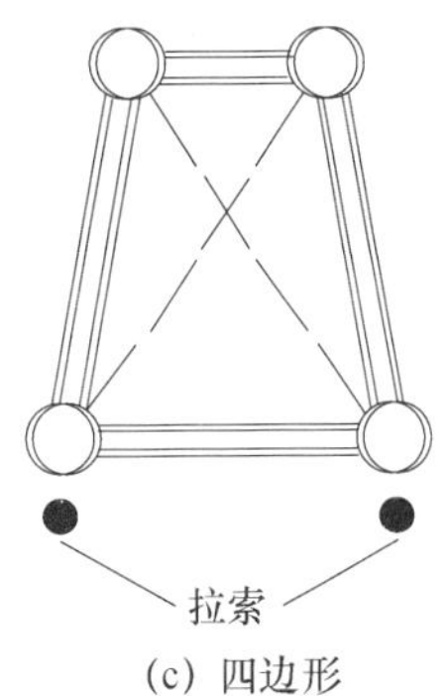
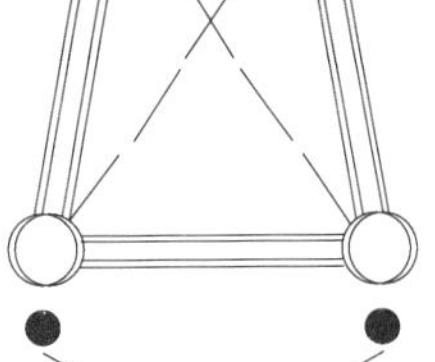

(c) 四边形

图 9-21　预应力立体桁架的截面形式示意

当预应力立体桁架按拟梁法计算时，由于索与普通钢材弹性模量的差异，计算抗弯刚度时其折算惯性矩可按实际情况记取。当撑杆较长、中性轴位于立体桁架之外时，$I_{eq}=0.928A_{ca}A_sh_0^2/(A_s+0.928A_{ca})$；当撑杆较短、中性轴位于立体桁架上下弦之间时，$I_{eq}=A_{s1}(A_{s2}+0.928A_s)h_0^2/[A_{s1}+(A_{s2}+0.928A_{ca})$。其中，$I_{eq}$为预应力立体桁架按拟梁计算时的折算惯性矩；$h_0$为某截面处桁架计算高度；$A_s$为桁架钢管截面面积；$A_{s1}$为桁架上弦钢管截面面积；$A_{s2}$为桁架下弦钢管截面面积；$A_{ca}$为拉索截面面积。

设计预应力立体桁架时，应注意由于空间桁架中加入钢索单元所引起的组成、构造、受力特点和性质的变化；此时除应遵循本节的规定外还应遵守我国现行国家标准《钢结构设计规范》(GB 50017) 中的规定。

9.4.10　预应力网架

预应力网架的设计应包括以下内容：结构的选型和优化、布索方案的比较和选择、张拉阶次和力度设计、结构静力分析、结构杆件和节点设计、结构施工工艺设计等。当预应力网架采用有限元方法分析时宜采用以下基本假定：所有的荷载均作用于节点；网架的节点均视为理想的空间铰节点，杆件只承受轴向力；索与其通过的中间节点紧密接触；结构处于弹性工作阶段，在荷载作用下变形很小。

预应力网架的预应力宜采用支座位移法、拉索法两种施加方式。支座位移法的特点是通过网架支座高差的强行调整建立预加内力。拉索法的特点是在网架的下弦平面内（杆截面内布索）或下弦平面下方加撑杆布置预应力索，通过张拉预应力索使结构产生与外荷载反向的挠度和内力。预应力网架宜采用多次预应力和卸载技术以提高效益。

预应力网架中拉索的剖面布置方式可采用在网架高度范围内布置下弦水平索或折线索[图 9-22 (a)、图 9-22 (b)、图 9-22 (c)]，也可在下弦设置一个或多个支撑点布索[图 9-22 (d)]。

预应力网架中预应力索的平面布置方式可采用对角线布索[图 9-23 (a)]、平行边布索[图 9-23 (b)]、井字式布索[图 9-23 (c)]、多重井字布索[图 9-23 (d)] 和四角放射布索[图 9-23 (e)] 等方案。

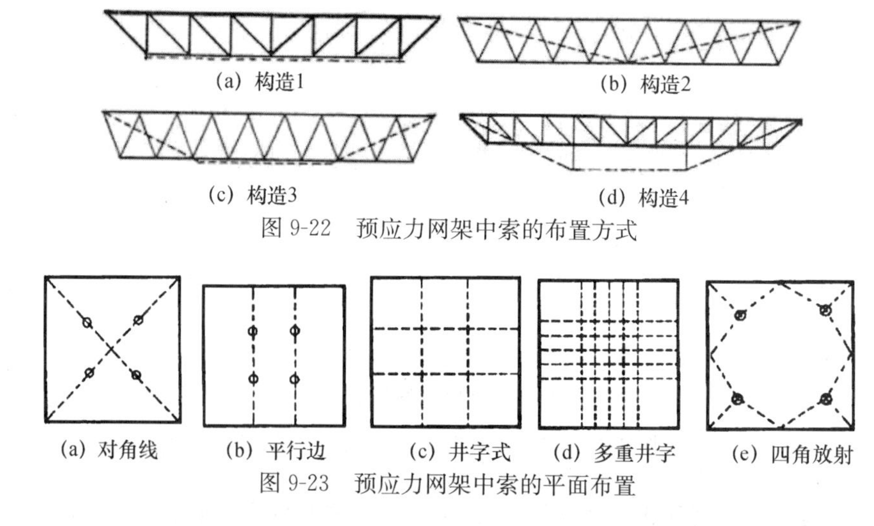

图 9-22　预应力网架中索的布置方式

图 9-23　预应力网架中索的平面布置

在预应力施加和外荷载加载阶段，网架支座宜采用可侧移（克服摩擦力后可侧移）的构造措施，施工完成后应根据设计要求将支座与下部结构连接固定。对网架施加预应力过程中内力变化的杆件应专门验算其强度和稳定性。在方案估算和初步设计阶段，可采用拟板法对预应力网架进行近似的静力分析和动力计算。

9.4.11　预应力网壳

预应力网壳的设计内容大体同 9.4.10 小节，必要时还应进行网壳稳定性的计算。预应力网壳可采用下列结构形式：支座拉索预应力网壳、交叉梁系预应力网壳和弦支穹顶等。

支座拉索预应力网壳的设计应遵守以下规定，即支座拉索预应力网壳可采用下列结构形式，包括预应力球面网壳、预应力柱面网壳、预应力双曲扁网壳和预应力扭网壳。支座拉索预应力网壳拉索的布置应满足建筑造型、使用功能等建筑要求，并改善结构刚度和结构内力分布，使卸载杆多增载杆少，降低结构用钢量。预应力球面网壳宜沿周边支座分段布索，或沿支座对角线布索或间隔几个支座布索［图 9-24（a）］。预应力柱面网壳宜选在柱面网壳两端及中部需要设置横膈式桁架的下弦沿投影平面短向布索［图 9-24（b）］。预应力双曲扁网壳宜沿网壳边缘桁架系杆处布索［图 9-24（c）］。预应力扭网壳宜在网壳需要设置系杆的部位布索［图 9-24（d）］。当采用拟壳法对支座拉索预应力网壳进行近似静力分析和动力计算时，预应力索的初始预应力可作为外力考虑；在使用状态下，索作为系杆考虑，可忽略索与普通钢管弹性模量差异的影响。

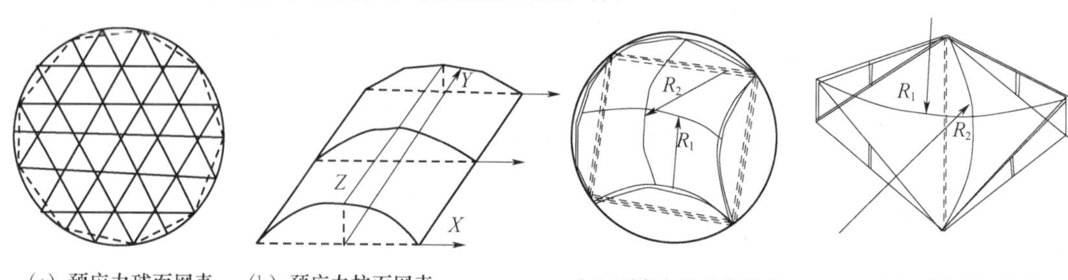

(a) 预应力球面网壳　(b) 预应力柱面网壳　(c) 预应力双曲扁网壳　(d) 预应力扭网壳

图 9-24　支座拉索预应力网壳的布索方案

交叉梁系（张弦梁系）预应力网壳的设计应遵守5条规定，即交叉梁系预应力网壳可采用下列结构形式，比如双向、多向和肋环式交叉梁系预应力网壳；双向式交叉梁系预应力网壳适用于矩形、圆形和椭圆形平面［图9-25（a）］；多向式交叉梁系预应力网壳适于多边形平面［图9-25（b）］；肋环式交叉梁系预应力网壳可由中心辐射式放置拱，拱下设置撑杆，撑杆与环向索或斜索连接［图9-25（c）］；交叉梁系预应力网壳可采用花兰螺丝调节法、张拉钢索法和支承卸除法施加预拉力。

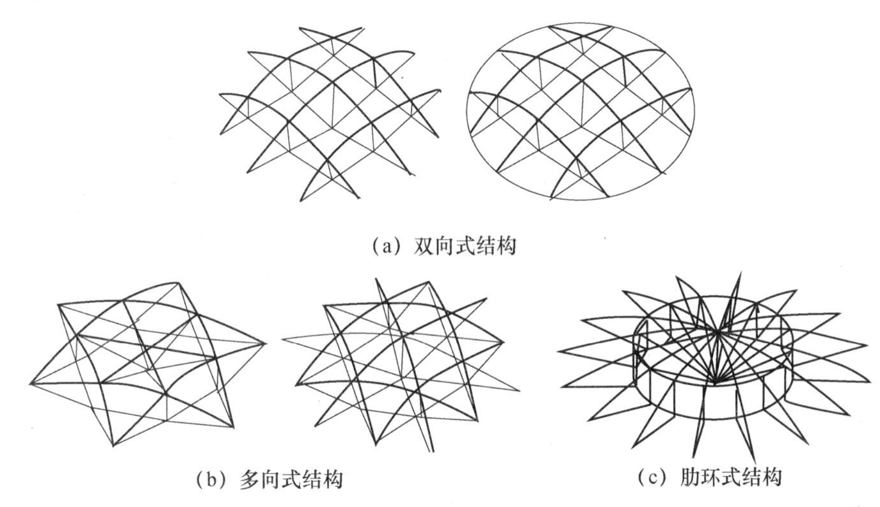

（a）双向式结构

（b）多向式结构　　（c）肋环式结构

图9-25　交叉梁系预应力网壳的结构形式

弦支穹顶的设计应遵守以下几条规定：

弦支穹顶的结构体系由单层网壳、撑杆和索或钢拉杆形成的结构体系（图9-26）。按上层单层网壳的形式，弦支穹顶可分为肋环型弦支穹顶［图9-27（a）］、施威德勒型弦支穹顶、联方型弦支穹顶、凯威特型弦支穹顶和凯威特-联方型弦支穹顶［图9-27（b）］等。设定弦支穹顶拉索中施加的预应力值，应以抵抗单层网壳的等效节点荷载和减小最外环杆件对支承结构的水平推力为原则；计算模型可按图9-28选取。各环索施加的预应力比值为N_{hc1}：N_{hc2}：…N_{hcj}：…：N_{hcn}，其中，N_{hcj}可按相关规定取值，即当$j=(n-1)$、$(n-2)$、…、2、1时，$N_{hcj}=(F_j+K_{j+1}N_{hc,j+1})/K_j$；当$j=n$时$N_{hcj}=F_n/K_n$；其中，$K_j=2\cot\gamma_j\cos(\alpha_j/2)/\cos(\beta_j/2)$，$F_j$为弦支穹顶第$j$道环索上方单层网壳的等效节点荷载，$N_{hcj}$为第$j$道环向索的轴力，$N_{vji}$为第$i$道环索预应力引起的第$j$道环索处撑杆的轴力，$\alpha_j$为第$j$道环索相邻索段的夹角，$\beta_j$为第$j$道环索位置上相邻径向索在水平面$XOY$上投影的夹角，$\gamma_j$为第$j$道环索位置上径向索与竖向撑杆的夹角。弦支穹顶的单层网壳部分可采用刚接节点或铰接节点；撑杆与单层网壳、撑杆与拉索的连接采用铰接节点。弦支穹顶中施加拉索预应力可采用撑杆伸长法和拉索缩短法两种方法；撑杆伸长法的特点是通过调整撑杆的长度使环向索和径向索产生预应力；拉索缩短法的特点是优先采用缩短环向索的方法施加预应力，也可选择缩短径向索的方法。设计时应明确区分结构在预应力施加前后的状态，包括零态（结构无自重无预应力的状态）、预应力平衡态（结构在自重和预应力作用下的自平衡状态）、荷载态（在预应力平衡态的基础上承受外荷载作用的状态）。

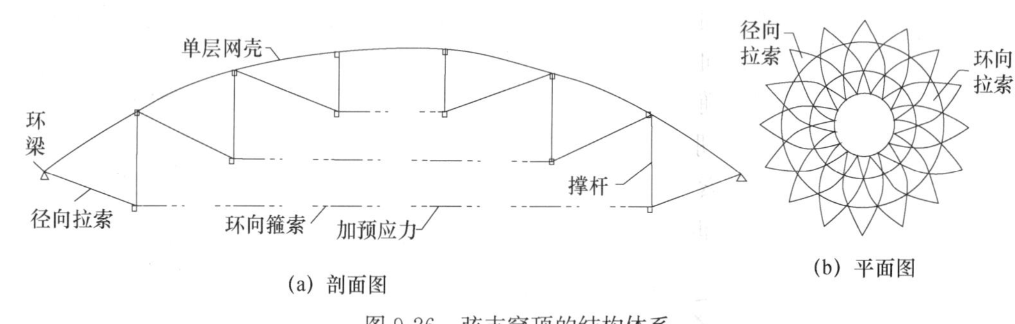

图 9-26　弦支穹顶的结构体系

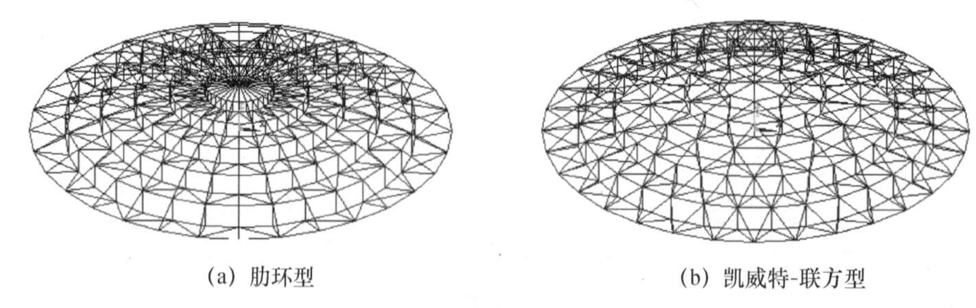

图 9-27　弦支穹顶的结构形式

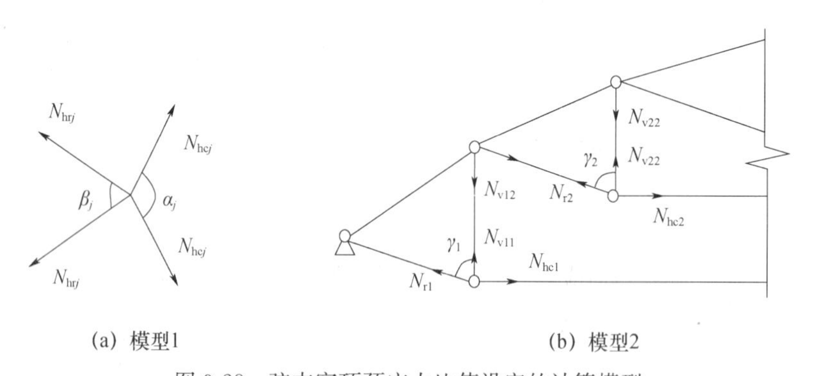

图 9-28　弦支穹顶预应力比值设定的计算模型

9.4.12　预应力玻璃幕墙结构

玻璃幕墙采用的预应力承重结构可包括索杆体系（图 9-29）和索梁体系（图 9-30）两种；索杆体系由拉索弦杆和刚性撑杆组成，索梁体系由拉索弦杆、刚性撑杆和中心压杆组成。玻璃幕墙的抗风预应力索杆体系宜采用垂直或水平向布置，由对称双索组成平面索桁架（图 9-29）；该结构体系必须从体系外部提供预应力的支承，以平衡体系中的预应力。玻璃幕墙的索梁体系，亦宜采用垂直或水平向布置，多用于传递垂直荷载，由对称的双索和中心受压杆组成，预应力索与中心压杆形成自平衡体系；中心压杆与索的受力可按索梁体系分析，压杆应按偏心受压构件设计。预应力索杆体系、索梁体系的计算分析应采用考虑几何非线性的弹性分析方法。

玻璃幕墙支承结构的计算应考虑预应力、恒荷载、活荷载、风荷载、温度作用和地震作用的组合；计算支承结构的内力和变形时不应考虑玻璃面板参与受力，其相对挠度不应大于 1/250。

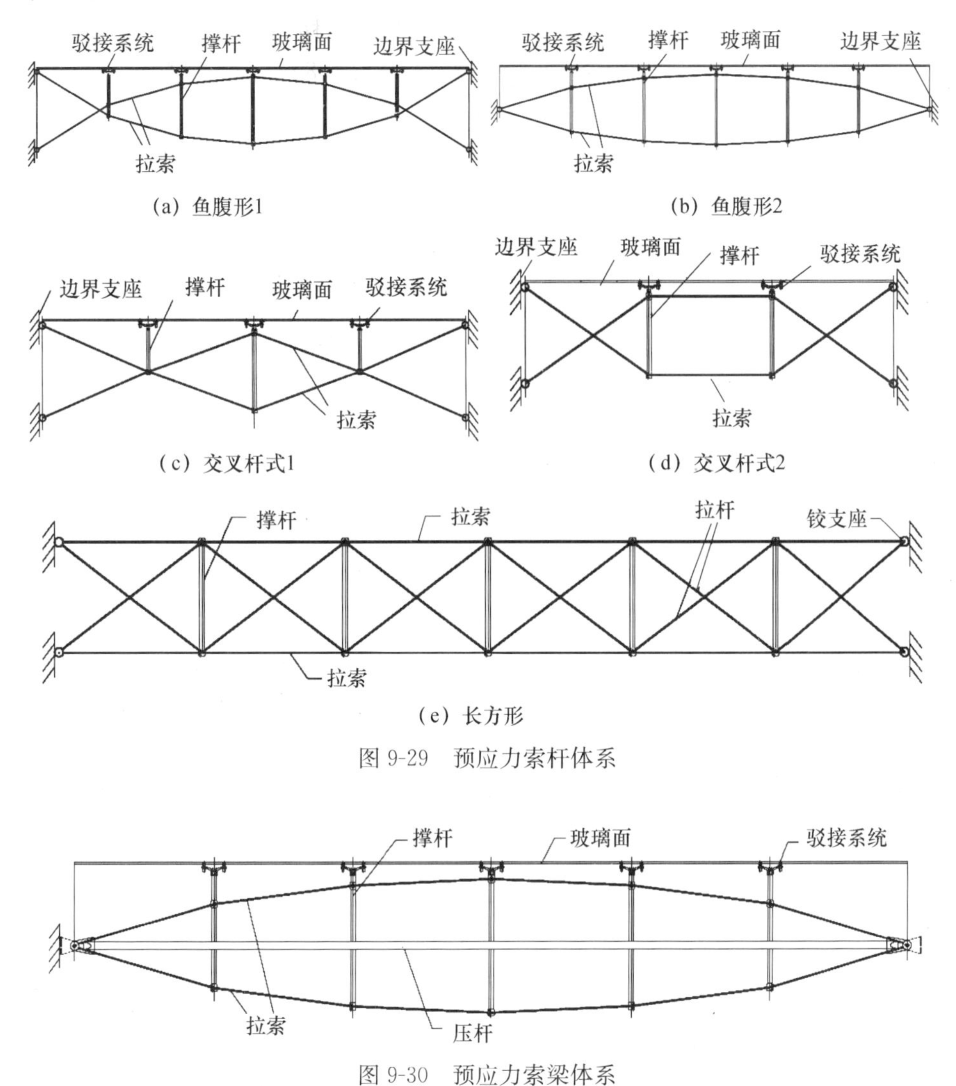

(a) 鱼腹形1　(b) 鱼腹形2

(c) 交叉杆式1　(d) 交叉杆式2

(e) 长方形

图 9-29　预应力索杆体系

图 9-30　预应力索梁体系

9.4.13　预应力索膜结构

索膜结构可分为整体张拉式索膜结构（图 9-31）和索系支撑式索膜结构（图 9-32），或由二者组合式索膜结构（图 9-33）。

索膜结构设计时应进行初始形态分析、荷载分析及裁剪分析；还应进行施工过程分析。索膜结构计算时应考虑结构的几何非线性、膜材料的各向异性，但可不考虑材料的非线性。索膜结构的初始形态分析可采用非线性有限元法、动力松弛法、力密度法；荷载分析可采用非线性有限元法和动力松弛法；裁剪分析可采用几何展开法和平面热应力有限元法等。

对于整体张拉式和索系支撑式膜结构，其最大整体位移在第一类荷载效应组合下不应大于跨度的 1/250 或悬挑长度的 1/125；在第二类荷载效应组合下不宜大于跨度的 1/200 或悬挑长度的 1/100。对于桅杆顶点，在第二类荷载效应组合下，其侧向位移值不宜大于桅杆长度的 1/250。结构中各膜单元内膜面的相对法向位移，不应大于单元名义尺寸的 1/15。荷载组合见我国现行《膜结构技术规程》(CECS 158)。在各种荷载标准组合下变形后，屋面坡度应满足建筑排水的要求。

预应力索膜结构宜基于张拉成形及承载全过程分析，根据结构受力和破坏特点，进行结构承载能力极限状态分析和抗变形能力极限状态设计。

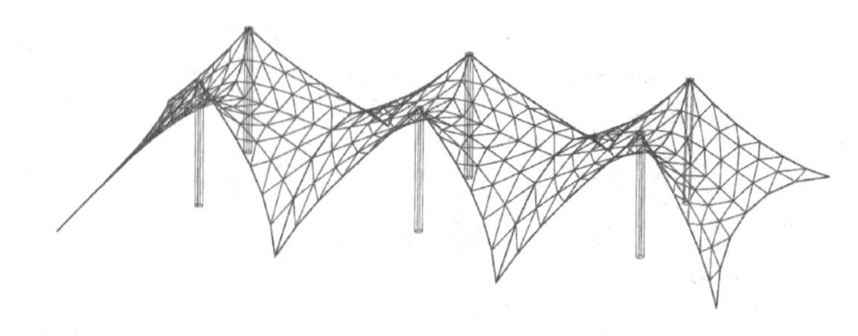

图 9-31　整体张拉式索膜结构

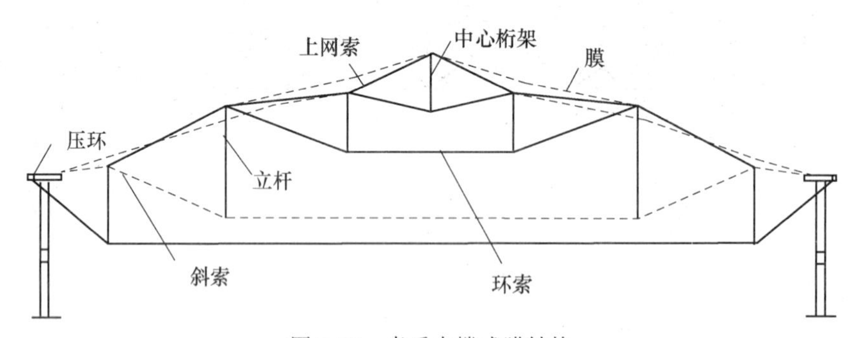

图 9-32　索系支撑式膜结构

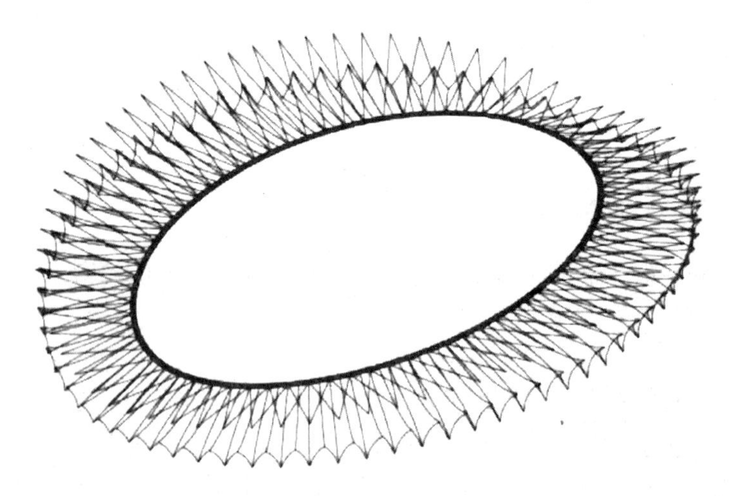

图 9-33　二者组合式索膜结构

9.4.14　预应力框架体系

如图 9-34 所示，预应力高层框架体系是在框架结构的梁廓内或者廓外布置预应力钢索，或者在钢梁、钢柱的加工成型中引入预应力，使预应力产生的内力与外力产生的内力相反，从而实现两者内力抵消，增大承载能力和体系刚度，减小侧向荷载下的层间位移。

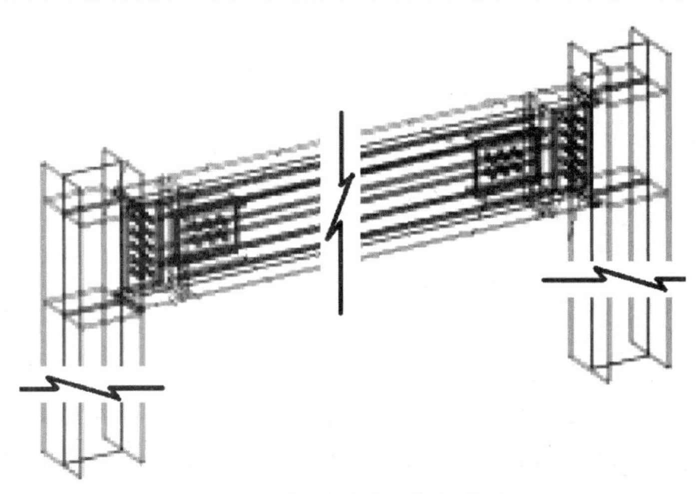

图 9-34　预应力高层框架体系

9.4.15　预应力高层框架-支撑体系

如图 9-35 所示，预应力高层框架-支撑体系是采用高强预应力钢索、钢棒代替传统支撑——钢框架中的斜支撑，通过在钢索中施加预应力抵消外荷载产生的内力，从而提高体系侧向刚度、提高承载力、减轻自重、增大耗能等。支撑可以是中心支撑、偏心支撑等形式。

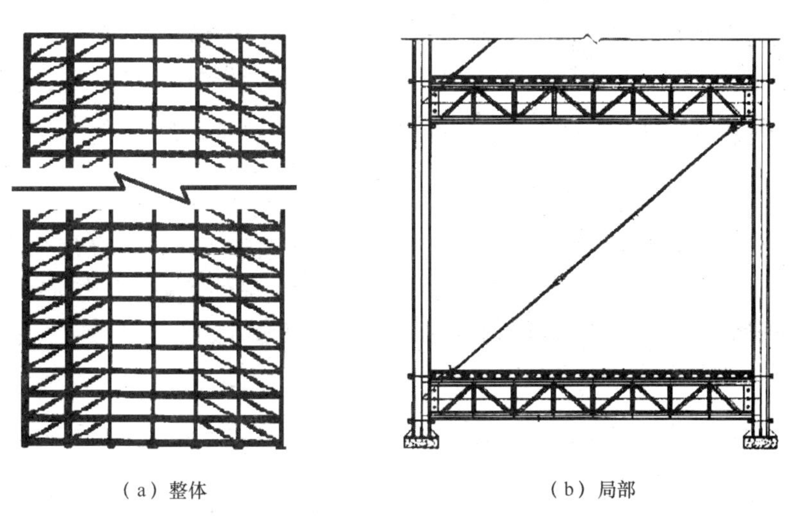

（a）整体　　（b）局部

图 9-35　预应力高层框架-支撑体系

9.4.16 索穹顶结构

如图 9-36 所示，索穹顶结构主要由外压力环、斜索、环索、脊索和撑杆等组成；拉索材料主要采用高强度钢绞线、钢索等，压杆采用钢管、钢棒等。根据布索方式不同，索穹顶结构型式主要有葵花型（联方型）、肋环型、Kiewitt 型、混合型以及鸟巢型等。

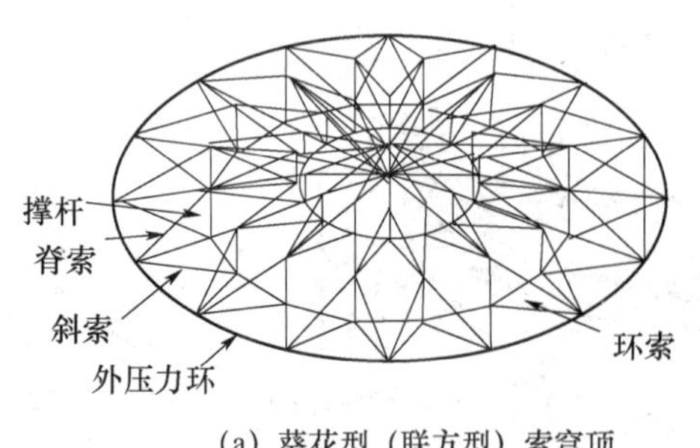

(a) 葵花型（联方型）索穹顶

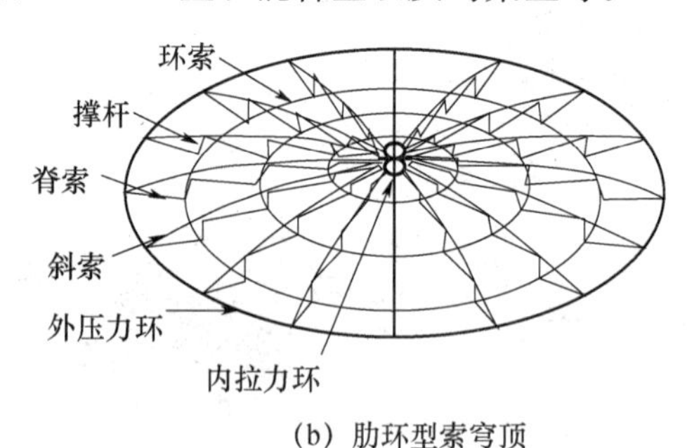

(b) 肋环型索穹顶

图 9-36 索穹顶结构

索穹顶结构设计主要包括以下内容，即结构拓扑方案设计、预应力确定、找形分析、静力计算以及张拉成形全过程分析，计算分析应考虑几何非线性。索穹顶结构预应力的确定应遵守相关规范规定，可以采用可行预应力方法确定初始预应力分布，在此基础上通过迭代计算确定最终预应力，满足结构成形态和结构承载力及变形要求；通过各索的控制应力比，确定索截面尺寸。索穹顶结构在竖向荷载（含恒载和活载）作用下的最大挠度（可扣除预应力反拱值）与跨度之比不宜大于 1/250；在竖向活荷载作用下的最大挠度（不可扣除预应力反拱值）与跨度之比不宜大于 1/400。索应力比不应大于 0.55，环索应力比不宜大于 0.5。索穹顶结构对于局部荷载和非对称荷载较为敏感，应充分考虑各种荷载的不利影响，主索系各索在正常使用状态及吸风作用下，均不应出现索松弛。

索穹顶屋面围护结构主要采用张拉膜面以及压型钢板或铝板、玻璃面板等刚性屋面。张拉膜面应符合我国现行《膜结构技术规程》(CECS 158) 的要求，当膜面单元尺寸较大时，可采用次索网加强。压型钢板或铝板、玻璃面板等刚性屋面通过檩条、索网等次结构与索穹顶结构连接；檩条宜搁置在索穹顶主结构的撑杆顶端，次索网可与主结构的脊索连接。

索穹顶结构跨度在 90m 以内宜布置 2～3 道环索，跨度在 90m 以上可考虑布置 4～5 道环索，径向索宜对称布置；当环索索力较大时，每圈环索宜采用多根索平行布置。索穹顶厚跨比宜采用 1/12～1/10。索穹顶结构可采用只张拉最外圈斜索的整体张拉方式进行施工，最外圈斜索宜设计成外端可调节索长的拉索，其余各索可设计成定长索；定长索应采用应力下料，并严格控制下料精度。

9.4.17 单层索网体系

如图 9-37 所示，平面索网由边界支撑结构和中间拉索组成，拉索直线布置，张拉后的拉索面为平面。如图 9-38 所示，空间索网由边界支撑结构和中间拉索组成，拉索曲线布置，张拉后的拉索面为空间曲面。

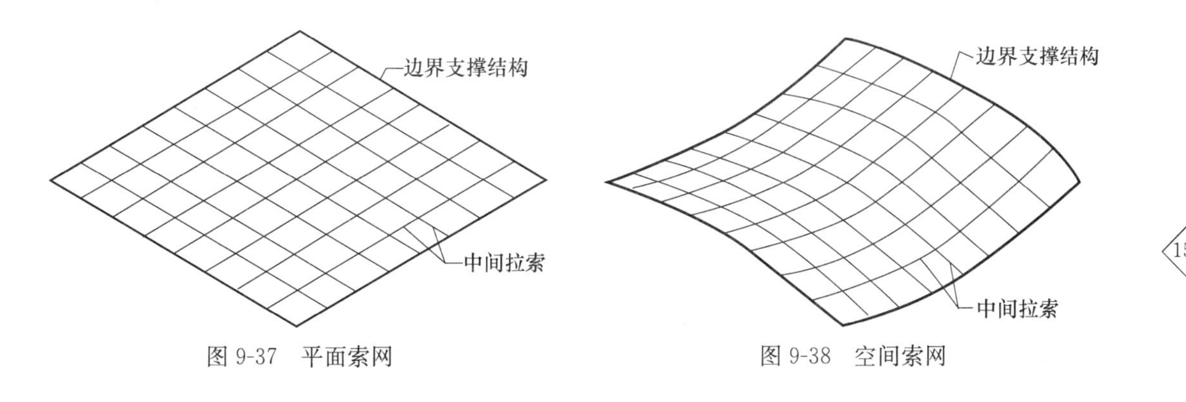

图 9-37　平面索网　　　　图 9-38　空间索网

9.5　连接节点设计

9.5.1　预应力钢结构连接节点的宏观要求

预应力钢结构连接节点包括钢连接节点与索钢连接节点两类，钢连接节点设计应按我国现行国家标准《钢结构设计规范》(GB 50017) 的规定进行。根据预应力钢结构的使用功能可分为销轴连接节点、螺杆调节式张拉节点、内旋调节式张拉节点、索-钢接触连接锚固节点、索-钢接触连接转折节点、索-索交叉连接节点等主要类型。

预应力钢结构的连接节点构造应保证结构受力明确，减小应力集中和次应力，减小焊接残余应力，避免材料多向受拉，防止出现脆性破坏，同时便于制作、安装和维护。索-钢转折接触节点应选用理想铰接节点，其构造应有利于施工张拉时预应力有效传递，同时应满足承载时结构体系稳定性能所需的约束刚度。

预应力索-索连接、索-钢连接两类转换接触节点，作为非标准索锚具产品，应由工程索产品生产单位进行设计并加工制作。节点分析应遵循以下原则，即主体结构设计单位应根据结构整体安全要求，提出预应力钢结构节点的构造方案、约束条件，并提供节点设计内力；索产品生产应根据设计提供的预应力钢节点约束条件、设计内力、预应力施工张拉与锚固要求，建立带接触单元的节点有限元计算模型进行结构分析；索-钢转折接触连接节点有限元分析时，可采用考虑预应力损失的非线性接触单元，节点预应力损失应按相关规定考虑；索-钢转折接触连接节点在结构体系分析时，可采用自由度耦合和变刚度弹簧单元组合方法模拟索的非线性接触摩擦约束条件；预应力钢节点计算分析时，应考虑施工偏差产生的附加内力，施工偏差值可取索轴线对锚孔偏差不小于±5°，锚孔至连接平板根部偏差不小于±20mm；预应力钢节点应力分析与设计应遵循有关建筑钢结构设计的相关规范（程），同时遵循索锚具行业设计相关规范、规定及标准；重要、复杂及新型预应力钢节点宜进行模型试验分析，对其安全性进行验证，节点模型试验的荷载工况应尽量与节点的实际受力状态一致。预应力钢节点分析与设计需提交主体结构设计单位进行审核，审核合格后，方可进行加工制作。

连接节点承载能力极限状态验算应遵守以下规定，即预应力钢节点可按现行钢结构设计规范进行弹性阶段承载力验算；新型预应力钢节点或关键节点应进行非线性荷载-应变（位移）全过程分析，得到节点屈服应变（ε_y）及屈服位移（D_y）对应的荷载值，取其较小者作为节点设计承载力；当荷载-应变（位移）加载全过程曲线中无明显屈服点时，取

(1/1.2～1/1.4) 节点破坏荷载为节点设计承载力；当节点破坏位移大于 $D/100$ (D 为主管管径或节点板跨度) 时，取 $D/100$ 对应加载值作为节点设计承载力。

连接钢节点变形能力极限状态验算应遵守两条要求，即预应力钢节点一般可不进行变形能力验算；预应力关键节点或新型预应力节点应进行基于几何非线性和材料非线性的荷载-应变、荷载-位移全过程分析，得到节点屈服应变值、屈服变形值、节点破坏变形值等性能参数，节点在设计承载力对应的荷载作用下变形值应小于 $D/100$，节点在破坏荷载作用下弹塑性大变形值应小于 $D/40$～$D/50$，节点变形能力系数应大于 1.2。

在张拉节点、锚固节点和转折节点的局部承压区，应验算其局部承压强度并采取可靠的加强措施满足设计要求；对构造、受力复杂的节点可采用铸钢节点。根据节点的重要性、受力大小和复杂程度，节点的承载力设计值应高于构件承载力设计值的 1.2～1.5 倍。

预应力拉索全长及其节点应有可靠的防腐措施且便于施工和修复；如采用外包材料防腐，外包材料应连续、封闭和防水；除了拉索和锚具本身应采用耐锈蚀材料外包外，节点锚固区可采用外包膨胀混凝土、低收缩水泥砂浆、环氧砂浆密封或具有可靠防腐和耐火性能的外层保护套结合防腐油脂等材料将锚具密封。

9.5.2 张拉节点的特点及相关要求

高强拉索的张拉节点应保证节点张拉区有足够的施工空间，便于施工操作，且锚固可靠。对于张拉力较大的拉索，可采用液压张拉千斤顶或其他专用张拉设备进行张拉；对于张拉力较小的拉索，可采用花篮调节螺栓或直接拧紧螺帽等方法施加预应力。张拉节点与主体结构的连接应考虑超张拉和使用荷载阶段拉索的实际受力大小，确保连接安全（图 9-39)。通过张拉节点施加拉索预应力时应根据设计需要和节点强度，采用专门的拉索测力装置监控实际张拉力值，确保节点和结构安全。

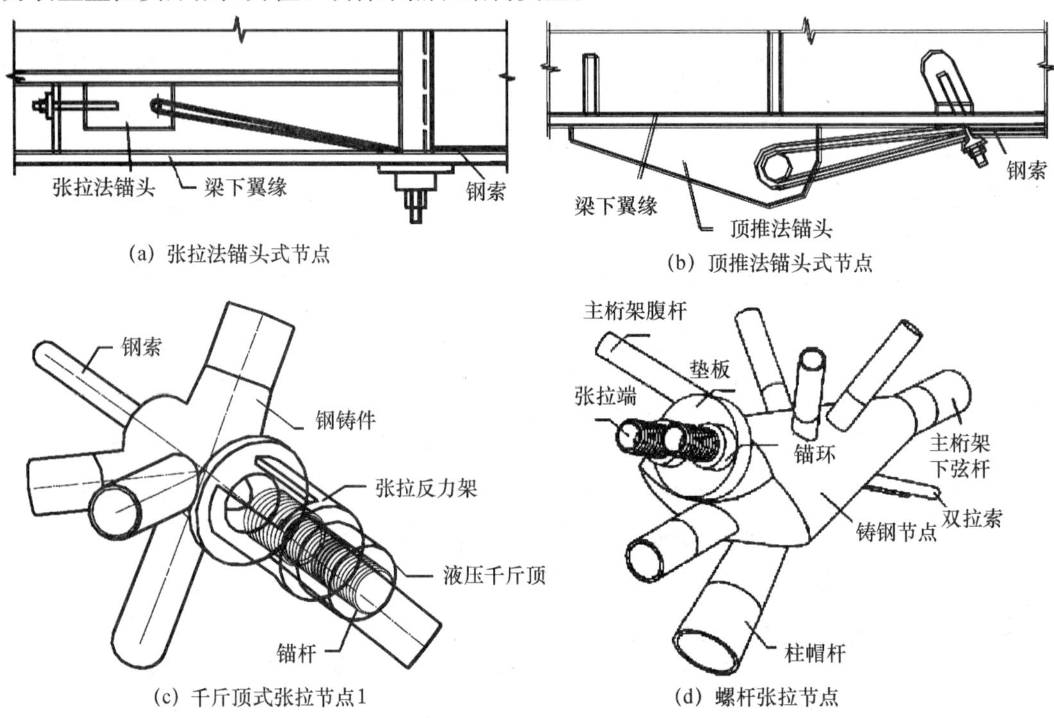

(a) 张拉法锚头式节点

(b) 顶推法锚头式节点

(c) 千斤顶式张拉节点1

(d) 螺杆张拉节点

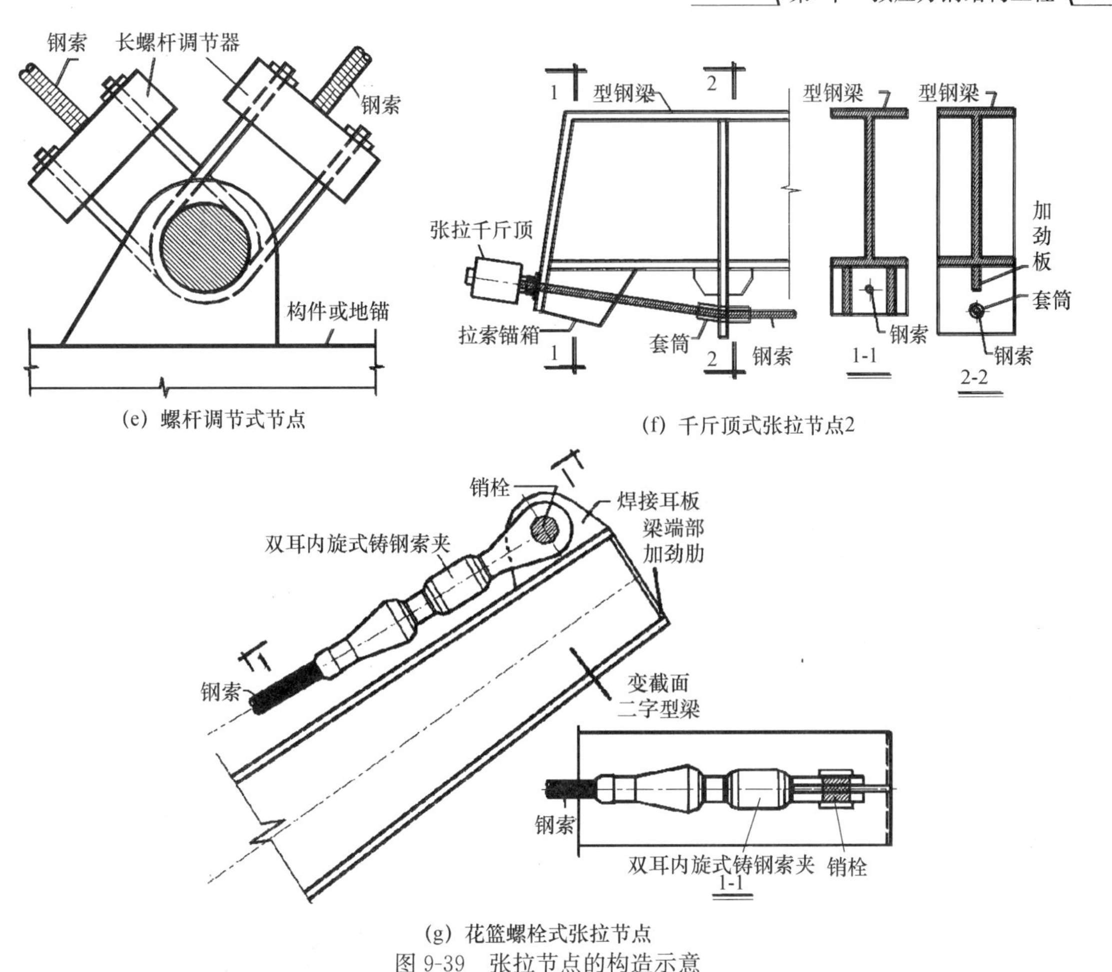

(e) 螺杆调节式节点

(f) 千斤顶式张拉节点2

(g) 花篮螺栓式张拉节点

图 9-39　张拉节点的构造示意

9.5.3　锚固节点的特点及相关要求

锚固节点应采用传力可靠、预应力损失低且施工便利的锚具，尤其应保证锚固区的局部承压强度和刚度，应设置必要的加劲肋、加劲环或加劲构件等加强措施。对锚固节点区域的主要受力杆件、板域应进行应力分析和连接计算，并采取可靠、有效的构造措施；节点区应避免出现焊缝重叠、开孔等易导致严重残余应力和应力集中的情况。常用的拉索锚固节点构造如图 9-40 所示。

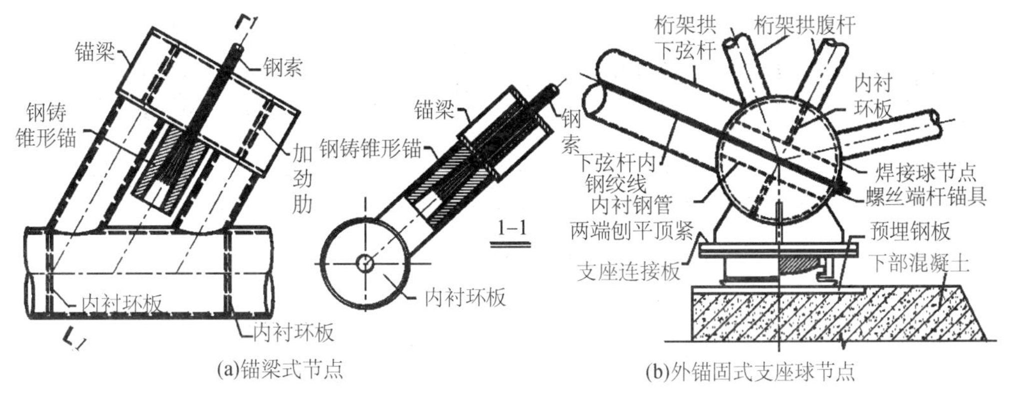

(a)锚梁式节点

(b)外锚固式支座球节点

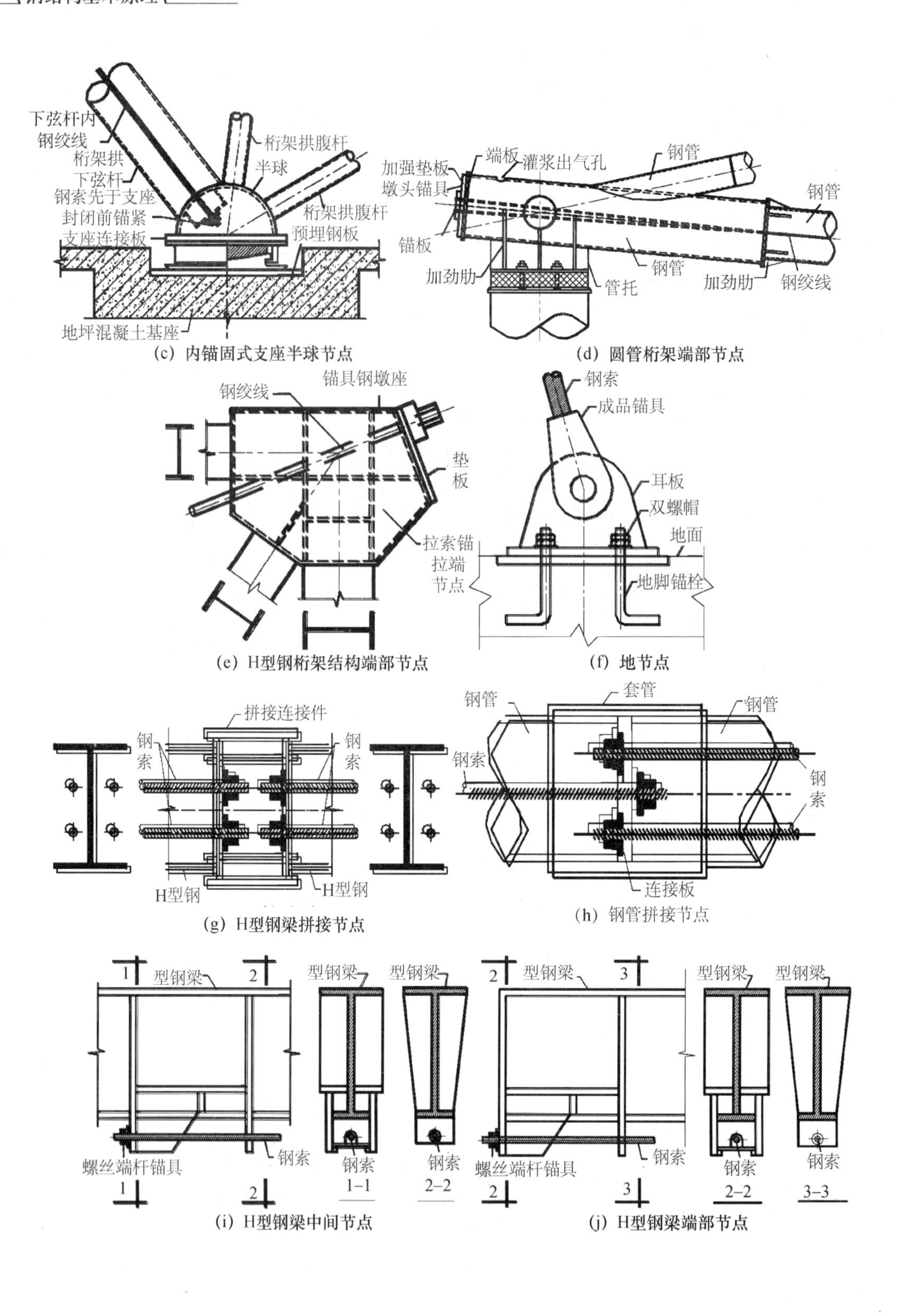

(c) 内锚固式支座半球节点

(d) 圆管桁架端部节点

(e) H型钢桁架结构端部节点

(f) 地节点

(g) H型钢梁拼接节点

(h) 钢管拼接节点

(i) H型钢梁中间节点

(j) H型钢梁端部节点

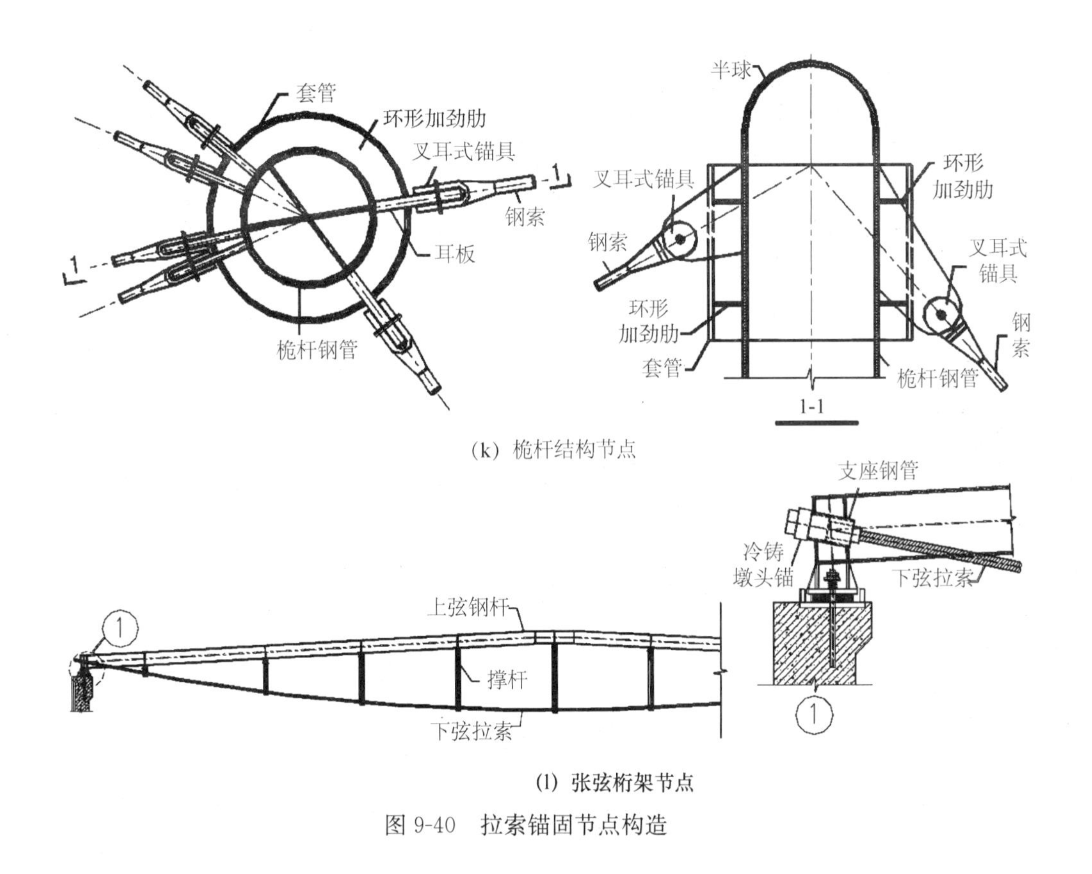

(k) 桅杆结构节点

(l) 张弦桁架节点

图 9-40　拉索锚固节点构造

9.5.4　转折节点的特点及相关要求

转折节点宜与主体结构连接（图 9-41）。转折节点应设置滑槽或孔道供拉索准确定位和改变角度。滑槽或孔道内可采用润滑剂或衬垫等摩擦系数低的材料；转折节点沿拉索夹角平分线方向对主体结构施加集中力，应验算该处的局部承压强度和该集中力对主体结构的影响，并采取加强措施。拉索和转折节点处于多向应力状态，设计中应考虑其影响。

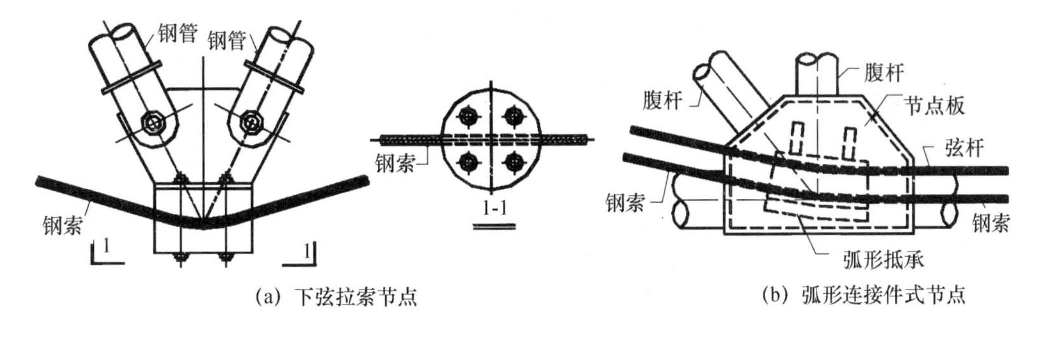

(a) 下弦拉索节点

(b) 弧形连接件式节点

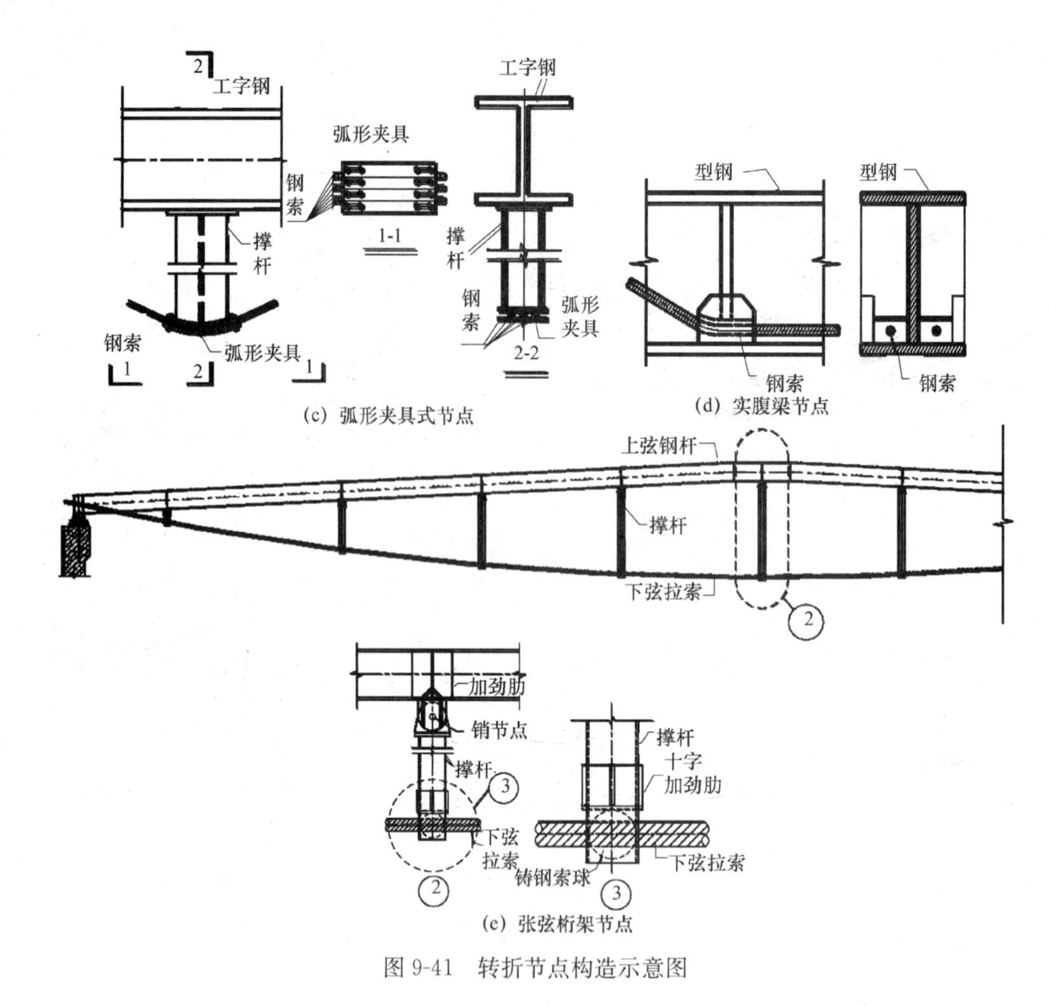

(c) 弧形夹具式节点
(d) 实腹梁节点
(e) 张弦桁架节点

图 9-41　转折节点构造示意图

9.5.5　索杆连接节点的特点及相关要求

索杆连接节点应保证其承载能力不低于杆件和拉索承载力的较小值。节点应传力可靠，连接便利，外形尽可能美观且符合建筑造型要求（图 9-42）。

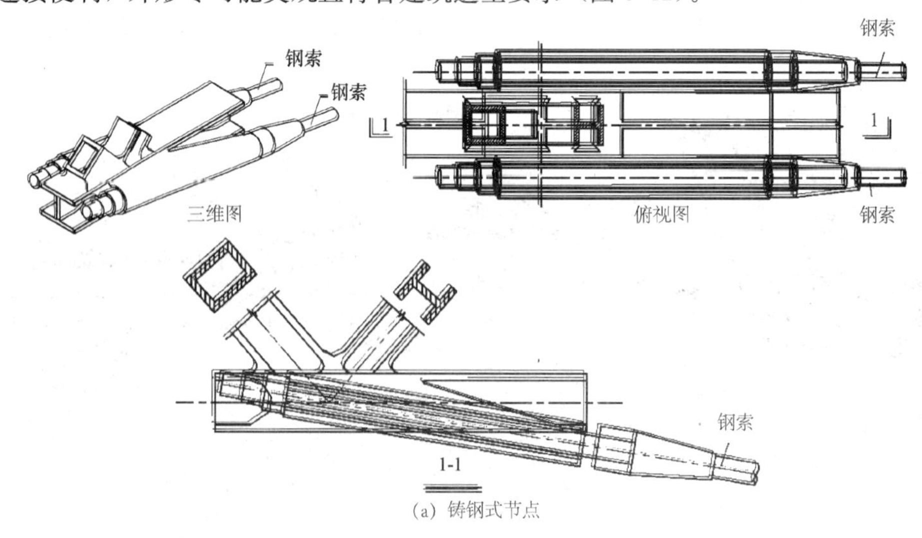

(a) 铸钢式节点

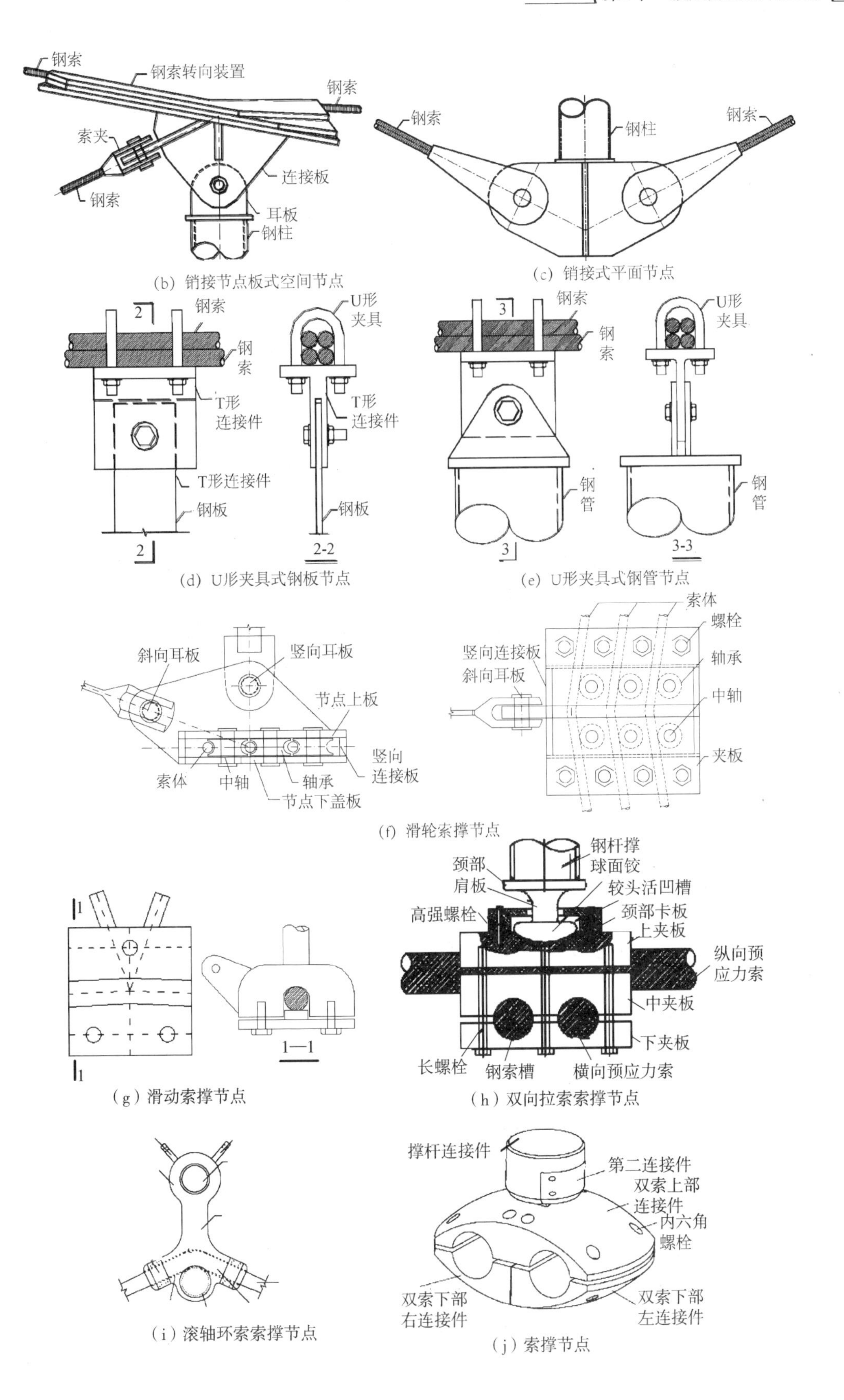

(b) 销接节点板式空间节点

(c) 销接式平面节点

(d) U形夹具式钢板节点

(e) U形夹具式钢管节点

(f) 滑轮索撑节点

(g) 滑动索撑节点

(h) 双向拉索索撑节点

(i) 滚轴环索索撑节点

(j) 索撑节点

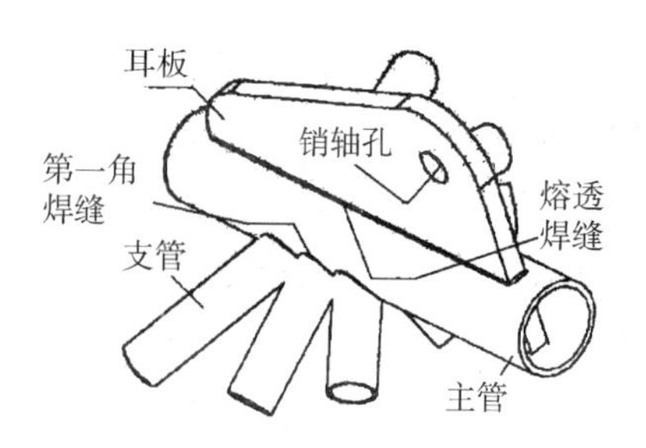

（k）插板式焊接相贯拉索节点

图 9-42　索杆连接节点构造示意

9.5.6　拉索交叉节点的特点及相关要求

拉索交叉节点应根据拉索交叉的角度优化连接节点板的外形，避免因拉索夹角过小而相碰撞；节点板上因开孔和造型切角等引起的应力集中区，可采取构造措施减小应力集中；必要时，应进行平面或空间的有限元分析（图 9-43）。

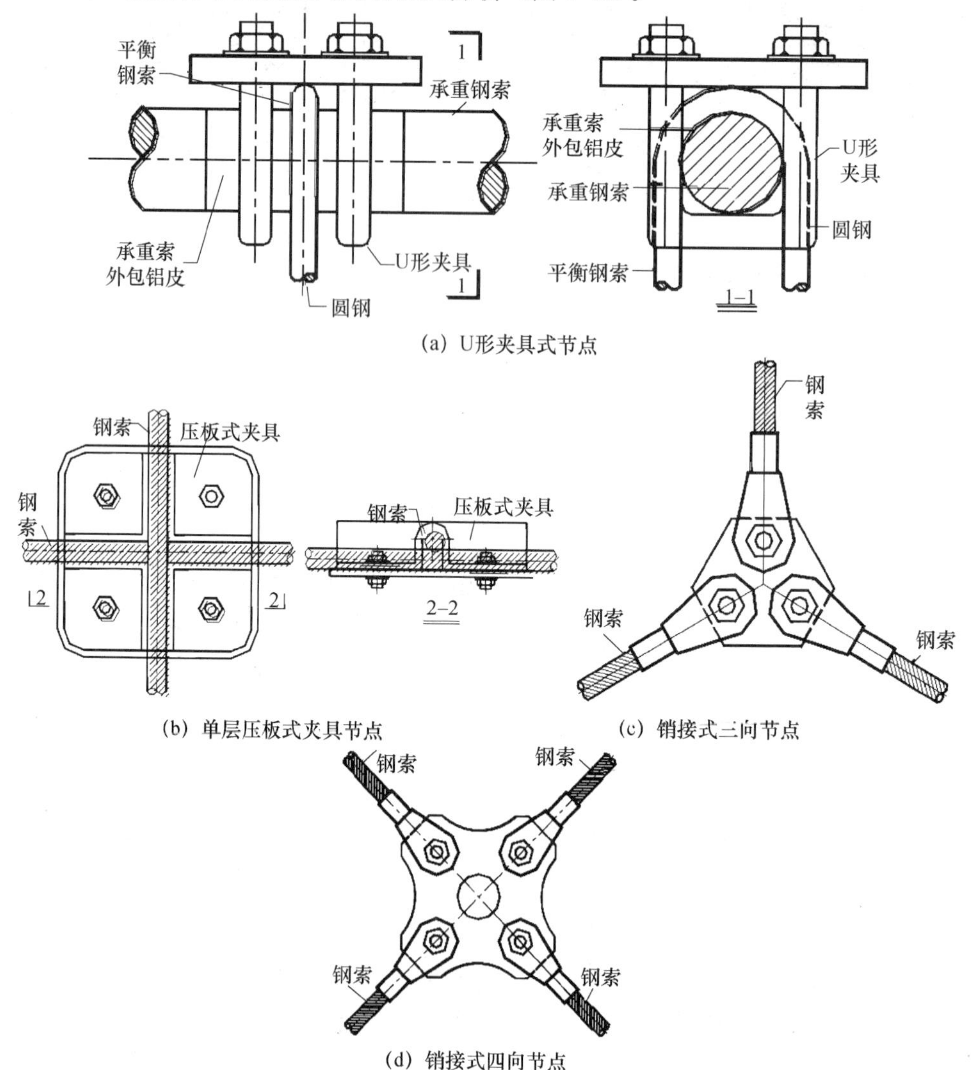

(a) U形夹具式节点

(b) 单层压板式夹具节点

(c) 销接式三向节点

(d) 销接式四向节点

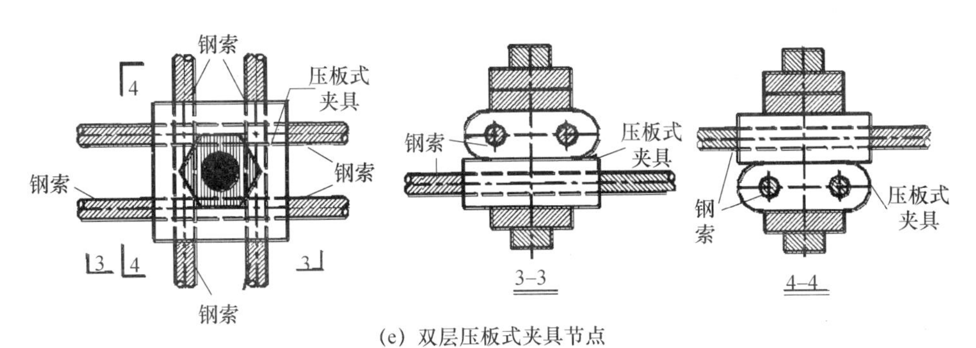

(e) 双层压板式夹具节点

图 9-43　拉索交叉节点构造

9.5.7　玻璃幕墙节点的特点及相关要求

用于玻璃幕墙的预应力索结构连接节点可分为索（杆）端张拉节点、固定节点、转折节点、交叉节点、索杆连接节点等（图 9-44～图 9-46）。索的一端应设调控索拉力的调节装置，也便于换索。

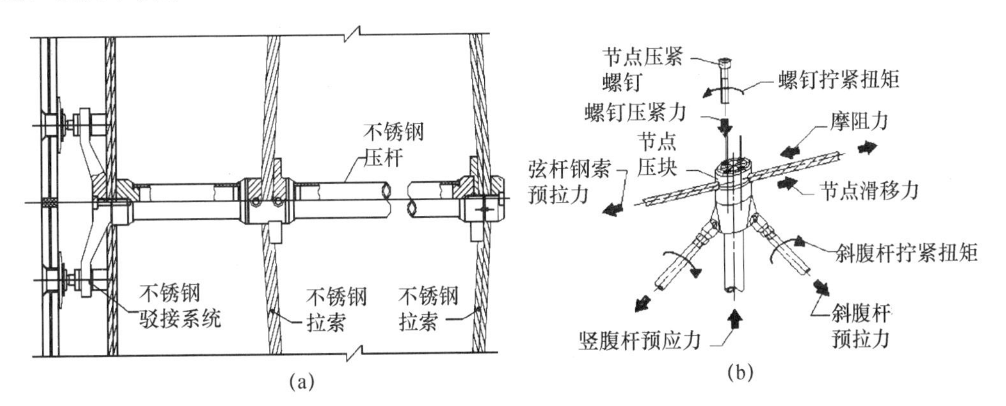

图 9-44　索杆连接节点示意

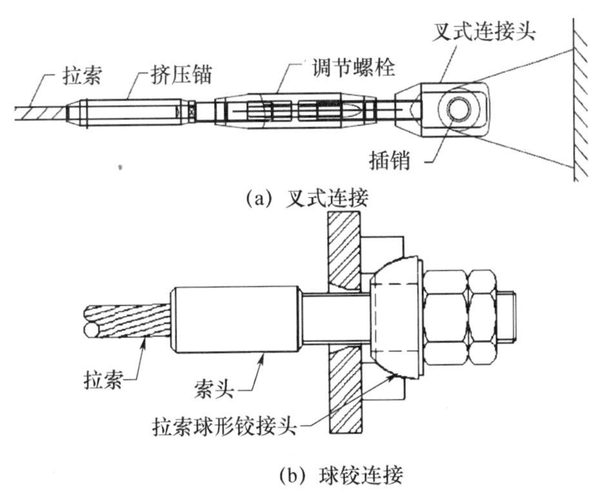

图 9-45　索端连接节点示意

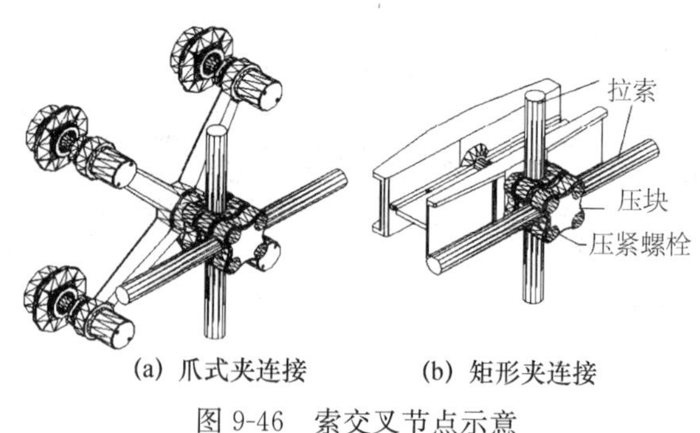

(a) 爪式夹连接　　(b) 矩形夹连接

图 9-46　索交叉节点示意

9.5.8　撑杆节点的特点及相关要求

撑杆节点连接撑杆和上部钢结构，将撑杆中的支撑力传递给上部结构。撑杆宜设置为万向转动，以释放杆端弯矩（图 9-47）。

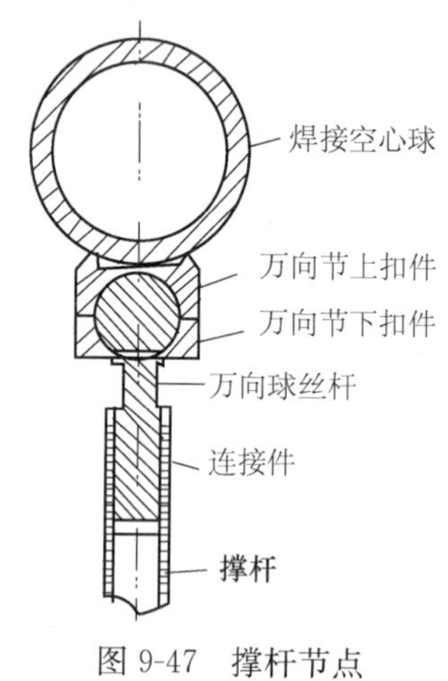

图 9-47　撑杆节点

9.5.9　支座节点的特点及相关要求

如图 9-48 所示，支座节点为预应力钢结构与下部支撑结构或基础连接的节点。其应能够传递支座竖向荷载、水平推力。其可以刚性连接，也可以铰接或者半刚性连接。支座节点宜能够在预应力张拉阶段自由滑动，张拉后固定或者弹性固定，以释放张拉应力和温度应力等。

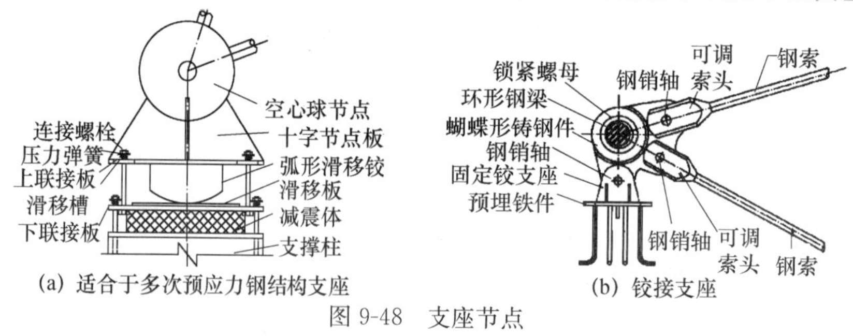

(a) 适合于多次预应力钢结构支座　　(b) 铰接支座

图 9-48　支座节点

9.6　预应力钢结构工程施工及验收要求

9.6.1　宏观要求

预应力钢结构施工前必须编制施工组织设计，并应符合有关结构工程施工质量验收规范和施工图的要求；属于《危险性较大的分部分项工程安全管理办法》规定工程的，还需进行专项安全论证，同时对于技术难度较大的工程需要专门组织相关专家对技术方案进行论证。预应力钢结构施工单位在施工前需与设计单位紧密配合，进行拉索及拉索节点深化设计，以确保设计与施工有效衔接。预应力钢结构用构件、焊接材料、连接件和索材料应具有出厂报告、产品质量保证书和检测报告，施工前应进行进场报验和批次检查。预应力索杆安装前应进行检验和校核，对与索杆连接的钢结构进行校核，避免预应力索杆安装偏差和张拉误差。预应力钢结构施工前应对结构各阶段施工工况进行仿真计算校核，必要时进行施工过程监控。预应力钢结构施工应根据国家有关规程进行质量验收，并形成完整验收资料。预应力钢结构的施工必须由具有专业预应力施工资质的单位承担。

9.6.2　施工仿真分析要求

预应力张拉影响结构成型和最终受力状态，应模拟施工全过程，进行施工仿真计算。根据施工方案建立张拉仿真分析模型，模拟施工不同阶段的边界条件、环境温度和工况，计算施工不同阶段、不同张拉力时的结构各部位应力分布、结构变形以及其他需求的计算值。施工仿真计算结果作为优化施工方案、施工过程指导和工程控制的依据。

9.6.3　安装要求

预应力钢结构安装前应检查构件尺寸，索体长度和节点外观尺寸。预应力钢结构施工方案要与钢结构高空散装、分块（榀）安装、高空滑移、整体提升方法等相协调。预应力钢结构安装用胎架必须具有足够的支承刚度，应根据结构特点、预应力受力特点和施工技术条件，对支撑体系在施工全过程的应力和位移进行验算。拉索安装前，应根据定位轴线和标高基准点复核预埋件和连接点的空间位置和相关配合尺寸。拉索安装前，应采取放索盘将拉索沿场地平顺放置，对拉索及其他组装件检查外观破损和初弯曲，对外包聚乙烯护套拉索要检查PE损伤，对密封钢丝绳、钢绞线拉索检查有无跳丝现象，并及时修补，损伤严重的应予更换。应根据设计图纸及整体结构施工安装方案要求，安装各方向索体，同时要严格按索体上的标记位置、张拉方式和张拉伸长值进行安装。传力索夹的安装，要考虑张拉后直径变化对索夹夹持力的影响，分别考虑安装、张拉及承载状态下的索夹紧固力。拉索安装后，应根据施工仿真计算的结果，对照预应力钢结构初始态索力的要求，进行索体的初张拉，并必须保持索体呈顺直状态。索体安装时应考虑环境安全，风力不宜大于四级，气温不宜低于－10℃，有雷电时，必须停止作业。

9.6.4　预应力张拉要求

张拉用设备和仪表应满足张拉力的要求，定期进行维护和标定，标定期限不应超过半

年。根据结构体系类型及设计要求选取合理的张拉方案，在施工方案中确定张拉成型方式，即整体同步张拉、分部分级张拉、单榀逐级张拉等，后将张拉方式所提供的索力作为工况进行施工过程整体仿真计算。拉索张拉前，应根据施工过程仿真计算结果确定各级张拉力和结构变形值，张拉时逐步加载，缓慢匀速。施加预应力的误差不应超过设计值的±5%。索体张拉前，应对张拉工装的受力性能进行计算校核。张拉设备安装时，应保证设备和工装安装对正，装卸顺滑。预应力张拉时，应严格按照操作规程进行，张拉设备形心应与预应力拉索在同一轴线上；张拉时应控制油速，当压力达到拉索设计拉力时，超张拉不超过5%，然后停止张拉。根据结构受力特点及设计要求确定张拉控制方式，即以张拉力控制为主或者以结构变形控制为主、另一项控制为辅。预应力张拉时，应做好张拉时的详细记录，包括：测量记录，张拉时间和环境温度，张拉索力和结构变形的测量值。无横向约束的预应力索桁架或索拱结构的拉索张拉应验算张拉过程中结构平面外的稳定性，必要时应监控结构变形。

9.6.5 施工监测要求

对一般性工程，在张拉过程中对索体张拉力和结构变形进行观测，对照施工仿真计算结果进行施工过程控制。拉索索力测量方法有如下几种，每个工程需根据拉索的具体形式选择合适的测量方法，这些方法包括锚索计、弓式测力仪、频率模态等动力测试法、磁通量法、智能拉索法、千斤顶张拉油压传感器读数等。对复杂结构形式和重点工程应进行施工全过程监控，监测部位包括胎架、结构相关杆件、预应力拉索；监测内容包括结构各工况时的应力分布、结构变形和拉索成形形态。对复杂环境（如风载、雪载较大的施工环境）也应进行施工全过程监控。

9.6.6 工程验收要求

应根据我国现行《建筑工程施工质量验收统一标准》《钢结构工程施工质量验收规范》和本章的规定进行预应力钢结构工程的施工质量验收。预应力钢结构分项工程完成后，应由建设单位组织，相关单位参加，进行统一验收。

预应力钢结构验收应具备以下资料：设计文件、竣工图、图纸会审记录、设计变更文件、使用软件名称；材料质量证明文件，包括拉索、节点和铸钢件等产品质量保证书、产品出厂检验报告等；施工组织设计、技术交底记录等施工资料；安装检验记录、千斤顶标定记录文件；张拉记录文件，包括张拉力、变形值等。

质量标准应符合以下要求，即安装完成后，钢索应无破损、无难于清除的污垢，索头镀锌等防腐措施无损伤，对于PE拉索与索头间连接护套密封完整，如果上述防腐措施存在破损，应做相应的修补。安装完成的钢索撑杆垂度应满足设计要求。钢索和其他结构构件连接的节点螺栓拧紧力应满足设计要求。一般工程，拉索张拉完成后索力偏差不应超过设计值的±5%，设计变形值与实测变形值偏差不超过设计变形值的±10%；对特殊工程，索力和变形值偏差可经过设计校核后确定。张拉完成的撑杆杆端相对位置偏差不应超过撑杆长度的1%，且偏差值不大于50mm。张拉完成后所有钢索张拉螺纹外露长度均符合设计要求。

9.7 预应力钢结构防护和监测基本要求

9.7.1 防腐要求

预应力钢结构的防腐应符合我国现行国家标准《钢结构设计规范》(GB 50017)的规定。钢材表面锈蚀等级不应低于B级，钢结构构件表面处理应采用喷射或抛射除锈，除锈质量等级不应低于Sa2.5。除锈后应采取防止油污、沾水及其他损伤的措施。轻钢龙骨(冷弯薄壁型钢)结构的构件应采用热浸镀锌钢板制作，镀锌量不应少于$275g/m^2$。室外无防火要求的钢构件，其涂层宜按五层做法(两道底漆，一道中间漆，两道面漆)涂装，底层涂装宜采用环氧富锌涂料和可靠的涂装工艺。干膜总厚度不宜小于$150\mu m$。钢构件的连接部位应采用不低于环氧富锌漆效果的涂装工艺进行防腐处理，并应达到与钢结构主体相同的防腐标准。预应力拉索体系应根据所处环境与结构重要特性等条件采取相应的防腐措施和耐老化措施，其防腐措施包括索体防腐蚀、锚固自防腐蚀和传力点防腐蚀。索的防腐宜采用镀锌、铝或环氧树脂喷浇，同时对钢丝绳包裹润滑材料和防护套；对特殊的腐蚀性环境宜根据具体情况采取防腐措施，对非腐蚀环境宜根据防腐要求采取防腐措施。非腐蚀环境封闭结构内的索可采用镀锌或铝作防腐处理；具体要求宜根据不同工程不同索材的具体情况在设计文件中注明。建筑结构用索与其他构件的连接部位应采取可靠的密封防水处理。钢结构防锈和防腐蚀采用的涂料、钢材表面的除锈等级以及防腐蚀构造要求等应符合我国现行国家标准《工业建筑防腐蚀设计规范》(GB 50046)和《涂装前钢材表面锈蚀等级和除锈等级》(GB/T 8923)的规定；在设计文件中应注明所要求的钢材除锈等级和所采用的涂料(或镀层)和涂(镀)层厚度；除特殊需要外，设计中不宜考虑因锈蚀而加大钢材的截面厚度。

9.7.2 防火要求

钢结构的防火应符合我国现行标准《钢结构设计规范》(GB 50017)、《建筑钢结构防火规范》(CECS 200)等的规定。受高温作用的结构应根据不同情况采取相应的防护措施，即当结构可能受到炽热熔化金属的侵害时应采用砖或耐热材料做成的隔热层加以保护；当结构的表面长期受热辐射达1500℃以上或在短时间内可能受到火焰作用时，应采取有效的防护措施(比如加隔热层或水套等)。室内或有特殊要求的节点的耐火极限不应低于结构本身的耐火极限。索结构的防火应根据不同的建筑功能遵照有关建筑防火规范进行；当规范无明确规定时应通过试验研究明确防火措施。

钢结构构件宜选用具有装饰效果的防火板材包覆保护，比如耐火石膏板、硅酸钙板、加气混凝土板等，也可采用外包金属网水泥砂浆(混凝土)进行保护或喷涂防火涂料；防火涂料的性能、涂料厚度和质量要求应符合我国现行标准《钢结构防火涂料通用技术条件》(GB 14907)和《钢结构防火涂料应用技术规范》(CECS 24)的有关规定。采用防火板材包覆时，防火板材应采取可靠方式与构件连接；可采用轻钢龙骨、自攻钉固定于钢构件上，也可以防火板材自身作定位龙骨，用耐火胶辅以栓钉粘结固定于钢构件上；防火板材内侧面至构件外表面的距离不宜小于20mm。采用金属网抹M5水泥砂浆或C20细石混

凝土包覆保护时，保护层厚度不宜小于 50mm，并应埋置金属网（钢筋网）；对于钢管混凝土柱，应按钢管混凝土结构技术规程规定经计算确定。当采用喷涂防火涂料保护时，耐火极限不低于 1.50h 的钢构件以及高层住宅中考虑压型钢板参加工作的组合楼板宜采用厚涂型防火涂料；当钢管混凝土柱和钢梁采用有机薄涂型防火涂层时，涂层的耐火极限应按消防机构核准的数据设计。其他耐火极限低于 1.50h 的钢构件可采用薄涂型防火涂料，其涂层厚度应根据构件的耐火极限要求和构件的检验测试结果确定。

建筑索结构的防火可优先采用钢管内布索、钢管外防火保护的方法；钢管外的防火保护可采用薄型或厚型防火涂料、防火板包裹等方法。防火涂层或色复层不得作为钢结构的防护保护层使用。

9.7.3 维护和保养要求

对索必须采取防护措施；索的防护可分为拉索管道防护、镀锌防护、锚具防护。索的管道防护是将索设置于钢或塑料管道中，防止侵蚀环境的影响。镀锌防护主要是防腐蚀。钢丝的镀锌量宜采用 250～330g/m²，防护层厚度可采用 25～45μm。锚具防护是对管道和锚具之间的连接部位防止水流入或汇集，尤其是暴露于室外的锚具必须进行全封闭防护，但不宜采用难以拆除的防护构造。拉索的防腐蚀措施不应影响拉索的使用寿命；采用的防护材料不得含有腐蚀钢材的成分，并应具有抗老化性能。拉索及其连接部分在安装完毕后应清理干净，拉索护层不得接触任何有损护层的化学药剂，清理时应使用拉索供应商提供的安全性好的专用清洁剂。必须定期对索体进行清洗，以便去尘、脱脂和去除聚乙烯表面的静电等。

在使用期间需对预应力钢结构及其部件进行修补或更换时，应按照施工加载时的相反顺序，卸除荷载和预应力或卸除荷载并补加临时荷载，以考虑荷载内力与预应力的协调平衡。重大工程项目的设计单位应向使用单位提供保养和维修说明书，以利在工程使用期内对重点部位进行检查和监测，并限制结构用途、使用环境的更动或无序翻修。

9.7.4 监测要求

应每年检测钢索和钢拉杆的预应力状态，包括索的张紧度、膜面张紧度，以及松弛、断丝、磨损和腐蚀等情况，以便及时更换。对有特殊需要的工程，定期检查预应力钢结构中拉索的内力，并作记录；与初始值对比，如发现异常应及时报告；当量测内力与设计值相差大于±10%时，应及时调整或补偿索力。应定期检查索体是否有渗水等异常情况，防护涂层是否完好；对出现损伤的索和防护涂层应及时修复。应定期对预应力施加装置、可调节头、螺栓螺母等进行检查，发现问题应及时解决。在大风、暴雨、大雪等恶劣天气过程中及过程后，使用单位应及时检查预应力钢结构体系有无异常，并采取必要的措施。

9.8 加固与补强要求

9.8.1 宏观要求

钢结构在投入使用前或运营服役后，由于设计制造误差、运输施工损伤、灾害事故影响、荷载力度增加、运营损耗、功能更迭以及环境中侵蚀性介质作用等原因，导致结构整体或局部承载力减弱及安全度下降，但未完全丧失承载功能的情况下，应当采用预应力技术或措施对工程进行加固与补强，以恢复或增强其承载能力，保证其正常服役功能。

9.8.2　加固方案

结构加固方案分整体加固、局部加固、节点加固三大类，被加固结构可采用单独方案或联合方案进行加固措施。整体加固应用于结构功能变动、荷载力度增减时；局部加固应用于结构局部受损、部分构件承载力下降时；节点加固使用于扩大节点连接面积和增加其承载能力时。

9.8.3　加固施工要求

加固施工的态势可有负荷加固、卸载加固、拆旧更新加固三种。负荷加固的特点是在满载或部分卸载情况下加固，适用于被加固构件或者连接应力低于设计值60%～80%时，以利于加固后更好地参与受力。卸载加固的特点是对以恒载为主的结构，且其损伤较重时应卸去全部或大部分荷载；对以活载为主的结构，应限制活载的运行以保证加固施工在结构低应力状态下进行。拆旧更新加固的特点是结构局部破损严重或构件损毁无法修复使用，或原截面过小需更新时，可设置临时杆件或加固支撑代替被拆除构件以保证整体结构的安全与稳定。

9.8.4　相应的技术措施

加固的技术措施主要有截面补强法、调整计算简图法、预应力拉索法三类。截面补强法的特点是沿构件全长或部分区段可以采用板材或型材与原构件连成整体共同受力，补强截面形心应尽量与原截面形心重合，以避免偏心受力。调整计算简图法的特点是采用增设杆件或支座，改变荷载分布状态，调整支座标高等措施以取得结构薄弱部件的卸载和补强或降低应力水平；但必须检验以加固措施时，结构其他部位有无增载效应，重做相应处理。预应力拉索法的特点是对结构整体或构件本身以预应力钢索进行整体加固或局部补强；新增拉索系可提高原结构承载力，改善结构刚度、稳定性和动力性能，或作为杆件的新增截面参与受力。

预应力拉索法是采用预应力技术加固补强服役结构的最常用方法，具有快捷、简便、省工、省料等优点，张拉方法有千斤顶法、人工法、电热法三种。千斤顶法适用于整体张拉方案，且力度较大时，千斤顶可参与直接张拉或间接张拉。人工法适用于张拉力度较小，局部构件的加固方案，如螺帽拧紧法，正反扣螺栓顶张法。电热法适用于高强圆钢筋作拉杆的张拉方案，对高空作业尤其方便，但要做好绝缘保护措施。

应做好加固工程的准备及验收工程。应搜集与熟悉原结构的设计、施工及使用的有关技术资料，制定加固补强的技术方案并取得原设计单位的审批同意。加固工程完成后要验证加固效应并达标合格后方能交付使用。

习　题

1. 预应力钢结构工程设计施工的宏观要求有哪些?
2. 简述预应力钢结构设计方法与相关要求。
3. 简述索杆材料的类型及特点。
4. 简述预应力钢结构结构体系及分析方法的特点。
5. 如何进行连接节点设计?
6. 简述预应力钢结构工程施工及验收要求。
7. 简述预应力钢结构防护和监测的基本要求。
8. 简述预应力钢结构加固与补强要求。

第 10 章　装配式钢结构工程

10.1　装配式钢结构建筑的特点

装配式钢结构工程有助于实现工业化设计和建造，应符合国家“适用、经济、绿色、美观”的建筑方针，应全面提高工程的环境效益、社会效益和经济效益。装配式钢结构建筑建设应符合建筑全寿命期的可持续性原则，在装配式钢结构建筑的设计、生产运输、施工安装、验收和运营维护中应贯彻执行国家的相关技术经济政策，加强工业化生产全过程、全专业的管理和质量控制，做到安全适用、技术先进、经济合理、确保质量。限于篇幅，本章仅介绍适用于抗震设防烈度为 6 度到 9 度的装配式钢结构民用建筑及门式刚架钢结构建筑。装配式钢结构建筑的设计、生产运输、施工安装、验收与运营维护应符合国家现行有关标准的规定。

所谓“装配式建筑”是指用预制部品构件在工地装配而成的建筑。装配式钢结构建筑是指钢结构建筑的结构系统、外围护系统、内装系统、设备与管线系统的主要部分采用预制部品部（构）件集成装配建造的建筑。建筑系统集成是指以工业化建造方式为基础，实现建筑结构系统、外围护系统、内装系统、设备与管线系统一体化和策划、设计、生产、施工和运维一体化的集成设计建造方法。建筑结构系统是指在装配式建筑中，将构件通过各种可靠的连接方式装配而成，用来承受各种荷载或者作用的空间受力体。建筑内装系统是指建筑内部能够满足建筑使用要求的部分，主要包括楼地面、轻质隔墙、顶棚、内门窗和内装设备管线等。建筑设备与管线系统是指满足建筑各种使用功能的设备和管线的总称，包括给水排水设备及管线系统、供暖通风空调设备及管线系统、电气和智能化设备及管线系统等。建筑外围护系统是指围合成建筑室内空间，与室外环境分隔的非承重预制构件和部品，包括建筑外墙板、屋面、门窗、空调板和装饰件等。部件是指在工厂或现场预先制作完成，构成建筑结构的钢结构或其他结构构件的统称。部品是指由两个或两个以上的建筑单一产品或复合产品在现场组装而成，构成建筑某一部位的一个功能单元，或能满足该部位一项或者几项功能要求的、非承重建筑结构类别的集成产品统称。部品包括屋顶、外墙板、幕墙、门窗、管道井、楼地面、隔墙、卫生间、厨房、阳台、楼梯和储柜等建筑外围护系统、建筑内装系统和建筑设备与管线系统类别的部品。装配式装修是指采用干式工法，将工厂生产的内装系统的部品在现场进行组合安装的装修方式。模数是指选定的尺寸单位，作为尺度协调中的增值单位。模数协调是指应用模数实现尺寸协调及安装位置的方法和过程。公差是指预制构（部）件和部品构件在制作、放线、安装时的允许偏差

的数值。优先尺寸是指从模数数列中事先排选出的模数或扩大模数尺寸。

装配式钢结构工程中的协同设计是指装配式建筑的建筑结构系统与建筑内装系统之间、各专业设计之间、生产建造过程各阶段之间的协同设计工作。集成式厨房是指主要采用干式工法装配，由楼地面、顶棚、墙面、橱柜、厨房设备及管线等进行系统集成，并满足炊事活动功能要求基本单元的模块化部品。集成式卫生间是指主要采用干式工法装配，由楼地面、墙板、顶棚、洁具设备及管线等系统集成的具有洗浴、洗漱、便溺等功能基本单元的模块化部品。整体收纳是指由工厂生产、现场装配的满足不同功能空间分类储藏要求的基本单元模块化部品。标准化接口是指包括建筑部品与公共管网系统连接、建筑部品与配管连接、配管与主管网连接、部品之间连接的部位，要求尺寸规格统一、模数协调。装配式隔墙、顶棚和楼地面是指由工厂生产的具有隔声、防火或防潮等性能且满足空间和功能要求的隔墙、顶棚和楼地面等集成化部品。管线分离是指将设备及管线与建筑结构相分离，不在建筑结构中预埋设备及管线。装配率是指装配式建筑中预制构件、建筑部品的数量（体积或面积）占同类构件或部品总数量（体积或面积）的比率。钢结构体系是指钢结构抵抗外部作用的构件组成方式。钢框架结构是指由钢梁和钢柱为主要构件组成的承受竖向和水平作用的结构。钢框架-支撑结构是指由钢框架和钢支撑或支撑构件共同承受竖向和水平作用的结构。交错桁架结构是指在建筑物横向的每个轴线上，平面桁架各层设置，而在相邻轴线上交错布置的结构体系。钢筋桁架楼承板组合楼板是指钢筋桁架楼承板上现浇混凝土形成的组合楼板。压型钢板组合楼板是指压型钢板上浇筑混凝土形成的组合楼板。同层排水是指排水横支管布置在排水层或室外，器具排水管不穿楼层的排水方式。模块化户内中水集成系统（简称户内中水系统）是指采用户内中水模块代替排水横支管的建筑卫生间中水系统。

10.2 装配式钢结构建筑设计的宏观要求

装配式钢结构建筑应坚持标准化设计、工厂化生产、装配化施工、一体化装修、信息化管理和智能化应用，提高技术水平和工程质量，实现功能完整的建筑产品。装配式钢结构建筑由结构系统、围护系统、内装系统、设备和管线系统组合集成，应按照通用化、模数化、标准化的要求，用系统集成的方法统筹设计、生产、运输、施工和运营维护，实现全过程的一体化。装配式钢结构建筑应遵守模数协调和少规格、多组合的原则，在标准化设计的基础上实现系列化和多样化。装配式钢结构建筑应采用适用的技术、工艺和装备机具，进行工厂化生产，建立完善的生产质量控制体系，提高部品构件的生产精度，保障产品质量。装配式钢结构建筑应综合协调建筑、结构、机电、内装，制订相互协同的施工组织方案，采用适用的技术、设备和机具，进行装配式施工，保证工程质量，提高劳动效率。装配式钢结构建筑宜运用建筑信息化技术，实现全专业、全产业链的信息化管理。

装配式钢结构建筑宜基于人工智能、互联网和物联网等技术，实现智能化应用，提升建筑使用的安全、便利、舒适和环保等性能。装配式钢结构建筑应进行技术策划，以统筹规划设计、构件部品生产、施工安装和运营维护全过程，对技术选型、技术经济可行性和可建造性进行评估。按照保障安全、提高质量、提升效率的原则，确定可行的技术配置和适宜经济的建设标准。装配式钢结构建筑应采用绿色建材和性能优良的系统化部品构件，因地制宜，采用适宜的节能环保技术，积极利用可再生能源，提高建设标准，提升建筑使用性能。

装配式钢结构建筑宜发挥结构优势，采用大柱距布置方式，满足建筑全寿命期的空间适应性要求。装配式钢结构建筑应合理考虑钢结构构件防火、防腐要求，满足可靠性、安全性和耐久性等有关规定。

10.3 装配式钢结构建筑设计方法和相关要求

10.3.1 总体原则

装配式钢结构建筑应以建筑系统集成的方法统筹建筑全寿命期的规划设计、生产运输、施工安装、维护更新的全过程。装配式钢结构建筑应以部品构件为基础，将结构系统、外围护系统、内装系统、设备和管线系统集成为适用美观的建筑。装配式钢结构建筑应采用模数和模数协调的方式进行设计、生产和装配。装配式钢结构建筑应综合协调给水、排水、电气、燃气、供暖、通风、空调等设备系统设计，考虑安全运行和维修管理等要求。

10.3.2 建筑性能要求

装配式钢结构建筑应在建筑全寿命周期内满足适用性能、环境性能、经济性能、安全性能、耐久性能等综合要求，以提高建筑性能和建筑质量。

装配式钢结构建筑应综合考虑钢结构的材料特点，满足防火、防腐、隔声、热工及楼盖舒适度等要求。装配式钢结构建筑的防火性能应符合我国现行国家标准《建筑设计防火规范》（GB 50016）的规定；应在钢结构外表面涂敷或包覆不燃烧的防火材料，在钢管内部也可灌注混凝土等材料，延长钢构件的耐火极限。建筑钢结构应根据环境条件、材质、结构形式、使用要求、施工条件和维护管理条件等进行防腐蚀设计，应符合我国现行行业标准《建筑钢结构防腐蚀技术规程》（JGJ/T 251）的规定。装配式钢结构建筑的隔声性能应符合我国现行国家标准《民用建筑隔声设计规范》（GB 50188）的规定；在钢构件可能形成声桥的部位，应采用隔声材料或重质材料填充或包覆，使相邻空间隔声指标达到设计标准。装配式钢结构建筑的热工性能应符合我国现行国家标准《民用建筑热工设计规程》（GB 50176）的规定，并满足以下要求：外墙保温层宜设置在钢构件外侧，当钢构件外侧保温材料厚度受限制时，应进行露点验算；严寒地区、寒冷地区、夏热冬冷地区的围护结构保温层内侧宜设置隔汽层；应采取措施减少热桥，当无法避免时应使热桥部位内表面温度不低于室内空气露点温度。装配式钢结构建筑应考虑楼盖的自振频率，楼盖舒适度应符合我国现行国家标准《混凝土结构设计规范》（GB 50010）及行业标准《高层建筑混凝土结构技术规程》（JGJ 3）的规定。

10.3.3 模数协调原则

装配式钢结构建筑应符合我国现行国家标准《建筑模数协调标准》（GB/T 50002）的规定，实现建筑的设计、生产、装配等活动的相互协调，以及建筑、结构、内装、设备管

线等集成设计的相互协调。装配式钢结构建筑设计应按照建筑模数制的要求，采用基本模数、扩大模数或分模数的设计方法；基本模数为 1M（1M=100mm）。建筑物的开间或柱距、进深或跨度，宜采用水平基本模数数列和水平扩大模数数列，且水平扩大模数数列宜采用 $2n$M、$3n$M（n 为自然数）。建筑物的高度、层高和门窗洞口高度等宜采用竖向基本模数数列和竖向扩大模数数列，且竖向扩大模数数列宜采用 nM，最小竖向模数不应小于 1/2M；梁、板、柱、墙等构件的截面、构造节点和构件的接口尺寸等宜采用分模数数列，分模数数列宜采用 M/10、M/5、M/2。装配式钢结构建筑应遵循部品构件生产和装配的要求，考虑主体结构层间变形、密封材料变形能力、施工误差、温差变形等要求，实现建筑部品构件尺寸以及安装位置的公差协调。建筑构件的规格应统筹考虑模数要求与原材料基材的规格，提高材料利用率，减少材料损耗。

10.3.4 标准化设计原则

装配式钢结构建筑应在模数协调的基础上，采用标准化的设计方法，提高模块、部品构件的重复使用率及通用性，满足工厂加工、现场装配的要求。建筑单体标准化设计是对相似或相同体量、功能、机电系统和结构形式的建筑物采用标准化的设计方式。功能模块标准化设计是对建筑单体中具有相同或相似功能的建筑空间及其组成构件（如住宅厨房、卫生间、楼电梯等）时进行标准化设计。部品构件的标准化设计采用标准化的预制工业化构件，形成具有一定功能的建筑部品系统，如储藏系统、整体厨房、整体卫浴、地板系统等；标准化的通用构件包括可在工厂内进行规模化生产的结构和围护构件，如墙板、梁、柱、楼板、楼梯、隔墙板等。功能相同、相近建筑空间的层高宜统一，实现外墙、内墙、楼梯、门窗等竖向构件的尺寸标准统一。装配式钢结构建筑宜优先采用标准化的集成式厨房与集成式卫浴，减少内装部品（集成式卫生间、集成式厨房、整体收纳等）的规格，提高复用率，提高耐久性，便于维护维修。设备与管线系统宜选用工厂化的部品构件组合集成，减少规格，标准化接口、工厂化生产、装配化施工。

10.3.5 建筑平面与空间设计要求

装配式钢结构建筑应在模数协调的基础上，采用模块化方法。公共建筑采用楼电梯、公共卫生间、基本单元等标准模块进行组合设计，居住建筑采用楼电梯、基本户型、集成式厨房、集成式卫生间等功能模块进行组合设计。装配式钢结构建筑应遵循“少规格，多组合”的设计原则，综合考虑平面的承重构件布置和梁板划分、立面的基本元素组合、可实施性等要求。模块化设计应充分考虑模块的可拼接性以及拼接后结构性能的合理性、建筑平面的可调整和设备、管线的优化组合；模块拼合有困难时，可以利用非模数化的插入距或特殊的衔接单元来实现。平面和空间设计宜采用具有统一模块化与标准化接口的部品构件。

装配式钢结构建筑平面设计应符合以下要求：布局宜与结构布置、部品构件选型相协调；平面几何形状宜规则平整，宜以连续柱跨为基础布置，柱距尺寸按模数统一；楼电梯交通核及设备管井等宜独立集中设置；机电设备管线平面布置应避免交叉；房间分隔应与结构柱网设置相契合；应合理选用抗侧力构件形式、合理布置抗侧力构件位置，以减少对使用功能、立面造型及门窗开启的影响。

装配式钢结构建筑宜通过建筑体量、材质肌理、色彩等变化，形成丰富多样的立面效果，减少装饰构件。装配式钢结构建筑剖面设计应结合建筑功能考虑主体结构、设备管线、装饰装修的要求，确定合理的层高、净高尺寸。

10.3.6　设计协同与信息化问题

装配式钢结构建筑应满足设计、生产、施工、维护等综合协同设计的要求。装配式钢结构建筑设计应按照一体化设计原则，满足建筑、结构、给水、排水、燃气、供暖、通风与空调、电气、智能化等各专业之间设计协同的要求，保证装配式钢结构建筑设计的完整性和系统性。信息化协同平台应能够全面表达装配式钢结构建筑设计阶段各专业的空间关系，实现专业内及专业间的数据关联性。装配式钢结构建筑应建立完善的部品构件生产管理系统，建立部品构件生产信息数据库，用于记录部品构件生产关键信息，追溯、管理生产质量及生产进度。装配式钢结构建筑在设计、生产、施工和运维等阶段应共享数据信息，实现装配式建筑建设全过程动态可追溯、数字量化、科学系统的管理和控制，提升一体化管理水平。对于结构或施工工艺复杂的钢结构，宜使用建筑信息模型技术，对施工全过程及关键工艺进行信息化模拟。

10.4　装配式钢结构建筑的集成设计

10.4.1　总体原则

装配式钢结构建筑统筹建筑结构、机电设备、部品构件、装配施工、装饰装修，进行一体化集成设计。

装配式钢结构建筑的集成设计应按以下要求进行：即采用通用化、模数化、标准化设计方式，积极应用建筑信息模型技术；各项建筑功能及细节构造应在设计初期进行考虑；从方案设计到深化设计的各个阶段，应进行主体结构、围护系统、设备与管线及内装之间的协同设计；设计初期应考虑到建筑全生命周期中从部品构件生产到后期运营维护的所有因素，从而最大限度地提高设计效率、降低生产成本。

10.4.2　主体结构设计要求

装配式钢结构建筑的结构设计应遵守以下规定，即装配式钢结构建筑的结构设计应符合我国现行国家标准《工程结构可靠性设计统一标准》(GB 50153) 的规定，结构的设计使用年限不应少于50年，其安全等级不应低于二级；装配式钢结构建筑应按我国现行国家标准《建筑工程抗震设防分类标准》(GB 50223) 的规定确定其抗震设防类别，并应按我国现行国家标准《建筑抗震设计规范》(GB 50011) 进行抗震设防设计；装配式钢结构建筑荷载和效应的标准值、荷载分项系数、荷载效应组合、组合值系数应满足我国现行国家标准《建筑结构荷载规范》(GB 50009) 的规定；装配式钢结构的结构构件设计应符合我国现行国家标准《钢结构设计规范》(GB 50017)、《钢管混凝土结构技术规范》(GB 50936) 的规定。

钢材的选用应综合考虑构件的重要性和荷载特征、结构形式和连接方法、应力状态、

工作环境以及钢材品种和厚度等因素，合理地选用钢材牌号、质量等级及其性能要求，并应在设计文件中完整地注明对钢材的技术要求；在工程需要时，可采用耐候钢、耐火钢、高强钢等高性能钢材。

装配式钢结构建筑的结构体系应满足 4 条要求：即应具有明确的计算简图和合理的地震作用传递途径；应具有必要的承载能力，足够大的刚度，良好的变形能力和消耗地震能量的能力；应避免因部分结构或构件的破坏而导致整个结构丧失承受重力荷载、风荷载和地震作用的能力；对可能出现的薄弱部位，应采取有效的加强措施。

装配式钢结构建筑的结构布置应遵守 4 条规定：即结构平面布置宜规则、对称，应尽量减少因刚度、质量不对称造成结构扭转；结构的竖向布置宜保持刚度、质量变化均匀，避免出现突变和薄弱层；结构布置考虑温度效应、地震效应、不均匀沉降等因素，需设置伸缩缝、抗震缝、沉降缝时，满足伸缩、抗震与沉降的功能要求；结构布置应与建筑功能相协调，大开间或跃层时的柱网布置，支撑、剪力墙等抗侧力构件的布置，次梁的布置等，均宜经比选、优化并与建筑设计协调确定。

装配式钢结构建筑可根据建筑功能用途、建筑物高度以及抗震设防烈度等条件选择 7 类结构体系，即钢框架结构、钢框架-支撑结构、钢框架-延性墙板结构、筒体结构、巨型结构、交错桁架结构、门式刚架结构。除门式刚架结构外，重点设防类和标准设防类装配式钢结构建筑适用的最大高度应符合表 10-1 的规定。除门式刚架结构外，装配式钢结构建筑的高宽比不宜大于表 10-2 的规定。

表 10-1　装配式钢结构适用的最大高度（m）

结构体系	6 度	7 度		8 度		9 度
	0.05g	0.10g	0.15g	0.20g	0.30g	0.40g
钢框架	110	110	90	90	70	50
钢框架-中心支撑	220	220	200	180	150	120
钢框架-偏心支撑、钢框架-屈曲约束支撑、钢框架-延性墙板	240	240	220	200	180	160
筒体（框筒、筒中筒、桁架筒、束筒）巨型框架	300	300	280	260	240	180
交错桁架	90	60	60	40	40	—

注：房屋高度指室外地面到主要屋面板板顶的高度（不包括局部突出屋顶部分）。超过表内高度的房屋，应进行专门研究和论证，采取有效的加强措施。交错桁架结构不得用于 9 度区。表格中数据适用于整体式楼板的情况。表中各值适用于钢柱或钢管混凝土柱。

表 10-2　装配式钢结构建筑适用的最大高宽比

6 度	7 度	8 度	9 度
6.5	6.5	6.0	5.5

注：计算高宽比的高度从室外地面算起。当塔形建筑底部有大底盘时，计算高宽比的高度从大底盘顶部算起。

除门式刚架结构外，在风荷载或多遇地震标准值作用下，楼层层间最大水平位移与层高之比不宜大于 1/250（采用钢管混凝土柱时不宜大于 1/300）；同时，层间位移角不应大于围护系统的容许变形能力。装配式钢结构住宅风荷载作用下的楼层层间最大水平位移与层高之比尚不应大于 1/300。

高度不小于 80m 的装配式钢结构住宅以及高度不小于 150m 的其他装配式钢结构建筑应满足风振舒适度要求。在我国现行国家标准《建筑结构荷载规范》(GB 50009)规定的 10 年一遇的风荷载标准值作用下，结构顶点的顺风向和横风向振动最大加速度计算值不应大于表 10-3 的限值。结构顶点的顺风向和横风向振动最大加速度，可按我国现行国家标准《建筑结构荷载规范》(GB 50009)的有关规定计算，也可通过风洞试验结果判断确定。计算时钢结构阻尼比宜取 0.01～0.015。

表 10-3　结构顶点的顺风向和横风向风振动加速度限值

使用功能	住宅、公寓	办公、旅馆
$a_{\lim}$	$0.20\mathrm{m/s^2}$	$0.28\mathrm{m/s^2}$

除门式刚架结构外，装配式钢结构建筑的整体稳定性应符合相关规范规定。框架结构应满足式(10-1)的要求；框架-支撑结构、框架-延性墙板结构、筒体结构和巨型框架结构应满足式(10-2)的要求。

$$D_i \geqslant 5\sum_{j=i}^{n} G_j / h_i \tag{10-1}$$

$$EJ_{\mathrm{d}} \geqslant 0.7H^2 \sum_{i=1}^{n} G_i \tag{10-2}$$

式(10-1)和式(10-2)中，$i=1$、2、…、n；D_i 为第 i 楼层的抗侧刚度($\mathrm{kN \cdot mm^2}$)，可取该层剪力与层间位移的比值；h_i 为第 i 楼层层高(mm)；G_i、G_j 分别为第 i、j 楼层重力荷载设计值(kN)，取 1.2 倍的永久荷载标准值与 1.4 倍的楼面可变荷载标准值的组合值；H 为房屋高度(mm)；EJ_{d} 为结构一个主轴方向的弹性等效侧向刚度($\mathrm{kN \cdot mm^2}$)，可按倒三角形分布荷载作用下结构顶点位移相等的原则，将结构的侧向刚度折算为竖向悬臂受弯构件的等效侧向刚度。

装配式钢结构建筑采用门式刚架结构时，应按照我国现行国家标准《门式刚架轻型房屋钢结构技术规范》(GB 51022)的规定进行设计、制作、安装和验收。

装配式钢结构建筑采用钢框架结构时其结构设计应符合 4 条规定，即钢框架结构设计应符合我国现行规范的有关规定，对高层装配式钢结构建筑的设计还应符合我国现行行业标准《高层民用建筑钢结构技术规程》(JGJ 99)的规定。梁与柱的连接宜采用加强型连接(图 10-1～图 10-4)，有依据时也可采用其他形式。在罕遇地震作用下可能出现塑性铰处，梁的上下翼缘均应设侧向支撑点。对于层数不超过 6 层且抗震设防烈度不超过 8 度的装配式钢结构建筑，当建筑设计要求室内不外露结构轮廓时，框架柱可采用由热轧(焊接)H 型钢与剖分 T 型钢组成的异型柱截面(图 10-5)；当有可靠依据时，适用高度可适当增加。

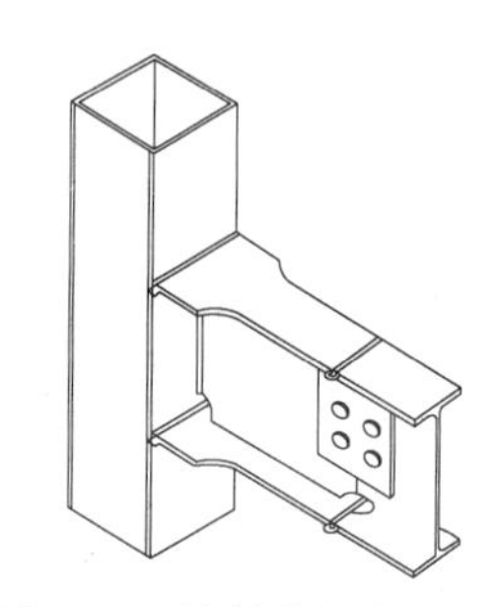

图 10-1　梁翼缘扩翼式连接

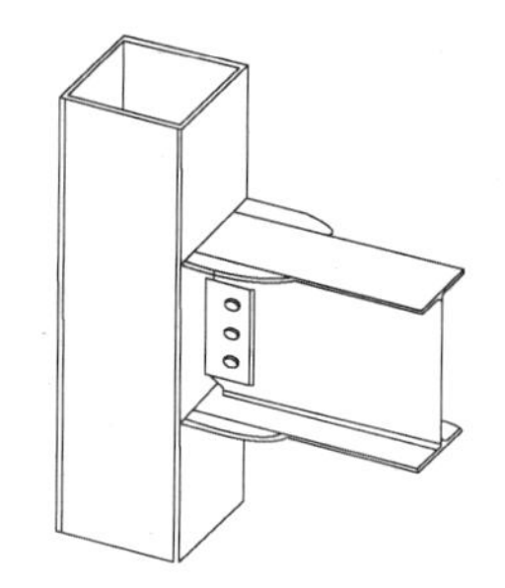

图 10-2　梁翼缘局部加宽式连接

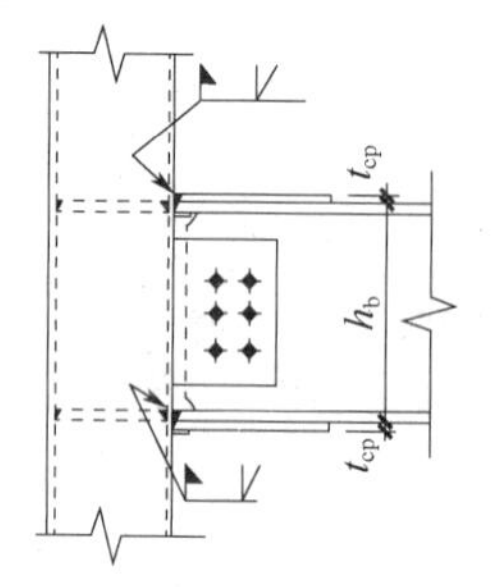

图 10-3　梁翼缘盖板式连接

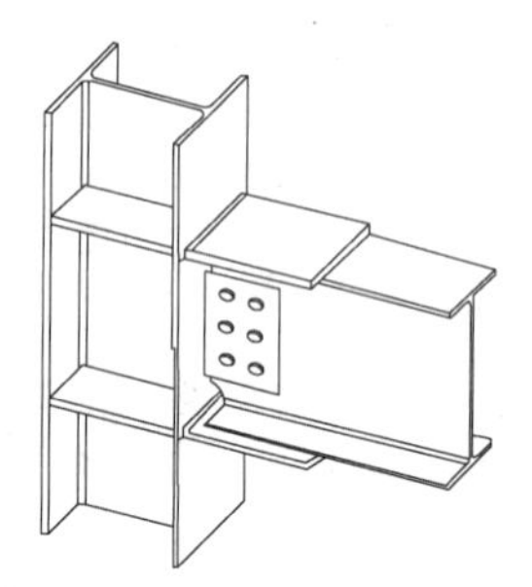

图 10-4　梁翼缘板式连接

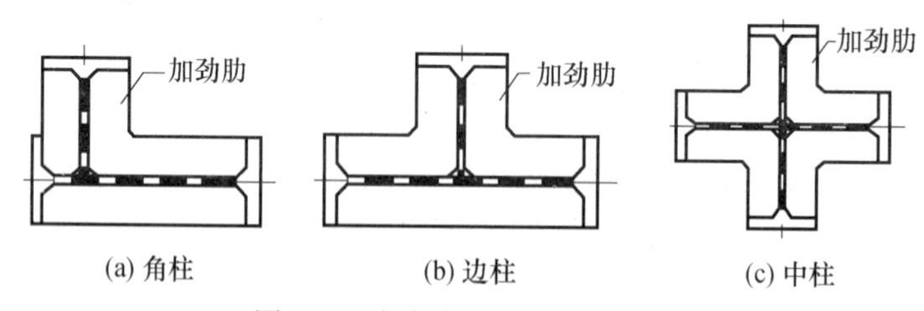

(a) 角柱　　(b) 边柱　　(c) 中柱

图 10-5　钢框架异型柱组合截面

装配式钢结构建筑采用钢框架-支撑结构时，结构设计应遵守以下规定。即：钢框架-支撑结构设计应符合我国现行相关规范的有关规定，对高层装配式钢结构建筑的设计还应符合我国现行行业标准《高层民用建筑钢结构技术规程》（JGJ 99）的规定。当支撑翼缘朝向框架平面外且采用支托式连接时［图 10-6（a）、图 10-6（b）］，其平面外计算长度可取轴线长度的 0.7 倍；当支撑腹板位于框架平面内时［图 10-6（c）、图 10-6（d）］，其平面外计算长度可取轴线长度的 0.9 倍。当支撑采用节点板进行连接（图 10-7）时，在支撑端部与节点板约束点连线之间应留有 2 倍节点板厚的间隙，且应进行验算，即支撑与节点板间焊缝的强度验算；节点板自身的强度和稳定验算；连接板与梁柱间焊缝的强度验算。装配式钢结构住宅中，消能梁段与支撑连接的下翼缘处无法设置侧向支撑时，应采取其他可靠措施保证连接处能够承受不小于梁段下翼缘轴向极限承载力 6%的侧向集中力。

装配式钢结构建筑采用钢框架-延性墙板结构时，结构设计应遵守以下规定，即：钢板剪力墙和钢板组合剪力墙的设计应符合我国现行行业标准《高层民用建筑钢结构技术规程》（JGJ 99）和《钢板剪力墙技术规程》（JGJ/T 380）的规定。内嵌竖缝混凝土剪力墙的设计应符合我国现行行业标准《高层民用建筑钢结构技术规程》（JGJ 99）的规定。当采用钢板剪力墙时，应考虑竖向荷载对钢板剪力墙性能的不利影响；当采用开竖缝的钢板剪力墙且层数不高于 18 层时，可不考虑竖向荷载对钢板剪力墙性能的不利影响。

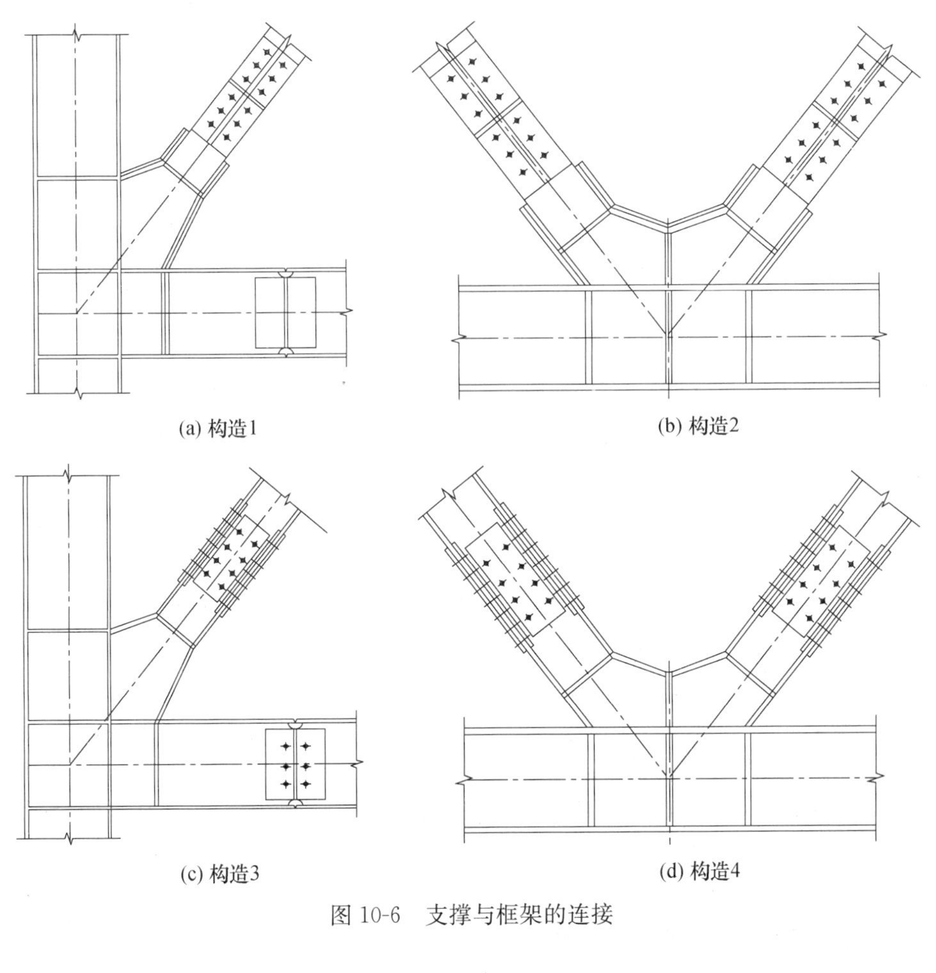

(a) 构造1　(b) 构造2

(c) 构造3　(d) 构造4

图 10-6　支撑与框架的连接

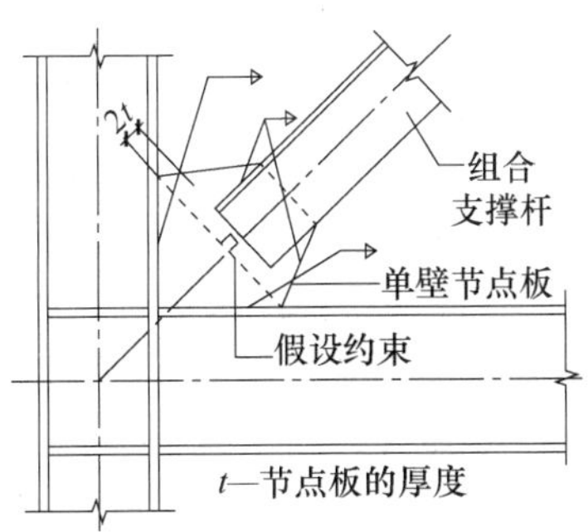

图 10-7　组合支撑杆件端部与单壁节点板的连接

交错桁架结构的设计应遵守以下规定，即：交错桁架钢结构的设计应符合我国现行行业标准《交错桁架钢结构设计规程》（JGJ/T 329）的规定。当桁架设置成奇数榀时，应注重控制层间刚度比；当桁架设置成偶数榀时，应注重控制水平荷载作用下的偏心影响。桁架可采用混合桁架［图 10-8（a）］和空腹桁架［图 10-8（b）］两种形式，走廊处可不设斜杆。当底层局部无落地桁架时，应在底层对应轴线及相邻两侧设横向支撑（图 10-9）。交错桁架的纵向可采用钢框架结构、钢框架-支撑结构、钢框架-延性墙板结构或其他可靠结构形式。

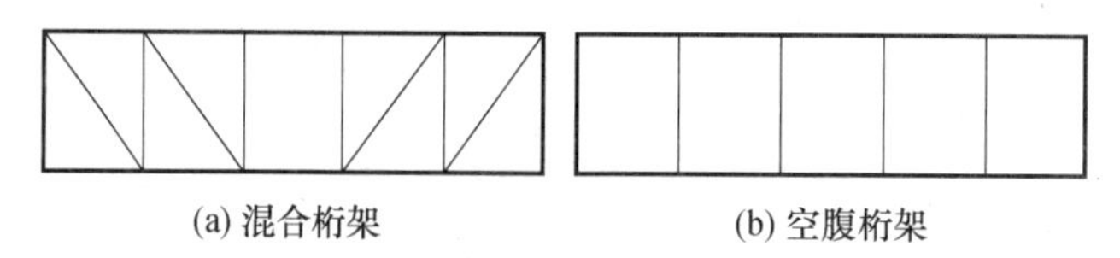

(a) 混合桁架　　(b) 空腹桁架

图 10-8　桁架形式

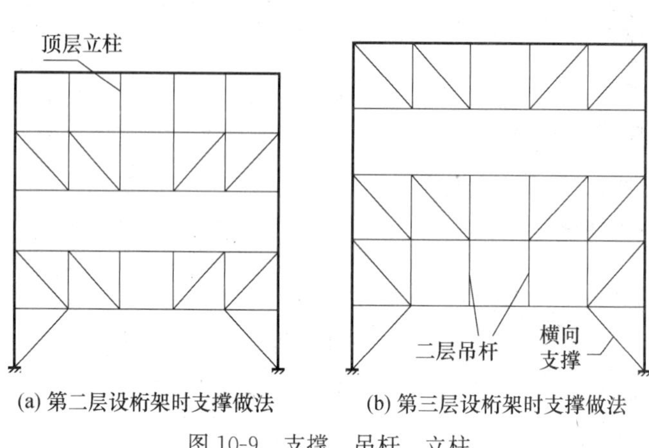

(a) 第二层设桁架时支撑做法　　(b) 第三层设桁架时支撑做法

图 10-9　支撑、吊杆、立柱

装配式钢结构建筑的构件之间的连接设计应遵守以下规定，即：抗震设计时，连接设计应符合构造措施要求，按弹塑性设计，连接的极限承载力应大于构件的全塑性承载力。连接构造应体现装配化的特点，连接形式可采用螺栓连接或焊接。连接节点的形式不应对其他专业或使用功能有影响。在有可靠依据时，梁柱可采用全螺栓连接的半刚性连接，结构计算应考虑节点转动刚度的影响。

除门式刚架结构外，装配式钢结构建筑的楼板应遵守以下规定。即：楼板可选用工业化程度高的压型钢板组合楼板、钢筋桁架楼承板组合楼板、钢筋桁架混凝土叠合楼板、预制带肋底板混凝土叠合楼板（PK 板）及预制预应力空心板叠合楼板（SP 板）等。楼板应与钢结构主体进行可靠连接。抗震设防烈度为 6 度、7 度且房屋高度不超过 28m 时，可采用装配式楼板（全预制楼板）或其他轻型楼盖，当有可靠依据时，建筑高度可增加至 50m，并应采取下列 4 方面措施之一保证楼板的整体性：这 4 方面措施分别是设置水平支撑、加强预制板之间的连接性能、增设带有钢筋网片的混凝土后浇层、其他可靠方式。装配式钢结构建筑可采用装配整体式楼板（混凝土叠合板），但表 10-1 中的高度限值应适当降低。楼盖舒适度应符合我国现行国家标准《混凝土结构设计规范》（GB 50010）及《高层建筑混凝土结构技术规程》行业标准（JGJ 3）的要求。

装配式钢结构建筑的楼梯应符合两条要求，即：可采用装配式混凝土楼梯，也可采用梁式钢楼梯，当采用钢楼梯时踏步宜采用预制混凝土板；楼梯宜与主体结构柔性连接，不宜参与整体受力。

装配式钢结构建筑的地下室和基础应符合以下要求，即：超过12层时，宜设置地下室，其基础埋置深度，当采用天然地基时，不宜小于房屋总高度的1/15，当采用桩基时，桩承台埋深不宜小于房屋总高度的1/20。设置地下室时，竖向连续布置的支撑、抗震墙板等抗侧力构件应延伸至基础，当地下室对于局部抗侧力构件的设置有影响时，可移动至相邻跨设置。当地下室不小于两层，且嵌固端在地下室顶板时，延伸至地下室底板的钢柱脚可采用铰接或刚接，当采用刚接时可不考虑连接系数。

对于设防烈度8度（0.3g）及以上地区的装配式钢结构建筑，可采用隔震或消能减震结构，相关技术要求应按我国现行国家标准《建筑抗震设计规范》（GB 50011）和我国现行行业标准《建筑消能减震技术规范》（JGJ 297）执行。钢结构应进行防火和防腐设计，并应符合我国现行国家标准《建筑设计防火规范》（GB 50016）及行业标准《建筑钢结构防腐技术规程》（JGJ/T 251）的规定。当有可靠依据时，通过相关论证，可采用新型构件、节点及结构体系。

10.4.3 围护系统设计及相关要求

围护系统宜采用建筑、结构、保温、装饰等一体化协同设计，并应与内装部品、设备与管线协调，预留安装条件。在正常使用和维护下，公共建筑及除住宅外的居住建筑，围护系统的使用年限不应低于25年；住宅建筑，围护系统的使用年限应与主体结构相协调。

围护系统的设计应考虑以下内容，即：围护系统的类型及安全性、功能性、耐久性技术性能要求；外墙板部品的尺寸规格、轴线分布、门窗位置和洞口尺寸；屋面板部品的支承结构、面板尺寸规格；围护系统的吊挂或放置重物要求及相应的加强措施；围护系统的连接、接缝及门窗洞口等部位的构造节点。

围护系统的外观设计应综合考虑装配式钢结构建筑的建筑风格、饰面颜色与材料质感等细部设计要求，并满足建筑外观多样化和经济美观的要求。围护系统宜采用轻质材料，并宜符合因地制宜、就地取材、优化组合的原则采用装配式围护结构干法施工形式。

围护系统应根据装配式钢结构建筑所在地区的气候条件、使用功能、抗震设防等综合确定3方面性能要求：即安全性要求（包括抗风性能、抗震性能、耐撞击性能、防火性能）；功能性要求（包括水密性能、气密性能、隔声性能、热工性能）；耐久性要求。

当围护系统有特殊需要时，还应满足安装太阳能设施、雨水收集和绿化等功能要求。外墙围护系统宜进行墙面整体防水；屋面围护系统应根据装配式钢结构建筑的屋面防水等级进行防水设防，并应具有良好的排水功能。

外墙围护系统应根据不同的建筑类型及结构形式选择适宜的系统类型，外墙围护系统中外墙板部品可采用内嵌式、外挂式、嵌挂结合三种形式，并宜分层悬挂或承托。外墙围护系统可选用预制墙板类、现场组装骨架类、建筑幕墙类等类型。预制墙板类分整间板体系（包括预制混凝土外挂墙板、拼装大板等）、条板体系（包括预制混凝土外墙板、蒸压加气混凝土板、复合夹芯条板等）两大系列。现场组装骨架类分钢龙骨组合外墙体系、木骨架组合外墙体系两大系列。

外墙板部品与主体结构的连接应遵守以下规定，即：连接节点应牢固可靠、传力简捷、构造合理，承载能力极限状态下，连接节点不应发生破坏。连接部位应采用柔性连接的方式，以保证外墙板部品应能适应主体结构的层间位移，当主体结构承受50年重现期

风荷载或多遇地震作用标准值时，外墙板部品不应因为层间变形而发生开裂、起鼓、零件脱落等损坏；在主体结构的层间位移角变形量达到 1/100 时，外墙体部品不能发生掉落。节点设计应便于工厂加工、现场安装就位和调整。连接件的耐久性应满足使用年限要求。

外墙板部品的接缝应符合以下要求，即：外墙板部品的接缝等防水薄弱部位应采用材料防水、构造防水相结合的做法；外墙板部品间或墙板部品与主体结构的板缝应采取性能匹配的弹性密封材料填塞、封堵；外墙板部品在正常使用下，接缝处的弹性密封材料不应破坏；接缝处以及与梁、板、柱的连接处应设置防止形成热桥的构造措施。

围护部品中外门窗应采用在工厂生产的标准化系列部品，外门窗应与墙体部品可靠连接，门窗宜采用企口、预埋副框或预埋件等方法固定，接缝的气密性和水密性标准不应低于外门窗的标准。

预制混凝土外挂墙板类应符合以下要求。即：预制混凝土外墙挂板所用材料包括不限于混凝土、钢筋、钢材、夹芯外墙板中内外叶墙板拉结件、外墙板接缝处密封材料等，各类材料应符合我国现行行业标准《装配式混凝土结构技术规程》(JGJ 106) 的规定。预制混凝土外挂墙板的高度不宜大于一个层高，可划分为整间板体系、横条板体系、竖条板体系等；各体系的板型划分及设计参数应满足挂板尺寸及适用范围的要求，规格及重量应满足工厂生产，车辆运输和施工吊装的要求。预制混凝土外挂墙板的防火性能应满足我国现行国家标准《建筑设计防火规范》(GB 50016) 的相关要求。夹芯保温外墙板的整体防火性能应符合外围护非承重墙体耐火极限要求，当中间保温材料的燃烧性能为 B1 或 B2 级时，内、外叶墙板的厚度不应小于 50mm。预制混凝土外挂墙板露明的金属支撑构件及墙板内侧与梁、柱及楼板间的调整间隙，应采用 A 级防火材料进行封堵，封堵构造的耐火极限不低于墙体的耐火极限，封堵材料在耐火极限内不开裂、不脱落。预制混凝土外挂墙板采用面砖、石材等块材饰面时，宜在生产时与墙板采用反打成型工艺制作，并应符合 4 条规定，即：采用反打成型工艺的石材饰面、石材的厚度应不小于 25mm；石材背面应采用不锈钢卡件与混凝土实现机械锚固；石材的质量及连接件固定数量应满足设计要求；面砖应选择背面设有粘结后防止脱落措施的材料。

蒸压加气混凝土外墙板采用内嵌式、外挂式和内嵌外挂组合式等形式，应根据建筑的使用功能确定。板材的性能、连接构造、板缝构造等要求应符合我国现行行业标准《蒸压加气混凝土建筑应用技术规程》(JGJ/T 17) 的有关规定，并应符合 7 条要求，即：蒸压加气混凝土板材的布置形式（横板、竖板、拼装大板）应满足建筑的开间和层高模数尺寸的要求，避免出现非模数及非标准的特殊规格板材。蒸压加气混凝土外墙板的强度等级，用于高层建筑不应低于 A3.5 级，用于多层建筑不宜低于 A3.0 级。当采用竖墙板和拼装大板时，应分层承托；当采用横板时，应按一定高度由主体结构承托。加气混凝土板外墙可根据技术条件确定适宜的安装方式：钩头螺栓法、滑动螺栓法、内置锚法、摇摆型工法。蒸压加气混凝土板外墙应做饰面防护层。蒸压加气混凝土板外墙面及有防潮要求的内墙面应用专用防水界面剂进行封闭处理。用于民用建筑外墙，宜采用单一材料的蒸压加气混凝土外墙板涂料饰面，对于热工性能要求高的地区，也可采用蒸压加气混凝土外墙板与其他轻型保温装饰板组成的复合墙板。

钢龙骨组合外墙应符合以下要求，即：竖向龙骨通过上下导轨与主体结构连接，龙骨与导轨采用自钻自攻螺钉或不锈钢拉铆钉连接，导轨与主体结构采用射钉或膨胀螺栓连接，且射钉或膨胀螺栓宜采用双排错位布置。钢龙骨双面热浸镀锌量不应小于 100g/m^2，双面镀锌层厚度不应小于 14μm。导轨和门窗洞边竖向龙骨壁厚不宜小于 1.0mm。龙骨截面型号、间距及与导轨间连接计算应符合我国现行国家标准《冷弯薄壁型钢结构技术规范》（GB 50018）的规定。

木骨架组合外墙体系应符合以下要求，即：非承重木骨架组合外墙的适用范围应符合我国现行国家标准《建筑设计防火规范》（GB 50016）及《木骨架组合墙体技术规范》（GB 50361）的规定。木骨架组合外墙与主体结构之间应采用连接件进行连接。连接件应符合我国现行相关规范的有关规定；当墙体的连接件采用钢材时，除不锈钢及耐候钢外，其他钢材应进行表面热浸镀锌处理、富锌涂料处理或采取其他有效的防腐防锈措施。木骨架组合外墙内侧的墙面材料宜采用普通型、耐火型或耐水型纸面石膏板；外墙外侧墙面材料宜选用耐水型纸面石膏板或水泥纤维板材等材料。木骨架组合外墙填充材料的燃烧性能应为 A 级；木骨架组合外墙保温隔热材料宜采用岩棉、矿棉或玻璃棉等；隔声吸声材料宜采用岩棉、矿棉、玻璃棉和纸面石膏板材；木骨架组合外墙的保温、隔声和防火要求应符合我国现行国家标准《木骨架组合墙体技术规范》（GB 50361）及有关标准的规定。木骨架应竖立布置，木骨架的立柱间距宜为 610mm、405mm 或 450mm。

建筑幕墙体系应符合以下规定，即：建筑幕墙可采用玻璃幕墙、金属幕墙、石材幕墙、人造板材幕墙；玻璃幕墙的设计应符合我国现行行业标准《玻璃幕墙工程技术规范》（JGJ 102）的规定；金属与石材幕墙的设计应符合我国现行行业标准《金属与石材幕墙工程技术规范》（JGJ 133）的规定；人造板材幕墙的设计应符合我国现行行业标准《人造板材工程技术规范》（JGJ 336）的规定；主体结构中连接幕墙的预埋件、锚固件应能承受幕墙传递的荷载和作用，必要时，应采取安全可靠的有效措施，考虑幕墙对主体结构的不利影响；幕墙应与主体结构可靠连接，连接件与主体结构的锚固承载力设计值应大于连接件本身的承载力设计值。

10.4.4 设备与管线设计及相关要求

装配式钢结构建筑设备与管线设计应遵守以下规定，即：装配式钢结构建筑设备与管线宜与主体结构相分离，并应方便维修更换，且在维修更换时应不影响主体结构；装配式钢结构建筑设备管线应综合设计、集中设置、减少平面交叉，合理使用空间；装配式钢结构建筑设备与管线应进行标准化设计，并准确定型定位；装配式钢结构建筑设备与管线宜采用同层敷设方式，在架空层或吊顶内设置；装配式钢结构建筑设备与管线设计应与建筑设计同步进行，预留、预埋及安装应满足结构专业相关要求，不应在预制构件安装后凿剔沟、槽、孔洞等；公共管线、阀门、检修配件、计量仪表、电表箱、配电箱、弱电箱等，应统一集中设置在公共区域；装配式钢结构建筑设备与管线穿越楼板和墙体时，应有防水、防火、隔声、密封等措施，防火封堵应满足我国现行国家标准《建筑设计防火规范》（GB 50016）的规定。

给水排水设计应满足以下要求，即：装配式钢结构建筑冲厕应优先采用非传统水源，水质应符合我国现行国家标准《城市污水再生利用城市杂用水水质》（GB/T 18920）的规定，并应有防止误饮误用的安全措施。装配式钢结构居住建筑宜采用集成式厨房、卫生间，并应预留相应的给水、热水、排水管道接口；给水系统与配水管道、配水管道与部品的接口形式及位置应便于维修更换。部品内设置给水分水器时，分水器与用水器具的管道应一对一连接，管道中间不得出现接口，并宜采用装配式的管线及其配件连接；给水分水器设置位置应有排水措施，并便于检修。敷设在墙体、吊顶或楼地面架空层内的设备管道应考虑防腐蚀、隔声减噪和防结露等措施。太阳能热水系统集热器、储水罐等的安装应与其他专业集成设计，做好预留预埋。装配式钢结构建筑排水管道应采用同层排水方式敷设，并应结合建筑层高、楼板跨度、卫生部品及管道长度、坡度等因素综合确定方案；同层排水管道敷设在架空层时，应设置积水排出装置。装配式钢结构建筑应选用耐腐蚀、使用寿命长、降噪性能好、便于安装及更换的管材、管件，以及密闭性能好的阀门设备。

装配式钢结构建筑供暖、通风、空调及燃气应符合以下要求，即：装配式钢结构建筑宜采用干法施工的低温地板辐射供暖系统。当室内供暖系统采用散热器供暖时，墙板与散热器的连接处应采取加强措施。供暖管道固定于梁柱等钢构件上时，应采用绝热支架。装配式钢结构建筑采用集成卫生间或采用同层排水架空地板时，不宜采用地板辐射供暖系统。装配式钢结构建筑的供暖、通风、空气调节及防排烟系统的设备宜结合建筑方案整体设计，并预留相关洞口位置。设备基础和构件应连接牢固，并按设备技术文件的要求预留地脚螺栓孔洞。燃气热水器燃烧所产生的烟气应直接排至室外，并在外墙相应位置预留孔洞。装配式钢结构建筑供暖、通风和空气调节设备均应选用节能型产品。

电气及智能化设计应遵守以下规定，即：电气和智能化设备、管线的设计，应满足预制构件工厂化生产和施工现场装配安装的要求。当电气设备易产生高温发热部位靠近钢结构构件时，应采取隔热、散热等防护措施。低压配电系统及智能化系统的主干线应在公共区域的电气竖井内设置；功能单元内终端线路较多时，宜采用金属槽盒敷设，较少时可统一预埋在预制板内或装饰墙面内，墙板内竖向电气和智能化管线布置应保持安全间距。固定在预制构件上较重的大型灯具、桥架、母线、配电设备等，应根据荷载，采用预留预埋件进行固定。在预制构件暗装的电气及智能化设备的出线口、接线盒等的孔洞均应准确定位；隔墙两侧暗装电气设备不应连通设置；开关、电源插座、信息插座及其必要的接线盒、连接管等应结合内装设计进行预留和预埋。敷设在叠合楼板现浇层或建筑垫层的电气及智能化管线，应根据现浇层厚度，进行管线设计，并应减少管线交叉。沿叠合楼板现浇层暗敷的电气及智能化管线，应在预制楼板灯位处预埋深型接线盒。暗敷的电气和智能化线路宜选用可弯曲电气导管保护。电子设备接地宜与防雷接地系统共用接地网，防雷引下线和共用接地装置应充分利用钢结构自身作为防雷接地装置。钢结构基础宜作为自然接地体，在其不满足要求时，应设人工接地体，并应满足接地电阻的要求。需设置局部等电位联结的场所应设接地端子，该接地端子应与建筑物本身的钢结构金属物联结；金属外窗应与建筑物本身的钢结构金属物联结。

10.4.5 内装设计及相关要求

装配式钢结构建筑的内装应优先采用装配式装修的建造方式，减少施工现场的湿作业，满足干式工法要求，并应符合两条要求，即：采用工厂化生产的集成化内装部品；内装部品具有通用性和互换性。装配式钢结构建筑的内装设计应与建筑、结构、设备等各专业进行一体化设计，做好土建尺寸预留，各种预埋件、连接件、接口设计应准确到位。

装配式钢结构建筑的内装设计应满足内装部品的连接、检修更换、物权归属和设备及管线使用年限的要求，并符合3条要求，即共用内装部品不宜设置在专用空间内；设计使用年限较短内装部品的维修和更换应避免破坏设计使用年限较长的内装部品；住宅套内内装部品的维修和更换不影响共用内装部品和其他内装部品的使用。

装配式钢结构建筑的内装部品应便于检修更换，且应不影响主体结构的安全性。部品应采用标准化接口，部品接口应符合部品与管线之间、部品之间连接的通用性要求，并应符合两条要求，即接口应做到位置固定，连接合理，拆装方便，使用可靠；各类接口尺寸应符合模数协调要求，与系统配套。

梁柱包覆宜与防火防腐构造结合，实现防火防腐包覆与内装的一体化，且管线设计不应破坏防火构造。装配式钢结构建筑内的非承重部品与钢构件的连接与接缝宜设计为弹性，其缝隙动量应与主体结构在弹性阶段的层间位移角相适应。

装配式钢结构建筑的钢构件可采用防火涂料、防火板材、砌材、砂浆、混凝土等防火材料外包防火，达到规定的耐火时间，并应满足4方面要求，即：当采用防火涂料又有装饰要求时，可用板材或砂浆外包表面，完成装修；使用膨胀型防火涂料应预留膨胀空间；采用防腐防火一体化涂料时可一次形成装修表面；当各种设备、管线和装修构造穿越防火保护层时，应按原耐火时间有效封堵。

装配式钢结构建筑的内装部品、材料和施工应符合绿色、环保的要求，室内污染物限值应符合我国现行国家标准《住宅设计规范》（GB 50096）的有关规定。装配式钢结构建筑的内装部品设计与选型应符合国家现行有关抗震、防火、防水、防潮、隔声和保温等标准的规定，并满足生产、运输和安装等要求。

装配式钢结构建筑内装设计应采用装配式隔墙的集成化部品，装配式隔墙应符合以下两条规定：其空腔内宜敷设管线管道等；内隔墙上需要固定电器、橱柜、洁具等较重设备或其他物品时，应在骨架墙板上采取可靠固定措施或在龙骨上设置加强板，其固定的位置和承载力应符合安全要求。

装配式隔墙宜采用以下类型的隔墙：龙骨类隔墙；轻质混凝土类隔墙；复合板类内隔墙。装配式钢结构建筑内装设计应采用装配式饰面墙的集成化部品，采用干法施工，墙面宜设置架空层，架空层内宜敷设电气等管道管线。

装配式钢结构建筑内装设计应采用装配式吊顶的集成化部品，装配式吊顶应符合以下3方面要求：钢筋混凝土叠合板、压型钢板叠合板、密肋钢梁薄板楼盖、钢筋混凝土槽形或肋形板楼盖下方的空间宜设置吊顶；吊顶空间内可敷设通风、电气等管道管线；厨房、卫生间的吊顶在管线集中部位宜设有检修口。

装配式钢结构建筑内装设计应采用装配式楼地面的集成化部品，装配式楼地面应符合以下4条规定：宜采用架空地板系统，架空层内可敷设给排水和供暖等管道；架空地板高度应根据管线的长度、坡度以及管线交叉情况进行计算，并应采取减振措施；地面系统架空层内敷设管线时，应在必要位置设置检修口；地暖系统宜采用干式低温热水地面辐射采暖系统。

装配式钢结构建筑的内装设计宜采用单元模块化的厨房，并应符合以下3条规定：厨房设计应满足干法施工的要求，宜优先选用标准化系列化的集成式厨房；集成式厨房应满足工业化生产及安装要求，与主体结构一体化设计，同步施工；集成式厨房的给水排水、燃气管道等应集中设置、合理定位，并应设置管道检修口。

装配式钢结构建筑的内装设计宜采用单元模块化的卫生间，并应符合以下 3 条要求：卫生间设计应满足干法施工的要求，宜优先选用标准化系列化的整体卫浴；整体卫浴设计宜干湿分离，并采用标准化部品；装配式钢结构住宅建筑的整体卫浴应满足同层排水的要求，整体卫浴的同层给排水管线、通风管线和电气管线等的连接，均应在设计预留的空间内安装完成，并在与给水排水、电气等系统预留的接口连接处设置检修口。

装配式钢结构住宅的收纳空间设计宜优先选用标准化系列化的整体收纳。

10.5 建筑部品构件生产与运输的基本要求

10.5.1 总体要求

建筑部品和构件生产企业应有固定的生产车间和设备，应有专门的生产、技术管理团队和产业工人，应有产品技术标准体系以及安全、质量和环境管理体系。建筑部品和构件应在工厂车间生产，生产工序应形成流水作业，生产过程管理宜采用信息管理技术。建筑部品和构件生产前，应根据技术文件要求和生产条件编制专项生产工艺技术方案，必要时对构造复杂的部品或构件进行工艺性试验。建筑部品和构件生产前，应有经批准的产品加工详图或深化设计图，设计深度应满足施工工艺、施工构造、运输措施等技术要求。装配式钢结构建筑在大批量生产建筑部品和钢构件前，宜对每种规格的首批部品或构件进行产品检验，合格后方可批量生产。

建筑部品和构件生产应按以下规定进行质量过程控制，即原材料进行进场验收；凡涉及安全、功能的原材料，按有关规定进行复验，见证取样、送样。各工序按生产工艺要求进行质量控制，实行工序检验。相关各专业工种之间进行交接检验。隐蔽工程在封闭前进行质量验收。

建筑部品和构件生产验收合格后，生产企业应提供每一产品的质量合格证。建筑部品和构件的最大运输尺寸和重量应结合运输工具、运输条件和国家有关规定综合确定。

10.5.2 结构构件生产及相关要求

钢结构和楼承板深化设计图应根据设计文件和技术文件要求进行编制，深化设计图应包括设计说明、构件布置图或排板图、安装节点详图、构件加工详图等内容。钢结构加工应按照下料、切割、组装、焊接、除锈和涂装的工序进行，每道工序宜采用机械化作业。

预制楼承板生产应遵守以下规定：选择预制楼承板时，应对施工阶段工况进行强度和变形验算；压型金属板应采用成型机加工，成型后基板不应有裂纹；钢筋桁架板应采用专用设备加工；钢筋混凝土预制楼板加工应符合我国现行行业标准《装配式混凝土结构技术规程》(JGJ 1) 的规定。

钢结构焊接宜采用机械自动焊接，应按工艺评定的焊接工艺参数执行。焊缝的尺寸偏差、外观质量和内部质量，应按我国现行国家标准《钢结构工程施工质量验收规范》(GB 50205) 及《钢结构焊接规范》(GB 50661) 的有关规定进行检验。

钢构件连接节点的高强度螺栓孔宜采用数控钻床，也可采用划线钻孔的方法，采用划线钻孔时，孔中心和周边应打出五梅花冲印，以利钻孔和检验。钢构件除锈应在室内进

行，除锈等级应按设计文件的规定执行，当设计文件对除锈等级未规定时，宜选用喷砂或抛丸除锈方法，并应达到不低于Sa2.5级除锈等级。

钢构件防腐涂装应遵守以下3条规定：应在室内进行防腐涂装；防腐涂装应按设计文件的规定执行，当设计文件未规定时，应依据建筑部位不同环境进行防腐涂装系统设计；涂装作业应按我国现行国家标准《钢结构工程施工规范》（GB 50755）的规定执行。

现场焊接部位的焊缝坡口及两侧宜在工厂涂装不影响焊接质量的防腐涂料。有特别规定时，钢构件应在出厂前进行预拼装，构件预拼装可采用实体预拼装和数字模拟预拼装方法；数字模拟预拼装宜用于安装时采用焊接连接的结构件。钢结构应按我国现行国家标准《钢结构工程施工规范》（GB 50755）的规定进行加工及过程质量控制。

10.5.3 围护部品生产及相关要求

围护部品应符合我国现行国家标准《民用建筑工程室内环境污染控制规范》（GB 50325）和《建筑材料放射性核素限量》（GB 6566）的规定，并应符合室内建筑装饰材料有害物质限量的规定。

预制混凝土外墙板生产时，应遵守以下规定：宜水平制作，当室外侧面板带有饰面时，饰面宜朝上放置进行墙体组装；当预制混凝土外墙板采用面砖、石材等块材饰面时，饰面与预制混凝土外墙板的粘贴宜采用反打工艺在工厂完成，不宜采用现场后贴面砖、石材的做法；当预埋管线时，管线种类与定位尺寸应满足预制构件工厂化生产及装配化施工的需求，且管线不宜交叉敷设；当设置门窗时，门窗附框宜在工厂加工完成。

拼装大板生产时，应遵守以下两条规定：支承骨架的加工与组装、吊装组件设置、面板布置、保温层设置均在工厂完成；除不锈钢外两种不同金属的接触面应设置防止双金属接触腐蚀的措施。

墙板部品生产时，应制定在线检查的控制方案，明确质量控制点，其应包含尺寸允许偏差、外观缺陷两大类内容。尺寸允许偏差包括：长度、宽度、厚度、对角线差、表面平整度、边缘直线度、边缘垂直度等。外观缺陷包括严重缺陷、一般缺陷。

建筑幕墙类生产时，应符合我国现行行业标准《玻璃幕墙工程技术规范》（JGJ 102）、《金属与石材幕墙工程技术规范》（JGJ 133）及《人造板材工程技术规范》（JGJ 336）的有关规定。

10.5.4 内装部品生产及相关要求

内装部品的生产加工应包括深化设计、制造或组装、检测、矫正及验收，并应进行生产全过程质量控制。内装部品生产加工要求应满足两条规定，即根据设计图纸进行深化设计，满足性能指标要求；当不采用标准产品应确定参数，按生产工艺进行检测。

生产过程质量检验控制应遵守相关规范规定。首批产品检验是指首批加工产品应进行自检、互检、专检，经检验合格并形成检验记录，方可进行批量生产。巡回检验是指首批产品检验合格后，应对产品生产加工工序、特别是重要工序控制进行巡回检验。完工检验是指产品生产加工完成后，应由专业检验人员对生产产品、图纸资料、施工单等按批次进行检查，做好产品检验记录；应对检验中发现的不合格产品做好记录，增加抽样检测样本数量或频次。检验人员应严格按照图样工艺技术要求的外观质量、规格尺寸等进行出厂检

验，做好各项检查记录签署产品合格证方可入库，无合格证产品不得入库。

产品型式检验应遵守相关规范规定，发生下列 3 种情况之一时应进行型式检验：特殊过程发生重大质量问题时；影响特殊过程的因素发生了变化（如材料变更、产品或过程参数变更，设备、工装进行了大修等）；停产一年以上时。

10.5.5 运输与堆放及相关要求

应制定预制部品和构件的成品保护、堆放和运输专项方案，其内容应包括运输时间、次序、堆放场地、运输路线、固定要求、堆放支垫及成品保护措施等；对于超高、超宽、形状特殊的大型构件的运输和堆放应有专门的质量安全保护措施。

运输车辆应满足构件和部品的尺寸、载重等要求，装卸与运输时应遵守以下 3 方面规定：装卸时应采取保证车体平衡的措施；应采取防止构件移动、倾倒、变形等的固定措施；运输时应采取防止构件和部品损坏的措施，对构件边角部或链索接触处宜设置保护衬垫。

预制部品和构件堆放应遵守以下规定：堆放场地应平整、坚实，并应有排水措施；预埋吊件应朝上，标识宜朝向堆垛间的通道；构件支垫应坚实，垫块在构件下的位置宜与脱模、吊装时的起吊位置一致；重叠堆放构件时，每层构件间的垫块应上下对齐，堆垛层数应根据构件、垫块的承载力确定，并应根据需要采取防止堆垛倾覆的措施；堆放预应力构件时，应根据构件起拱值的大小和堆放时间采取相应措施。

墙板部品的运输与堆放应遵守以下规定，即当采用靠放架堆放或运输构件时，靠放架应具有足够的承载力和刚度，与地面倾斜角度宜大于 80°；墙板宜对称靠放且外饰面朝外，构件上部宜采用木垫块隔离；运输时构件应采用固定措施。当采用插放架直立堆放或运输构件时，宜采取直立运输方式；插放架应有足够的承载力和刚度，并应支垫稳固。采用叠层平放的方式堆放或运输构件时，应采取防止构件产生裂缝的措施。

施工现场卸载时，应注意轻拿轻放，部品堆放要平坦，高度不宜超过 1.5m，并做好防雨、防潮、防污染措施。

10.6 装配式钢结构建筑施工与安装及相关要求

10.6.1 总体要求

施工单位应有安全、质量和环境管理体系。装配式钢结构建筑的现场施工前，施工单位应针对建筑的实际情况，编制施工组织设计以及配套的专项施工方案等技术文件，并按有关规定报送监理工程师或业主。施工单位应针对装配式钢结构建筑部品构件的特点，采用适用的安装工法，制定合理的安装工序，尽量减少现场支模和脚手架搭建，提高现场安装效率。现场施工前应编制施工安全专项方案和安全应急预案，采取可靠的防火安全措施，实现安全文明施工。现场施工前应编制环境保护专项方案，应遵守国家有关环境保护的法规和标准，采取有效措施控制各种粉尘、废弃物、噪声等对周围环境造成的污染和危害。装配式钢结构建筑宜采用信息化技术进行结构构件、建筑部品和设备管线的虚拟拼装模拟、装配施工进度模拟，同时在工程管理、技术质量、物资物流、安全保卫等各方面和

各环节充分利用信息化技术。

装配式钢结构建筑的现场施工，应针对具体安装部品构件的特点，选用合理的安装机械及配套工具；施工机具应处于正常工作状态并应在性能参数范围内进行使用；制作、安装用的专用机具和工具，应满足施工要求，并应定期进行检验，保证质量合格。装配式钢结构建筑的现场施工人员应接受从事工作范围的专业技术实际操作培训。施工单位应建立现场施工的质量控制体系，覆盖部品构件的入场检查、存放、安装精度、成品保护等关键环节，按相关标准的要求，制定专项质量控制方案，并形成记录。

10.6.2　主体结构施工及相关要求

钢结构工程应根据工程特点进行施工阶段设计，进行施工阶段设计时，选用的设计指标应符合设计文件、我国现行国家标准《钢结构设计规范》（GB 50017）等的有关规定。施工阶段结构分析的荷载效应组合和荷载分项系数取值，应符合我国现行国家标准《建筑结构荷载规范》（GB 50009）等的有关规定。

钢结构施工过程中可采用焊条电弧焊接、气体保护电弧焊、埋弧焊、电渣焊接和栓钉焊接等工艺，具体焊接要求应符合我国现行国家标准《钢结构工程施工规范》（GB 50755）和《钢结构焊接规范》（GB 50661）的规定。钢结构施工过程的紧固件连接可采用普通螺栓、高强螺栓、铆钉、自攻钉或射钉的连接方式，具体连接要求应符合我国现行国家标准《钢结构工程施工规范》（GB 50755）和我国现行行业标准《钢结构高强度螺栓连接技术规程》（JGJ 82）的规定。钢结构的安装应根据结构特点按照合理顺序进行，并应形成稳固的空间刚度单元，必要时应增加临时支撑结构或临时措施。

钢结构施工中的涂装应遵守以下规定：构件在运输、存放和安装过程中损坏的涂层，以及安装连接部位应进行现场补漆；构件表面的涂装系统应相互兼容；防火涂料应符合设计文件和国家现行有关标准的规定，具有抗冲击能力和粘结强度，不应腐蚀钢材；现场防腐和防火涂装应符合我国现行国家标准《钢结构工程施工规范》（GB 50755）的规定。

钢结构工程测量应遵守以下规定：施工阶段的测量包括平面控制、高程控制和细部测量等；施工测量前，应根据设计施工图和钢结构安装要求，编制测量专项方案；钢结构安装前应设置施工控制网。钢结构施工期间，应对结构变形、结构内力、环境量等内容进行过程监测，监测方法、监测内容及检测部位可根据具体情况选定。

钢管内的混凝土浇筑应符合我国现行国家标准《混凝土结构工程施工规范》（GB 50666）的规定，管内的混凝土可采用从管顶向下浇筑、从管底泵送顶升浇筑法或立式手工浇筑法。钢-混凝土组合楼板施工应符合我国现行国家标准《钢-混凝土组合结构施工规范》（GB 50901）的规定。

叠合板施工应满足以下要求：应根据设计要求或施工方案设置临时支撑；施工荷载应均匀布置，且不超过设计规定；端部的搁置长度应符合设计要求；叠合层混凝土浇筑前，应按设计要求检查结合面的粗糙度及外露钢筋。

预制楼梯的安装应符合我国现行国家标准《混凝土结构工程施工规范》（GB 50666）及行业标准《装配式混凝土结构技术规程》（JGJ 1）的有关规定；施工前应根据设计要求和有关规定制定施工方案，并进行必要的施工验算。

10.6.3 围护部品安装及相关要求

围护部品施工安装应在施工安装部位的前道工序完成并验收合格后进行。遇到雨、雪、大雾天气，或者风力大于5级时，不应进行吊装作业。

施工安装前应做好施工准备，施工准备应符合以下规定：应对进场的材料按设计要求对其品种、规格、包装、外观和尺寸进行检查；施工单位应提供施工技术文件，包括建筑主体轴线及标高误差实测记录、围护部品排板图、围护部品安装构造图及相关技术资料、围护部品专项施工方案；需要二次加工的围护部品应在加工区组装完成，并按建筑楼层与轴线编号；复核围护部品安装位置、节点连接构造及临时支撑方案等；与围护部品连接处的楼面、梁面、柱面和地面应清理干净；所有预埋件及连接件等应清理扶直，清除锈蚀；检查复核吊装设备及吊具处于安全操作状态；围护部品接缝处施工前，应将板缝空腔清理干净，并保持干燥，应按设计要求填塞填充材料。

围护部品的定位放线应符合以下规定：根据控制线，结合图纸放线，在底板上弹出水平位置控制线；根据底板上的位置线，将控制线引到钢梁、钢柱上；根据墙体排板图测量放线，并用墨线标出墙体、门窗洞口、管线、配电箱、插座、开关盒、预埋件等位置。

围护部品吊装时应遵守以下两条规定：吊装围护部品时，起吊就位应垂直平稳，吊具绳与水平面夹角不宜小于60°；吊装应采用专用吊装器具，吊装安全溜绳应不少于两根。

施工过程要点控制应遵守相关规范规定，主要体现在以下4个方面：

整间板吊装应符合以下规定：墙板吊装前，应清洁结合面；墙板根部应设置调整接缝厚度和底部标高的垫块，在墙板标高和垂直度调校符合要求后，可将墙板与钢柱、钢梁连接固定；接缝防水施工前，应清理板缝空腔，并应按设计要求填塞背衬材料密封材料嵌填。

当条板采用双层墙板安装时应符合以下两条要求：双层墙板的安装顺序可根据设计构造确定，内墙宜镶嵌在钢框架内，应按内隔墙板安装方法进行；双层墙板的外层墙板拼缝宜与内侧墙拼缝错开200～300mm排列。

钢骨架组合墙体施工应符合以下要求：应按放线位置固定上下槽型导轨，固定用射钉（膨胀螺栓）间距不应超过设计要求；竖向龙骨端部应安装在上下槽型导轨内，竖向龙骨应平直，不得扭曲，龙骨间距应符合设计要求；预埋管线应与龙骨固定；空腔内填保温材料应连续、紧密拼接，不得有缝隙，验收合格后方可进行面板安装；面板安装方向及拼缝位置应按设计图纸要求确定，内外侧接缝不应在同一个竖向龙骨上。

外墙板缝注胶应饱满、密实、连续、均匀、无气泡，宽度和厚度应符合设计要求和技术标准的规定。

安装完后应及时做好成品保护，成品保护应遵守以下规定：墙板部品的接缝处理应在门框、窗框、管线及设备安装完毕后进行；对已完成抹灰或刮完腻子的墙面不得再进行任何剔凿；在安装施工过程中及工程验收前，应对墙体采取防护措施，防止污染或损坏；贴好保护膜和标签。

10.6.4 设备与管线安装及其相关要求

建筑设备管线施工前按设计图纸核对设备及管线相应参数，同时应对钢结构钢梁、钢柱、结构构件等预埋套管、预留孔洞及开槽的尺寸、定位进行校核后方可施工。建筑设备管线需要与钢结构构件连接时宜采用预留埋件的安装方式；当采用其他安装固定法时，不得影响钢结构构件的完整性与结构的安全性。当建筑设备管线与构件采用预埋件固定时，应可靠连接，管卡应固定在构件允许范围内，安装建筑设备的墙体应满足承重要求。构件中预埋管线、预埋件、预留沟（槽、孔、洞）的位置应准确，不应在围护系统安装后凿剔；楼地面内的管道与墙体内的管道有连接时，应与构件安装协调一致，保证位置准确。预留套管应按设计图纸中管道的定位、标高同时结合装饰、结构专业，绘制预留套管图。预留预埋应在预制构件厂内完成，并进行质量验收。

室内给水系统工程施工安装应遵守以下规定：生活给水系统所用材料应达到饮用水卫生标准；当采用给水分水器时，给水分水器与用水点之间的管道应一对一连接，中间不用有接口；管道所用管材、配件宜使用同一品牌产品；在架空地板内敷设给水管道时应设置管道支（托）架，并与结构可靠连接。

消火栓箱应于预制构件上预留安装孔洞，孔洞尺寸各边大于箱体尺寸 20mm；箱体与孔洞之间间隙应采用防火材料封堵。并应考虑消火栓所接管道的预留做法。管道波纹补偿器、法兰及焊接接口不应设置在钢梁或钢柱的预留孔中。在具有防火保护层的钢结构上安装管道或设备支吊架时，通常应采用非焊接方法固定；当必须采用焊接方法时，应与钢结构专业协调，被破坏的防火保护层应进行修补。沿叠合楼板、预制墙体预埋的电气灯头盒、接线盒及其管路与现浇相应电气管路连接时，墙面预埋盒下（上）宜预留接线空间，便于施工接管操作。

室内排水系统工程施工安装应遵守以下规定，即室内架空地板内排水管道支（托）架及管座（墩）的安装应按排水坡度排列整齐，支（托）架与管道接触紧密，非金属排水管道采用金属支架时，应在与管外径接触处设置橡胶垫片；架空层地板施工前，架空层内排水管道应进行灌水试验；排水管道应做通球试验，球径不小于排水管道管径的 2/3，通球率必须达到 100％。

采暖系统工程施工安装应遵守以下规定：室内采暖管道敷设在墙板和地面架空层内时，有阀门部位应设检修口；当采用电热采暖时，产品的电气安全性能、机械性能应符合相关标准的规定，绝热层材质应为不燃或难燃材料；采暖工程施工完毕后，应对系统进行试验和调试，并作好记录，具体应符合我国现行国家标准《建筑给水排水及采暖工程施工质量验收规范》(GB 50242) 的有关规定；模块式快装供暖地面工程的允许偏差和检验方法应符合表 10-4 的规定。

表 10-4 架空地面系统工程安装的允许偏差和检验方法

项次	项目	允许偏差（mm）	检查方法
1	板面缝隙宽度	±0.5	用钢尺检查
2	表面平整度	2	用 2m 靠尺和楔形塞尺检查

续表

项次	项目	允许偏差（mm）	检查方法
3	踢脚线上口平齐	3	拉5m通线，不足5m拉通线和用钢尺检查
4	板面拼缝平直	3	
5	相邻板材高差	0.5	用钢尺和楔形塞尺检查
6	踢脚线与面层的接缝	1	楔型塞尺检查

通风空调系统工程施工安装应遵守以下规定：住宅厨房、卫生间宜采用金属软管与竖井排风系统连接；空调风管及冷热水管道与支架、吊架之间，应有绝热衬垫，其厚度不应小于绝热层厚度，宽度应大于支架、吊架支承面的宽度；通风工程施工完毕后应对系统进行调试，并作好记录。

智能化系统工程施工安装应遵守以下两条规定：电视、电话、网络等应单独布管，与强电线路的间距应大于100mm，交叉设置间距大于50mm；防盗报警控制器与中心报警控制主机应通过专线或其他方式联网。

管线施工完成后应做好成品保护，成品保护措施主要体现在两个方面，即装配式整体建筑设备及管道的零部件应放置在干燥环境下；装配式整体建筑设备及管道的零部件堆放场地应做好防碰撞措施。

10.6.5 内装部品安装及相关要求

装配式钢结构建筑的内装施工安装应符合我国现行国家标准《建筑装饰装修工程质量验收规范》（GB 5021）及《住宅装饰装修工程施工规范》（GB 50327）的有关规定，并宜满足现场绿色装配、无噪声、无污染、无垃圾的要求。

内装部品施工前的准备应符合以下规定：部品装配前应进行设计交底工作，并应同总包单位（或甲方）做好协调组织工作；部品装配前现场应具备装配条件（临时用电、门窗到位等），当采用穿插装配时，上道工序未完成不得进入下道工序施工；应对进场部品、构件进行检验，品种、规格、性能应符合设计要求及国家现行有关标准的规定，主要部品应提供产品合格证书或性能检测报告；全面装配前，应先实施样板间并通过建设单位、监理单位认可，并对设计方案、装配工艺、材料选型及用量进行校核；装配过程和材料运输中，对半成品、成品应采取保护措施；装配过程中应进行隐蔽工程检查和分段、分户验收，并形成检验记录。

轻质内隔墙系统安装应符合相关规范要求。龙骨隔墙板施工安装技术要点主要有以下3条：龙骨骨架与结构主体连接牢固，并应垂直、平整、位置准确，龙骨的间距符合设计要求；面板安装封闭前，隔墙内管线、填充材料应做好隐蔽工程验收；面板拼缝应错缝设置，当采用双层面板安装时，上下层板的接缝应错开，不得在同一跟龙骨上接缝。

复合条板内隔墙安装应符合以下要求：应从一端向另一端顺序安装，有门窗洞口时宜从洞口向两侧安装；安装时，在条板下部打入木楔，利用木楔调整位置，待墙板调整就位后，上下固定；需要竖向连接的条板，相邻板材应错缝连接，错缝距应不小于300mm；板与板之间的对接缝隙内应填满、灌实粘结材料，板缝间隙应揉挤严密，被挤出的粘结材料应刮平勾实。

装配式吊顶系统安装应遵守相关规范规定。装配式吊顶系统宜采用快装龙骨，龙骨与墙面饰面板应固定牢固；龙骨阴阳角处应采用45°切割拼接，接缝应严密。吊顶板安装应符合以下3条要求：吊顶板安装前应按规格、颜色等进行分类存放；金属饰面板采用吊挂连接件、插接件固定时，应按产品说明书的规定放置；吊顶板上的灯具、风口等设备的位置应合理、美观，与板交接缝处应严密。

架空地板系统安装应遵守相关规范规定。架空地板装配前应按照设计图纸完成架空层内管线敷设，且应经隐蔽验收合格。架空非供暖地板系统装配应遵守以下3条规定：架空地板边龙骨与四周墙体宜预留间隙，并在缝隙间填充柔性垫块固定；衬板之间、衬板与四周墙体间宜预留间隙，衬板间隙用胶带粘接封堵，与四周墙间用柔性垫块填充固定；支撑脚落点应避开地板架空层内机电管线，衬板或地热层固定螺丝时，不得损伤和破坏管线。架空供暖地板系统装配应遵守两条规定，即传热板与承压板铺设时，板与板之间均预留间隙；地暖系统层用螺栓与地板基层连接固定，固定螺栓不应穿透衬板层。

集成内门窗系统安装应符合以下要求，即门窗框安装前应校正预留洞口的方正，每边固定点不得少于两处；门窗框与墙体间空隙应采用弹性材料填嵌饱满，表面应用密封胶密封；门扇安装应垂直平整，缝隙应符合要求；推拉门的滑轨应对齐安装并牢固可靠；内门窗五金件应安装齐全牢固。

整体收纳系统安装应遵守以下规定，即收纳柜构件的外露部位端面、现场切割面应进行封边处理；柜门铰链与柜体门扇、门框的表面应平整无错位，固定螺栓与铰链表面应吻合，无松动；潮湿部位的收纳柜应做防潮处理；按照设计图纸进行吊柜安装，应确保吊柜与墙体靠紧、挂牢，安装完毕后应在柜体和墙面间打防霉型硅酮玻璃胶；安装地脚线前应先清洁柜体下方空间，地脚线拐角处应用专用配件连接。

集成式卫生间系统安装应遵守以下规定，即在集成式卫生间安装前，应先进行地面基层防水处理，并做闭水试验；卫生间饰面板安装前，应满铺贴防水层；卫生间地漏应与楼地板安装紧密，并做闭水试验；所采用的各类阀门安装位置应正确平整，卫生器具的安装应采用专用螺栓安装固定。

集成式厨房系统安装应遵守两条规定，即橱柜安装应牢固、水平、垂直，地脚调整应从地面水平最高点向最低点，或从转角向两侧调整；采用油烟同层直排设备时，风帽应安装牢固，与结构墙体之间的缝隙应密封。

10.7 装配式钢结构建筑验收及相关要求

10.7.1 总体要求

装配式钢结构建筑的验收应符合我国现行国家标准《建筑工程施工质量验收统一标准》(GB 50300) 和其他相关专业验收规范的规定。当专业验收规范对工程中的验收项目未做出有关规定时，应由建设单位组织监理、设计、施工等相关单位制定专项验收要求。室内环境质量应符合我国现行国家标准《民用建筑工程室内环境污染控制规范》(GB 50325) 的规定。装配式钢结构建筑的施工现场应具有健全的质量管理体系、相应的技术标准、施工质量检验制度和综合施工质量水平评定考核制度。

装配式钢结构建筑施工质量应按以下要求进行验收：工程质量验收均应在施工单位自检评定合格的基础上进行；参加工程施工质量验收的各方人员应具备相应的资格；检验批的质量验收应按主控项目和一般项目；隐蔽工程在隐蔽前应由施工单位通知有关单位验收并形成验收文件；对涉及结构安全、节能、环境保护和主要使用功能的试块、试件及材料应在进场时或施工中按规定进行见证检验；对涉及结构安全、节能、环境保护和使用功能的重要分部工程应在验收前按规定进行抽样检测。

装配式钢结构建筑施工质量验收合格应满足以下两条要求：符合工程勘察、设计文件的规定；符合本章和相关专业验收规范的规定。单位工程、分部工程、分项工程和检验批的划分应符合我国现行国家标准《建筑工程施工质量验收统一标准》（GB 50300）和其他相关专业验收规范的规定；对于相关专业验收规范未涵盖的分项工程和检验批，可由建设单位组织监理、施工等单位协商确定。获得产品认证或来源稳定且连续三次检验均一次合格的材料、部品构件，进场验收时其检验批的容量可扩大一倍。同属一厂家生产的同批材料、部品，用于同期施工且属于同一工程项目的多个单位工程时，可合并进行进场验收。作为商品的建筑部品，除满足现行国家有关标准的要求外，还应具有产品标准、出厂检验合格证、质量保证书和使用说明文件。

10.7.2 主体结构验收及相关要求

钢结构、组合结构的施工质量要求和验收标准应按我国现行国家标准《钢结构工程施工质量验收规范》（GB 50205）、《钢管混凝土施工质量验收规范》（GB 50628）及《混凝土结构工程施工质量验收规范》（GB 50204）的有关规定执行。钢结构主体工程焊接工程验收应遵守我国现行国家标准《钢结构工程施工质量验收规范》（GB 50205）的有关规定，在焊前检验、焊中检验和焊后检验基础上按设计文件和我国现行国家标准《钢结构焊接规范》（GB 50661）的规定进行。

钢结构主体工程紧固件连接工程应按我国现行国家标准《钢结构工程施工质量验收规范》（GB 50205）规定的质量验收方法和质量验收项目执行，同时应符合我国现行行业标准《钢结构高强度螺栓连接技术规程》（JGJ 82）的规定。钢结构防腐蚀涂装工程应按我国现行国家标准《钢结构工程施工质量验收规范》（GB 50205）、《建筑防腐蚀工程施工及验收规范》（GB 50212）、《建筑防腐蚀工程质量检验评定标准》（GB 50224）及行业标准《建筑钢结构防腐技术规程》（JGJ/T 251）的规定进行验收；金属热喷涂防腐和热镀锌防腐工程，应按我国现行国家标准《金属和其他无机覆盖层热喷涂锌、铝及其合金》（GB/T 9793）及《热喷涂金属件表面预热处理通则》（GB/T 11373）等有关规定进行质量验收。

钢结构防火涂料的粘结强度、抗压强度应符合我国现行国家标准《钢结构工程施工质量验收规范》（GB 50205）的规定，防火涂料的厚度应符合我国现行国家标准《建筑设计防火规范》（GB 50016）关于耐火极限的设计要求，试验方法应符合我国现行国家标准《建筑构件耐火试验方法》（GB 9978）的规定。

装配式钢结构建筑的楼屋盖应按以下要求进行验收：压型钢板现浇混凝土楼板和钢筋桁架楼承板现浇混凝土楼板应按我国现行国家标准《钢结构工程施工质量验收规范》（GB 50205）的规定进行验收；预制带肋底板混凝土叠合楼板（PK 板）应按我国现行行业标

准《预制带肋底板混凝土叠合楼板技术规程》（JGJ/T 258）的规定进行验收；预制预应力空心板叠合楼板（SP板）应按我国现行国家标准《预应力混凝土空心板》（GB 14040）及《混凝土结构工程施工质量验收规范》（GB 50204）有关规定进行验收；非预应力叠合楼板应按我国现行国家标准《混凝土结构工程施工质量验收规范》（GB 50204）以及行业标准《装配式混凝土结构技术规程》（JGJ 1）的规定进行验收。

钢楼梯应按我国现行国家标准《钢结构工程施工质量验收规范》（GB 50205）的规定进行验收，预制混凝土楼梯应按我国现行国家标准《混凝土结构工程施工质量验收规范》（GB 50204）及行业标准《装配式混凝土结构技术规程》（JGJ 1）有关规定进行验收。

安装工程可按楼层或施工段等划分为一个或若干个检验批。地下钢结构可按不同地下层划分检验批。钢结构安装检验批应在进场验收和焊接连接、紧固件连接、制作等分项工程验收合格的基础上进行验收。

10.7.3　围护系统验收及相关要求

围护系统质量验收应根据工程实际情况检查以下文件和记录：施工图或竣工图、相关试验报告、设计说明及其他设计文件；围护部品和安装配套材料的出厂合格证、性能检测报告、进场验收记录；施工安装记录；隐蔽工程验收记录；施工过程中重大技术问题的处理文件、工作记录和工程变更记录。

围护系统根据工程实际情况，必要时可增加以下现场试验和测试：墙板接缝及门窗安装部位淋水试验；墙板系统的现场隔声测试；围护系统的现场传热系数测试；吊装埋件及结构连接埋件的抗拔强度检测，其他吊装和连接措施的承载力试验；饰面砖（板）的粘结强度。

围护部品应在安装施工过程中完成以下隐蔽项目的现场验收：预埋件；围护部品与主体结构的连接节点；围护部品与主体结构之间的封堵构造节点；围护部品变形缝及墙面转角处的构造节点；围护部品防雷装置；围护部品的防火构造。

检验批划分应遵守以下两条原则：相同材料、工艺和施工条件的围护部品每1000m^{2}应划分为一个检验批，不足1000m^{2}也应划分为一个检验批；围护部品每个检验批每100m^{2}应至少抽查一处，每处不得小于10m^2。

检验批质量合格应满足以下两条要求：主控项目和一般项目的质量经抽样检验合格；具有完整的安装施工操作依据、质量检查记录。

屋面围护系统应按我国现行国家标准《屋面工程质量验收规范》（GB 50207）的规定进行验收。外墙围护部品与结构之间的连接应符合设计要求，连接件采用焊接或螺栓连接时，接头质量应按我国现行国家标准《钢结构焊接规范》（GB 50661）和《钢结构工程施工质量验收规范》（GB 50205）有关规定进行验收。围护系统的保温和隔热工程质量验收应按我国现行国家标准《建筑节能工程施工质量验收规范》（GB 50411）的规定执行。

围护系统的防水密封工程应按我国现行国家标准《建筑装饰装修工程质量验收规范》（GB 50210）有关规定进行验收；采用幕墙时，应按我国现行行业标准《玻璃幕墙工程技术规范》（JGJ 102）、《金属与石材幕墙工程技术规范》（JGJ 133）及《人造板材工程技术规范》（JGJ 336）有关规定进行验收。

围护系统的门窗工程、涂饰工程应按我国现行国家标准《建筑装饰装修工程质量验收规范》(GB 50210)的规定进行验收。木骨架组合外墙系统应按我国现行国家标准《木骨架组合墙体技术规范》(GB/T 50361)的规定进行验收。预制外墙板系统质量验收除满足本章的有关规定外，采用预制混凝土外墙板时，还应按我国现行国家标准《混凝土结构工程施工质量验收规范》(GB 50204)及行业标准《装配式混凝土结构技术规程》(JGJ 1)有关规定进行验收。

10.7.4 设备与管线验收及相关要求

建筑给水、排水及采暖工程的施工质量要求和验收标准应按我国现行国家标准《建筑给水排水及采暖工程施工质量验收规范》(GB 50242)的规定执行。通风与空调工程的施工质量要求和验收标准应按我国现行国家标准《通风与空调工程施工质量验收规范》(GB 50242)的规定执行。建筑电气工程的施工质量要求和验收标准应按我国现行国家标准《建筑电气工程施工质量验收规范》(GB 50303)的规定执行。自动喷水灭火系统的施工质量要求和验收标准应按我国现行国家标准《自动喷水灭火系统施工及验收规范》(GB 50261)的规定执行。消防给水系统及室内消火栓系统的施工质量要求和验收标准应按我国现行国家标准《消防给水及消火栓系统技术规范》(GB 50974)的规定执行。火灾自动报警系统的施工质量要求和验收标准应按我国现行国家标准《火灾自动报警系统施工及验收规范》(GB 50166)的规定执行。

暗敷在墙体、楼板和吊顶中的管线、设备应在验收合格并形成记录后方可隐蔽。管道穿越穿过钢梁时的开孔位置、开孔直径和补强措施，应满足设计图纸要求并符合我国现行行业标准《高层民用建筑钢结构技术规程》(JGJ 99)的规定。管道穿越作为防火分隔的钢构件和墙体时应采取可靠的封堵措施防止火灾蔓延。

10.7.5 内装验收及相关要求

装配式内装工程验收应对住宅装配式装修工程进行分户质量验收、分段竣工验收，对公共建筑装配式装修工程按照功能区间进行分段质量验收。住宅装配式装修工程分户质量验收按以下两条规定划分检验单元：住宅套内空间作为子分部工程检验单元；住宅交通空间的走廊、楼梯间、电梯间公共部位作为子分部工程检验单元。公共建筑装配式装修工程质量按主要功能空间、交通空间和设备空间进行分段质量验收。

装配式装修工程质量分户、分段验收应符合2条规定，即工程质量分户验收前应进行室内环境检测。每一检验单元计量检查项目中，主控项目全部合格，一般项目应合格；当采用计数检验时，至少应有85%以上的检查点合格，且检查点不得有影响使用功能或明显影响装饰效果的缺陷，其中有允许偏差的检验项目，最大偏差不超过允许偏差的1.2倍。

室内环境验收应符合我国现行国家标准《民用建筑工程室内环境污染控制规范》(GB 50325)的规定。在保证质量、安全的前提下，装配式钢结构建筑内装工程与主体结构可交叉施工，分层分阶段验收。装配式内墙系统质量验收应按我国现行国家标准《建筑装饰装修工程质量验收规范》(GB 50210)有关规定执行，采用轻质条板可按我国现行行业标准《建筑轻质隔墙条板技术规程》(JGJ/T 157)有关规定进行验收。装配式吊顶系统质量验收应按我国现行国家标准《建筑装饰装修工程质量验收规范》(GB 50210)有关规定

执行，采用集成吊顶可按我国现行行业标准《建筑用集成吊顶》(JG/T 413）有关规定进行验收，公共建筑吊顶可按我国现行行业标准《公共建筑吊顶技术规程》(JGJ 345）有关规定进行验收。

装配式厨房、卫浴系统质量验收应按我国现行国家标准《建筑装饰装修工程质量验收规范》(GB 50210）有关规定执行，采用集成式整体厨房可按我国现行行业标准《住宅整体厨房》(JG/T 184）有关规定进行验收；采用集成式整体卫浴可按我国现行行业标准《住宅整体卫浴间》(JG/T 183）有关规定进行验收。

装配式内装含有内保温要求时，质量验收还应符合我国现行国家标准《建筑节能工程施工质量验收规范》(GB 50411）的规定。装配式内装采用玻璃棉、岩棉时，质量验收还应符合我国现行国家标准《建筑绝热用玻璃棉制品》(GB/T 17795）及《建筑外墙外保温用岩棉制品》(GB/T 25975）的规定。

10.7.6　竣工验收及相关要求

单位工程质量验收应按我国现行国家标准《建筑工程质量验收统一标准》(GB 50300）的规定执行，单位（子单位）工程质量验收合格应符合以下5条要求：所含分部（子分部）工程的质量均应验收合格；质量控制资料应完整；所含分部工程有关安全、节能、环境保护和主要使用功能的检验资料应完整；主要使用功能的抽查结果应符合相关专业验收规范的规定；观感质量应符合要求。

竣工验收的步骤可按验前准备、竣工预验收和正式验收三个环节进行；单位工程完工后，施工单位应组织有关人员进行自检；总监理工程师应组织各专业监理工程师对工程质量进行竣工预验收；建设单位收到工程竣工验收报告后，应由建设单位项目负责人组织监理、施工、设计、勘察等单位项目负责人进行单位工程验收。

施工单位应在交付使用前与建设单位签署质量保修书，并提供有关使用、保养、维护的说明。建设单位应当在竣工验收合格后，按《建设工程质量管理条例》的规定向备案机关备案，并提供相应的文件。

10.8　装配式钢结构建筑运营使用与维护要求

10.8.1　总体要求

装配式钢结构建筑的设计文件应注明其设计条件、使用性质及使用环境。装配式钢结构建筑的建设单位在向用户交付时，应按国家有关规定的要求，提供《建筑质量保证书》和《建筑使用说明书》。装配式钢结构建筑的《建筑质量保证书》除应按现行有关规定执行外，还应注明相关部品构件的保修期限与保修承诺。

装配式钢结构建筑的《建筑使用说明书》除应按现行有关规定执行外，还应当包含3方面内容，即钢结构体系类型及相关使用、维护要求；装饰装修注意事项，应包含允许业主或使用者自行变更的部分与相关禁止行为；建筑部品构件生产厂、供应商提供的产品使用维护说明书。其中，主要部品构件宜注明合理的检查与使用维护年限。

装配式钢结构建筑的建设单位应当在交付销售物业之前，制定临时管理规约，除应满足相关法律法规要求外，还应满足设计文件和《建筑使用说明书》的相关要求。业主与物业服务企业按法律法规要求和建设单位移交的相关资料，应共同制定物业管理规约，并宜制定《检查与维护更新计划》。装配式钢结构建筑的运营使用及维护宜采用信息化手段建立建筑、设备、管线等的管理档案。

10.8.2 主体结构使用与维护要求

装配式钢结构建筑的《建筑使用说明书》应包含主体结构设计使用年限、结构体系、承重结构位置、使用荷载和装修荷载等。装配式钢结构建筑的物业服务企业应根据《建筑使用说明书》在《检查与维护更新计划》中建立对主体结构的检查与维护制度，检查与维护的重点应包括主体结构损伤、建筑渗水、钢结构锈蚀、钢结构防火保护损坏等可能影响主体结构安全性和耐久性的事项。装配式钢结构建筑的业主或使用者，不应改变原设计文件规定的建筑使用条件、使用性质及使用环境。在装配式钢结构建筑的室内装饰装修和使用中，不应损伤主体结构。

装配式钢结构建筑室内装饰装修和使用中发生下述3种行为之一者，应当经原设计单位或者具有相应资质的设计单位提出设计方案，并按设计规定的技术要求进行施工及验收。这3种行为分别是超过设计文件规定的楼面装修荷载或使用荷载；改变或损坏钢结构防火、防腐蚀的相关保护及构造措施；改变或损坏建筑节能保温、外墙及屋面防水相关构造措施。

装饰装修施工改动卫生间、厨房间、阳台防水层的，应当按照现行相关防水标准制定设计、施工技术方案，并进行闭水试验。必要时，装配式钢结构建筑的物业服务企业应将可能影响主体结构安全性和耐久性的有关事项提请业主委员会并交房屋质量检测机构评估，制定维护技术及施工方案，经具备资质的设计单位确认后实施。

10.8.3 围护系统使用与维护

装配式钢结构建筑的《建筑使用说明书》中有关围护系统的部分，宜包含4方面内容，即围护系统基层墙体和连接件的使用及维护年限；围护系统外饰面、防水层、保温以及密封材料的使用及维护年限；墙体可进行室内吊挂的部位、方法及吊挂力；日常与定期的检查与维护要求。

物业服务企业应依据《建筑使用说明书》，在《检查与维护更新计划》中规定对围护系统的检查与维护制度，检查与维护的重点应包括围护部品外观、连接件锈蚀、墙屋面裂缝及渗水、保温层破坏、密封材料的完好性等，并形成检查记录。

当遇地震、火灾等自然灾害时，灾后应对围护系统进行检查，并视破损程度进行维修。业主与物业服务企业应根据《建筑质量保证书》和《建筑使用说明书》中所用围护部品及配件的设计使用年限资料，对接近或超出使用年限的进行安全性评估。

10.8.4 设备与管线使用维护要求

装配式钢结构建筑的《建筑使用说明书》应包含设备与管线的系统组成、特性规格、部品寿命、维护要求、使用说明等；物业服务企业应在《检查与维护更新计划》中规定对设备与管线的检查与维护制度，保证设备与管线系统的安全使用。装配式钢结构建筑公共

部位及其公共设施设备与管线的维护重点包括水泵房、消防泵房、电机房、电梯、电梯机房、中控室、锅炉房、管道设备间、配电间（室）等，应按《检查与维护更新计划》进行定期巡检和维护。业主或使用者自行装修的管线敷设不应损害主体结构、围护系统。设备与管线发生漏水、漏电等问题时，应及时维修或更换。

装配式钢结构建筑的电梯维护，应按照国家相关的电梯安全管理规范、电梯维护保养规范等的要求，由取得国家质量技术监督检验检疫总局核发的特种设备安装改造维修许可证的维保单位进行，维保人员应具备相应的专业技能并经考核合格持证作业，并保留维护保养记录。

装配式钢结构建筑消防设施的维护，应按我国现行国家标准《建筑消防设施的维护管理》（GB 25201）的有关规定执行；消防控制室的管理，还应满足国家、行业和地方的有关规定。装配式钢结构建筑防雷装置的维护，应按我国现行国家标准《建筑物电子信息系统防雷技术规范》（GB 50343）的有关规定执行，由专人负责管理。装配式钢结构建筑智能化系统的维护，应按我国现行的规定，物业服务企业应建立智能化系统的管理和维护方案。

10.8.5 内装使用与维护要求

装配式钢结构建筑的《建筑使用说明书》应包含内装做法、部品寿命、维护要求、使用说明等。物业服务企业应在《检查与维护更新计划》中规定对内装的检查与维护制度，并遵照执行。装配式钢结构建筑的内装工程项目质量保修期限应不低于两年，易损易耗构件不低于市场一般使用时限。装配式钢结构建筑的内装工程项目应建立易损部品构件备用库，保证项目运营维护的有效性及时效性。业主或使用者需要装饰装修房屋的，应事先告知物业服务企业。物业服务企业应将房屋装饰装修中的禁止行为和注意事项告知业主或使用者，并对装饰装修过程进行监督。装配式钢结构建筑内装维护和更新时所采用的部品和材料，应符合《建筑使用说明书》中相应的要求。

习　　题

1. 简述装配式钢结构建筑的特点。
2. 简述装配式钢结构建筑设计的宏观要求。
3. 简述装配式钢结构建筑设计方法和相关要求。
4. 简述装配式钢结构建筑集成设计的特点。
5. 建筑部品构件生产与运输有哪些要求？
6. 简述装配式钢结构建筑施工与安装要求。
7. 简述装配式钢结构建筑验收要求。
8. 简述装配式钢结构建筑运营使用与维护要求。

第11章 交错桁架钢结构工程

11.1 交错桁架钢结构的特点

交错桁架结构体系是指由外侧两纵列柱子和联系梁组成纵向框架，横向是连于柱子的平面桁架及楼层板，中间无柱；平面桁架的高度与层高相同，跨度等于建筑物的宽度；在建筑物横向的每个轴线上，平面桁架是每隔一层设置一个，而在相邻轴线上则是交错布置。在相邻桁架间，楼层板一端支承在下一层平面桁架的上弦杆上，另一端支承在上一层桁架的下弦杆上。交错桁架钢结构的设计和施工中贯彻执行国家的技术经济政策，做到技术先进、安全适用、经济合理、确保质量。限于篇幅，本章仅介绍适用于非抗震设防和抗震设防8度及8度以下地区，高度30层以下的交错桁架钢结构。交错桁架钢结构的结构设计、制作、安装应遵守我国现行国家标准《建筑结构荷载规范》(GB 50009)、《建筑抗震设防分类标准》(GB 50223)、《建筑抗震设计规范》(GB 50011)、《钢结构设计规范》(GB 50017) 以及《钢结构工程施工质量验收规范》(GB 50205) 等的有关规定。交错桁架钢结构的设计文件应注明结构的设计使用年限、钢号和质量等级、连接材料的型号（或钢号）和对钢材所要求的力学性能、化学成分及其他的附加保证项目。抗震结构对施工质量的特别要求应在设计文件上注明。

交错桁架结构中的抗侧力刚度中心是指侧向荷载作用下楼层板的转动中心。混合桁架的特点是桁架跨中节间不设斜腹杆，其余各节间设受拉单斜杆。空腹桁架的特点是桁架各节间均不设斜腹杆。平方和开平方法（SRSS）是指《建筑抗震设计规范》(GB 50011) 中不进行扭转耦联计算的振型分解反应谱法。完全二次型方根法（CQC）是指《建筑抗震设计规范》(GB 50011) 中的扭转耦联振型分解反应谱法。二维平面结构空间协同分析法是指考虑空间协同工作的平面结构分析方法。

交错桁架钢结构宜采用Q235质量等级为B、C、D的碳素结构钢及Q345质量等级为B、C、D、E的低合金高强度结构钢；其质量应分别满足我国现行国家标准《碳素结构钢》(GB/T 700) 和《低合金高强度结构钢》(GB/T 1591) 的规定。选用Q235钢时，其脱氧方法应选用镇静钢。当有可靠依据时可采用其他钢号的钢材，但应符合有关标准的规定和要求。承重结构的钢材应具有抗拉强度、伸长率、屈服强度和硫、磷含量的合格保证；对焊接承重结构，还应具有碳当量和冷弯试验合格的保证；有抗震设防要求时，承重结构钢材的屈服强度实测值与抗拉强度实测值的比值不应大于0.85，伸长率不应小于20%。钢材的强度设计值和物理性能指标，应按我国现行国家标准《钢结构设计规范》

(GB 50017)的规定确定。焊接材料、紧固件的选择及强度设计指标,应按我国现行国家标准《钢结构设计规范》(GB 50017)的规定采用。圆柱头焊钉的材料应符合我国现行国家标准《圆柱头焊钉》(GB/T 10433)的规定。在结构设计图纸和材料订货文件中,应注明所采用钢材的钢号和质量等级、供货条件等以及连接材料的型号(或钢材的牌号);必要时,还应注明对钢材所要求的机械性能和化学成分的附加保证项目。钢管混凝土柱中填充的混凝土强度等级不宜低于C30级;对Q235钢管柱宜填充C30级或C40级的混凝土,对Q345钢管柱宜填充C40级或C50级的混凝土;楼板混凝土的强度等级不应低于C20级;混凝土、钢筋的材料力学性能、强度标准值应符合我国现行国家标准《混凝土结构设计规范》(GB 50010)的规定。型钢、钢管等产品的规格、允许偏差应符合相关的规范标准。两种不同强度钢材连接时,宜采用与低强度钢材相适应的焊接材料。矩形钢管混凝土柱及桁架腹杆钢管可采用冷成型的直缝或螺旋缝焊接管或热轧管,也可采用冷弯型钢或热轧钢板、型钢焊接成型的矩形管。交错桁架钢结构体系的围护结构宜采用轻质材料的墙体将桁架包住,并符合现行国家有关标准规定的耐久性、防火性、水密性、隔声、隔热等性能要求及环保要求。

11.2 交错桁架钢结构的结构体系

交错桁架结构体系的平面布置宜采用矩形(图11-1),也可布置成L形、T形、环形平面;应使结构各层的抗侧力刚度中心与水平作用合力中心接近重合,同时各层刚度中心应接近在同一竖直线上,框架宜沿建筑物纵向等柱距布置,框架数宜为奇数。交错桁架结构体系可提供较大的无柱面积,便于灵活布置房间,适用于公寓、旅馆、宿舍楼、医院及其他层高较低的建筑。交错桁架结构体系的基本组成是楼板、平面桁架和柱子;柱子仅在房屋周边布置,可采用钢柱或钢管混凝土柱。桁架高度与层高相同,跨度与建筑物宽度相同,桁架两端支承在房屋纵向边柱上;桁架在建筑物横向的每条轴线上每隔一层设置1个,在相邻轴线上则是交错布置,如图11-2所示;在相邻轴线间,楼层板一端支承在下一层桁架的上弦杆上,另一端支承在上一层桁架的下弦杆上。交错桁架结构体系柱子数量少,水平荷载下的体系类似一悬臂梁,周边柱子相当于悬臂梁的翼缘,桁架相当于梁腹板;在竖向荷载和水平荷载作用下,柱子主要承受轴力,剪力和弯矩较小,基础的数量和体积都明显减小;主体结构采用钢结构,围护结构和隔墙采用轻质预制材料,便于工厂化生产和施工,建设周期短。国外的研究表明,同一建筑采用刚接框架、带支撑框架和交错桁架三种结构体系,单位面积用钢量之比为6:5:3。交错桁架结构体系中的桁架包在墙内,采用适当的墙体构造可达到需要的防火等级。国外文献从经济、合理的角度分析交错桁架结构特别适用于建筑物宽度在18m范围内,层数为15~20层的小高层结构。交错桁架结构适用于窄长的矩形建筑平面;用于其他建筑平面,结构分析较复杂;因桁架交错设置,框架数宜为奇数;采用小柱距可以增加结构刚度,减小楼板厚度,但柱子、桁架数量增加;采用大柱距,楼板厚度增加。

桁架的跨高比一般为5:1~6:1;柱距宜取6~9m;楼板可直接与相邻桁架的上下弦相连,一般不需要设楼面次梁,板厚度一般在150~300mm之间。桁架跨高比对结构的横向刚度及经济性有影响,分析表明跨高比在5:1~6:1比较合理。

交错桁架结构体系在横向可不设支撑体系;当底层局部无法布置落地桁架时应在底层对应轴线设横向支撑(图11-3);纵向框架的支撑体系可按需要设置;柱子截面的强轴宜

布置在横向平面内（图 11-3）。

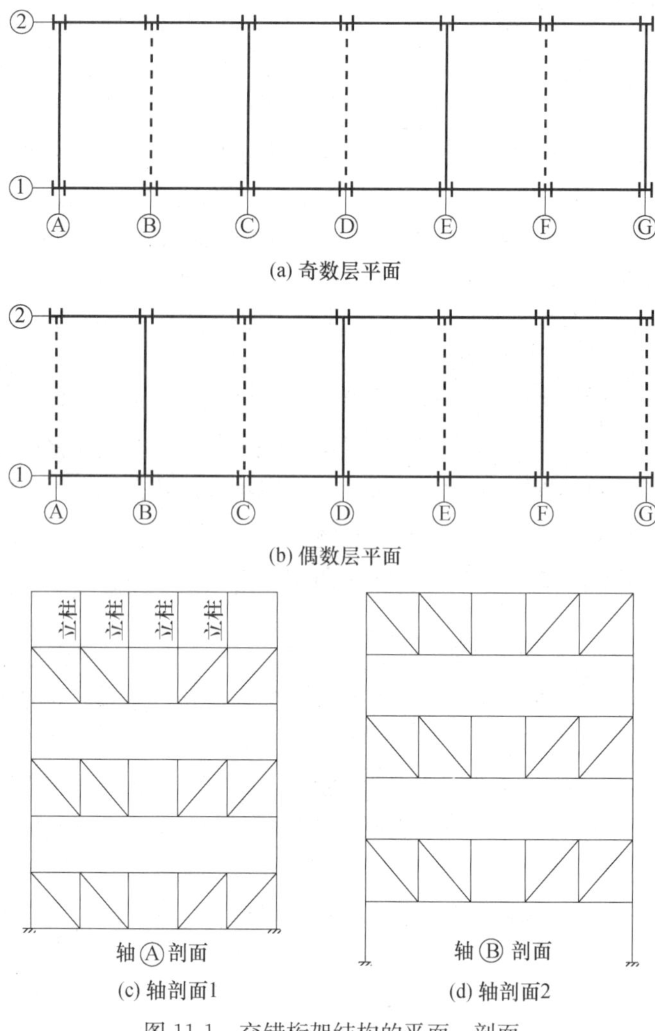

图 11-1　交错桁架结构的平面、剖面

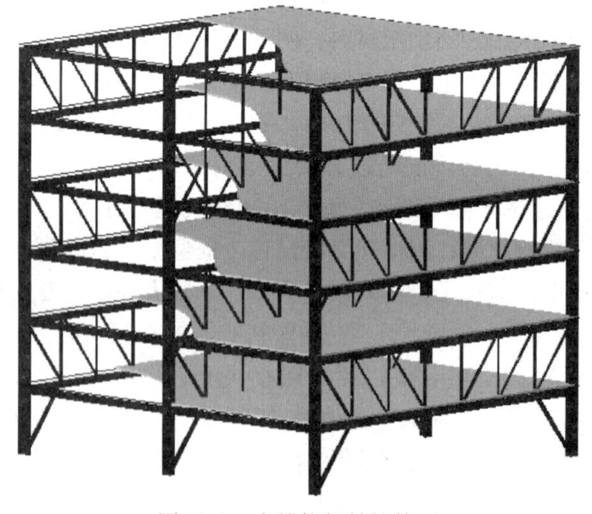

图 11-2　交错桁架结构体系

当建筑要求底层局部大空间不能设桁架时，柱子的抗侧移能力不足，底层对应轴线应设横向斜撑抵抗层间剪力；边柱与纵向连梁应刚接组成纵向框架抵抗纵向水平力，柱子截面强轴布置在横向平面内可提高纵向框架的刚度，纵向框架承载力或刚度不足时可设支撑体系。顶层无桁架的轴线可用立柱支承屋面结构［图 11-3（a）］；底层无落地桁架时，可在二层无桁架轴线设吊杆支承楼面［图 11-3（b）］。桁架可采用混合式［图 11-4（a）］和空腹式［图 11-4（b）］两种形式；混合式桁架宜采用单斜杆体系，斜腹杆的倾角宜为45°～60°；设置走廊处不设斜杆，走廊应设在桁架剪力较小的节间。

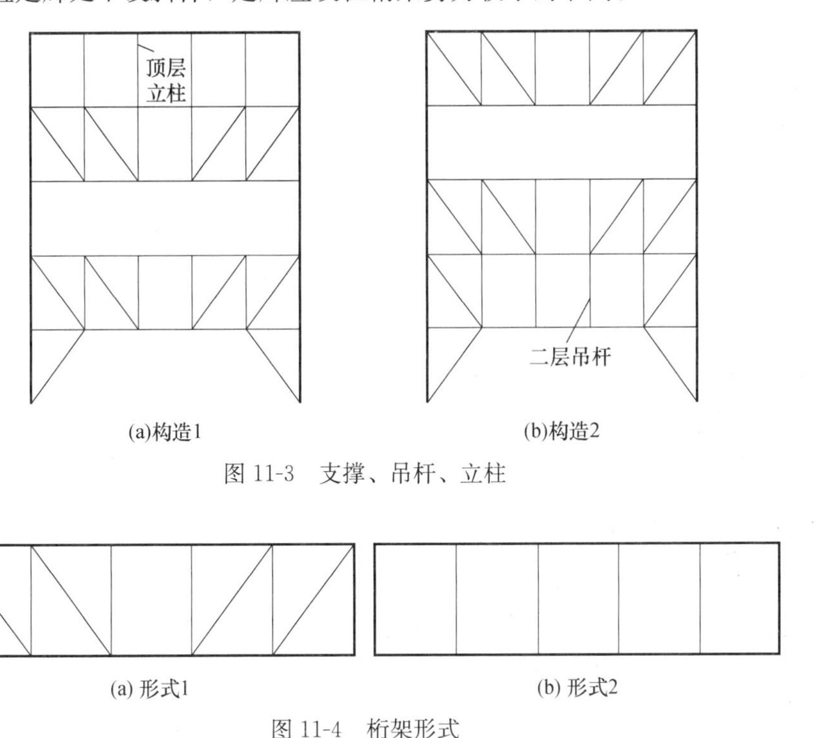

(a)构造1　　(b)构造2

图 11-3　支撑、吊杆、立柱

(a) 形式1　　(b) 形式2

图 11-4　桁架形式

采用立柱或吊杆支承楼面时，立柱和吊杆应连在桁架节点处，避免桁架弦杆产生附加弯矩。采用空腹式桁架时，桁架节点都应设计成刚接节点，桁架弦杆与柱的连接也应按刚接节点设计；采用混合式桁架时，桁架腹杆与弦杆的连接、桁架与柱子的连接可按铰接设计。交错桁架体系中的平面桁架采用不同构造形式时，构件的受力和变形是不相同的；空腹桁架的竖向腹杆与柱子共同抵抗横向荷载，各层桁架的竖杆类似于短的框架柱，结构体系在横向荷载作用下的侧移曲线与一般框架结构的侧移曲线相似，以剪切变形为主，柱子参与抵抗横向荷载，柱中的内力以弯矩、剪力为主，轴力次之；结构的工作性能类似于普通框架，平面桁架所有节点都应设计成刚性节点，弦杆与柱的连接也应按刚性节点设计；当交错桁架体系的平面桁架采用混合桁架时，层间剪力主要由桁架的斜腹杆承受，横向荷载的作用将通过平面桁架的端斜杆以轴力的形式传给柱子；平面桁架与柱子的连接可按铰接设计。

交错桁架结构的基础形式可采用柱下独立基础；底层布置落地桁架时，基础梁可作为桁架下弦。楼板与桁架弦杆应有可靠连接，保证整个结构体系的连续性和空间协同工作；楼板宜采用现浇组合楼板。同一层桁架在相邻轴线的交错设置需要楼层板将上层桁架的剪力传给下层相邻桁架，楼板与桁架弦杆之间应设可靠连接传递水平剪力；出于经济考虑，美国钢结构协会的“Steel Design Guide Series14：Staggered Truss Framing System”采用预制空心板叠合楼板（空心板之间采取具体的连接措施保证楼板整体性）或压型钢板组合楼板。鉴于国内的抗震要求，建议采用压型钢板组合楼板或现浇钢筋混凝土楼板，不宜采用整体性较差的叠合楼板。

楼梯间、电梯间可加设钢梁和钢柱，组成局部框架。作用在交错桁架结构上的纵向水平力应由纵向框架或框架-支撑体系承受，每层与柱子刚接的纵向连梁可作为纵向框架的横梁。交错桁架结构体系的边柱应与每层的连梁刚接组成纵向框架，必要时可加设支撑体系；楼梯、电梯井也是抗侧力体系的一部分。

11.3 交错桁架钢结构的结构设计方法及相关要求

交错桁架钢结构的安全等级和设计使用年限应符合我国现行国家标准《工程结构可靠性设计同一标准》（GB 50153）的规定。我国采用以概率理论为基础的极限状态设计方法，用分项系数设计表达式进行计算。结构构件应按我国现行国家标准《钢结构设计规范》（GB 50017）的要求进行承载能力极限状态和正常使用极限状态设计。

结构构件承载能力计算应满足相关规范规定，即不考虑地震作用时（$\gamma_0 S_1$）$\leqslant R$；考虑多遇地震作用时 $S_2\leqslant$（R/γ_{RE}）。其中，γ_0为结构重要性系数；S_1为不考虑地震作用时，荷载效应组合的设计值；S_2为考虑多遇地震作用时荷载和地震作用效应组合的设计值；R为结构抗力；γ_{RE}为承载力抗震调整系数，对钢柱、钢管混凝土柱及桁架取 0.8，节点板件、连接焊缝及螺栓取 0.8。结构构件正常使用极限状态的计算应满足 $S\leqslant C$ 的要求，其中，C 为结构或构件达到正常使用要求的变形容许值。受弯构件的挠度容许值不宜大于表 11-1的规定值。楼层梁、板挠度容许值按照我国现行国家标准《钢结构设计规范》(GB 50017)的规定采用。

表 11-1 受弯构件挠度容许值

构件类别		挠度容许值	
		$[V_T]$	$[V_Q]$
楼层梁	桁架及主梁	$L/400$	$L/500$
	次梁及楼梯梁	$L/250$	$L/300$
	抹灰顶棚的梁	$L/250$	$L/350$
楼板		$L/150$	—

注：表中 L 为构件跨度；$[V_T]$ 为全部荷载标准值产生的挠度（如有起拱应减去拱度）的容许值；$[V_Q]$ 为可变荷载标准值产生的挠度容许值；计算桁架挠度时可考虑楼板和桁架弦杆的组合作用。

交错桁架体系中桁架跨度一般较大，为改善使用条件，可预先起拱；起拱大小应视实际需要而定，一般为恒载标准值加二分之一活载标准值所产生的挠度；在计算结构和构件的变形时，不需考虑螺栓孔引起的截面削弱。结构在风载标准值作用下的层间位移和框架柱顶位移不宜超过相关规范规定，即柱顶位移不超过 $H/500$、层间位移不超过 $h/400$，H 为自基础顶面至柱顶的高度，h 为层高。地震作用下的层间位移不宜大于相关规范规定，即多遇地震（按弹性计算）时不超过 $h/300$，罕遇地震（按弹塑性计算）时横向不超过 $h/75$、纵向不超过 $h/50$。交错桁架钢结构体系横向刚度较大，多遇地震层间位移应小于我国现行国家标准《建筑抗震设计规范》（GB 50011）的规定；考虑到交错桁架钢结构体系横向结构延性相对较差，在罕遇地震验算时对横向层间位移限制以应严格一些。当采用有较高变形限制的非结构构件和装饰材料时，风载标准值作用下的层间位移和多遇地震作用下的层间位移宜适当减小。

交错桁架体系中桁架跨度一般较大，为改善使用条件，可预先起拱；起拱大小应视实际需要而定，一般为恒载标准值加二分之一活载标准值所产生的挠度；在计算结构和构件的变形时，不需考虑螺栓孔引起的截面削弱。交错桁架钢结构体系的高度不宜大于100m，桁架的跨度不宜大于21m。交错桁架结构体系适用于多层、小高层建筑，国外工程实践显示跨度过大后结构不经济。

11.4 交错桁架钢结构的作用及作用效应组合

交错桁架钢结构的荷载组合、组合系数、荷载标准值、荷载分项系数应按我国现行国家标准《建筑结构荷载规范》（GB 50009）的规定采用；楼面活荷载标准值折减应按我国现行国家标准《建筑结构荷载规范》（GB 50009）的规定采用。除另有规定外，抗震设防区的地震作用及抗震计算应符合我国现行国家标准《建筑抗震设计规范》（GB 50011）的规定。

按承载能力极限状态设计时，应考虑荷载效应的基本组合，必要时还应考虑荷载效应的偶然组合；荷载和材料强度均采用设计值；结构的承载能力应包括构件和连接的强度、结构和构件的稳定性；对抗震设防地区的结构，还应按我国现行国家标准《建筑抗震设计规范》（GB 50011）和其他有关标准的规定进行结构构件和连接的抗震承载能力计算。

正常使用极限状态设计应考虑荷载效应的标准组合，采用荷载标准值、组合值和变形容许值进行计算。

交错桁架钢结构的水平地震作用应按我国现行国家标准《建筑抗震设计规范》（GB 50011）的规定计算；阻尼比在多遇地震作用计算时取0.04，在罕遇地震作用计算时取0.05。交错桁架钢结构按多遇地震进行抗震变形验算时，可不考虑与风荷载效应的组合；进行罕遇地震作用验算时，不应计入风荷载，其竖向荷载宜取重力荷载代表值。交错桁架钢结构适用于多层、小高层建筑，属一般结构，按《建筑抗震设计规范》（GB 50011）的规定，地震作用效应和其他荷载效应的基本组合中可不考虑风荷载参与组合。

当交错桁架沿纵向等柱距布置，且框架数量为奇数，沿高度方向平面桁架均匀错层设置，同一层内每榀框架的构件材性、截面都相同时，允许沿建筑结构的两个主轴方向分别计算水平地震作用时不考虑扭转影响，各方向的水平地震作用应由该方向抗侧力构件承担。交错桁架结构布置符合前述要求时结构的质量中心与刚度中心基本重合，可忽略结构整体扭转效应，否则应考虑结构扭转影响。交错桁架钢结构的结构布置不满足前述要求时，在横向荷载作用下应考虑结构整体扭转对结构内力的影响；质量和刚度分布明显不对称的结构，应计算双向水平地震作用并计入扭转的影响。

计算单向地震作用，且考虑扭转影响时，应考虑偶然偏心的影响；矩形平面每层沿垂

直于地震作用方向的附加偏心距e_i可按式（11-1）确定。

$$e_i = \pm 0.05L_i \tag{11-1}$$

式（11-1）中，L_i为第i层垂直于地震作用方向的建筑物长度。

对高度不超过40m，质量和刚度沿高度分布比较均匀的交错桁架结构的地震反应弹性分析可采用底部剪力法，其他情况宜采用振型分解反应谱法；对于不考虑扭转影响的结构可按“平方和开平方法（SRSS法）”得出振型组合内力及位移，对需要考虑扭转影响的结构可按“完全二次型方根法（CQC法）”得到振型组合内力及位移；对复杂交错桁架结构宜采用时程分析法。交错桁架结构在横向（桁架方向）有很好的侧向刚度；纵向的抗侧力体系通常由建筑物外围的抗弯框架或支撑体系、电梯井、楼梯间组成；一般情况下，结构的前三阶振型分别为纵向变形、横向变形和扭转变形；当结构纵向抗侧移刚度较小时，纵向变形为结构的第一振型。国外的研究表明，在横向水平地震作用下交错桁架结构性能类似于一个支撑体系和延性抗弯框架体系的组合；建筑物的长宽比、高宽比、结构的扭转效应、底层的支撑形式、桁架的形式、混合式桁架空腹节间长度的变化都对结构的抗震性能有较大影响。国内的研究表明，结构横向最大层间位移角随建筑物的长宽比增加而增大，结构质量中心和刚度中心不重合时，结构的最大层间位移角将明显增大；层间位移角总体上随着结构高宽比增加而增大；混合式桁架空腹节间长度的增加，将使结构柔性增加，层间位移增大；建筑物的层高增大，最大层间位移角增大，合适的高跨比为1/5左右，再进一步减小层高对最大层间位移角影响不大；空腹式交错桁架体系的横向刚度要明显小于混合式交错桁架体系；混合式交错桁架体系薄弱层多位于底层，对于底部设斜撑的交错桁架体系薄弱层位于结构高度的1/3左右。

钢交错结构在多遇地震作用下任一楼层的水平地震剪力应符合式（11-2）的要求。

$$V_{EKi} \geqslant \lambda \sum_{j=i}^{n} G_j \tag{11-2}$$

式（11-2）中，V_{EKi}为第i层对应于水平地震作用标准值的楼层剪力；λ为剪力系数，按我国现行国家标准《建筑抗震设计规范》GB 50011取值；G_j为第j层的重力荷载代表值；n为结构计算总层数。

11.5　交错桁架结构的结构分析方法及相关要求

交错桁架结构内力与位移可按弹性方法计算；采用混合式桁架的交错桁架结构横向内力与位移计算一般可不考虑二阶效应。采用混合桁架的交错桁架结构的横向刚度较大，P-Δ效应影响很小；但在纵向，一般为框架或框支，是否需考虑P-Δ效应，可按我国现行国家标准《钢结构设计规范》（GB 50017）的规定确定。

计算各振型地震影响系数所采用的结构自振周期，应采用按主体结构弹性刚度计算所得的周期乘以考虑非结构构件影响的折减系数，其值可取0.8～1.0。

交错桁架体系在分析横向荷载作用时，宜考虑组合梁效应；如横向荷载作用下内力分析时未考虑组合梁效应，内力组合时可假定所有横向荷载引起的桁架弦杆轴力由混凝土楼板承受，不参与弦杆的内力组合；而横向荷载引起的剪力和弯矩由桁架弦杆承受，参与弦杆的内力组合。在计算模型中是否考虑平面桁架与混凝土楼板的组合作用，将对计算结果产生较大的影响；压型钢板组合楼板、现浇钢筋混凝土楼板通过抗剪连接件与桁架弦杆相连，混凝土楼板在一定程度上参与桁架弦杆的受力；美国 AISC 设计指南“Steel Design Guide Series14：Staggered Truss Framing System”认为在竖向荷载作用下，桁架下弦杆产生轴拉力，鉴于混凝土材料不能有效传递拉力，建议分析竖向荷载作用时忽略组合梁效应；分析横向荷载作用时，要考虑组合梁效应，楼板参与受力，但在横向水平荷载下的桁架内力分析时并不考虑楼板组合效应，而在最后弦杆内力组合时考虑楼板影响。AISC 设计指南采用如下假定，即所有横向荷载引起的桁架弦杆轴力由混凝土楼板承受，不参与桁架弦杆的内力组合；横向荷载引起的桁架弦杆剪力和弯矩由弦杆承受，参与桁架弦杆的内力组合。

交错桁架结构体系的内力及位移应采用三维空间分析或二维平面结构空间协同分析方法计算；空间分析宜选择三维杆系有限元模型，楼板采用板壳单元；如能保证楼板平面内的整体刚度，也可假定楼板面内刚度无穷大，但需另行计算楼板面内弯矩和剪力。空间分析可利用现有的软件或通用程序，比如 ETABS 含有专门分析交错桁架结构的模块；交错桁架结构体系的楼板将层间剪力从上层桁架的下弦传递到下层桁架的上弦，设计时需计算楼板面内的强度以及与桁架间的连接；当缺少空间结构分析条件时，可按二维平面结构空间协同模型进行结构分析。

采用二维平面结构分析时，在竖向荷载作用下可不考虑交错桁架体系中各榀框架间的协同工作，分别对体系中单榀框架（图 11-5）分析其在竖向荷载下的内力和变形；桁架上下弦杆均应承受楼板传来的竖向荷载；分析竖向荷载作用时可忽略楼板的组合梁效应。与框架结构类似，交错桁架体系中的各榀框架在竖向荷载作用下的协同作用较小，可不考虑体系中各榀框架间的协同工作，分别取体系中单榀框架分析其在竖向荷载下的内力和变形，但要注意各榀桁架的上下弦同时作用有荷载。

交错桁架结构在横向荷载作用下，采用平面结构分析时不应以单榀框架作为计算模型；当交错桁架沿纵向等柱距布置，且框架数量为奇数，沿高度方向平面桁架均匀错层设置，同一层内每榀框架的构件材性、截面都相同时，横向荷载作用下可采用忽略扭转效应的二维平面结构空间协同分析方法。交错桁架结构在横向荷载作用时，由于楼板的连系作用，相邻框架间的空间协同工作非常显著；当可以忽略结构整体扭转影响时，可采用忽略扭转效应的平面协同分析方法。

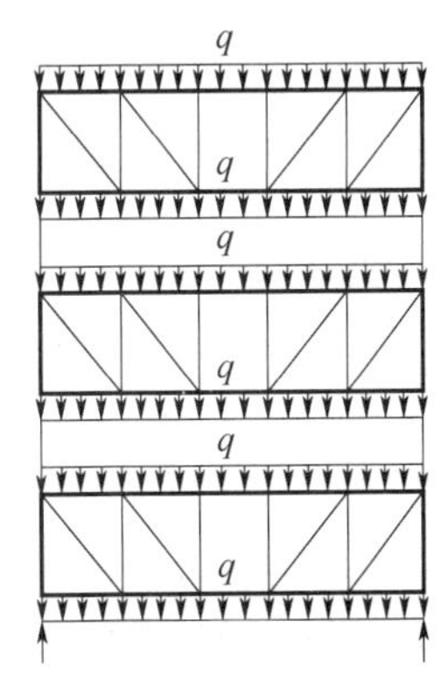

图 11-5　竖向荷载下的简化计算模型

平面协同分析模型分析方法、步骤主要有：将两种类型的框架按照线性叠加的原则，分别叠合成一榀总框架，将楼板用刚性链杆模拟，两个总框架以刚性链杆连接，计算模型如图 11-6所示。计算总框架中各构件的截面几何特性。总框架某一层柱、桁架腹杆的截面几何特性为同层、同一类所有榀框架中相应构件截面几何特性之和。总框架横梁的截面几何特性等于同层中同一类各单榀框架中桁架弦杆截面特性之和。明确桁架节点做法之后，可采用有限单元法求解各层链杆轴力及结构位移。根据各层链杆轴力，得出水平荷载作用下 A、B 型框架各层所分配的剪力分别为 $P_{Ai}-P_i$、P_i+P_{Bi}，$i=1$、2、…、m；将 A、B 型框架各层所分配的剪力（$P_{Ai}-P_i$）和（P_i+P_{Bi}）

按抗侧移刚度分配给各平面框架，求出柱子及桁架各杆件内力。

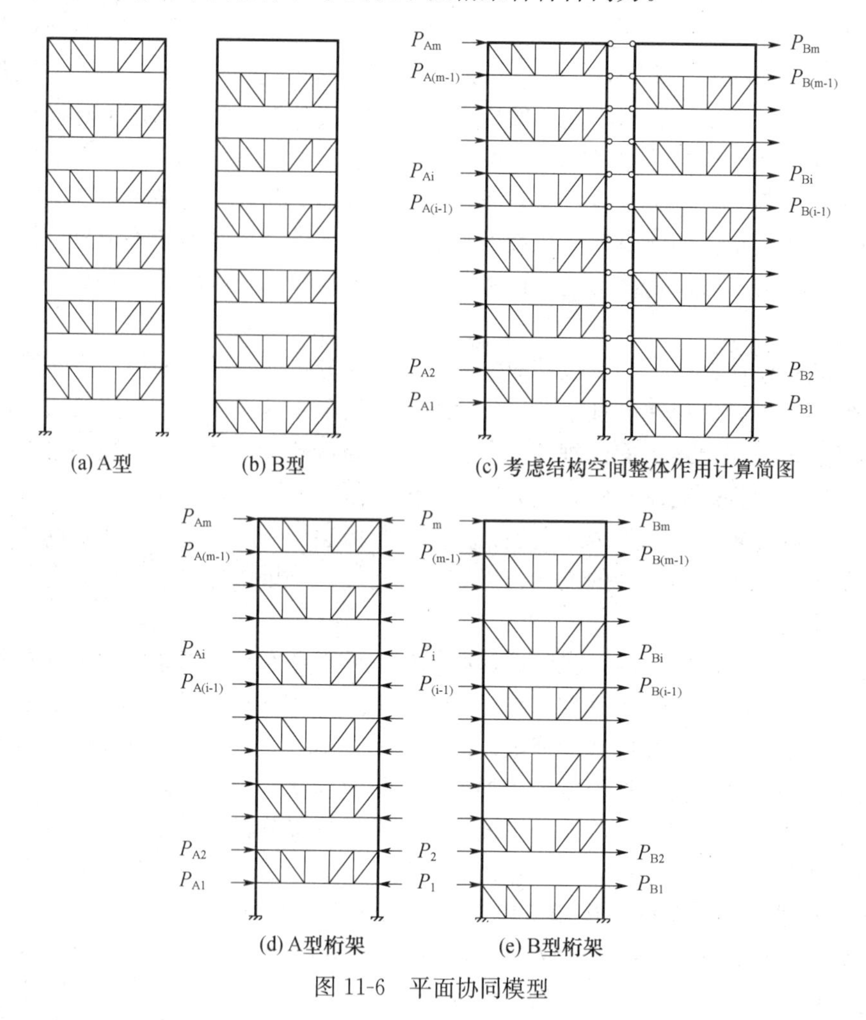

图 11-6　平面协同模型

连续支撑框架模型分析方法、步骤主要有：所有榀框架按照线性叠加的原则，叠合成一个沿高度连续布置桁架的总框架结构，如图 11-7 所示。计算总框架中各构件的截面几何特性；总框架某一层柱、桁架腹杆的截面几何特性为同层所有榀框架中相应构件截面几何特性之和；模型中横梁的截面几何特性等于叠合的各单榀桁架弦杆截面特性之和。明确桁架节点做法之后，可采用有限单元法求解总框架的内力、位移。步骤 3 所求得的位移就是交错桁架结构相应的位移值；将步骤 3 所求出的内力值按照各单榀框架对应构件的刚度比例关系进行二次分配，以分配后的内力作为各构件的设计依据。

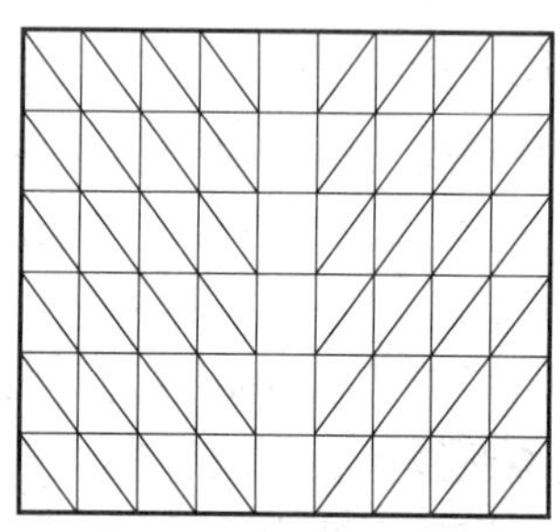

图 11-7　平面连续支撑模型

相关文献介绍，以上两个模型各杆内力与空间分析误差不大。相关算例对比表明，平面连续支撑模型用于位移计算上较平面协同模型合理；因平面连续支撑模型假定了相邻两榀框架对应点侧移完全相等，更符合楼板平面内刚性的假定，而平面协同模型不能保证相

邻框架对应点侧移完全相等。

桁架端斜杆、与空腹节间相邻的斜杆轴力设计值应乘以增大系数 1.4。静力推覆试验及有限元模拟结果表明交错桁架结构的破坏起始于桁架端斜杆和相邻空腹节间的斜杆受压屈曲或拉断；端斜杆一旦断裂，桁架不能传力给柱子，结构体系失效；混合式桁架体系在横向水平地震作用下，结构的延性耗能主要集中在无斜腹杆的空腹节间；为保证空腹节间形成主要的耗能区域，在强烈地震作用下，相邻斜腹杆及连接应避免过早破坏。

当框架底层局部不设落地桁架，只设横向支撑时，底层框架柱的地震内力应乘以增大系数 1.5。出于强柱弱梁的考虑，柱脚不能过早出现塑性铰；底层不设落地桁架，只设斜撑时刚度偏弱；参考《建筑抗震设计规范》（GB 50011）钢结构转换层下的钢框架，对底层柱的地震内力取增大系数 1.5。

结构不进行平扭耦联计算时，平行于地震作用方向的两个边框架，其地震作用效应应乘以增大系数，短边可按 1.15 采用，长边可按 1.05 采用，角部构件宜同时乘以两个方向各自的增大系数。我国现行国家标准《建筑抗震设计规范》（GB 50011）中规定规则结构不进行扭转耦联计算时平行于地震作用方向边榀框架地震作用效应增大系数。

交错桁架结构的构成条件不满足前述要求时，在横向荷载作用下应考虑结构整体扭转对结构内力的影响；结构考虑扭转的内力分析宜采用空间分析法。横向荷载作用下采用二维平面结构空间协同模型分析时考虑扭转影响，可采用修正各榀平面桁架内力的简化方法。

（1）考虑扭转后的剪力修正

图 11-8（a）为交错桁架结构某一层的结构平面图。沿 y 方向的层间总剪力 Q_y 不通过层刚度中心 O_0，计算偏心距为 $e=e_0\pm0.05L$，e_0 为实际偏心矩，L 为垂直于水平荷载合力方向建筑物的长度，$\pm0.05L$ 为附加偏心距。假设楼板只出现刚体平移和转动，将图 11-8（a）所示的受力和位移状态分解为图 11-8（b）和图 11-8（c）。图 11-8（b）为通过刚度中心作用有水平合力，楼板沿 y 方向产生层间相对位移 δ。图 11-8（c）为通过刚度中心 O_0 作用有扭矩 $T=Q_ye$，楼板绕刚度中心产生层间相对转角 θ。

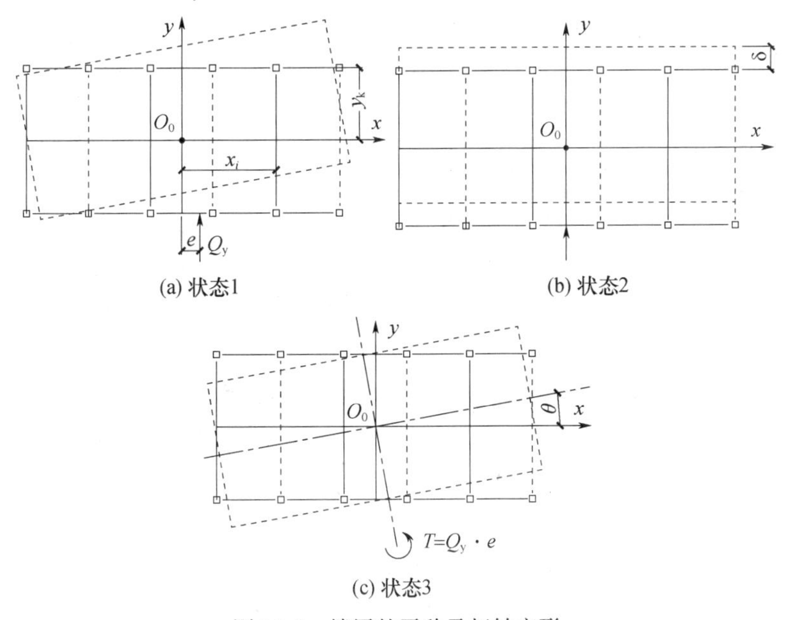

图 11-8　楼层的平移及扭转变形

楼层各点处的层间位移均可用刚度中心处的层间相对水平位移 δ 和绕刚度中心的转角 θ 表示，如沿 x 方向第 i 榀桁架距刚度中心的距离为 x_i，沿 y 方向的层间相对位移 $\delta_{yi}=\delta+\theta x_i$，沿 y 方向第 k 榀框架距刚度中心的距离为 y_k，沿 x 方向的层间相对位移 $\delta_{xk}=-\theta k_y$。设 D_{xk} 为第 k 榀纵向框架在 x 方向的剪切刚度；D_{yi} 为横向第 i 榀桁架在 y 方向的剪切刚度；剪切刚度的定义是指使某层某榀抗侧力结构产生单位层间相对位移时需要的水平力。

设 V_{xk} 为纵向第 k 榀框架在 x 方向所承担的剪力，V_{yi} 为横向第 i 榀桁架在 y 方向所承担的剪力，则 $V_{xk}=D_{xk}\delta_{xk}=-D_{xk}\theta y_k$、$V_{yi}=D_{yi}\delta_{yi}=D_{yi}\delta+D_{yi}\theta x_i$。

由图 11-8（a），沿 y 方向的层间总剪力 Q_y 应与各榀桁架在 y 方向所能承担的剪力平衡，即 $\sum Y=0$、$Q_y=\sum D_{yi}\delta+\sum D_{yi}\theta x_i$。因 Q_0 为刚度中心，有 $\sum D_{yi}x_i=0$，因此，$\delta=Q_y/\sum D_{yi}$。δ 相当于不考虑扭转效应条件下，剪力 Q_y 所引起的层间位移。

图 11-8（c）中，对刚度中心的外扭矩 $T=Q_y e$ 应与各榀桁架所承担的剪力对刚度中心的抵抗力矩相平衡，即 $\sum T=0$、$Q_y e=\sum(V_{yi}x_i)-\sum(V_{xk}y_k)$。等式中的第一项是 y 方向各榀桁架的抵抗力矩，第二项是 x 方向各榀框架的抵抗力矩。

由式 $V_{yi}=D_{yi}\delta_{yi}=D_{yi}\delta+D_{yi}\theta x_i$、$\sum T=0$、$Q_y e=\sum(V_{yi}x_i)-\sum(V_{xk}y_k)$ 及 $\sum D_{yi}x_i=0$，可得 $Q_y e=\theta(\sum D_{yi}x_i^2+\sum D_{xk}y_k^2)$、$\theta=Q_y e/[\sum D_{yi}x_i^2+\sum D_{xk}y_k^2]$。

将 δ 和 θ 代入式 $V_{yi}=D_{yi}\delta_{yi}=D_{yi}\delta+D_{yi}\theta x_i$，得出每榀桁（框）架考虑扭转效应后，分担的剪力 $V_{xk}=D_{xk}y_k Q_y e/[\sum D_{yi}x_i{}^2+\sum D_{xk}y_k{}^2]$、$V_{yi}=D_{yi}Q_y/\sum D_{yi}+D_{yi}x_i Q_y e/[\sum D_{yi}x_i^2+\sum D_{xk}y_k^2]$。

鉴于结构在 y 方向荷载作用时，x 方向的受力一般不大，对 V_{xk} 可略去不计。V_{yi} 中的第一项表示结构平移产生的剪力，第二项表示结构扭转产生的剪力。V_{yi} 可改写成 $V_{yi}=[1+(\sum D_{yi})x_i e/(\sum D_{yi}x_i^2+\sum D_{xk}y_k^2)](D_{yi}Q_y/\sum D_{yi})$，简写成 $V_{yi}=\alpha_{yi}(D_{yi}Q_y/\sum D_{yi})$，$\alpha_{yi}=1+(\sum D_{yi})x_i e/(\sum D_{yi}x_i^2+\sum D_{xk}y_k^2)$。系数 α_{yi} 相当于考虑扭转后对第 i 榀桁架剪力的修正。每榀桁架的坐标有正、有负，系数 α 可大于 1 或小于 1，前者相当于考虑扭转后剪力增大，后者相当于考虑扭转后剪力减小。同一层的平面桁架应考虑附加偏心距为 $\pm 0.05L$ 两种情况的不利工况。

（2）考虑扭转影响的计算步骤

主要有以下 4 步，依次为求解结构不考虑扭转时的内力和位移。求解各楼层刚度中心，计算附加偏心距为 $\pm 0.05L$ 两种工况的计算偏心距 e 及各层的扭转角 θ、各榀框架的扭转修正系数 α_{yi}。对构件内力修正，将不考虑扭转时各构件分配到的内力乘以该榀框架对应的扭转修正系数后即得出该榀框架构件的最后内力。对结构的各层间位移重新进行修正。

11.6 交错桁架结构的构件设计及相关要求

桁架弦杆宜采用热轧工字钢或焊接工字形截面，斜杆和竖杆宜采用矩形钢管截面。桁架弦杆的宽度应能满足最小墙厚要求和楼板支承长度的要求；腹杆的最小截面不应小于 100mm×100mm×6mm，节点板厚度不宜小于 12mm。桁架上、下弦杆应按连续压（拉）弯杆设计；楼板与桁架弦杆有剪力连接件可靠连接时，弦杆可不计算平面外稳定，应按我

国现行国家标准《钢结构设计规范》（GB 50017）的有关规定及本节的各项规定按压弯或拉弯构件计算其强度、平面内稳定及局部稳定；弦杆平面内计算长度取节间的几何长度。

桁架腹杆应按我国现行国家标准《钢结构设计规范》（GB 50017）的有关规定及本节的各项规定按轴心受力构件计算其强度、整体稳定及局部稳定；桁架腹杆一般采用节点板与弦杆连接，桁架端部斜杆和底层横向支撑斜杆平面内、外计算长度均取 l，桁架其他腹杆平面内计算长度取 $0.8l$；桁架平面外计算长度取 l，l 为节间几何长度。桁架的上下弦杆为压弯或拉弯构件应按连续压（拉）弯杆设计；桁架杆件的计算长度与我国现行国家标准《钢结构设计规范》（GB 50017）一致。

桁架压杆的长细比不宜大于 $120\ (235/f_y)^{1/2}$，拉杆不宜大于 $180\ (235/f_y)^{1/2}$。桁架杆件的板件宽厚比不应大于表 11-2 规定的限值。交错桁架体系中的桁架为抗侧力构件，其弦杆为压弯构件，跨中空腹节间弦杆为耗能段，对截面有一定的塑性转动需求；腹杆为轴心受力构件，强震下其塑性变形需求要低于中心支撑杆。研究表明，虽然设防烈度下不同的结构设计地震作用大小不同，但强震下结构进入塑性的程度没有明显不同，构件板件宽厚比限值与设防烈度不存在明确对应关系。表 11-2 只分为 7 度、8 度抗震设防和及非抗震设防（包括 6 度设防）工况，表中宽厚比限值是在《建筑抗震设计规范》（GB 50011）的中心支撑、梁、柱板件宽厚比限值基础上给出的。

表 11-2　桁架杆件的板件宽厚比限值

板件名称	宽厚比限值	
	7 度、8 度抗震设防	6 度抗震设防及非抗震设防
工形截面弦杆翼缘外伸部分	10	13
工形截面弦杆腹板	30	40
矩形管截面腹杆壁板	25	35

注：表中数值适用于 Q235 钢，采用其他钢号时应乘以 $(235/f_y)^{1/2}$。

交错桁架体系中桁架跨度一般较大，可预先起拱；起拱大小宜为恒载标准值加二分之一活载标准值所产生的挠度，也可取跨度的 1/500。

交错桁架钢结构体系的框架柱应按我国现行国家标准《钢结构设计规范》（GB 50017）有关规定及本节的各项规定，计算其强度和稳定性；等截面柱在框架平面内的计算长度应取该层柱的高度乘以计算长度系数 μ；柱子平面内计算长度系数 μ 可取为 1.0，平面外计算长度应按《钢结构设计规范》（GB 50017）框架柱计算长度取值。交错桁架钢结构体系的横向刚度较大，一般情况属于强支撑框架，柱子平面内计算长度可简单取层高。

支撑杆件的长细比不应大于 $120\ (235/f_y)^{1/2}$，板件宽厚比不应大于表 11-3 规定的限值。研究表明，虽然设防烈度下不同的结构设计地震作用大小不同，但强震下结构进入塑性的程度没有明显不同，构件板件宽厚比限值与设防烈度不存在明确对应关系；表 11-3 只分为 7 度、8 度抗震设防和及非抗震设防（包括 6 度设防）工况，表中数值分别对应《建筑抗震设计规范》（GB 50011）中抗震等级为二级、四级的中心支撑板件宽厚比限值。

表 11-3　支撑的板件宽厚比限值

板件名称	宽厚比限值	
	7 度、8 度抗震设防	6 度抗震设防及非抗震设防
工形截面翼缘外伸部分	9	13
工形截面腹板	26	33
箱形截面壁板	20	30
圆管外径与壁厚比	40	42

注：表中数值适用于 Q235 钢，采用其他钢号时应乘以 $(235/f_y)^{1/2}$；圆管应乘以 $(235/f_y)$。

框架柱的长细比不应大于 120 $(235/f_y)^{1/2}$，板件宽厚比不应大于表 11-4 规定的限值。研究表明，虽然设防烈度下不同的结构设计地震作用大小不同，但强震下结构进入塑性的程度没有明显不同，构件板件宽厚比限值与设防烈度不存在明确对应关系；表 11-4 只区分了 7 度、8 度抗震设防和及非抗震设防（包括 6 度设防）工况，表中数值分别对应《建筑抗震设计规范》(GB 50011) 中抗震等级为二级、四级的框架梁、柱板件宽厚比限值。

表 11-4　框架梁柱板件宽厚比限值

板件名称		宽厚比限值	
		7 度、8 度抗震设防	6 度抗震设防及非抗震设防
梁	工形截面翼缘外伸部分	9	11
	工形截面腹板	$[72-100N_b/(Af)]\leqslant 65$	$[85-120N_b/(Af)]\leqslant 75$
柱	工形截面翼缘外伸部分	11	13
	工形截面腹板	45	52
	箱形截面壁板	36	40

注：表列数值适用于 Q235 钢，采用其他牌号钢材时应乘以 $(235/f_y)^{1/2}$。

纵向连梁与框架柱刚接并同时作为楼板的边缘构件时，应考虑楼板平面内的弯矩在梁内产生的轴力影响，连梁与柱的连接也应考虑此轴力的影响。横向荷载下楼板平面内弯矩在纵向连梁内产生的轴力、连梁与楼板间需传递的剪力流见本书 11.7 节中楼板面内受力分析举例。

框架柱为矩形钢管混凝土柱时还应按空钢管进行施工阶段的强度、稳定性和变形验算；施工阶段的荷载主要为湿混凝土的重力和实际可能作用的施工荷载；矩形钢管柱在施工阶段的轴向应力不应大于其抗压强度设计值的 60%，并应满足强度和稳定性的要求。

11.7　交错桁架结构的楼面及屋面板设计

11.7.1　设计原则

交错桁架结构体系中应验算楼面板在重力荷载作用下的强度、刚度，还应验算楼面板在上部桁架传来的横向水平力作用下的强度及其与桁架间的连接。楼层间每榀桁架所分担的层间剪力可由结构的空间分析确定，也可采用式 (11-3) 计算。

$$V_i=V_s+V_{TORS} \tag{11-3}$$

式（11-3）中，V_i为层间第 i 榀桁架分担的剪力；V_s为结构平移产生的剪力，$V_s=Q_w\cdot D_i/\sum D_i$；$V_{TORS}$为结构扭转产生的剪力，$V_{TORS}=Q_w eX_iD_i/(\sum D_iX_i^2)$，忽略扭转影响时此项为零；$D_i$为第 i 榀桁架的剪切刚度；$\sum D_i$为结构的层间总剪切刚度，为同层各桁架剪切刚度 D_i之和；e 为扭转计算偏心距，其值为层间水平力作用线和层间刚度中心之间的水平距离和偶然偏心 e_i之和，层间刚度中心的坐标可按相关规范规定计算，偶然偏心按本书11.4 节的规定采用；Q_w为侧向荷载引起的层剪力；X_i为相对于层刚度中心的桁架位置坐标，应注意奇数层和偶数层刚度中心及桁架位置的不同。

结构层间单位转角使第 i 榀桁架产生的剪力为 D_ix_i，x_i 为第 i 榀桁架到层转动中心的距离（图 11-9）。小变形下，忽略纵向框架的影响。根据平衡关系，层间所有横向桁架剪力对转动中心的力矩$\sum D_ix_i^2$等于层间单位转角所需的扭矩，其中，D_i为第 i 榀桁架的剪切刚度。层间扭矩 $T=Q_we$，使第 i 榀桁架产生的剪力为 $V_{TORS}=Q_weX_iD_i/(\sum D_iX_i^2)$，其中，$Q_w$为层间总剪力，$e$ 为计算偏心距。

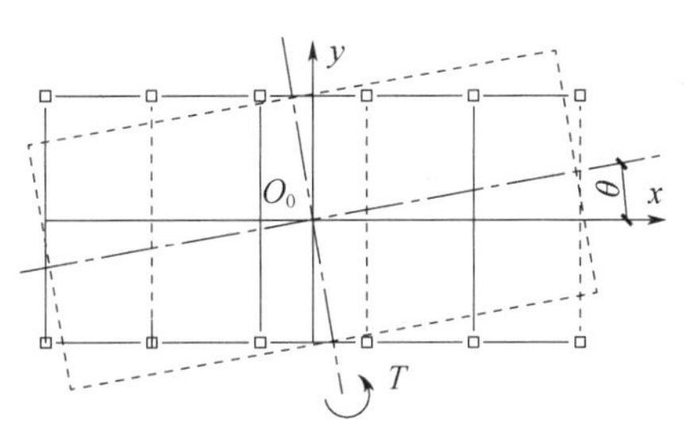

图 11-9　层间转角及扭矩 T

平面桁架的剪切刚度 D 可按式（11-4）计算。

$$D_i=\sum_{j=1}^{m}D_{ij} \tag{11-4}$$

式（11-4）中，D_i为某层第 i 榀桁架的剪切刚度；D_{ij} 为第 i 榀桁架第 j 个节间的剪切刚度，图 11-10（b）所示节间的剪切刚度可按式（11-5）计算；m 为第 i 榀桁架中有斜腹杆节间的数目，无斜腹杆节间的剪切刚度为零。

$$D_{ij}=E/\left[d^3/(l_1^2A_d)+l_1/A_g\right] \tag{11-5}$$

式（11-5）中，E 为钢材的弹性模量；d 为斜腹杆长度；l_1为桁架竖杆的水平距离；A_d为斜腹杆的截面面积；A_g为上弦杆的截面面积。

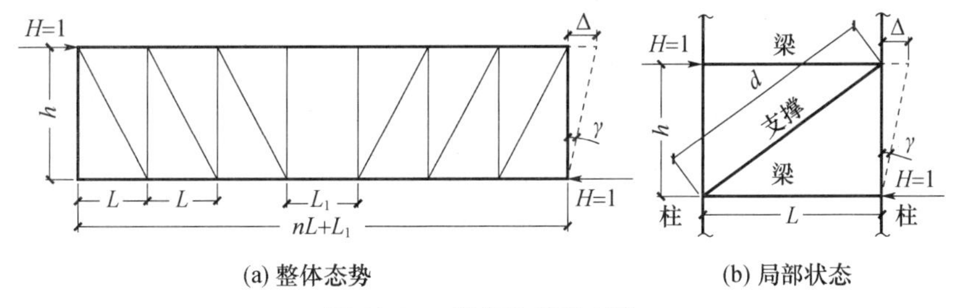

图 11-10　桁架的剪切变形

根据美国 AISC 设计指南“Steel Design Guide Series14：Staggered Truss Framing System”，规程中图 11-10（b）所示的桁架节间在单位水平力作用下变形为 $\Delta=\left[(d^3/(L^2A_d)+L/A_g)\right]/E$；单个节间的剪切刚度 $D_j=1/\Delta=E/\left[(d^3/(L^2A_d)+L/A_g)\right]$。

矩形平面层间的刚度中心坐标可按式 $x_0=(\sum D_ix_i)/\sum D_i$和 $y_0=B/2$ 计算。其中，x_0、y_0分别为图 11-11 所示的刚度中心在 x 轴和 y 轴的坐标；D_i为层中第 i 榀桁架的剪切刚度，由式（11-4）计算；x_i为层中第 i 榀桁架的横坐标；B 为交错桁架建筑横向宽度。

交错桁架结构沿纵向是关于中轴对称的，某一层的刚度中心在对称轴上，只需考虑结构横向水平荷载作用的扭转效应；按图 11-11 的坐标系，令 x_i 为第 i 榀桁架到 y 轴的距离，D_i 为第 i 榀桁架的剪切刚度，则刚度中心的坐标为 $x_0=(\sum D_i x_i)/\sum D_i$、$y_0=B/2$。

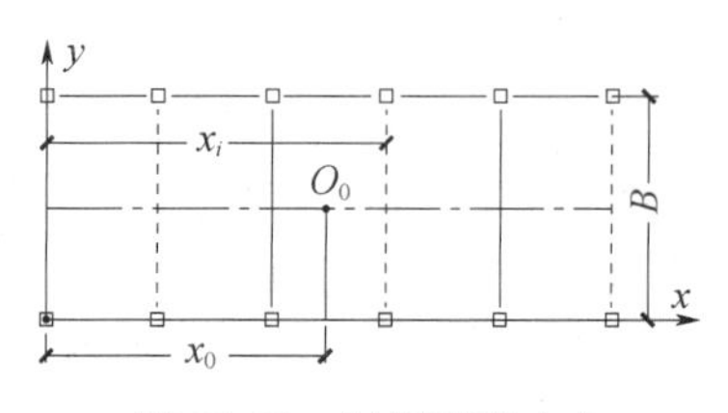

图 11-11　层间刚度中心

楼面、屋面板与抗侧力桁架间的抗剪连接件可采用栓钉、槽钢、弯筋等。桁架弦杆上的抗剪连接件可均匀分布，所需抗剪连接件数量 n 可按式 $n=V_i/N_v^f$ 计算，其中，V_i 为层间第 i 榀桁架分担的剪力按式（11-3）计算；N_v^f 为单个抗剪连接件的受剪承载力设计值，可按我国现行国家标准《钢结构设计规范》(GB 50017）的规定采用。

楼板在横向水平荷载作用下，应按我国现行国家标准《混凝土结构设计规范》（GB 50010）中的深梁验算抗剪强度。

楼板周边应设边梁，也可利用纵向框架梁；楼板边梁承受的轴力可按式 $H=M/h$ 计算，其中，H 为楼板边梁中的拉（压）力设计值，M 为楼板在横向水平荷载作用下的弯矩设计值，h 为楼板宽度。桁架楼板如利用纵向框架梁作为边梁，还应考虑框架梁内力，梁与柱的连接应考虑轴力 H 的影响。

楼板与纵向边梁之间应设抗剪连接件，抗剪连接件的设计应考虑边梁轴力 H 产生的剪力流 H_f 的影响。楼板的开口部位应设边缘构件加强。对楼板与桁架弦杆相连处的混凝土受拉区，应沿拉应力方向加强构造配筋。

11.7.2　典型算例

以下是一个楼板面内的受力分析。

（1）层间桁架剪力

图 11-12 为一设计实例的 2（偶数层）、3（奇数层）层结构布置，图中 H12、H14、H16 为二层桁架，H23、H25、H27 为三层桁架。为开窗口方便，①、⑧轴线山墙不设桁架，为平面框架传力。

假定每一层中各榀桁架的剪切刚度相同，偶数层刚度中心坐标为 $x_0=86.4/3=28.8$m。奇数层刚度中心坐标 $x_0=118.8/3=39.6$m。荷载偏心对偶数层 $e_0=(68.4/2)-28.8=5.4$m，对奇数层 $e_0=(68.4/2)-39.6=-5.4$m。附加 5％的偶然偏心，最终的荷载计算偏心距结果对偶数层 $e=5.4\pm(68.4\times5\%)=8.82$m 或 1.98m、奇数层 $e=-5.4\pm(68.4\times5\%)=-1.98$m 或 -8.82m。

本算例中奇数层和偶数层的刚度中心是反对称的。层扭矩等于层间剪力乘以计算偏心距。横向水平地震作用产生的扭矩为 $T=4300.5\times(\pm)8.82=\pm37930.4$kN·m 或 $T=4300.5\times(\pm)1.98=\pm8515$kN·m。其中，4300.5kN 为第 2 层的横向水平地震作用层间剪力值（标准值）。因每一层中各榀桁架的剪切刚度相同，则各桁架的底部平移剪力分量相同。

横向水平地震作用为 $V_S=4300.5/3=1433.5$kN，每个桁架的扭转剪力分量大小不同，考虑正负号后与侧移剪力分量叠加结果见表 11-5 所示。表 11-5 中数值由式（11-3）等算出。表 11-5 中倒数第 1 列为横向水平地震工况桁架设计的控制剪力，此剪力已计入 ±5％的附加偏心，“＊”号表示所控制的偏心工况。

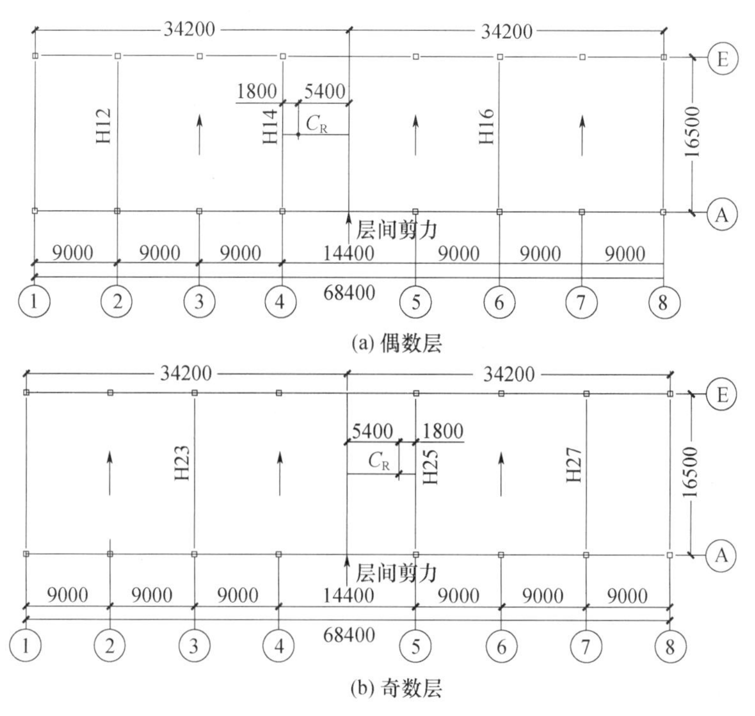

图 11-12　层间刚度中心

表 11-5　横向水平地震作用引起的桁架剪力

桁架	x_i	V_S	$T=\pm37930.4\text{kN}\cdot\text{m}$		$T=\pm8515\text{kN}\cdot\text{m}$		桁架控制剪力
			V_{TORS}	V_i	V_{TORS}	V_i	
H12	−19.8	1433.5	−871.4	562.1	−195.6	1237.9 *	1237.9
H14	−1.8	1433.5	−79.2	1354.3	−17.78	1415.7 *	1415.7
H16	21.6	1433.5	950.6	2384.1 *	213.4	1646.9	2384.1
H23	−21.6	1433.5	950.6	2384.1 *	213.4	1646.9	2384.1
H25	1.8	1433.5	−79.2	1354.3	−17.78	1415.7 *	1415.7
H27	19.8	1433.5	−871.4	562.1	−195.6	1237.9 *	1237.9

在横向水平地震作用下，桁架 H12 和 H27 的底部剪力为 1237.9kN，桁架 H14 和 H25 为 1415.7kN，桁架 H16 和 H23 为 2384.1kN。

（2）楼板的面内横向剪力及弯矩

由表 11-5 中各偏心工况横向水平地震作用下桁架剪力得出的楼板剪力、弯矩如图 11-13所示。横向水平地震作用下楼板的最大剪力值为 1237.9kN（标准值）。

（3）楼板的边缘加劲构件

楼板周边设钢梁作为加劲构件（可利用纵向框架梁），加劲构件类似于深梁的翼缘，楼板在横向水平荷载下的弯矩使加劲构件产生的轴力 H 近似为 $H=M/B$，其中，H 为楼板纵边加劲构件的拉（压）力设计值；M 为楼板在横向水平荷载作用下的弯矩设计值；B 为楼板宽度。

从弯矩为零的区域到最大弯矩区，楼板与边梁的连接必须能传递 H 力。根据图 11-13

的弯矩分布，边梁的轴力设计值及楼板与边梁连接的剪力流如下：

+5％附加偏心工况，$H=5059\times1.3/16.5=398.6\text{kN}$，$f_H=398.6/18=22.1\text{kN/m}$，$f_H=398.6/4.664=85.5\text{kN/m}$，$H=11140\times1.3/16.5=877.7\text{kN}$，$f_H=877.7/27.736=31.64\text{kN/m}$，$f_H=877.7/18=48.76\text{kN/m}$。上述各个计算式中的1.3为水平地震作用分项系数。

计算所得的剪力流 f_H 如图 11-13（a）所示。对－5％的附加偏心，由同样的计算过程得出的结果如图 11-13（b）所示。两种工况的控制剪力流如图 11-13（c）所示。将本层的设计剪力和剪力流乘以各层间剪力调整系数，即可得到不同高度层楼板与边梁的轴力和剪力流。

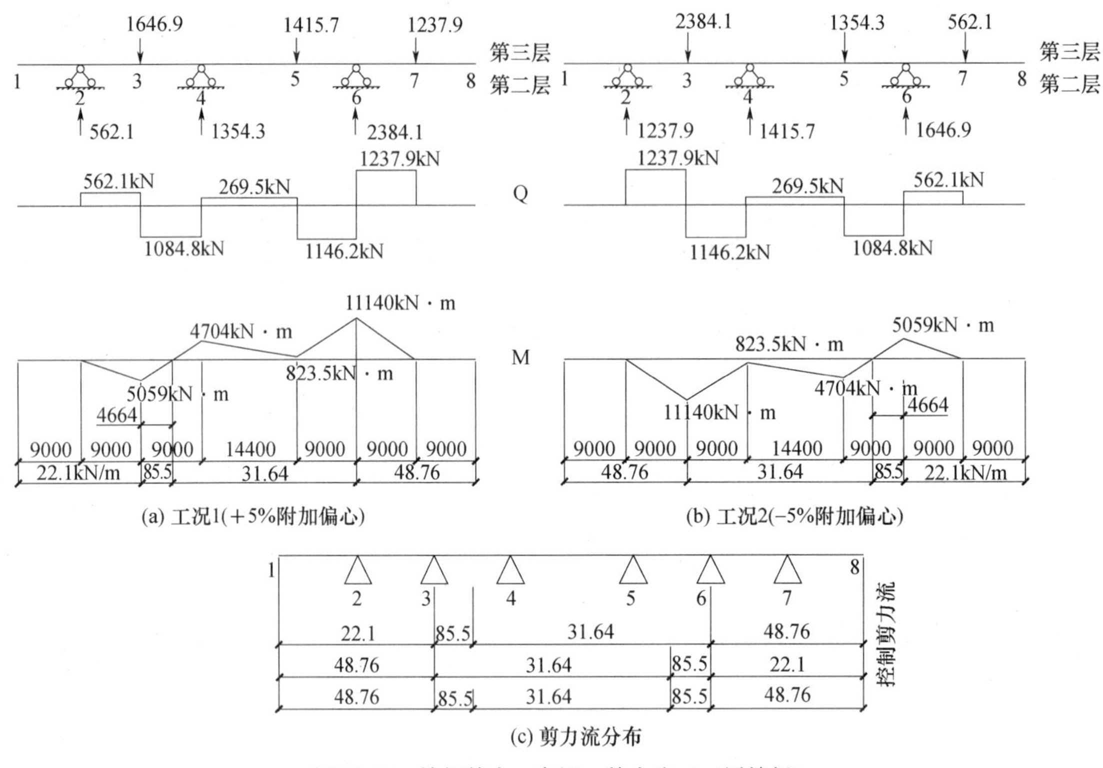

图 11-13　楼板剪力、弯矩、剪力流（二层楼板）

楼板纵边的钢梁除承受轴力 H 外，还要承受竖向荷载。如利用纵向框架梁，还应考虑框架梁内力，梁与柱的连接应考虑轴力 H 的影响，楼板和边梁之间的连接应能传递剪力流 f_H，楼板与边梁的连接可采用抗剪连接件与梁焊接。

11.8　交错桁架结构的连接设计及相关要求

混合式桁架腹杆与弦杆的连接宜用铰接。腹杆与弦杆可采用节点板连接，矩形管截面腹杆在端部开槽口，节点板嵌入，角焊缝连接，如图 11-14、图 11-15 所示。

混合式桁架弦杆与钢柱可采用铰接（图 11-16）或刚接构造（图 11-17）。在轴力、弯矩、剪力共同作用下，节点板控制截面应按式（11-6）验算强度。

$$(N/N_y)^2+M/M_p+V/V_y\leqslant1.0 \tag{11-6}$$

式（11-6）中，N、M、V 分别为控制截面的轴力、弯矩、剪力设计值；N_y为截面的屈服轴力设计值，$N_y = Af$；M_p为截面的塑性弯矩设计值，$M_p = W_p f$；V_y为截面的屈服剪力设计值，$V_y = Af_v$；W_p为截面的塑性截面模量。

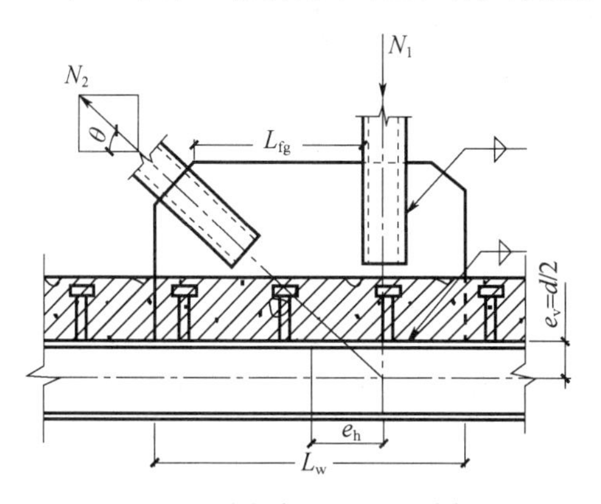

图 11-14 腹杆与弦杆的连接构造

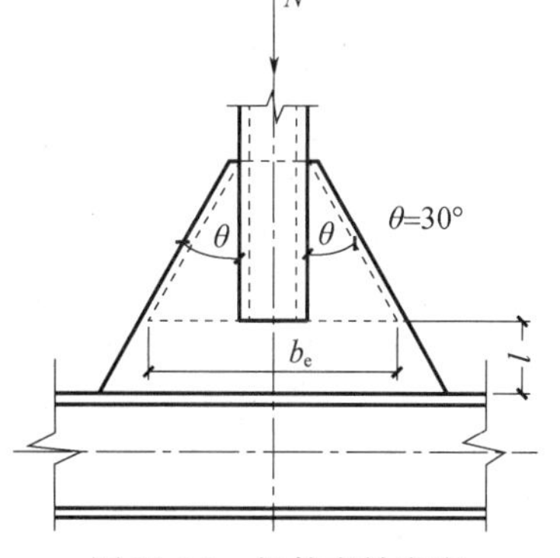

图 11-15 板件有效宽度

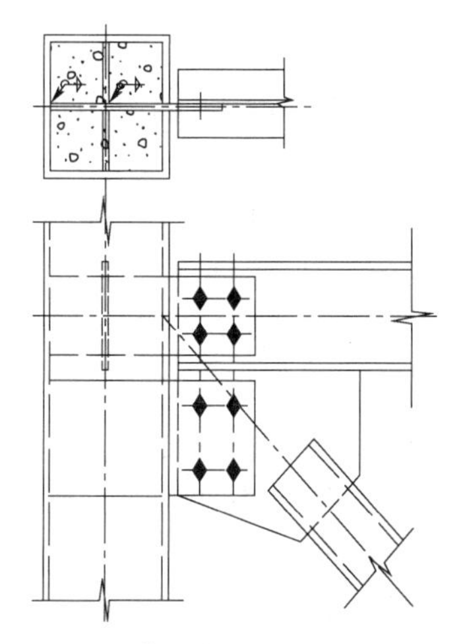

图 11-16 钢管混凝土柱内设竖向加劲板与桁架上弦铰接

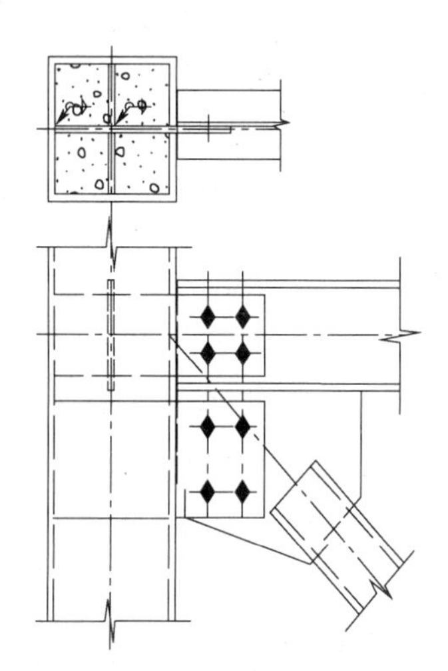

图 11-17 钢管混凝土柱内设竖向加劲板与桁架上弦刚接

桁架弦杆与钢柱连接节点板受力较复杂，美国 Steel Design Guide Series 14：Staggered Truss Framing Systems 的计算公式为 $[N/(\varphi N_y)]^2 + M/(\varphi M_p) + V/(\varphi V_y) \leqslant 1.0$，其中，$N$、$M$、$V$ 为节点板危险截面的轴力、弯矩、剪力；N_y、M_p、V_y分别为截面轴向屈服承载力、塑性弯矩、剪切屈服承载力；$\varphi = 0.9$。将钢材设计强度 f 替换 φf_y，即为式（11-6）。

矩形钢管截面受拉腹杆与节点板连接的承载力设计值应按相关规范规定计算并取其较小值，即考虑剪切滞后的钢管净截面强度 $N_1 \leqslant (A_{en} f)$；钢管在焊缝处的剪切强度 $N_2 \leqslant (4 l_w t f_v)$；焊缝强度 $N_3 \leqslant [4(0.7 h_f l_w f_f^w)]$；节点板强度 $N_4 \leqslant (2 l_w t_1 f_v + B t_1 f)$、$N_5 \leqslant [f \sum (\eta_i A_i)]$、$\eta_i = 1/(1 + 2\cos^2 \alpha_i)^{1/2}$。其中，$f$ 为钢管或节点板的抗拉强度设计值；A_{en}为钢管的等效净截面面积，$A_{en} = \beta A_n$；$A_n = A_g - 2 t t_1$；$[\beta = 1 - x/L_w] \leqslant 0.9$；$x =(B^2 +$

$2BH)/[4(B+H)]$；B 为钢管截面宽度；H 为钢管截面高度；l_w 为钢管与节点板的角焊缝长度，不应小于 $1.0H$；A_g 为钢管的毛截面面积；t 为钢管壁厚；t_1 为节点板厚度；f_v 为钢管或节点板钢材的抗剪强度设计值；h_f 为焊脚尺寸；A_i 为第 i 段破坏面的截面积，$A_i=t_1 l_i$；l_i 为第 i 破坏段的长度，应取板件中最危险的破坏线的长度（图 11-18）；η_i 为第 i 段的拉剪折算系数；α_i 为第 i 段破坏线与拉力轴线的夹角。

受压腹杆与节点板连接的承载力设计值除应按相关规范规定计算外，还应按式 $N_e \leqslant (A_e \phi f)$ 计算节点板的屈曲强度并取其较小值。其中，A_e 为节点板有效截面面积，$A_e=b_e t_1$；b_e 为板件有效宽度（图 11-15）；f 为节点板钢材受压强度设计值；ϕ 为计算系数，应根据 λ 按我国现行国家标准《钢结构设计规范》(GB 50017) 的 a 类截面查出 ϕ 系数；λ 为节点板受压时的计算长细比，$\lambda=1.2l/r$；l 为板侧向支承点间距（图 11-15）；r 为回转半径，$r=t_1/12^{1/2}$；t_1 为节点板厚度。

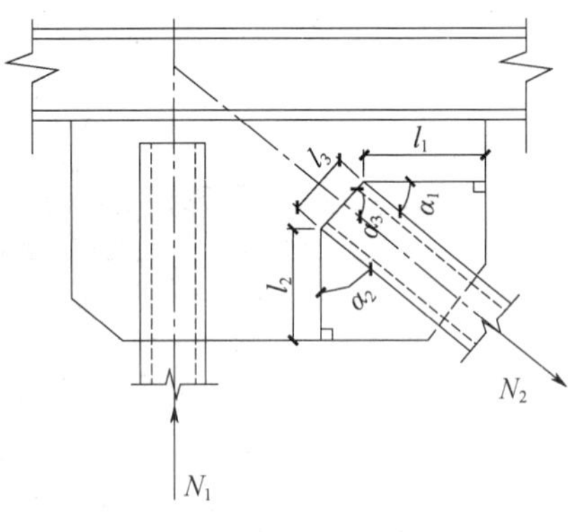

图 11-18　板件的拉剪撕裂

节点板与弦杆间以角焊缝相连，应按我国现行国家标准《钢结构设计规范》(GB 50017) 的有关规定计算焊缝强度；直接剪力产生的节点板最大剪应力应小于抗剪强度设计值。

连接腹杆的节点板应满足两条要求，即节点板的剪切破坏强度应大于屈服强度，即 $0.75P_{bs} \geqslant 1.2P_y$，其中，$P_y$ 为节点板有效宽度截面的拉、压屈服承载力，$P_y=A_{gw}f_y$，f_y 为节点板钢材的屈服强度，A_{gw} 为节点板按有效宽度 b_e（图 11-15）计算的毛截面面积；P_{bs} 为节点板剪切破坏强度，当 $f_u A_{nt} \geqslant 0.6f_u A_{nv}$ 时，$P_{bs}=0.72f_y A_{gv}+f_u A_{nt}$，当 $f_u A_{nt}<0.6f_u A_{nv}$ 时，$P_{bs}=0.72f_u A_{nv}+1.2f_y A_{gt}$，$A_{gv}$、$A_{nv}$ 分别为受剪的毛截面面积和净截面面积，可按式 $2L_w t_1$ 计算，A_{gt}、A_{nt} 分别为受拉的毛截面面积和净截面面积，可按 Bt_1 计算，f_u 为节点板钢材的极限抗拉强度最小值。节点板屈服之前不应发生净截面拉断脆性破坏，即 $0.75P_n \geqslant 1.2P_y$，其中，P_n 为节点板净截面极限抗拉承载力最小值，$P_n=A_{nw}f_u$；A_{nw} 为按有效宽度 b_e（图 11-15）计算的净截面面积；P_y 为按式 $P_y=A_{gw}f_y$ 计算的承载力。连接斜腹杆的节点板应有足够的延性，变形应能满足构件端部转角的需要，超强系数 1.2 为预期的节点板屈服强度对名义屈服强度的比值。节点板长细比 λ 来源于简单的杆件屈曲模型，假定板在两个侧向支承点（钢管端面和弦杆边缘）之间为两端固定，但可侧移，设计 μ 值取 1.2。

为防止节点板边缘屈曲，应满足式 $L_{fg}/t_1 \leqslant 60\ (235/f_y)^{1/2}$ 的要求，其中，L_{fg}、t_1 分别为节点板自由边长度、板厚。

当矩形钢管截面杆件与节点板相连时，钢管槽口底部与节点板的横向焊缝不应缺焊。方钢管与节点板连接时，端部开槽口的长度、宽度一定要准确；槽口底部与节点板厚度方向的焊缝很重要，如缺焊会使钢管在进入节点板的位置过早发生脆性断裂。

11.9　交错桁架结构的制作安装及相关要求

钢结构的制作应按我国现行国家标准《钢结构工程施工质量验收规范》(GB 50205)

的规定执行。钢结构制作单位应根据已批准的设计文件编制施工详图；当需要修改时必须取得设计单位同意并签署设计变更文件。钢构件制作前，应根据设计文件、施工详图的要求编制加工工艺文件，制定合理的工艺流程和建立质量保证体系。钢结构所用钢材、连接材料和涂装材料应有质量合格证书，并应符合设计要求和国家现行有关标准的规定。钢构件外观要求无明显弯曲变形，翼缘板、端部边缘平直；翼缘表面和腹板表面不应有明显的凹凸面、损伤和划痕及焊瘤、油污、泥砂、毛刺等。钢桁架外形尺寸的偏差不应大于表 11-6规定的允许值，多节钢柱、焊接实腹梁外形尺寸的偏差应符合设计要求及我国现行国家标准《钢结构工程施工质量验收规范》（GB 50205）和行业标准《高层民用建筑钢结构技术规程》（JGJ 99）的有关规定。

表 11-6　桁架制作的允许偏差

项目		允许偏差（mm）	图例
桁架最外端两个孔或两端支承面最外侧距离		−7.0～+3.0	l_1　l
桁架跨中高度		±10.0	
桁架跨中拱度	设计要求起拱	$\pm l/5000$	
	设计未要求起拱	−5.0～10.0	
相邻节间弦杆弯曲（受压除外）		$l_1/1000$	

钢结构安装应根据施工组织设计进行，安装程序必须保证结构的稳定性和不导致永久性变形。钢结构安装前，应对建筑定位轴线、平面封闭角、底层柱的位置线、基础的标高和混凝土强度等级等进行检查，对钢构件外形尺寸、螺栓孔直径及位置、连接件位置、焊缝、焊钉焊、高强螺栓接头摩擦面加工质量、防腐涂层等进行检查，合格后方可进行安装。钢结构安装过程中，现场进行制孔、焊接、组装、涂装等工序的施工应符合我国现行国家标准《钢结构工程施工质量验收规范》（GB 50205）的有关规定。钢结构构件在运输、存放、吊装过程损坏的涂层，应补涂底漆，再补涂面漆。钢构件在吊装前应清除其表面上的油污、冰雪、泥沙和灰尘等杂物。建筑定位轴线、柱的定位轴线和标高、地脚锚栓的规格和布置应符合设计要求，当设计无要求时，其偏差不应大于我国现行行业标准《高层民用建筑钢结构技术规程》（JGJ 99）的相关规定。主框架和桁架安装的允许偏差应符合我国现行行业标准《高层民用建筑钢结构技术规程》（JGJ 99）的要求。

11.10　交错桁架结构的防火及防腐蚀

（1）防火

交错桁架结构应按照我国现行国家标准《建筑设计防火规范》（GB 50016）、《高层民用建筑设计防火规范》（GB 50045）规定合理确定建筑物的耐火等级。钢构件的设计耐火极限应按照我国现行国家标准《建筑设计防火规范》（GB 50016）、《高层民用建筑设计防火规范》（GB 50045）的规定采用。钢构件应按照我国现行国家标准《建筑钢结构防火技术规范》（GB 50045）的规定进行抗火性能验算；当钢构件的耐火时间达不到规定的设计耐火极限时，应采取防火保护措施。

钢梁柱宜采用厚涂型钢结构防火涂料，也可采用其他方法对钢梁柱进行防火保护。防火涂料施工前，应按规定对钢构件除锈，进行防锈底漆涂装；底漆漆膜厚度不应小于50μm，底漆不应与防火涂料产生化学反应，并应结合良好。质量控制与验收应符合《钢结构防火涂料应用技术条件》（CECS24）的规定。钢桁架可采用将防火涂料涂覆于钢材表面的方法对每个杆件提供防火保护，也可按防火等级整体包裹，外包防火构造的耐火性能应满足有关标准的规定；对桁架外包防火材料时、构件的粘贴面应做防锈去污处理，非粘贴面应涂防锈漆。构件的防火保护层厚度宜直接采用实际构件的耐火试验数据，也可按相关国家标准的规定推算构件防火保护层厚度。钢结构设计文件中应注明结构的设计耐火等级、构件的设计耐火极限、需要的防火保护措施、防火保护材料的性能要求。

（2）防腐蚀

钢结构常用防腐蚀涂装的配套方案可按我国现行国家标准《工业建筑防腐蚀设计规范》（GB 50046）的规定选用；应根据环境侵蚀性分类、结构的重要性、防腐蚀设计年限和维护条件设计合理的防腐涂装方案。钢结构涂装设计寿命不应低于5年；对使用中难以维护的结构，涂层设计寿命不应低于15年。当桁架杆件采用型钢组合截面时，型钢的间隙应满足涂层施工、维修的要求。结构件应避免出现难于检查清理、涂刷之处及能积留湿气、灰尘的死角或凹槽。闭口截面构件应沿全长和端部焊接封闭。钢结构设计文件中应注明钢结构定期检查和维护要求。钢材表面原始锈蚀等级、除锈等级要求应符合我国现行国家标准《涂装前钢材表面锈蚀等级和除锈等级》（GB/T 8923）的规定；钢材表面锈蚀等级不应低于B级，表面除锈等级不应低于Sa2.5，表明粗糙度应符合防腐方案的特性。对低等、中等腐蚀环境中难以检查维护的受力构件，不宜采用壁厚小于3mm的闭口截面或壁厚小于5mm的开口截面，节点板厚度不宜小于6mm。当柱脚位于地面以下时，埋入部分应做除锈处理，以厚度不小于50mm的低强度等级混凝土包覆，包至高出地面不小于150mm。室内湿度较大的部位不应有外露钢结构；当不可避免时，宜外包混凝土隔护。

习　　题

1. 简述交错桁架钢结构的特点。
2. 交错桁架钢结构的结构体系有哪些特征?
3. 简述交错桁架钢结构的结构设计方法及相关要求。
4. 交错桁架钢结构的作用及作用效应组合是如何规定的?
5. 简述交错桁架结构的结构分析方法及相关要求。
6. 简述交错桁架结构的构件设计方法及相关要求。
7. 简述交错桁架结构的楼面及屋面板设计方法及相关要求。
8. 简述交错桁架结构的连接设计方法及相关要求。
9. 简述交错桁架结构的制作安装方法及相关要求。
10. 简述交错桁架结构的防火及防腐蚀要求。

第12章　铸钢结构工程

12.1　铸钢结构工程的特点

铸钢结构是指以铸钢件通过焊接或螺栓等连接形成的钢结构。铸钢结构建造过程中应贯彻执行国家的技术经济政策，做到技术先进、经济合理、安全适用和确保质量，限于篇幅，本章仅介绍工业与民用建筑和一般构筑物中铸钢结构、铸钢件和铸钢节点的设计、加工、安装、防护、监测和验收要求。直接承受反复动力荷载作用并需要疲劳计算的铸钢结构应遵守专门的规定，本书不做介绍。铸钢结构设计、加工、安装、防护、监测和验收应符合国家现行有关标准的规定。

铸钢结构中的铸钢件是指铸钢材料通过铸造工艺形成的零件，可以是以单件形式存在的结构构件或节点，也可以是结构构件或节点的组合，是形成铸钢结构的基本单元。铸钢构件是指以铸钢件形式存在的结构构件。铸钢节点是指在建筑结构中，将钢结构构件、部件或板件连接成整体的铸钢件。倒圆角是指铸钢件相交壁两侧的圆角，分为内圆角和外圆角。型腔是指铸型中的空腔部分，浇注后形成铸钢件和浇冒口系统的金属体。型芯是指为获得铸钢件的内孔或局部外形，用芯砂或其他材料制成的、安放在型腔内部的铸型组元。焊补是指技术条件允许时，用焊接修补有缺陷铸钢件的方法。

12.2　铸钢结构的总体要求

铸钢结构设计应确定适当的结构体系、构件类别、节点形式、连接构造、材料、加工工艺和防火、防腐蚀要求。铸钢结构设计采用以概率理论为基础的极限状态法，用分项系数设计表达式进行计算。铸钢结构设计的重要性系数应根据结构的安全等级、设计使用年限确定；对于局部采用的铸钢构件和节点，其重要性系数不应小于主体结构的重要性系数。铸钢结构设计应满足承载力极限状态和正常使用极限状态的要求。对直接承受动力荷载（不包括反复动力荷载）和间接承受动力荷载以及低温环境下工作的铸钢结构，宜采用低氢焊条。

在铸钢结构的设计文件中，除应注明铸钢结构的设计使用年限、铸钢牌号、连接材料的型号（或钢号）和对铸钢要求的力学性能、化学成分的附加保证项目，还应注明铸钢结构的有关焊接和表面质量的要求及铸钢件毛坯尺寸的容许偏差。铸钢件的构造应符合结构计算假定，传力可靠，减小应力集中；当构件在节点偏心相交时，还应考虑局部弯矩的影响。构造复杂的铸钢件应通过有限元分析确定其承载力，并宜通过试验进行验证。铸钢件宜进行正火或调质热处理，在铸造过程中应适当控制浇注温度和速度，铸造工艺应保证铸钢件内部组织致密、均匀。铸钢件焊接选用的焊材和焊接工艺应保证焊接质量达到设计要求。在铸钢结构建造过程中应充分考虑铸钢与热轧钢材料性能的差异，不应只通过强度指标来衡量两者的不同。

12.3 铸钢结构的材料和设计指标

12.3.1 铸钢材料的选用

铸钢结构的选材应综合考虑结构的重要性、荷载特性、结构形式、应力状态、连接方法、铸钢厚度、铸造工艺、工作环境和造价等多种因素，选用适当的铸钢件牌号、热处理工艺及材料性能保证项目。铸钢材料应具有屈服强度、抗拉强度、伸长率、断面收缩率和碳、硅、锰、硫、磷、合金元素等含量的合格保证，对焊接铸钢件还应有碳当量的合格保证；对直接承受动力荷载的铸钢件应具有按其环境温度要求的冲击吸收能量合格保证。

抗震设防的铸钢结构，其材料性能指标应符合以下要求，即材料的屈服强度实测值与抗拉强度实测值的比值不应大于 0.85；材料应有明显的屈服台阶，且伸长率与断面收缩率应大于 20%；材料应有良好的可焊性和合格的冲击韧性。

铸钢结构的铸钢件与钢材牌号选用应遵守 5 条规定，即焊接结构的节点与构件宜选用牌号 ZG230-450H、ZG270-480H、ZG300-500H 和 ZG340-550H 的铸钢件，其材质和性能应符合本书 12.3.4 小节的规定；或可选用牌号 G17Mn5QT、G20Mn5N 和 G20Mn5QT 的铸钢件，其材料和性能指标也应符合本书 12.3.4 小节的规定。非焊接结构的节点与构件宜选用牌号 ZG230-450、ZG270-500、ZG310-570 和 ZG340-640 的铸钢件，其材质和性能应符合本书 12.3.4 小节的规定。结构用铸钢管宜选用牌号 LX235、LX345、LX390 和 LX420 的铸钢管，其材质和性能应符合本书 12.3.4 小节的规定。当选用其他牌号的铸钢时，应提供依据，并经技术经济比较和论证后方可选用。铸钢结构中的非铸钢杆件，其钢材牌号、材质及性能宜与相关铸钢杆件相匹配，并依据我国现行国家标准《钢结构设计规范》(GB 50017) 的规定进行选用。

铸钢件壁厚不宜大于 150mm，当壁厚大于 100mm 时，其屈服强度、伸长率、断面收缩率和冲击吸收能量等各项材料性能指标需经试验验证合格后方可选用。铸钢材料的性能指标测试试件应从铸件上取样。

各类可焊接铸钢结构的铸钢件材料性能要求可按表 12-1 选用；非焊接铸钢件材料性能要求也可按照表 12-1 选用，不要求碳当量作为保证条件；结构用铸钢管的材料性能要求同样可按照表 12-1 选用，但选用牌号为 LX235、LX345、LX390 和 LX420。

表 12-1 焊接铸钢结构的选材要求

<table>
<tr><th>序号</th><th>荷载特性</th><th>受力状态</th><th>工作环境温度</th><th>要求性能项目</th><th>宜选用铸钢牌号</th></tr>
<tr><td>1</td><td rowspan="4">承受静力荷载或间接动力荷载</td><td rowspan="2">简单受力状态（单、双向受力状态）</td><td>>−20℃</td><td>屈服强度、抗拉强度、伸长率、收缩率、碳当量、常温冲击吸收能量 A_{KV}≥27J</td><td>ZG230-450H
ZG270-480H
ZG300-500H
ZG340-550H
G20Mn5N</td></tr>
<tr><td>2</td><td>≤−20℃</td><td>同第 1 项，但 0℃冲击吸收能量 A_{KV}≥27J</td><td>ZG270-480H
ZG300-500H
ZG340-550H
G20Mn5N</td></tr>
<tr><td>3</td><td rowspan="2">复杂受力状态（三向受力状态）</td><td>>−20℃</td><td>同第 2 项</td><td>同第 2 项</td></tr>
<tr><td>4</td><td>≤−20℃</td><td>同第 1 项，但−20℃冲击吸收能量 A_{KV}≥27J</td><td>ZG300-500H
ZG340-550H
G17Mn5QT
G20Mn5N</td></tr>
<tr><td>5</td><td rowspan="4">承受直接动力荷载或 7～9 度设防的地震作用</td><td rowspan="2">简单受力状态（单、双向受力状态）</td><td>>−20℃</td><td>同第 2 项</td><td>同第 2 项</td></tr>
<tr><td>6</td><td>≤−20℃</td><td>同第 4 项</td><td>同第 4 项</td></tr>
<tr><td>7</td><td rowspan="2">复杂受力状态（三向受力状态）</td><td>>−20℃</td><td>同第 4 项</td><td>同第 4 项</td></tr>
<tr><td>8</td><td>≤−20℃</td><td>同第 1 项，但−40℃冲击吸收能量 A_{KV}≥27J</td><td>ZG300-500H
ZG340-550H
G17Mn5QT
G20Mn5N
G20Mn5QT</td></tr>
</table>

注：当设计要求屈强比、断面收缩率、低温冲击吸收能量或碳当量限值，而铸钢材料标准中无此相应指标时，应在订货时作为附加保证条件提出要求；碳当量限值可按我国现行国家标准《低合金高强度结构钢》（GB/T 1591）选用。选用 ZG 牌号铸钢时，宜要求其含碳量不大于 0.22%，磷、硫含量均不大于 0.03%。

12.3.2 连接材料的选用

铸钢结构所用焊接材料的品种与牌号，应综合考虑铸钢件的强度、厚度、碳当量指标、热处理条件和与相连接构件钢材焊接要求相协调等因素，并依据我国现行国家标准《钢结构设计规范》（GB 50017）和《钢结构焊接规范》（GB 50661）的规定，选用适用牌号和性能的焊条、焊丝和焊剂；壁厚较厚和形状复杂的铸钢件，应进行焊接工艺评定优化选用其焊接材料。

碳钢与低合金钢焊条与焊丝的力学性能、化学成分和质量要求，应分别符合我国现行国家标准《碳钢焊条》（GB/T 5117）、《低合金钢焊条》（GB/T 5118）、《埋弧焊用碳钢焊丝和焊剂》（GB/T 5293）、《埋弧焊用低合金钢焊丝和焊剂》（GB/T 12470）、《熔化焊用钢丝》（GB/T 14957）、《气体保护电弧焊用碳钢低合金钢焊丝》（GB/T 8110）、《碳钢药芯焊丝》（GB/T 10045）及《低合金钢药芯焊丝》（GB/T 17493）的规定。

铸钢结构连接用 8.8 级或 10.9 级大六角高强度螺栓或扭剪型高强度螺栓，其强度级别、规格、材质和性能要求应分别符合我国现行国家标准《钢结构用高强度大六角头螺栓》（GB/T 1228）、《钢结构用高强度大六角螺母》（GB/T 1229）、《钢结构用高强度垫圈》（GB/T 1230）、《钢结构用高强度大六角头螺栓、大六角螺母、垫圈技术条件》（GB/T 1231）以及《钢结构用扭剪型高强度螺栓连接副》（GB/T 3632）的规定。

铸钢结构连接用 4.6 级与 4.8 级（C 级普通螺栓）及 5.6 级与 8.8 级普通螺栓（A 级或 B 级），其性能和质量应符合我国现行国家标准《紧固件机械性能螺栓、螺钉和螺柱》（GB/T 3098.1）的规定。C 级螺栓与 A 级、B 级螺栓的规格和尺寸应分别符合我国现行国家标准《六角头螺栓 C 级》（GB/T 5780）与《六角头螺栓》（GB/T 5782）的规定。

12.3.3 设计指标

铸钢件的强度设计值应按表 12-2 采用。

表 12-2 铸钢件的强度设计值（N/mm²）

类型	铸钢件牌号	强度设计值			屈服强度 f_y	极限抗拉强度设计值 f_u
		抗拉、抗压和抗弯 f	抗剪 f_v	端面承压（刨平顶紧）f_{ce}		
非焊接结构用铸钢件	ZG230-450	180	105	290	230	450
	ZG270-500	210	120	325	270	500
	ZG310-570	240	140	370	310	570
	ZG340-640	265	150	415	340	640
焊接结构用铸钢件	ZG230-450H	180	105	290	230	450
	ZG270-480H	215	125	315	270	480
	ZG300-500H	235	135	325	300	500
	ZG340-500H	265	150	355	340	500
	G17Mn5QT	185	105	290	240	450
	G20Mn5N	235	135	310	300	480
	G20Mn5QT	235	135	325	300	500

注：各牌号铸钢件的强度设计值按本表取值时，必须保证其材质的力学性能指标符合本书 12.3.4 小节中相应的规定。当选用铸钢件壁厚较厚时，需将表中铸钢件屈服强度值作少量降幅调整。

结构用铸钢管的设计强度指标按表 12-3 采用。

表 12-3 铸钢管的强度设计值（N/mm²）

牌号	壁厚 t（mm）	强度设计值			屈服强度 f_y	极限抗拉强度设计值 f_u
		抗拉、抗压和抗弯 f	抗剪 f_v	端面承压（刨平顶紧）f_{ce}		
LX235	$t \leqslant 50$	185	105	320	235	400
	$50 < t \leqslant 100$	175	100		225	
	$t > 100$	165	95		215	
LX345	$t \leqslant 50$	255	145	400	325	470
	$50 < t \leqslant 100$	230	130		295	
	$t > 100$	215	125		275	

续表

牌号	壁厚 t（mm）	强度设计值			屈服强度 f_y	极限抗拉强度设计值 f_u
		抗拉、抗压和抗弯 f	抗剪 f_v	端面承压（刨平顶紧）f_{ce}		
LX390	$t \leqslant 50$	280	165	415	370	490
	$50 < t \leqslant 100$	280	160		355	
	$t > 100$	255	145		330	
LX420	$t \leqslant 50$	310	180	440	400	520
	$50 < t \leqslant 100$	295	170		380	
	$t > 100$	280	160		360	

注：各牌号铸钢管的强度设计值按本表取值时，必须保证其材质的力学性能指标符合本书 12.3.4 小节中相应的规定。当选用铸钢管壁厚较厚时，需将表中铸钢管屈服强度值作少量降幅调整。

铸钢结构所用的碳素结构钢与低合金高强度结构钢的强度设计值、焊缝与螺栓的强度设计值均应按我国现行国家标准《钢结构设计规范》（GB 50017）的有关规定采用。铸钢的物理性能指标应按表 12-4 采用。

表 12-4 铸钢的物理性能指标

弹性模量 E（N/mm^2）	剪切模量 G（N/mm^2）	线膨胀系数 α（℃）	质量密度 ρ（kg/m^3）
2.06×10^5	0.79×10^5	1.2×10^{-5}	7.85×10^3

12.3.4 铸钢材料的性能

焊接结构用铸钢的化学成分、碳当量要求和力学性能应符合相关规范规定。对于焊接结构用铸钢，ZG200-400H、ZG230-450H、ZG270-480H、ZG300-500H、ZG340-550H 的化学成分应符合表 12-5 的规定，碳当量应符合表 12-6 的规定，室温下的力学性能应符合表 12-7 的规定。对于焊接结构用低合金铸钢 G17Mn5 和 G20Mn5 的化学成分应符合表 12-8 的规定，力学性能应符合表 12-9 的规定。非焊接结构用铸钢的化学成分和力学性能应符合表 12-10 和表 12-11 的规定。结构用铸钢管的铸钢化学成分、碳当量要求和力学性能应符合表 12-12～表 12-14 的规定。

表 12-5 化学成分（质量分数%）

牌号	主要元素					残余元素					
	C	Si	Mn	S	P	Ni	Cr	Cu	Mo	V	总和
ZG200-400H	≤0.20	≤0.60	≤0.80	≤0.025	≤0.025	≤0.40	≤0.35	≤0.40	≤0.15	≤0.05	≤1.0
ZG230-450H	≤0.20	≤0.60	≤1.20	≤0.025	≤0.025						
ZG270-480H	0.17～0.25	≤0.60	0.80～1.20	≤0.025	≤0.025						
ZG300-500H	0.17～0.25	≤0.60	1.00～1.60	≤0.025	≤0.025						
ZG340-550H	0.17～0.25	≤0.80	1.00～1.60	≤0.025	≤0.025						

注：实际碳含量比表中碳上限每减少 0.01%，允许实际锰含量超出表中锰上限 0.04%，但总超出量不得大于 0.2%。残余元素一般不做分析，如需方要求时，可做残余元素的分析。

表 12-6　碳当量（质量分数%）

牌号	碳当量 C_{eq}≤
ZG200-400H	0.38
ZG230-450H	0.42
ZG270-480H	0.46
ZG300-500H	0.46
ZG340-550H	0.48

注：碳当量 C_{eq}应根据铸钢的化学成分（质量分数%）按式 C_{eq}（%）=C+Mn/6+（Cr+Mo+V）/5+（Ni+Cu）/15 计算，式中，C、Mn、Cr、Mo、Ni、V、Cu 分别为各元素的质量分数（%）。

表 12-7　力学性能（室温）

牌号	拉伸性能			根据合同选择	
	上屈服强度 R_{eh}（N/mm²）	抗拉强度 R_m（N/mm²）	断后伸长率 δ（%）	断面收缩率 ψ（%）	冲击功 A_{KV}（J）
ZG200-400H	≥200	≥400	≥25	≥40	≥45
ZG230-450H	≥230	≥450	≥22	≥35	≥45
ZG270-480H	≥270	≥480	≥20	≥35	≥40
ZG300-500H	≥300	≥500	≥20	≥21	≥40
ZG340-550H	≥340	≥550	≥15	≥21	≥35

注：表中牌号铸钢力学性能是铸钢单铸块在室温下的力学性能；当需从经过热处理的铸钢件或代表铸钢件的大型试块上取样时，其性能指标由供需双方商定。表中力学性能指标适用于厚度不超过 100mm 的铸钢件；当铸钢件壁厚超过 100mm 时，其性能指标由供需双方商定。

表 12-8　化学成分（质量分数%）

铸钢钢种		主要元素						残余元素			
牌号	材料号	C	Si	Mn	S	P	Ni	Cr	Cu	Mo	V
G17Mn5	1.1131	0.15～0.20	≤0.60	1.00～1.60	≤0.020	≤0.020	≤0.040	≤0.030	≤0.030	≤0.12	≤0.030
G20Mn5	1.6220	0.17～0.23	≤0.60	1.00～1.60	≤0.020	≤0.020	≤0.080				

注：当铸钢件厚度≤28mm，允许 S≤0.03%。残余元素总和 Cr+Mo+Ni+V+Cu≤1%。

表 12-9　力学性能

铸钢钢种		热处理条件			铸钢件壁厚（mm）	室温下			冲击功值	
牌号	材料号	状态	正火或奥氏体化（℃）	回火（℃）		屈服强度 $R_{p0.2}$（N/mm²）	抗拉强度 R_m（N/mm²）	断面伸长率 δ（%）	温度（℃）	冲击功（J）
G17Mn5	1.1131	QT	920～980①②	600～700	≤30	≥240	450～600	≥24	室温	70
									−40℃	27
G20Mn5	1.6220	N	900～980①	—	≤50	≥300	480～620	≥20	室温	50
									−30℃	27
		QT	900～980①②	610～660	≤100	≥300	500～650	≥22	室温	60
									−40℃	27

注：热处理条件中的温度值仅为参考数据，①为空冷温度，②为水冷温度。热处理状态：N 为正火处理，QT 为淬火（空冷或水冷）加回火。如无特殊约定，按保证室温下冲击功指标要求供货。

表 12-10　化学成分（质量分数%）

<table>
<tr><th rowspan="2">牌号</th><th colspan="5">主要元素</th><th colspan="6">残余元素</th></tr>
<tr><th>C</th><th>Si</th><th>Mn</th><th>S</th><th>P</th><th>Ni</th><th>Cr</th><th>Cu</th><th>Mo</th><th>V</th><th>总和</th></tr>
<tr><td>ZG200-400H</td><td>≤0.20</td><td>≤0.60</td><td>≤0.80</td><td rowspan="5">≤0.035</td><td rowspan="5">≤0.035</td><td rowspan="5">≤0.40</td><td rowspan="5">≤0.35</td><td rowspan="5">≤0.40</td><td rowspan="5">≤0.20</td><td rowspan="5">≤0.05</td><td rowspan="5">≤1.0</td></tr>
<tr><td>ZG230-450H</td><td>≤0.30</td><td>≤0.60</td><td rowspan="4">≤0.90</td></tr>
<tr><td>ZG270-500H</td><td>≤0.40</td><td>≤0.60</td></tr>
<tr><td>ZG310-570H</td><td>≤0.50</td><td>≤0.60</td></tr>
<tr><td>ZG340-640H</td><td>≤0.60</td><td>≤0.60</td></tr>
</table>

注：实际碳含量比表中碳上限每减少 0.01%，允许实际锰含量超出表中锰上限 0.04%，对 ZG200-400H 的锰最高至 1.00%，其余四个牌号锰含量最高至 1.2%。除另有规定外，残余元素不作为验收依据。

表 12-11　力学性能（室温）

牌号	室温下拉伸性能			缺口冲击试验	
	屈服强度 R_{eh} 或 $R_{p0.2}$（N/mm²）	抗拉强度 R_m（N/mm²）	断后伸长率 δ（%）	断面收缩率 ψ（%）	冲击功 A_{KV}（J）
ZG200-400H	≥200	≥400	≥25	≥40	≥30
ZG230-450H	≥235	≥450	≥22	≥32	≥25
ZG270-500H	≥270	≥500	≥18	≥25	≥22
ZG310-570H	≥310	≥570	≥15	≥21	≥15
ZG340-640H	≥340	≥640	≥10	≥18	≥10

注：表中的力学性能适用于厚度为 100mm 以下的铸钢件。当铸钢件厚度超过 100mm 时，其性能指标由供需双方商定。

表 12-12　化学成分（质量分数%）

<table>
<tr><th rowspan="2">牌号</th><th colspan="5">主要元素</th><th colspan="6">残余元素</th></tr>
<tr><th>C</th><th>Si</th><th>Mn</th><th>S</th><th>P</th><th>Cr</th><th>Mo</th><th>Ni</th><th>V</th><th>Nb</th><th>Ti</th></tr>
<tr><td>LX235</td><td>≤0.22</td><td>≤0.50</td><td>0.50～1.20</td><td rowspan="4">≤0.025</td><td rowspan="4">≤0.030</td><td>—</td><td>—</td><td>—</td><td>—</td><td>—</td><td>—</td></tr>
<tr><td>LX345</td><td>≤0.20</td><td>≤0.80</td><td>0.50～1.50</td><td>≤0.50</td><td>≤0.20</td><td>≤0.50</td><td>0.020～0.15</td><td>0.015～0.060</td><td>0.010～0.10</td></tr>
<tr><td>LX390</td><td>≤0.20</td><td>≤0.80</td><td>0.50～1.50</td><td>≤0.50</td><td>≤0.50</td><td>≤0.50</td><td>0.020～0.15</td><td>0.015～0.060</td><td>0.010～0.10</td></tr>
<tr><td>LX420</td><td>≤0.20</td><td>≤1.00</td><td>0.80～1.50</td><td>≤0.50</td><td>≤0.50</td><td>≤2.50</td><td>0.020～0.15</td><td>0.015～0.060</td><td>0.010～0.10</td></tr>
</table>

注：LX345、LX390 和 LX420 化学成分中，至少应包含有 V、Nb 和 Ti 中的一种，如同时含有其中两种以上元素，至少应有一种元素的含量不低于规定的最小值。经供需双方协商，可加入适量稀土元素，改善铸钢管的性能。

表 12-13　碳当量（质量分数%）

牌号	交货状态	碳当量 C_{eq}≤	
		t≤50mm	t>50mm
LX235	正火+回火	0.39	0.40
LX345	正火+回火	0.41	0.43
LX390	正火+回火	0.42	0.44
LX420	正火+回火	0.45	0.45

注：碳当量 C_{eq} 应根据铸钢的化学成分（质量分数%）按式 C_{eq}（%）=C+Mn/6+（Cr+Mo+V）/5+（Ni+Cu）/15 计算，式中，C、Mn、Cr、Mo、Ni、V、Cu 分别为各元素的质量分数（%）。

表 12-14　力学性能

牌号	壁厚（mm）	屈服强度 R_{eh}（N/mm²）	抗拉强度 R_m（N/mm²）	伸长率 δ（%）	0℃冲击功（J）
LX235	≤50	≥235	400～480	≥22	≥34
	>50～≤100	≥225			
	>100	≥215			
LX345	≤50	≥325	470～550	≥21	≥34
	>50～≤100	≥295			
	>100	≥275			
LX390	≤50	≥370	490～570	≥20	≥34
	>50～≤100	≥355			
	>100	≥330			
LX420	≤50	≥400	520～600	≥19	≥34
	>50～≤100	≥380			
	>100	≥360			

注：所列性能指标系经正火和回火处理的铸钢管，如有特殊要求时，铸钢管可进行调质处理。冲击功规定的最小值适用于三个数值的平均值，允许数值低于规定的最小值，但不能低于该值的 70%。－20℃或－40℃冲击功可由供需双方协商确定。

12.4　铸钢结构的设计与计算

12.4.1　设计原则

铸钢结构应根据我国现行国家标准《工程结构可靠性设计统一标准》（GB 50153）和《建筑结构可靠度设计统一标准》（GB 50068）的原则设计；在地震区的建筑物和构筑物，还应符合我国现行国家标准《建筑抗震设计规范》（GB 50011）和《构筑物抗震设计规范》（GB 50191）的规定。设计铸钢结构时，应根据结构破坏可能产生的后果，采用不同的安全等级；工业与民用建筑铸钢结构宜取二级；设计使用年限为 50 年时重要性系数不应小于 1.0，设计使用年限为 25 年时重要性系数不应小于 0.95，特殊的铸钢结构安全等级、设计使用年限应另行确定。

铸钢结构应按承载能力极限状态和正常使用极限状态进行设计。承载能力极限状态包括构件、节点和连接的强度破坏和因过度变形而不适于继续承载，结构和构件丧失稳定或节点局部稳定破坏，结构转变为机动体系和结构倾覆。正常使用极限状态包括影响结构、构件、节点和非结构构件正常使用或外观的变形，影响正常使用的振动，影响正常使用或耐久性能的局部损坏。

铸钢件的设计应包括以下内容，即铸钢件的几何造型设计应符合结构受力特点和相应部位的传力特点、铸造工艺、连接构造、施工安装、缺陷检测、涂装防护和建筑美观的要求。铸钢件的工艺设计和受力分析应根据几何造型设计进行工艺过程数值模拟，确定合理壁厚和倒圆角半径等的尺寸，并制定工艺流程和检查项目。铸钢件之间和铸钢件与其他结构的连接设计应考虑超厚焊缝对结构的不利影响，必要时应采取相应的消除应力措施；设

计时应考虑连接件之间的壁厚差和设置企口的要求；铸钢与普通钢材连接时宜做到力学性能相近。铸钢件的力学性能应进行有限元分析计算，必要时应进行试验验证。

设计考虑铸钢件分段加工时，分段位置应选择在受力较小的部位。

12.4.2　构件设计

轴心受力构件的强度和稳定性应满足 $\sigma=N/A_n\leqslant f$，$N/(\varphi A)\leqslant f$ 的要求，其中，σ 为轴心抗拉或抗压强度（N/mm^2）；N 为轴心拉力或压力设计值（N）；A_n为铸钢构件的净截面面积（mm^2）；f 为铸钢抗拉强度设计值（N/mm^2）；φ 为轴心受压构件的稳定系数，应根据铸钢构件的长细比、材料屈服强度，按照我国现行国家标准《钢结构设计规范》（GB 50017）中 b 类柱子曲线确定；A 为铸钢构件的毛截面面积（mm^2）。

在主平面内受弯的实腹式铸钢构件的抗弯强度、抗剪强度和整体稳定性应满足 $[M_x/(\gamma_x W_{nx})+M_y/(\gamma_y W_{ny})]\leqslant f$、$[\tau=VS/(It_w)]\leqslant f_v$、$[M_x/(\varphi_b\gamma_x W_x)+M_y/(\gamma_y W_y)]\leqslant f$ 的基本要求。其中，M_x、M_y分别为同一截面处绕 x 轴和 y 轴的弯矩（N·m），对于具有强弱轴构件，其 x 轴为强轴、y 轴为弱轴；γ_x、γ_y分别为 x 轴、y 轴截面塑性发展系数；W_{nx}、W_{ny}分别为对 x 轴和 y 轴的净截面模量（mm^3）；τ 为抗剪强度（N/mm^2）；V 为计算截面沿腹板平面作用的剪力（N）；S 为计算剪应力处以上毛截面对中和轴的面积矩（mm^2）；I 为毛截面惯性矩（mm^4）；t_w为腹板厚度（mm）；f_v为铸钢材料的抗剪强度设计值（N/mm^2）；φ_b为绕强轴弯曲所确定的梁整体稳定系数；W_x、W_y分别为对 x 轴和 y 轴的毛截面模量（mm^3）。

拉弯、压弯构件的截面强度和稳定性应按实际情况合理计算。弯矩作用在主平面内的拉弯构件和压弯铸钢构件，其截面强度应满足 $[N/A_n\pm M_x/(\gamma_x W_{nx})\pm M_y/(\gamma_y W_{ny})\leqslant f$ 的基本要求。弯矩作用在对称轴平面内（绕 x 轴）的实腹式铸钢压弯构件，其弯矩作用平面内的稳定性应满足 $\{N/(\varphi_x A)+\beta_{mx}M_x/[\gamma_x W_{1x}(1-0.8N/N'_{Ex})]\}\leqslant f$、$N'_{Ex}=\pi^2 EA/(1.28\lambda_x^2)$ 的基本要求，其中，φ_x为弯矩作用平面内的轴心受压构件稳定系数；β_{mx}为弯矩作用平面内稳定计算的等效弯矩系数；W_{1x}为在弯矩作用平面内对较大受压纤维的毛截面模量（mm^3）；N'_{Ex}为计算参数；E 为弹性模量（N/mm^2）；λ_x为整体构件对 x 轴的长细比。弯矩作用在对称轴平面内（绕 x 轴）的实腹式铸钢压弯构件，其弯矩作用平面外的稳定性应满足 $[N/(\varphi_y A)+\eta M_x/(\varphi_b W_{1x})]\leqslant f$ 的基本要求，其中，φ_y为弯矩作用平面外的轴心受压构件稳定系数；η 为截面影响系数。弯矩作用在两个主平面内的双轴对称实腹式压弯构件，其稳定性应满足 $\{N/(\varphi_x A)+\beta_{mx}M_x/[\gamma_x W_x(1-0.8N/N'_{Ex})]+\eta\beta_{ty}M_y/(\varphi_{by}W_y)\}\leqslant f$、$\{N/(\varphi_y A)+\beta_{my}M_y/[\gamma_y W_y(1-0.8N/N'_{Ey})]+\eta\beta_{tx}M_x/(\varphi_{bx}W_x)\}\leqslant f$、$N'_{Ey}=\pi^2 EA/(1.28\lambda_y^2)$ 的基本要求，其中，β_{my}为弯矩作用平面内稳定计算的等效弯矩系数；β_{tx}、β_{ty}为弯矩作用平面外稳定计算的等效弯矩系数；φ_{bx}、φ_{by}为均匀弯曲的受弯构件整体稳定性系数；N'_{Ey}为计算参数；λ_y为整体构件对 y 轴的长细比。

铸钢构件的计算长度及长细比应按我国现行国家标准《钢结构设计规范》（GB 50017）相应条文计算或通过有限元屈曲分析获得。

非规则截面构件，在构件承载力设计值作用下，构件的局部应力应采用有限元法按弹性计算，其有限元分析原则应遵守以下规定，即有限元分析中铸钢构件宜采用实体或壳单元模拟，构件单元网格应尽量沿构件长度、截面均匀划分。非规则构件的截面突变、构件

拼接、节点连接等易产生应力集中的部位，单元网格划分应加密且单元的最大边长不应大于该处的最薄壁厚。构件有限元模型的边界条件、荷载条件、初始几何缺陷条件等因素应尽量与实际受力状态保持一致。进行弹塑性有限元分析时材料本构关系可采用理想弹塑性模型或双折线强化模型模拟。复杂应力状态下的强度准则可采用 von Mises 屈服准则。构件的计算长度可采用屈曲分析的方法确定。弹塑性有限元分析获得的构件极限承载力不宜小于构件承载力设计值的 1.5 倍。

12.4.3 连接设计

铸钢结构可以采用焊接连接、螺栓连接和销轴连接等形式连接（图 12-1）。

当铸钢焊接采用焊接连接时可采用环形对接焊缝连接，当采用对接焊缝承受轴心拉力和轴心压力时其强度应满足 [$\sigma=N/(l_w t_{mm})$] $\leqslant f_t^w$（或 f_c^w）的基本要求。其中，N 为轴心拉力或轴心压力（N）；l_w 为焊缝长度（mm）；t_{mm} 为对接接头中连接件的较小厚度（mm），通常采用钢构件的板厚；f_t^w 为对接焊缝的抗压强度设计值（N/mm²）；f_c^w 为对接焊缝的抗拉强度设计值（N/mm²）。

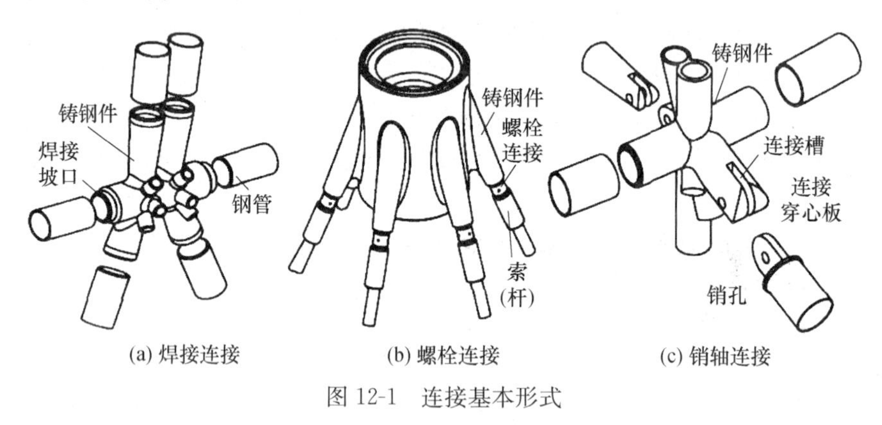

图 12-1　连接基本形式

当铸钢采用螺栓连接时，可按我国现行国家标准《钢结构设计规范》（GB 50017）的要求进行计算。当铸钢采用销轴连接时，也可按我国现行国家标准《钢结构设计规范》（GB 50017）的要求进行计算。

12.4.4 节点设计

铸钢节点承载力应按承载能力极限状态计算，承载能力极限状态包括铸钢节点的强度破坏、局部稳定破坏和因过度变形而不适于继续承载。圆管汇交的铸钢相贯管节点的承载力，当铸钢材料伸长率和强屈比满足与铸钢强度等级对应的 Q235 和 Q345 钢材的性能指标时可按我国现行国家标准《钢结构设计规范》（GB 50017）的规定验算。当铸钢空心球节点的铸钢材料伸长率和强屈比满足与铸钢强度等级对应的 Q235 或 Q345 钢材的性能指标时，与铸钢空心球相连的铸钢管所受的轴力设计值应不大于铸钢空心球的承载力设计值。

铸钢空心球的受压、受拉承载力设计值可分别按式 $N_c=0.35\eta_c\pi(1+d/D)(d+r)tf$ 和 $N_t=3-1/2\eta_t\pi(d+r)tf$ 计算。其中，N_c 为受压铸钢空心球的受压承载力设计值（N）；

η_c为受压铸钢空心球的加肋承载力提高系数，无加肋时 $\eta_c=1.0$，有加肋时 $\eta_c=1.4$；d 为与铸钢空心球相连的受压钢管外径（mm）；D 为铸钢空心球的外径（mm）；r 为外侧倒圆角半径（mm）；t 为铸钢空心球的壁厚（mm）；f 为铸钢抗压、抗拉强度设计值（N/mm^2）；N_t 为受拉铸钢空心球的受拉承载力设计值（N）；η_t为受拉铸钢空心球的加肋承载力提高系数，无加肋时 $\eta_t=1.0$，有加肋时 $\eta_t=1.1$。

上述规定以外的铸钢节点，在荷载设计值作用下，节点应力应采用有限元法按弹性计算，其强度应满足 $\sigma_{ZS}\leqslant(\beta_f f)$ 和 $\sigma_{ZS}=\{0.5[(\sigma_1-\sigma_2)^2+(\sigma_2-\sigma_3)^2+(\sigma_3-\sigma_1)^2]\}^{1/2}$的基本要求。其中，$\sigma_{ZS}$为折算应力（$N/mm^2$）；$\beta_f$为折算应力的强度设计值增大系数，当计算点各主应力全部为压应力时 $\beta_f=1.2$，当计算点各主应力全部为拉应力时 $\beta_f=1.0$ 且最大主应力应满足 $\sigma_1\leqslant(1.1f)$；其他情况时 $\beta_f=1.1$；σ_1、σ_2、σ_3分别为计算点处第一、第二、第三主应力（N/mm^2）。如果铸钢节点的破坏承载力不小于荷载设计值的 2 倍，或弹塑性有限元分析所得的极限承载力不小于荷载设计值的 2 倍时，铸钢节点的强度计算可不满足以上两个要求。

铸钢节点与其他构件连接时，焊缝连接或螺栓连接的承载力应大于或等于相连构件的承载力。

12.4.5　节点有限元分析原则

铸钢节点的有限元分析宜采用实体单元；在铸钢节点与构件连接处、铸钢节点内外表面拐角处等易于产生应力集中的部位，实体单元的最大边长不应大于该处最薄壁厚，其余部位的单元尺寸可适当增大，但单元尺寸变化宜平缓。铸钢节点的有限元分析中，径厚比不小于 10 的部位可以采用板壳单元。铸钢节点的有限元分析中，应根据节点的具体约束形式确定与实际情况相似的边界条件。铸钢节点的有限元分析中，作用在节点上的外荷载和约束力的平衡条件应与设计内力一致。铸钢节点承受多种荷载工况组合的设计控制工况时，可分别按每一种荷载工况组合进行计算。进行弹塑性有限元分析时，铸钢节点材料的应力-应变曲线宜采用具有一定强化刚度的二折线模型；复杂应力状态下的强度准则宜采用 von Mises 屈服条件。铸钢节点的极限承载力可根据弹塑性有限元分析得出的荷载-位移全过程曲线确定。铸钢节点的有限元分析宜进行不同单元类型、不同单元尺寸的分析模型的对比计算，以保证计算精度。

12.4.6　试验及相关要求

铸钢件属于以下情况之一时宜进行试验，即设计或建设方认为对结构安全至关重要的铸钢件；抗震设防时对结构安全有重要影响的铸钢件；与其他构件或节点受力性能复杂或连接方式复杂的铸钢件。

试验可根据需要做检验性试验或破坏性试验，检验性试验中，同一类型的试件不宜少于两件。用作试件的铸钢件应采用与实际铸钢件相同的加工制作参数，并在试验前按实际铸钢件的检验要求进行检验。试验应采用足尺试件；当试验设备无法满足时，可采用缩尺试件，缩尺比例不宜小于 1/2。试验加载装置应确保试件具有与实际情况相似的约束条件和荷载作用；加载装置宜使加载值便于验证，且试验时不应发生非试验部位的损坏。铸钢试件应具有一定的外伸尺寸，以消除支座、加载等装置的约束对试验部位应力分布的影响。铸钢试件的应力分布和裂纹发展可采用电阻应变片测试或干涉仪云纹法测试；测点布置时应对数值较大及应力集中部位作重点监控。试验必须辅以有限元分析和对比。检验性试验时，试验荷载不应小于荷载设计值的 1.3 倍；做破坏性试验时，由试验确定的破坏承载力不应小于铸钢件承载力设计值的 2 倍。

12.5 铸钢结构的构造要求

12.5.1 宏观要求

铸钢结构构造规定适用于铸钢节点、铸钢构件和连接的构造。铸钢件及相应的连接所需焊接材料应符合我国现行国家标准《钢结构设计规范》(GB 50017) 的要求，并保证良好的可焊性。铸钢件应满足基本尺寸及连接做法的要求。铸钢件与普通钢管连接可采用环形对接焊接方法，在焊接处宜做焊接槽口，铸钢管壁厚应平滑过渡到与普通钢管相当的壁厚。

12.5.2 连接构造

焊接连接时焊缝金属应与主体金属相适应，当不同强度的钢材连接时，可采用与低强度钢材相适应的焊接材料；铸钢件的焊接可采用图 12-2 的 4 种连接形式，当铸钢件的壁厚较大时应采用图 12-2 (a) 和图 12-2 (b) 的形式，当铸钢件壁厚与对接钢管或钢板厚度相差不大时采用图 12-2 (c) 的形式，当对接钢管或钢板厚度较小且铸件壁厚也薄时采用图 12-2 (d) 形式；剖口的相关要求应满足我国现行国家标准《钢结构焊接规范》(GB 50661)、《气焊、焊条电弧焊、气体保护焊和高能束焊的推荐坡口)》(GB/T 985.1) 和《埋弧焊的推荐坡口》(GB/T 985.2) 中对坡口形式的规定。图 12-2 中，T 为对接钢管或钢板厚度；t、t_1、t_2均为间隙尺寸；α 为焊接坡口角度。

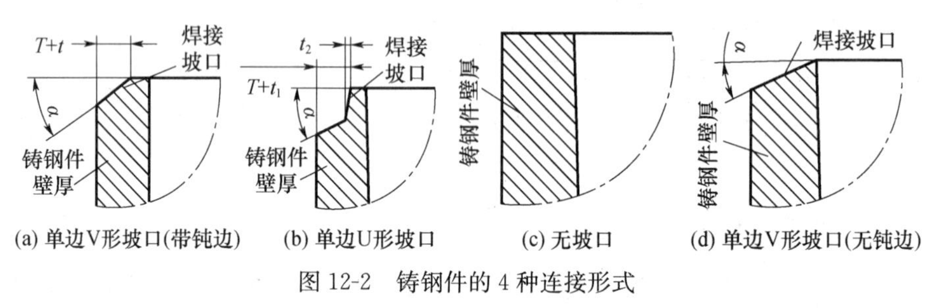

图 12-2 铸钢件的 4 种连接形式

对接焊缝位置应在设计时设计出焊接坡口，焊接坡口形式应按前述规定执行。销轴连接节点及螺栓连接节点销轴孔宜采用机加工方法成孔，设计时考虑加工余量；螺栓连接节点宜采用 T 型螺栓。孔径小于 100mm 的非销轴和螺栓开孔，孔不经过机加工处理且孔内需要穿过构件时，开孔宜增加 5mm；孔径大于等于 100mm 的非销轴和螺栓开孔，孔不经过机加工处理且孔内需要穿过构件时，开孔宜增加 5～10mm。设计节点时应预留焊接空间、螺栓安装空间、销轴安装空间和张拉设备操作空间等施工操作空间。

12.5.3　构件和节点要求

铸钢件设计应避免壁厚急剧变化，壁厚变化斜率不宜大于 1/5，且壁厚不宜大于 150mm。铸钢件内部薄壁部位肋板和加劲板的壁厚宜小于外部薄壁部位的壁厚。

表 12-15　铸钢件的最小铸造壁厚（mm）

铸钢件最大轮廓尺寸	＜200	200～400	400～800	800～1250	1250～2000	2000～3200
壁厚	9	10	12	16	20	25

表 12-16　铸钢件的合理铸造壁厚（mm）

铸钢件最大轮廓尺寸	铸钢件次大轮廓尺寸			
	≤350	350～700	700～1500	1500～3500
≤1500	15～20	20～25	25～30	—
1500～3500	20～25	25～30	30～35	35～40
3500～5500	25～30	30～35	35～40	40～45
5500～7000	—	35～40	40～45	45～50

铸钢件设计基本尺寸应符合以下规定，即铸钢件壁厚不宜过薄，最小铸造壁厚要求应满足表 12-15 的要求；设计铸钢件时，铸钢件的合理铸造壁厚要求宜满足表 12-16 的要求；一般情况下，铸钢件内壁厚度宜比外壁厚度小 20%～30%；铸壁连接方式应优先选用 L 形接头，以减少或分散热节点，避免交叉连接；铸钢件应避免采用增加壁厚的方式来增大强度和刚度，可在铸钢件中间设置加劲肋。

应根据铸钢件轮廓尺寸、夹角大小与铸造工艺确定最小壁厚、内圆角半径与外圆角半径（图 12-3），可按表 12-17 和表 12-18 设计。

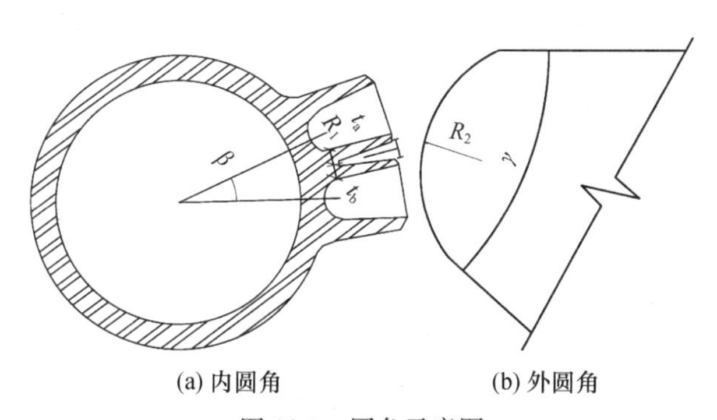

(a) 内圆角　　(b) 外圆角

图 12-3　圆角示意图

表 12-17　铸钢件内圆角半径（mm）

$(t_a+t_b)/2$	内圆角半径 R_1					
	铸铁件内夹角 β					
	＜50°	51°～75°	75°～105°	106°～135°	136°～165°	＞165°
9～12	10	10	10	12	16	25
13～16	10	10	12	14	20	30

续表

$(t_a+t_b)/2$	内圆角半径 R_1					
	铸铁件内夹角 β					
	<50°	51°~75°	75°~105°	106°~135°	136°~165°	>165°
17~20	10	12	14	16	25	40
21~27	10	16	16	20	30	50
28~35	10	12	16	25	40	60
36~45	10	16	20	30	50	80
46~60	12	20	25	35	60	100
61~80	16	25	30	40	80	120
81~110	20	25	35	50	100	150
111~150	20	30	40	60	100	150

注：表中 t_a、t_b分别表示相邻两杆的壁厚［图 12-3（a）］。

表 12-18 铸钢件外圆角半径（mm）

t_c	外圆角半径 R_2					
	外圆角度 γ					
	<50°	51°~75°	75°~105°	106°~135°	136°~165°	>165°
≤25	2	2	2	4	6	8
25~60	2	4	4	6	10	16
60~150	4	4	6	8	16	25

注：表中 t_c表示壁厚［图 12-3（b）］。

铸钢件的重量超过 20t 时，可分段铸造，然后拼接，其拼接部位应有可靠连接，保证结构安全。铸钢件的焊接面距地面或柱顶的距离宜大于 400mm，不应小于 200mm。

12.6 铸钢结构的铸钢件加工

12.6.1 铸钢件加工的总体要求

铸钢件在铸造前，应进行设计图纸的审核和确认工作。铸钢件的钢液熔炼应保证化学成分达到规定要求。优先采用碱性电弧炉时应使用氧化还原法；当采用感应炉设备时，应控制原材料和熔炼工艺。铸钢件的铸造应保证内部组织致密、均匀和形状尺寸符合设计要求，并应适当控制浇注温度和速度。铸钢件加工应保证设计规定的尺寸和表面精度；当铸造条件不能满足表面精度要求时，宜采用打磨或机械加工的方法；当采用机械加工时，铸钢件的硬度宜控制在 170~230HBS 的范围内。铸钢件的热处理状态宜为正火或调质。铸钢件缺陷的焊接修补不应影响其力学性能。铸钢件在进行重大焊补之前应经设计同意，制定焊接修补方案，并应进行焊接修补的工艺评定。

12.6.2 铸造和热处理

铸钢件在浇注前应对钢液化学成分进行炉前快速分析，合格后方可浇注。铸钢件的重

要加工面、主要工作面和宽大平面应处于铸型的底部；壁薄而大的平面应处于铸型的底部或垂直或倾斜布置；应尽量减少分型面的数量，使型腔及主要型芯位于下型。合型前应检查型腔和砂芯芯头的几何形状及尺寸，损坏的要修补更换，修补的砂芯应重新检查和烘干；应清除型腔、浇注系统和砂芯表面的浮砂与脏物，检查出气孔和砂芯排气通道，保证其畅通。铸钢件浇注温度应根据铸钢件大小、熔炼容量、钢包大小及烘烤情况来确定；形状简单的铸钢件宜取较低的浇注温度，形状复杂或壁厚较薄的铸钢件宜取较高的浇注温度；薄壁铸钢件宜采用快速浇注法；厚壁铸钢件宜采用慢—快—慢的浇注法，并应保持一定的充型压力。铸钢件的浇冒口宜采用锯割、氧气切割和电弧切割的方法去除。铸钢件表面宜采用喷砂、喷丸或抛丸方法清理。

铸钢件热处理时应对炉温进行均匀性检测，并符合我国现行国家标准《热处理炉有效加热区测定方法》（GB/T 9452）的要求，热处理工艺应考虑铸钢件的结构尺寸、化学成分和质量要求。低合金铸钢件在调质处理前宜进行一次正火或正火加回火预处理；对于碳的质量分数在0.2%以下的低碳低合金铸钢件，可采用正火预处理，当其形状及尺寸不宜淬火时，宜采用正火加回火取代调质处理。铸钢件力学性能检验不合格时，应重新热处理，热处理次数不宜超过两次。铸钢件毛坯尺寸的允许偏差应符合设计要求或我国现行国家标准《铸钢尺寸公差与机械加工余量》（GB/T 6414）的要求；相邻两轴线夹角的允许偏差不应大于30′。

12.6.3　缺陷修补

铸钢件可用机械、局部加热和整体加热矫正，矫正后铸钢件的表面不应有明显的凹面或损伤。铸钢件不应有飞边、毛刺、氧化皮、粘砂、热处理锈斑、表面裂纹等缺陷，表面缺陷宜用喷砂（丸）、打磨的方法去除，但打磨深度不应大于允许的负偏差。当铸钢件的缺陷较深时，宜先用风铲、砂轮等机械或火焰切割、碳弧气刨等方法去除缺陷后进行焊补；如采用碳弧气刨应对焊接修补部位进行打磨清除渗碳层与熔渣等杂物。铸钢件有气孔、缩孔、裂纹等内部缺陷时，对于缺陷深度在铸钢件壁厚的20%以内且小于25mm或需修补的单个缺陷面积小于65cm²时，允许进行焊接修补。铸钢件的焊补应在最终热处理前进行，焊补后质量应达到设计及使用要求；焊补用焊条、焊丝应符合焊补工艺的规定；铸钢件同一部位的修补次数不宜多于两次。铸钢件在焊补前，应根据其钢种、结构、形状及焊接性等进行焊接工艺评定，根据评定结果确定焊接预热温度；焊接修补预热温度应高于正式施焊预热温度。

铸钢件的缺陷焊补应遵守以下规定，即应将缺陷处的粘砂、氧化皮、铁锈等杂物清除干净，直至露出金属光泽，并加工成坡口；形状复杂、壁厚较大、在热应力下易导致变形或开裂的铸钢件，采用火焰切割或碳弧气刨等方法清除缩松、裂纹等缺陷时，应将铸钢件整体加热至根据焊接工艺评定结果确定的焊接预热温度后，方可进行焊补；缺陷为裂纹时，碳弧气刨前应在裂纹两端钻止裂孔，然后去除裂缝开坡口；坡口形状应根据铸钢件缺陷的形状、大小、深浅等具体情况决定。

焊件表面堆焊的焊道相互搭接时，每道焊道的搭接宽度不应小于1/3的焊道宽度。焊补时应减少焊接应力，可采用锤击法，不得锤击第一层和最后一层的焊缝。对于不预热的铸钢件或采用多层焊的铸钢件，可采取分区焊补或跳焊的措施。对加工后的缺陷进行焊补

时，应在加工表面覆盖石棉或棉布进行焊后保温。当大小缺陷同时存在时，可交替焊补，或由大到小依次补焊。返修部位应连续施焊防止产生裂纹，如中断焊接时，可采取保温措施；对重要焊缝，再次焊接前，宜先进行磁粉或其他无损探伤，确认无裂纹后方可进行焊补。铸钢件焊补后，其焊接修补部位应进行机械加工或打磨，其表面质量应符合设计要求；焊接修补的部位、区域大小、修补过程和修补质量等应做记录并存档。铸钢件焊补后，焊补部位应100%外观检查，并按我国现行国家标准《铸钢件超声检测 第1部分：一般用途铸钢件》（GB/T 7233.1）和《铸钢件磁粉检测》（GB/T 9444）进行100%无损检测。

12.6.4 打磨、气割和机械加工

铸钢件采用打磨或气割加工的允许偏差应符合表12-19或设计规定的要求。

表12-19 气割、坡口的允许偏差（mm）

项目	允许偏差
零件宽度、长度	±3.0
切割面平面度	0.05t，且不应大于2.0
割纹深度	0.3
局部缺口深度	1.0
端面垂直度	2.0
坡口角度	0°～5°
钝边	±1.0

注：t 为切割面厚度

铸钢件的配合面需机械加工时，宜采用车削、铣削、刨削和钻削等，加工表面粗糙度 Ra 不应大于25μm。孔宜采用钻削、镗削加工；孔的允许偏差应符合我国现行国家标准《钢结构工程施工质量验收规范》（GB 50205）的规定或设计要求，C级螺栓孔孔壁表面粗糙度 Ra 不应大于25μm。端口圆和孔机械加工的允许偏差应符合表12-20或设计规定的要求。平面、端面、边缘机械加工的允许偏差应符合表12-21或设计规定的要求。

表12-20 端口圆和孔机械加工的允许偏差（mm）

项目	允许偏差
端口圆直径	−2.0～0
孔直径	0～2.0
圆度	d/200，且不大于2.0
端面垂直度	d/200，且不大于2.0
管口曲线	2.0
同轴度	1.0
相邻两轴线夹角	30′

注：d 为铸钢件端口圆直径或孔径。

表 12-21 平面、端面、边缘机械加工的允许偏差（mm）

项目	允许偏差
宽度、长度	±1.0
平面平行度	0.5
加工面对轴线的垂直度	L/1500，且不应大于 2.0
平面度	0.3/m^2
加工边直线度	L/3000，且不应大于 2.0
相邻两边夹角	30′

注：L 为平面的边长。

12.6.5 铸钢件检验

铸钢件的检验应在铸钢件生产中和铸钢结构拼装前完成。

铸钢件生产过程检验的内容应符合以下规定，即铸钢件表面粗糙度比较样块和评审分别按照我国现行国家标准《表面粗糙度比较样块铸造表面》（GB/T 6060.1）的要求选定和《铸造表面粗糙度评定方法》（GB/T 15056）进行。铸钢件表面粗糙度 Ra 应达到 25～50μm，与其他构件连接的焊接端口表面粗糙度 Ra 应不超过 25μm，有超声波探伤要求的表面粗糙度应达到探伤工艺要求。铸钢件表面应清理干净，修正飞边、毛刺、去除补贴、粘砂、氧化铁皮、热处理锈斑及可去除的内腔残余物等，不允许有裂纹、未熔合和超过允许标准的气孔、冷隔、缩松、缩孔、夹砂及明显凹坑等缺陷。铸钢件的几何形状和尺寸应符合设计要求或订货时图样、模样和合同中的要求；其中铸钢件圆管构件连接部位管口外径尺寸的允许偏差应符合表 12-22 的规定，同时还应符合构件钢管的允许负偏差及允许对口错边量的要求；铸钢件与构件连接部位的接管角度偏差及耳板角度偏差一般应不超过 25′。

表 12-22 外圆面和孔机械加工的允许偏差（mm）

项目	允许偏值
外圆面直径	−d/200，且不大于−2.0
孔直径	+d/200，且不大于+2.0
圆度	d/200，且不大于 2.0
端面垂直度	d/200，且不大于 2.0
管口曲线	2.0
同轴度	1.0
相邻两轴线夹角	±25′

注：d 为外圆直径或孔径。

铸钢件目视检验应包括以下内容，即铸钢件应逐件进行目视检验；铸钢件应进行表面质量检验；铸钢件应进行内腔检验，不得有可剥落的残留物；铸钢件应进行芯撑检验，在距管口 200mm 内的芯撑要清除，管相贯圆角处不得使用芯撑。

铸钢件尺寸检验包括以下内容，即铸钢件尺寸应符合图样或合同的要求；铸钢件尺寸允许偏差按我国现行国家标准《铸件尺寸公差与机械加工余量》（GB/T 6414）执行，如需方有特殊要求时应在合同或技术要求中规定；尺寸检验应逐件进行，用同一模样批量生产的，可按尺寸检验批抽检，尺寸检验批量划分由供需双方商定；铸钢件尺寸检验应选择相应精度的量具、样板等。

铸钢件无损检测应包括以下内容，即铸钢件的无损检测应在最终热处理后进行。铸钢件表面粗糙度要满足检测要求的质量等级。铸钢件应逐件并100%面积进行无损检测，铸钢件表面质量检测采用磁粉或渗透检测，铸钢件内部质量检测采用超声检测，必要时也可采用射线检测。超声检测按我国现行国家标准《铸钢件超声检测 第1部分：一般用途铸钢件》（GB/T 7233.1）执行。渗透检测按我国现行国家标准《铸钢件渗透检测》（GB/T 9443）执行。磁粉检测按我国现行国家标准《铸钢件磁粉检测》（GB/T 9444）执行。射线检测按我国现行国家标准《铸钢件射线照相检测》（GB/T 5677）执行。铸钢件与其他构件连接的部位，即支管管口的焊接坡口周围150mm区域及耳板上销轴孔周围半径150mm范围内，合格级别为2级，其余部位合格级别为3级，如需方有特殊要求时，应在合同或技术要求中规定。存在下列情况时铸钢件应报废，即铸钢件裂纹深度超过铸件壁厚的70%；铸钢件经二次返修仍不合格的。铸钢件焊补部位要按铸件检验相同的标准检验。

铸钢件化学成分分析应包括以下内容，即铸钢件应按熔炼炉进行化学成分分析；化学分析取样方法和化学成分允许偏差按我国现行国家标准《钢和铁化学成分测定用试样的取样和制样方法》（GB/T 20066）和《钢的成品化学成分允许偏差》（GB/T 222）执行；化学分析方法按我国现行相关系列标准或《碳素钢和中低合金钢火花源原子发射光谱分析方法》（GB/T 4336）执行；化学分析结果应符合技术要求或合同的规定。

铸钢件力学性能试验应包括以下内容，即铸钢件力学性能试验应以每热处理炉为一个检验批，检验用试块应按我国现行国家标准《一般工程用铸造碳钢件》（GB/T 11352）制备并与铸件同炉热处理，每检验批取一个拉伸试样和三个冲击试样。力学性能试验按我国现行《金属材料室温拉伸试验方法》（GB/T 228.1）和《金属材料夏比摆锤冲击试验方法》（GB/T 229）执行。冲击吸收功为三个夏比冲击试样试验结果的平均值，三个试样中只允许有一个试样的试验结果低于规定值，但不低于规定值的2/3。试验结果不符合规定，该试验结果无效，应从同批试块中另取双倍试样检验。力学性能检验结果应符合技术要求或合同的规定。不合格再检验包括两方面内容，即拉伸试验再检验应从同批试块中另取两个试样，每个试样的试验结果均应符合技术要求或合同的规定则该批铸件的拉伸性能合格，如再检验中仍有一个试样的试验结果不合格则供方可按前述相关规定处理；冲击试验再检验应从同批试块中另取三个试样，试验结果应符合技术要求或合同的规定，且包括初次检验在内共六个试样试验结果的平均值应符合技术要求和合同的规定，则该批铸件的冲击吸收功合格，如再检验结果仍不合格则供方可按前述规定处理。

力学性能再检验不合格时，允许对该批铸件和试块重新热处理。出厂前，应由第三方对铸钢件内在质量进行不少于10%的无损检测，出具抽检报告。

12.6.6 铸钢件验收

铸钢件的验收规则包括以下内容，即铸钢件的检查和验收由供方进行，需方有权按相关规范或合同的规定进行复检。批量划分可采用四个方法，即按熔炼炉次划分，铸钢件由同一牌号、同一熔炼炉次，做相同热处理的铸钢件为一批；按热处理炉次划分，铸钢件由同一牌号、不同熔炼炉次，同炉热处理的铸钢件为一批；按数量或重量划分，相同牌号、不同熔炼炉次，相同工艺多炉热处理的铸钢件，按供需双方商定的铸件数量或重量作为一批；按供需双方协议。铸钢件的检验项目、取样数量、取样部位、试验方法和评定方法按相关规范规定执行。

铸钢件出厂前，应对构配件的内在质量、表面质量、尺寸精度进行验收，形成验收记录，厂家出具出厂合格证、质量保证书、检验报告。

12.7　铸钢结构的结构安装

12.7.1　结构安装的宏观要求

铸钢结构施工前，应编制专项施工方案，并应经施工单位技术负责人审批和监理工程师批准。铸钢件安装前，应在铸钢件上标明重心、吊点位置等；铸钢件的吊装与组装宜设置吊耳和临时连接板；采用吊装耳板吊装铸钢件时，如需去除耳板，应采用气割或碳弧气刨等方式在离母材 3～5mm 位置处切除，然后用砂轮机打磨平整，严禁用锤击方式去除；铸钢件进场时，应查验产品合格证。铸钢件进场时，应按明细表核对进场的铸钢件，查验产品合格证；吊装前应清除表面上的油污、冰雪、泥沙等杂物，并做好铸钢件安装基准标记。铸钢结构安装现场应设置专门的堆场，并应采取防止铸钢件变形及表面污染的保护措施。铸钢结构的安装方法应根据结构特点，在确保质量、安全的前提下，结合进度、经济及施工现场技术条件综合确定。

安装方法确定后，应分别对铸钢结构、吊点位置、吊装机械、临时支架及临时支架的拆除等进行计算分析；有条件时应对结构进行施工全过程仿真模拟分析。铸钢结构安装前，应对预埋件、预埋锚栓进行验收，其允许偏差应符合我国现行国家标准《钢结构工程施工质量验收规范》(GB 50205) 的规定。铸钢结构组装的尺寸偏差应符合设计文件和我国现行国家标准《钢结构工程施工质量验收规范》(GB 50205) 的规定。铸钢结构安装测量时应考虑温度、日照和焊接变形等因素对结构变形的影响。施工单位和监理单位宜在相同的天气条件和时间段进行测量验收。铸钢结构安装所使用的测量器具必须经计量检验部门检定合格，并在有效期内。铸钢结构在 6 级及 6 级以上的风力下不得进行吊装。对复杂铸钢结构或设计有要求的宜在工厂进行预拼装；预拼装可采用实体预拼装或计算机辅助模拟预拼装，其要求应符合我国现行国家标准《钢结构工程施工规范》(GB 50755) 的规定。从事铸钢焊接从业人员的资质应满足我国现行国家标准《钢结构焊接规范》(GB 50661) 的规定。

施工单位首次采用的铸钢材料、焊接材料、焊接方法、接头形式、焊接位置、焊后热处理制度以及焊接工艺参数、预热和后热措施等各种参数的组合条件，应在施工之前进行焊接工艺评定；焊接工艺评定应按我国现行国家标准《钢结构焊接规范》(GB 50661) 的技术要求进行。铸钢结构焊接宜采用低热输入的焊接方法，可采用焊条电弧焊、气体保护电弧焊、芯焊丝自保护焊和等离子弧焊等焊接方法。

12.7.2 吊装

铸钢结构可采用高空散装法、构件（节点）吊装法、分条分块吊装法、滑移法、分块或整体提升（顶升）法、整体吊装法等方法进行安装。起重吊装设备应根据其性能、结构特点、现场环境、作业效率等因素综合确定，铸钢件的实际重量往往大于计算模型中的重量，在考虑起重设备吊装能力时，宜将铸钢件计算重量增加20%～40%；吊装作业必须在起重设备的额定起重量范围内进行；当起重设备需附着或支承在结构上时，应取得设计单位同意，并应对结构进行验算。铸钢结构安装单元的划分应根据结构特点、单元形式、运输条件、起重设备性能和安装场地等因素综合确定。铸钢结构吊装前，应确定吊点位置并对吊装构件和吊装耳板、钢丝绳、吊装带、卸扣、吊钩等进行验算。用于吊装的钢丝绳、吊装带、卸扣、吊钩等吊具应经检查合格，并应在其额定许用荷载范围内使用。

铸钢件宜采用焊接吊装耳板吊装，并应有防滑脱措施。在铸钢件吊装前，宜在其对接口处设置临时连接板和限位板。铸钢件下部支撑架应牢固可靠，并应确保铸钢件吊装就位后受力平稳、定位准确。铸钢件起吊后的空中姿态宜与实际安装位置姿态相符。铸钢件吊装到位后，应采用临时连接板连接固定，确认安全后方可松开吊钩；就位后的铸钢件，经测量合格后，应及时与相连构件连接，并应在形成稳定的空间结构单元后再安装下一个。吊装耳板应采用气割或碳弧气刨等方式切除，不得用锤击方式去除。

12.7.3 组装

铸钢结构组装前，组装人员应熟悉设计图、设计深化图、加工详图、安装详图和各种技术文件，检查组装用的铸钢件和相连构件的规格、尺寸、数量、外观等应符合设计要求。组装焊接处的连接接触面及沿接触面30～50mm范围内的铁锈、毛刺、污垢等，应在组装前清除干净。铸钢结构组装应采用便于现场吊装和就位，并确保吊装安全的组装方式；选择组装方式时应考虑结构特点、设计要求和现场吊装能力等因素。两种材质的结构组装时，宜在工厂内或在地面焊接与主体结构材质相同的连接件，连接件长度应不小于500mm。

铸钢结构宜在组装平台或组装胎架上进行组装，组装平台或组装胎架应有足够的强度和刚度；组装前，应在组装平台或组装胎架上画出构件中心线、端面位置线、轮廓线和标高线等基准线。铸钢结构地面组装可采用地样法、胎模装配法等，组装时可采用立装或卧装；铸钢结构在高空组装时可采用支承架装配法，并结合全站仪对各端口进行测量定位。

高空组装宜设置支承架、千斤顶、倒链等装置，准确调整标高和轴线位置，铸钢件各端口定位基准和测量可采用两种方法，即在铸钢件各端口外表面上引测端口中心十字线，应用全站仪对端口中心十字线进行定位测量；在各铸钢件端口设置十字工艺板，并在工艺板上划出端口中心点，应用全站仪对端口中心点进行定位测量。

有起拱要求的铸钢结构组装时，应按设计要求或规范规定的起拱值进行起拱。铸钢结构组装时应预留焊接收缩量，焊接收缩量宜通过工艺试验确定。铸钢件定位组装可优先采用在对接口位置设置临时连接板的方法，当无法设置连接板时，应在端口位置打上基准冲印。铸钢结构组装允许偏差应符合表12-23的要求。

表 12-23 铸钢结构组装允许偏差（mm）

项目	允许偏差
节点中心偏移	3.0
焊缝间隙	3.0
对口错边	t/10，且不大于 3.0
坡口角度	0°～+5°
端面垂直度	d/500，且不大于 3.0

注：t 为板厚；d 为直径或长边尺寸。

12.7.4 焊接

焊条、焊剂使用前应按产品说明书的要求进行烘干，焊接材料的使用应符合 5 条要求，即焊条、焊丝和焊剂等应储存在干燥、通风良好的地方，并由专人保管。焊条、焊丝和焊剂在使用前，必须按产品说明书和有关工艺规定进行烘干。低氢型焊条烘干温度为 350～380℃，保温时间为 1.5～2h，烘干后应缓冷放置于 110～120℃的保温箱中使用；使用时应置于保温筒中，并应接通电源；烘干后的低氢型焊条在大气中放置时间超过 4h 应重新烘干；焊条重复烘干次数不宜超过两次；受潮焊条严禁使用。焊丝及导丝管应无油污、锈蚀，镀铜层应完好无损。焊条、焊剂烘干装置及保温装置的加热、测温、控温性能应符合使用要求；CO_2气体保护电弧焊所用的 CO_2气瓶必须装有预热干燥器；CO_2气体纯度不应小于 99.99%。

待焊铸钢件表面质量和组装质量要求应符合以下规定，即待焊接的表面和两侧应均匀、光洁，且应无毛刺、裂纹和其他对焊缝质量有不利影响的缺陷；待焊接的表面及距其边缘位置 30～50mm 范围内不得有影响正常焊接和焊缝质量的氧化皮、锈蚀、油脂、水等杂质。待焊表面的加工或缺陷的清除可采用机加工、热切割、碳弧气刨、铲凿或打磨等方法。采用热切割方法加工的坡口表面质量应符合我国现行行业标准《热切割气割质量和尺寸偏差》（JB/T 10045.3）的有关规定。待焊表面切割缺陷需要进行焊接修补时，应制定修补焊接工艺，并应记录存档。焊接接头的装配应符合我国现行国家标准《钢结构焊接规范》（GB 50661）的有关规定。

焊接用铸钢当其屈服强度小于 300N/mm^2，且环境温度大于 0℃时，其最低预热温度应符合表 12-24 的要求。当施焊处温度低于 0℃时，应根据焊接作业环境、板厚等具体情况将表中预热温度适当提高，且应在焊接过程中保持这一最低道间温度。

表 12-24 焊接用铸钢屈服强度小于 300N/mm^2 时的最低预热温度

接头部位最厚板厚 t（mm）	t≤20	20≤t≤40	40≤t≤60	60≤t≤80	t≥80
预热温度（℃）	—	20	60	80	100

注：当采用非低氢焊接材料或焊接方法焊接时，预热温度应比表中规定的温度提高 20℃。焊接接头板厚（壁厚）不同时，应按接头中较厚板（壁）选择最低预热温度。焊接接头材质不同时，应按接头中较高强度、较高碳当量的钢材选择最低预热温度。“—”表示焊接环境温度在 0℃以上时，可不采取预热措施。

铸钢结构定位焊接应符合以下要求，即定位焊必须由持有相应资格证书的焊工施焊，所用焊接材料的力学性能应达到正式焊缝的要求。定位焊焊缝与正式焊缝应具有相同的焊

接工艺和焊接质量要求。定位焊焊缝厚度应不小于 3mm，且不宜超过设计焊缝厚度的 2/3，定位焊焊缝长度应不小于 40mm，其间距宜为 300～600mm，并应填满弧坑。定位焊焊接时，预热温度宜高于正式施焊预热温度 20～50℃；定位焊焊缝存在裂纹、气孔、夹渣等缺陷时，应完全清除。

焊接前应根据焊接工艺评定制定焊接工艺操作规程，正式焊接时应严格执行焊接工艺操作规程。当焊缝存在超过标准要求的表面或内部缺陷时，应按我国现行国家标准《钢结构焊接规范》（GB 50661）的相关规定进行返修。铸钢结构焊接宜采用低热输入的焊接方法，可采用焊条电弧焊、气体保护焊和等离子弧焊等方法。铸钢结构应在不产生冷裂纹的情况下进行焊接，必要时应采取预热措施，预热温度应根据焊接工艺评定确定，并符合前述相关规定。

铸钢结构焊接前，应将焊缝坡口打磨至露出金属光泽。

铸钢件焊缝坡口表面及组装质量应符合以下要求。即焊缝坡口可采用火焰切割或机械方法加工。当采用火焰切割时，切割面质量应符合我国现行行业标准《热切割气割质量和尺寸偏差》（JB/T 10045.3）的相关规定，缺棱为 1～3mm 时应修磨平整；超过 3mm 时应用直径不超过 3.2mm 的低氢型焊条补焊并修磨平整；当采用机械加工方法加工坡口时，加工表面不应有台阶。施焊前，应检查焊接部位的组装和表面清理的质量，如不符合要求，应修磨补焊合格后方能施焊。各种焊接方法的焊接坡口组装允许偏差值应符合我国现行行业标准《热切割气割质量和尺寸偏差》（JB/T 10045.3）的相关规定；坡口组装间隙超过较薄板厚度 2 倍或大于 20mm 时，不应采用堆焊方法增加构件长度或减小组装间隙。严禁在接头坡口间隙处填塞焊条头、钢筋、铁块等杂物。

铸钢结构焊接环境应符合以下要求，即焊条电弧焊和自保护药芯焊丝电弧焊，其焊接作业区最大风速不宜超过 8m/s，气体保护电弧焊不宜超过 2m/s；当超过上述范围时，应采取有效措施以保障焊接电弧区域不受影响。当焊接作业区处于下列情况之一时严禁焊接：焊接作业区的相对湿度大于 90%；焊件表面潮湿或暴露于雨、冰、雪中；焊接作业条件不符合我国现行国家标准《焊接与切割安全》（GB 9448）的有关规定。焊接环境温度低于 0℃但不低于－10℃时，应采取加热或防护措施，应确保接头焊接处各方向不小于 2 倍板厚且不小于 100mm 范围内的母材温度不低于 20℃或规定的最低预热温度（二者的较高值），且在焊接过程中不应低于这一温度。焊接环境温度低于－10℃时，必须进行相应环境下的焊接工艺评定试验，并应在评定合格后再进行焊接，如果不符合上述规定，严禁焊接。

铸钢件与相连构件的厚度不同时，应作平缓过渡，其坡度最大不应超过 1∶2.5，并满足我国现行国家标准《钢结构焊接规范》（GB 50661）的规定。

铸钢件多层焊接应符合以下要求，即多层焊接时应连续施焊，每一焊道完成后应及时清理焊渣及表面飞溅物，发现影响焊接质量的缺陷时，应清除后方可再焊；在连续焊接过程中应控制焊接道间温度，使其符合工艺文件要求；遇有中断施焊的情况时，应采取适当的保温措施，必要时应进行后热处理，再次焊接时重新预热温度应高于初始预热温度。坡口底层焊道采用焊条电弧焊时宜使用直径不大于 4mm 的焊条施焊或者采用气体保护焊施焊，底层根部焊道的最小尺寸应适宜，但最大厚度不宜超过 6mm。

铸钢件焊接时，采用的焊接工艺和焊接顺序应使构件的变形和收缩最小；有对称连接杆件的节点宜对称于节点轴线同时对称焊接，没有对称连接杆件的节点按照先焊收缩量较大的接头、后焊收缩量较小的接头的原则进行施焊。

铸钢件焊缝缺陷的返修应符合以下要求，即焊缝金属和母材的缺陷超过相应的质量验收标准时，可采用砂轮打磨、碳弧气刨、铲凿或机械加工等方法彻底清除；对焊瘤、凸起或余高过大等缺陷应采用砂轮或碳弧气刨清除过量的焊缝金属；对焊缝凹陷或弧坑、焊缝尺寸不足、咬边、未熔合、焊缝气孔或夹渣等应在完全清除缺陷后进行焊补。经无损检测确定焊缝内部存在超标缺陷时应进行返修，返修应符合我国现行国家标准《钢结构焊接规范》（GB 50661）的规定。焊缝返修的预热温度应比相同条件下正常焊接的预热温度提高30～50℃，并应采用低氢型焊接材料进行焊接；同一部位两次返修后仍不合格时，应重新制定返修方案，并经设计或监理工程师认可后方可实施。

12.8 铸钢结构的防护

12.8.1 铸钢结构防护的总体要求

铸钢结构的防护设计应包括防腐与防火两个方面，并应同时兼顾平时维护与保养的可实施性。铸钢结构的防护措施及其构造应根据工程实际，考虑结构类型、防护要求、施工条件、工作环境、环保节能等要求，按照安全可靠、经济合理的原则确定。铸钢结构的防腐涂料和防火涂料涂装应在铸钢件加工质量验收合格后进行，可按钢结构制作或钢结构安装工程检验批的划分原则划分成一个或若干个检验批；铸钢结构防火涂料涂装工程应在铸钢结构安装工程检验批和铸钢结构普通涂料涂装检验批的施工质量验收合格后进行。铸钢结构的防腐涂料和防火涂料涂装环境应有良好的通风条件。在雨、雾和灰尘条件下不应施工；铸钢结构的防腐涂料和防火涂料涂装时环境温度和相对湿度应符合设计说明的要求；当设计说明无要求时，环境温度宜在5～38℃之间，相对湿度不宜大于85%。涂装构件表面温度应高于露点温度3℃以上。

铸钢结构的防腐涂料和防火涂料涂装种类、涂装遍数、涂层厚度均应符合设计要求；涂层应均匀、无明显皱皮、流坠、针眼和气泡等，不应误涂、漏涂、脱皮和返锈；涂层干漆膜总厚度的允许负偏差为25μm，每遍涂层干漆膜厚度的允许负偏差为5μm。铸钢结构的防腐涂料和防火涂料涂层附着力的测试应按我国现行国家标准《漆膜附着力测定法》（GB/T 1720）或《色漆和青漆漆膜的划格实验》（GB/T 9286）执行。铸钢结构的防腐涂料和防火涂料涂层修补应按涂装工艺分层进行，修补后的涂层应完整一致，色泽均匀，附着力良好。涂装完成后，构件的标志、标记和编号应清晰完整。

12.8.2 铸钢结构的防腐

所有铸钢结构的铸钢件表面应做防腐处理，在设计文件中应注明铸钢件表面除锈等级和所要求的防腐涂料种类及涂层厚度。当采用喷射或抛射除锈时，铸钢件表面除锈质量等级应不低于我国现行国家标准《涂覆涂料前钢材表面处理 表面清洁度的目视评定 第1部分：未涂覆过的钢材表面和全面清除原有涂层后的钢材表面的锈蚀等级和处理等级》（GB/T 8923.1—2011）以及《涂装前钢材表面处理规范》（SY/T0407—

2012）的 Sa 2.5 级的规定；当采用手工除锈时，铸钢件表面除锈等级应不低于 St3 级。表面处理后到涂底漆的时间间隔不宜超过 4h，在此期间表面应保持洁净，严禁沾水、油污等。铸钢件表面底漆和中间漆的漆膜不宜少于三道，且总厚度不宜小于 100μm。对于防腐要求高的铸钢结构，可采用热镀锌工艺处理后，再涂刷防锈底漆。对处于严重腐蚀的使用环境且仅靠涂装难以有效保护的主要承重铸钢结构构件，宜优先采用外包混凝土的防护方式。

12.8.3 铸钢结构的防火

铸钢结构的防火可采用外敷不燃材料或喷涂防火涂料的方式。铸钢结构的防火设计应满足我国现行国家标准《建筑设计防火规范》（GB 50016）、《高层民用建筑设计防火规范》（GB 50045）的相关要求；铸钢件的耐火等级、耐火极限应不低于主体结构。

12.8.4 铸钢结构的维护和保养

铸钢结构施工阶段的维护和保养应包括对使用环境、防腐措施与防火措施的维护和保养。对铸钢结构的维护和保养应按我国现行国家标准《大气环境腐蚀性分类》（GB/T 15957）核查其所处环境的大气相对湿度类型、环境气体类型及腐蚀环境类型等条件；当核查的结果超过设计文件的要求时，应按实际腐蚀类型进行维护保养。对铸钢结构的耐火等级和耐火极限，应按我国现行国家标准《建筑设计防火规范》（GB 50016）的有关规定进行核查；当核查的结果超出设计文件的要求时，应按实际耐火等级和耐火极限进行防护。铸钢结构防腐应检查防腐涂层外观、涂层工作性能、涂层厚度和腐蚀量。铸钢结构防火应检查防火涂层外观、涂层工作性能和涂层厚度。

铸钢结构防腐蚀涂层的现场修复应遵守两条规定，即涂层表面破损处的表面清理可采用动力或手工除锈，除锈等级应达到 St 3 级；修补涂料宜采用与原涂装配套或能相容的防腐涂料，并能满足现场施工条件与环境的要求。

铸钢结构防火涂层的现场修复应遵守两条规定，即当防腐涂层评定不满足要求时，应先对防火涂层进行维护保养，达到要求后再进行防火涂层的维护保养；修补防火涂料宜采用与原涂装配套或能相容的防火涂料，并能满足现场施工条件与环境的要求。

铸钢结构维护保养时应采取必要的安全防护措施和环境保护措施。铸钢结构维护保养应建立维护保养记录。

12.9 铸钢结构的检测和监测

12.9.1 铸钢结构检测和监测的总体要求

铸钢结构的检测包括施工质量检测与工作性能（安全性与耐久性）检测；铸钢结构采用施工过程监测进行信息化施工。铸钢结构遇到下列情况之一时应进行检测，即因遭受灾害、事故而造成损伤或损坏；存在严重的质量缺陷或出现严重的腐蚀、损伤、变形；对铸钢结构施工质量有疑问时。当铸钢结构遇到下列 3 种情况之一时应进行施工过程监测，即结构重力累积对已完成部分的安全与变形影响较大时；施工过程中环境变化会引起较大结

构响应时；对施工过程已完成结构部分的安全没有把握时。铸钢结构的施工过程监测时间应与施工过程同步。

12.9.2　铸钢结构检测要求

铸钢结构施工过程的检测内容应包括构件进场检测、单元检测和结构焊缝检测等内容。铸钢构件进场检测应对铸钢件的几何尺寸、焊缝质量、外观质量、腐蚀状况和变形情况进行检测，检测结果应符合设计及我国现行国家标准《钢结构工程施工质量验收规范》（GB 50205）的规定；还应检查铸钢件的出厂合格证、质量保证书、检验报告等产品合格证明文件；进场检测不合格的产品不得应用于结构工程。结构安装前，应对构件组装、拼装单元和吊装单元等各阶段尺寸和变形进行检测，检测结果应符合设计及我国现行国家标准《钢结构工程施工质量验收规范》（GB 50205）的规定。铸钢结构焊缝的尺寸偏差、外观质量和内部质量，应按我国现行国家标准《钢结构工程施工质量验收规范》（GB 50205）和《钢结构焊接规范》（GB 50661）的有关规定进行检测。铸钢结构的检测仪器应经计量检验部门检定合格，并在有效期内；检测仪器精度应满足测量要求，且应保证数据的稳定和准确。铸钢件焊缝内部缺陷检测适用于壁厚为 8～150mm 的焊接结构用铸钢件全熔透焊缝的超声检测；关于铸钢件焊缝内部缺陷检测的探头选择、试块选择、探测面及扫查范围、仪器校准、探头的扫查移动和缺陷评定等应符合本书 12.9.4 小节的要求。

铸钢件焊缝表面缺陷的磁粉检测按照我国现行国家标准《焊缝无损检测 磁粉检测》（GB/T 26951）和《焊缝无损检测 焊缝磁粉检测 验收等级》（GB/T 26952）的要求执行，铸钢件焊缝表面缺陷的渗透检测按我国现行国家标准《无损检测渗透检测 第 1 部分：总则》（GB 18851.1）和《焊缝无损检测焊缝渗透检测验收等级》（GB/T 26953）的要求执行。优先选用磁粉检测，当在磁粉无法执行的情况下采用渗透检测。

铸钢结构的检测时间宜选择在日照、温度、风力等影响较小的时间段。施工单位、监理单位和第三方检测单位的检测宜在相同的条件下进行；当施工周期较长需经历较大温差时，应考虑温差对尺寸检测的影响。所有检测数据应及时收集、整理，形成资料后统一归档。

12.9.3　铸钢结构监测要求

铸钢结构施工期间，可对结构变形、结构内力、环境量等内容进行过程监测；铸钢结构工程具体的监测内容及监测部位可根据不同的工程要求和施工状况选取。施工监测应编制专项施工监测方案。施工监测采用的监测仪器和设备应满足数据精度要求，且应保证数据稳定和准确，宜采用灵敏度高、抗腐蚀性好、抗电磁波干扰强、体积小、重量轻的传感器。

施工监测点布置应根据现场安装条件和施工交叉作业情况，采取可靠地保护措施；应力传感器应根据设计要求和工况需要布置于结构受力最不利部位或特征部位；变形传感器或测点宜布置于结构变形较大部位；温度传感器宜布置于结构特征断面，宜沿四面和高程均匀分布。铸钢结构工程变形监测的等级划分及精度要求，应符合表 12-25 的规定。变形监测方法可按表 12-26 选用，也可同时采用多种方法进行监测；应力-应变宜采用应力计、应变计等传感器进行监测。监测数据应及时采集和整理，并应按频次要求采集，对漏测、误测或异常数据应及时补测或复测、确认或更正。

表 12-25　铸钢结构工程变形监测的等级划分及精度要求（mm）

等级	垂直位移监测		水平位移监测	适用范围
	变形观测点的高程中误差	相邻变形观测点的高差中误差	变形观测点的点位中误差	
一等	0.3	0.1	1.5	变形特别敏感的高层建筑、空间结构、高耸构筑物、工业建筑物
二等	0.5	0.3	3.0	变形比较敏感的高层建筑、空间结构、高耸构筑物、工业建筑物
三等	1.0	0.5	6.0	一般性的高层建筑、空间结构、高耸构筑物、工业建筑物

注：变形观测点的高程中误差和点位中误差，指相对于临近基准的中误差。特定方向的位移中误差，可取表中相应点中误差的 $1/2^{1/2}$ 作为限值。垂直位移监测，可根据变形观测点的高程中误差或相邻变形观测点的高差中误差，确定检测精度等级。

表 12-26　变形监测方法的选择

类别	监测方法
水平变形监测	三角形网、极坐标法、交会法、GPS 测量、正到垂线法、视准线法、引张线法、激光准直法、精密测（量）距、伸缩仪法、多点位移法、倾斜仪等
垂直变形监测	水准测量、液体静力水准测量、电磁波测距三角高程测量等
三维位移监测	全站仪自动根据测量法、卫星实时定位测量法等
主体倾斜	经纬仪投点法、差异沉降法、激光准直法、垂线法、倾斜仪、电垂直梁法等
挠度观测	垂线法、差异沉降法、位移计、挠度计等

应力-应变检测周期，宜与变形监测周期同步。在进行结构变形和结构内力监测时，宜同时进行测点的温度、风力等环境量监测。监测数据应及时进行定量和定性分析；监测数据分析可采用图表分析、统计分析、对比分析和建模分析等方法。需要利用监测结果进行趋势预报时，应给出预报结果的误差范围和适用条件。

12.9.4　铸钢件焊缝内部缺陷检测

探头的选择应符合两条规定，即探头的选用应参照我国现行相关标准关于探头的技术要求，考虑到铸钢件材料的特殊性，宜选择探头频率 2～2.5MHz 或更低频率的横波斜探头；如果需要也可根据实际情况选用纵波斜探头。

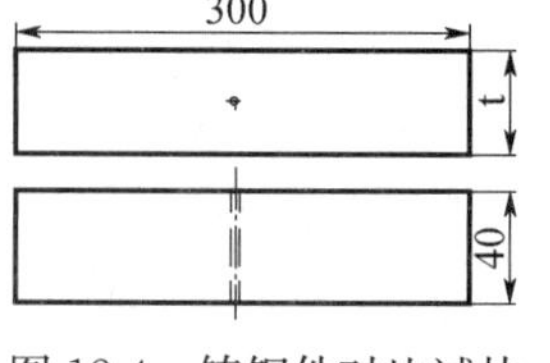

图 12-4　铸钢件对比试块

试块选择应符合以下要求，即 CSK-ⅠA 标准试块及铸钢件标准试块；2RB-2、RB-3 试块；铸钢件参考试块，即自制与被检材料有相同声学特性的铸钢件参考试块。如图 12-4 所示，反射体为试块上的横通孔，t 为焊缝壁厚，试块的尺寸按表 12-27 的尺寸。

表 12-27　参考试块规格与检查焊缝铸钢件壁厚之间的关系

检查焊缝壁厚 t（mm）	对比试块规格			
	试块厚度 t（mm）	孔的位置	横孔直径	备注
<25	25 或 t	$1/2t$	3mm	孔径±0.05mm
>25～50	50 或 t	$1/4t$；$1/2t$；$3/4t$		
>50～100	100 或 t	$1/4t$；$1/2t$；$3/4t$		
>100～150	150 或 t	$1/4t$；$1/2t$；$3/4t$		

表 12-28　检测面及使用折射角

板厚（mm）	检测面	检测法	使用折射角或 K 值
≤25	A	直射法及一次反射法	70°（K2.5，K2.0）
>25～50			45°和 70°并用
>50～100		直射法	45°、60°和 70°并用

探测面及扫查范围应按以下要求确定。即检测面（图 12-5）A 面，根据不同的板厚及接头型式选择检测面和探头折射角见表 12-28 所示。探头移动区应清除焊接飞溅、铁屑、油污及其他外部杂质。探伤表面应平整光滑，便于探头的自由扫查，其表面粗糙度不应超过 6.3μm，探头移动区应按我国现行国家标准《铸钢件超声检测　第 1 部分：一般用途铸钢件》（GB 7233.1）进行检测，采用直射法探伤时探头移动区应大于 $0.75P$，采用一次反射法探伤时探头移动区域应大于 $1.25P$，P 按式 $P=2\delta\tan\beta$ 确定，其中，P 为计算参数，δ 为母材厚度，β 为探头折射角。主要焊接接头超声波检测示意如图 12-6 所示，其中，D 表示缺陷深度，β 表示超声波探头的折射角度，Z 表示缺陷至焊缝中心（或坡口直边）的距离。

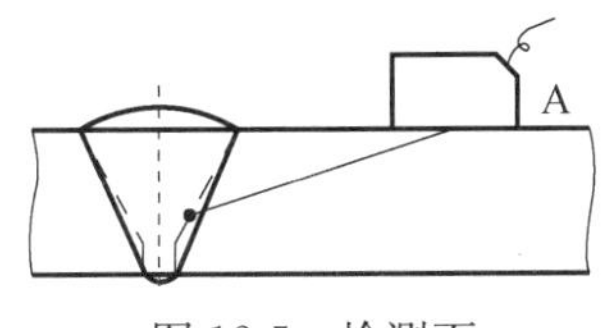

图 12-5　检测面

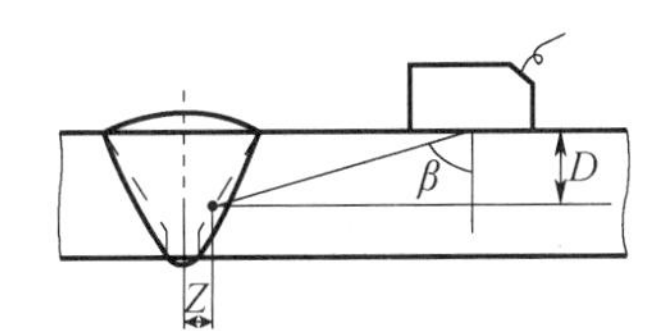

图 12-6　主要焊接接头超声波检测示意图

仪器校准应符合以下要求，即超声波仪器按声程调节时基比例，最大探测范围应覆盖时基线的 60%～90%。用对比试块调节检测灵敏度，做出距离-波幅曲线（图 12-7），扫查灵敏度应不低于评定线灵敏度。图 12-7 中，1 为 DAC 判废线；2 为 DAC-6dB 定量线；3 为 DAC-14dB 评定线；4 为距离（mm）；5 为波幅（dB）。检测人员每个工作台班，都要在开始和结束检测工作时，对仪器的灵敏度进行校准，如果检测结束仪器校验时发现，仪器灵敏度低于校准灵敏度 4dB 以上，仪器应重新校准，该工作台班检测的全部焊缝应重新进行检测和评定；如发现仪器检测灵敏度高于校准灵敏度 4dB 以上，仪器应重新校准，该工作台班检测焊缝中，已经记录为不合格的缺陷应重新进行检测和评定。超声波能量传输修正 ΔV_t 应按以下方法确定，即传输修正 ΔV_t 由两方面组成，一方面是检测表面的耦合修正（与声程无关），另一方面是材质衰减修正（与声程有关）。当工件表面粗糙度 $Ra\leqslant6.3\mu m$ 时，耦合补偿宜为 4dB；当工件上下检测面非机加工表面时，还应考虑铸钢件上下表面的不平度对超声波能量造成的损失，宜补偿 14dB；当工件经过正火或调质等

细化晶粒热处理且晶粒度大于5级时，可不考虑材质衰减造成的声能损失，否则需进行补偿。当无法确定工件表面粗糙度、晶粒度大小及上下表面不平度时，超声波能量传输需按下述方法进行修正。修正方法是把两个相同频率和尺寸的探头（其中一是接受，另一个是发射）放在参考试块上，首先进行V型放置，接着进行W型放置，调节增益使所得的回波显示在示波屏的同一高度（满幅80%），并记下相应的增益值用V_{A1}和V_{A2}表示；然后将探头置于工件上，重复上述步骤得到V_{B1}和V_{B2}；依据增益值与声程距离的关系绘制出线（图12-8）；对应适当的声程，通过两线得出增益差值ΔV_t。图12-8中，1为被检工件的曲线；2为参考试块的曲线；3为增益设定为满幅80%；4为声程距离。

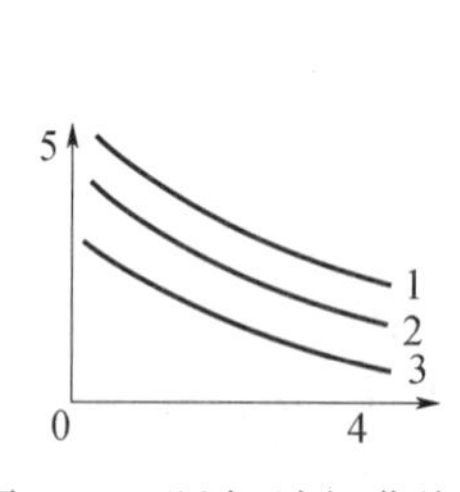

图12-7　距离-波幅曲线图

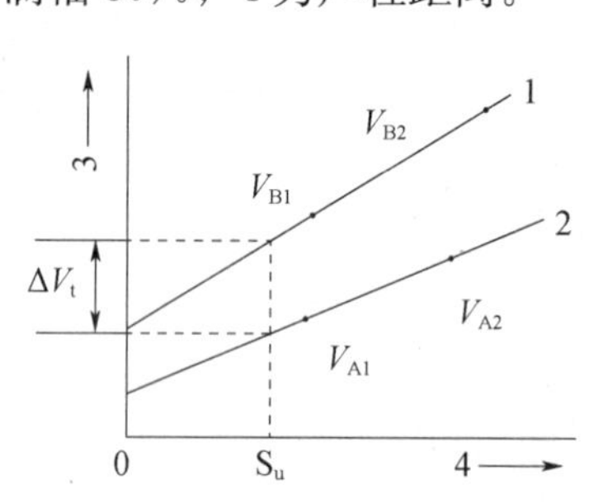

图12-8　距离-波幅曲线图

检测时探头的扫查移动，以锯齿形扫查移动为主，移动探头时应辅以±10°～15°的左右摆动，探头每次横向移动的重叠宽度，应不小于探头晶片有效宽度的10%，扫查速度不超过150mm/s。

检测中当发现有超过定量线波幅高度的缺陷时，应根据探头所在位置及仪器显示的数值，判定缺陷的位置、深度和长度。对于波幅超过定量线的缺陷或判定为有危险性的缺陷，应测定缺陷在焊缝方向的位置、缺陷声程距离、缺陷水平距离或简化水平距离和缺陷在焊缝中的深度。缺陷的定量，包括确定缺陷的波幅，以最大波幅所在的区域表示；当缺陷反射波只有一个高点时，采用6dB法（即半波高法）确定缺陷的长度；当缺陷有多个高点时，则采用端点峰值法（即端点半波高法）确定缺陷的长度。当最大反射波位于Ⅱ区的缺陷，其指示长度小于10mm时，按5mm计；相邻两缺陷各向间距小于8mm时，以两缺陷指示长度之和作为单个缺陷指示长度。超过评定线的信号应注意其是否具有裂纹、未熔合等危险性缺陷特征，如有怀疑时应采取改变探头角度、增加探测面、观察动态波形、结合结构工艺特征作判定。波幅位于Ⅲ区的缺陷及确定为裂纹的缺陷，所检测的焊缝应判为不合格（Ⅳ级）；波幅位于Ⅱ区的缺陷则按表12-29评定焊缝级别。

表12-29　缺陷评定

级别	允许缺陷长度
Ⅰ	$t/3$；最小6mm最大40mm
Ⅱ	$2t/3$；最小8mm最大70mm
Ⅲ	$3t/4$；最小12mm最大90mm
Ⅳ	超过Ⅲ级者

注：t为坡口加工侧母材的板厚。母材板厚不同时，以薄板侧板厚为准。

12.10 铸钢结构的工程验收

铸钢结构工程验收应符合我国现行国家标准《建筑工程施工质量验收统一标准》(GB 50300)、《钢结构工程施工质量验收规范》(GB 50205)的规定，铸钢结构无损检测应符合本章前述有关规定。铸钢结构工程施工质量验收应按检验批、分项工程、分部(或子分部)工程验收。当铸钢结构作为主体结构之一按子分部工程竣工验收，当主体结构均为铸钢结构时应按分部工程竣工验收。铸钢结构分项工程宜划分为铸钢结构焊接，紧固件连接，铸钢件加工，铸钢结构组装及预拼装，铸钢结构安装，铸钢管结构安装，防腐涂料涂装，防火涂料涂装。

铸钢结构分部(子分部)工程验收合格质量标准应符合3条规定，即各分项工程质量均应符合合格质量标准；质量控制资料和文件完整；有关安全及功能的检验和见证检测结果和观感质量应符合我国现行国家标准《钢结构工程施工质量验收规范》(GB 50205)的规定相应合格质量标准的要求。铸钢结构工程质量验收记录应按我国现行国家标准《钢结构工程施工质量验收规范》(GB 50205)的规定进行。

铸钢结构分部(子分部)工程竣工验收时应提供以下文件和记录：铸钢结构竣工图纸及相关设计文件；施工现场质量管理检查记录；有关安全及功能的检验和见证检测项目检查记录；有关观感质量检查项目检查记录；分部(子分部)工程各分项工程质量检查记录；分项工程所含各检验批质量验收记录；强制性条文检验项目检查验收及证明文件；隐蔽工程检验项目检查验收记录；原材料、成品质量合格文件、中文标志及性能检测报告；不合格项的处理记录和验收记录；其他有关文件和记录。

习 题

1. 铸钢结构工程有哪些特点?
2. 简述铸钢结构的总体要求。
3. 简述铸钢结构的材料要求和设计指标规定。
4. 简述铸钢结构的设计与计算的特点和相关要求。
5. 简述铸钢结构的构造要求。
6. 简述铸钢结构的铸钢件加工要求。
7. 简述铸钢结构的结构安装要求。
8. 简述铸钢结构的防护要求。
9. 简述铸钢结构的检测和监测要求。
10. 简述铸钢结构的工程验收要求。

第 13 章　钢结构焊接工程

13.1　钢结构焊接工程的特点

钢结构焊接工程涉及的服务领域非常宽泛，比较常见的领域是一般桁架或网架（壳）结构、多层和高层梁-柱框架结构的工业与民用建筑钢结构、公路桥梁钢结构、电站电力塔架、非压力容器罐体以及各种设备钢构架、工业炉窑罐壳体、照明塔架、通廊、工业管道支架、厂区、人行过街天桥或城市钢结构跨线桥等钢结构。钢结构焊接应贯彻执行国家的技术经济政策，做到技术先进、经济合理、安全适用、确保质量。相关规范介绍的内容适用于各种工业与民用钢结构工程中承受静荷载或动荷载，钢材厚度大于或等于 3mm 的结构钢的焊接。相关规范介绍的适用焊接方法包括焊条电弧焊、气体保护电弧焊、自保护电弧焊、埋弧焊、电渣焊、气电立焊、栓钉焊等及其相应焊接方法的组合。钢结构焊接必须遵守国家现行安全技术和劳动保护等有关规定。钢结构焊接还应符合国家现行有关强制性标准的规定。

钢结构焊接中的消氢处理是指对于冷裂纹倾向较大的结构钢，焊接后将焊接接头加热至 200～250℃温度范围内并保温一段时间，以加速焊接接头中氢的扩散逸出，防止由于焊氢的积聚而导致冷裂纹的焊后热处理方法。消应处理是指焊接后将焊接接头加热到母材 A_{c1} 线以下的一定温度并保温一段时间，以消减接头位置的焊接残余应力，降低焊接接头的冷裂倾向为目的的焊后热处理方法。过焊孔是指在主要焊缝与次要焊缝的交叉位置，为保证主要焊缝的连续性，防止出现三向应力，并有利于焊接操作的进行，在次要构件的相应位置开设的焊缝穿越孔。有效厚度是指对接焊缝中，减去焊缝余高，由焊缝表面到焊缝根部的最小距离。有效焊喉是指角焊缝中，不包括焊缝凸起或下凹部分，从焊缝表面到焊根的最小距离。免予评定是指对于一些特定的焊接方法和参数、钢材、接头形式和焊接材料种类的组合，若满足相关规范相应的规定，可以不做焊接工艺评定试验而直接采用标准的焊接工艺。焊接环境温度是指施焊时焊件周围环境的温度。

自保护电弧焊是指不需外加气体或焊剂保护，仅依靠焊丝药芯在高温时反应形成的熔渣和气体保护焊接区进行焊接的方法。检测是指按照规定程序，由确定给定产品的一种或多种特性，进行检验、测试处理或提供服务所组成的技术操作。检查是指对材料、人员、工艺、过程或结果的核查，并确定其相对于特定要求的符合性，或在专业判断的基础上，确定相对于通用要求的符合性。

钢结构工程焊接难度分为 A、B、C、D 四个难度等级，其难度等级划分见表 13-1。

含碳量较低（0.07%～0.22%）时的钢的碳当量 P_{cm} 也可采用式（13-1）计算：

$$P_{cm}（\%）=C+\frac{Si}{30}+\frac{Mn+Cu+Cr}{20}+\frac{Ni}{60}+\frac{Mo}{15}+\frac{V}{10}+5B \quad (13\text{-}1)$$

表 13-1　钢结构工程焊接难度等级划分

焊接难度		影响因素*			
焊接难度等级		板厚（mm）	钢材分类**	受力状态	钢材碳当量*** $C_{eq,IIW}$（%）
	A易	$t\leqslant30$	Ⅰ	一般静载拉、压	≤0.38
	B一般	$30<t\leqslant60$	Ⅱ	静载且板厚方向受拉或间接动载	$0.38<C_{eq}\leqslant0.45$
	C较难	$60<t\leqslant100$	Ⅲ	直接动载、抗震设防烈度大于等于8度	$0.45<C_{eq}\leqslant0.50$
	D难	$t>100$	Ⅳ		$C_{eq}>0.50$

注："*"根据上述因素所处最难等级确定整体焊接难度。"**"钢材分类见表13-2。"***" $C_{eq,IIW}$（%）$=C+\frac{Mn}{6}+\frac{Cr+Mo+V}{5}+\frac{Cu+Ni}{15}$（%）（适用于非调质钢）。

钢结构焊接工程设计、施工单位应具备与工程结构类型相应的设计或施工资质；当施工单位承担钢结构焊接工程施工详图设计时，应具有相应的设计资质或经原设计单位认可。

承担钢结构焊接工程的施工单位应具备以下基本条件，即：具有相应的焊接质量管理体系和技术标准；有相应资格的焊接技术人员、焊接检验人员、无损检测人员、焊工、焊接热处理人员；具有与所承担工程焊接相适应的焊接方法、焊接设备、检验和试验设备；检验仪器、仪表应经计量检定、校准合格且在有效期内；具有与所承担工程的结构类型相适应的钢结构焊接工程施工组织设计（方案）、焊接作业指导书、焊接工艺评定文件等技术文件；对承担焊接难度等级为C级和D级的施工单位，其焊接技术人员应具备高级技术职称。无损检测人员应具备Ⅲ级资格；并应具有焊接工艺试验室。

钢结构焊接相关人员的资格应符合以下规定，即：焊接技术人员应具有中级以上技术职称，并接受过专门的焊接技术培训，且有一年以上焊接生产或施工实践经验；焊接检验人员应接受过专门的技术培训，有一定的焊接实践经验和技术水平，并具有检验人员上岗资格证；无损检测人员必须由专业机构考核合格，其资格证书应在有效期内，并按考核合格项目及权限从事无损检测和审核工作；焊工应按相关规范规定考试合格，并取得资格证书，其施焊范围不得超越资格证书的规定；焊接热处理人员应具备相应的专业技术。用电加热设备加热时，其操作人员应经过专业培训。

钢结构焊接工程相关人员的职责应符合以下规定，即：焊接技术人员负责组织进行焊接工艺评定，编制焊接工艺方案及技术措施和焊接作业指导书或焊接工艺卡，处理施工过程中的焊接技术问题；焊接检验人员负责对焊接作业进行全过程的检查和控制，出具检查报告；无损检测人员应按设计文件或相应规范规定的探伤方法及标准，对受检部位进行探伤，出具检测报告；焊工应按照焊接工艺文件的要求施焊；焊接热处理人员应按照焊接作业指导书及相应的操作规程进行作业。

钢结构焊接工程相关人员的安全、健康及作业环境应遵守国家现行安全健康相关标准的规定。

13.2 钢结构用钢材及焊接材料

钢结构用钢材及焊接材料应符合设计文件的要求，并应具有钢厂和焊接材料厂出具的产品质量证明书或检验报告，其化学成分、力学性能和其他质量要求应符合我国现行的规定。钢材的化学成分、力学性能复验应符合国家现行相关工程质量验收标准的规定。焊接材料（焊条、焊丝和焊剂）的复验应符合国家现行相关工程质量验收标准的规定，复验时的组批规则按生产批号进行，检验项目及代表数量应按相应的国家焊接材料标准执行；复验应由国家技术质量监督部门认可的质量监督检测机构进行。

钢结构工程中选用的新材料必须经过新产品鉴定；钢材应具备完善的焊接性资料、指导性焊接工艺、热加工和热处理工艺参数、相应钢材的焊接接头性能数据等资料；焊接材料应由生产厂提供熔敷金属化学成分、性能鉴定资料及指导性施焊参数；新材料经专家论证、评审和焊接工艺评定合格后，方可在工程中采用。

国内钢结构常用钢材按其标称屈服强度分类见表 13-2。

表 13-2 常用钢材分类

类别号	标称屈服强度	钢材牌号举例	对应标准号
Ⅰ	≤295MPa	Q195、Q215、Q235、Q275	GB/T 700
		Q295	GB/T 1591
		20、25、15Mn、20Mn、25Mn	GB/T 699
		Q235q	GB/T 714
		Q235GJ	GB/T 19879
		Q235GNH	GB/T 4171
		Q235NH、Q295NH	GB/T 4172
		ZG200-400H、ZG230-450H、ZG275-485H	GB/T 7659
		ZGD270-480、ZGD290-510	GB/T 14408
Ⅱ	＞（295～370）MPa	Q345	GB/T 1591
		Q345q、Q370q	GB/T 714
		Q345GJ	GB/T 19879
		Q355GNH	GB/T 4171
		Q355NH	GB/T 4172
		ZGD345-570	GB/T 14408
Ⅲ	＞（370～420）MPa	Q390、Q420	GB/T 1591
		Q390GJ、Q420GJ	GB/T 19879
		Q420q	GB/T 714
		Q415NH	GB/T 4172
		ZGD410-620	GB/T 14408

续表

类别号	标称屈服强度	钢材牌号举例	对应标准号
Ⅳ	>420MPa	Q460	GB/T 1591
		Q460GJ	GB/T 19879
		Q460NH、Q500NH、Q550NH	GB/T 4172

注：国内新材料和国外钢材按其屈服强度级别归入相应类别。

钢种的分类有多种方式，可按化学成分、强度、供货状态、碳当量等进行分类。按化学成分，钢种可以分为低碳钢、低合金钢和不锈钢等。按屈服强度，钢种可以分为235MPa、295MPa、345MPa、370MPa、390MPa、420MPa、460MPa 等。按照供货状态，钢种可分为热轧钢、正火钢，控轧钢、控轧控冷（TMCP）钢、TMCP＋回火处理、淬火＋回火钢、淬火＋自回火钢等。相关规范中常用钢材分类是按强度级别分的，主要涉及屈服点在 460MPa 及其以下的钢种，对于屈服点在 460MPa 以上的钢种可参照相关规范的规定进行焊接工艺评定，等积累足够试验数据后，再增加新的分类。常用国外钢材的分类见表 13-3。

表 13-3 常用国外钢材的分类

类别号	屈服点	国外钢材标准及其牌号举例	屈服强度范围（MPa）	碳当量 CE_{IIW}≤（%）	焊接裂纹敏感指数 P_{cm}≤（%）	冲击功 C_{VN}
Ⅰ	235及以下	JISG3106－2004SM400 （A、Bt≤200mm；Ct≤100mm） t≤50mm ＞（50～100）mm	195～245	 0.44 0.47	 0.28 0.30	B、C 0℃ 27J
		JISG3136～2005SN400 （A、Bt＞（6～100）mm； Ct＞16～100mm）	215～355	0.36	0.26	B、C 0℃ 27J
		EN10025-2：2004t≤250mm S185	145～185	—	—	无
		EN10025-2：2004 S235JRt≤250mm S235J0t≤250mm S235J2t≤400mm	 175～235 175～235 165～235	—	—	（27J） 20℃ 0℃ －20℃
		EN10025-5：2004 S235J0Wt≤150mm S275J2Wt≤150mm	195～235	—	—	（27J） 0℃ －20℃
		EN10149-3-1996t≤20mm S260NC	260	—	—	—
		ASTMA36/A36M-05	≥250	—	—	—

续表

类别号	屈服点	国外钢材标准及其牌号举例	屈服强度范围（MPa）	碳当量 $CE_{\text{II W}}$≤（%）	焊接裂纹敏感指数 P_{cm}≤（%）	冲击功 C_{VN}
Ⅱ	>235～345	ASTMA572/A572M-06 Gr42（t≤150mm）	290	—	—	—
		EN10149-3：1996t≤20mm S315NC	315	—	—	—
		EN10149-2：1996t≤20mm S315MC	315	—	—	—
		JISG3106-2004SM490 （A、Bt≤200mm；Ct≤100mm） t≤50mm >（50～100）mm	275～325	0.38 0.40	0.24 0.26	B、C 0℃ 27J
		JISG3106-2004SM490Y （A、Bt≤100mm） t≤50mm >（50～100）mm	325～365	0.38 0.40	0.24 0.26	B 0℃ 27J
		EN10025-2：2004t≤250mm S295	225～295	—	—	无
		EN10025-2：2004 S275JRt≤250mm S275J0t≤250mm S275J2t≤400mm	205～275 205～275 195～275	—	—	（27J） 20℃ 0℃ −20℃
		EN10025-3：2004 S275Nt≤250mm S275NLt≤250mm	205～275	t≤100，0.40； t（100，250）0.42	—	（27J） −30℃ （−20℃、40J） −50℃
		EN10025-4：2004 S275Mt≤150mm S275MLt≤150mm	240～275	t≤40，0.34； t（40，63）0.35； t（63，150）0.38	—	（27J） −30℃ （−20℃、40J） −50℃
		JISG3136-2005SN490 （Bt>（6～100）mm； C>（16～100）mm） t≤40mm >（40～100）mm	295～445	0.44 0.46	0.29	B、C 0℃ 27J
		EN10025-2：2004t≤250mm S335	255～335	—	—	—

续表

类别号	屈服点	国外钢材标准 及其牌号举例	屈服强度 范围（MPa）	碳当量 $CE_{\mathrm{II}W}$≤（%）	焊接裂纹 敏感指数 P_{cm}≤（%）	冲击功 C_{VN}
Ⅱ	＞235 ～345	EN10025-2：2004 S355JRt≤250mm S535J0t≤250mm S355J2t≤400mm S355K2t≤400mm （150，250，400）	275～355 275～355 265～355 265～355	—	—	20℃，27J 0℃，27J −20℃，27J −20℃， （40，33，33）J
		EN10025-3：2004 S355Nt≤250mm S355NLt≤250mm	275～355	t≤63，0.43； t（63，250）0.45	—	（27J） −30℃ （−20℃、40J） −50℃
		EN10025-4：2004 S355Mt≤150mm S355MLt≤150mm	320～355	t≤40，0.39； t（40，63），0.40； t（63，150）0.45	—	（27J） −30℃ （−20℃、40J） −50℃
		EN10025-5：2004 S355J0WPt≤40mm S355J2WPt≤40mm	345～355	—	—	（27J） 0℃ −20℃
		EN10025-5：2004 S355J0Wt≤150mm S355J2Wt≤150mm S355K2Wt≤150mm	295～355	—	—	（27J） 0℃ −20℃ −30℃ （−20℃、40J）
		ASTMA572/A572M-06 Gr50（t≤100mm）	345	—	—	—
		EN10149-3：1996t≤20mm S355NC	355	—	—	—
		EN10149-2：1996t≤20mm S355MC	355	—	—	—
Ⅲ	＞345 ～420	JISG3106-2004SM520 （B、Ct≤100mm） t≤50mm ＞（50～100）mm	325～365	0.40 0.42	0.26 0.27	0℃ B27J C47J
		EN10025-2：2004t≤250mm S360	285～360	—	—	无
		ASTMA913/A913M-07Gr50	≥345	≤0.38		
		ASTMA572/A572M-06 Gr55（t≤50mm）	380	—	—	—
		ASTMA572/A572M-06 Gr60（t≤32mm）	415	—	—	—
		ASTMA913/A913M-07Gr60	≥415	≤0.40	—	—

续表

类别号	屈服点	国外钢材标准及其牌号举例	屈服强度范围（MPa）	碳当量 CE_{IIW}≤（%）	焊接裂纹敏感指数 P_{cm}≤（%）	冲击功 C_{VN}
Ⅳ	>420～460	JISG3106-2004SM570（t≤100mm） t≤50mm >（50～100）mm	420～460	0.44 0.47	0.26 0.27	−5℃ 47J
		ASTMA572/A572M-06 Gr65（t≤32mm）	450	—	—	—
		EN10025-3：2004 S420Nt≤250mm S420NLt≤250mm	320～420	t≤63，0.48； t（63，100）0.50； t（100，250）0.52	—	（27J） −30℃ （−20℃、40J） −50℃
		EN10025-4：2004 S420Mt≤150mm S420MLt≤150mm	365～420	t≤16，0.43； t（16，40），0.45； t（40，63）0.46； t（63，150）0.47	—	（27J） −30℃ （−20℃、40J） −50℃
		EN10149-3：1996t≤20mm S420NC	420	—	—	—
		EN10149-2：1996t≤20mm S420MC	420	—	—	—
		EN10025-2：2004 S450J0t≤150mm	380～450	—	—	0℃27J
		EN10025-3：2004 S460Nt≤200mm S460NLt≤200mm	370～460	t≤63，0.53； t（63，100）0.54； t（100，200）0.55	—	（27J） −30℃ （−20℃、40J） −50℃
		EN10025-4：2004 S460Mt≤150mm S460MLt≤150mm	385～460	t≤16，0.45； t（16，40），0.46； t（40，63）0.47； t（63，150）0.48	—	（27J） −30℃ （−20℃、40J） −50℃
		EN10025-6：2004 S460Qt≤150mm S460QLt≤150mm S460QL1t≤150mm	400～460	t≤50，0.47； t（50，100），0.48； t（100，150）0.50	—	（30，27J） −20℃ −40℃ −60℃
		EN10149-2：1996t≤20mm S460MC	460	—	—	—
		ASTMA913/A913M-07Gr65	≥450	≤0.43	—	—

注：除日本标准采用的碳当量为 $CE_{(JIS)}$（%）；其他标准采用的为 CE_{IIW}（%）。

T形、十字形、角接接头，当其翼缘板厚度等于或大于40mm时，设计宜采用对厚度方向性能有要求的钢板。钢材的厚度方向性能级别应根据工程的结构类型、节点形式及板厚和受力状态等情况按我国现行国家标准《厚度方向性能钢板》（GB/T 5313）进行选择。我国现行国家标准《建筑结构用钢板》（GB/T 19879）对于厚度方向性能有要求的钢板，在质量等级后面加上厚度方向性能级别（Z15、Z25或Z35），如Q235GJDZ25。有厚度方向性能要求时，P、S含量要求见表13-4。

表13-4　结构用碳钢规定厚度方向性能时的P、S含量要求

厚度方向上性能级别	磷含量（质量分数%）	硫含量（质量分数%）
Z15	≤0.020	≤0.010
Z25		≤0.007
Z35		≤0.005

焊条应符合我国现行国家标准《碳钢焊条》（GB/T 5117）、《低合金钢焊条》（GB/T 5118）的规定。焊丝应符合我国现行国家标准《熔化焊用钢丝》（GB/T 14957）、《气体保护电弧焊用碳钢、低合金钢焊丝》（GB/T 8110）及《碳钢药芯焊丝》（GB/T 10045）、《低合金钢药芯焊丝》（GB/T 17493）的规定。埋弧焊用焊丝和焊剂应符合我国现行国家标准《埋弧焊用碳素钢焊丝和焊剂》（GB/T 5293）、《埋弧焊用低合金钢焊丝和焊剂》（GB/T 12470）的规定。

气体保护焊使用的氩气应符合我国现行国家标准《氩气》（GB/T 4842）的规定，其纯度不应低于99.95%。气体保护焊使用的二氧化碳应符合我国现行行业标准《焊接用二氧化碳》（HG/T 2537）的规定；焊接难度为C、D级和特殊钢结构工程中主要构件的重要焊接节点，采用的二氧化碳质量应符合该标准中优等品的要求。我国现行行业标准《焊接用二氧化碳》（HG/T 2537）中规定的分类见表13-5。

表13-5　焊接用二氧化碳组分含量的要求

项目	组分含量		
	优等品	一等品	合格品
二氧化碳含量，V/V，10^{-2}≥	99.9	99.7	99.5
液态水	不得检出	不得检出	不得检出
油			
水蒸气+乙醇含量，m/m，10^{-2}≤	0.005	0.02	0.05
气味	无异味	无异味	无异味

注：对以非发酵法所得的二氧化碳，乙醇含量不作规定。

栓钉焊使用的栓钉及焊接瓷环应符合我国现行国家标准《电弧螺柱焊用圆柱头焊钉》（GB 10433）的规定。钢板厚度方向性能级别及其含硫量、断面收缩率值见表13-6。

表13-6　钢板厚度方向性能级别及其含硫量、断面收缩率值

级别	含硫量≤（%）	断面收缩率（Ψ_z%）	
		三个试样平均值不小于	单个试样值不小于
Z15	0.01	15	10
Z25	0.007	25	15
Z35	0.005	35	25

13.3 焊接连接的构造设计

13.3.1 总体要求

钢结构焊接连接构造设计应符合以下要求，即：尽量减少焊缝的数量和尺寸；焊缝的布置宜对称于构件截面的中和轴；节点区留有足够空间，便于焊接操作和焊后检测；采用刚度较小的节点形式，宜避免焊缝密集和双向、三向相交；焊缝位置避开高应力区；根据不同焊接工艺方法合理选用坡口形状和尺寸。

设计施工图、制作详图中标识的焊缝符号应符合我国现行国家标准《焊缝符号表示方法》(GB 324) 和《建筑结构制图标准》(GB/T 50105) 的规定。

钢结构设计施工图中应标明焊接技术要求，即：明确规定构件采用钢材和焊接材料的的牌号或型号、性能及相关的我国现行规范或标准；明确规定结构构件相交节点的焊接部位、焊接方法、有效焊缝长度、焊缝坡口形式和尺寸、焊脚尺寸、部分焊透焊缝的焊透深度、焊后热处理要求；明确规定焊缝质量等级，有特殊要求时，应标明无损检测的方法和抽查比例；明确规定工厂制作单元及构件拼装节点的允许范围，必要时应提出结构设计内力图。

钢结构制作详图中应标明焊接技术要求，即：应对设计施工图中所有焊接技术要求进行详细标注；应明确标注焊缝剖口详细尺寸，并标注钢垫衬尺寸；对于重型、大型钢结构，应明确工厂制作单元和工地拼装焊接的位置，标注工厂制作或工地安装焊缝；应根据运输条件、安装能力、焊接可操作性和设计允许范围确定构件分段位置和拼接节点，按设计规范有关规定进行焊缝设计并提交设计单位进行安全审核。

设计应根据结构的重要性、荷载特性、焊缝形式、工作环境以及应力状态等情况，按4条原则分别选用不同的焊缝质量等级。即在承受动荷载且需要进行疲劳验算的构件中，凡要求与母材等强连接的焊缝应予焊透，其质量等级根据两种情况确定，即：作用力垂直于焊缝长度方向的横向对接焊缝或T形对接与角接组合焊缝，受拉时应为一级，受压时应为二级；作用力平行于焊缝长度方向的纵向对接焊缝应为二级。不需要疲劳计算的构件中，凡要求与母材等强的对接焊缝宜予焊透，其质量等级当受拉时应不低于二级，受压时宜为二级。重级工作制（A6～A8）和起重量Q≥50t的中级工作制（A4、A5）吊车梁的腹板与上翼缘之间以及吊车桁架上弦杆与节点板之间的T形接头焊缝均要求焊透，焊缝型式宜为对接与角接的组合焊缝，其质量等级不应低于二级。部分焊透的对接焊缝、不要求焊透的T形接头采用的角焊缝或部分焊透的对接与角接组合焊缝，以及搭接连接采用的角焊缝，其质量等级应根据两种情况确定，即：对直接承受动荷载且需要验算疲劳的结构和吊车起重量等于或大于50t的中级工作制吊车梁，焊缝的外观质量等级应符合二级；对其他结构，焊缝的外观质量等级可为三级。

13.3.2 焊缝坡口形状和尺寸

接头形式及坡口形状代号应符合表13-7的规定。焊接接头坡口形状、尺寸及标记方法应符合本章13.3.8小节的规定。管接头形式如图13-1所示。

表 13-7　接头形式及坡口形状代号

接头形式			坡口形状	
代号		名称	代号	名称
			I	I形坡口
板接头	B	对接接头	V	V形坡口
	T	T形接头	X	X形坡口
	X	十字接头	L	单边V形坡口
	C	角接头	K	K形坡口
	F	搭接接头	U*	U形坡口
管接头（图13-1）	T	T形接头	J*	单边U形坡口
	K	K形接头	注："*"当钢板厚度≥50mm时，可采用U形或J形坡口	
	Y	Y形接头		

注："*"当钢板厚度≥50mm时，可采用U形或J形坡口。

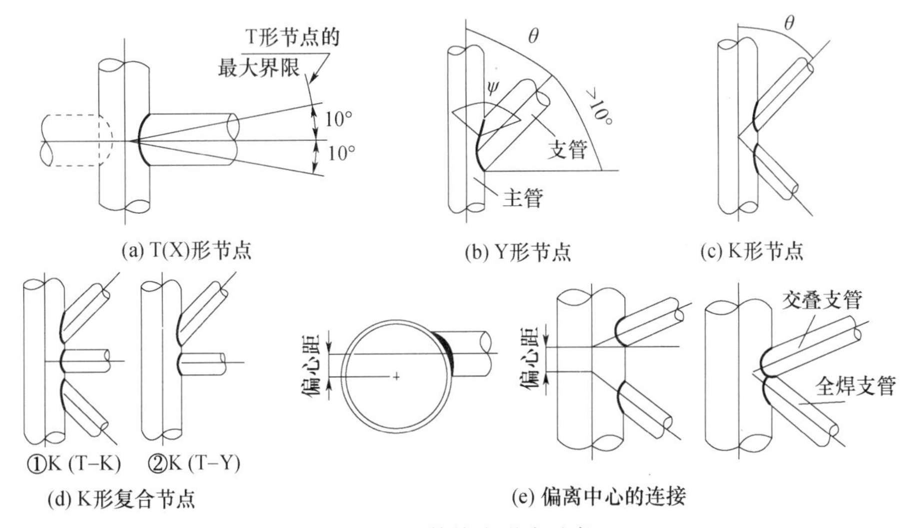

图 13-1　管接头形式示意

13.3.3　焊缝的计算厚度

全焊透的对接焊缝及对接与角接组合焊缝，采用双面焊时，反面应清根后焊接，其计算厚度 h_e 对于对接焊缝应为焊接部位较薄的板厚，对于对接与角接组合焊缝（图 13-2），其计算厚度为坡口根部至焊缝两侧表面（不计余高）的最短距离之和；采用加垫板单面焊，当坡口形状、尺寸符合本章 13.3.8 小节的要求时，其计算厚度 h_e 应为坡口根部至焊缝表面（不计余高）的最短距离。

部分焊透对接焊缝及对接与角接组合焊缝，其焊缝计算厚度 h_e（图 13-3）应根据焊接方法、坡口形状及尺寸、焊接位置不同，分别对坡口深度 h 进行折减。各种类型部分焊透焊缝的计算厚度 h_e 应符合表 13-8 的规定。V 形坡口 $\alpha \geqslant 60°$ 及 U 形、J 形坡口，当坡口尺寸符合本章 13.3.8 小节的规定时，焊缝计算厚度 h_e 应为坡口深度 h。

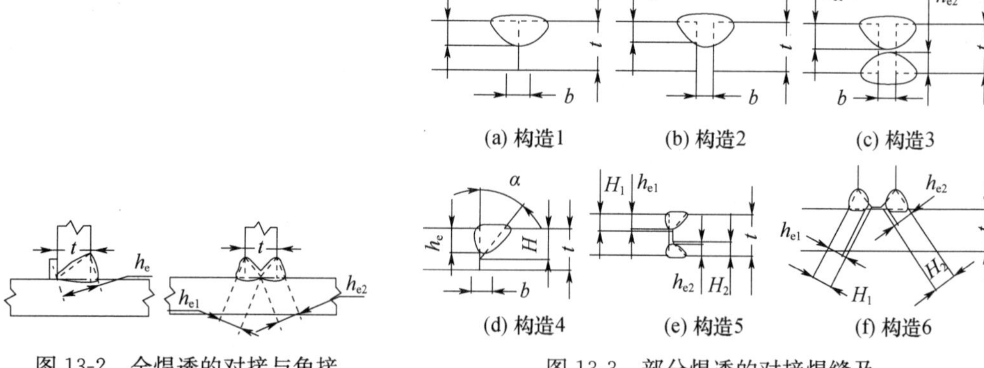

图 13-2　全焊透的对接与角接组合焊缝计算厚度示意

图 13-3　部分焊透的对接焊缝及对接与角接组合焊缝计算厚度示意

表 13-8　部分焊透的对接焊缝及对接与角接组合焊缝计算厚度

示意图号	坡口形式	焊接方法	t（mm）	α（°）	b（mm）	p（mm）	焊接位置	焊缝计算厚度 h_e（mm）
图 13-3（a）	I 形坡口单面焊	手工电弧焊	3	—	1～1.5	—	全部	$t-1$
图 13-3（b）	I 形坡口单面焊	手工电弧焊	>3，≤6	—	$\frac{t}{2}$	—	全部	$\frac{t}{2}$
图 13-3（c）	I 形坡口双面焊	手工电弧焊	>3，≤6	—	$\frac{t}{2}$	—	全部	$\frac{3}{4}t$
图 13-3（d）	单 V 形坡口	手工电弧焊	≥6	45°	0	3	全部	$H-3$
图 13-3（d）	L 形坡口	气体保护焊	≥6	45°	0	3	F，H	H
							V，O	$H-3$
图 13-3（d）	L 形坡口	埋弧焊	≥12	60°	0	6	F	H
							H	$H-3$
图 13-3（e）、图 13-3（f）	K 形坡口	手工电弧焊	≥8	45°	0	3	全部	H_1+H_2-6
图 13-3（e）、图 13-3（f）	K 形坡口	气体保护焊	≥12	45°	0	3	F，H	H_1+H_2
							V，O	H_1+H_2-6
图 13-3（e）、图 13-3（f）	K 形坡口	埋弧焊	≥20	60°	0	6	F	H_1+H_2

搭接角焊缝及直角角焊缝的计算厚度 h_e（图 13-4）应根据具体情况合理计算，当间隙 $b\leqslant1.5$ 时 $h_e=0.7h_f$；当间隙 $1.5<b\leqslant5$ 时 $h_e=0.7(h_f-b)$。塞焊和槽焊焊缝的计算厚度可按角焊缝的计算方法确定。

斜角角焊缝的计算厚度 h_e 应根据两面夹角 Ψ 按相关规范规定计算。在 $\Psi=60°\sim135°$ 情况下［图 13-5（a）、（b）、（c）］，当间隙 b、b_1 或 $b_2\leqslant1.5$ 时 $h_e=h_f\cos(\Psi/2)$，当间隙 $1.5<b$，b、b_1 或 $b_2\leqslant5$ 时 $h_e=[h_f-b$（或 b_1、b_2）$/\sin\Psi]\cos(\Psi/2)$，其中，Ψ 为两面夹

角（°）；h_f为焊脚尺寸（mm）；b、b_1或b_2为接头根部间隙（mm）。在30°≤Ψ<60°情况下［图13-5（d）］，应将$h_e = h_f \cos(\Psi/2)$、$h_e = [h_f - b$（或b_1、b_2）$/\sin\Psi] \cos(\Psi/2)$所计算的焊缝计算厚度h_e减去相应的折减值Z。不同焊接条件的折减值Z应符合表13-9的规定。在Ψ<30°情况下必须进行焊接工艺评定，确定焊缝计算厚度。图13-5中，Ψ为两面夹角；b、b_1或b_2为根部间隙；h_f为焊脚尺寸；h_e为焊缝计算厚度；Z为焊缝计算厚度折减值。

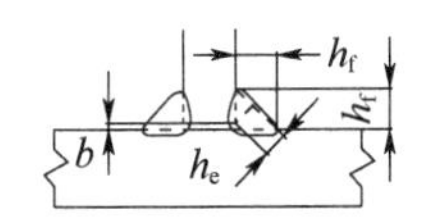

图13-4　直角角焊缝及搭接角焊缝计算厚度示意

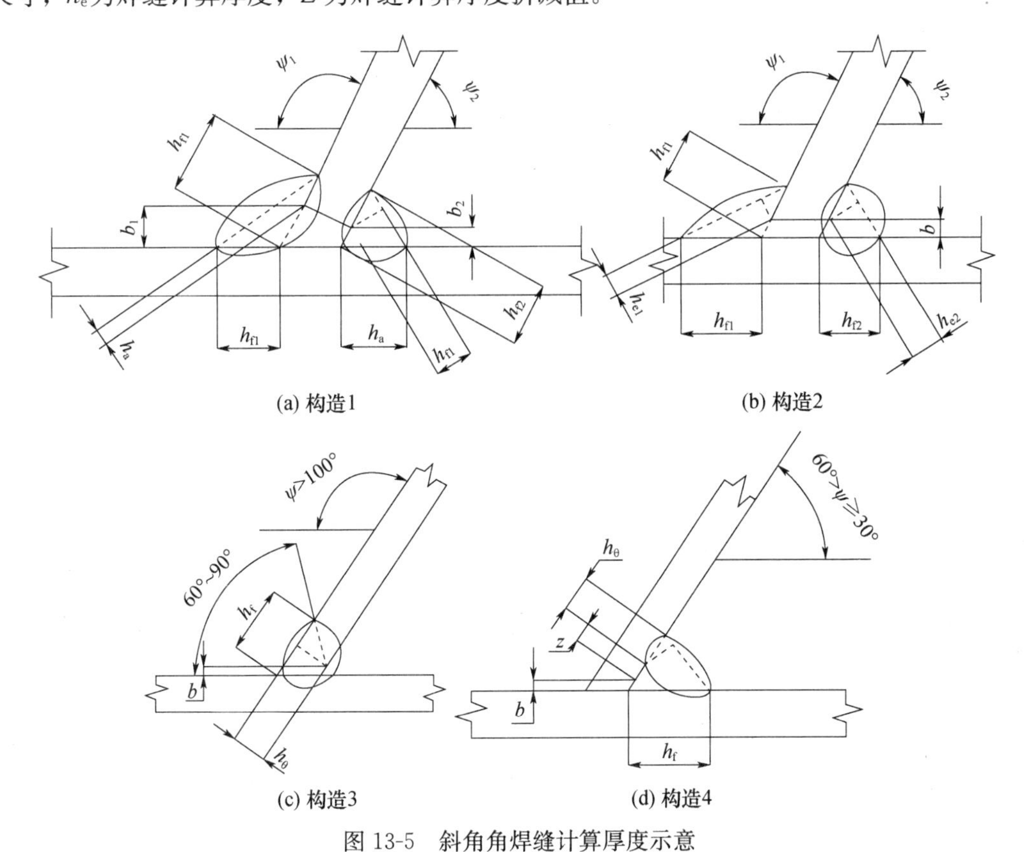

图13-5　斜角角焊缝计算厚度示意

表13-9　斜角角焊缝30°≤Ψ<60°时的焊缝计算厚度折减值

两面夹角Ψ	焊接方法	折减值Z（mm）	
		焊接位置V或O	焊接位置F或H
45°≤Ψ<60°	焊条电弧焊	3	3
	药芯焊丝自保护焊	3	0
	药芯焊丝气体保护焊	3	0
	实心焊丝气体保护焊	—	0
30°≤Ψ<45°	焊条电弧焊	6	6
	药芯焊丝自保护焊	6	3
	药芯焊丝气体保护焊	10	6
	实心焊丝气体保护焊	—	6

圆钢与平板、圆钢与圆钢之间的焊缝计算厚度 h_e 应区别不同情况按相关规范规定计算。圆钢与平板连接［图 13-6（a）］情况下 $h_e = 0.7h_f$；圆钢与圆钢连接［图 13-6（b）］情况下 $h_e = 0.1(d_1 + 2d_2) - a$。其中，$d_1$ 为大圆钢直径（mm）；d_2 为小圆钢直径（mm）；a 为焊缝表面至两个圆钢公切线的距离（mm）。

圆管、矩形管 T、Y、K 形相贯接头的焊缝计算厚度应根据局部两面夹角 Ψ 的大小，按相贯接头趾部、侧部、根部各区和局部细节情况分别计算取值。管材相贯接头的焊缝分区示意如图 13-7 所示，局部两面夹角 Ψ 和坡口角 α 示意如图 13-8 所示。全焊透焊缝、部分焊透焊缝和角焊缝的计算厚度应分别符合下列规定：

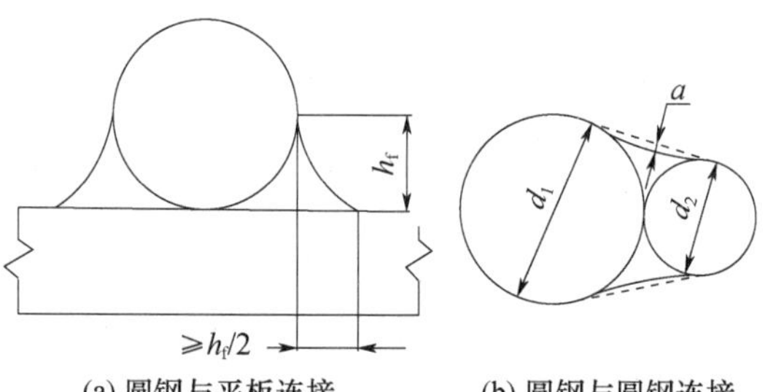

图 13-6　圆钢与平板、圆钢与圆钢焊缝计算厚度示意

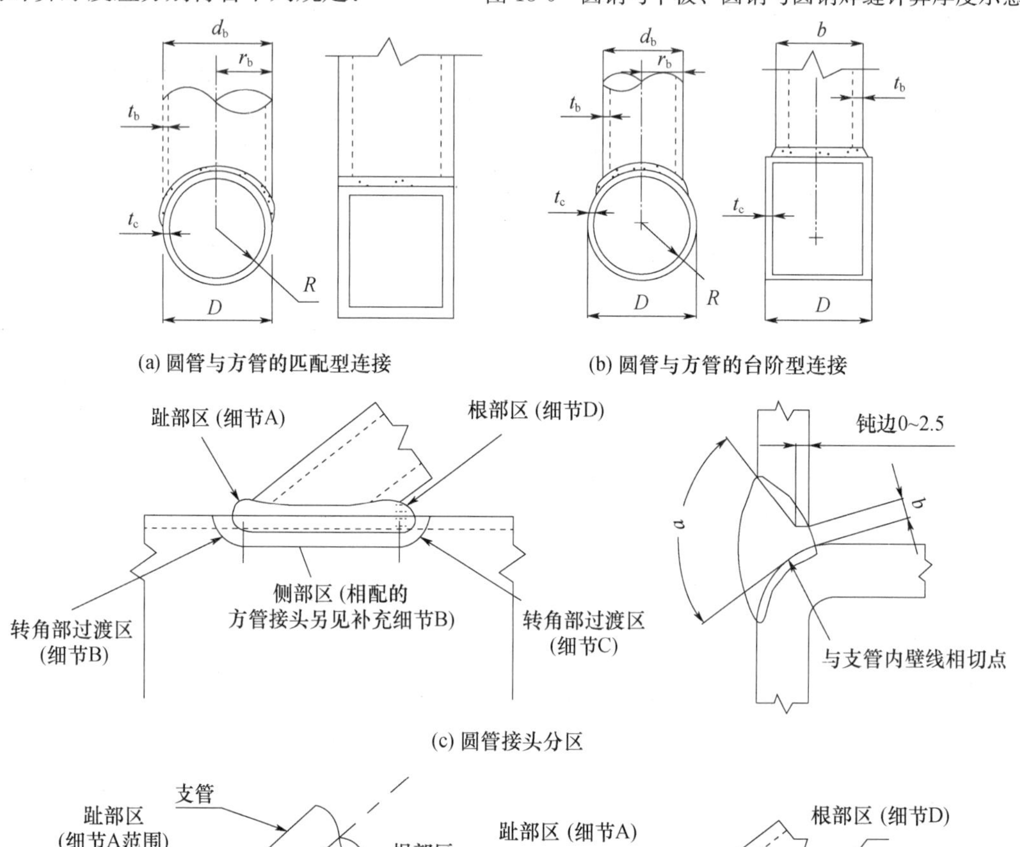

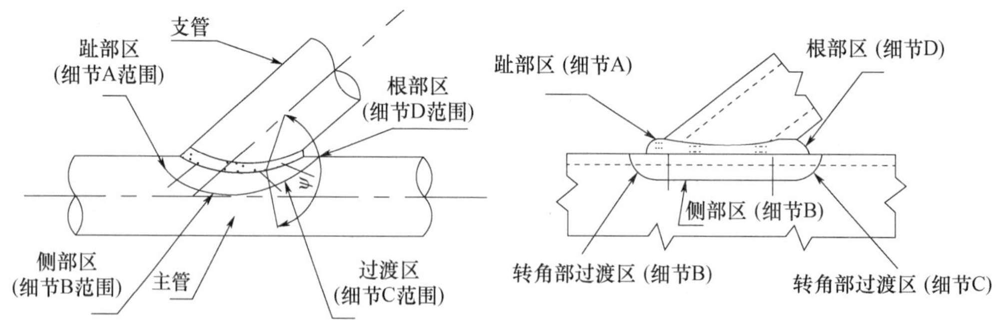

(d) 台阶状矩形管接头分区

图 13-7　圆管、矩形管相贯接头焊缝分区形式示意

全焊透焊缝的计算厚度应遵守相关规范规定，管材相贯接头全焊透焊缝各区的形状及尺寸细节应符合图 13-9 要求，焊缝计算厚度应符合表 13-10 规定；图 13-9 中，尺寸 h_e、h_L、b、b'、ψ、ω、α 见表 13-10；最小标准平直状焊缝剖面形状如实线所示；可采用虚线所示的下凹状剖面形状；支管厚度 t_b<16mm；h_k 为加强焊脚尺寸。部分焊透焊缝的计算厚度应遵守相关规范规定，管材台阶状相贯接头部分焊透焊缝各区坡口形状与尺寸细节应符合图 13-10（a）要求；矩形管材相配的相贯接头部分焊透焊缝各区坡口形状与尺寸细节应符合图 13-10（b）的要求；焊缝计算厚度的折减值 Z 应符合表 13-9 规定。角焊缝的焊缝计算厚度应遵守相关规范规定，管材相贯接头各区细节应符合图 13-11 要求。其焊缝计算厚度 h_e 应符合表 13-11 规定。图 13-10 中，t 为 t_b、t_c 中较薄截面厚度；除过渡区域或根部区外，其余部位削斜到边缘；根部间隙 0～5mm；坡口角度 30°以下时必须进行工艺评定；焊缝计算厚度 $h_e>t_b$，Z 折减尺寸见表 13-9；方管截面角部过渡区的接头应制作成从一细部圆滑过渡到另一细部，焊接的起点与终点都应在方管的平直部位，转角部位应连续焊接，转角处焊缝应饱满。图 13-11 中，t_b 为较薄件厚度；h_f 为最小焊脚尺寸；根部间隙 0～（5±1.5）mm；α 最小值为 15°；当 $\alpha<30°$ 时应进行焊接工艺评定；$30°\leqslant\alpha<60°$ 时焊缝计算厚度应采用表 13-9 的折减值 Z；对主管直径（宽度）D 与支管直径（宽度）d 之比 d/D 的限定，圆管时 $d/D\leqslant1/3$，方管时 $d/D\leqslant0.8$。

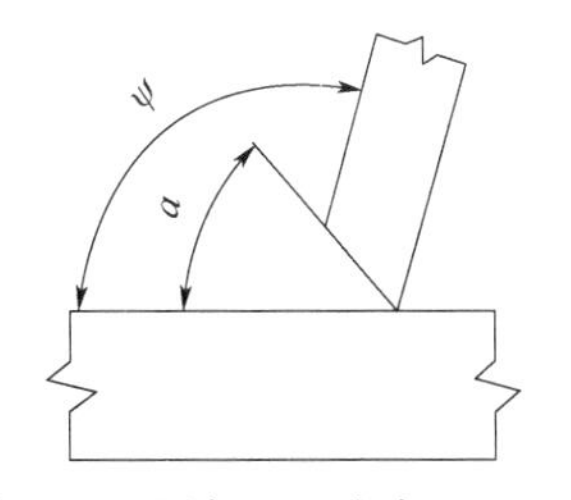

图 13-8　局部两面夹角（Ψ）和坡口角（α）示意

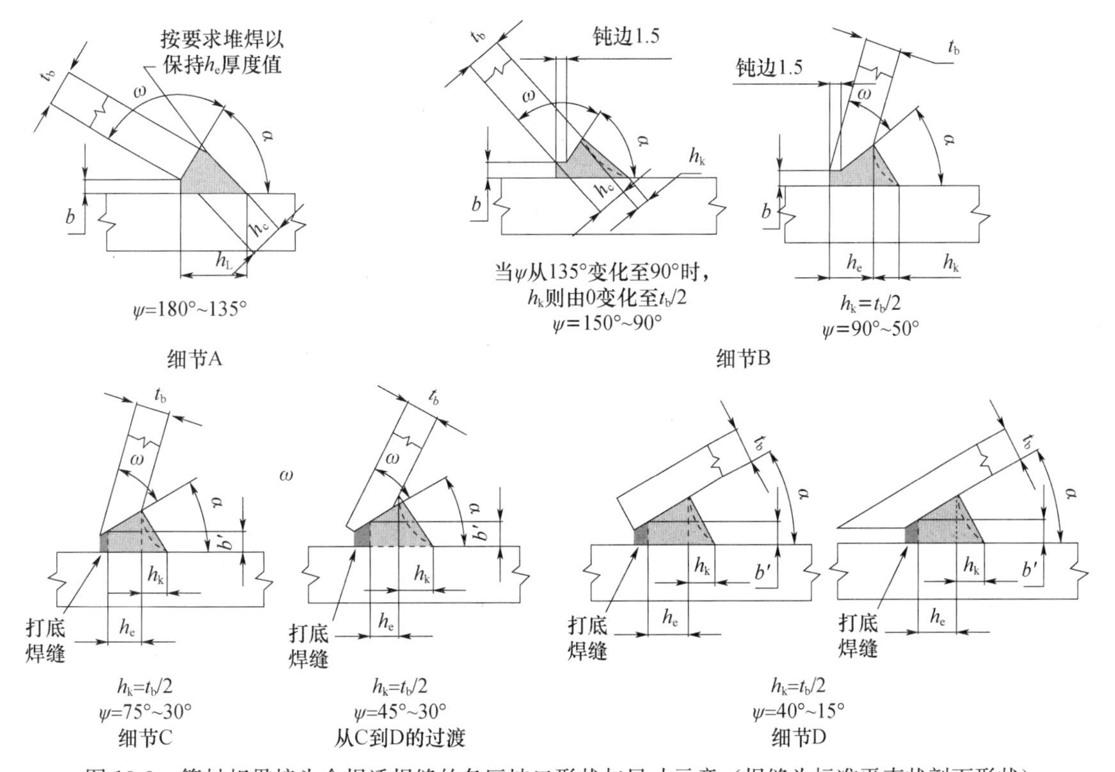

图 13-9　管材相贯接头全焊透焊缝的各区坡口形状与尺寸示意（焊缝为标准平直状剖面形状）

表 13-10　圆管 T、K、Y 形相贯接头全焊透焊缝坡口尺寸及焊缝计算厚度

坡口尺寸		趾部 $\Psi=180°\sim135°$	侧部 $\Psi=150°\sim50°$	过渡部分 $\Psi=75°\sim30°$	根部 $\Psi=40°\sim15°$
坡口角度 α	最大	90°	$\Psi\leqslant105°$时 60°	40°；Ψ 较大时 60°	—
	最小	45°	37.5°；Ψ 较小时 $1/2\Psi$	$1/2\Psi$	—
支管端部斜削角度 ω	最大	—	90°	根据所需的 α 值确定	—
	最小		10°或 $\Psi>105°$时 45°	10°	
根部间隙 b	最大	四种焊接方法均为 5mm	气保护焊（短路过渡）、药芯焊丝气保护焊： $\alpha>45°$时 6mm； $\alpha\leqslant45°$时 8mm； 焊条电弧焊和药芯焊丝自保护焊时 6mm	—	—
	最小	1.5mm	1.5mm		
打底焊后坡口底部宽度 b'	最大	—	—	焊条电弧焊和药芯焊丝自保护焊焊： α 为 25°～40°时 3mm； α 为 15°～25°时 5mm 气保护焊（短路过渡）和药芯焊丝气保护焊： α 为 30°～40°时 3mm； α 为 25°～30°时 6mm； α 为 20°～25°时 10mm； α 为 15°～20°时 13mm	
焊缝计算厚度 h_e		$\geqslant t_b$	$\Psi\geqslant90°$时，$\geqslant t_b$； $\Psi<90°$时，$\geqslant(t_b/\sin\Psi)$	$\geqslant(t_b/\sin\Psi)$，但不超过 $1.75t_b$	$\geqslant2t_b$
h_L		$\geqslant(t_b/\sin\Psi)$，但不超过 $1.75t_b$	—	焊缝可堆焊至满足要求	—

注：坡口角度 $\alpha<30°$时应进行工艺评定；由打底焊道保证坡口底部必要的宽度 b'。

表 13-11　管材 T、Y、K 形相贯接头角焊缝的计算厚度

Ψ	趾部	侧部			根部	焊缝计算厚度（h_e）
	>120°	110°～120°	100°～110°	≤100°	<60°	
最小 h_f	支管端部切斜 t_b	$1.2t_b$	$1.1t_b$	t_b	$1.5t_b$	$0.7t_b$
	支管端部切斜 $1.4t_b$	$1.8t_b$	$1.6t_b$	$1.4t_b$	$1.5t_b$	t_b
	支管端部整个切斜 60°～90°坡口角	$2.0t_b$	$1.75t_b$	$1.5t_b$	$1.5t_b$或 $1.4t_b+Z$ 取较大值	$1.07t_b$

注：低碳钢（$R_{eH}\leqslant280$MPa）圆管，要求焊缝与管材超强匹配的弹性工作应力设计时 $h_e=0.7t_b$；要求焊缝与管材等强匹配的极限强度设计时 $h_e=1.0t_b$。其他各种情况 $h_e=t_c$ 或 $h_e=1.07t_b$ 中较小值（t_c为主管壁厚）。

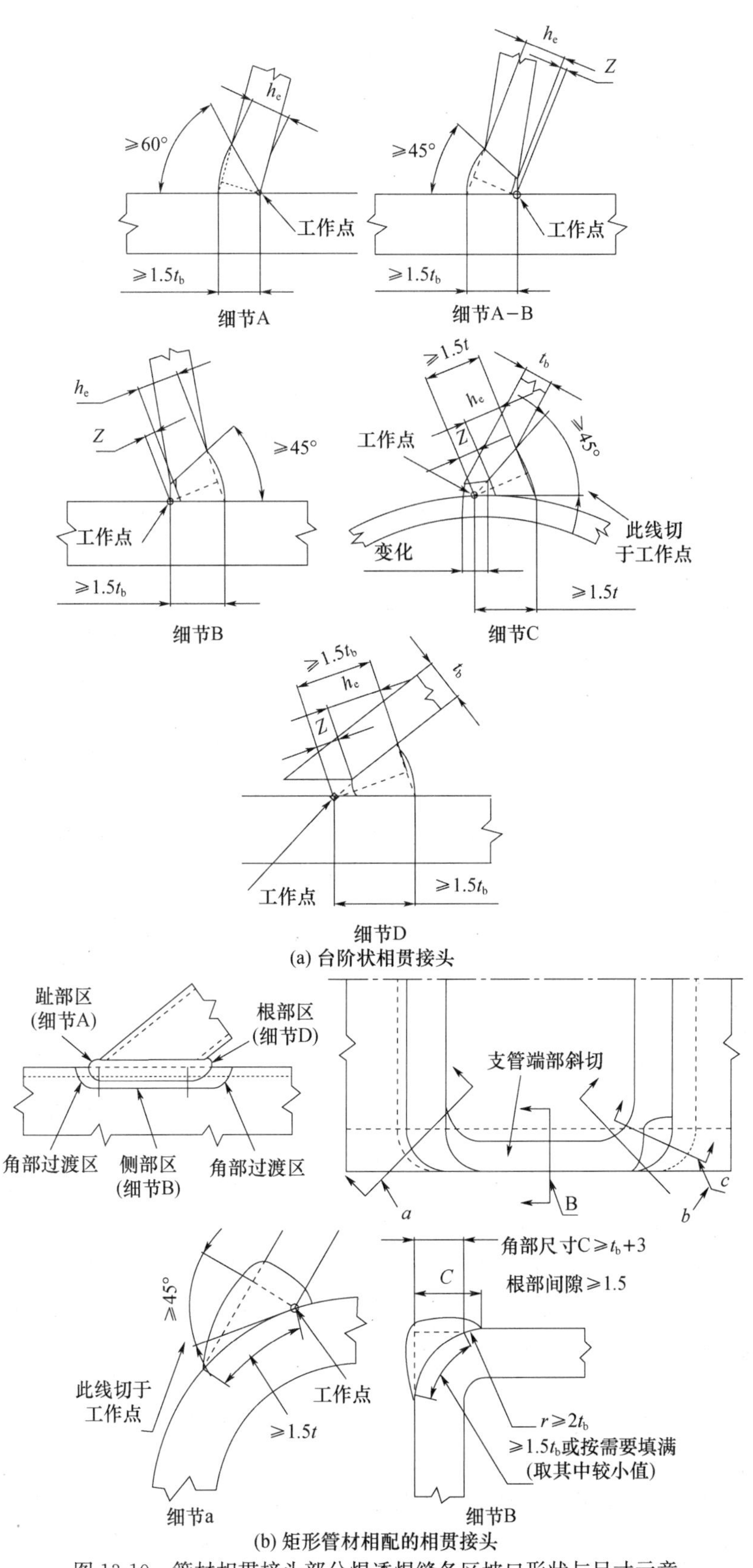

图 13-10 管材相贯接头部分焊透焊缝各区坡口形状与尺寸示意

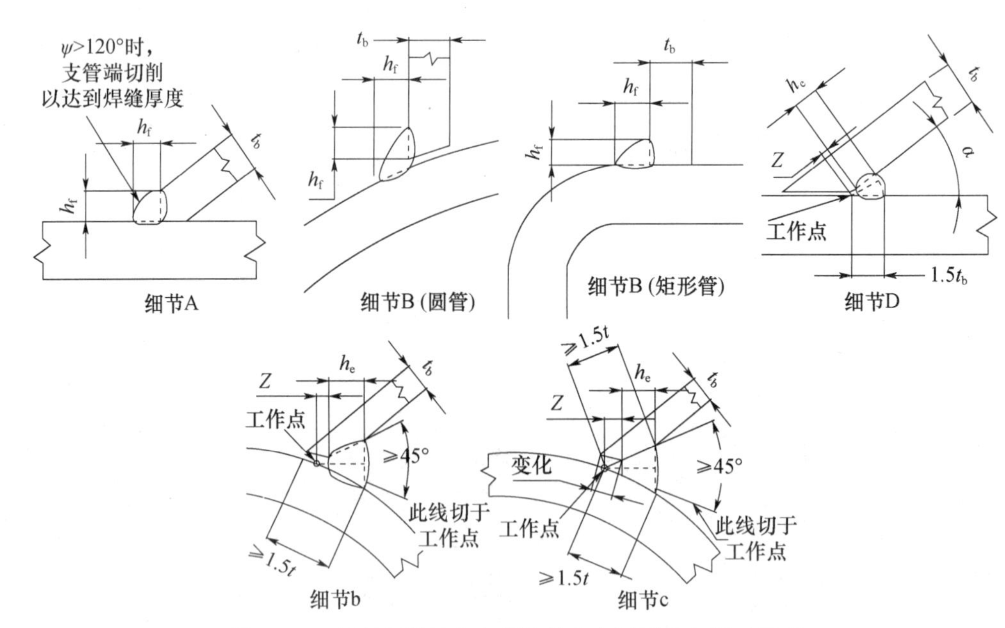

图 13-11　管材相贯接头角焊缝接头各区形状与尺寸示意

13.3.4　组焊构件焊接节点

塞焊和槽焊焊缝的尺寸、间距、填焊高度应符合以下规定，即塞焊和槽焊的有效面积应为贴合面上圆孔或长槽孔的标称面积。塞焊焊缝的最小中心间隔应为孔径的 4 倍，槽焊焊缝的纵向最小间距应为槽孔长度的 2 倍，垂直于槽孔长度方向的两排槽孔的最小间距应为槽孔宽度的 4 倍。塞焊孔的最小直径不得小于开孔板厚度加 8mm，最大直径应为最小直径值加 3mm，或为开孔件厚度的 2.25 倍，并取两值中较大者；槽孔长度不应超过开孔件厚度的 10 倍，最小及最大槽宽规定与塞焊孔的最小及最大孔径规定相同。塞焊和槽焊的填焊高度应符合要求，当母材厚度等于或小于 16mm 时应与母材厚度相同；当母材厚度大于 16mm 时不得小于母材厚度的一半且不得小于 16mm。塞焊焊缝和槽焊焊缝的尺寸应根据贴合面上承受的剪力计算确定。

角焊缝的尺寸应符合以下规定，即角焊缝的最小计算长度应为其焊脚尺寸（h_f）的 8 倍，且不得小于 40mm；焊缝计算长度应为扣除引弧、收弧长度后的焊缝长度。角焊缝的有效面积应为焊缝计算长度与计算厚度（h_e）的乘积。对任何方向的荷载，角焊缝上的应力应视为作用在这一有效面积上。断续角焊缝焊段的最小长度应不小于最小计算长度。角焊缝最小焊脚尺寸宜按表 13-12 取值。当被焊构件中较薄板厚度≥25mm 时，宜采用局部开坡口的角焊缝。采用角焊缝焊接接头，不宜将厚板焊接到较薄板上。

搭接接头角焊缝的尺寸及布置应符合 5 条规定，即传递轴向力的部件，其搭接接头最小搭接长度应为较薄件厚度的 5 倍，且不小于 25mm（图 13-12）并应施焊纵向或横向双角焊缝；图 13-12 中的 t 为 t_1 和 t_2 中较小者，h_f 为焊脚尺寸（应遵守设计要求）。单独用纵向角焊缝连接型钢杆件端部时，型钢杆件的宽度 W 应不大于 200mm（图 13-13），当宽度 W 大于 200mm 时，需加横向角焊或中间塞焊；型钢杆件每一侧纵向角焊缝的长度 L 应不小于 W。型钢杆件搭接接头采用围焊时，在转角处应连续施焊；杆件端部搭接角焊缝作

绕焊时，绕焊长度应不小于两倍焊脚尺寸，并连续施焊。搭接焊缝沿材料棱边的最大焊脚尺寸，当板厚小于、等于 6mm 时应为母材厚度，当板厚大于 6mm 时应为母材厚度减去 1～2mm（图 13-14）。用搭接焊缝传递荷载的套管接头可以只焊一条角焊缝，其管材搭接长度 L 应不小于 5（t_1+t_2），且不得小于 25mm。搭接焊缝焊脚尺寸应符合设计要求(图 13-15)。

表 13-12　角焊缝最小焊脚尺寸

母材厚度 t（mm）＊	角焊缝最小焊脚尺寸＊＊
$t \leqslant 6$	3＊＊＊
$6 < t \leqslant 12$	5
$12 < t \leqslant 20$	6
$t > 20$	8

注：“＊”采用不预热的非低氢焊接方法进行焊接时，t 等于焊接接头中较厚件厚度，应使用单道焊；采用预热的非低氢焊接方法或低氢焊接方法进行焊接时，t 等于焊接接头中较薄件厚度。“＊＊”焊缝尺寸无需超过焊接接头中较薄件厚度的情况除外。“＊＊＊”承受动荷载的角焊缝最小焊脚尺寸为 5mm。

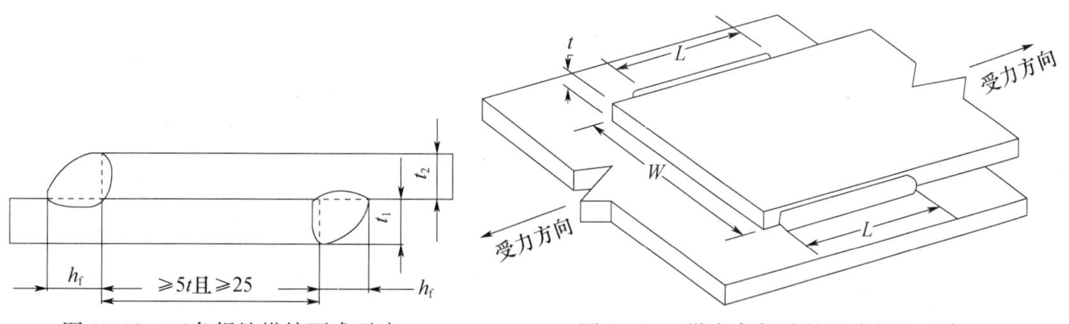

图 13-12　双角焊缝搭接要求示意　　图 13-13　纵向角焊缝的最小长度示意

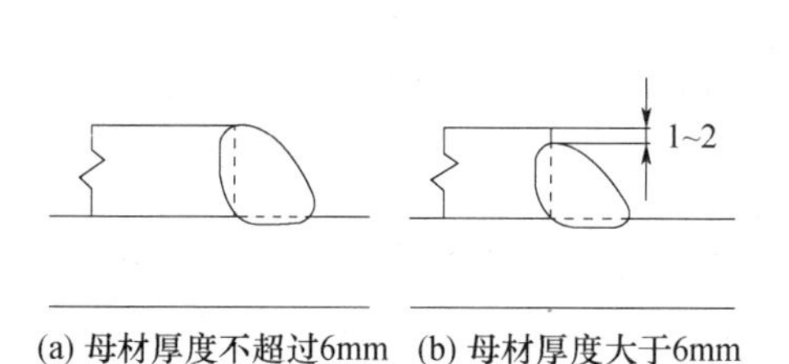

图 13-14　搭接角焊缝沿母材棱边最大焊脚尺寸

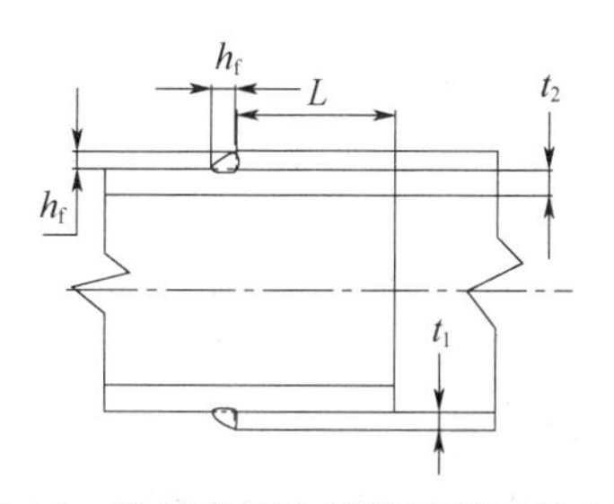

图 13-15　管材套管连接搭接焊缝最小长度

表 13-13　不同厚度钢材对接的允许厚度差（mm）

较薄钢材厚度 t_2	≥5～9	10～12	＞12
允许厚度差 t_1-t_2	2	3	4

不同厚度及宽度的材料对接时应作平缓过渡并符合两条规定：不同厚度的板材或管材对接接头受拉时其允许厚度差值（t_1-t_2）应符合表 13-13 的规定；当超过表 13-13 的规定时应将焊缝焊成斜坡状且其坡度最大允许值应为 1∶2.5，或将较厚板的一面或两面及

管材的内壁或外壁在焊前加工成斜坡且其坡度最大允许值应为 1∶2.5（图 13-16）。不同宽度的板材对接时，应根据工厂及工地条件采用热切割、机械加工或砂轮打磨的方法使之平缓过渡，其连接处最大允许坡度值应为 1∶2.5［图 13-16（e）］。

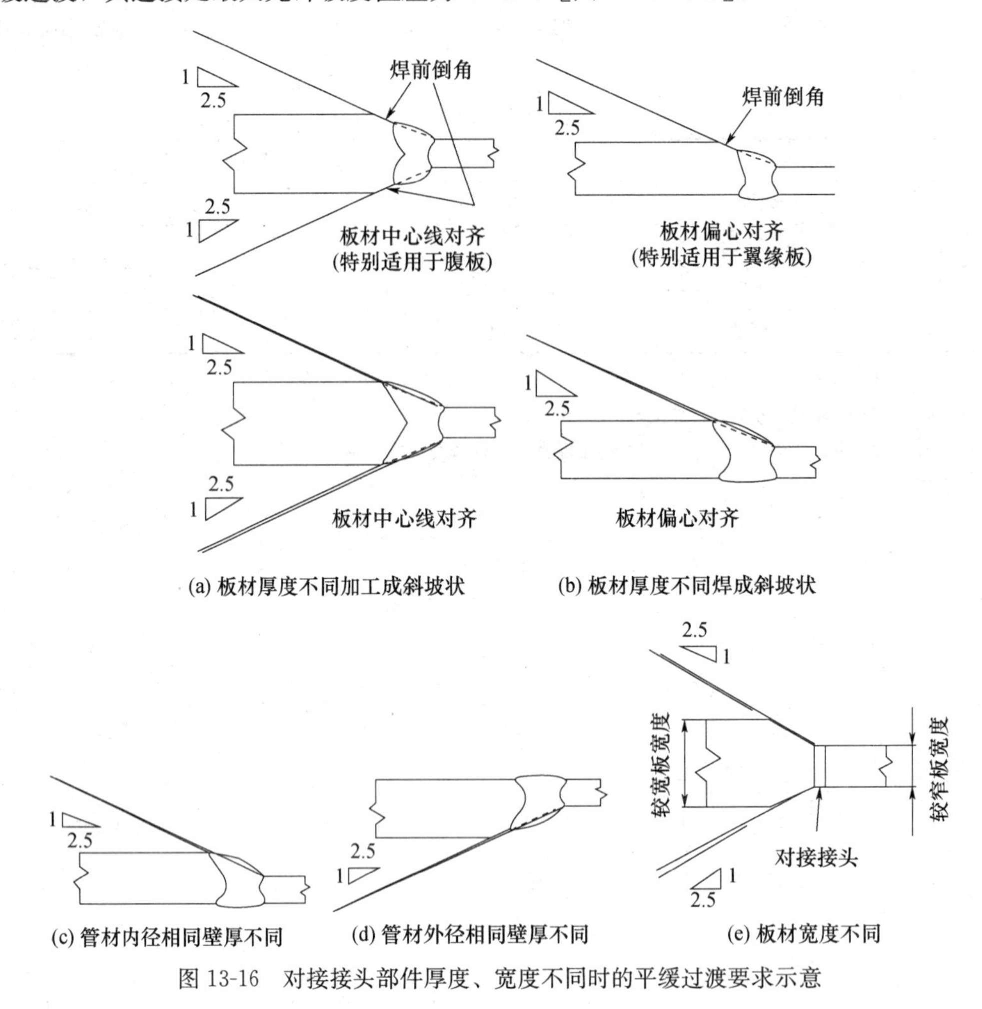

图 13-16　对接接头部件厚度、宽度不同时的平缓过渡要求示意

13.3.5　防止板材产生层状撕裂的节点、选材和工艺措施

在 T 形、十字形及角接接头中，当翼缘板厚度大于等于 20mm 时，为防止翼缘板产生层状撕裂，接头设计时应尽可能避免或减少使母材板厚方向承受较大的焊接收缩应力，并宜采取以下 7 类节点构造设计：在满足焊透深度要求和焊缝致密性条件下，采用较小的焊接坡口角度及间隙［图 13-17（a）］；在角接接头中，采用对称坡口或偏向于侧板的坡口［图 13-17（b）］；采用双面坡口对称焊接代替单面坡口非对称焊接［图 13-17（c）］；在 T 形或角接接头中，板厚方向承受焊接拉应力的板材端头伸出接头焊缝区［图 13-17（d）］；在 T 形、十字形接头中，采用铸钢或锻钢过渡段，以对接接头取代 T 形、十字形接头［图 13-17（e）、图 13-17（f）］；改变厚板接头受力方向，以降低厚度方向的焊接应力（图 13-18）。承受静荷载的节点，在满足接头强度计算要求的条件下，用部分焊透的对接与角接组合焊缝代替完全焊透坡口焊缝（图 13-19）。

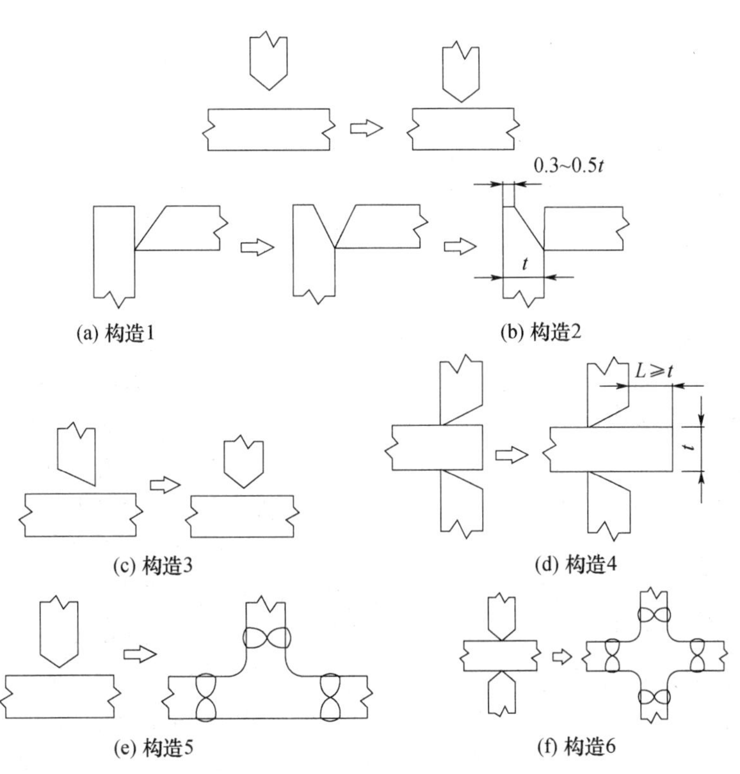

图 13-17　T 形、十字形、角接接头防止层状撕裂的节点构造设计示意

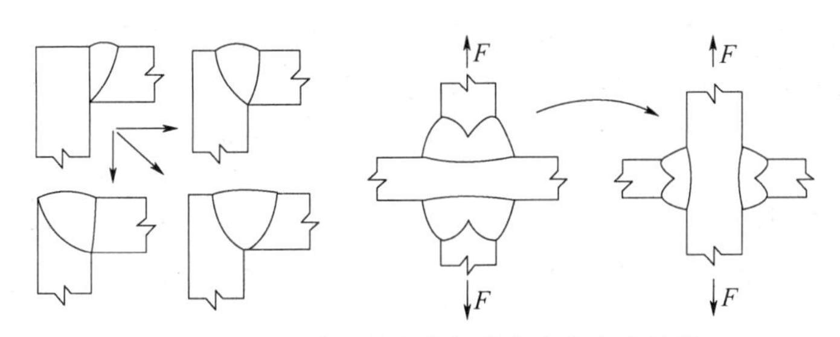

图 13-18　改善厚度方向焊接应力大小的措施

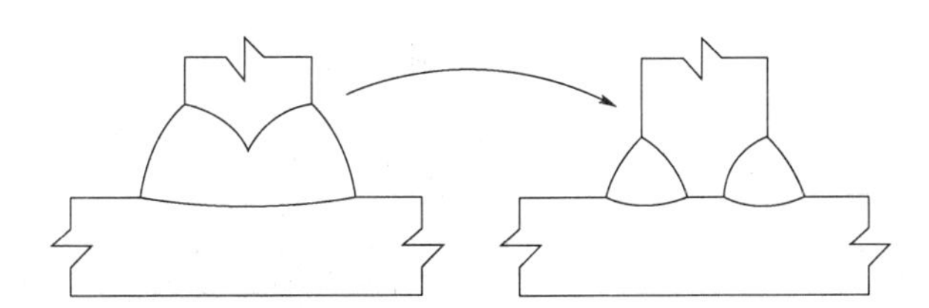

图 13-19　采用部分焊透对接与角接组合焊缝代替焊透坡口焊缝

焊接结构中母材厚度方向上需承受较大焊接收缩应力时，应选用具有较好厚度方向性能的钢材。

对于结构中 T 形接头、十字接头、角接接头，可采用 5 种加工工艺和措施，即在满足接头强度要求的条件下，尽可能选用具有较好熔敷金属塑性性能的焊接材料；避免使用熔敷金属强度过高的焊接材料，应使用高熔敷率、低氢或超低氢焊接方法和焊接材料进行焊接。采用塑性较好的焊材在坡口内母材板面上先堆焊塑性过渡层。采用合理的焊接顺序，减少接头的焊接拘束应力。在翼板厚度方向上含有不同厚度腹板的接头中，先焊具有较大熔敷量和收缩的较厚接头，后焊较小厚度的接头。在不产生附加应力的前提下，提高接头的预热温度。

13.3.6 构件制作与工地安装焊接构造设计

构件制作焊接节点形式应符合以下要求，即桁架和支撑的杆件与节点板的连接节点宜采用图 13-20 的形式；当杆件承受拉力时，焊缝应在搭接杆件节点板的外边缘处提前终止，间距 a 应不小于 h_f。型钢与钢板搭接，其搭接位置应符合图 13-21 的要求。搭接接头上的角焊缝应避免在同一搭接接触面上相交（图 13-22）。要求焊缝与母材等强和承受动荷载的对接接头，其纵横两方向的对接焊缝，宜采用 T 形交叉。交叉点的距离宜不小于 200mm，且拼接料的长度和宽度宜不小于 300mm（图 13-23）；如有特殊要求，施工图应注明焊缝的位置。以角焊缝作纵向连接组焊的部件，如在局部荷载作用区采用一定长度的对接与角接组合焊缝来传递载荷，在此长度以外坡口深度应逐步过渡至零，且过渡长度应不小于坡口深度的 4 倍。焊接组合箱形梁、柱的纵向焊缝，宜采用全焊透或部分焊透的对接焊缝［图 13-24（a）］。要求全焊透时，应采用垫板单面焊［图 13-24（b）］。只承受静载荷的焊接组合 H 形梁、柱的纵向连接焊缝，当腹板厚度大于 25mm 时，宜采用部分焊透或全焊透连接焊缝（图 13-25）。箱形柱与隔板的焊接，应采用全焊透焊缝［图 13-26（a）］；对无法进行手工焊接的焊缝，宜采用电渣焊焊接，且焊缝宜对称布置［图 13-26（b）］。焊接钢管混凝土组合柱的纵向和横向焊缝，应采用双面或单面全焊透接头形式（图 13-27）。管-球结构中，对由两个半球焊接而成的空心球，其焊接接头可采用不加肋和加肋两种形式，其构造如图 13-28 所示。

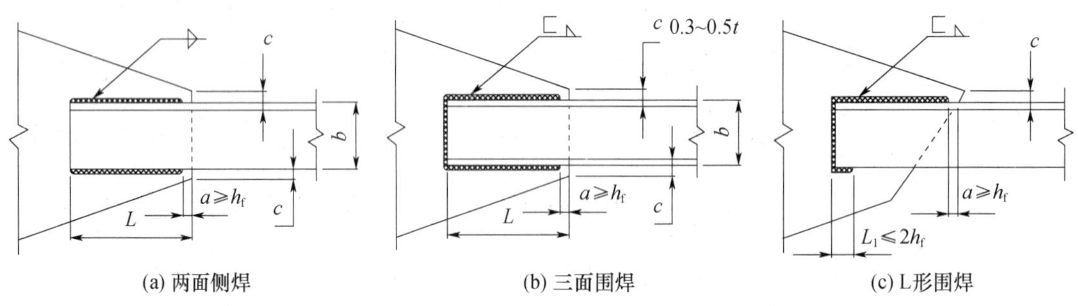

图 13-20　桁架和支撑杆件与节点板连接节点示意

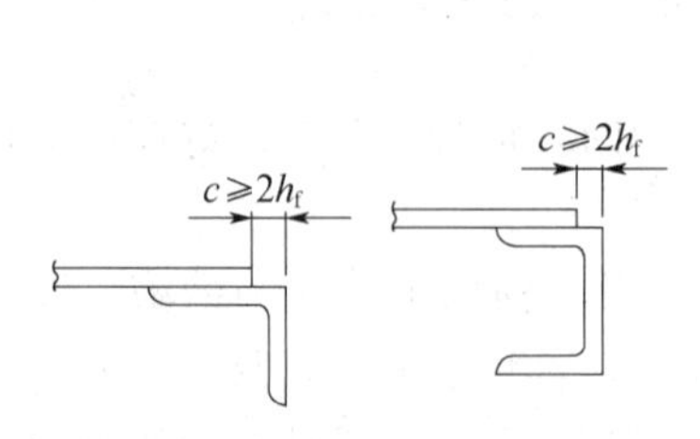

图 13-21　型钢与钢板搭接节点示意

h_f—焊脚尺寸

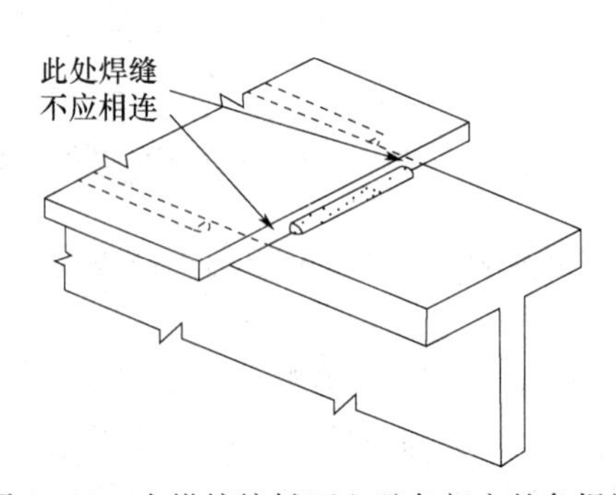

图 13-22　在搭接接触面上避免相交的角焊缝

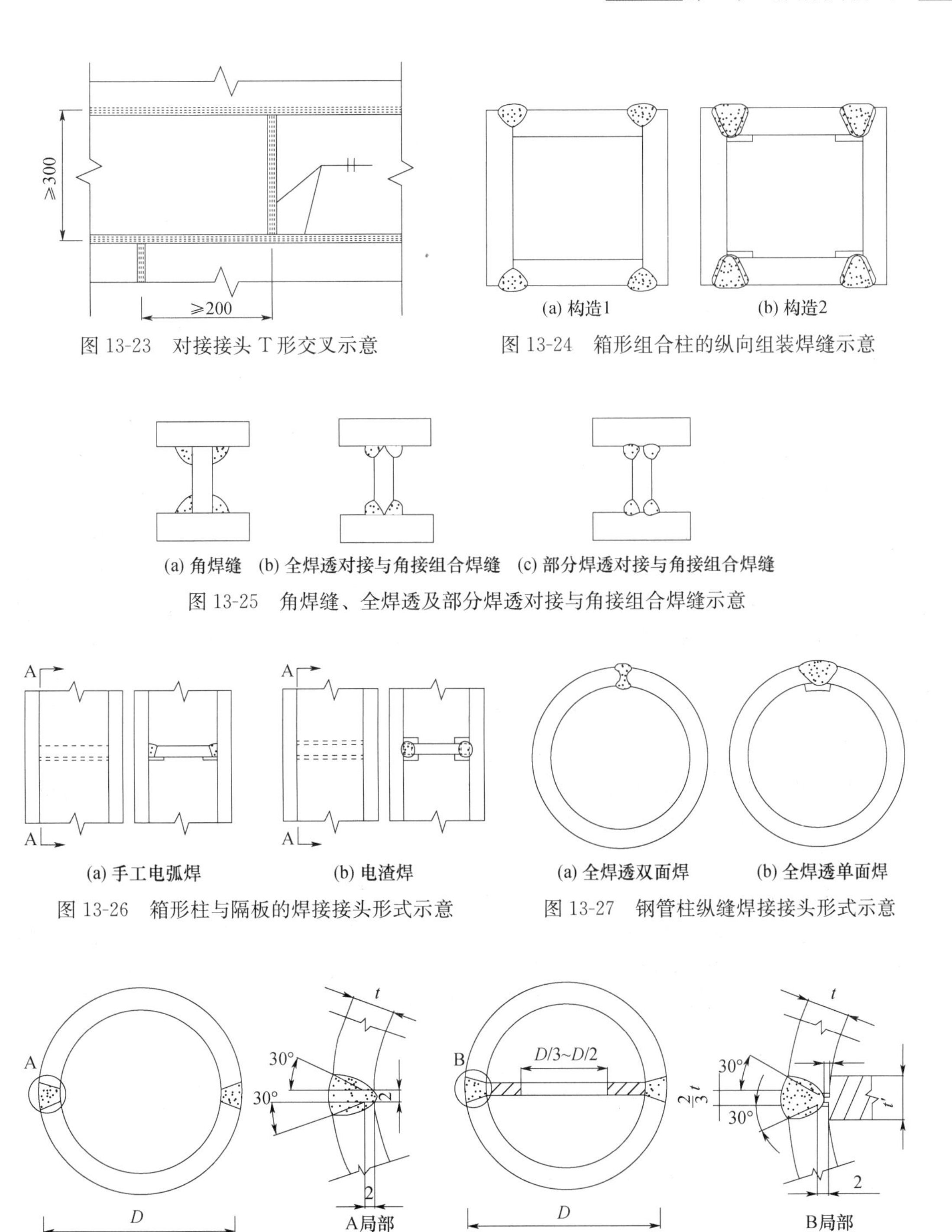

图 13-23 对接接头 T 形交叉示意

图 13-24 箱形组合柱的纵向组装焊缝示意

图 13-25 角焊缝、全焊透及部分焊透对接与角接组合焊缝示意

图 13-26 箱形柱与隔板的焊接接头形式示意

图 13-27 钢管柱纵缝焊接接头形式示意

图 13-28 空心球制作焊接接头形式示意

工地安装焊接节点形式应符合以下要求，即 H 形框架柱安装拼接接头宜采用螺栓和焊接组合节点或全焊节点［图 13-29（a）、图 13-29（b），图中焊缝背面垫板省略；采用螺栓和焊接组合节点时，腹板应采用螺栓连接，翼缘板应采用单 V 形坡口加垫板全焊透

焊缝连接［图 13-29（c）］；采用全焊节点时，翼缘板应采用单 V 形坡口加垫板全焊透焊缝，腹板宜采用 K 形坡口双面部分焊透焊缝，反面不清根；设计要求腹板全焊透时，如腹板厚度不大于 20mm，宜采用单 V 形坡口加垫板焊接［图 13-29（e）］，如腹板厚度大于 20mm，宜采用 K 形坡口，反面清根后焊接［图 13-29（d）］。钢管及箱形框架柱安装拼接应采用全焊接头，并根据设计要求采用全焊透焊缝或部分焊透焊缝；全焊透焊缝坡口形式应采用单 V 形坡口加垫板（图 13-30）。桁架或框架梁中，焊接组合 H 形、T 形或箱形钢梁的安装拼接采用全焊连接时，宜采用翼缘板与腹板拼接截面错位的形式；H 形及 T 形截面组焊型钢错开距离宜不小于 200mm；翼缘板与腹板之间的纵向连接焊缝应预留一段焊缝最后焊接，其与翼缘板对接焊缝的距离宜不小于 300mm（图 13-31）；腹板厚度大于 20mm 时宜采用 X 形坡口反面清根双面焊，腹板厚度不大于 20mm 时宜根据焊接位置采用 V 形坡口单面焊并反面清根后封焊，或采用 V 形坡口加垫板单面焊；箱形截面构件翼缘板与腹板接口错开距离宜大于 300mm，其上、下翼缘板及腹板焊接宜采用 V 形坡口加垫板单面焊，其他要求与 H 形截面相同。框架柱与梁刚性连接时应采用下列连接节点形式，即柱上有悬臂梁时梁的腹板与悬臂梁腹板宜采用高强螺栓连接，梁翼缘板与悬臂梁翼缘板应用 V 形坡口加垫板单面全焊透焊缝连接［图 13-32（a）］；柱上无悬臂梁时，梁的腹板与柱上已焊好的承剪板宜用高强螺栓连接，梁翼缘板应直接与柱身用单边 V 形坡口加垫板单面全焊透焊缝连接［图 13-32（b）］；梁与 H 形柱弱轴方向刚性连接时梁的腹板与柱的纵筋板宜用高强螺栓连接，梁的翼缘板与柱的横隔板应用 V 形坡口加垫板单面全焊透焊缝连接［图 13-32（c）］。管材与空心球工地安装焊接节点应采用两种形式，即钢管内壁加套管作为单面焊接坡口的垫板时，坡口角度、间隙及焊缝外形要求应符合图 13-33（b）要求；钢管内壁不用套管时宜将管端加工成 30°～60°折线形坡口，预装配后根据间隙尺寸要求，进行管端二次加工［图 13-33（c）］；要求全焊透时应进行专项工艺评定试验和宏观切片检验以确认坡口尺寸和焊接工艺参数。管-管连接的工地安装焊接节点形式应符合两条要求，即管-管对接在壁厚不大于 6mm 时可用 I 形坡口加垫板单面全焊透焊缝连接［图 13-34（a）］，在壁厚大于 6mm 时可用 V 形坡口加垫板单面全焊透焊缝连接［图 13-34（b）］；管-管 T、Y、K 形相贯接头应按前述要求在节点各区分别采用全焊透焊缝和部分焊透焊缝，其坡口形状及尺寸应符合图 13-9、图 13-10 要求，设计要求采用角焊缝连接时其坡口形状及尺寸应符合图 13-11 的要求。

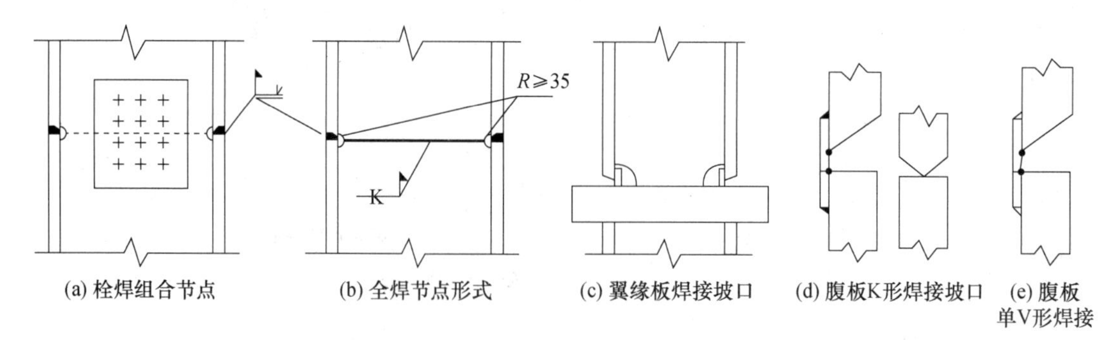

图 13-29　H 形框架柱安装拼接节点及坡口形式示意

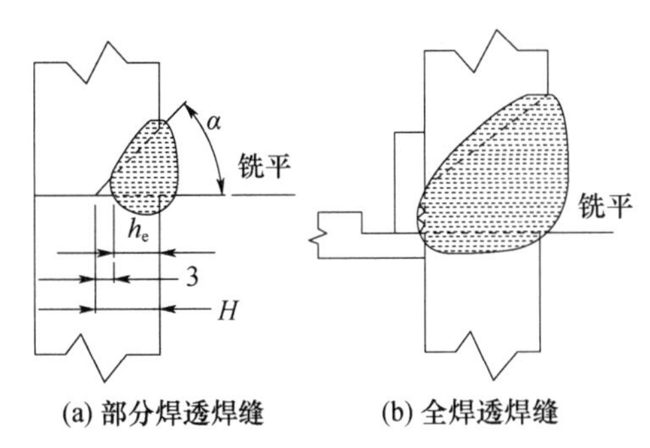

图 13-30　箱形及钢管框架柱安装拼接接头坡口示意

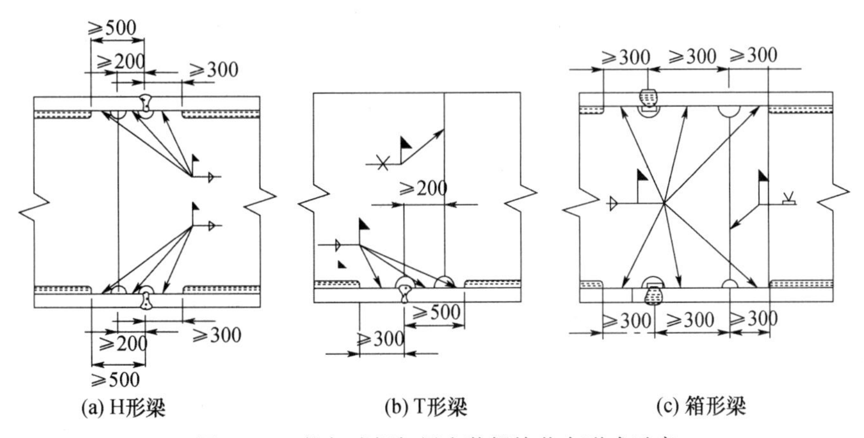

图 13-31　桁架或框架梁安装焊接节点形式示意

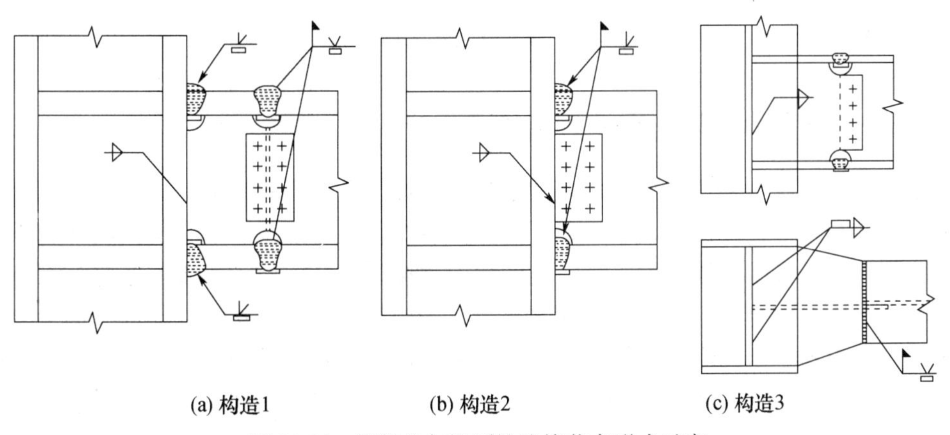

图 13-32　框架柱与梁刚性连接节点形式示意

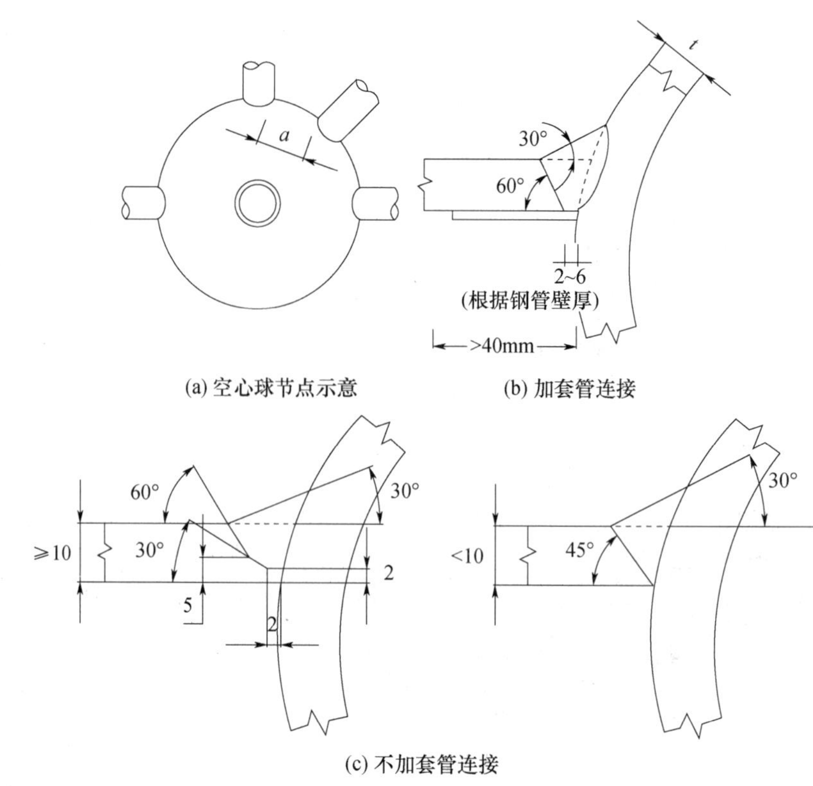

(a) 空心球节点示意　(b) 加套管连接

(c) 不加套管连接

图 13-33　管-球节点形式及坡口形式与尺寸示意

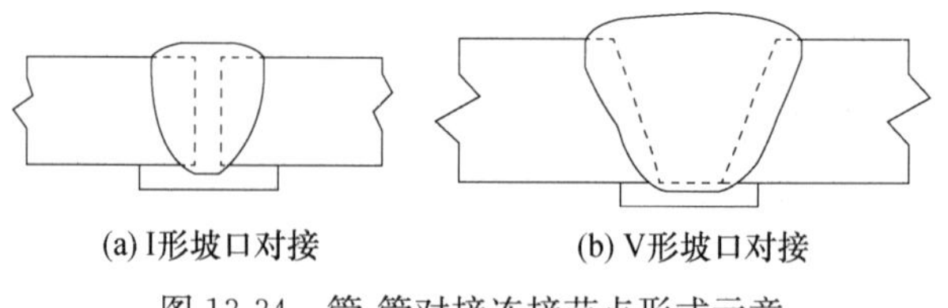

(a) I形坡口对接　(b) V形坡口对接

图 13-34　管-管对接连接节点形式示意

13.3.7　承受动载与抗震的焊接构造设计

承受动载需经疲劳验算时，严禁使用塞焊、槽焊、电渣焊和气电立焊接头。

承受动载时，塞焊、槽焊、角焊、对接接头应符合以下规定，即承受动载不需要进行疲劳验算的构件，采用塞焊、槽焊时，孔或槽的边缘到开孔件邻近边垂直于应力方向的净距离应不小于此部件厚度的 5 倍，且应不小于孔或槽宽度的两倍；构件端部搭接接头的纵向角焊缝长度应不小于两侧焊缝间的垂直距离 B，且在无塞焊、槽焊等其他措施时，距离 B 不应超过较薄件厚度 t 的 16 倍（图 13-35），其中，B 应不大于 $16t$（中间有塞焊焊缝或槽焊焊缝时除外）。严禁使用焊脚尺寸小于 5mm 的角焊缝。严禁使用断续坡口焊缝和断续角焊缝。对接与角接组合焊缝和 T 形接头的全焊透坡口焊缝应用角焊缝加强，加强焊脚尺寸应大于或等于接头较薄件厚度的二分之一，且不应超过 10mm。承受动载需经疲劳验算的接头，当拉应力与焊缝轴线垂直时，严禁采用部分焊透对接焊缝、背面不清根的无衬垫或未经评定认可的非钢衬垫单面焊缝及角焊缝。除横焊位置以外，不得使用L形和J形坡口。不同板厚的对接接头承受动载时，不论受拉应力或剪应力、压应力，均应遵守前述要求做成斜坡过渡。

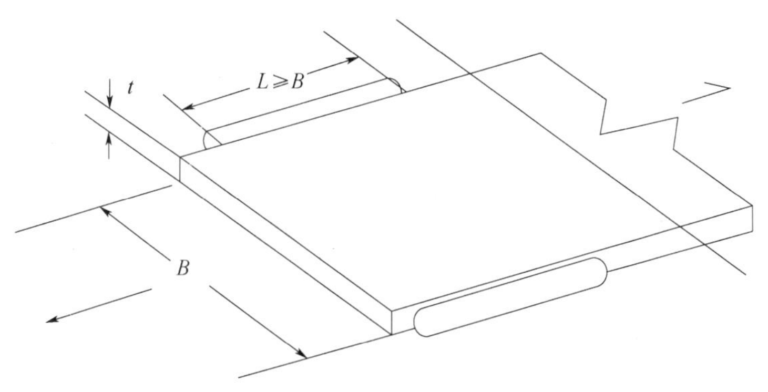

图13-35　承受动载不需进行疲劳验算时构件端部纵向角焊缝长度及距离要求示意

承受动载构件的组焊节点形式应符合以下要求，即有对称横截面的部件组合焊接时，应以构件轴线对称布置焊缝，当应力分布不对称时应作相应修正。用多个部件组叠成构件时，应用连续焊缝沿构件纵向将其连接。承受动载荷需经疲劳验算的桁架，其弦杆和腹杆与节点板的搭接焊缝应采用围焊，杆件焊缝之间间隔应不小于50mm。节点板轮廓及局部尺寸应符合图13-36的要求，其中，$L>b$、$c\geqslant 2h_f$。实腹吊车梁横向加劲肋板与翼缘板之间的焊缝应避免与吊车梁纵向主焊缝交叉，其焊接节点构造宜采用图13-37的形式，其中，$b_1\approx b_s/3$ 且$\leqslant$40mm；$b_2\approx b_s/2$ 且$\leqslant$60mm。

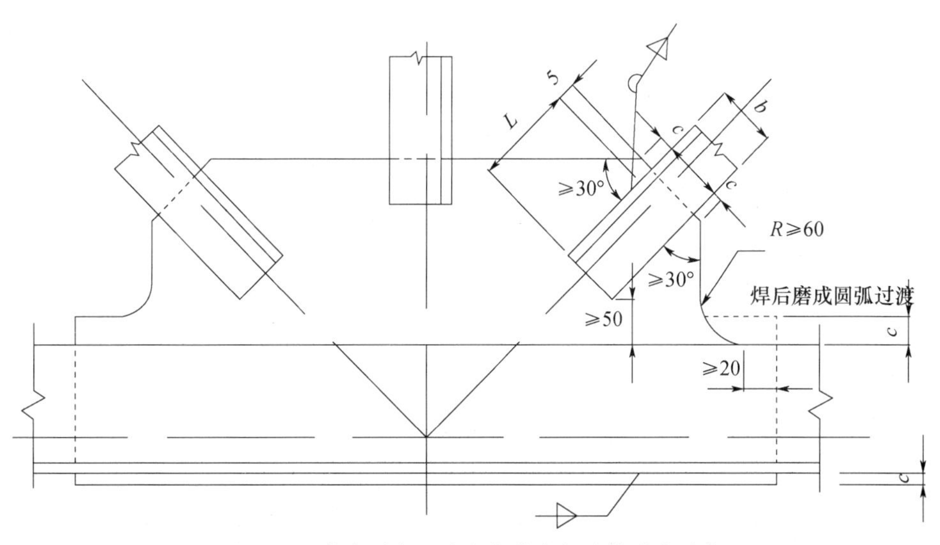

图13-36　桁架弦杆、腹杆与节点板连接形式示意

抗震结构框架柱与梁的刚性连接节点焊接时，应符合以下要求，即梁的翼缘板与柱之间的对接与角接组合焊缝的加强焊脚尺寸应大于或等于翼缘板厚的四分之一，但可不大于10mm。梁的下翼缘板与柱之间宜采用L形或J形坡口无垫板单面全焊透焊缝，并应在反面清根后封底焊成平缓过渡形状；采用L形坡口加垫板单面全焊透焊缝时，焊接完成后

应割除全部长度的垫板及引弧板、引出板，打磨清除未熔合或夹渣等缺欠后，再封底焊成平缓过渡形状。

柱连接焊缝引弧板、引出板、垫板割除时应符合以下要求：引弧板、引出板、垫板均应割去；割除时应沿柱-梁交接拐角处切割成圆弧过渡，且切割表面不得有大于1mm的缺棱；下翼缘垫板沿长度割除后必须打磨清理接头背面焊缝的焊渣等缺欠，并焊补至焊缝平缓过渡。

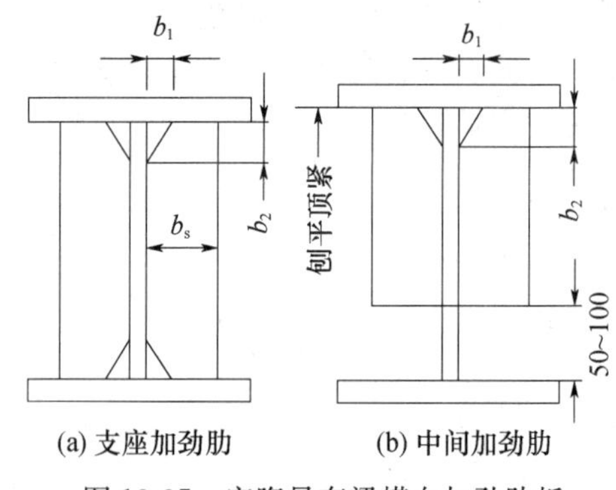

图 13-37 实腹吊车梁横向加劲肋板连接构造示意

梁柱连接处梁腹板的过焊孔应符合以下规定，即梁翼板与腹板的组合纵焊缝两端应设置引弧、引出板；腹板上的过焊孔宜在梁纵缝焊接完成后切除引弧、引出板时一起加工完成。下翼缘处腹板过焊孔高度应大于1.5倍腹板厚度，以保证穿越腹板焊接翼缘板时焊缝的致密性；过焊孔边缘与下翼板相交处与柱-梁翼缘焊缝熔合线之间距离应大于10mm，并不得绕过腹板厚度围焊。腹板厚度大于38mm时，过焊孔热切割应预热65℃以上，必要时可将切割表面磨光后进行磁粉或渗透探伤。不推荐采用焊接方法封堵过焊孔。

13.3.8 钢结构焊接接头坡口形状、尺寸和标记方法

各种焊接方法及接头坡口形状尺寸代号和标记应符合以下规定：即焊接方法及焊透种类代号应符合表13-14规定；单、双面焊接及垫板种类代号应符合表13-15规定；坡口各部分尺寸代号应符合表13-16规定。

表 13-14 焊接方法及焊透种类代号

代号	焊接方法	焊透种类
MC	焊条电弧焊	完全焊透
MP		部分焊透
GC	气体保护电弧焊 自保护电弧焊	完全焊透
GP		部分焊透
SC	埋弧焊	完全焊透
SP		部分焊透
SL	电渣焊	完全焊透

表 13-15 单、双面焊接及垫板种类代号

反面垫板种类		单、双面焊接	
代号	使用材料	代号	单、双焊接面规定
BS	钢衬垫	1	单面焊接
BF	其他材料的衬垫	2	双面焊接

表 13-16　坡口各部分的尺寸代号

代号	代表的坡口各部分尺寸
t	接缝部位的板厚（mm）
b	坡口根部间隙或部件间隙（mm）
h	坡口深度（mm）
p	坡口钝边（mm）
α	坡口角度（°）

焊接接头坡口形状和尺寸的标记应符合相关规范规定（图 13-38）。标记示例：焊条电弧焊、完全焊透、对接、I形坡口、背面加钢衬垫的单面焊接接头表示为 MC-BI-BS1。

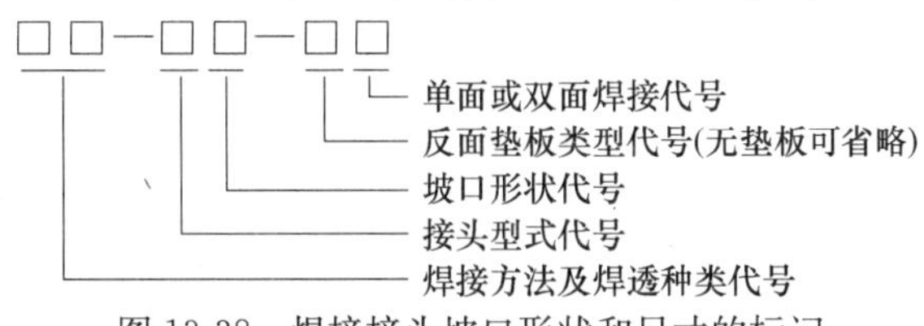

图 13-38　焊接接头坡口形状和尺寸的标记

焊条电弧焊全焊透坡口形状和尺寸宜符合表 13-17 的要求。气体保护焊、自保护焊全焊透坡口形状和尺寸宜符合表 13-18 的要求。埋弧焊全焊透坡口形状和尺寸宜符合表 13-19 要求。焊条电弧焊部分焊透坡口形状和尺寸宜符合表 13-20 的要求。气体保护焊、自保护焊部分焊透坡口形状和尺寸宜符合表 13-21 的要求。埋弧焊部分焊透坡口形状和尺寸宜符合表 13-22 的要求。

表 13-17　焊条电弧焊全焊透坡口形状和尺寸

序号	标记	坡口形状示意图	板厚（mm）	焊接位置	坡口尺寸（mm）	备注
1	MC-BI-2 MC-TI-2 MC-CI-2		3～6	F H V O	$b=\frac{t}{2}$	清根
2	MC-BI-B1 MC-CI-B1		3～6	F H V O	$b=t$	—

续表

<table>
<tr><th>序号</th><th>标记</th><th>坡口形状示意图</th><th>板厚（mm）</th><th>焊接位置</th><th colspan="2">坡口尺寸（mm）</th><th>备注</th></tr>
<tr><td>3</td><td>MC-BV-2
MC-CV-2</td><td></td><td>$\geqslant 6$</td><td>F
H
V
O</td><td colspan="2">$b=0\sim3$
$p=0\sim3$
$\alpha_1=60^\circ$</td><td>清根</td></tr>
<tr><td rowspan="10">4</td><td rowspan="5">MC-BV-B1</td><td rowspan="5"></td><td rowspan="5">$\geqslant 6$</td><td rowspan="2">F，H，
V，O</td><td>b</td><td>α_1</td><td rowspan="10">—</td></tr>
<tr><td>6</td><td>45°</td></tr>
<tr><td rowspan="3">F，V，O</td><td>10</td><td>30°</td></tr>
<tr><td>13</td><td>20°</td></tr>
<tr><td colspan="2">$p=0\sim2$</td></tr>
<tr><td rowspan="5">MC-CV-B1</td><td rowspan="5"></td><td rowspan="5">$\geqslant 12$</td><td rowspan="2">F，H
V，O</td><td>b</td><td>α_1</td></tr>
<tr><td>6</td><td>45°</td></tr>
<tr><td rowspan="3">F，V，O</td><td>10</td><td>30°</td></tr>
<tr><td>13</td><td>20°</td></tr>
<tr><td colspan="2">$p=0\sim2$</td></tr>
<tr><td>5</td><td>MC-BL-2
MC-TL-2
MC-CL-2</td><td></td><td>$\geqslant 6$</td><td>F
H
V
O</td><td colspan="2">$b=0\sim3$
$p=0\sim3$
$\alpha_1=45^\circ$</td><td>清根</td></tr>
<tr><td rowspan="4">6</td><td>MC-BL-B1</td><td></td><td rowspan="4">$\geqslant 6$</td><td>F
H
V
O</td><td>b</td><td>α_1</td><td rowspan="4">—</td></tr>
<tr><td rowspan="2">MC-TL-B1</td><td rowspan="2"></td><td rowspan="2">F，H
V，O
（F，V，O）</td><td>6</td><td>45°</td></tr>
<tr><td>10</td><td>30°</td></tr>
<tr><td>MC-CL-B1</td><td></td><td>F，H
V，O
（F，V，O）</td><td colspan="2">$p=0\sim2$</td></tr>
</table>

续表

序号	标记	坡口形状示意图	板厚（mm）	焊接位置	坡口尺寸（mm）	备注
7	MC-BX-2	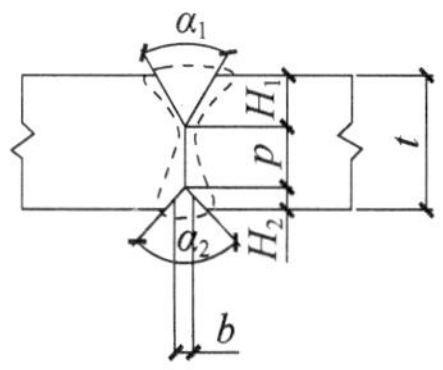 α_1 H_1 p t α_2 H_2 b	≥16	F H V O	$b=0\sim3$ $H_1=\frac{2}{3}(t-p)$ $p=0\sim3$ $H_1=\frac{1}{3}(t-p)$ $\alpha_1=60°$ $\alpha_2=60°$	清根
8	MC-BK-2 MC-TK-2 MC-CK-2	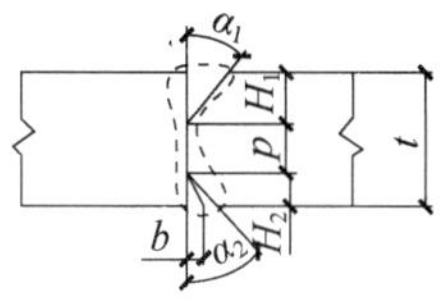 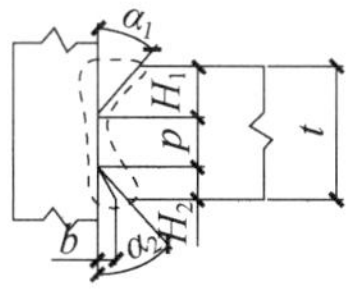 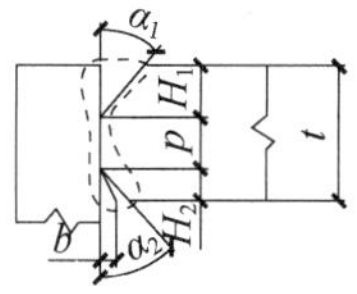 α_1 H_1 p t b α_2 H_2 α_1 H_1 p t b α_2 H_2 α_1 H_1 p t b α_2 H_2	≥16	F H V O	$b=0\sim3$ $H_1=\frac{2}{3}(t-p)$ $p=0\sim3$ $H_1=\frac{1}{3}(t-p)$ $\alpha_1=45°$ $\alpha_2=60°$	清根

表 13-18 气体保护焊、自保护焊全焊透坡口形状和尺寸

序号	标记	坡口形状示意图	板厚（mm）	焊接位置	坡口尺寸（mm）	备注
1	GC-BI-2 GC-TI-2 GC-CI-2	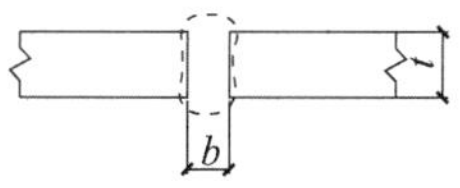 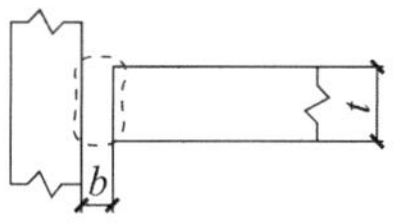 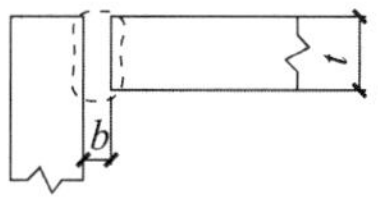 t b t b t b	3～8	F H V O	$b=0\sim3$	清根
2	GC-BI-B1 GC-CI-B1	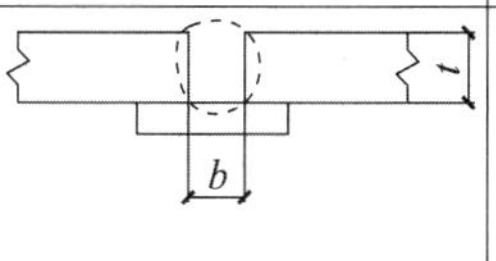 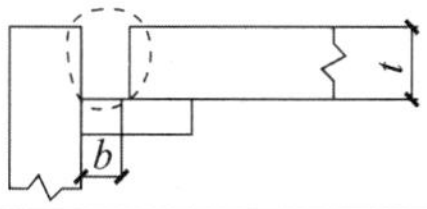 t b t b	6～10	F H V O	$b=t$	—

续表

序号	标记	坡口形状示意图	板厚（mm）	焊接位置	坡口尺寸（mm）	备注
3	GC-BV-2 GC-CV-2		≥6	F H V O	b=0～3 p=0～3 α_1=60°	清根
4	GC-BV-B1		≥6	F V O	b: 6, 10 α_1: 45°, 30°	—
	GC-CV-B1		≥12		p=0～2	
5	GC-BL-2 GC-TL-2 GC-CL-2		≥6	F H V O	b=0～3 p=0～3 α_1=45°	清根
6	GC-BL-B1 GC-TL-B1 GC-CL-B1		≥6	F，H V，O	b: 6, (10) α_1: 45°, (30°)	—
				（F）	p=0～2	

续表

序号	标记	坡口形状示意图	板厚（mm）	焊接位置	坡口尺寸（mm）	备注
7	GC-BX-2	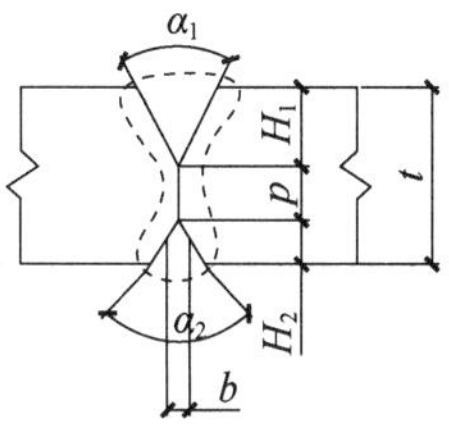 α_1 H_1 p t α_2 H_2 b	≥16	F H V O	$b=0\sim3$ $H_1=\frac{2}{3}(t-p)$ $p=0\sim3$ $H_2=\frac{1}{3}(t-p)$ $\alpha_1=60°$ $\alpha_2=60°$	清根
8	GC-BK-2 GC-TK-2 GC-CK-2	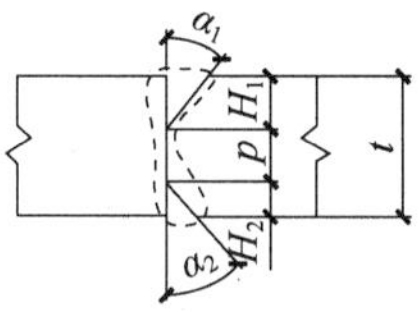 α_1 H_1 p t α_2 H_2 α_1 H_1 p t α_2 H_2 α_1 H_1 p t α_2 H_2	≥16	F H V O	$b=0\sim3$ $H_1=\frac{2}{3}(t-p)$ $p=0\sim3$ $H_2=\frac{1}{3}(t-p)$ $\alpha_1=45°$ $\alpha_2=60°$	清根

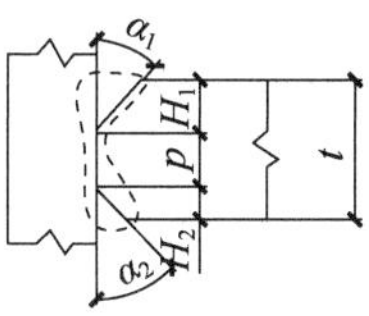

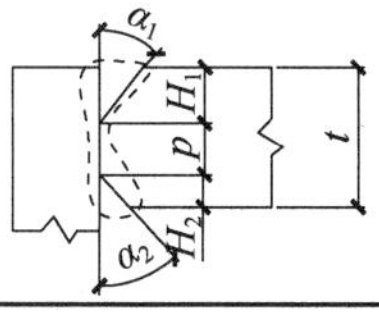

表 13-19　埋弧焊全焊透坡口形状和尺寸

序号	标记	坡口形状示意图	板厚（mm）	焊接位置	坡口尺寸（mm）	备注
1	SC-BI-2	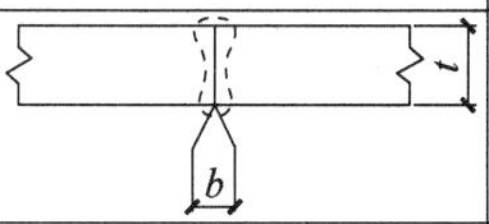 t b	6～12	F	$b=0$	清根
	SC-TI-2 SC-CI-2	t b t b	6～10	F		
2	SC-BI-B1 SC-CI-B1	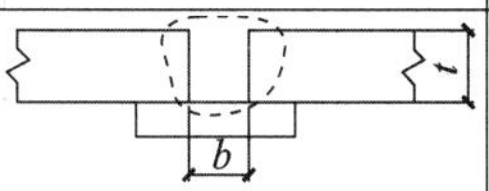 t b t b	6～10	F	$b=t$	—

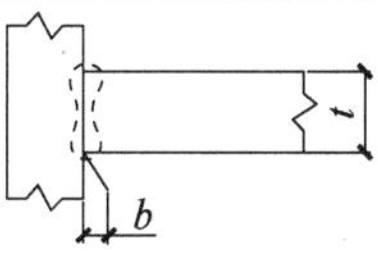

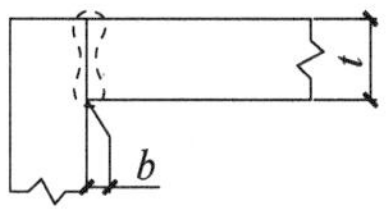

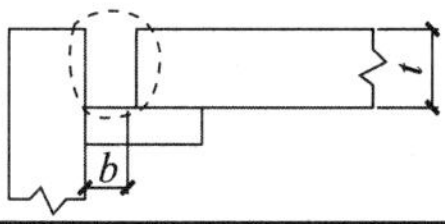

续表

序号	标记	坡口形状示意图	板厚（mm）	焊接位置	坡口尺寸（mm）	备注
3	SC-BV-2	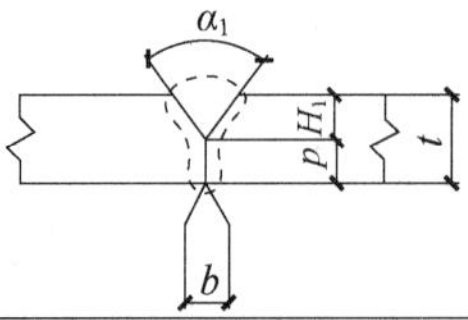	⩾12	F	$b=0$ $H_1=t-p$ $p=6$ $\alpha_1=60°$	清根
	SC-CV-2	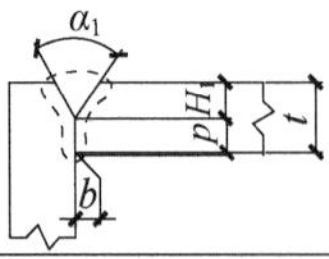	⩾10	F	$b=0$ $p=6$ $\alpha_1=60°$	清根
4	SC-BV-B1 SC-CV-B1	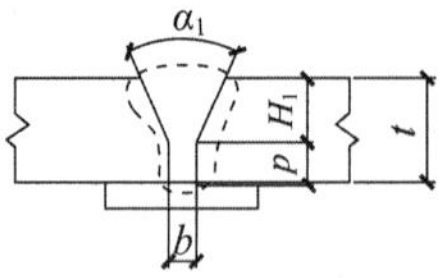	⩾10	F	$b=8$ $H_1=t-p$ $p=2$ $\alpha_1=30°$	—
5	SC-BL-2	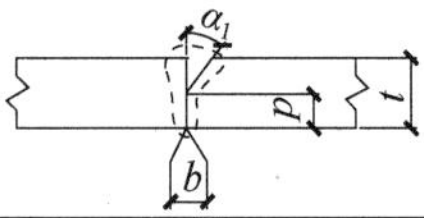	⩾12	F	$b=0$ $H_1=t-p$ $p=6$ $\alpha_1=55°$	清根
		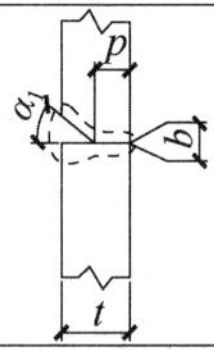	⩾10	H		
	SC-TL-2	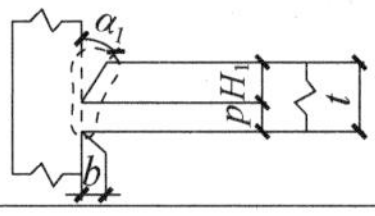	⩾6	F	$b=0$ $H_1=t-p$ $p=6$ $\alpha_1=60°$	清根
	SC-CL-2	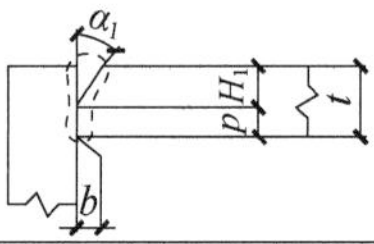	⩾8	F	$b=0$ $H_1=t-p$ $p=6$ $\alpha_1=55°$	
6	SC-BL-B1 SC-TL-B1 SC-CL-B1		⩾10	F	b: 6, 10；α_1: 45°, 30° $p=2$	—

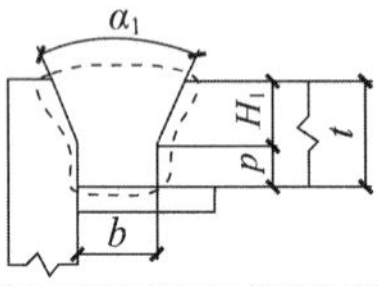

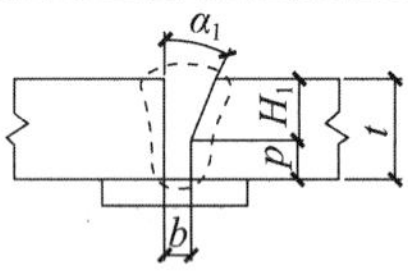

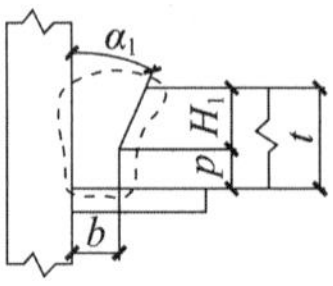

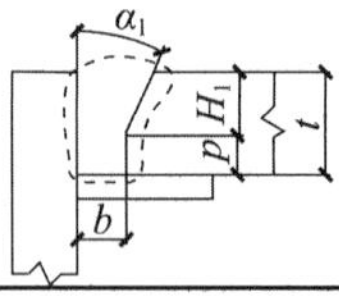

续表

序号	标记	坡口形状示意图	板厚（mm）	焊接位置	坡口尺寸（mm）	备注
7	SC-BX-2	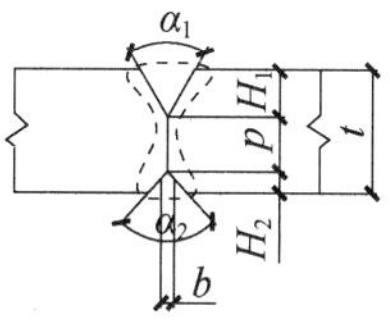 α_1 H_1 p t α_2 H_2 b	≥20	F	$b=0$ $H_1=\frac{2}{3}(t-p)$ $p=6$ $H_2=\frac{1}{3}(t-p)$ $\alpha_1=60°$ $\alpha_2=60°$	清根
8	SC-BK-2	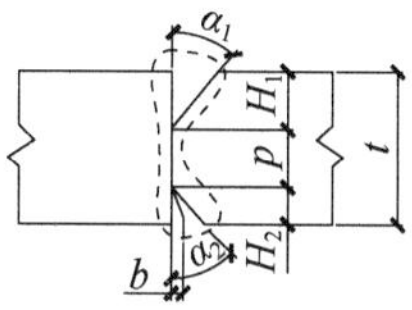 α_1 H_1 p t H_2 α_2 b	≥20	F	$b=0$ $H_1=\frac{2}{3}(t-p)$ $p=5$ $H_2=\frac{1}{3}(t-p)$ $\alpha_1=55°$ $\alpha_2=60°$	清根
		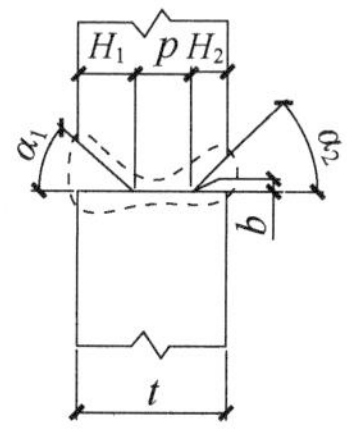 H_1 p H_2 α_1 α_2 b t	≥12	H		
	SC-TK-2	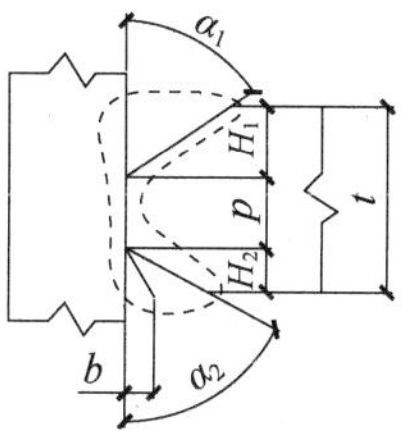 α_1 H_1 p t H_2 b α_2	≥20	F	$b=0$ $H_1=\frac{2}{3}(t-p)$ $p=6$ $H_2=\frac{1}{3}(t-p)$ $\alpha_1=60°$ $\alpha_2=60°$	清根
	SC-CK-2	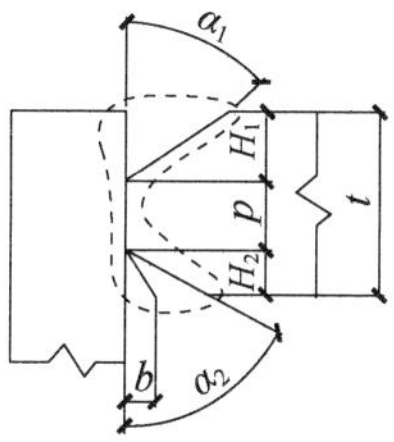 α_1 H_1 p t H_2 b α_2	≥20	F	$b=0$ $H_1=\frac{2}{3}(t-p)$ $p=5$ $H_2=\frac{1}{3}(t-p)$ $\alpha_1=55°$ $\alpha_2=60°$	清根

表 13-20　焊条电弧焊部分焊透坡口形状和尺寸

序号	标记	坡口形状示意图	板厚（mm）	焊接位置	坡口尺寸（mm）	备注
1	MP-BI-1 MP-CI-1	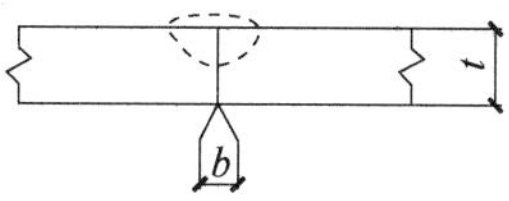 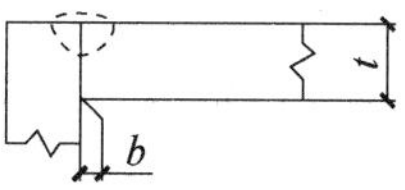 t b t b	3～6	F H V O	$b=0$	—

续表

序号	标记	坡口形状示意图	板厚（mm）	焊接位置	坡口尺寸（mm）	备注
2	MP-BI-2	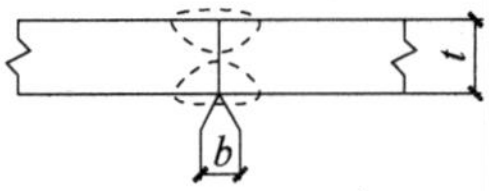	3～6	F，H V，O	$b=0$	—
	MP-CI-2	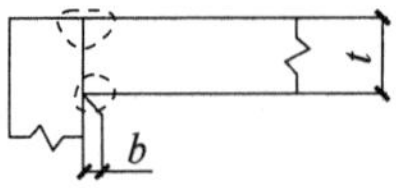	6～10	F，H V，O	$b=0$	
3	MP-BV-1 MP-BV-2 MP-CV-1 MP-CV-2	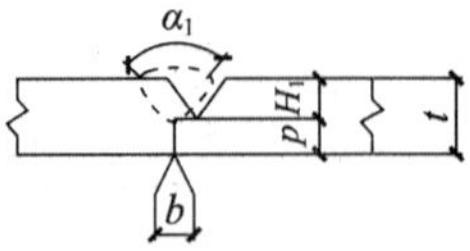	≥6	F H V O	$b=0$ $H_1 \geqslant 2\sqrt{t}$ $p=t-H_1$ $\alpha_1=60^\circ$	—
4	MP-BL-1 MP-BL-2 MP-CL-1 MP-CL-2	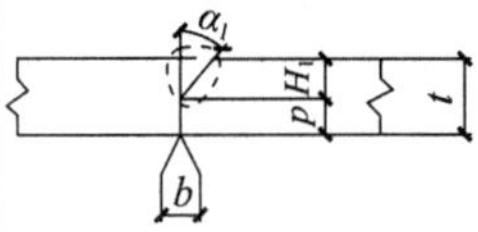	≥6	F H V O	$b=0$ $H_1 \geqslant 2\sqrt{t}$ $p=t-H_1$ $\alpha_1=45^\circ$	—

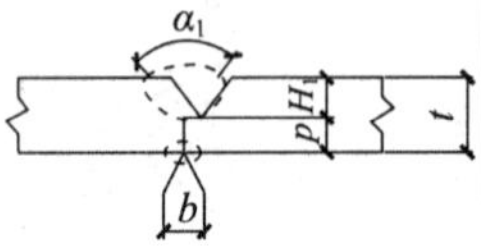

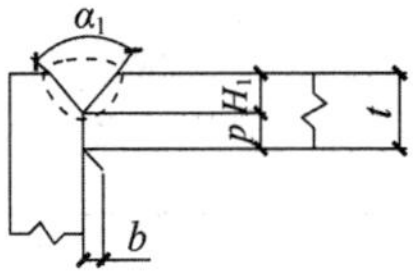

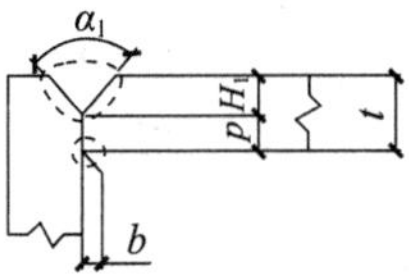

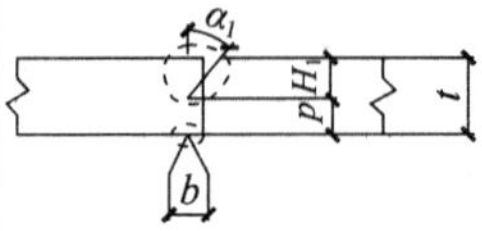

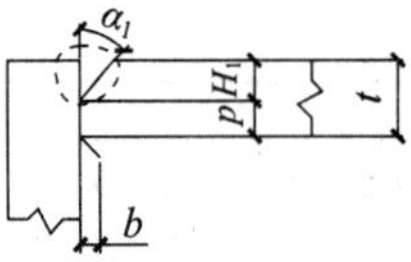

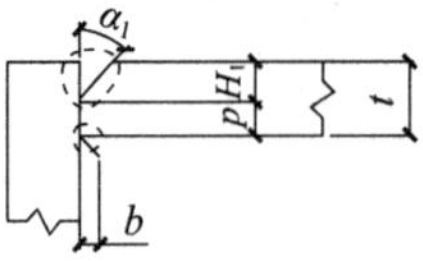

续表

序号	标记	坡口形状示意图	板厚（mm）	焊接位置	坡口尺寸（mm）	备注
5	MP-TL-1 MP-TL-2	α_1 H_1 p t b α_1 H_1 p t b	≥10	F H V O	$b=0$ $H_1 \geqslant 2\sqrt{t}$ $p=t-H_1$ $\alpha_1=45°$	—
6	MP-BX-2	α_1 H_1 p t H_2 α_2 b	≥25	F H V O	$b=0$ $H_1 \geqslant 2\sqrt{t}$ $p=t-H_1-H_2$ $H_2 \geqslant 2\sqrt{t}$ $\alpha_1=60°$ $\alpha_2=60°$	—
7	MP-BK-2 MP-TK-2 MP-CK-2	α_1 H_1 p t b α_2 H_2 α_1 H_1 p t b α_2 H_2 α_1 H_1 p t b α_2 H_2	≥25	F H V O	$b=0$ $H_1 \geqslant 2\sqrt{t}$ $p=t-H_1-H_2$ $H_2 \geqslant 2\sqrt{t}$ $\alpha_1=45°$ $\alpha_2=45°$	—

表 13-21　气体保护焊、自保护焊部分焊透坡口形状和尺寸

序号	标记	坡口形状示意图	板厚（mm）	焊接位置	坡口尺寸（mm）	备注
1	GP-BI-1 GP-CI-1	t b t b	3～10	F H V O	$b=0$	—

续表

序号	标记	坡口形状示意图	板厚（mm）	焊接位置	坡口尺寸（mm）	备注
2	GP-BI-2	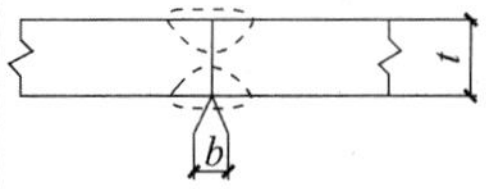	3～10	F H V O	$b=0$	—
	GP-CI-2	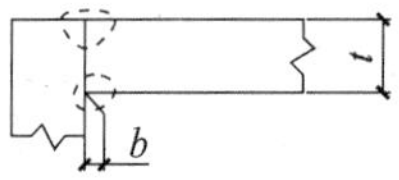	10～12			
3	GP-BV-1	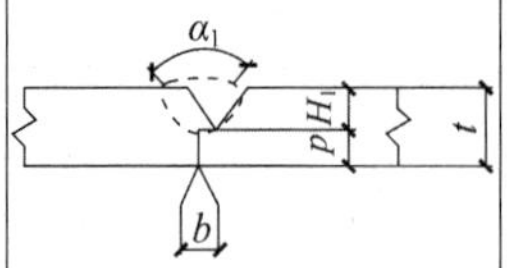	≥6	F H V O	$b=0$ $H_1\geqslant 2\sqrt{t}$ $p=t-H_1$ $\alpha_1=60°$	—
	GP-BV-2	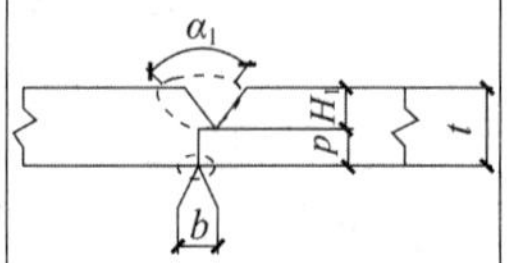				
	GP-CV-1	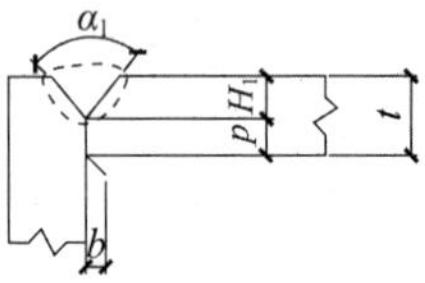				
	GP-CV-2	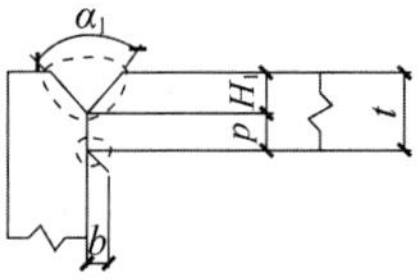				
4	GP-BL-1	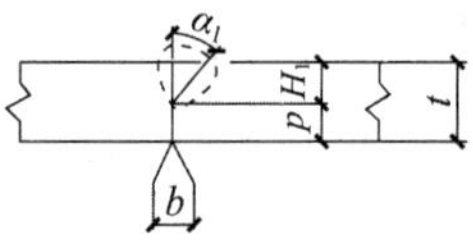	≥6	F H V O	$b=0$ $H_1\geqslant 2\sqrt{t}$ $p=t-H_1$ $\alpha_1=45°$	—
	GP-BL-2	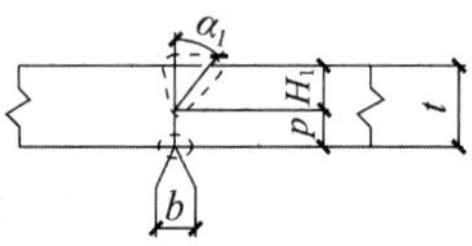				
	GP-CL-1	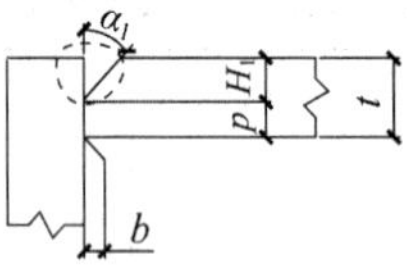	6～24			
	GP-CL-2	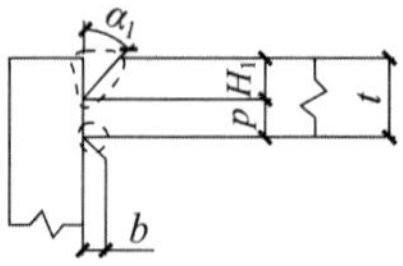				

续表

序号	标记	坡口形状示意图	板厚（mm）	焊接位置	坡口尺寸（mm）	备注
5	GP-TL-1 GP-TL-2	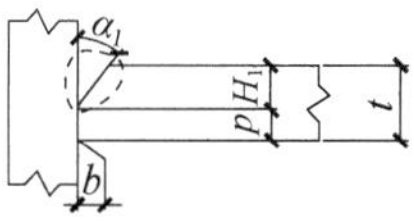	≥10	*F* *H* *V* *O*	$b=0$ $H_1 \geqslant 2\sqrt{t}$ $p=t-H_1$ $\alpha_1=45°$	—
6	GP-BX-2	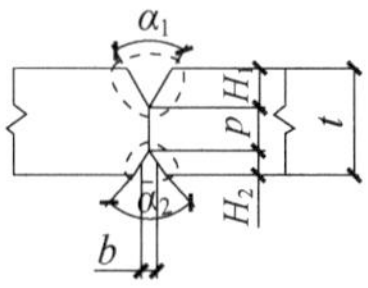	≥25	*F* *H* *V* *O*	$b=0$ $H_1 \geqslant 2\sqrt{t}$ $p=t-H_1-H_2$ $H_2 \geqslant 2\sqrt{t}$ $\alpha_1=60°$ $\alpha_2=60°$	—
7	GP-BK-2 GP-TK-2 GP-CK-2	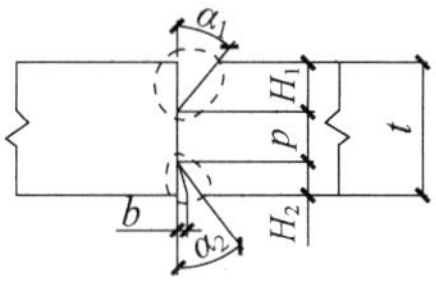	≥25	*F* *H* *V* *O*	$b=0$ $H_1 \geqslant 2\sqrt{t}$ $p=t-H_1-H_2$ $H_2 \geqslant 2\sqrt{t}$ $\alpha_1=45°$ $\alpha_2=45°$	—

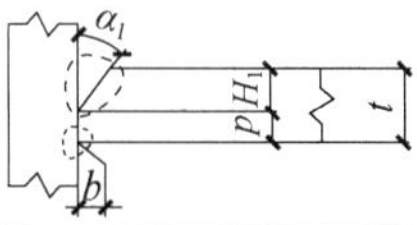

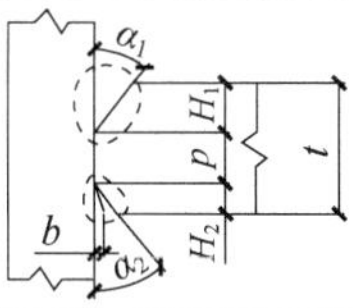

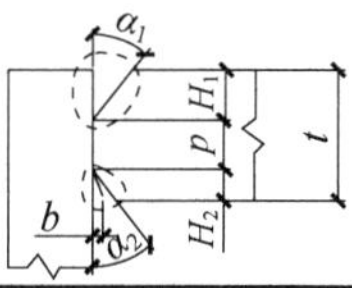

表 13-22　埋弧焊部分焊透坡口形状和尺寸

序号	标记	坡口形状示意图	板厚（mm）	焊接位置	坡口尺寸（mm）	备注
1	SP-BI-1 SP-CI-1	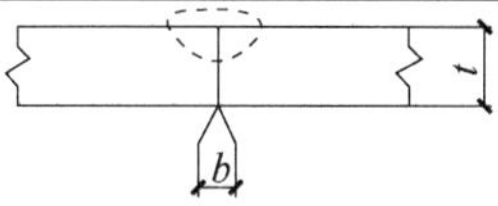	6～12	*F*	$b=0$	—
2	SP-BI-2 SP-CI-2	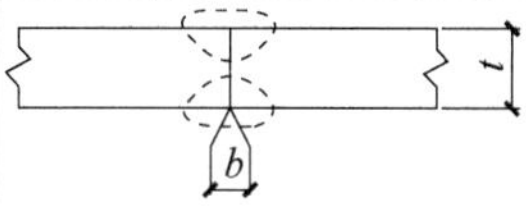	6～20	*F*	$b=0$	—

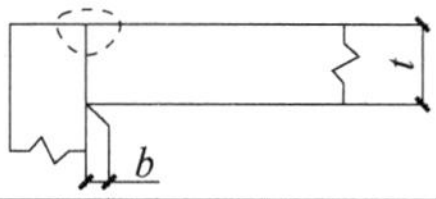

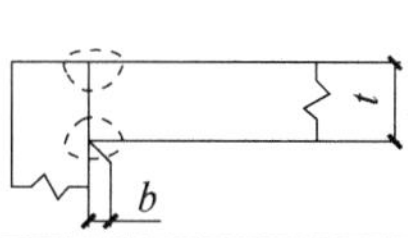

续表

序号	标记	坡口形状示意图	板厚（mm）	焊接位置	坡口尺寸（mm）	备注
3	SP-BV-1 SP-BV-2 SP-CV-1 SP-CV-2		⩾14	F	$b=0$ $H_1 \geqslant 2\sqrt{t}$ $p=t-H_1$ $\alpha_1=60°$	—
4	SP-BL-1 SP-BL-2 SP-CL-1 SP-CL-2		⩾14	F	$b=0$ $H_1 \geqslant 2\sqrt{t}$ $p=t-H_1$ $\alpha_1=60°$	—
5	SP-TL-1 SP-TL-2		⩾14	F H	$b=0$ $H_1 \geqslant 2\sqrt{t}$ $p=t-H_1$ $\alpha_1=60°$	—
6	SP-BX-2		⩾25	F	$b=0$ $H_1 \geqslant 2\sqrt{t}$ $p=t-H_1-H_2$ $H_2 \geqslant 2\sqrt{t}$ $\alpha_1=60°$ $\alpha_2=60°$	—

续表

序号	标记	坡口形状示意图	板厚（mm）	焊接位置	坡口尺寸（mm）	备注
7	SP-BK-2		≥25	F H	$b=0$ $H_1 \geqslant 2\sqrt{t}$ $p=t-H_1-H_2$ $H_2 \geqslant 2\sqrt{t}$ $\alpha_1=60°$ $\alpha_2=60°$	—
	SP-TK-2					
	SP-CK-2					

13.4　焊接工艺评定

13.4.1　总体要求

除非符合本书 13.4.6 小节规定的免予评定条件，施工单位首次采用的钢材、焊接材料、焊接方法、接头形式、焊接位置、焊后热处理制度以及焊接工艺参数、预热和后热措施等各种参数的组合条件，应在钢结构构件制作及安装施工之前进行焊接工艺评定。焊接工艺评定必须符合工程施工现场的环境条件。焊接工艺评定应由施工单位根据所承担钢结构的设计节点形式、钢材类型、规格、采用的焊接方法、焊接位置等，制订焊接工艺评定方案，拟定相应的焊接工艺评定指导书，按相关规范的规定施焊试件、切取试样并由具有国家技术质量监督部门认证资质的检测单位进行检测试验，测定焊接接头是否具有所要求的使用性能，由该企业或国家认证的检查单位提出焊接工艺评定报告，对拟定的焊接工艺进行评定。焊接工艺评定的施焊参数，包括热输入、预热、后热制度等应根据被焊材料的焊接性制订。焊接工艺评定所用设备、仪表的性能应处于正常工作状态，焊接工艺评定所用的钢材、栓钉、焊接材料必须能覆盖实际工程所用材料并符合相应标准要求，具有生产厂出具的质量证明文件。焊接工艺评定试件应由该工程施工企业中持证的焊接人员施焊。

焊接工艺评定所用的焊接方法、施焊位置分类代号应符合表 13-23～表 13-24 及图 13-39～图 13-42 规定，钢材类别应符合表 13-2 规定，试件接头形式应符合表 13-7 要求。焊接工艺评定结果不合格时，允许在原焊件上重新加倍取样进行检验，如还不能达到合格标准，应分析原因，制订新的评定方案，按原步骤重新评定，直到合格为止。对于焊接难度等级为 A、B 级的钢结构工程，其焊接工艺评定有限期为 3 年。焊接工艺评定文件（包括焊接工艺评定报告，焊接工艺评定指导书、评定记录表、评定检验结果表及检验报告）报相关单位审查备案。

表 13-23　焊接方法分类

类别号	焊接方法	代号
1	焊条手工电弧焊	SMAW
2-1	半自动实心焊丝二氧化碳气体保护焊	GMAW-CO_2
2-2	半自动实心焊丝富氩＋二氧化碳气体保护焊	GMAW-Ar
2-3	半自动药芯焊丝二氧化碳气体保护焊	FCAW-G
3	半自动药芯焊丝自保护焊	FCAW-SS
4	非熔化极气体保护焊	GTAW
5-1	单丝自动埋弧焊	SAW-S
5-2	多丝自动埋弧焊	SAW-M
6-1	熔嘴电渣焊	ESW-N
6-2	丝极电渣焊	ESW-W
6-3	板极电渣焊	ESW-P
7-1	单丝气电立焊	EGW-S
7-2	多丝气电立焊	EGW-M
8-1	自动实心焊丝二氧化碳气体保护焊	GMAW-CO_2A
8-2	自动实心焊丝 80％氩＋20％二氧化碳气体保护焊	GMAW-ArA
8-3	自动药芯焊丝二氧化碳气体保护焊	FCAW-GA
8-4	自动药芯焊丝自保护焊	FCAW-SA
9-1	非穿透栓钉焊	SW
9-2	穿透栓钉焊	SW-P

表 13-24　施焊位置分类

<table>
<tr><th rowspan="2">焊接位置</th><th colspan="2" rowspan="2">代号</th><th colspan="2">焊接位置</th><th>代号</th></tr>
<tr><td rowspan="6">管材</td><td>水平转动平焊</td><td>1G</td></tr>
<tr><td rowspan="4">板材</td><td>平</td><td>F</td><td>竖立固定横焊</td><td>2G</td></tr>
<tr><td>横</td><td>H</td><td>水平固定全位置焊</td><td>5G</td></tr>
<tr><td>立</td><td>V</td><td>倾斜固定全位置焊</td><td>6G</td></tr>
<tr><td>仰</td><td>O</td><td>倾斜固定加挡板全位置焊</td><td>6GR</td></tr>
</table>

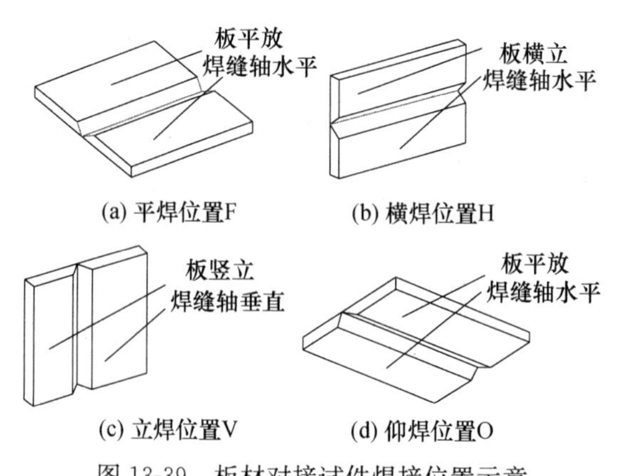

图 13-39　板材对接试件焊接位置示意

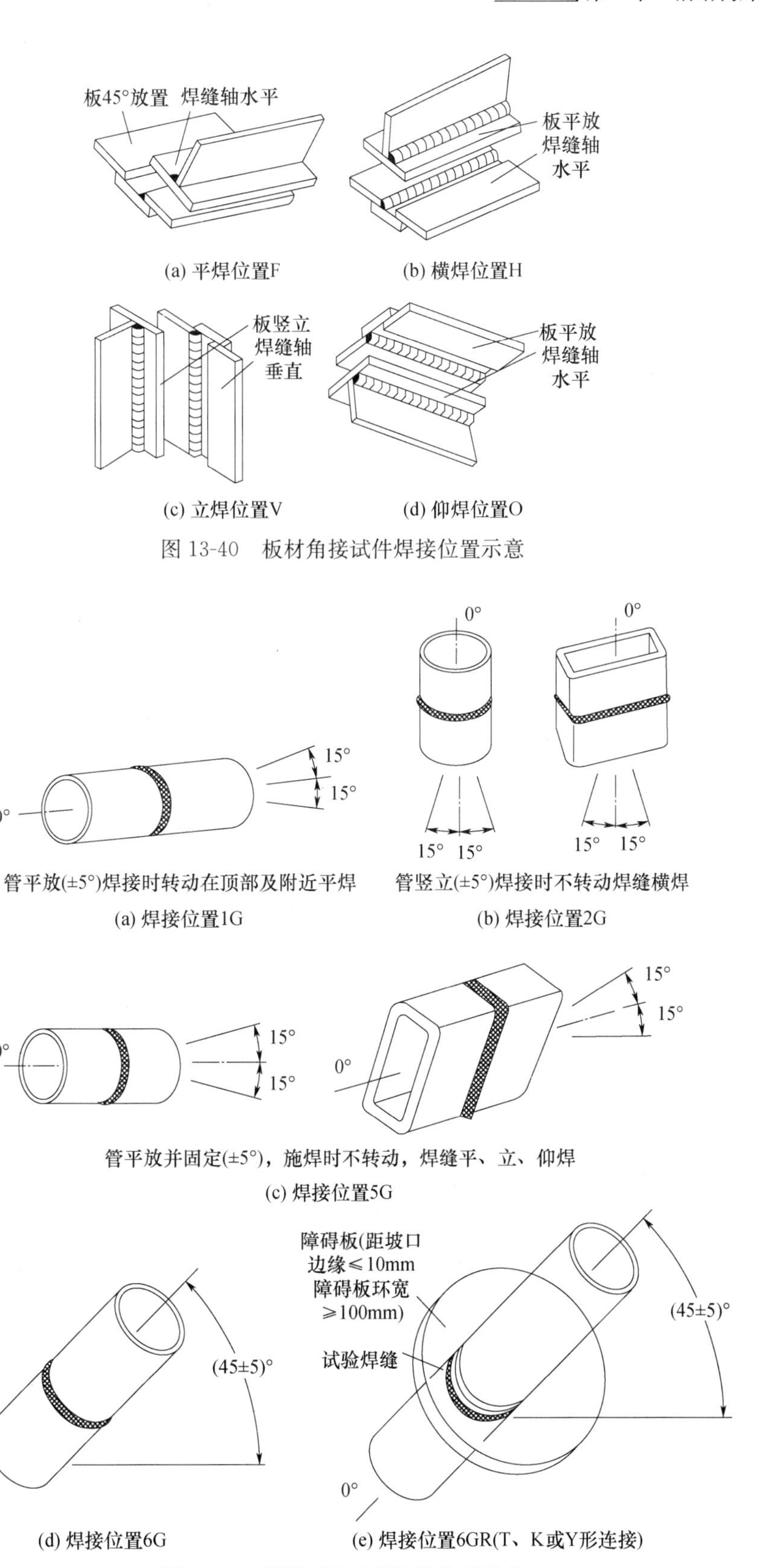

图 13-40　板材角接试件焊接位置示意

图 13-41　管材对接试件焊接位置示意

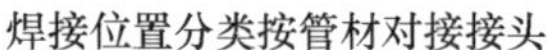

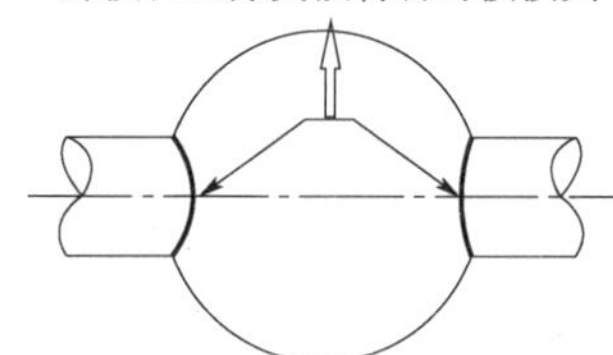

图 13-42　管-球接头试件示意

13.4.2　焊接工艺评定替代规则

不同焊接方法的评定结果不得互相替代。不同焊接方法组合焊接可用相应板厚的单种焊接方法评定结果替代，也可用不同焊接方法组合焊接评定，但弯曲及冲击试样切取位置应包含不同的焊接方法。

不同钢材焊接工艺评定的替代规则应符合以下规定（栓钉焊除外），即不同类别钢材的焊接工艺评定结果不得互相替代。Ⅰ、Ⅱ类同类别钢材中，当强度和冲击功合格等级发生变化时，在相同供货状态下，高级别钢材的焊接工艺评定结果可替代低级别钢材；Ⅲ、Ⅳ类同类别钢材中的焊接工艺评定结果不得相互替代；不同类别的钢材组合焊接时应重新评定，不得用单类钢材的评定结果替代。同类别中轧制钢材与铸钢，耐候钢与非耐候钢的焊接工艺评定结果不得互相替代，TMCP 钢、调质钢与其他供货状态的钢材焊接工艺评定结果不得互相替代。国内与国外钢材的焊接工艺评定结果不得互相替代。

接头形式变化时应重新评定，但十字形接头评定结果可替代 T 形接头评定结果，全焊透或部分焊透的 T 形或十字形接头对接与角接组合焊缝评定结果可替代角焊缝评定结果。评定合格的试件厚度在工程中适用的厚度范围应符合表 13-25 的规定。

表 13-25　评定合格的试件厚度与工程中适用厚度范围

焊接方法类别号	评定合格试件厚度 t（mm）	工程适用厚度范围	
		板厚最小值	板厚最大值
1、2、3、4、5、8	$\leqslant 25$	3mm	$2t$
	$25<t\leqslant 70$	$0.75t$	$2t$
	>70	$0.75t$	不限
6	$\geqslant 18$	$0.75t$ 最小 18mm	$1.1t$
7	$\geqslant 10$	$0.75t$ 最小 10mm	$1.1t$
9	$1/3d\leqslant t<12$	t	$2t$，且不大于 16
	$12\leqslant t<25$	$0.75t$	$2t$
	$t\geqslant 25$	$0.75t$	$1.5t$

注：d 为栓钉直径。

评定合格的管材接头，壁厚覆盖范围应满足前述规定，直径的覆盖原则应满足两条要求，即外径＜600mm 的管材其直径覆盖范围应不小于工艺评定试验管材的外径；外径≥600mm 的管材其直径覆盖范围大于等于 600mm。板材对接与外径不小于 600mm 的管材

相应位置对接的焊接工艺评定可以相互替代。横焊位置评定结果可以替代平焊位置，反之不可（栓钉焊除外）；立、仰焊接位置与其他焊位之间均不可互代。单面焊全焊透接头有垫板与无垫板不可互代；单面焊带垫板和反面清根的双面焊可以互代；不同材质的衬垫不可互代。

当栓钉材质不变时，栓钉焊被焊钢材应符合3条替代规则，即Ⅲ、Ⅳ类钢材的焊接工艺评定试验可以替代Ⅰ、Ⅱ类钢材的焊接工艺评定试验；Ⅰ、Ⅱ类钢材中的栓钉焊接工艺评定试验可以相互替代；Ⅲ、Ⅳ类中钢材的栓钉焊接工艺评定试验不得相互替代。

13.4.3　重新进行工艺评定的规定

焊条手工电弧焊时，下列条件之一发生变化应重新进行工艺评定：焊条熔敷金属抗拉强度级别变化；由低氢型焊条改为非低氢型焊条；焊条直径增大或减小1mm以上；直流焊条的电流极性变化；多道焊改为单道焊；清焊根改为不清焊根。

熔化极气体保护焊时，下列条件之一发生变化应重新进行工艺评定：实心焊丝与药芯焊丝的相互变换；单一保护气体类别的变化；混合保护气体的混合种类和比例的变化；保护气体流量增加25%以上或减少10%以上的变化；焊炬手动与机械行走的变换；按焊丝直径规定的电流值、电压值和焊接速度的变化分别超过评定合格值的10%、7%和10%；实心焊丝气体保护焊时熔滴颗粒过渡与短路过渡的变化；焊丝型号变化；焊丝直径的变化；多道焊改为单道焊；清焊根改为不清焊根。

非熔化极气体保护焊时，下列条件之一发生变化应重新进行工艺评定：保护气体种类的变换；保护气体流量增加25%以上或减少10%以上的变化；添加焊丝或不添加焊丝的变换，冷态送丝和热态送丝的变换，焊丝类型、强度级别型号变化；焊炬手动与机械行走的变换；按电极直径规定的电流值、电压值和焊接速度的变化分别超过评定合格值的25%、7%和10%；电流极性变化。

埋弧焊时，下列条件之一发生变化应重新进行工艺评定：焊丝直径的变化超过1mm；焊丝与焊剂型号变化；多丝焊与单丝焊的变化；添加与不添加冷丝的变化；电流种类和极性的变换；按焊丝直径规定的电流值、电压值和焊接速度变化分别超过评定合格值的10%、7%和15%；清焊根改为不清焊根。

电渣焊时，下列条件之一发生变化应重新进行工艺评定：单丝与多丝的变化，板极与丝极的变换，有、无熔嘴的变换；熔嘴截面积变化大于30%，熔嘴牌号的变换，焊丝直径的变化，单、多熔嘴的变化，焊剂型号的变换；单侧坡口与双侧坡口焊接的变化；焊接电流种类和极性变换；焊接电源伏安特性为恒压或恒流的变换；焊接电流值变化超过20%或送丝速度变化超过40%，垂直行进速度变化超过20%；焊接电压值变化超过10%；偏离垂直位置超过10°；成形水冷滑块与挡板的变换；焊剂装入量变化超过30%。

气电立焊时，下列条件之一发生变化应重新进行工艺评定：焊丝钢号与直径的变化；保护气类别或混合比例的变化；保护气流量增加25%以上或减少10%以上的变化；焊丝极性的变换；焊接电流变化超过15%或送丝速度变化超过30%，焊接电压变化超过10%；偏离垂直位置超过10°的变化；成形水冷滑块与挡板的变换。

栓钉焊时，下列条件之一发生变化应重新进行工艺评定：栓钉材质改变；栓钉标称直

径改变；瓷环材料改变；非穿透焊与穿透焊的变换；穿透焊中被穿透板材厚度、镀层量增加与种类的变换；栓钉焊接位置偏离平焊位置25°以上的变化或平焊、横焊、仰焊位置的变换；栓钉焊接方法（焊条手工电弧焊、气体保护电弧焊、拉弧式栓钉焊与电容储能式栓钉焊）的变换；预热温度比评定合格的焊接工艺降低20℃或高出50℃以上时；提升高度、伸出长度、焊接时间、电流、电压的变化超过评定合格的各项参数的±5%；采用电弧焊时焊接材料改变。

13.4.4 试件和检验试样的制备

试件制备应符合以下要求，即选择试件厚度应符合评定试件厚度对工程构件厚度的有效适用范围。试件的母材材质、焊接材料、坡口形状和尺寸和焊接必须符合焊接工艺评定指导书的要求。试件的尺寸应满足所制备试样的取样要求；各种接头形式的试件尺寸、试样取样位置应符合图13-43～图13-50的要求。图13-48中，③、⑨等为钟点记号，为水平固定位置焊接时的定位。

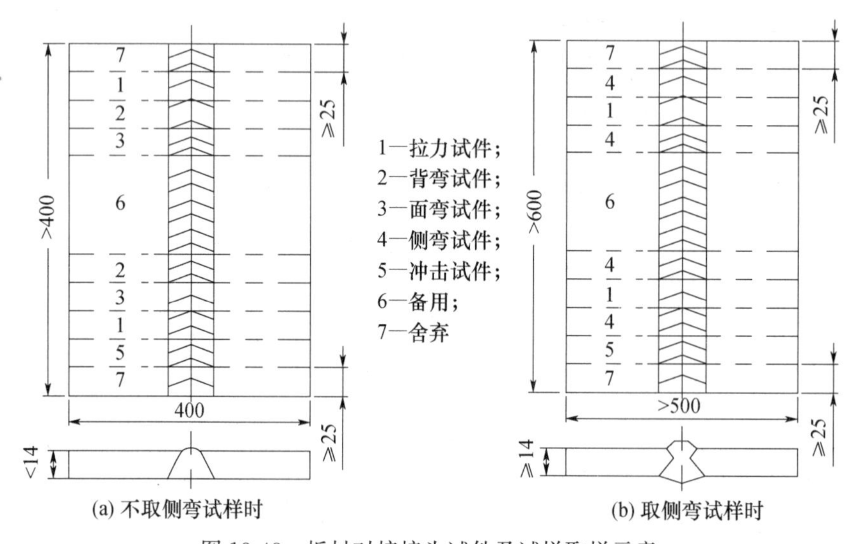

图13-43 板材对接接头试件及试样取样示意

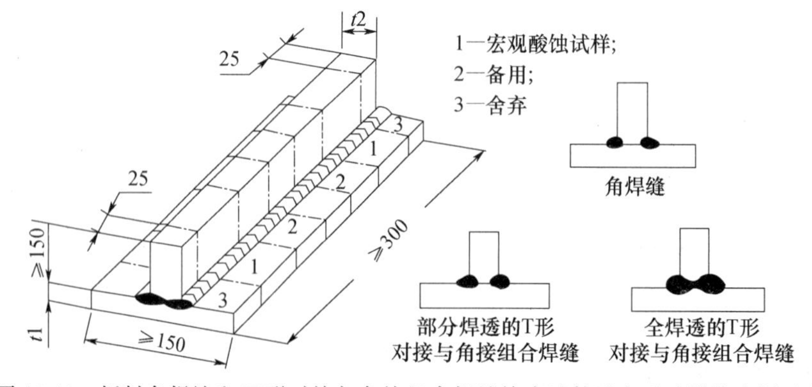

图13-44 板材角焊缝和T形对接与角接组合焊缝接头试件及宏观试样的取样示意

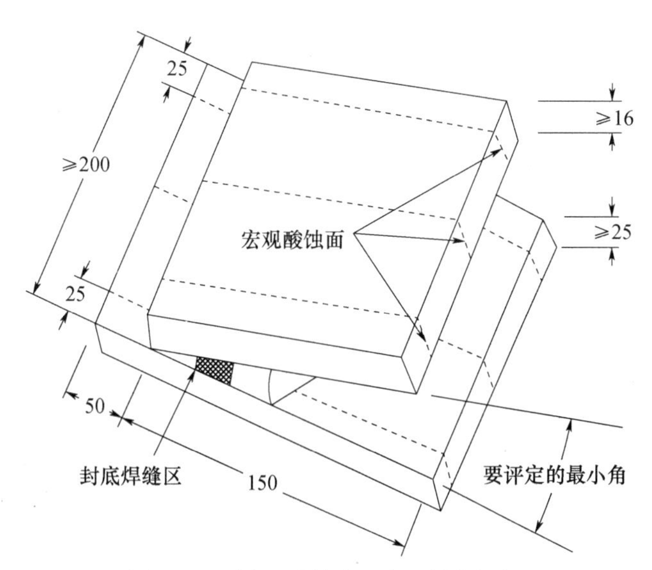

图 13-45　斜 T 形接头示意（锐角根部）

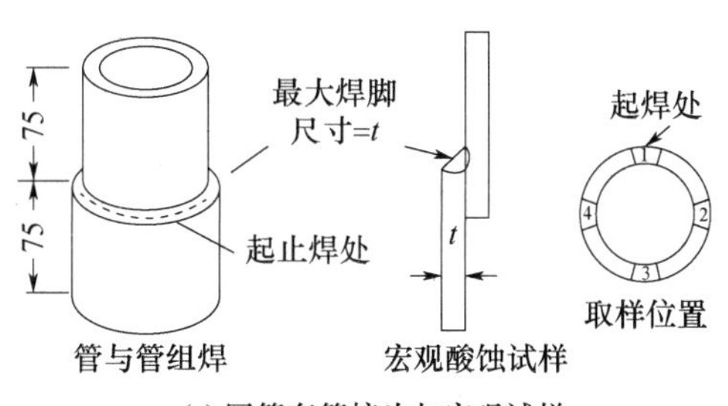

(a) 圆管套管接头与宏观试样

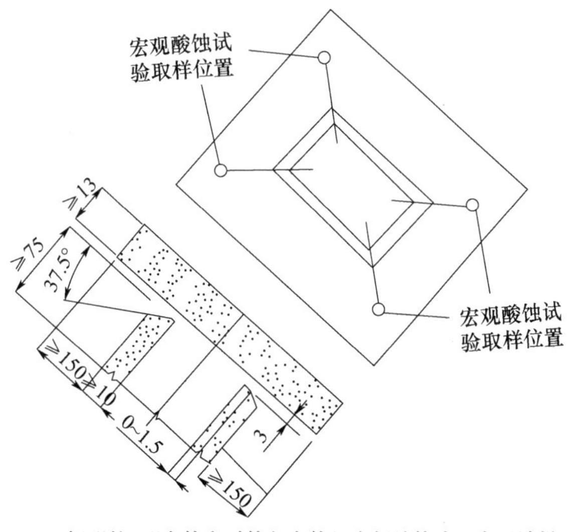

(b) 矩形管T形角接和对接与角接组合焊缝接头及宏观试样

图 13-46　管材角焊缝致密性检验取样位置示意

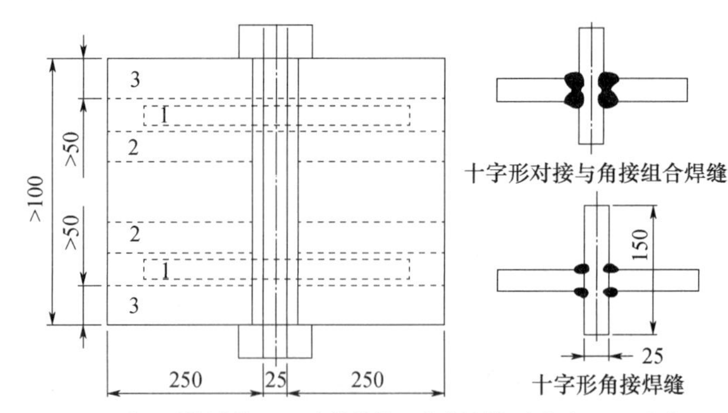

1—宏观酸蚀试样；2—拉伸试样、冲击试样(要求时)；3—舍弃

图 13-47　板材十字形角接（斜角接）及对接与角接组合焊缝接头试件及试样取样示意

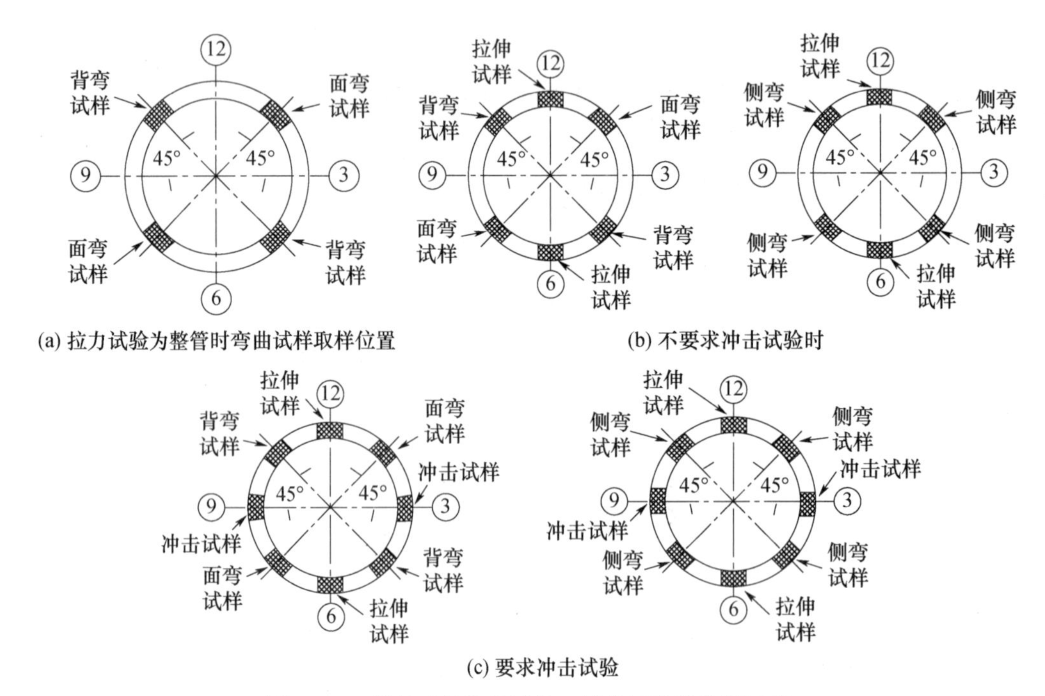

图 13-48　管材对接接头试件、试样及取样位置示意

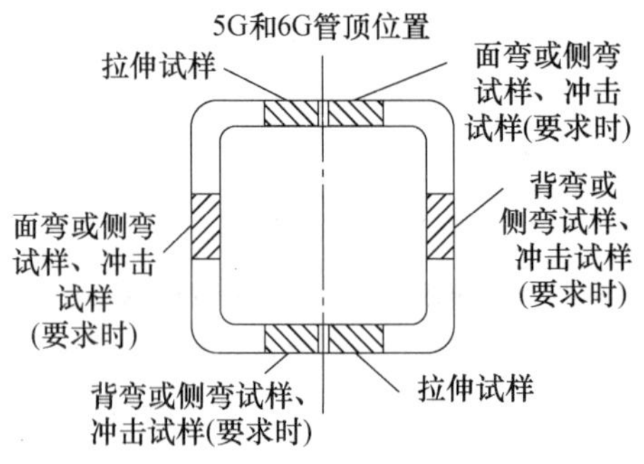

图 13-49　矩形管材对接接头试样取样位置示意

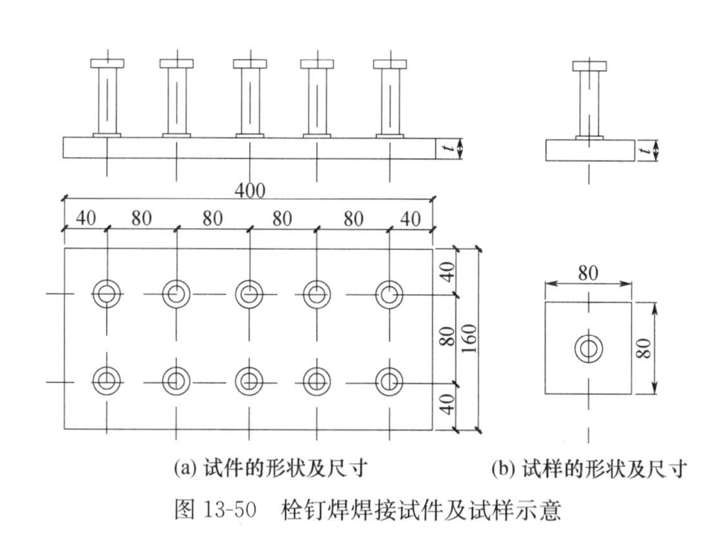

(a) 试件的形状及尺寸　　(b) 试样的形状及尺寸

图 13-50　栓钉焊焊接试件及试样示意

表 13-26　检验类别和试样数量

母材形式	试件形式	试件厚度（mm）	无损探伤	全断面拉伸	试样数量							
					拉伸	面弯	背弯	侧弯	30°打弯	冲击∧		宏观酸蚀及硬度⊙，+
										焊缝	热影响区粗晶区	
板、管	对接接头	<14	要	管 2 *	2	2	2	—	—	3	3	—
		≥14	要	—	2	—	—	4	—	3	3	—
板、管	板 T 形、斜 T 形和管 T、K、Y 形角接接头	任意	要	—	—	—	—	—	—	—	—	板 2＃、管 4
板	十字形接头	≥25	要	—	2	—	—	—	—	3	3	2
管-管	十字形接头	任意	要	2∈	—	—	—	—	—	—	—	4
管-球	—											2
板-焊钉	栓钉焊接头	底板≥12	—	5	—	—	—	—	5	—	—	—

注：“＊”管材对接全截面拉伸试样适用于外径小于或等于 76mm 的圆管对接试件，当管径超过该规定时，应按图 13-48 或图 13-49 截取拉伸试件。“∈”管-管、管-球接头全截面拉伸试样适用的管径和壁厚由试验机的能力决定。“∧”是否进行冲击试验以及试验条件按设计选用钢材的要求确定。“⊙”硬度试验根据工程实际情况确定是否需要进行。“＋”圆管 T、K、Y 形和十字形相贯接头试件的宏观酸蚀试样应在接头的趾部、侧面及根部各取一件；矩形管接头全焊透 T、K、Y 形接头试件的宏观酸蚀应在接头的角部各取一个，详见图 13-46。“＃”斜 T 形接头（锐角根部）按图 13-45 进行宏观酸蚀检验。

检验试样种类及加工应符合以下要求，即不同焊接接头形式和板厚检验试样的取样种类和数量应符合表 13-26 的规定，当相应标准对母材某项力学性能无要求时可免做焊接接头的该项力学性能试验。对接接头检验试样的加工应符合 3 条规定，即拉伸试样的加工应符合我国现行国家标准《焊接接头拉伸试验方法》（GB 2651）的规定，根据试验机能力可采用全截面拉伸试样或沿厚度方向分层取样，分层取样时试样厚度应覆盖焊接试件的全厚度，按试验机的能力和要求加工；弯曲试样的加工应符合我国现行国家标准《焊接接头弯曲及压扁试验方法》(GB 2653)的规定，焊缝余高或垫板应采用机械方法去除至与母材齐平，试样受拉面应保留母材原轧制表面，当板厚大于 40mm 时应分片切取，试样厚度应覆盖焊接试件的全厚度；冲击试样的加工应符合我国现行国家标准《焊接接头冲击试验方法》(GB 2650)的规定，其取样位置单面焊时应位于焊缝正面，双面焊时应位于后焊面，与母材原表面的距离不大于 2mm，热影响区冲击试样缺口加工位置应符合图 13-51 的要求，不同牌号钢材焊接时，其接头热影响区冲击试样应取自对冲击性能要求较低的一侧；不同焊接方法组合的焊接接头，冲击试样的取样应能覆盖所有焊接方法焊接的部位(分层取样)；热影响区冲击试样根据不同焊接工艺，缺口轴线至试样轴线与熔合线交点的距离 $S=0.5\sim1$mm(焊接热输入大于 40kJ/cm 的情况除外)，并应尽可能使缺口多通过热影响区；宏观酸蚀试样的加工应符合图 13-52 的要求。每块试样应取一个面进行检验，不得将同一切口的两个侧面作为两个检验面。T 形角接接头宏观酸蚀试样的加工应符合图 13-53 的要求。十字形接头检验试样的加工应符合以下要求，即接头拉伸试样的加工应符合图 13-54 的要求；接头冲击试样的加工应符合图 13-55 的要求；接头宏观酸蚀试样的加工应符合图 13-56 的要求，检验面的选取应符合本条第 2 款的要求。图 13-54 中，t_2 为试验材料厚度；b 为根部间隙；$t_2<36$mm 时 $W=35$mm，$t_2\geqslant36$ 时 $W=25$mm；平行区长度为 $t_1+2b+12$。斜 T 形角接接头、管-球接头、管-管相贯接头的宏观酸蚀试样的加工宜符合图 13-52 的要求，检验面的选取应符合前述有关规定。所有试样当采用热切割取样时，应根据热切割工艺和试件厚度预留加工余量确保检验结果不受热切割的影响。

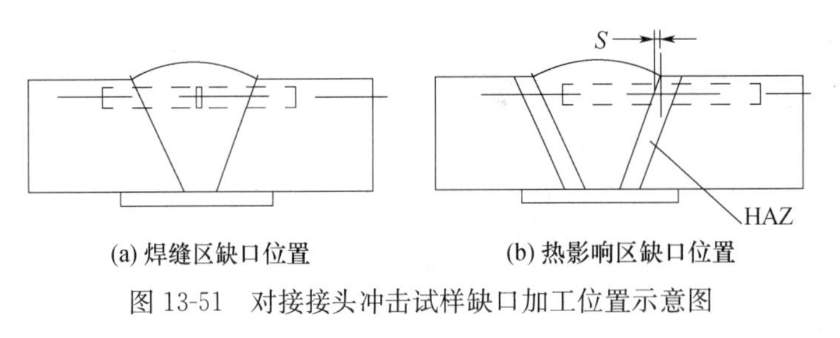

图 13-51　对接接头冲击试样缺口加工位置示意图

图 13-52　对接接头宏观酸蚀试样尺寸示意

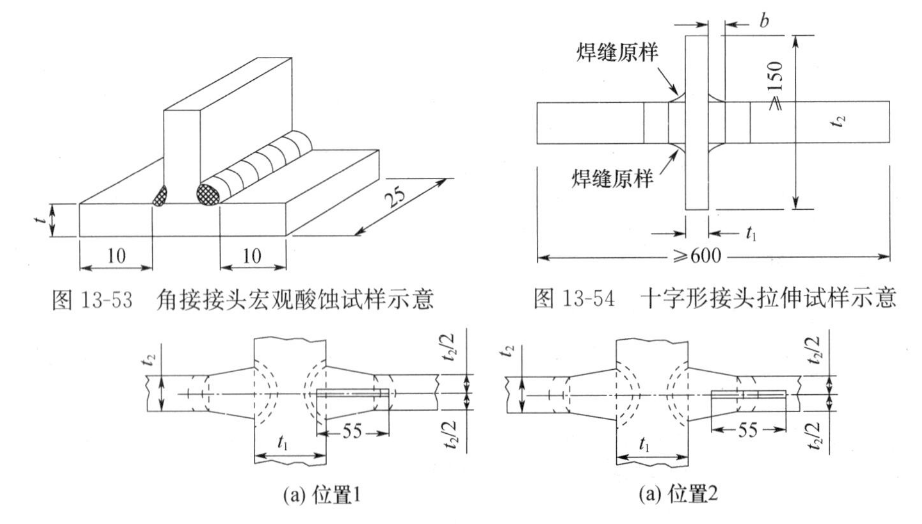

图 13-53　角接接头宏观酸蚀试样示意

图 13-54　十字形接头拉伸试样示意

图 13-55　十字形接头冲击试验的取样位置示意

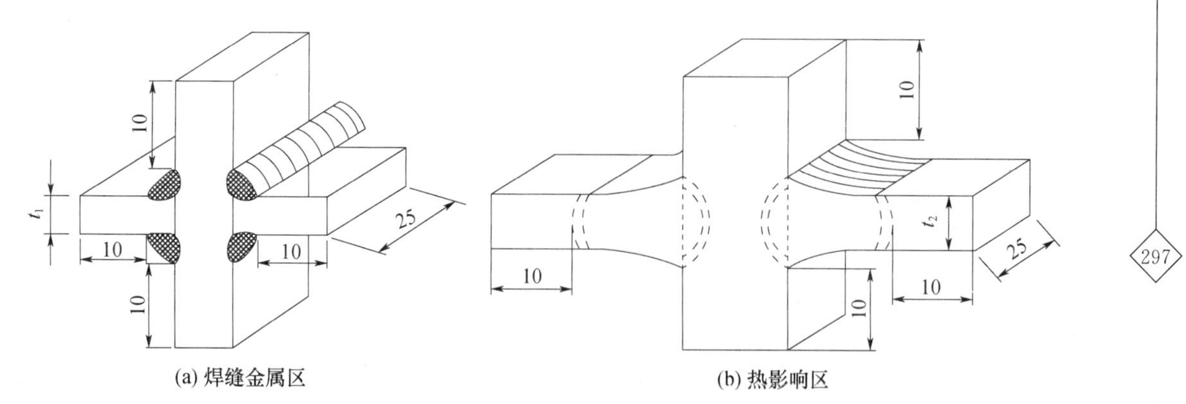

图 13-56　十字形接头宏观酸蚀试样示意

13.4.5　试件和试样的试验与检验

试件的外观检验应符合两方面要求，即对接、角接及 T 形等接头，用不小于 5 倍放大镜检查试件表面，不得有裂纹、未焊满、未熔合、焊瘤、气孔、夹渣等缺陷；焊缝咬边总长度不得超过焊缝两侧长度的 15%，咬边深度不得超过 0.5mm；焊缝外形尺寸应符合相关规范中一级焊缝的要求。试件角变形可以冷矫平后刨去余高，试件长度足够时可以避开焊缝缺陷位置取样。栓钉焊接接头外观检验应符合表 13-27 的要求；当采用电弧焊方法进行栓钉焊接时，其焊缝最小焊脚尺寸还应符合表 13-28 的要求。

表 13-27　栓钉焊接接头外观检验合格标准

外观检验项目	合格标准	检验方法
焊缝外形尺寸	360°范围内焊缝饱满 拉弧式栓钉焊：焊缝高 $K_1 \geqslant 1$mm；焊缝宽 $K_2 \geqslant 0.5$mm 电弧焊：最小焊脚尺寸应符合表 13-28 的规定	目测、钢尺、焊缝量规
焊缝缺陷	无气孔、夹渣、裂纹等缺陷	目测、放大镜（5 倍）
焊缝咬边	咬边深度≤0.5mm，且最大长度不得大于 1 倍的栓钉直径	钢尺、焊缝量规
栓钉焊后高度	高度偏差≤±2mm	钢尺
栓钉焊后倾斜角度	倾斜角度偏差 $\theta \leqslant 5°$	钢尺、量角器

表 13-28　采用电弧焊方法的栓钉焊接接头最小焊脚尺寸

栓钉直径（mm）	角焊缝最小焊脚尺寸（mm）
10，13	6
16，19，22	8
25	10

试件的无损检测应遵守相关规范规定。试件的无损检测应在外观检验合格后进行，无损检测方法根据设计要求确定。射线探伤应符合我国现行国家标准《钢熔化焊对接接头射线照相和质量分级》（GB 3323 的规定），焊缝质量不低于 BⅡ级；超声波探伤应符合我国现行国家标准《钢焊缝手工超声波探伤方法和探伤结果分级》（GB 11345）的规定，焊缝

质量不低于 BⅡ级。

试样的力学性能、硬度及宏观酸蚀试验方法应符合相关规范规定。采用拉伸试验方法时，对接接头拉伸试验应符合我国现行国家标准《焊接接头拉伸试验方法》（GB 2651）的规定；栓钉焊接头拉伸试验应符合图 13-57 的要求。采用弯曲试验方法时，对接接头弯曲试验应符合我国现行国家标准《焊接接头弯曲及压扁试验方法》（GB 2653）的规定；弯心直径和冷弯角度应符合表 13-29 的规定；面弯、背弯时试样厚度应为试件全厚度（$a<14$mm）；侧弯时试样厚度 $a=10$mm，试样宽度应为试件的全厚度，试件厚度超过 40mm 时应按 20～40mm 分层取样；栓钉焊接头弯曲试验应符合图 13-58 的要求。冲击试验应符合我国现行国家标准《焊接接头冲击试验方法》（GB 2650）的规定。宏观酸蚀试验应符合我国现行国家标准《钢的低倍组织及缺陷酸蚀检验法》（GB 226）的规定。硬度试验应符合我国现行国家标准《焊接接头及堆焊金属硬度试验方法》（GB 2654）的规定；采用维氏硬度 HV10，硬度测点分布应符合图 13-59、图 13-60、图 13-61 的要求；焊接接头各区域硬度测点为 3 点，其中部分焊透对接与角接组合焊缝在焊缝区和热影响区测点可为 2 点，若热影响区狭窄不能并排分布时，该区域测点可平行于焊缝熔合线排列。

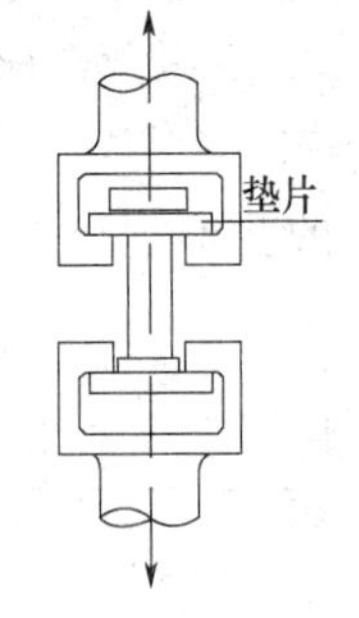

图 13-57　栓钉焊接接头试样拉伸试验方法

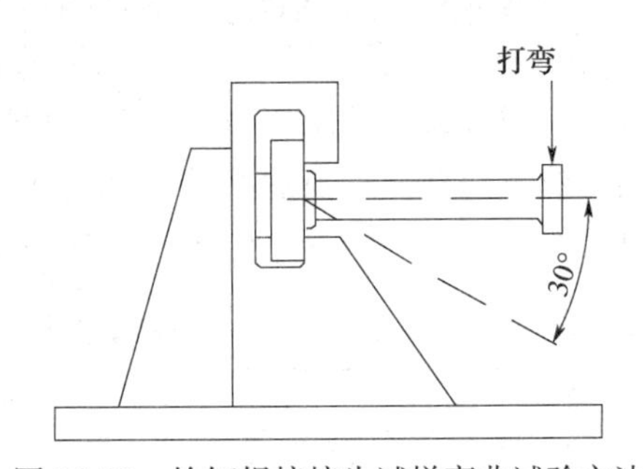

图 13-58　栓钉焊接接头试样弯曲试验方法

表 13-29　对接接头弯曲试验的弯心直径和冷弯角度

母材类别	板厚	弯心直径（mm）	冷弯角度（°）
Ⅰ、Ⅱ	≤40	3a	180
	>40	4a	
Ⅲ、Ⅳ	—	4a	

注：a 为弯曲试样厚度。

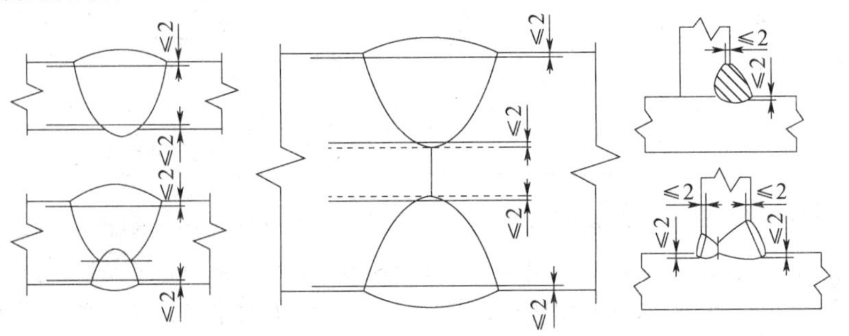

图 13-59　硬度试验测点位置示意图

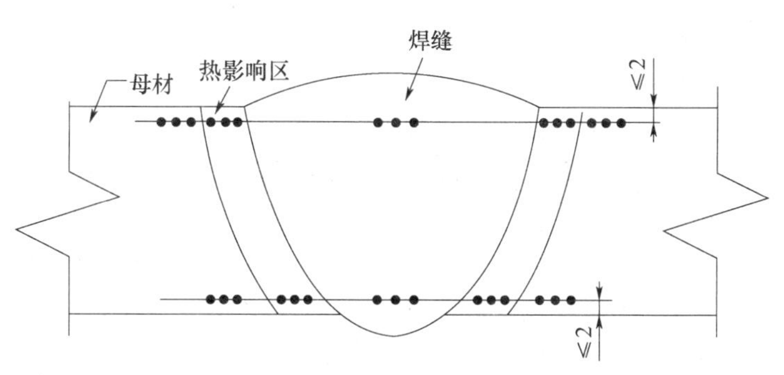

图 13-60　对接焊缝硬度试验测点分布示意图

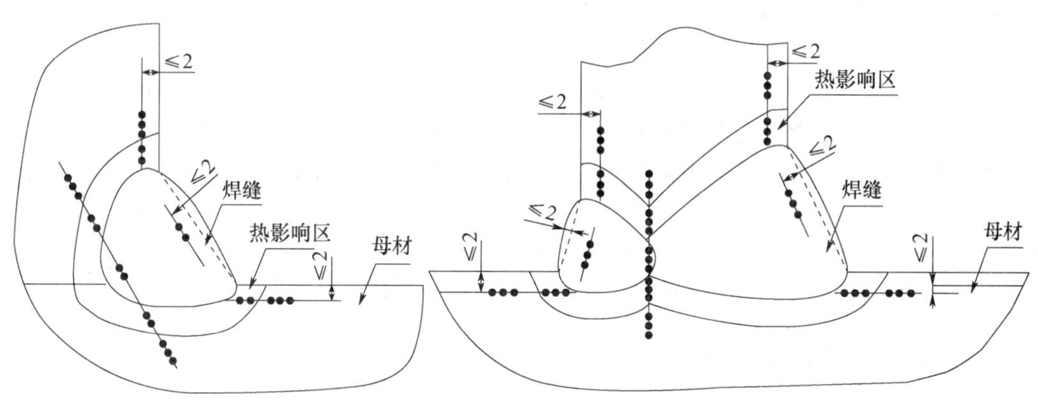

图 13-61　对接与角接组合焊缝硬度试验测点分布示意图

试样检验合格标准应符合以下规定，即对接头拉伸试验，对接接头母材为同钢号时，每个试样的抗拉强度值应不小于该母材标准中相应规格规定的下限值，对接接头母材为两种钢号组合时，每个试样的抗拉强度应不小于两种母材标准相应规格规定下限值的较低者；厚板分片取样时，可取平均值；十字接头拉伸时，应不断于接头焊缝；栓钉焊接头拉伸时，当拉伸试样的抗拉荷载大于或等于栓钉焊接端力学性能规定的最小抗拉荷载时，则无论断裂发生于何处，均为合格。对接头弯曲试验，对接接头弯曲试验的试样弯至180°后应符合下列规定，即各试样任何方向裂纹及其他缺陷单个长度不大于3mm（边角处非熔渣引起的裂纹不计），各试样任何方向不大于3mm的裂纹及其他缺陷的总长不大于7mm，四个试样各种缺陷总长不大于24mm；栓钉焊接头弯曲试验的试样弯曲至30°后焊接部位无裂纹。对冲击试验，焊缝中心及热影响区粗晶区各三个试样的冲击功平均值应分别达到母材标准规定或设计要求的最低值，并允许一个试样低于以上规定值，但不得低于规定值的70%。对宏观酸蚀试验，试样接头焊缝及热影响区表面不应有肉眼可见的裂纹、未熔合等缺陷，并应测定根部焊透情况及焊脚尺寸、两侧焊脚尺寸差、焊缝余高等。对硬度试验，Ⅰ类钢材焊缝及母材热影响区维氏硬度值应不超过HV280，Ⅱ类钢材焊缝及母材热影响区维氏硬度值应不超过HV350，Ⅲ、Ⅳ类钢材焊缝及热影响区硬度应根据工程要求进行评定。

13.4.6　关于免予焊接工艺评定的规定

免予评定的焊接工艺必须有该施工单位焊接工程师和单位技术负责人签发的“免予评

定的焊接工艺”书面文件；“免予评定的焊接工艺”文件宜采用本书 13.4.7 小节的格式，并应报相关单位审查备案。

免予评定的焊接方法及施焊位置应符合表 13-30 的规定。免予评定的母材和焊缝金属组合应符合表 13-31 中规定，厚度应不大于 40mm，钢材的质量等级为 A、B 级。免予评定的最低预热温度应符合表 13-32 的规定。焊缝尺寸应符合设计要求，同时最小焊脚尺寸还应符合相关规范规定，最大单道焊焊缝尺寸应符合相关规范的限制。焊接工艺参数应满足规范规定，免予评定的焊接工艺参数应符合表 13-33 的规定；要求完全焊透时，单面焊应加垫板，双面焊时应用气刨、打磨清根；表中参数为平、横焊位置。立焊电流比平、横焊减小约 10%～15%；SMAW 焊接时，焊道最大宽度不超过焊条标称直径的 4 倍，GMAW、FCAW-G 焊接时焊道最大宽度不超过 20mm；导电嘴与工件距离：(40±10) mm（SAW）；(20±7) mm（GMAW）；保护气种类：二氧化碳（GMAW-CO_2、FCAW-G）；氩气 80%＋二氧化碳 20%（GMAW-Ar）；保护气流量：20～80L/min（GMAW、FCAW-G）；焊丝直径在表中数值范围以外时不适于免予评定。当焊接工艺参数按照表 13-33 的规定值变化超过相关规范规定时，其焊接不适于免予评定。

表 13-30　免予评定的焊接方法及施焊位置

类别号	焊接方法	代号	施焊位置
1	手工焊条手工电弧焊	SMAW	平、横、立焊、平角焊
2-1	半自动实心焊丝二氧化碳气体保护焊（短路过渡除外）	GMAW-CO_2	平、横、立焊、平角焊
2-2	半自动实心焊丝 80%氩＋20%二氧化碳气体保护焊	GMAW-Ar	平、横、立焊、平角焊
2-3	半自动药芯焊丝二氧化碳气体保护焊	FCAW-G	平、横、立焊、平角焊
5-1	单丝自动埋弧焊	SAW（单丝）	平焊及平角焊
9-2	非穿透栓钉焊	SW	平焊

免予评定的焊接节点构造应符合规范规定，免予评定的各类焊接节点构造形式、焊接坡口的形状和尺寸必须符合相关规范要求且应符合两条规定，即斜角角焊缝两面角 $\Psi>30°$；管材相贯接头局部两面夹角 $\Psi>30°$。

免予评定的结构荷载特性为静载。

其他条件包括钢材及坡口表面处理，焊材储存、烘干，引弧板、引出板规定，焊后处理，焊接环境要求，免予评定板厚适用范围以及焊工资格要求等应符合相关规范的规定。

表 13-31　免予评定的母材和匹配的焊缝金属要求

母材					符合 GB 标准的焊条（丝）和焊剂-焊丝组合分类等级			
钢材类别	母材标称的最小屈服强度	GB/T 700 和 GB/T 1591 标准钢材	GB/T 19879 标准钢材	GB/T 699 标准钢材	SMAW	GMAW	FCAW-G	SAW（单丝）
Ⅰ	<235MPa	Q195 Q215	—	—	GB/T 5117： E43XX	GB/T 8110 ER49-X	GB/T 10045： E43XT-X	GB/T 3293 F4AX-H08A
Ⅰ	≥235MPa <300MPa	Q235 Q275 Q295	Q235GJ	20	GB/T 5117： E43XX E50XX	GB/T 8110 ER49-X ER50-X	GB/T 10045： E43XT-X E50XT-X	GB/T 5293： F4AX-H08A； GB/T 12470： F48AX-H08MnA

续表

母材					符合GB标准的焊条（丝）和焊剂-焊丝组合分类等级			
钢材类别	母材标称的最小屈服强度	GB/T 700和GB/T 1591标准钢材	GB/T 19879标准钢材	GB/T 699标准钢材	SMAW	GMAW	FCAW-G	SAW（单丝）
Ⅱ	≥300MPa但≤355MPa	Q345	Q345GJ	—	GB/T 5117：E50XX GB/T 5118：E5015E5016-X	GB/T 8110 ER50-X	GB/T 17493：E50XT-X	GB/T 5293：F5AX-H08MnA； GB/T 12470：F48AX-H08MnA F48AX-H10Mn2 F48AX-H08Mn2A

表13-32　免予评定的结构钢材最低预热/道间温度的规定

钢材类别	钢材牌号	设计对焊材要求	接头最厚部件的板厚 t（mm）	
			$t<20$	$20\leqslant t\leqslant 40$
Ⅰ	Q195、Q215、Q235、Q235GJ	非低氢型	≥5℃	≥40℃
	Q275、20、Q295	低氢型		≥20℃
Ⅱ	Q345、Q345GJ	非低氢型		≥60℃
		低氢型		≥40℃

注：接头形式为坡口对接，根部焊道，一般拘束度。SMAW、GMAW、FCAW-G热输入约为15～25kJ/cm；SAW-S热输入约为15～45kJ/cm。采用低氢型焊材时，熔敷金属扩散氢含量（甘油法）：E4315、E4316不大于8mL/100g；E5015、E5016、E5515、E5516不大于6mL/100g；药芯焊丝不大于6mL/100g。焊接接头板厚不同时，应按厚板确定预热温度；焊接接头材质不同时，按高强度、高碳当量的钢材确定预热温度。环境温度不低于0℃。

表13-33　各种焊接方法免予评定的焊接工艺参数范围规定

焊接方法	焊条或焊丝型号	焊条或焊丝直径（mm）	电流		电压（V）	焊接速度（cm/min）
			（A）	极性		
SMAW	EXX15、[EXX16]、(EXX03)	3.2	80～140	直流反接、[交、直流]、(交流)	18～26	8～18
		4.0	110～210		20～27	10～20
		5.0	160～230		20～27	10～20
GMAW	ER-XX	1.2	180～320 打底180～260 填充220～320 盖面220～280	直流反接	25～38	25～45
FCAW	EXX1T1	1.2	160～320 打底160～260 填充220～320 盖面220～280	直流反接	25～38	30～55

续表

<table>
<tr><th rowspan="2">焊接方法</th><th rowspan="2">焊条或焊丝型号</th><th rowspan="2">焊条或焊丝直径（mm）</th><th colspan="2">电流</th><th colspan="2" rowspan="2">电压（V）</th><th rowspan="2">焊接速度（cm/min）</th></tr>
<tr><th>（A）</th><th>极性</th></tr>
<tr><td>SAW</td><td>HXXX</td><td>3.2
4.0
5.0</td><td>400～600
450～700
500～800</td><td>直流反接或交流</td><td colspan="2">24～40
24～40
34～40</td><td>25～65</td></tr>
<tr><td>SW</td><td>13
16</td><td>—</td><td>900～1000
1200～1300</td><td>直流正接</td><td>0.70.8</td><td>1～3</td><td>3～4
4～5</td></tr>
</table>

13.5　焊接工艺

13.5.1　母材准备

母材上待焊接的表面和两侧应均匀、光洁，且无毛刺、裂纹和其他对焊缝质量有不利影响的缺陷。待焊接的表面及距焊缝位置 50mm 范围内不得有影响正常焊接和焊缝质量的氧化皮、锈蚀、油脂、水等杂质。可采用机加工、热切割、碳弧气刨、铲凿或打磨等方法对母材焊接接头坡口进行加工或清除缺陷。

采用机械方法加工坡口时，加工表面不应有台阶。采用热切割方法加工的坡口表面质量应符合我国现行行业标准《热切割、气割质量和尺寸偏差》（ZBJ 59002.3）的相应规定；材料厚度小于或等于 100mm 时，割纹深度最大为 0.2mm；材料厚度大于 100mm 时，割纹深度最大为 0.3mm。

超过上述规定的割纹深度，以及良好坡口表面上偶尔出现的缺口和凹槽，应采用机械加工、打磨清除。结构钢材坡口表面切割缺陷需要进行焊接修补时，可根据相关规范规定制定修补焊接工艺，并记录存档；调质钢及承受周期性荷载的结构钢材坡口表面切割缺陷的修补还需报监理工程师批准后方可进行。

钢材轧制缺欠的检测和修复应符合以下要求，即焊接坡口边缘上钢材的夹层缺陷长度超过 25mm 时，应采用无损检测方法检测其深度，如深度不大于 6mm，应用机械方法清除；如深度大于 6mm 时，应用机械方法清除后焊接填满；若缺陷深度大于 25mm 时，应采用超声波测定其尺寸，当单个缺陷面积（axd）或聚集缺陷的总面积不超过被切割钢材总面积（BxL）的 4%时为合格，否则该板不宜使用。钢材内部的夹层缺陷，其尺寸不超过前款的规定且位置离母材坡口表面距离 b 大于或等于 25mm 时不需要修理；如该距离小于 25mm 则应进行修补，其修补方法应符合相关规范的规定。夹层缺陷是裂纹时，如裂纹长度 a 和深度 d 均不大于 50mm，其修补方法应符合相关规范的规定；如裂纹深度超过 50mm 或累计长度超过板宽的 20%时，该钢板不宜使用。

13.5.2　焊接材料要求

焊接材料熔敷金属的力学性能应不低于相应母材标准的下限值或满足设计文件要求。焊接材料应储存在干燥、通风良好的地方，由专人保管、烘干、发放和回收，并有详细记录。

低氢型焊条的烘干应符合以下要求，即焊条使用前在 300～430℃温度下烘干 1.0～

2h，或按厂家提供的焊条使用说明书进行烘干；焊条放入时烘箱的温度不应超过最终烘干温度的一半，烘干时间以烘箱到达最终烘干温度后开始计算。烘干后的低氢焊条应放置于温度不低于120℃的保温箱中存放、待用；使用时应置于保温筒中，随用随取。焊条烘干后放置时间不应超过4h，用于Ⅲ、Ⅳ类结构钢的焊条，烘干后放置时间不应超过2h；重新烘干次数不应超过2次。

焊剂应符合以下要求，即使用前应按制造厂家推荐的温度进行烘焙；已潮湿或结块的焊剂严禁使用。用于Ⅲ、Ⅳ类结构钢的焊剂，烘焙后在大气中放置时间不应超过4h。焊丝表面和电渣焊的熔化或非熔化导管应无油污、锈蚀。栓钉焊瓷环保存时应有防潮措施。受潮的焊接瓷环使用前应在120～150℃烘干2h。常用结构钢钢材的焊接材料可按表13-34的规定选配。

表13-34 典型钢材的焊接材料匹配推荐表

母材					焊接材料			
GB/T 700和GB/T 1591标准钢材	GB/T 19879标准钢材	GB/T 714标准钢材	GB/T 4171和GB/T 4172标准钢材	GB/T 7659钢材	SMAW	GMAW	FCAW	SAW
Q215	—	—	—	ZG200-400H ZG230-450H	GB/T 5117： E43XX	GB/T 8110： ER49-X	GB/T 17493： E43XTX-X	GB/T 5293： F4XX-H08A
Q235 Q255 Q275 Q295	Q235GJ	Q235q	Q235N Q295NH Q295GNH	ZG275-485H	GB/T 5117： E43XX E50XX GB/T5118： E50XX-X	GB/T 8110： ER49-XER50-X	GB/T 17493： E43XTX-X E50XTX-X	GB/T 5293： F4XX-H08A： GB/T 12470： F48XX-H08MnA
Q345 Q390	Q345GJ Q390GJ	Q345q Q370q	Q355NH Q345GNH Q345GNHL Q390GNH	—	GB/T 5117： E5015、E5016 GB/T 5118： E5015、E5016-X * E5515、E5516-X	GB/T 8110； ER50-X * ER55-X	GB/T 17493： E50XTX-X	GB/T 12470： F48XX-H08MnA F48XX-H10Mn2 F48XX-H10Mn2A
Q420	Q420GJ	Q420q	—	—	GB/T 5118： E5515、E5516-X * * E6015、 E6016-X	GB/T 8110： ER55-X * * ER62-X	GB/T 17493： E55XTX-X	GB/T 12470： F55XX-H10Mn2A F55XX-H08MnMoA
Q460	Q460GJ	—	Q460NH	—	GB/T 5118： E5515、E5516-X E6015、E6016-X	GB/T 8110： ER55-X	GB/T 17493： E55XTX-X E60XTX-X	GB/T 12470： F55XX-H08MnMoA F55XX-H08Mn2MoVA

注：当设计或被焊母材有冲击要求规定时，熔敷金属的冲击功应不低于设计规定或母材规定。当所焊接的接头板厚≥25mm时，焊条电弧焊应采用低氢焊条焊接。表中XX、-X、X为对应焊材标准中的焊材类别。“*”仅适用于Q345q厚度不大于16mm时及Q370q厚度不大于35mm时；“* *”仅适用于Q420q厚度不大于16mm时。

13.5.3 焊接接头的装配要求

焊接坡口尺寸宜符合相关规范规定。组装后坡口尺寸允许偏差应符合相关规范规定。严禁在接头间隙中填塞焊条头、铁块等杂物。坡口组装间隙超过规范允许偏差规定但不大于较薄板厚度两倍或20mm（取其较小值）时可在坡口单侧或两侧堆焊，使其达到规定的坡口尺寸要求。对接接头的错边量严禁超过接头中较薄件厚度的1/10，且不超过3mm。

当不等厚部件对接接头的错边量超过 3mm 时，较厚部件应按不大于 1∶2.5 坡度平缓过渡。T 形接头的角焊缝及部分焊透焊缝连接的部件应尽可能密贴，两部件间根部间隙不应超过 5mm；当间隙超过 5mm 时，应在板端表面堆焊并修磨平整使其间隙符合要求。T 形接头的角焊缝连接部件的根部间隙大于 1.5mm，且小于 5mm 时，角焊缝的焊脚尺寸应按根部间隙值而增加。对于搭接接头及塞焊、槽焊以及钢衬垫与母材间的连接接头，接触面之间的间隙不应超过 1.5mm。

13.5.4 定位焊

定位焊必须由持相应合格证的焊工施焊，所用焊接材料应与正式焊缝的焊接材料相当。定位焊附近的母材表面应符合相关规范规定。定位焊焊缝厚度应不小于 3mm，对于厚度大于 6mm 的正式焊缝，其定位焊缝厚度不宜超过正式焊缝厚度的 2/3。定位焊缝的长度应不小于 40mm，定位焊缝间距宜为 300～600mm。钢衬垫焊接接头的定位焊宜在接头坡口内焊接；定位焊焊接时预热温度应高于正式施焊预热温度 20～50℃；定位焊缝与正式焊缝应具有相同的焊接工艺和焊接质量要求；定位焊焊缝若存在裂纹、气孔、夹渣等缺陷，要完全清除。对于要求疲劳验算的动荷载结构，应制订专门的定位焊焊接工艺文件。

13.5.5 焊接环境

焊条电弧焊和自保护药芯焊丝电弧焊，其焊接作业区最大风速不宜超过 8m/s，气体保护电弧焊不宜超过 2m/s，否则应采取有效措施以保障焊接电弧区域不受影响。当焊接作业处于下列情况时应严禁焊接：即焊接作业区的相对湿度大于 90%；焊件表面潮湿或暴露于雨、冰、雪中；焊接作业条件不符合《焊接安全作业技术规程》规定要求时。

焊接环境温度不低于－10℃，低于 0℃时，应采取加热或防护措施，确保焊接接头和焊接表面各方向大于或等于 2 倍钢板厚度且不小于 100mm 范围内的母材温度不低于 20℃，且在焊接过程中均不应低于这一温度。当焊接环境温度低于－10℃时，必须进行相应焊接环境下的工艺评定试验，评定合格后方可进行焊接，否则严禁焊接。

13.5.6 预热和道间温度控制

预热温度和道间温度应根据钢材的化学成分、接头的拘束状态、热输入大小、熔敷金属含氢量水平及所采用的焊接方法等因素综合考虑确定或进行焊接试验以确定实际工程结构施焊时的最低预热温度。常用结构钢材采用中等热输入焊接时，最低预热温度宜符合表 13-35的规定。

表 13-35　常用结构钢材最低预热温度要求（℃）

常用钢材牌号	接头最厚部件的板厚 t（mm）				
	$t<20$	$20\leq t\leq 40$	$40<t\leq 60$	$60<t\leq 80$	$t>80$
Q235、Q295	—	—	40	50	80
Q345	—	40	60	80	100

续表

常用钢材牌号	接头最厚部件的板厚 t（mm）				
	$t<20$	$20\leqslant t\leqslant 40$	$40<t\leqslant 60$	$60<t\leqslant 80$	$t>80$
Q390、Q420	20	60	80	100	120
Q460	20	80	100	120	150

注："—"表示可不进行预热。当采用非低氢焊接材料或焊接方法焊接时，预热温度应比该表规定的温度提高20℃。当母材施焊处温度低于0℃时，应将表中母材预热温度增加20℃，且应在焊接过程中保持这一最低道间温度。中等热输入指焊接热输入约为15～25kJ/cm，热输入每增大5kJ/cm，预热温度可降低20℃。焊接接头板厚不同时，应按接头中较厚板的板厚选择最低预热温度和道间温度。焊接接头材质不同时，应按接头中较高高强度、较高碳当量的钢材选择最低预热温度。本表各值不适用于供货状态为调质处理的钢材；控轧控冷（热机械轧制）钢材最低预热温度可下降的数值由试验确定。

电渣焊和气电立焊在环境温度为0℃以上施焊时可不进行预热；但板厚大于60mm时，宜对引弧区域的母材预热且不低于50℃。焊接过程中，最低道间温度应不低于预热温度；静载结构焊接时，最大道间温度不宜超过250℃；周期性荷载结构和调质钢焊接时，最大道间温度不宜超过230℃。

预热及道间温度控制应符合两条规定，焊前预热及道间温度的保持宜采用电加热法、火焰加热法和红外线加热法等加热方法进行，并采用专用的测温仪器测量。预热的加热区域应在焊缝坡口两侧，宽度应为焊件施焊处板厚的1.5倍以上，且不小于100mm；预热温度宜在焊件受热面的背面测量，测量点应在离电弧经过前的焊接点各方向不小于75mm处；当采用火焰加热器预热时正面测温应在加热停止后进行。

Ⅲ、Ⅳ类钢材及调质钢的预热温度、道间温度的确定应符合钢厂提供的指导性参数要求。

13.5.7　焊后消除应力处理

设计或合同文件对焊后消除应力有要求时，需经疲劳验算的结构中承受拉应力的对接接头或焊缝密集的接点或构件，宜采用电加热器局部退火和加热炉整体退火等方法进行消除应力处理；如仅为稳定结构尺寸，可选用振动法消除应力。

焊后热处理应符合国家现行相关标准的规定。当采用电加热器对焊接构件进行局部消除应力热处理时，还应符合以下要求：即使用配有温度自动控制仪的加热设备，其加热、测温、控温性能应符合使用要求；构件焊缝每侧面加热板（带）的宽度至少为钢板厚度的3倍，且应不小于200mm；加热板（带）以外构件两侧宜用保温材料适当覆盖。

用锤击法消除中间焊层应力时，应使用圆头手锤或小型振动工具进行，不应对根部焊缝、盖面焊缝或焊缝坡口边缘的母材进行锤击。用振动法消除应力时，应符合国家现行相关标准的规定。

13.5.8　引弧板、引出板和衬垫

引弧板、引出板和钢衬垫板的钢材应符合本书第4章的规定，其屈服强度不大于被焊钢材标称强度，且焊接性相近。在焊接接头的端部设置焊缝引弧板、引出板，使焊缝在提供的延长段上引弧和终止。焊条电弧焊和气体保护电弧焊焊缝引弧板、引出板长度应大于25mm，埋弧焊引弧板、引出板长度应大于80mm。引弧板和引出板宜采用火焰切割、碳弧气刨或机械等方法去除，不得伤及母材并将割口处修磨焊缝端部平整。严禁锤击去除引

弧板和引出板。可采用金属、焊剂、纤维、陶瓷等作为衬垫。

当使用钢衬垫时，应符合 3 条要求，即保证钢衬垫与焊缝金属熔合良好；钢衬垫在整个焊缝长度内应连续；钢衬垫应有足够的厚度以防止烧穿。用于焊条电弧焊、气体保护电弧焊和药芯焊丝电弧焊焊接方法，衬垫板厚度应不小于 4mm；用于埋弧焊方法的衬垫板厚度应不小于 6mm；用于电渣焊方法的衬垫板厚度应不小于 25mm。钢衬垫应与接头母材金属贴合良好，其间隙不应大于 1.5mm。

13.5.9 焊接工艺技术要求

焊接施工前，制造商或承包商应制订焊接工艺文件用于指导焊接施工，工艺文件可依据根据本书第 6 章规定的焊接工艺评定结果进行制订，也可采用符合免除工艺评定条件的工艺直接编制焊接工艺文件。无论采用何种途径制定的焊接工艺，均应包括但不限于下列 11 方面要素：焊接方法或焊接方法的组合；母材的规格、牌号、厚度及限制范围；填充金属的规格、类别和型号；焊接接头形式、坡口形状、尺寸及其允许偏差；焊接位置；焊接电源的种类和极性；清根处理；焊接工艺参数（焊接电流、焊接电压、焊接速度、焊层和焊道分布）；预热温度及道间温度范围；焊后消除应力处理工艺；其他必要的规定。

对于 SMAW、GMAW、FCAW 和 SAW 焊接方法，每一道焊缝金属的横截面，无论是深度还是最大宽度，不应超过该道焊缝表面的宽度。

除用于坡口焊缝的加强角焊缝外，如果满足设计要求，应采用最小角焊缝尺寸，最小角焊缝尺寸应符合表 13-33 的要求。

对于焊条手工电弧焊、半自动实心焊丝气体保护焊、半自动药芯焊丝气体保护或自保护焊和自动埋弧焊焊接方法，最大根部焊道厚度、最大填充焊道厚度、最大单道角焊缝尺寸和最大单道焊焊层宽度宜符合相关规范的规定。经焊接工艺评定合格验证除外。

多层焊时应连续施焊，每一焊道焊接完成后应及时清理焊渣及表面飞溅物，发现影响焊接质量的缺欠时，应清除后方可再焊。遇有中断施焊的情况，应采取适当的后热、保温措施，再次焊接时重新预热温度应高于初始预热温度。

塞焊和槽焊可采用焊条手工电弧焊、气体保护电弧焊及自保护电弧焊等焊接方法。平焊时，应分层熔敷焊缝，每层熔渣冷却凝固后，必须清除方可重新焊接；立焊和仰焊时，每道焊缝焊完后，应待熔渣冷却并清除后方可施焊后续焊道。

严禁在调质钢上采用塞焊和槽焊焊缝。

13.5.10 焊接变形的控制

在进行构件或组合构件的装配和部件间连接时，以及将部件焊接到构件上时，采用的工艺和顺序应使最终构件的变形和收缩最小。

根据构件上焊缝的布置，可按以下要求采用合理的焊接顺序控制变形：对接接头、T 形接头和十字接头，在工件放置条件允许或易于翻身的情况下，宜双面对称焊接；有对称截面的构件，宜对称于构件中和轴焊接；有对称连接杆件的节点，宜对称于节点轴线同时对称焊接。非对称双面坡口焊缝，宜先焊深坡口侧，然后焊满浅坡口侧，最后完成深坡口侧焊缝，特厚板宜增加轮流对称焊接的循环次数。对长焊缝宜采用分段退焊法或与多人对称焊接法同时运用。宜采用跳焊法，避免工件局部热量集中。

构件装配焊接时，应先焊预计有较大收缩量的接头，后焊预计收缩量较小的接头，接头应在尽可能小的拘束状态下焊接。对于预计有较大收缩或角变形的接头，可通过计算预估焊接收缩和角变形量的数值，在正式焊接前采用预留焊接收缩裕量或预置反变形方法控制收缩和变形。对于组合构件的每一组件，应在该组件焊到其他组件以前完成拼接；多组件构成的复合构件应采取分部组装焊接，分别矫正变形后再进行总装焊接的方法降低构件的变形。

对于焊缝分布相对于构件的中和轴明显不对称的异形截面的构件，在满足设计计算要求的情况下，可采用增加或减少填充焊缝面积的方法或采用补偿加热的方法使构件的受热平衡，以降低构件的变形。

13.5.11 返修焊

焊缝金属或母材的缺陷超过相应的质量验收标准时，可采用砂轮打磨、碳弧气刨、铲凿或机械等方法彻底清除。返修焊接之前，应清洁修复区域的表面。对于焊缝尺寸不足、咬边、弧坑未填满等缺陷应进行焊补。对于不合格的焊缝缺陷，返修或重焊的焊缝应按原检测方法和质量标准进行检测验收。

对焊缝进行返修，宜按以下要求进行。即焊瘤、凸起或余高过大，采用砂轮或碳弧气刨清除过量的焊缝金属。焊缝凹陷或弧坑、焊缝尺寸不足、咬边、未熔合、焊缝气孔或夹渣等应在完全清除缺陷后进行补焊。焊缝或母材的裂纹应采用磁粉、渗透或其他无损检测方法确定裂纹的范围及深度，用砂轮打磨或碳弧气刨清除裂纹及其两端各 50mm 长的完好焊缝或母材，修整表面或磨除气刨渗碳层后，并用渗透或磁粉探伤方法确定裂纹是否彻底清除，再重新进行补焊；对于拘束度较大的焊接接头上焊缝或母材上裂纹的返修，碳弧气刨清除裂纹前，宜在裂纹两端钻止裂孔后再清除裂纹缺陷。焊接返修的预热温度应比相同条件下正常焊接的预热温度提高 30～50℃，并采用低氢焊接方法和焊接材料进行焊接。返修部位应连续焊成。如中断焊接时，应采取后热、保温措施，防止产生裂纹。厚板返修焊宜采用消氢处理。焊接裂纹的返修，应通知专业焊接工程师对裂纹产生的原因进行调查和分析，制定专门的返修工艺方案后按工艺要求进行。承受动荷载结构的裂纹返修以及静载结构同一部位的两次返修后仍不合格时，应对返修焊接工艺进行工艺评定，并经业主或监理工程师认可后方可实施。裂纹返修焊接应填报返修施工记录及返修前后的无损检测报告，作为工程验收及存档资料。

13.5.12 焊件矫正

因焊接而变形超标的构件应采用机械方法或局部加热的方法进行矫正。采用加热矫正时，调质钢的矫正温度严禁超过最高回火温度，其他钢材严禁超过 800℃。加热矫正后宜采用自然冷却，低合金钢在矫正温度高于 650℃时严禁急冷。

13.5.13 焊缝清根

全焊透焊缝的清根应清除根部至正面完整的焊缝金属，清根后的刨槽应形成侧面角不小于 10°的单面 U 形坡口轮廓。

碳弧气刨清根应符合以下规定：即碳弧气刨工应经过培训，方可上岗操作；碳弧气刨后表面应光洁，无夹碳、粘渣等缺陷；Ⅲ、Ⅳ类及调质钢在碳弧气刨后，当采用碳弧气刨应使用砂轮打磨刨槽表面，去除渗碳淬硬层及残留熔渣后方可进行焊接。

13.5.14 临时焊缝

临时焊缝的焊接工艺和质量要求与正式焊缝相同。临时焊缝清除时应不伤及母材，并将临时焊缝区域修磨平。对于Ⅲ、Ⅳ类钢材及厚板大于60mm低合金钢，临时焊缝清除后，应采用磁粉或渗透探伤方法对母材进行检测，不允许存在裂纹等缺陷。需经疲劳验算结构中受拉部件或受拉区域严禁设置临时焊缝。临时焊缝清除和打磨平整后，应采用磁粉或渗透探伤方法对临时焊缝所对应的母材区域进行检测。

13.5.15 引弧和熄弧

不应在焊缝区域外的母材上引弧和熄弧。母材的电弧擦伤应打磨光滑；Ⅲ、Ⅳ类钢材还应进行磁粉或渗透检测，不允许存在裂纹等缺陷。

13.5.16 电渣焊和气电立焊

电渣焊和气电立焊的冷却块（或衬垫块）以及导管应与焊缝金属和焊渣相适应并不致引起焊缝缺陷。电渣焊可以采用熔嘴或非熔嘴进行焊接。当采用熔嘴电渣焊进行焊接时，应防止熔嘴上的药皮受潮和脱落，受潮的熔嘴应经过120℃约1.5h的烘焙后方可使用，药皮脱落和油污的熔化嘴不得使用。电渣焊和气电立焊在引弧和熄弧时应使用延伸块或板，铜制的延伸块可以重复使用，也可以使用钢制延伸块；电渣焊使用的铜制引熄弧块长度应不小于100mm，引弧铜块中引弧槽的深度不小于50mm；引弧槽的截面积应与正式电渣焊接头的截面积大致相当；为便于电渣焊焊接开始时容易起弧，宜在引弧块的底部加入适当的碎焊丝（ϕ1mm×1mm）。

为避免电渣焊缝产生裂缝和缩孔，电渣焊用焊丝中的S、P含量应控制在较低的含量，同时应确保焊丝中脱氧元素含量充分，以避免焊缝因脱氧不足而造成焊缝气孔的产生。焊接条件应确保熔化的焊缝与母材和使用的钢衬垫熔合良好。采用水冷衬垫或铜衬垫时，应确保焊趾处不产生咬边。

为使焊缝金属与接头的坡口面完全熔合，焊接必须在积累了足够的热量的状态下开始。如果在焊接接头内任一点停止焊接足够长时间而熔渣或熔池开始凝固时，可以重新开始焊接直至焊缝完成。但重新焊接处应对焊缝每端150mm范围进行超声波检测，并对停弧位置进行记录。

电渣焊接头一般采用I型坡口接头，接头的坡口间隙b与接头中板厚t之间的关系符合相关规范要求。在电渣焊和气电立焊的焊接过程中，应特别注意渣池深度和宽度的调整，可采用填加焊剂和改变焊接电压的方法进行，使渣池始终处于适当的深度和宽度，确保焊缝与母材熔合良好。

焊接过程中发生电弧中断或焊缝中间存在缺陷，可采用钻孔的方法清除已焊焊缝后重新进行焊接，必要时可刨开面板后采用其他焊接方法进行局部修复焊接，返修后按原检测要求进行探伤检查。

13.6 焊接质量控制

焊接质量控制和检验应分为自检和监检两类。自检是指施工单位在制造、安装过程中

进行的检验，由施工单位自有或聘用有资质的检测人员进行。监检是指由具有检验资质的独立第三方选派具有检测资质的人员进行检验。质量控制和检验的一般程序包括焊前检验、焊中检验和焊后检验，应符合相关规范规定。

（1）焊前检验。主要包括按设计文件和相关规程、标准的要求对工程中所用钢材、焊接材料的规格、型号（牌号）、材质、外观及质量证明文件进行确认；焊工合格证及认可范围；焊接工艺技术文件及操作规程；坡口形式、尺寸及表面质量；组对后构件的形状、位置、错边量、角变形、间隙等；焊接环境、焊接设备等；定位焊缝的尺寸及质量；焊接材料的烘干、保存及领用；引弧板、引出板和衬垫板的装配质量。

（2）焊中检验。主要包括焊接工艺参数：电流、电压、焊接速度、预热温度、层间温度及后热温度和时间等；多层多道焊焊道缺陷的处理；采用双面焊清根的焊缝，应在清根后进行外观检查及规定的无损检测；多层多道焊中焊层、焊道的布置及焊接顺序等。

（3）焊后检验。主要包括焊缝的外观质量与外形尺寸检测；焊缝的无损检测；焊接工艺规程记录及检验报告的确认。

检查前应根据钢结构所承受的载荷性质、施工详图及技术文件规定的焊缝质量等级要求编制检查和试验计划，由技术负责人批准并报监理工程师备案。检查方案应包括检查批的划分、抽样检查的抽样方法、检查项目、检查方法、检查时机及相应的验收标准等内容。

主要内容应包括承受静荷载结构焊接质量的检验；需疲劳验算结构的焊缝质量检验。

13.7　焊接补强与加固

钢结构焊接补强和加固设计应符合国家现行相关钢结构加固技术标准及建筑抗震设计规范的规定。补强与加固的方案应由设计、施工和业主等共同研究确定。

编制补强与加固设计方案时，应具备以下4方面技术资料：原结构的设计计算书和竣工图，当缺少竣工图时，应测绘结构的现状图；原结构的施工技术档案资料及焊接性资料，必要时应在原结构构件上截取试件进行检测试验；原结构或构件的损坏、变形、锈蚀等情况的检测记录及原因分析，并根据损坏、变形、锈蚀等情况确定构件（或零件）的实际有效截面；待加固结构的实际荷载资料。

钢结构焊接补强或加固设计，应考虑时效对钢材塑性的不利影响，不应考虑时效后钢材屈服强度的提高值。对于受气象腐蚀介质作用的钢结构构件，应根据所处腐蚀环境按我国现行国家标准《工业建筑防腐蚀设计规范》（GB 50046）进行分类。当腐蚀削弱平均量超过原构件钢板厚度的25％以及腐蚀削弱平均量虽未超过25％但剩余厚度小于5mm时，对钢材的强度设计值乘以相应的折减系数。对于特殊腐蚀环境中钢结构焊接补强和加固问题应作专门研究确定。

钢结构的焊接补强或加固，可按下列两种方式进行：卸载补强或加固是指在需补强或加固的位置使结构或构件完全卸载，条件允许时，可将构件拆下进行补强或加固；负荷状态下进行补强或加固是指在需补强或加固的位置上未经卸载或仅部分卸载状态下进行结构或构件的补强或加固。

负荷状态下进行补强与加固工作时应符合3条规定，即应卸除作用于待加固结构上的

活荷载和可卸除的恒载。根据加固时的实际荷载（包括必要的施工荷载），对结构、构件和连接进行承载力验算，当待加固结构实际有效截面的名义应力与其所用钢材的强度设计值之间的比值 $\beta \leqslant 0.8$（对承受静态荷载或间接承受动态荷载的构件），或 $\beta \leqslant 0.4$（对承受直接动态荷载的构件）时方可进行补强或加固施工。轻钢结构中的受拉构件严禁在负荷状态下进行补强和加固。

在负荷状态下进行焊接补强或加固时，可根据具体情况采取两方面措施：即必要的临时支护；合理的焊接工艺。

负荷状态下焊接补强或加固施工应符合以下要求：即对结构最薄弱的部位或构件应先进行补强或加固；加大焊缝厚度时，必须从原焊缝受力较小部位开始施焊；道间温度应不超过 200℃，每道焊缝厚度不宜大于 3mm；应根据钢材材质，选择相应的焊接材料和焊接方法；应采用合理的焊接顺序，尽可能采用小直径、小电流及多层多道焊接工艺。焊接补强或加固的施工环境温度不宜低于 10℃。

对有缺损的构件应进行承载力评估。当缺损严重，影响结构的安全时，应立即采取卸载、加固措施或对损坏构件及时更换。对一般缺损，可按下列方法进行焊接修复或补强；对于裂纹，应查明裂纹的起止点，在起止点分别钻直径为 12～16mm 的止裂孔，彻底清除裂纹后并加工成侧边斜面角大于 10°的凹槽，当采用碳弧气刨方法时，应磨掉渗碳层。预热温度宜为 100～150℃，并采用低氢焊接方法按全焊透对接焊缝要求进行。对承受动荷载的构件应将补焊焊缝的表面磨平。对于孔洞，宜将孔边修整后采用加盖板的方法补强。构件的变形影响其承载能力或正常使用时，应根据变形的大小采取矫正、加固或更换构件等措施。

焊接补强与加固应符合两方面要求：即原有结构的焊缝缺陷，应根据其对结构安全影响的程度，分别采取卸载或负荷状态下补强与加固；具体焊接工艺应按相关规范的规定执行。角焊缝补强宜采用增加原有焊缝长度（包括增加端焊缝）或增加焊缝有效厚度的方法。当负荷状态下采用加大焊缝厚度的方法补强时，被补强焊缝的长度应不小于 50mm；加固后的焊缝应力应符合相关规范要求。

用于补强或加固的零件宜对称布置；加固焊缝宜对称布置，不宜密集、交叉，在高应力区和应力集中处，不宜布置加固焊缝。用焊接方法补强铆接或普通螺栓接头时，补强焊缝应承担全部计算荷载。摩擦型高强度螺栓连接的构件用焊接方法加固时，两种连接计算承载力的比值应在 1.0～1.5 范围内。

习　　题

1. 简述钢结构焊接工程的特点。
2. 简述钢结构用钢材及焊接材料的特点和相关要求。
3. 如何进行焊接连接的构造设计？
4. 如何进行焊接工艺评定？
5. 简述焊接工艺的基本流程。
6. 如何进行焊接质量控制？
7. 焊接补强与加固应注意哪些问题？

第14章　建筑钢结构防腐蚀工程

14.1　建筑钢结构防腐蚀工程的特点与基本要求

建筑钢结构应根据环境条件、材质、结构形式、使用要求、施工条件和维护管理条件等进行防腐蚀设计。建筑钢结构防腐蚀设计、施工、验收和维护应保证工程质量，做到技术先进、安全可靠、经济合理。限于篇幅，本章仅介绍大气环境中的新建建筑钢结构的防腐蚀设计、施工、验收和维护。建筑钢结构的防腐蚀设计、施工、检验和维护应符合国家现行有关标准的规定。

金属腐蚀是指金属材料受周围介质的作用而损坏的过程。腐蚀速率是指单位时间内金属腐蚀的效应的数值。腐蚀裕量是指设计金属构件时，考虑使用期内可能产生的腐蚀损耗而增加的相应厚度。表面预处理是指为改善涂层与基体间的结合力和防蚀效果，在涂装之前用机械方法或化学方法处理基体表面，以达到符合涂装要求的措施。二次除锈是指对已经一次除锈并有保养底漆或磷化保护膜的钢材表面，再次除去锈层及其他污物，以备涂装防蚀涂料的工艺过程。除锈等级是表示涂装前钢材表面锈层等附着物清除程度的分级。金属喷涂是指用高压空气、惰性气体或电弧等将熔融的耐蚀金属喷射到被保护结构物表面，从而形成保护性涂层的工艺过程。涂层是指由某一种涂料以一道或多道单一涂覆作业形成的固态保护层。涂装是指将涂料涂覆于基体表面，形成具有防护、装饰或特定功能涂层的过程。附着力是指干涂膜与其底材之间的结合力。涂层老化是指涂膜受到自然因素的作用而发生褪色、变色、龟裂、粉化和剥落等现象，使防锈性能逐渐消失的过程。涂层缺陷是指由于表面预处理不当、涂料质量和涂装工艺不良而造成的遮盖力不足、漆膜剥离、针孔、起泡、裂纹和漏涂等缺陷。

大气环境对建筑钢结构长期作用下的腐蚀环境类型和大气环境气体类型划分见表14-1和表14-2。

表14-1　腐蚀环境类型的划分

腐蚀性分级		碳钢腐蚀速率（mm/a）	腐蚀环境		
等级	名称		环境气体类型	年平均环境相对湿度（%）	大气环境
Ⅰ	无腐蚀	<0.001	A	<60	乡村大气
Ⅱ	弱腐蚀	0.001～0.025	A B	60～75 <60	乡村大气， 城市大气

续表

腐蚀性分级		碳钢腐蚀速率(mm/a)	腐蚀环境		
等级	名称		环境气体类型	年平均环境相对湿度（%）	大气环境
Ⅲ	轻腐蚀	0.025～0.050	A B C	＞75 60～75 ＜60	乡村大气，城市大气和工业大气
Ⅳ	中腐蚀	0.050～0.200	B C D	＞75 60～75 ＜60	城市大气，工业大气
Ⅴ	较强腐蚀	0.200～1.000	C D	＞75 60～75	工业大气
Ⅵ	强腐蚀	1.000～5.000	D	＞75	工业大气

注：在特殊场合与额外腐蚀负荷作用下，应将腐蚀类型提高等级。处于潮湿状态或不可避免结露的部位，环境相对湿度应取大于75%。

表 14-2　环境气体类型分类

环境气体类型	腐蚀性物质名称	腐蚀性物质含量（kg/m^3）
A	二氧化碳	＜2×10^{-3}
	二氧化硫	＜5×10^{-7}
	氟化氢	＜5×10^{-8}
	硫化氢	＜1×10^{-8}
	氮的氧化物	＜1×10^{-7}
	氯	＜1×10^{-7}
	氯化氢	＜5×10^{-8}
B	二氧化碳	＞2×10^{-3}
	二氧化硫	5×10^{-7}～1×10^{-3}
	氟化氢	5×10^{-8}～5×10^{-6}
	硫化氢	1×10^{-8}～5×10^{-6}
	氮的氧化物	1×10^{-7}～5×10^{-6}
	氯	1×10^{-7}～1×10^{-6}
	氯化氢	5×10^{-8}～5×10^{-6}
C	二氧化硫	1×10^{-5}～2×10^{-4}
	氟化氢	5×10^{-6}～1×10^{-3}
	硫化氢	5×10^{-6}～1×10^{-4}
	氮的氧化物	5×10^{-6}～2.5×10^{-3}
	氯	1×10^{-6}～5×10^{-6}
	氯化氢	5×10^{-6}～1×10^{-5}
D	二氧化硫	2×10^{-4}～1×10^{-3}
	氟化氢	1×10^{-5}～1×10^{-4}
	硫化氢	＞1×10^{-4}
	氮的氧化物	2.5×10^{-3}～1×10^{-4}
	氯	5×10^{-6}～1×10^{-5}
	氯化氢	1×10^{-5}～1×10^{-4}

注：当大气中同时含有多种腐蚀性气体时，腐蚀级别应取最高的一种或几种为基准。

14.2　建筑钢结构防腐蚀设计

14.2.1　建筑钢结构防腐蚀设计的总体要求

建筑钢结构防腐蚀设计前应掌握建筑所在地的腐蚀环境类型、结构形式、外形尺寸和使用状况等资料。当资料不全时，应进行现场勘察并参考类似工程经验。当钢结构有可能与液态腐蚀性物质或固态腐蚀性物质接触时，应采取隔离措施。

在腐蚀环境下，建筑钢结构设计应符合以下规定，即结构类型、布置和构造的选择应满足以下要求：阻挡或减轻环境对结构的腐蚀；避免腐蚀介质在构件表面的积聚；便于防护层施工和使用过程中的维护和检查。腐蚀性等级为Ⅳ、Ⅴ、Ⅵ级时，桁架、柱、主梁等重要受力构件不应采用格构式构件和冷弯薄壁型钢；杆件截面不应采用由双角钢组成的T形截面或由双槽钢组成的工形截面；杆件应采用实腹式或闭口截面，闭口截面端部应进行封闭，对封闭截面进行热镀浸锌时应采取开孔防爆措施；当采用型钢组合的杆件时，型钢间的空隙宽度应满足防护层施工和维修的要求。钢结构杆件为钢板组合时，杆件截面的最小厚度不得小于6mm；采用闭口截面杆件时，杆件截面的最小厚度不得小于4mm；采用角钢时，杆件截面的最小厚度不得小于5mm。门式刚架构件宜采用热轧H型钢，当采用T型钢或钢板组合时，应采用双面连续焊缝。网架结构宜采用管形截面、球形节点；腐蚀性等级为Ⅳ、Ⅴ、Ⅵ级时，应采用焊接连接的空心球节点；当采用螺栓球节点时，杆件与螺栓球的接缝应采用密封材料填嵌严密，多余螺栓孔应封堵。不同金属材料接触的部位，应采取隔离措施。桁架、柱、主梁等重要钢构件和闭口截面杆件的焊缝应采用连续焊缝；角焊缝的焊脚尺寸不应小于8mm，当杆件厚度小于8mm时，焊脚尺寸不应小于杆件厚度；加劲肋应切角，切角的尺寸应满足排水、施工维修要求。焊条、螺栓、垫圈、节点板等连接构件的耐腐蚀性能，不应低于主体材料；螺栓直径不应小于12mm；垫圈不应采用弹簧垫圈；螺栓、螺母和垫圈应采用热镀浸锌防护，安装后再采用与主体结构相同的防腐蚀措施。钢柱柱脚应置于混凝土基础上，基础顶面宜高出室外地面不小于300mm。当腐蚀性等级为Ⅵ级时，重要构件宜选用耐候钢。

防腐蚀维护不易实施的钢结构及其部位，其结构设计应留有适当的腐蚀裕量，钢结构的单面腐蚀裕量可按式（14-1）计算。

$$\Delta_\delta = K\left[(1-P)\,t_1 + (t-t_1)\right] \tag{14-1}$$

式（14-1）中，Δ_δ为钢结构单面腐蚀裕量（mm）；K为钢结构单面平均腐蚀速度（mm/a），碳钢单面平均腐蚀速度可参照表14-1取值，必要时可现场实测确定；P为保护效率（%），在防护层的设计使用年限内，保护效率取值按表14-3；t_1为防腐蚀措施的设计使用年限（a）；t为钢结构的设计使用年限（a）。

表14-3　保护效率取值

腐蚀等级		Ⅵ	Ⅴ	Ⅳ	Ⅲ	Ⅱ	Ⅰ
环境	室内	0.60	0.70	0.80	0.85	0.90	0.95
	室外	0.70	0.80	0.85	0.90	0.95	0.95

14.2.2 表面预处理

钢结构在涂装之前必须进行表面预处理。防腐蚀设计文件应提出表面预处理的质量要求，并应对表面除锈等级和表面粗糙度做出明确规定。钢结构在涂装前的除锈等级除应符合我国现行国家标准《涂装前钢材表面锈蚀等级和除锈等级》（GB 8923）的有关规定外，除锈最低等级要求还应符合表 14-4 的规定。

表 14-4　不同涂料表面除锈等级的最低等级要求

项目	最低除锈等级
富锌底涂料	Sa2.5
乙烯磷化底涂料	
环氧或乙烯基酯玻璃鳞片底涂料	Sa2
氯化橡胶、聚氨酯、环氧、聚氯乙烯荧丹、高氯化聚乙烯、氯磺化聚乙烯、醇酸、丙烯酸环氧、丙烯酸聚氨酯等底涂料	Sa2 或 St3
环氧沥青、聚氨酯沥青底涂料	St2
喷铝及其合金	Sa3
喷锌及其合金	Sa2.5

14.2.3 涂层保护

防腐蚀涂层应按照涂层配套进行设计，不仅要满足腐蚀环境、工况条件和防腐年限要求，还应综合考虑底涂层与基材的适应性，涂料各层之间的相容性和适应性，涂料品种与施工方法的适应性。防腐蚀涂料宜选用经过工程实践证明耐蚀性适用于腐蚀性物质成分的产品，选用新产品应进行技术和经济论证；防腐蚀涂装同一配套中的底漆、中间漆和面漆应有良好的相容性；宜选用同一厂家的产品；常用防腐蚀涂层配套可按本书 14.2.5 小节选用。

防腐蚀面涂料的选择应符合以下规定，即用于酸性介质环境时，宜选用氯化橡胶、聚氨酯、环氧、聚氯乙烯荧丹、高氯化聚乙烯、氯磺化聚乙烯、丙烯酸聚氨酯、丙烯酸环氧和环氧沥青、聚氨酯沥青等涂料；用于弱酸性介质环境时可选用醇酸涂料。用于碱性介质环境时，宜选用环氧涂料，也可选用上述所列的其他涂料，但不得选用醇酸涂料。用于室外环境时，可选用氯化橡胶、脂肪族聚氨酯、聚氯乙烯荧丹、氯磺化聚乙烯、高氯化聚乙烯、丙烯酸聚氨酯、丙烯酸环氧和醇酸等涂料，不应选用环氧、环氧沥青、聚氨酯沥青和芳香族聚氨酯等涂料。对涂层的耐磨、耐久和抗渗性能有较高要求时，宜选用树脂玻璃鳞片涂料。

底涂料的选择应符合以下规定，即锌、铝和含锌、铝金属层的钢材，其表面应采用环氧底涂料封闭；底涂料的颜料应采用锌黄类，不得采用红丹类。在有机富锌或无机富锌底涂料上，宜采用环氧云铁或环氧铁红的涂料，不得采用醇酸涂料。

钢结构的涂层防护应符合表 14-5 的规定。涂层与钢铁基层的附着力不宜低于 5kN;

附着力的测试方法为拉开法，应符合我国现行国家标准《色漆和清漆拉开法附着力试验》（GB/T 5210）的规定。

表 14-5　钢结构的涂层防护

防护层使用年限（a）	防腐蚀涂层最小厚度（μm）				
	腐蚀等级Ⅵ级	腐蚀等级Ⅴ级	腐蚀等级Ⅳ级	腐蚀等级Ⅲ级	腐蚀等级Ⅱ级
10～15	280	260	240	220	200
5～10	240	220	200	180	160
2～5	200	180	160	140	120

注：防腐蚀涂料的品种，应按前述相关规定确定。涂层厚度包括涂料层的厚度或金属层与涂料层复合的厚度。采用喷锌、铝及其合金时，金属层厚度不宜小于 120μm；采用热镀浸锌时，锌的厚度不宜小于 85μm。室外工程的涂层厚度宜增加 20～40μm。

14.2.4　金属热喷涂

在Ⅳ、Ⅴ、Ⅵ级环境类型中的钢结构宜设置金属热喷涂保护系统，金属热喷涂保护系统应包括金属喷涂层和封闭层，复合保护系统还应包括涂层。封闭剂应具有较低的黏度，并应与金属涂层具有良好的相容性；涂层涂料应与封闭层有相容性，并应有良好的耐蚀性；金属热喷涂常用的封闭剂、封闭涂料和涂装涂料可参见本书 14.2.6 小节。金属热喷涂系统可参照表 14-6 选用。

表 14-6　大气环境下金属热喷涂系统

设计使用年限（a）	喷涂系统	最小局部厚度（μm）		
		腐蚀等级Ⅳ级	腐蚀等级Ⅴ级	腐蚀等级Ⅵ级
10～15	喷铝＋封闭	120＋60	150＋60	250＋60
	喷 Ar 铝＋封闭	120＋60	150＋60	200＋60
	喷铝＋封闭＋涂装	120＋30＋100	150＋30＋100	250＋30＋100
	喷 Ar 铝＋封闭＋涂装	120＋30＋100	150＋30＋100	200＋30＋100
5～10	喷锌＋封闭	120＋30	150＋30	200＋60
	喷铝＋封闭	120＋30	120＋30	150＋60
	喷锌＋封闭＋涂装	120＋30＋100	150＋30＋100	200＋30＋100
	喷铝＋封闭＋涂装	120＋30＋100	120＋30＋100	150＋30＋100

注：腐蚀严重和维护困难的部位应增加金属涂层的厚度。

14.2.5　常用防腐蚀涂层配套

在大气环境作用下，建筑钢结构常用防腐蚀涂层的配套可按表 14-7 选用。

表 14-7　防腐蚀涂层配套

除锈等级	涂层构造									涂层总厚度（μm）	使用年限（a）		
	底层			中间层			面层						
	涂料名称	遍数	厚度（μm）	涂料名称	遍数	厚度（μm）	涂料名称	遍数	厚度（μm）		较强腐蚀、强腐蚀	中腐蚀	轻腐蚀、弱腐蚀
Sa2或St3	醇酸底涂料	2	60	—	—	—	醇酸面涂料	2	60	120	—	—	2～5
								3	100	160	—	2～5	5～10
	与面层同品种的底涂料或环氧铁红底涂料	2	60	—	—	—	氯化橡胶、高氯化聚乙烯、氯磺化聚乙烯等面涂料	2	60	120	—	—	2～5
		2	60					3	100	160	—	2～5	5～10
		3	100					3	100	200	2～5	5～10	10～15
	环氧铁红底涂料	2	60	环氧云铁中间涂料	1	70		2	70	200	2～5	5～10	10～15
		2	60		1	80		3	100	240	5～10	10～11	>15
		2	60		1	70	环氧、聚氨酯、丙烯酸环氧、丙烯酸聚氨酯等面涂料	2	70	200	2～5	5～10	10～15
		2	60		1	80		3	100	240	5～10	10～11	>15
Sa2.5		2	60		2	120		3	100	280	10～15	>15	>15
		2	60		1	70	环氧、聚氨酯、丙烯酸环氧、丙烯酸聚氨酯等厚膜型面涂料	2	150	280	10～15	>15	>15
		2	60	—	—	—	环氧、聚氨酯等玻璃鳞片面涂料	3	260	320	>15	>15	>15
							乙烯基酯玻璃鳞片面涂料	2					
Sa2或St3	聚氯乙烯荧丹底涂料	3	100	—	—	—	聚氯乙烯萤丹面涂料	2	60	160	5～10	10～11	>15
Sa2.5		3	100					3	100	200	10～11	>15	>15
		2	80				聚氯乙烯含氟萤丹面涂料	2	60	140	5～10	10～15	>15
		3	110					2	60	170	10～11	>15	>15
		3	100					3	100	200	>15	>15	>15

续表

除锈等级	涂层构造									涂层总厚度（μm）	使用年限（a）		
	底层			中间层			面层						
	涂料名称	遍数	厚度（μm）	涂料名称	遍数	厚度（μm）	涂料名称	遍数	厚度（μm）		较强腐蚀、强腐蚀	中腐蚀	轻腐蚀、弱腐蚀
Sa2.5	富锌底涂料	见表注	70	环氧云铁中间涂料	1	60	环氧、聚氨酯、丙烯酸环氧、丙烯酸聚氨酯等面涂料	2	70	200	5～10	10～15	>15
			70		1	70		3	100	240	10～11	>15	>15
			70		2	110		3	100	280	>15	>15	>15
			70		1	60	环氧、聚氨酯丙烯酸环氧、丙烯酸聚氨酯等厚膜型面涂料	2	150	280	>15	>15	>15
Sa3（用于铝层）、Sa2.5（用于锌层）	喷涂锌、铝及其合金的金属覆盖层120μm，其上再涂环氧密封底涂料20μm			环氧云铁中间涂料	1	40	环氧、聚氨酯、丙烯酸环氧、丙烯酸聚氨酯等面涂料	2	60	240	10～15	>15	>15
								3	100	280	>15	>15	>15
							环氧、聚氨酯、丙烯酸环氧、丙烯酸聚氨酯等厚膜型面涂料	1	100	280	>15	>15	>15

注：涂层厚度系指干膜的厚度。富锌底涂料的遍数与品种有关，当采用正硅酸乙酯富锌底涂料、硅酸锂富锌底涂料、硅酸钾富锌底涂料时，宜为1遍；当采用环氧富锌底涂料、聚氨酯富锌底涂料、硅酸钠富锌底涂料和冷涂锌底涂料时，宜为两遍。

14.2.6　常用封闭剂、封闭涂料和涂装涂料

建筑钢结构常用封闭剂、封闭涂料和涂装涂料可按表14-8选用。

表14-8　常用封闭剂、封闭涂料和涂装涂料

类型	种类	成膜物质	主颜料	主要性能
封闭剂	磷化底漆	聚乙烯醇缩丁醛	四盐基铬酸锌	能形成磷化—钝化膜，可提高封闭层、封闭涂料的相容性及防腐性能
	双组分环氧漆	环氧	铬酸锌、磷酸锌或云母氧化铁	能形成磷化—钝化膜，可提高封闭层、封闭涂料的相容性及防腐性能，与环氧类封闭涂料或涂装涂料配套
	双组分聚氨酯	聚氨基甲酸酯	锌铬黄或磷酸锌	能形成磷化—钝化膜，可提高封闭层、封闭涂料的相容性及防腐性能，与聚氨酯类封闭或涂装涂料配套

续表

类型	种类	成膜物质	主颜料	主要性能
封闭涂料或涂装涂料	双组分环氧或环氧沥青	环氧沥青	—	耐潮、耐化学药品性能优良，但耐候性差
	双组分聚氨酯漆	聚氨基甲酸酯	—	综合性能优良，耐潮湿、耐化学药品性能好，有些品种具有良好的耐候性，可用于受阳光直射的大气区域

14.3 建筑钢结构防腐蚀工程施工

14.3.1 防腐蚀工程施工的总体要求

防腐蚀工程施工使用的设备、仪器应具备出厂质量合格证或质量检验报告；设备、仪器必须经计量检定合格后方可使用。防腐蚀工程的施工应符合国家有关法律、法规对环境保护的要求，防腐蚀施工应有妥善的安全防范措施。钢结构防腐蚀材料的品种、规格、性能等应符合现行国家产品标准和设计要求；防腐蚀涂料中挥发性有机化合物含量不得大于40%。

14.3.2 表面预处理

表面处理方法应根据防腐蚀设计要求的除锈等级、粗糙度和涂层材料、结构特点及基体表面的原始状况等因素确定。钢结构在除锈处理前，应进行表面净化处理，清除焊渣、毛刺和飞溅等附着物，并清除基体金属表面可见的油脂和其他污物；当采用溶剂作清洗剂时，应采取通风、防火、呼吸保护和防止皮肤直接接触溶剂等防护措施；表面脱脂净化方法的适用范围见表14-9。

表14-9 表面脱脂净化方法的适用范围

清洗方法	适用范围	注意事项
采用汽油、过氯乙烯、丙酮等溶剂清洗	清除油脂、可溶污物、可溶涂层	若需保留旧涂层，应使用对该涂层无损的溶剂，溶剂及抹布应经常更换
采用如氢氧化钠、碳酸钠等碱性清洗剂清洗	除掉可皂化涂层、油脂和污物	清洗后应充分冲洗，并做钝化和干燥处理
采用OP乳化剂等乳化清洗	清除油脂及其他可溶污物	清洗后应用水冲洗干净，并做干燥处理

喷射清理的等级应符合前述相关规定；工作环境必须满足空气相对湿度低于85%，施工时钢结构表面温度不低于露点温度3℃以上；露点计算见本书14.3.5小节。喷射清理所用的压缩空气应经过冷却装置和油水分离器处理，油水分离器应定期清理。喷射式喷砂机的工作压力宜为0.50～0.70MPa；喷砂机喷口处的压力宜为0.35～0.50MPa。喷嘴与被喷射钢结构表面的距离宜为100～300mm；喷射方向与被喷射钢结构表面法线之间的夹角宜为15°～30°。喷嘴孔口磨损直径增大25%时宜更换喷嘴。喷射清理所用的磨料必

须清洁、干燥；磨料的种类和粒径应根据钢结构表面的原始锈蚀程度、设计或涂装规格书所要求的喷射工艺、清洁度和表面粗糙度进行选择；壁厚大于或等于4mm的钢构件可选用粒径为0.5～1.5mm的磨料，壁厚小于4mm的钢构件应选用粒径较小的磨料。涂层缺陷的局部修补和无法进行喷射清理时可采用手动和动力工具除锈。表面清理后，应用吸尘器或干燥、洁净的压缩空气清除浮尘和碎屑，清理后的表面不得用手触摸。

清理后的钢结构表面应及时涂刷底漆，需中间停留时，应对经预处理的有效表面采用干净牛皮纸、塑料膜等进行保护；涂装前如发现表面被污染或返锈，应重新清理至原要求的表面清洁度等级。喷砂工人在进行喷砂作业时应穿戴防护用具，在工作间内作业时呼吸用空气应进行净化处理；露天作业时应做防尘和环境保护，并应符合国家有关法律法规的规定；喷砂完工后，应使用真空吸尘器、无水的压缩空气除去喷砂残渣和表面灰尘。

14.3.3　涂层施工

钢结构防腐蚀施工环境应满足以下条件：即涂料施工环境温度宜为10～30℃，相对湿度不宜大于85%；钢材表面温度必须高于露点温度3℃以上方可施工；在大风、雨、雾、雪天及强烈阳光照射下，不宜进行室外施工；当施工环境通风较差时，必须采取强制通风。

涂装前应对钢结构表面进行外观检查，钢结构的表面清洁度和表面粗糙度应满足设计要求。涂装方法和涂刷工艺应根据所选用的涂料的物理性能、施工条件和被涂钢结构的形状进行选择，并应符合涂料规格书或产品说明书的规定。防腐蚀涂料和稀释剂在运输、贮存、施工及养护过程中，不得与酸、碱等化学介质接触。严禁明火，并应防尘、防暴晒。表面预处理与涂装之间的间隔时间不宜超过4h，车间作业或湿度较低的晴天不应超过12h。

需在工地拼装焊接的钢结构，其焊缝两侧应先涂刷不影响焊接性能的车间底漆，焊接完毕后应对焊缝热影响区进行二次表面清理，并应按设计要求进行重新涂装。施工中，宜采用耐腐蚀树脂配制胶泥修补凹凸不平处；不得自行将涂料掺加粉料；配制胶泥，也不得在现场用树脂等自配涂料。每次涂装应在前一层涂膜实干后进行。涂料应保持在环境温度25℃以下贮存。常见各种涂料施工的间隔时间和储存期应符合表14-10的规定。

表14-10　常见各种涂料施工的间隔时间和储存期

涂料种类	施工最低环境温度（℃）	施工时的气温 t（℃）	施工间隔时间 s（h）	施工时的气温 t（℃）	施工间隔时间 s（h）	施工时的气温 t（℃）	施工间隔时间 s（h）	储存期
氯化橡胶涂料	0	$0<t<15$	$s>18$	$15<t<30$	$s>10$	$t>30$	$s>6$	不应超过12个月
环氧树脂涂料	10	$10<t<20$	$s\geqslant24$	$21<t<30$	$s\geqslant8$	$t>30$	$s\geqslant4$	不应超过12个月
聚氨酯树脂涂料	5	$t\geqslant5$	20	—	—	—	—	不宜超过6个月
高氯化聚乙烯涂料	0	$0<t<15$	$s\geqslant24$	$15<t<30$	$s\geqslant10$	$t>30$	$s\geqslant24$	不宜超过10个月

续表

涂料种类	施工最低环境温度（℃）	施工时的气温 t（℃）	施工间隔时间 s（h）	施工时的气温 t（℃）	施工间隔时间 s（h）	施工时的气温 t（℃）	施工间隔时间 s（h）	储存期
聚氨酯聚氯乙烯互穿网络涂料	5	$t\geqslant5$	$8<s<48$	—	—	—	—	不宜超过3个月
丙烯酸树脂及其改性涂料	5	$t\geqslant5$	$3<s<48$	—	—	—	—	不宜超过3个月
氯乙烯-醋酸乙烯共聚涂料	5	$t\geqslant5$	$4<s<8$	—	—	—	—	不宜超过6个月
聚苯乙烯涂料	5	$t\geqslant5$	$4<s<8$	—	—	—	—	不宜超过3个月
醇酸树脂耐酸涂料	0	$0<t<15$	$s\geqslant10$	$15<t<30$	$s\geqslant6$	$t>30$	$s\geqslant4$	不应超过12个月
过氯乙烯涂料	0	$0<t<15$	$s<60$	$15<t<30$	$s<30$	$t>30$	$s<15$	不宜超过6个月
聚氯乙烯涂料	0	$t\geqslant0$	$4<s<8$	—	—	—	—	不宜超过12个月
氯磺化聚乙烯涂料	0	$t\geqslant0$	$s>1$	—	—	—	—	不宜超过10个月
沥青类涂料	0	$t\geqslant0$	$s>8$	—	—	—	—	不宜超过10个月
玻璃鳞片涂料	5	$5<t<10$	$s\geqslant30$	$16<t<25$	$s\geqslant12$	$t>30$	不宜施工	不宜超过3个月
		$11<t<15$	$s\geqslant24$	$26<t<30$	$s\geqslant8$			
锈面涂料	5	$t\geqslant5$	$s\leqslant4$	—	—	—	—	不宜超过6个月

环氧树脂涂料包括单组分环氧树脂底层涂料和双组分环氧树脂涂料；双组分涂料必须按质量比配制，并搅拌均匀。配制好的涂料宜熟化后使用。丙烯酸树脂及其改性涂料包括单组分丙烯酸树脂面层涂料、丙烯酸树脂改性氯化橡胶面层涂料和丙烯酸树脂改性聚氨酯双组分面层涂料；涂刷丙烯酸树脂及其改性涂料时宜采用环氧树脂类涂料作底层涂料；丙烯酸树脂改性聚氨酯双组分涂料必须按规定的质量比配制，并搅拌均匀。

氯乙烯-醋酸乙烯共聚涂料包括单组分和环氧改性的双组分涂料；双组分涂料必须按规定的质量比配制，并搅拌均匀。

乙烯磷化底层涂料的配制及施工应符合以下规定，即乙烯磷化底层涂料，可用于钢材表面的磷化处理，但不得代替防腐蚀涂料中的底涂料使用。涂料与磷化液的质量配合比应为4∶1。配制时，应先将搅拌均匀的涂料放入非金属容器中，边搅拌边慢慢加入磷化液，混合均匀放置30min后方可使用。乙烯磷化底层涂料宜涂覆一层，厚度为8～12μm，宜采用喷涂法施工，当采用刷涂时，不宜往复操作。涂覆乙烯磷化底层涂料2h后，应涂覆配套防腐蚀涂料，涂覆时间不宜超过 20h。乙烯磷化底层涂料的贮存期不宜超过 10 个月。

富锌涂料包括有机富锌涂料和无机富锌涂料等，其配制及施工应符合以下规定，即富锌涂料宜采用喷涂法施工。富锌涂料施工后应用配套涂层封闭。富锌涂层不得长期暴露在空气中。富锌涂层表面出现白色析出物时，应打磨除去析出物后再重新涂装。富锌涂料的贮存期不宜超过 10 个月。

钢结构防腐蚀涂料涂装结束，涂层应自然养护后方可使用。其中化学反应类涂料形成的涂层，养护时间不应少于 7d。

14.3.4　金属热喷涂施工

采用金属热喷涂施工的钢结构表面除锈等级、热喷涂材料的规格和质量指标、涂层系统的选择应符合前述有关规定。金属热喷涂方法可采用气喷涂或电喷涂。采用金属热喷涂的钢结构表面必须进行喷射或抛射处理；热喷涂金属丝应光洁、无锈、无油、无折痕，金属丝直径宜为 2.0mm 或 3.0mm；热喷涂金属材料宜选用铝、铝镁合金或锌铝合金。采用金属热喷涂层的钢结构构件应与未喷涂的钢构件做到电气绝缘。表面预处理与热喷涂施工之间的间隔时间，晴天不得超过 12h，雨天、潮湿、有雾的气候条件下不得超过 2h。工作环境的大气温度低于 5℃、钢结构表面温度低于露点 3℃以下和空气相对湿度大于 85%时，应停止热喷涂施工操作。采用金属热喷涂的钢结构表面必须进行喷射或抛射处理。

热喷涂金属丝应光洁、无锈、无油、无折痕，金属丝直径宜为 2.0mm 或 3.0mm。金属热喷涂施工应符合我国现行国家标准《金属和其他无机覆盖层热喷涂操作安全》（GB 11375）的有关规定。金属热喷涂所用的压缩空气应干燥、洁净；喷枪与被喷射钢结构表面宜成直角，最大倾斜角度不得大于 45°，喷枪的移动速度应均匀，各喷涂层之间的喷枪走向应相互垂直、交叉覆盖；一次喷涂厚度宜为 25～80μm，同一层内各喷涂带之间应有 1/3 的重叠宽度。

金属热喷涂层的封闭剂或首道封闭涂料施工宜在喷涂层尚有余温时进行，并宜采用刷涂方式施工。钢构件的现场焊缝两侧应预留 100～150mm 宽度涂刷车间底漆做临时保护，待工地拼装焊接后，对预留部分应按相同的技术要求重新进行表面清理和喷涂施工。在装卸、运输或其他施工作业过程中，应采取措施防止金属热喷涂层局部损坏。如有损坏，应按原设计要求和施工工艺进行修补。

14.3.5　露点换算表

露点可按表 14-11 进行换算。

表 14-11　露点换算表

相对湿度（%）	环境温度（℃）									
	−5	0	5	10	15	20	25	30	35	40
95	−6.5	−1.3	3.5	8.2	13.3	18.3	23.2	28.0	33.0	38.2
85	−7.2	−2.0	2.6	7.3	12.5	17.4	22.1	27.0	32.0	37.1
80	−7.7	−2.8	1.9	6.5	11.5	16.5	21.0	25.9	31.0	36.2

续表

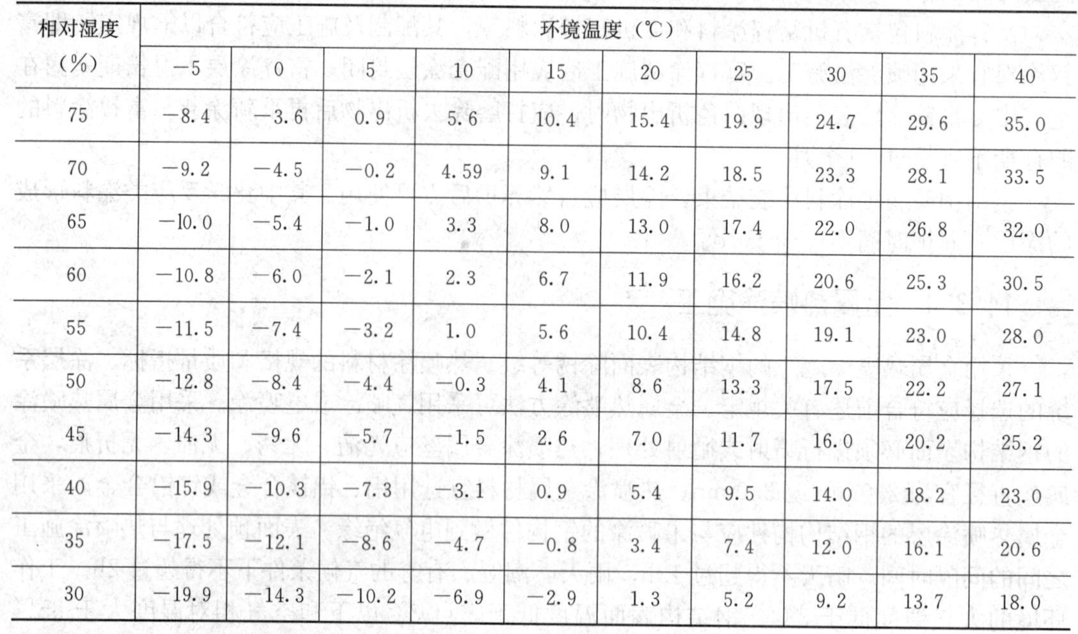

相对湿度（%）	环境温度（℃）									
	−5	0	5	10	15	20	25	30	35	40
75	−8.4	−3.6	0.9	5.6	10.4	15.4	19.9	24.7	29.6	35.0
70	−9.2	−4.5	−0.2	4.59	9.1	14.2	18.5	23.3	28.1	33.5
65	−10.0	−5.4	−1.0	3.3	8.0	13.0	17.4	22.0	26.8	32.0
60	−10.8	−6.0	−2.1	2.3	6.7	11.9	16.2	20.6	25.3	30.5
55	−11.5	−7.4	−3.2	1.0	5.6	10.4	14.8	19.1	23.0	28.0
50	−12.8	−8.4	−4.4	−0.3	4.1	8.6	13.3	17.5	22.2	27.1
45	−14.3	−9.6	−5.7	−1.5	2.6	7.0	11.7	16.0	20.2	25.2
40	−15.9	−10.3	−7.3	−3.1	0.9	5.4	9.5	14.0	18.2	23.0
35	−17.5	−12.1	−8.6	−4.7	−0.8	3.4	7.4	12.0	16.1	20.6
30	−19.9	−14.3	−10.2	−6.9	−2.9	1.3	5.2	9.2	13.7	18.0

注：中间值可按插入法取值。

14.4 建筑钢结构防腐蚀工程验收

14.4.1 验收的总体要求

建筑钢结构防腐蚀工程质量验收记录应符合以下规定：即施工现场质量管理检查记录可按我国现行国家标准《建筑工程施工质量验收统一标准》（GB 50300）进行；检验批验收记录可按本书 14.4.4 小节进行。

建筑钢结构防腐蚀工程验收时，应提交以下 8 个方面资料：设计文件及设计变更通知书；磨料、涂料、热喷涂材料的产地与材质证明书；基层检查交接记录；隐蔽工程记录；施工检查、检测记录；竣工图纸；修补或返工记录；交工验收记录。

14.4.2 主控项目

涂装前钢材表面除锈应符合设计要求和国家现行有关标准的规定；处理后的钢材表面不应有焊渣、焊疤、灰尘、油污、水和毛刺等。当设计无要求时，钢材表面除锈等级应符合表 14-4 的规定。检查数量为小型钢构件按构件数抽查 10%，且同类构件不应少于 3 件。大型、整体钢结构每 50m^2 对照检查 1 次，且每工班检查次数不少于 1 次。检验方法为用铲刀检查和用我国现行国家标准《涂装前钢材表面锈蚀等级和除锈等级》（GB 8923）规定的图片对照观察检查。

涂装前钢材表面粗糙度应按照我国现行国家标准《涂装前钢材表面粗糙度等级的评定（比较样块法）》（GB/T 13288）的有关规定。检查数量为不少于构件总数的 10%，且不少于 3 件。检验方法为用标准样块目视比较评定表面粗糙度等级，或用剖面检测仪、粗糙

度仪直接测定表面粗糙度。需要强调的是，采用比较样块法时，每一评定点面积不小于 $50mm^2$；采用剖面检测仪或粗糙度仪直接检测时，取评定长度为 40mm，在此长度范围内测 5 点，取其算术平均值为该评定点的表面粗糙度值。

涂料、涂装遍数、涂层厚度均应符合设计要求；当设计对涂层厚度无要求时，涂层干漆膜总厚度室外应为 150μm、室内应为 125μm，其允许偏差为－25μm；每遍涂层干漆膜厚度的允许偏差为－5μm。检查数量为按构件数抽查 10%，且同类构件不应少于 3 件。检验方法为用干漆膜测厚仪检查，每个构件检测 5 处，每处的数值为 3 个相距 50mm 测点涂层干漆膜厚度的平均值。

涂层的附着力应满足设计要求。检查数量为每 $200m^2$ 检测数量不得少于 1 次，且总检测数量不得少于 3 次。检验方法为涂层厚度小于或等于 120μm 时，附着力的检验可采用划格法并按我国现行国家标准《色漆和清漆漆膜划格试验》（GB/T 9286）的关规定执行；涂层厚度大于 120μm 小于等于 250μm 时，附着力的检验可采用切割法；涂层厚度大于 250μm 时，附着力的检验可按我国现行国家标准《色漆和清漆漆膜划格试验》（GB/T 9286）的有关规定执行；涂层附着力的破坏性检查可用同条件下制作的板状试件进行。

金属热喷涂涂层厚度应符合设计要求。检查数量为平整的表面每 $10m^2$ 表面上的测量基准面数量不得少于 3 个，结构复杂的表面可适当增加基准面数量。检验方法为按我国现行国家标准《热喷涂涂层厚度的无损测量方法》（GB 11374）的有关规定执行。

金属热喷涂涂层结合性能检验应符合设计要求。检查数量为每 $200m^2$ 检测数量不得少于 1 次，且总检测数量不得少于 3 次。检验方法为按我国现行国家标准《金属和其他无机覆盖层热喷涂锌、铝及其合金》（GB/T 9793）的有关规定执行。

14.4.3　一般项目

涂装施工前应逐件进行外观检查，表面不得有污染或返锈。涂装完成后，构件的标志、标记和编号应清晰完整。检查数量为全数检查。检验方法为观察检查。

表面清理和涂装作业施工环境的温度和湿度应符合设计要求。检查数量为每工班不得少于 3 次。检验方法为应用温湿度仪进行测量，并应按本书 14.3.5 小节计算对应的露点。

涂料涂层应均匀，无明显皱皮、流坠、针眼和气泡等。检查数量为全数检查。检验方法为观察检查。

金属热喷涂涂层的外观应均匀一致，涂层不得有气孔、裸露底材的斑点、附着不牢的金属熔融颗粒、裂纹及其他影响使用性能的缺陷。检查数量为全数检查。检验方法为观察检查。

构件表面不应误涂、漏涂，涂层不应脱皮和返锈等。检查数量为全数检查。检验方法为观察检查。

14.4.4　钢结构防腐涂装检验批质量验收记录表

钢结构防腐涂装质量验收可按表 14-12 记录。

表 14-12 钢结构防腐涂装检验批质量验收记录表

工程名称				检验批部位	
施工单位				项目经理	
监理单位				总监理工程师	
施工依据标准				分包单位负责人	
主控项目		合格质量标准	施工单位检验评定记录或结果	监理（建设）单位验收记录或结果	备注
1	表面除锈				
2	涂层厚度				
3	涂层结合性能				
一般项目		合格质量标准	施工单位检验评定记录或结果	监理（建设）单位验收记录或结果	备注
1	表面质量				
2	施工环境温度				
3	涂层外观				
施工单位检验评定结果		班组长： 或专业工长： 年 月 日	质检员： 或项目技术负责人： 年 月 日		
监理（建设）单位验收结论		监理工程师（建设单位项目技术人员）：		年 月 日	

14.5 钢结构的防腐蚀维护管理

建筑工程钢结构的腐蚀与防腐检查可分为定期检查和特殊检查。定期检查的项目、内容、部位和周期应符合表 14-13 的规定。特殊检查的检查项目和内容可根据具体情况确定，或选择定期检查项目中的一项或几项。

表 14-13 定期检查的项目、内容和周期

检查项目	检查内容	检查周期（a）
防腐涂层外观检查	涂层破损情况	1
涂层防腐性能检查	鼓泡、剥落、锈蚀	5
腐蚀量检测	测定钢结构壁厚	5

钢结构的防腐蚀维护管理应包括以下内容，即根据常规检查和特殊检查情况，判断钢结构和防腐涂层的状态；根据检查的结果对钢结构的防腐蚀效果做出判断，确定更新或修复的范围。

钢结构防腐涂装的现场修复应符合以下规定，即涂层破损处的表面清理宜采用喷砂除锈，其表面清洁度应达到我国现行国家标准《涂装前钢材表面锈蚀等级和除锈等级》（GB

8923）中规定的 Sa2.5 级，当不具备喷砂条件时可采用动力或手工除锈，其表面清洁度等级应达到 St3 级。搭接部位的涂层表面应无污染、附着物，并应具有一定的表面粗糙度。修补涂料宜采用与原涂装配套或能相容的防腐涂料，并应能满足现场的施工环境条件，修补涂料的存储和使用应符合产品使用说明书的要求。

防腐蚀修复施工应有妥善的安全防护措施。

钢结构防腐蚀维护管理档案应包括以下内容，即钢结构的设计、施工资料和竣工资料；涂料的设计资料、施工资料和竣工资料；特殊检查、常规检查的检查记录，检查记录包括工程名称、检查方式、日期、环境条件和发现异常的部位与程度；各项检查所提出的建议、结论和处理意见；涂装的设计和施工方案；涂装修复的施工记录、检测记录和验收结论。

习　　题

1. 简述建筑钢结构防腐蚀工程的特点与基本要求。
2. 如何进行建筑钢结构防腐蚀设计？
3. 如何进行建筑钢结构防腐蚀工程施工？
4. 如何进行建筑钢结构防腐蚀工程验收？
5. 如何进行钢结构的防腐蚀维护管理工作？

参考文献

[1] 陈晓霞，张玲．钢结构［M］．北京：机械工业出版社，2017.
[2] 杜新喜，王若林，袁焕鑫．钢结构设计［M］．南京：东南大学出版社，2017.
[3] 郭震．新型钢结构小高层住宅抗震性能研究［M］．徐州：中国矿业大学出版社，2016.
[4] 郝际平．钢结构进展［M］．北京：中国建筑工业出版社，2017.
[5] 康锐，李燕强．钢结构设计原理［M］．成都：西南交通大学出版社，2016.
[6] 雷宏刚．钢结构设计基本原理［M］．北京：科学出版社，2016.
[7] 李婕，唐丽萍，贺培源，杨晓敏，赵培兰．钢结构［M］．北京：清华大学出版社，2017.
[8] 李星荣．钢结构连接节点设计参考图集［M］．北京：中国电力出版社，2017.
[9] 李星荣．钢结构连接节点构造设计手册［M］．北京：机械工业出版社，2016.
[10] 刘娟，王培兴．钢结构焊接技术［M］．南京：南京大学出版社，2017.
[11] 任媛，王青沙．钢结构构造与识图［M］．武汉：武汉大学出版社，2016.
[12] 孙德发．钢结构［M］．北京：机械工业出版社，2017.
[13] 孙毅，万虹宇．钢结构基本原理［M］．重庆：重庆大学出版社，2016.
[14] 王金平．钢结构防火涂料［M］．北京：化学工业出版社，2017.
[15] 王新杰，伍君勇．钢结构设计基本原理［M］．北京：北京理工大学出版社，2017.
[16] 魏瑞演．钢结构［M］．北京：高等教育出版社，2016.
[17] 魏世丞．海洋钢结构热浸镀层腐蚀防护技术［M］．北京：科学出版社，2017.
[18] 温鸿武，胡建琴．钢结构施工技术［M］．北京：化学工业出版社，2016.
[19] 徐悦．钢结构工程施工［M］．北京：高等教育出版社，2017.
[20] 杨娜．钢结构设计原理［M］．北京：中央广播电视大学出版社，2016.
[21] 于安林．钢结构设计［M］．北京：中国建筑工业出版社，2016.
[22] 张文元．高层建筑钢结构［M］．哈尔滨：哈尔滨工业大学出版社，2017.
[23] 张悦．钢结构［M］．杭州：浙江大学出版社，2016.
[24] 周黎光，刘占省，王泽强．大跨度预应力钢结构施工技术［M］．北京：中国电力出版社，2016.
[25] 卜良桃．钢结构检测［M］．北京：中国建筑工业出版社，2017.
[26] 陈骥．钢结构稳定理论与设计［M］．北京：科学出版社，2017.
[27] 陈年和．钢结构工程施工计划与组织［M］．北京：中国铁道出版社，2016.
[28] 陈晓明．大型复杂钢结构数字化建造［M］．北京：中国电力出版社，2017.